DELIUS KLASING

Dr. Etzold
Diplom-Ingenieur für Fahrzeugtechnik

So wird's gemacht

pflegen – warten – reparieren

Band 149

VW Polo V

Benziner
1,0 l/ 44 kW (60 PS) 4/14 – 9/17
1,0 l/ 55 kW (75 PS) 4/14 – 9/17
1,0 l/ 70 kW (95 PS) 11/14 – 9/17
1,0 l/ 81 kW (110 PS) 11/14 – 9/17
1,2 l/ 44 kW (60 PS) 6/09 – 3/14
1,2 l/ 51 kW (70 PS) 6/09 – 3/14
1,2 l/ 66 kW (90 PS) 4/14 – 9/17
1,2 l/ 66 kW (90 PS) 6/11 – 3/14
1,2 l/ 77 kW (105 PS) 11/09 – 3/14
1,2 l/ 81 kW (110 PS) 4/14 – 9/17
1,4 l/ 63 kW (85 PS) 6/09 – 3/14
1,4 l/103 kW (140 PS) 10/12 – 3/14
1,4 l/110 kW (150 PS) 4/14 – 9/17
1,4 l/132 kW (180 PS) 5/10 – 9/17
1,8 l/141 kW (192 PS) 11/14 – 9/17

Diesel
1,2 l/ 55 kW (75 PS) 1/10 – 3/14
1,4 l/ 55 kW (75 PS) 4/14 – 9/17
1,4 l/ 66 kW (90 PS) 4/14 – 9/17
1,4 l/ 77 kW (105 PS) 4/14 – 9/17
1,6 l/ 55 kW (75 PS) 6/09 – 3/14
1,6 l/ 66 kW (90 PS) 7/09 – 3/14
1,6 l/ 77 kW (105 PS) 7/09 – 3/14

Delius Klasing Verlag

Redaktion: Günter Skrobanek (Text)
Christine Etzold (Bild)

Bibliografische Information der Deutschen Nationalbibliothek
Die Deutsche Nationalbibliothek verzeichnet diese Publikation in der Deutschen Nationalbibliografie; detaillierte bibliografische Daten sind im Internet über http://dnb.dnb.de abrufbar.

4. Auflage / E
ISBN 978-3-667-11396-2

Alle Angaben ohne Gewähr
Druck: Kunst- und Werbedruck, Bad Oeynhausen
Printed in Germany 2022

Delius Klasing Verlag, Siekerwall 21, D-33602 Bielefeld
Tel.: 0521/559-0, Fax: 0521/559-115
E-Mail: info@delius-klasing.de
www.delius-klasing.de
http://sowirdsgemacht.com

Lieber Leser,

die Automobile werden von Modellgeneration zu Modellgeneration technisch immer aufwändiger und komplizierter. Ohne eine Anleitung kann man mitunter nicht einmal mehr die Glühlampe eines Scheinwerfers auswechseln. Und so wird verständlich, dass von Jahr zu Jahr immer mehr Heimwerker zum »So wird´s gemacht«-Handbuch greifen.

Doch auch der kundige Hobbymonteur sollte bedenken, dass der Fachmann viel Erfahrung hat und durch die Weiterschulung und den ständigen Erfahrungsaustausch über den neuesten Technikstand verfügt. Mithin kann es für die Überwachung und Erhaltung der Betriebs- und Verkehrssicherheit des eigenen Fahrzeugs sinnvoll sein, in regelmäßigen Abständen eine Fachwerkstatt aufzusuchen.

Grundsätzlich muss sich der Heimwerker natürlich darüber im Klaren sein, dass man mithilfe eines Handbuches nicht automatisch zum Kfz-Mechaniker wird. Auch deshalb sollten Sie nur solche Arbeiten durchführen, die Sie sich zutrauen. Das gilt insbesondere für jene Arbeiten, die die Verkehrssicherheit des Fahrzeugs beeinträchtigen können. Gerade in diesem Punkt sorgt das »So wird´s gemacht«-Handbuch jedoch für praktizierte Verkehrssicherheit. Durch die Beschreibung der Arbeitsschritte und den Hinweis, die Sicherheitsaspekte nicht außer Acht zu lassen, wird der Heimwerker vor der Arbeit entsprechend sensibilisiert und informiert. Auch wird darauf hingewiesen, im Zweifelsfall die Arbeit lieber von einem Fachmann ausführen zu lassen.

Sicherheitshinweis
Auf verschiedenen Seiten dieses Buches stehen »Sicherheitshinweise«. Bevor Sie mit der Arbeit anfangen, lesen Sie bitte diese Sicherheitshinweise aufmerksam durch und halten Sie sich strikt an die dort gegebenen Anweisungen.

Vor jedem Arbeitsgang empfiehlt sich ein Blick in das vorliegende Buch. Dadurch werden Umfang und Schwierigkeitsgrad der Reparatur offenbar. Außerdem wird deutlich, welche Ersatz- oder Verschleißteile eingekauft werden müssen und ob unter Umständen die Arbeit nur mithilfe von Spezialwerkzeug durchgeführt werden kann. **Besonders empfehlenswert: Wenn Sie eine elektronische Kamera zur Hand haben, dann sollten Sie komplizierte Arbeitsschritte für den Wiedereinbau fotografisch dokumentieren.**

Für die meisten Schraubverbindungen ist das Anzugsdrehmoment angegeben. Bei Schraubverbindungen, die in jedem Fall mit einem Drehmomentschlüssel angezogen werden müssen (Zylinderkopf, Achsverbindungen usw.), ist der Wert **fett** gedruckt. Nach Möglichkeit sollte man generell jede Schraubverbindung mit einem Drehmomentschlüssel anziehen. Übrigens: Für viele Schraubverbindungen sind Innen- oder Außen-Torxschlüssel erforderlich.

Als ich Anfang der siebziger Jahre den ersten Band der »So wird´s gemacht«-Buchreihe auf den Markt brachte wurden im Automobilbau nur ganz wenige elektronische Bauteile eingesetzt. Inzwischen ist das elektronische Management allgegenwärtig; ob bei der Steuerung der Zündung, des Fahrwerks oder der Gemischaufbereitung. Die Elektronik sorgt auch dafür, dass es in verschiedenen Bereichen keine Verschleißteile mehr gibt. Das Überprüfen elektronischer Bauteile ist wiederum nur noch mit teuren und speziell auf das Fahrzeugmodell abgestimmten Prüfgeräten möglich, die dem Heimwerker in der Regel nicht zur Verfügung stehen. Wenn also verschiedene Reparaturschritte nicht mehr beschrieben werden, so liegt das ganz einfach am vermehrten Einsatz von elektronischen Bauteilen.

Das vorliegende Buch kann nicht auf jedes technische Fahrzeug-Problem eingehen. Dennoch hoffe ich, dass Sie mithilfe der Beschreibungen viele Arbeiten am Fahrzeug durchführen können. Eines sollten Sie jedoch bei Ihren Arbeiten am eigenen Auto beachten: Ständig werden am aktuellen Modell Änderungen in der Produktion durchgeführt, so dass sich die im Buch veröffentlichten Arbeitsanweisungen und Einstelldaten für Ihr spezielles Modell geändert haben könnten. Sollten Zweifel auftreten, erfragen Sie bitte den aktuellen Stand beim Kundendienst des Automobilherstellers.

Rüdiger Etzold

Inhaltsverzeichnis

POLO V . . . 11
Fahrzeug- und Motoridentifizierung . . . 12
Motordaten . . . 14

Wartung . . . 16
Longlife-Service . . . 16
Feste Wartungsintervalle . . . 17
Ölwechsel-Service . . . 17
Wartungsplan . . . 17

Wartungsarbeiten . . . 19
Motor und Abgasanlage . . . 19
Motor/Motorraum: Sichtprüfung auf Undichtigkeiten . . . 19
Motorölstand prüfen/Motoröl auffüllen . . . 20
Motoröl wechseln/Ölfilter ersetzen . . . 21
Kühlmittelstand prüfen/auffüllen . . . 28
Frostschutz prüfen/korrigieren . . . 28
Kraftstofffilter ersetzen . . . 30
Motor-Luftfilter: Filtereinsatz erneuern . . . 31
Zahnriemenzustand prüfen . . . 39
Sichtprüfung der Abgasanlage . . . 42
Keilrippenriemen prüfen . . . 43
Zündkerzen erneuern . . . 44
Zündkerzenwerte für die VW POLO-Motoren . . . 49
Getriebe/Achsantrieb . . . 50
Getriebe-Sichtprüfung auf Dichtheit . . . 50
Schaltgetriebe/Achsantrieb: Ölstand prüfen . . . 50
Vorderachse/Lenkung . . . 52
Achsgelenke und Spurstangenköpfe prüfen/ersetzen . . . 52
Manschetten der Antriebswellen prüfen . . . 54
Bremsen/Reifen/Räder . . . 55
Bremsflüssigkeitsstand prüfen . . . 55
Bremsbelagdicke prüfen . . . 55
Sichtprüfung der Bremsleitungen . . . 57
Bremsflüssigkeit wechseln . . . 57
Reifenprofil prüfen . . . 59
Reifenfülldruck prüfen . . . 60
Reifenventil prüfen . . . 60
Reifenreparatur-Set prüfen/ersetzen . . . 61
Reifen-Kontroll-Anzeige: Grundeinstellung durchführen . 61
Karosserie/Innenausstattung . . . 63
Sicherheitsgurte sichtprüfen . . . 63
Beifahrerairbag: Schüsselschaltung überprüfen . . . 63
Staub-/Pollenfilter-Einsatz erneuern . . . 64
Wasserkasten und Wasserablauföffnungen sichtprüfen und reinigen . . . 64
Türfeststeller und Befestigungsbolzen schmieren . . . 65
Motorhaube: Fanghaken schmieren . . . 65
Abnehmbare Anhängerkupplung prüfen/instand setzen . 65
Elektrische Anlage . . . 67
Stromverbraucher prüfen . . . 67
Batterie prüfen . . . 68
Automatische Fahrlichtsteuerung prüfen . . . 69
Service-Intervall-Anzeige zurücksetzen . . . 69

Wagenpflege . . . 70
Fahrzeug waschen . . . 70
Lackierung pflegen . . . 70
Unterbodenschutz/Hohlraumkonservierung . . . 71
Polsterbezüge pflegen/reinigen . . . 71
Steinschlagschäden ausbessern . . . 72

Werkzeugausrüstung . . . 73

Motorstarthilfe . . . 74

Fahrzeug aufbocken . . . 75

Elektrische Anlage . . . 76
Steckverbinder trennen . . . 76
Signalhorn aus- und einbauen . . . 76
Batterien für Schlüssel mit Funkfernbedienung aus- und einbauen . . . 77
Geber für Einparkhilfe aus- und einbauen . . . 77
Sicherungen auswechseln . . . 78
Batterieträger aus- und einbauen . . . 81
Batterie-Massekabel ab- und anklemmen . . . 82
Batterie aus- und einbauen . . . 85
Batterie prüfen . . . 87
Batterie laden . . . 88
Batterie lagern . . . 88
Batteriepole reinigen . . . 89
Batterietypen . . . 89
Batterie entlädt sich selbstständig . . . 89
Störungsdiagnose Batterie . . . 90
Generator aus- und einbauen/ Generator-Ladespannung prüfen . . . 91
Spannungsregler aus- und einbauen . . . 95
Störungsdiagnose Generator . . . 97
Anlasser aus- und einbauen . . . 98
Störungsdiagnose Anlasser . . . 99

Scheibenwischeranlage . . . 100
Scheibenwischergummi aus- und einbauen . . . 100
Ruhestellung der Wischerblätter prüfen . . . 101
Frontwischeranlage . . . 102
Wischerblatt aus- und einbauen . . . 103
Wischerarm an der Frontscheibe aus- und einbauen . 103
Wischermotor an der Frontscheibe aus- und einbauen 104
Heckwischeranlage . . . 106
Wischerarm an der Heckscheibe aus- und einbauen . 106
Wischermotor an der Heckscheibe aus- und einbauen . . . 107
Scheibenwaschanlage . . . 108
Scheibenwaschdüse (Spritzdüse) für Frontscheibe aus- und einbauen . . . 109
Scheibenwaschdüse (Spritzdüse) für Heckscheibe aus- und einbauen . . . 110
Wasserschlauchverbindungen lösen . . . 110
Waschwasserpumpen/Wasserstandgeber aus- und einbauen . . . 111

Beleuchtungsanlage 112
Fahrzeuge bis 3/2014 112
Lampentabelle 112
Glühlampen für Außenbeleuchtung vorn auswechseln . 112
Fahrzeuge ab 4/2014 117
Glühlampen für Außenbeleuchtung vorn auswechseln . 117
Alle Fahrzeuge 121
Scheinwerfer aus- und einbauen 121
Heckleuchte aus- und einbauen/ Glühlampen wechseln 122
Kennzeichenleuchte aus- und einbauen/ Glühlampe wechseln 123
Hochgesetzte Bremsleuchte aus- und einbauen 124
Nebelscheinwerfer aus- und einbauen/ Glühlampen wechseln 125
Glühlampen für Innenleuchten auswechseln 127

Armaturen/Schalter/Radioanlage 129
Kombiinstrument aus- und einbauen 129
Lenkstockschalter aus- und einbauen 129
Lichtschalter aus- und einbauen 131
Leuchtweitenregler aus- und einbauen 131
Schalter im Fahrzeuginnenraum aus- und einbauen . . 132
Radio aus- und einbauen 134
Lautsprecher aus- und einbauen 135

Heizung/Klimatisierung 137
Klimaanlage 138
Luftaustrittsdüsen aus- und einbauen 139
Gebläsemotor für Heizung aus- und einbauen 140
Vorwiderstand aus- und einbauen 141
Heizungs-/Klimabedieneinheit aus- und einbauen . . . 141
Flexible Wellen aus- und einbauen 142
Störungsdiagnose Heizung 142

Fahrwerk 143
Vorderachse 144
Federbein aus- und einbauen 145
Federbein zerlegen/Stoßdämpfer/ Schraubenfeder aus- und einbauen 147
Stoßdämpfer prüfen 149
Gelenkwelle aus- und einbauen 149
Nabenmutter aus- und einbauen 150
Fahrzeug in Leergewichtslage bringen 151
Gelenkwelle mit Gleichlaufgelenken 152
Gelenkwelle zerlegen/Manschette erneuern 153
Hinterachse 158
Schraubenfeder, Stoßdämpfer, Querlenker, Radlagergehäuse 158
Schraubenfeder an der Hinterachse aus- und einbauen 159
Stoßdämpfer an der Hinterachse aus- und einbauen . 159
Stoßdämpfer zerlegen und zusammenbauen 160
Lenkung/Airbag 161
Airbag-Sicherheitshinweise 162
Airbag-Einheit aus- und einbauen 163
Lenkrad aus- und einbauen 164
Spurstangenkopf aus- und einbauen 164
Lenkgetriebe/Spurstange/Faltenbälge – Detailübersicht 165

Räder und Reifen 166
Profiltiefe messen 166
Reifenfülldruck 166
Reifen- und Scheibenrad-Bezeichnungen/ Herstellungsdatum 167
Auswuchten von Rädern 167
Austauschen der Räder/Laufrichtung beachten 168
Rad aus- und einbauen 168
Schneeketten 170
Reifenpflegetipps 170
Fehlerhafte Reifenabnutzung 170

Bremsanlage 171
Technische Daten Bremsanlage 172
Vorderrad-Scheibenbremse FS-III 173
Vorderrad-Scheibenbremse FN-3 174
Bremsbeläge vorn aus- und einbauen 175
Hinterrad-Scheibenbremse 178
Hinterrad-Scheibenbremsbeläge aus- und einbauen . . 179
Bremsscheibendicke prüfen 180
Bremssattel/Bremsträger aus- und einbauen 181
Hinterrad-Trommelbremse 182
Bremsbacken aus- und einbauen 182
Radbremszylinder aus- und einbauen 184
Bremsanlage entlüften 185
Bremsschlauch aus- und einbauen 186
Bremskraftverstärker prüfen 187
Handbremshebel – Detailübersicht 188
Handbremsseil aus- und einbauen 188
Handbremse einstellen 190
Bremslichtschalter aus- und einbauen 191
Hinterrad-Radlager/Radnabe 192
Störungsdiagnose Bremse 192

Motor-Mechanik 195
Hinweis zum Aus- und Einbau von Zahnriemen, Zylinderkopf, Steuerkette 195
Motorabdeckung oben aus- und einbauen 195
1,2-l-Benzinmotor 44/51 kW (60/70 PS) 198
1,4-l-Benzinmotor 63 kW (85 PS) 200
1,2-/1,6-l-Dieselmotor 202
Keilrippenriemen – Detailübersicht 204
Keilrippenriemen aus- und einbauen 204
Motor starten 213
Störungsdiagnose Motor 213

Motor-Schmierung 214
Ölpumpe/Ölwanne 215

Motor-Kühlung 216
Kühlmittelkreislauf 216
Kühler-Frostschutzmittel 217
Kühlmittel wechseln 217
Kühlmittelregler prüfen 221
Kühlmittelregler (Thermostat) aus- und einbauen (Dieselmotor) 221
Kühlmittelregler (Thermostat) aus- und einbauen (1,2-/1,4-l-Benzinmotor 44/51/63 kW) 222
Kühler aus- und einbauen 223
Kühlerlüfter aus- und einbauen 225
Störungsdiagnose Motor-Kühlung 226

Motor-Management . . . 227
Sicherheitsmaßnahmen bei Arbeiten am Benzin-Einspritzsystem . . . 227
Benzin-Einspritzanlage . . . 228
Funktion des Motormanagements beim Benzinmotor . 228
Hinweise zu Leerlaufdrehzahl/Zündzeitpunkt/CO-Gehalt prüfen und einstellen . . . 229
Allgemeine Prüfung der Benzin-Einspritzanlage . . . 229
Saugrohr, Kraftstoffverteiler Einspritzventile . . . 230
Diesel-Einspritzanlage . . . 231
Diesel-Einspritzverfahren . . . 231
Diesel-Vorglühanlage . . . 231
Glühkerzen aus- und einbauen . . . 231
Vorglühanlage prüfen . . . 233
Ladeluftkühlung – Detailübersicht . . . 234
Common-Rail Diesel-Einspritzsystem . . . 234

Kraftstoffanlage . . . 235
Sicherheitsmaßnahmen bei Arbeiten am Kraftstoffsystem . . . 235
Kraftstoff sparen beim Fahren . . . 235
Sicherheits- und Sauberkeitsregeln bei Arbeiten an der Kraftstoffversorgung . . . 235
Kraftstoffbehälter/Kraftstoffpumpe/Kraftstofffilter . . . 236
Kraftstoffpumpe/Tankgeber aus- und einbauen . . . 237
Tankgeber aus- und einbauen . . . 238
Kraftstofffilter aus- und einbauen . . . 239
Kraftstofffilter Dieselmotor . . . 240
Luftfilter aus- und einbauen . . . 241

Abgasanlage . . . 244
Katalysatorschäden vermeiden . . . 244
Aufbau des Katalysators . . . 244
Abgas-Turbolader . . . 245
Diesel-Partikelfilter . . . 245
Abgasanlagen-Übersicht . . . 246
Abgasanlage aus- und einbauen . . . 250
Vorschalldämpfer/Nachschalldämpfer ersetzen . . . 253
Abgasanlage auf Dichtigkeit prüfen . . . 253

Innenausstattung . . . 254
Wichtige Arbeits- und Sicherheitshinweise . . . 254
Halteclips/Halteklammern aus- und einbauen . . . 254
Innenspiegel aus- und einbauen . . . 255
Sonnenblende aus- und einbauen . . . 256
Haltegriff am Dach aus- und einbauen . . . 256
Abdeckung für Schalt-/Wählhebel aus- und einbauen . 257
Mittlere Blenden in der Armaturentafel aus- und einbauen . . . 259
Mittleres Ablagefach in der Armaturentafel aus- und einbauen . . . 259
Vordere Abdeckung der Mittelkonsole aus- und einbauen . . . 260
Mittelkonsole aus- und einbauen . . . 260
Armlehne aus- und einbauen . . . 262
Seitliche Abdeckungen an der Armaturentafel aus- und einbauen . . . 262
Lenksäulenverkleidung aus- und einbauen . . . 263
Abdeckung für Sicherungskasten aus- und einbauen . 263
Handschuhfach aus- und einbauen . . . 264
Einstiegsleiste aus- und einbauen . . . 264
Innenverkleidung Radkasten hinten aus- und einbauen . . . 265
Verkleidung A-Säule aus- und einbauen . . . 266
Verkleidung B-Säule aus- und einbauen . . . 267
Verkleidung C-Säule aus- und einbauen . . . 268
Seitenverkleidung hinten aus- und einbauen . . . 269
Auflage für Kofferraumabdeckung aus- und einbauen . 270
Seitenverkleidung im Kofferraum aus- und einbauen . 271
Schlossträgerabdeckung aus- und einbauen . . . 271
Dachabschlussleiste aus-und einbauen . . . 272
Vordersitz aus- und einbauen . . . 272
Rücksitz aus- und einbauen . . . 273
Sicherheitsgurt vorn aus- und einbauen . . . 275

Karosserie außen . . . 277
Sicherheitshinweise bei Karosseriearbeiten . . . 277
Steinschlagschäden an der Frontscheibe . . . 278
Spreiznieten aus- und einbauen . . . 278
Blindnieten aus- und einbauen . . . 278
Motorraumabdeckung unten aus- und einbauen . . . 278
Windlaufgrill/Wasserkasten-Stirnwand aus- und einbauen . . . 279
Schlossträger in Servicestellung bringen . . . 280
Kühlergrill aus- und einbauen . . . 281
Stoßfänger/Stoßfängerabdeckung vorn aus- und einbauen . . . 282
Stoßfänger/Stoßfängerabdeckung hinten aus- und einbauen . . . 283
Anhängevorrichtung – Detailübersicht . . . 284
Kotflügel aus- und einbauen . . . 285
Innenkotflügel aus- und einbauen . . . 286
Motorhaube aus- und einbauen . . . 287
Motorhaube einstellen . . . 287
Schließbügel der Motorhaube aus- und einbauen . . . 288
Motorhaubenschloss aus- und einbauen/einstellen . . 289
Betätigungshebel/Seilzug für Motorhaube aus- und einbauen . . . 290
Heckklappe aus- und einbauen/einstellen . . . 291
Heckklappe einstellen . . . 291
Gasdruckfeder aus- und einbauen . . . 293
Heckklappenschloss aus- und einbauen . . . 294
Heckklappenverkleidung aus- und einbauen . . . 294
Tür aus- und einbauen . . . 295
Tür einstellen . . . 296
Türverkleidung aus- und einbauen . . . 297
Türfensterscheibe aus- und einbauen . . . 300
Fensterhebermotor aus- und einbauen . . . 301
Türgriff/Türschloss – Detailansicht . . . 302
Türschloss aus- und einbauen . . . 303
Schließzylinder aus- und einbauen . . . 304
Abdeckkappe am Türgriff aus- und einbauen . . . 305
Türaußengriff aus- und einbauen . . . 306

Außenspiegel aus- und einbauen 307
Außenspiegel – Detailübersicht 307
Spiegelglas aus- und einbauen 308
Seitenblinkleuchte/Einstiegsleuchte
aus- und einbauen 308
Spiegelgehäuse-Oberteil aus- und einbauen 309
Spiegelrahmen aus- und einbauen 309

Stromlaufpläne 310
Der Umgang mit dem Stromlaufplan. 310
Zuordnung der Stromlaufpläne. 310
Gebrauchsanleitung für Stromlaufpläne 311
Verschiedene Stromlaufpläne . . . . ab 312

POLO V

Aus dem Inhalt:

- **Modellvarianten**
- **Fahrzeugidentifizierung**
- **Motordaten**

Im Juni 2009 wurde die fünfte Modell-Generation des VW POLO in den Markt eingeführt, und zwar zunächst als 4-Türer. Im Oktober 2009 folgte der POLO mit 2 Türen.

Gegenüber dem Vorgängermodell wirkt der POLO der fünften Generation etwas breiter, was zum einem auf die um 14 mm verringerte Höhe, zum anderen auf die flacheren Heckleuchten und Scheinwerfer zurückzuführen ist.

Für den POLO stehen in Leistung, Hubraum und Bauart unterschiedliche Benzin- und Dieselmotoren zur Verfügung, so dass je nach persönlicher Anforderung zwischen sehr wirtschaftlicher und sportlicher Motorisierung ausgewählt werden kann. Ihre Leistung bringen die Aggregate über den Frontantrieb auf die Straße.

Der POLO verfügt über umfangreiche Sicherheitseinrichtungen; dazu zählen Fahrer-, Beifahrer-, Seiten- und Kopfairbags. Serienmäßig sind ein elektronisches Stabilitätsprogramm (ESP) mit integrierter elektronischer Differentialsperre (EDS) sowie ein Berganfahrassistent. Als neue Zusatzausstattung ist mit dem »Park Pilot« eine Einparkhilfe erhältlich.

Im Frühjahr 2014 erfolgte ein Facelift mit geringfügiger Veränderung von Front- und Heckpartie. Anstelle von 14-Zoll-Rädern ist der POLO jetzt bereits in der Basisversion mit 15-Zöllern ausgestattet. Als Zusatzausstattung sind nun ein Abstandstempomat, eine neue Navi-Generation und ein Einstellfahrwerk erhältlich. Ab Herbst 2014 ist dann auf Wunsch auch eine Ausstattung mit LED-Scheinwerfern möglich.

POLO, Modell 2010

POLO, Modell 2014

Fahrzeug- und Motoridentifizierung

Die **Fahrgestellnummer** oder **Fahrzeug-Identifizierungs-Nummer** (VIN = Vehicle Identification Number) befindet sich an folgenden Positionen:

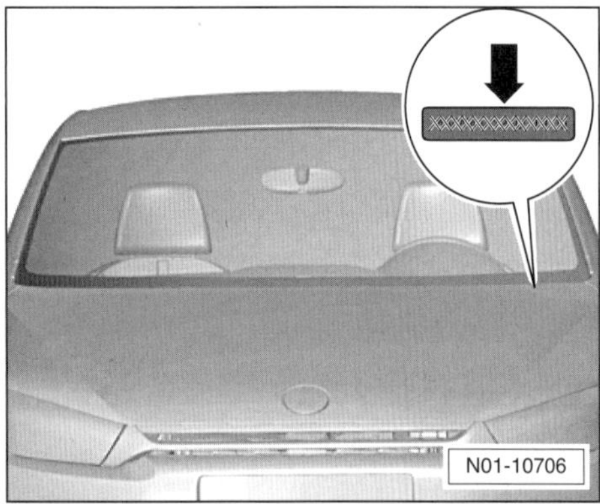

- Die Fahrzeug-Identifizierungsnummer (Fahrgestellnummer) –Pfeil– lässt sich von außen durch ein Sichtfenster in der Frontscheibe ablesen. Das Sichtfenster befindet sich unterhalb vom linken Scheibenwischer.

- Die Fahrgestellnummer –Pfeil– ist auch auf der Verlängerung des Längsträgers eingeschlagen.

Aufschlüsselung der Fahrgestellnummer:

WVW	ZZZ	6R	Z	A	Y	121 321
①	②	③	④	⑤	⑥	⑦

① Herstellerzeichen: WVW = Volkswagen AG
② Füllzeichen
③ 2stellige Typenkurzbezeichnung aus den ersten beiden Stellen der offiziellen Typenbezeichnung. 6R = POLO V
④ Weiteres Füllzeichen
⑤ Angabe des Modelljahres: A = 2010, B = 2011, C = 2012 usw.
⑥ Produktionsstätte
⑦ Laufende Nummerierung

Motornummer

Die Motornummer besteht aus 4 Motor-Kennbuchstaben und einer fortlaufenden, sechsstelligen Nummer.

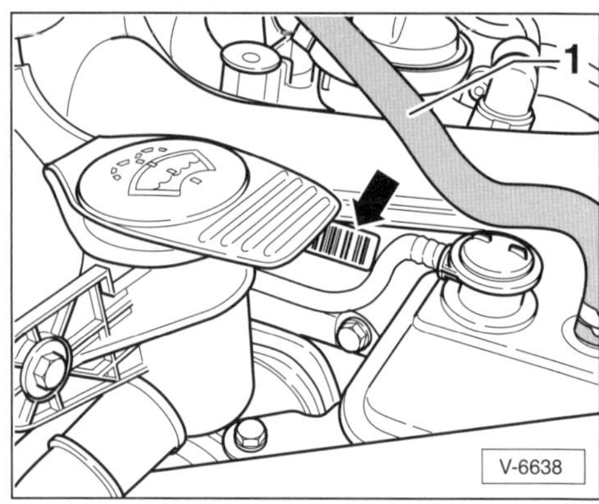

- Die Kennbuchstaben des Motors und die Motornummer –Pfeil– befinden sich auf einem Aufkleber am Steuergehäuse oder auf der Zahnriemenabdeckung. **Hinweis:** Um sie einzusehen, vorher Schlauch –1– für Aktivkohlebehälter am Schlauchclip aushängen und zur Seite drücken.

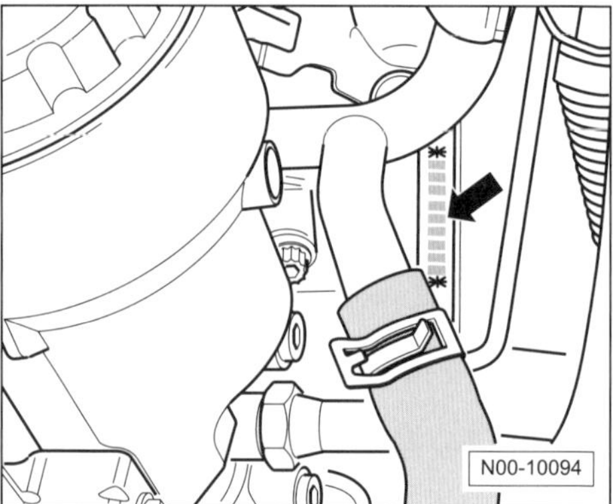

- Motorkennbuchstaben und Motornummer –Pfeil– sind ebenfalls in den Motorblock eingeschlagen, und zwar auf der linken Seite unterhalb der Trennstelle Zylinderkopf/Motorblock.

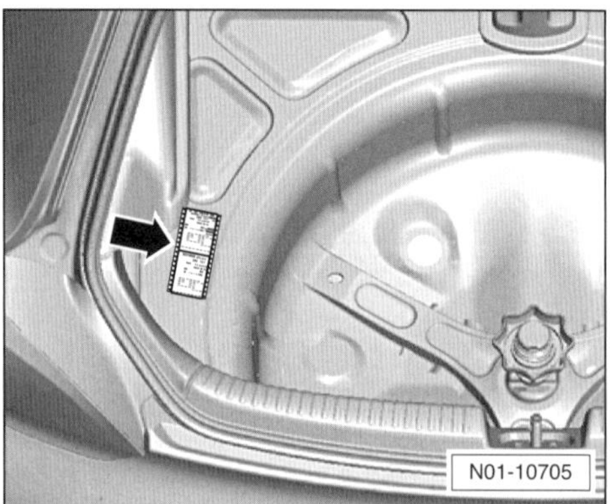

- Motorkennbuchstaben und Motornummer sowie die Fahrgestellnummer stehen ebenfalls auf dem Fahrzeugdatenträger –Pfeil– in der Reserveradmulde links oder im Serviceplan des Fahrzeugs.

1 – 0000
2 – TYP/TYPE
147 KW TSIM6F
3 – MOTOR/GETR.KB. ENG.CODE/TRANS.CODE CAW KNU
LACKNR./INNENAUSST. PAINT NO./INTERIOR LR5Z L--- L--- QX
4 – M-AUSST./OPTIONS
BOA CA6 GOK H6L JID D2L
VOA 1AT 1GB 2FN 5RQ 5SL
3U1 QG1 8AY 8GU
1LJ 3FG 0GG
4UF 4X3 4R4 4K3 N1A
8RM 2JC E0A
1D0 A8I 8BG USA 1N3 3PB 4A3 8N4

N01-10707

Der Fahrzeugdatenträger enthält folgende Fahrzeugdaten:

1 – Fahrzeug-Identifizierungsnummer (Fahrgestellnummer)
2 – Fahrzeugtyp, Motorleistung, Getriebe
3 – Motor- und Getriebekennbuchstaben, Lacknummer, Innenausstattung
4 – Mehrausstattungs-Kennnummern, PR-Nummern

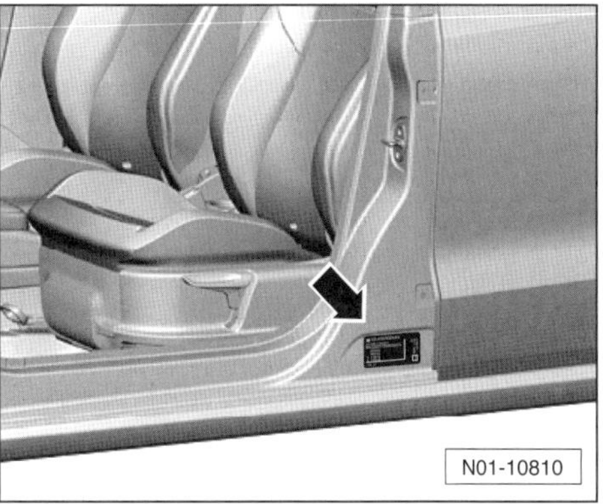

N01-10810

- Fahrgestellnummer und Motorkennbuchstaben stehen ebenfalls auf dem Typschild –Pfeil–. Das Typschild ist im unteren Bereich der linken B-Säule aufgeklebt und nach Öffnen der Fahrertür sichtbar.

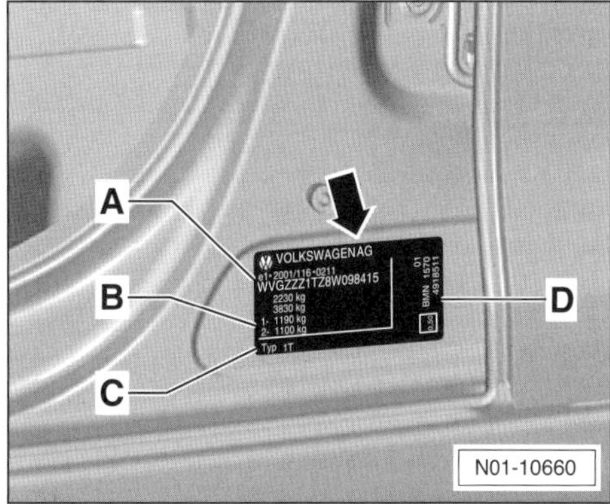

N01-10660

A – Fahrzeug-Identifizierungsnummer (Fahrgestellnummer)
B – Angaben zu Achslasten, zulässigem Gesamtgewicht und zulässigem Zuggewicht.
C – Typ-Kennnummer
D – Motorkennbuchstaben

Hinweis: Bei 2-türigen Fahrzeugen befindet sich das Typschild an der linken B-Säule unterhalb vom Tür-Schließzapfen.

Motordaten

Motor/Modell		1.0	1.0	1.0	1.0	1.2	1.2
Motorkennbuchstaben		CHYA	CHYB	CHZB	CHZC	CGPB/CHFA	CGPA
Fertigung	von – bis	4/14 – 9/17	4/14 – 9/17	11/14 – 9/17	11/14 – 9/17	6/09 – 3/14	6/09 – 3/14
Hubraum	cm^3	999	999	999	999	1198	1198
Leistung	kW bei 1/min PS bei 1/min	44/5000 60/5000	55/5200 75/6200	70/5000 95/5000	81/5000 110/5000	44/5200 60/5200	51/5400 70/5400
Drehmoment	Nm bei 1/min	93/3000	93/3000	160/1500	200/2000	108/3000	112/3000
Bohrung	∅ mm	74,5	74,5	74,5	74,5	76,5	76,5
Hub	mm	76,4	76,4	76,4	76,4	86,9	86,9
Verdichtung		10,5	10,5	10,5	10,5	10,4	10,4
Zylinder/Ventile pro Zylinder		3/4	3/4	3/4	3/4	3/4 [1)]	3/4
Motormanagement		ME 17.5.20	ME 17.5.20	ME 17	ME 17	Simos 3PG	Simos 3PG
Kraftstoff (ROZ)		Super 95	Super 95	Super 95	Super 95	Super 95	Super 95
Wechselmengen Motoröl Kühlflüssigkeit	 Liter Liter	 3,4 –	 3,4 –	 4,0 –	 4,0 –	 2,8 5,6	 4,0 –

Motor/Modell		1.2 TSI	1.2 TSI	1.2 TSI	1.2 TSI	1.4	1.4 TSI (GT)
Motorkennbuchstaben		CJZC	CBZC	CBZB	CJZD	CGGB	CPTA
Fertigung	von – bis	4/14 – 9/17	6/11 – 3/14	11/09 – 3/14	4/14 – 9/17	6/09 – 3/14	10/12 – 3/14
Hubraum	cm^3	1197	1197	1197	1197	1390	1395
Leistung	kW bei 1/min PS bei 1/min	66/4800 90/4800	66/4800 90/4800	77/5000 105/5000	81/5000 110/5000	63/5000 85/5000	103/4500 140/4500
Drehmoment	Nm bei 1/min	160/1400	160/1500	175/1550	175/1500	132/3800	250/1500
Bohrung	∅ mm	71,0	71,0	71,0	71,0	76,5	74,5
Hub	mm	75,6	75,6	75,6	75,6	75,6	80,0
Verdichtung		10,5	10,0	10,0	10,5	10,5	10,5
Zylinder/Ventile pro Zylinder		4/4	4/2	4/2	4/4	4/4	4/4
Motormanagement		MED17.5.21	Simos 10	Simos 10	MED17.5.21	MM4HV	ME 17
Kraftstoff (ROZ)		Super 95	Super 95	Super 95	Super 95	Super 95	Super 95
Wechselmengen Motoröl Kühlflüssigkeit	 Liter Liter	 4,0 8,0	 3,6 [2)] 5,6	 4,0 –	 4,0 8,0	 3,2 5,6	 4,0 –

[1]) Motor CGPB bis 11/09: 4 Ventile pro Zylinder; Motor CHFA: 2 Ventile pro Zylinder. [2]) Ab Juni 2011 Ölwechselmenge 3,9 l

Achtung: Die Füllmengen sind ungefähre Angaben. Flüssigkeitsstände auf jeden Fall mit dem Ölmessstab beziehungsweise anhand der Markierungen auf dem Kühlmittel-Ausgleichbehälter überprüfen. Die Kühlmittelfüllmenge kann je nach Ausstattung abweichen.

Abkürzungen:

TSI = 66/77/81/103-kW-Motor: **T**urbo **S**tratified **I**njection = Benzin-Direkteinspritzer mit Abgasturbolader.

Motormanagement **Simos** = **Si**emens **Mo**tor-**S**teuerung; **MM4HV** = Zünd- und Einspritzanlage von **M**agneti **M**arelli; **ME** = Bosch-**M**otronic mit **E**lektrischer Gasbetätigung; **MED** = Bosch-**M**otronic mit **E**lektrischer Gasbetätigung und Benzin-**D**irekteinspritzung.

Motor/Modell	1.4 TSI	1.4 TSI (GTI)	1.8 GTI	2.0 WRC Street	1,2 TDI	1.4 TDI
Motorkennbuchstaben	CZEA	CAVE/CTHE	DAJA/DAJB	CDLJ	CFWA	CUSA
Fertigung von – bis	4/14 – 9/17	5/10 – 9/17	11/14 – 9/17	9/13 – 3/14	1/10 – 3/14	4/14 – 9/17
Hubraum cm^3	1395	1390	1798	1984	1199	1422
Leistung kW bei 1/min PS bei 1/min	110/5000 150/5000	132/6200 180/6200	141/4200 192/4200	162/4500 220/4500	55/4200 75/4200	55/3000 75/3000
Drehmoment Nm bei 1/min	250/1500	250/2000	320/1450 [3)]	350/2500	180/2000	210/1500
Bohrung ∅ mm	74,5	76,5	82,5	82,5	79,5	79,5
Hub mm	80,0	75,6	84,1	92/8	80,5	95,5
Verdichtung	10,0	10,0	10,5	9,8	16,5	16,2
Zylinder/Ventile pro Zylinder	4/4	4/4	4/4	4/4	3/4	3/4
Motormanagement	MED17.5.21	MED 17.5.5	Simos	MED 9.1	CR	CR
Kraftstoff (ROZ)	Super 95	Super 95	Super 95	S Plus 98	Diesel	Diesel
Wechselmengen Motoröl Liter Kühlflüssigkeit Liter	 4,0 8,0	 3,6 6,6	 5,7 8,0	 4,7 8,0	 4,3 8,0	 4,6 –

Motor/Modell	1.4 TDI	1.4 TDI	1.6 TDI	1.6 TDI	1.6 TDI
Motorkennbuchstaben	CUSB	CYZA	CAYA	CAYB	CAYC
Fertigung von – bis	4/14 – 9/17	4/14 – 9/17	6/09 – 3/14	7/09 – 3/14	7/09 – 3/14
Hubraum cm^3	1422	1422	1595	1595	1595
Leistung kW bei 1/min PS bei 1/min	66/3500 90/3500	77/3500 105/3500	55/4000 75/4000	66/4200 90/4200	77/4400 105/4400
Drehmoment Nm bei 1/min	230/1500	250/1750	195/1500	230/1500	250/1500
Bohrung ∅ mm	79,5	79,5	79,5	79,5	79,5
Hub mm	95,5	95,5	80,5	80,5	80,5
Verdichtung	16,2	16,2	16,5	16,5	16,5
Zylinder/Ventile pro Zylinder	3/4	3/4	4/4	4/4	4/4
Motormanagement	CR	CR	CR	CR	CR
Kraftstoff (ROZ)	Diesel	Diesel	Diesel	Diesel	Diesel
Wechselmengen Motoröl Liter Kühlflüssigkeit Liter	 4,6 6,0	 4,6 –	 4,3 8,0	 4,3 8,0	 4,3 8,0

[3)] Angabe gilt für DAJA-Motor (mit Schaltgetriebe), für den DAJB-Motor (mit DSG-Getriebe) gilt: 250 Nm bei 1250/min.

Achtung: Die Füllmengen sind ungefähre Angaben. Flüssigkeitsstände auf jeden Fall mit dem Ölmessstab beziehungsweise anhand der Markierungen auf dem Kühlmittel-Ausgleichbehälter überprüfen. Die Kühlmittelfüllmenge kann je nach Ausstattung abweichen.

Abkürzungen:

TSI = Alle außer 132-kW-Motor: **T**urbo **S**tratified **I**njection = Benzin-Direkteinspritzer mit Abgasturbolader.
= 132-kW-Motor (GTI): **T**wincharger **S**tratified **I**njection = Benzin-Direkteinspritzer mit Abgasturbolader und Kompressor (Doppelaufladung).

CR-TDI = **C**ommon **R**ail - **T**urbo **D**irect **I**njection = Diesel-Direkteinspritzer mit Abgasturbolader und Common-Rail-System.

Motormanagement **Simos** = **Si**emens **Mo**tor-**S**teuerung; **4HV** = Zünd- und Einspritzanlage von Magneti Marelli; **MED** = Bosch-**M**otronic mit **E**lektrischer Gasbetätigung und Benzin-**D**irekteinspritzung.

Wartung

Aus dem Inhalt:

- **Wartungsplan**
- **Wartungsarbeiten**
- **Serviceanzeige nach der Wartung zurückstellen**
- **Werkzeugausrüstung**
- **Motorstarthilfe**

Der POLO kann nach unterschiedlichen Wartungssystemen gewartet werden.

Fahrzeuge mit der PR-Nummer »**QG1**« werden nach dem Longlife-Service-System mit **flexiblen** Wartungsintervallen gewartet.

Fahrzeuge mit der PR-Nummer »**QG0**« und »**QG2**« werden nach **festen** Wartungsintervallen gewartet.

Erläuterung der Begriffe:

PR-Nummer = Produktions-Steuerungs-Nummer. Damit werden während der Produktion Ausstattungen, Mehrausstattungen oder länderspezifische Abweichungen gekennzeichnet. Die PR-Nummer steht auf dem Fahrzeugdatenträger, siehe Seite 13.

QG0 = Fahrzeuge sind werksseitig **nicht** mit Komponenten für den Longlife-Service ausgestattet.

QG1 = Fahrzeuge sind werksseitig mit Komponenten für den Longlife-Service ausgestattet. Es sind also Motorölstandssensor und Bremsverschleißanzeige vorhanden und die flexible Service-Intervall-Anzeige ist aktiviert.

QG2 = Ausstattung wie QG1, aber die Service-Intervall-Anzeige ist **nicht** auf »**flexible**«, sondern auf »**feste**« Service-Intervalle eingestellt.

Hinweis: Seit Modelljahr 2013 (seit ca. 10/2012) wurden die neuen PR-Nummern **QI1** bis **QI6** eingeführt. Sie stehen für folgende Wartungssysteme:

QI1 - Serviceanzeige 5.000 km oder 1 Jahr (fest);

QI2 - Serviceanzeige 7.500 km oder 1 Jahr (fest);

QI3 - Serviceanzeige 10.000 km oder 1 Jahr (fest);

QI4 - Serviceanzeige 15.000 km oder 1 Jahr (fest);

QI6 - Serviceanzeige 30.000 km oder 2 Jahre (flexibel).

Die neue PR-Nummer QI6 entspricht also der bisherigen PR-Nummer QG1.

Longlife-Service

Normalerweise wird der POLO nach dem »Longlife-Service«-System gewartet. Die Motoren sind ab Werk mit einem alterungsbeständigen Longlifeöl befüllt. Dadurch sind je nach Motorbelastung lange Wartungsintervalle möglich.

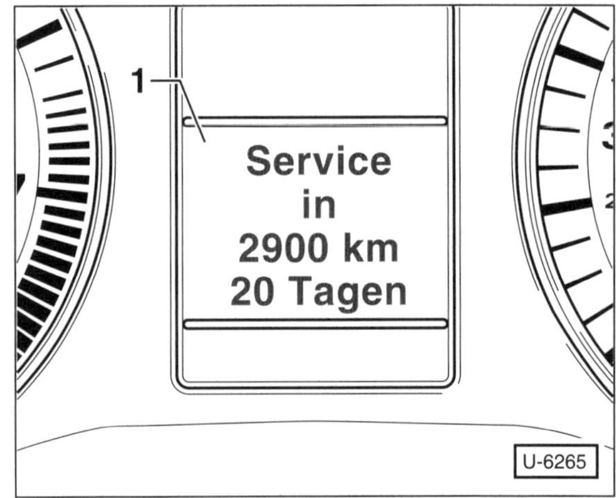

Der Zeitpunkt für die Wartung wird dem Fahrer über die »**Flexible Service-Intervall-Anzeige**« nach dem Einschalten der Zündung im Display –1– des Kombiinstruments angezeigt.

Steht eine Wartung an, erscheint nach dem Einschalten der Zündung beispielsweise der in Abbildung U-6265 dargestellte Wartungs-Ankündigungstext.

Bei Erreichen der vom Steuergerät berechneten Intervalldauer erscheint im Display die Meldung »**SERVICE JETZT**«. Bei Fahrzeugen ohne Textmeldung ertönt ein Gongsignal und ein blinkendes Schraubenschlüssel-Symbol. Die Wartung sollte dann umgehend durchgeführt werden.

Nach einigen Sekunden oder nachdem der Motor gestartet wurde erlischt die Serviceanzeige. Sie kann auch durch Drücken des »OK«-Tasters für die Multifunktionsanzeige im Scheibenwischerhebel abgeschaltet werden.

Hinweis: Eine überfällige Wartung wird durch ein Minuszeichen vor der Kilometer- oder Tagesangabe angezeigt.

Nach einer durchgeführten Wartung muss die Service-Intervallanzeige zurückgesetzt werden. Die Fachwerkstatt verwendet dazu das VW-Diagnosegerät. Die Service-Intervall-Anzeige kann auch über die Schalter am Kombiinstrument zurückgesetzt werden, siehe Seite 69.

Wird im Rahmen einer Wartung oder Reparatur **kein** Longlife-Motoröl nach VW-Norm eingefüllt, dann muss das System von »flexiblen« auf »feste« Service-Intervalle umgestellt werden (Werkstattarbeit). In diesem Fall ist alle 15.000 km oder 12 Monate ein Ölwechsel-Service erforderlich.

Hinweis: Die Fachwerkstätten fragen bei jeder Inspektion mit Hilfe des Fehlerauslesegerätes die Fehlerspeicher der elektronischen Steuergeräte von Motor, ABS, Airbag und Wegfahrsicherung ab. Es kann daher sinnvoll sein, in regelmäßigen Abständen eine Fachwerkstatt aufzusuchen, auch wenn die Wartung in Eigenregie durchgeführt wird. Die Abfrage der Fehlerspeicher wird am Diagnoseanschluss vorgenommen. Bei dieser Gelegenheit kann auf Wunsch auch die Intervallanzeige zurückgestellt werden.

Feste Wartungsintervalle

Die Service-Intervall-Anzeige kann, falls kein Longlife-Öl verwendet wird, von den »flexiblen« Service-Intervallen (Longlife-Service) auf »feste« Service-Intervalle umgestellt werden. Dazu muss die Service-Intervall-Anzeige nach einer durchgeführten Wartung mit dem Fahrzeug-Diagnosegerät umgestellt werden. Als Maßstab für die Anzeige der Wartungszyklen in der Service-Intervall-Anzeige werden die Zeit seit dem letzten Zurücksetzen der Anzeige beziehungsweise die gefahrenen Kilometer berechnet. Bei abgeklemmter Fahrzeugbatterie bleiben die Werte der Service-Anzeige erhalten.

Ölwechsel-Service

Der Ölwechsel-Service ist entsprechend der Service-Intervall-Anzeige in folgenden Intervallen durchzuführen:

Bei **festen Service-Intervallen** oder wenn **kein Longlife-Öl** eingefüllt ist, ist der Ölwechsel **alle 15.000 km** oder **nach 1 Jahr** durchzuführen, je nachdem was zuerst eintritt.

Achtung: Bei erschwerten Betriebsbedingungen, wie überwiegend Stadt- und Kurzstreckenverkehr, häufigen Gebirgsfahrten, Anhängerbetrieb und staubigen Straßenverhältnissen, Ölwechsel-Service öfters durchführen.

- ● Motor: Öl wechseln, Ölfilter ersetzen.
- ● Scheibenbremsbeläge vorn und hinten: Dicke prüfen.
- ● Service-Intervallanzeige zurücksetzen (Werkstattarbeit).

Wartungsplan

Die Wartung ist in folgenden Abständen durchzuführen:

Bei Fahrzeugen mit **Longlife-Service** beziehungsweise mit **flexiblen Service-Intervallen:** Entsprechend der Service-Intervallanzeige sind generell die mit ● und ■ gekennzeichneten Wartungsarbeiten durchzuführen.

Bei festen Service-Intervallen: Entsprechend der Service-Intervallanzeige. Auf jeden Fall **alle 2 Jahre** oder 30.000 km nach der letzten Wartung die mit ● gekennzeichneten Wartungsarbeiten durchführen.

Erstmalig nach 3 Jahren und 60.000 km, dann alle 2 Jahre beziehungsweise 60.000 km, sind die mit ■ gekennzeichneten Wartungsarbeiten durchzuführen (VW-Vorschrift). Es empfiehlt sich allerdings im Rahmen jeder Wartung sowohl die mit ● wie auch die mit ■ gekennzeichneten Wartungsarbeiten durchzuführen.

Flexible und feste Service-Intervalle: Im Rahmen der Wartung sind ebenfalls die zusätzlichen, mit ◆ gekennzeichneten, Wartungsarbeiten entsprechend den angegebenen Intervallen durchzuführen.

Achtung: Bei häufigen Fahrten in staubiger Umgebung Wechselintervall für Motor-Luftfilter und Pollenfilter halbieren.

Motor

- ● Motor: Öl wechseln, Ölfilter erneuern.
- ■ Motor/Motorraum: Sichtprüfung auf Undichtigkeiten.
- ■ Kühl- und Heizsystem: Flüssigkeitsstand prüfen, Konzentration des Frostschutzmittels prüfen. Sichtprüfung auf Undichtigkeiten und äußere Verschmutzung des Kühlers.
- ■ Abgasanlage: Auf Beschädigungen, Undichtigkeiten und lockere Befestigung sichtprüfen.
- ■ Keilrippenriemen: Zustand prüfen, bei Verschleißspuren wechseln.

Getriebe/Achsantrieb

- ■ Getriebe/Achsantrieb: Auf Undichtigkeiten und Beschädigungen sichtprüfen.

Vorderachse/Lenkung

- ■ Spurstangenköpfe: Spiel und Befestigung prüfen, Staubkappen prüfen.
- ■ Achsgelenke: Staubkappen prüfen.
- ■ Manschetten der Antriebswellen: Auf Undichtigkeiten und Beschädigungen sichtprüfen.

Bremsen/Reifen/Räder

- ● Bremsen: Belagstärke der vorderen und hinteren Bremsbeläge prüfen.
- ● Bereifung: Profiltiefe und Reifenfülldruck prüfen; Reifen auf Verschleiß und Beschädigungen (einschließlich Reserverad) prüfen.
- ● Reifen-Kontroll-Anzeige, falls vorhanden: Grundeinstellung durchführen.

- ■ Bremsanlage: Leitungen, Schläuche, Bremszylinder und Anschlüsse auf Undichtigkeiten und Beschädigungen prüfen.
- ■ Bremsflüssigkeitsstand: Prüfen, gegebenenfalls auffüllen.

Karosserie/Innenausstattung

- ● Verbandkasten: Haltbarkeitsdatum überprüfen, gegebenenfalls Verbandkasten ersetzen.
- ● Lüftung/Heizung: Staub-/Pollenfilter-Einsatz erneuern, Gehäuse reinigen.
- ■ Beifahrerairbag: Schlüsselschaltung kontrollieren.
- ■ Türfeststeller: Befestigungsbolzen schmieren.
- ■ Schiebedach: Führungsschienen reinigen und fetten.
- ■ Wasserkasten und Wasserablauföffnungen sichtprüfen und reinigen.
- ■ Abnehmbare Anhängerkupplung: Funktion prüfen.
- ■ Unterbodenschutz: Auf Beschädigungen sichtprüfen.

Elektrische Anlage

- ● Batterie: Prüfen.
- ● Eigendiagnose: Fehlerspeicher auslesen (Werkstattarbeit).
- ● Service-Intervallanzeige: Zurücksetzen.
- ■ Front- und Heckbeleuchtung, Blinkanlage, Warnblinkanlage, automatische Fahrlichtsteuerung: Funktion prüfen.
- ■ Sämtliche Stromverbraucher/Bedienelemente/Anzeigen/Innenbeleuchtung/Hupe: Funktion prüfen.
- ■ Scheibenwischerblätter: Wischergummis auf Verschleiß prüfen.
- ■ Scheibenwaschanlage: Funktion prüfen, Düsenstellung kontrollieren, Flüssigkeit nachfüllen, Scheinwerfer-Waschanlage prüfen.
- ■ Scheinwerfer: Einstellung prüfen (Werkstattarbeit).

Folgende Arbeiten zusätzlich durchführen:

Erstmalig nach 3 Jahren, dann alle 2 Jahre

- ◆ Bremsflüssigkeit: Erneuern.
- ◆ Abgasuntersuchung (AU): Leerlaufdrehzahl, CO-Gehalt, Zündzeitpunkt prüfen; Fehlerspeicher abfragen (Werkstattarbeit).

Alle 30.000 km

- ◆ **1,4-l-Benzinmotor CGGB, 63 kW:** Zahnriemen für Nockenwellenantrieb auf Beschädigung sichtprüfen. Die Prüfung ist **erstmals nach 90.000 km**, danach alle 30.000 km durchzuführen. Bei Bedarf Zahnriemen wechseln (Werkstattarbeit).
- ◆ **Dieselmotor:** Diesel-Partikelfilter prüfen (Werkstattarbeit). Dabei wird mit dem Fahrzeugediagnosegerät, zum Beispiel VW-VAS5051B, die Aschebeladung des Filters geprüft. Die Prüfung ist **erstmals nach 180.000 km**, danach alle 30.000 km durchzuführen. Bei **Dieselmotoren ab 4/2014** Prüfung erstmals nach **210.000 km**, danach alle 30.000 km durchführen.
- ◆ **1,4-l-Benzinmotor CPTA, 103 kW sowie alle Benzinmotoren ab 4/2014:** Zahnriemen für Nockenwellenantrieb und Zahnriemen für Kühlmittelpumpe prüfen, gegebenenfalls wechseln. Die Prüfung ist **erstmals nach 240.000 km**, danach alle 30.000 km durchzuführen.

Alle 4 Jahre

- ◆ Reifenreparatur-Set, falls vorhanden: Ersetzen, dabei Haltbarkeitsdatum beachten.

Alle 60.000 km oder 4 Jahre

- ◆ Benziner: Zündkerzen erneuern.
- ◆ **1,0-l-Benzinmotor:** Filtereinsatz für Motor-Luftfilter erneuern, Filtergehäuse reinigen.

Alle 60.000 km

- ◆ Dieselmotor: Kraftstofffilter erneuern.

Alle 90.000 km oder 6 Jahre

- ◆ **Alle außer 1,0-l-Benzinmotor:** Filtereinsatz für Motor-Luftfilter erneuern, Filtergehäuse reinigen.

Alle 210.000 km

- ◆ Dieselmotor: Zahnriemen und Spannrolle ersetzen.

Hinweis: Bei folgenden Motoren erfolgt der Antrieb der Nockenwellen durch eine **wartungsfreie Steuerkette**:

- ■ 1,2-l-Benzinmotor bis 3/2014.
- ■ 1,4-l-TSI-Benzinmotor (132 kW).
- ■ 1,8-l-TSI-Benzinmotor (141 kW).

Wartungsarbeiten

Hier werden, nach den verschiedenen Baugruppen des Fahrzeugs aufgeteilt, alle Wartungsarbeiten beschrieben, die gemäß dem Wartungsplan durchgeführt werden müssen. Auf die erforderlichen Verschleißteile sowie das möglicherweise benötigte Sonderwerkzeug wird jeweils hingewiesen.

Es empfiehlt sich Reifendruck, Motorölstand und Flüssigkeitsstände für Kühlung, Wisch-/Waschanlage etc. mindestens alle 4 bis 6 Wochen zu prüfen und gegebenenfalls zu ergänzen.

Achtung: Beim **Einkauf von Ersatzteilen** ist zur Identifizierung des Fahrzeuges unbedingt die **Fahrzeug-Ident-Nummer** (Fahrgestellnummer) beziehungsweise der **KFZ-Schein** mitzunehmen. Sonst ist eine genaue Zuordnung der Ersatzteile oftmals nicht möglich.

Um ganz sicher zu sein, dass man die richtigen Ersatzteile erhalten hat, empfiehlt es sich nach Möglichkeit, das Altteil auszubauen und zum Ersatzteilhändler mitzunehmen. Dort kann man es mit dem Neuteil vergleichen.

Motor und Abgasanlage

Folgende Wartungspunkte müssen nach dem Wartungsplan in unterschiedlichen Intervallen durchgeführt werden:

- Motor/Motorraum: Sichtprüfung auf Undichtigkeiten.
- Motor: Öl wechseln, Ölfilter erneuern.
- Kühl- und Heizsystem: Flüssigkeitsstand prüfen, Konzentration des Frostschutzmittels prüfen. Sichtprüfung auf Undichtigkeiten und äußere Verschmutzung des Kühlers.
- Dieselmotor: Kraftstofffilter ersetzen.
- Motor-Luftfilter: Filtereinsatz erneuern, Filtergehäuse reinigen.
- Keilrippenriemen: Zustand prüfen, bei Verschleißspuren wechseln.
- Abgasanlage: Auf Beschädigungen, Undichtigkeiten und lockere Befestigung sichtprüfen.
- Benzinmotor: Zündkerzen erneuern.
- 1,0-l; 1,2-l ab 4/2014; 1,4-l außer 132 kW; 2,0-l-Benziner: Zahnriemen auf Beschädigung sichtprüfen, gegebenenfalls ersetzen (Werkstattarbeit), siehe auch Seite 200.
- Dieselmotor: Zahnriemen und Spannrolle erneuern (Werkstattarbeit), siehe auch Seite 202.
- Dieselmotor: Partikelfilter prüfen (Werkstattarbeit).
- Abgasuntersuchung (AU) durchführen; Fehlerspeicher abfragen (Werkstattarbeit).

Motor/Motorraum: Sichtprüfung auf Undichtigkeiten

Spezialwerkzeug: nicht erforderlich.

- Obere Motorabdeckung ausbauen, siehe Seite 195.
- Untere Motorraumabdeckung ausbauen, siehe Seite 278.
- Leitungen, Schläuche und Anschlüsse der
  - Kraftstoffanlage,
  - des Kühl- und Heizungssystems,
  - der Bremsanlage

  auf Undichtigkeiten, Scheuerstellen, Porosität und Brüchigkeit sichtprüfen.

Ölundichtigkeit suchen

Bei ölverschmiertem Motor und hohem Ölverbrauch überprüfen, wo das Öl austritt. Dazu folgende Stellen überprüfen:

- Öleinfülldeckel öffnen und Dichtung auf Porosität oder Beschädigung prüfen.
- Kurbelgehäuse-Entlüftung: Zum Beispiel Belüftungsschlauch vom Zylinderkopfdeckel zum Luftansaugschlauch.
- Zylinderkopfdeckel-Dichtung.
- Zylinderkopf-Dichtung.
- Ölablassschraube (Dichtring).
- Ölfilterdichtung: Ölfilter am Ölfilterflansch.
- Ölwannendichtung.
- Wellendichtringe links und rechts für Nockenwellen und Kurbelwelle.

Da sich bei Undichtigkeiten das Öl meistens über eine größere Motorfläche verteilt, ist der Austritt des Öls nicht auf den ersten Blick zu erkennen. Bei der Suche geht man zweckmäßigerweise wie folgt vor:

- Motorwäsche durchführen: Generator mit Plastiktüte abdecken. Motor mit handelsüblichem Kaltreiniger einsprühen und nach einer kurzen Einwirkungszeit an einer Autowaschanlage mit Wasser abspritzen.
- Trennstellen und Dichtungen am Motor von außen mit Kalk oder Talkumpuder bestäuben.
- Ölstand kontrollieren, gegebenenfalls auffüllen.
- Probefahrt durchführen. Da das Öl bei heißem Motor dünnflüssig wird und dadurch schneller an den Leckstellen austreten kann, sollte die Probefahrt über eine Strecke von ca. 30 km auf einer Schnellstraße durchgeführt werden.
- Anschließend Motor mit Lampe anstrahlen, undichte Stelle lokalisieren und Fehler beheben.

Kühlsystem prüfen

- Kühlmittelschläuche durch Zusammendrücken und Verbiegen auf poröse Stellen untersuchen, hart gewordene und aufgequollene Schläuche erneuern.
- Die Schläuche dürfen nicht zu kurz auf den Anschlussstutzen sitzen.
- Festen Sitz der Schlauchschellen kontrollieren, gegebenenfalls Schellen erneuern.
- Dichtung des Verschlussdeckels für den Ausgleichbehälter auf Beschädigungen überprüfen.

Achtung: Ein zu niedriger Kühlmittelstand kann auch von einem nicht richtig aufgeschraubten Verschlussdeckel herrühren.

- Deutlicher Kühlmittelverlust und/oder Öl in der Kühlflüssigkeit sowie weiße Abgaswolken bei warmem Motor deuten auf eine defekte Zylinderkopfdichtung hin.

Achtung: Mitunter ist es schwierig, die Leckstelle ausfindig zu machen. Dann empfiehlt sich eine Druckprüfung durch die Werkstatt (Spezialgerät erforderlich). Hierbei kann ebenfalls das Überdruckventil des Verschlussdeckels geprüft werden.

- Obere Motorabdeckung einbauen.
- Motorraumabdeckung unten einbauen, siehe Seite 278.

Motorölstand prüfen/Motoröl auffüllen

Der Motor soll auf einer Fahrstrecke von ca. 1.000 km nicht mehr als 1,0 Liter Öl verbrauchen. Mehrverbrauch ist ein Anzeichen für verschlissene Ventilschaftabdichtungen und/oder Kolbenringe beziehungsweise Öldichtungen.

Spezialwerkzeug: nicht erforderlich.

Erforderliche Betriebsmittel/Verschleißteile:

- Nur ein von VW freigegebenes Motoröl verwenden.
  Ölspezifikation:
  Benzinmotor mit Longlife-Service: VW-504 00
  Benzinmotor mit festen Wartungsintervallen: . VW-502 00
  CR-Dieselmotor mit Partikelfilter: VW-507 00

Prüfen

- Motor warm fahren und auf einer ebenen, waagerechten Fläche abstellen.
- Nach Abstellen des Motors mindestens 3 Minuten lang warten, damit sich das Öl in der Ölwanne sammelt.

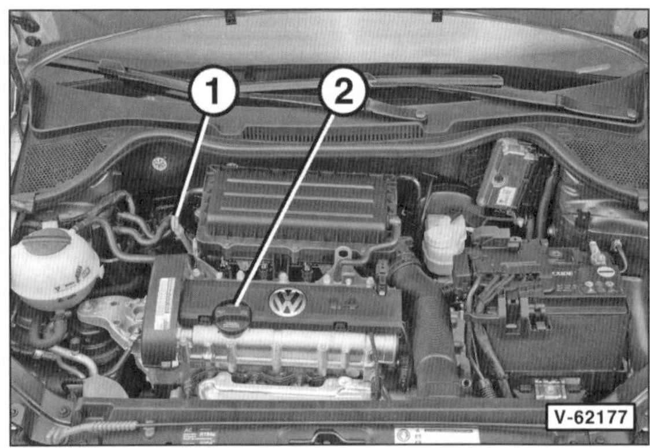

- Ölmessstab –1– herausziehen und mit einem sauberen Lappen abwischen. 2 – Öleinfülldeckel.
- Anschließend Messstab bis zum Anschlag einführen und wieder herausziehen.

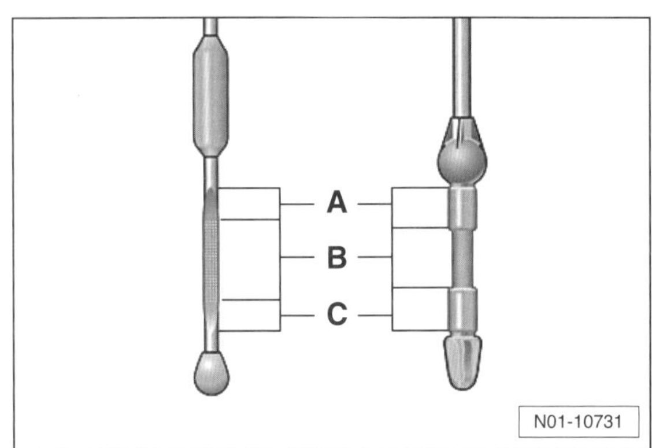

- Der Ölstand ist in Ordnung, wenn er im Bereich –B– liegt. Liegt er im Bereich –C–, muss Öl bis zum Bereich –B– nachgefüllt werden. Bei einem Ölstand im Bereich –A– darf kein Motoröl nachgefüllt werden.

Achtung: Zu viel eingefülltes Motoröl (oberhalb von Bereich –A–) muss wieder abgesaugt werden, da sonst die Motordichtungen beziehungsweise der Katalysator beschädigt werden können.

- Bei hoher Motorbeanspruchung wie zum Beispiel längeren Autobahnfahrten im Sommer und bei Anhängerbetrieb oder Gebirgsfahrten sollte der Ölstand im oberen Teil von Bereich –B– liegen.
- Nachgefüllt wird am Verschluss des Zylinderkopfdeckels. Beim Nachfüllen richtige Ölsorte und keine Ölzusätze verwenden.
- Ölmessstab einsetzen, Einfülldeckel aufschrauben.

Motoröl wechseln/Ölfilter ersetzen

Erforderliches Spezialwerkzeug:

- 1,2-l-Benzinmotor 44/51 kW: Stecknuss SW-36 oder HAZET 2169-36 zum Lösen des Ölfilterdeckels.
- 1,4-l-Benzinmotor 63 kW: Stecknuss oder Ringschlüssel SW-30 für den Sechskant der Filterpatrone.
- 1,0-l-Benzinmotor; 1,2-/1,4-l-TSI-Benzinmotor; 1,4-l-Dieselmotor: Handelsüblichen Spannbandschlüssel oder HAZET 2169 zum Lösen der Filterpatrone.
- 1,2-/1,6-l-Dieselmotor: Stecknuss SW 32 oder HAZET 2169-32 zum Lösen des Ölfilterdeckels.
- 2,0-l-Benzinmotor: Ölablaufadapter VW-T40057.
- Grube oder hydraulischer Wagenheber mit Unterstellböcken.
- Ölauffangwanne, die je nach Motor bis zu 6 Liter Öl fasst.

Achtung: Bei Fahrzeugen mit Abgasturbolader muss nach dem Ölwechsel beim ersten Motorstart Folgendes beachtet werden:

- Solange die Kontrollleuchte für Öldruck im Kombiinstrument leuchtet, darf der Motor nur im Leerlauf laufen.
- Kein Gas geben!
- Erst wenn die Kontrollleuchte erlischt, ist der volle Öldruck erreicht, und es darf Gas gegeben werden.

Achtung: Bei Gasstößen ohne vollen Öldruck kann der Turbolader geschädigt werden oder total ausfallen. Da der Turbolader mit sehr hohen Drehzahlen läuft, können bei unzureichender Schmierung die Lager innerhalb weniger Sekunden ausfallen!

Sollten Öllecks, Vibrationen oder unnatürliche Geräuschentwicklung des Turboladers auftreten, Motor sofort abstellen.

Erforderliche Betriebsmittel/Verschleißteile:

- Je nach Motor 3,0 bis 6,0 Liter Motoröl. Dabei nur ein von VW freigegebenes Motoröl verwenden.
  Ölspezifikation:
  Benzinmotor mit Longlife-Service: VW-504 00
  Benzinmotor mit festen Wartungsintervallen: . VW-502 00
  Dieselmotor: VW-507 00
- Je nach Motor Ölfiltereinsatz oder Ölfilterpatrone.
- **Neue(n)** Dichtring(e) für Ölfilterdeckel.
- **Neue** Ölablassschraube mit **neuem** Dichtring.

Hinweis: Die Öl-Verkaufsstellen nehmen die entsprechende Menge Altöl kostenlos entgegen, daher beim Ölkauf Quittung und Ölkanister für spätere Altölrückgabe aufbewahren! **Um Umweltschäden zu vermeiden, keinesfalls Altöl einfach wegschütten oder dem Hausmüll mitgeben.**

Die Werte für die **Ölwechselmenge** mit Filterwechsel stehen in der Tabelle »Motordaten« auf Seite 14.

Hinweis: Die dort angegebenen Ölwechselmengen sind ungefähre Mengenangaben. Auf jeden Fall nach dem Ölwechsel den Ölstand mit dem Ölmessstab prüfen und gegebenenfalls korrigieren.

Achtung: Motoröl grundsätzlich ablassen, **nicht absaugen**. Beim Absaugen ist die verbleibende Restmenge Motoröl zu groß, so dass es beim Auffüllen der vorgeschriebenen Menge zur Überfüllung des Motors mit Motoröl kommt und im späteren Betrieb der Katalysator beschädigt wird.

Motoröl ablassen

- Motor warm fahren.

Sicherheitshinweis
Beim Aufbocken des Fahrzeugs besteht Unfallgefahr! Deshalb vorher das Kapitel »Fahrzeug aufbocken« durchlesen.

- Fahrzeug waagerecht aufbocken oder über eine Montagegrube fahren.
- Deckel am Filtergehäuse abschrauben beziehungsweise obenliegende Filterpatrone lösen, damit das Öl aus dem Filter in den Motor zurücklaufen kann, siehe Abschnitt »Ölfilter wechseln«.
- Untere Motorraumabdeckung ausbauen, siehe Seite 278.
- **1,4-l-Dieselmotor:** An dieser Stelle die Arbeitsschritte aus dem Abschnitt »Ölfilter wechseln« durchführen.
- Altöl-Auffangwanne unter die Ölablassschraube stellen.

Sicherheitshinweis
Darauf achten, dass beim Herausdrehen der Ölablassschraube das heiße Motoröl nicht über die Hand läuft. Deshalb beim Abschrauben mit den Fingern den Arm waagerecht halten.

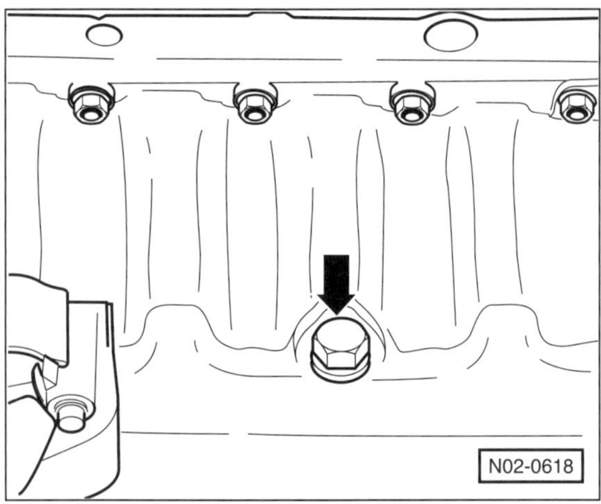

- Ölablassschraube –Pfeil– aus der Ölwanne herausdrehen und Altöl vollständig ablassen.

Achtung: Werden im Motoröl Metallspäne und Abrieb in größeren Mengen festgestellt, deutet dies auf Fressschäden hin, zum Beispiel Kurbelwellen- oder Pleuellagerschäden. Um Folgeschäden nach erfolgter Reparatur zu vermeiden, ist die sorgfältige Reinigung von Ölkanälen und Ölschläuchen und das Erneuern des Ölkühlers unerlässlich.

- Anschließend Ölablassschraube mit **neuem** Dichtring einschrauben und mit **30 Nm** festziehen. **Achtung:** Das zulässige Anzugsdrehmoment darf nicht überschritten werden, sonst kann es zu Undichtigkeiten oder Schäden kommen.
  Hinweis: Beim ersten Ölwechsel Ablassschraube und Dichtring ersetzen.

Ölfilter wechseln

Achtung: Benutzte Ölfilter oder Filtereinsätze müssen als Sondermüll entsorgt werden.

1,0-l-Benzinmotor; 1,2-l-TSI-Benzinmotor (66 – 81 kW); 1,4-l-TSI-Benzinmotor (103 – 132 kW) ab 4/2014

- Altöl-Auffangwanne unter den Ölfilter stellen.

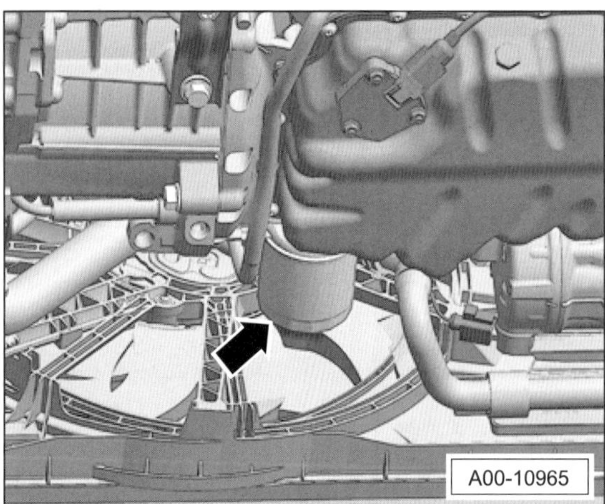

- Ölfilterpatrone –Pfeil– mit handelsüblichem Spannbandschlüssel, zum Beispiel HAZET 2171-1 oder HAZET-2169, lösen und von Hand abschrauben.
- Dichtfläche des Ölfilters an Ölwanne beziehungsweise Ölwannenoberteil reinigen.
- Gummidichtung am neuen Filter dünn mit sauberem Motoröl einölen, dadurch wird eine bessere Abdichtung beim Anziehen des Filters erzielt.
- **Neuen** Ölfilter nur mit der Hand festschrauben, bis die Filterdichtung am Motorblock anliegt. Anschließend Filter noch um ½ Umdrehung weiterdrehen. Falls vorhanden, Hinweise auf dem Ölfilter beachten. Falls der HAZET-Schlüssel 2169 verwendet wird, Ölfilter mit **20 Nm** festziehen.
- Untere Motorraumabdeckung einbauen, siehe Seite 278.
- Fahrzeug ablassen.

1,2-l-Benzinmotor (44/51 kW)

- Motorraumabdeckung unten einbauen, siehe Seite 278.
- Fahrzeug ablassen.

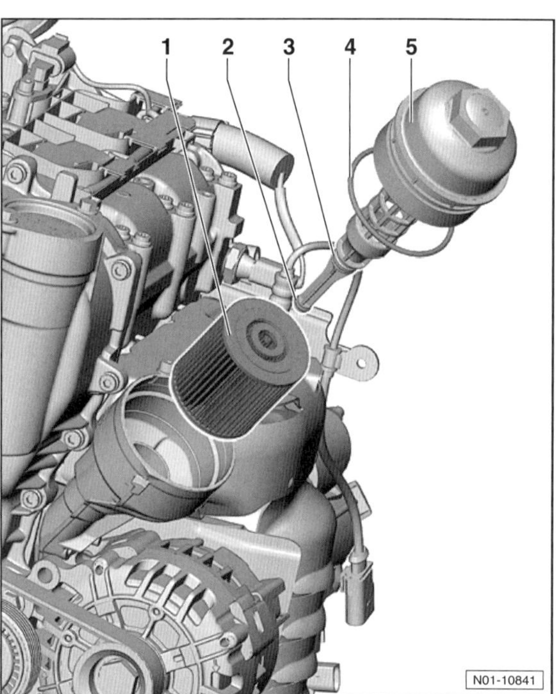

- Verschlussdeckel –5– von oben mit einem Steckschlüsseleinsatz SW 36 abschrauben, zum Beispiel mit HAZET 2169-36.
- Deckel –5– mit Ölfiltereinsatz –1– herausnehmen.
- Alten Ölfiltereinsatz vom Deckel abziehen.
- O-Ringe –2/3/4– ersetzen.
- Neuen Filtereinsatz einsetzen.
- Dichtfläche am Motor mit Kaltreiniger und Lappen reinigen.
- Dichtring –4– am Filterdeckel mit neuem Motoröl leicht einölen.
- Verschlussdeckel ansetzen und mit **25 Nm** festschrauben.

1,4-l-Benzinmotor (63 kW)

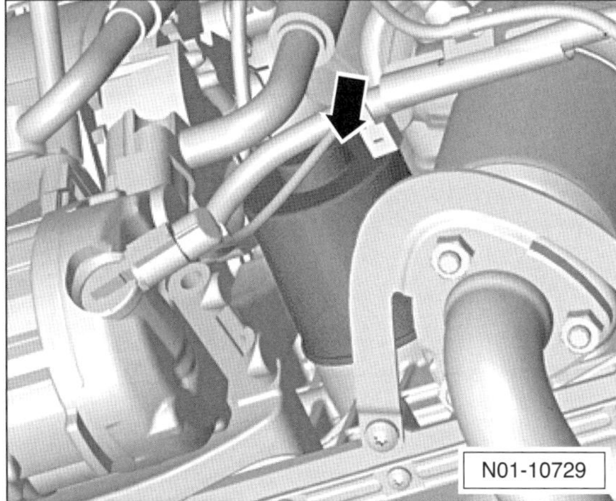

- Ölfilter –Pfeil– mit einem Maul- oder Ringschlüssel SW-30 am Sechskant lösen. (SW = Schlüsselweite).
- Anschließend Ölfilter von Hand abschrauben. Auslaufendes Motoröl mit Lappen auffangen.
- Ölfilterflansch am Motorblock mit Kaltreiniger reinigen. Eventuell dort verbliebene Filterdichtung abnehmen.
- Gummidichtring am neuen Ölfilter dünn mit sauberem Motoröl bestreichen.
- **Neuen** Ölfilter nur mit der Hand festschrauben. Wenn die Filterdichtung am Motorblock anliegt, Filter noch um ½ Umdrehung weiterdrehen. Hinweise auf dem Ölfilter beachten.
- Fahrzeug ablassen.

1,2-/1,4-l-TSI-Benzinmotor (77/103/132 kW) bis 3/2014

- Motorraumabdeckung unten einbauen, siehe Seite 278.
- Fahrzeug ablassen.
- Vor dem Ausbau der Filterpatrone insbesondere Drehstromgenerator und Keilrippenriemen mit einem dicken Lappen abdecken.

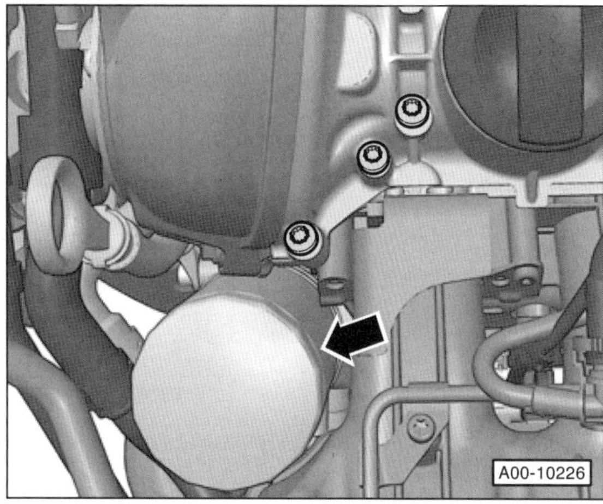

- Ölfilterpatrone –Pfeil– mit handelsüblichem Spannbandschlüssel oder HAZET-2169 abschrauben und herausnehmen. **Achtung:** Dabei darf kein Motoröl auf den Keilrippenriemen oder Drehstromgenerator tropfen.
- Dichtfläche am Steuergehäuse reinigen.
- Gummidichtung am neuen Filter dünn mit sauberem Motoröl einölen, dadurch wird eine bessere Abdichtung beim Anziehen des Filters erzielt.
- **Neuen** Ölfilter nur mit der Hand festschrauben, bis die Filterdichtung am Motorblock anliegt. Anschließend Filter noch um ½ Umdrehung weiterdrehen. Falls vorhanden, Hinweise auf dem Ölfilter beachten. Falls der HAZET-Schlüssel 2169 verwendet wird, Ölfilter mit **20 Nm** festziehen.

1,8-l-Benzinmotor

- Motorraumabdeckung unten einbauen, siehe Seite 278.
- Fahrzeug ablassen.

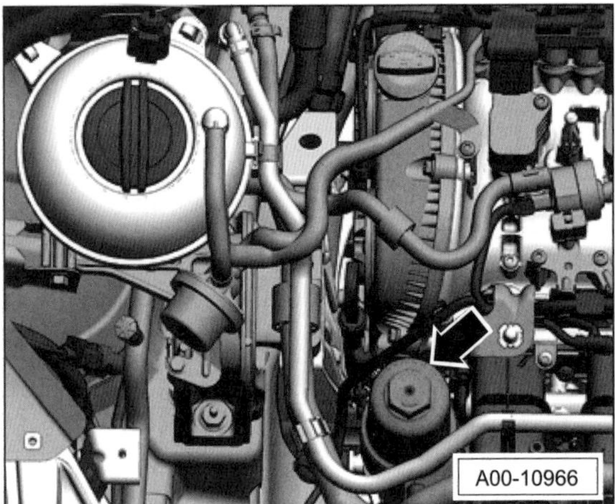

- Ölfiltergehäuse –Pfeil– mit einer Stecknuss SW 32 oder HAZET 2169-32 lösen.
- Ein paar Minuten warten, damit das Öl aus dem Filter in den Motor zurücklaufen kann.
- Filtergehäuse abschrauben und komplett abnehmen. Dabei dicken Lappen darunter halten, damit kein Motoröl auf Motor, Generator oder Kühlmittelschläuche tropft. Gegebenenfalls Motoröl sofort abwischen.

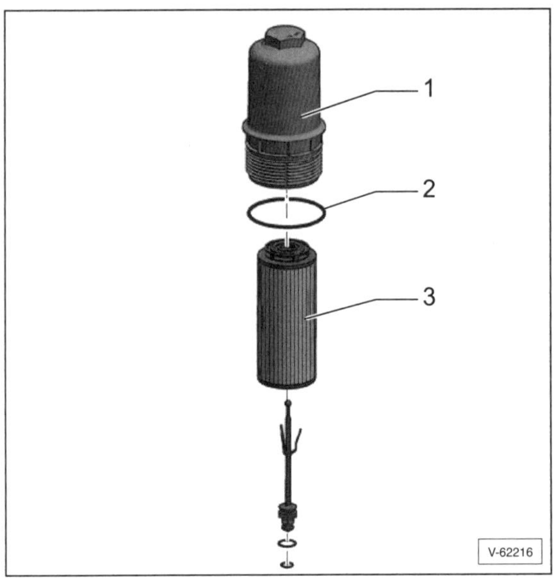

- Filtereinsatz –3– aus dem Filtergehäuse –1– herausziehen.
- Ölfilterflansch am Motorblock mit Kaltreiniger reinigen. Eventuell dort verbliebene Filterdichtung abnehmen.
- Neuen O-Ring –2– dünn mit sauberem Motoröl bestreichen und in die Nut am Filtergehäuse –1– einsetzen.
- Neuen Filtereinsatz in das Filtergehäuse einsetzen.
- Filtergehäuse ansetzen, anschrauben und mit **25 Nm** festziehen.

2,0-l-Benzinmotor

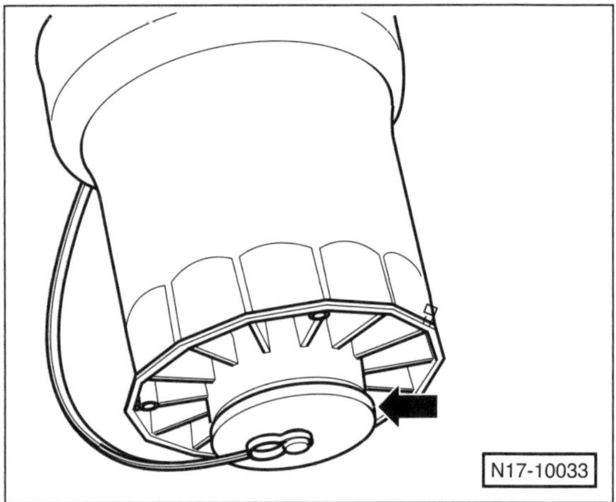

- Staubkappe –Pfeil– am Ölfiltergehäuse herausdrehen.

Hinweis: Bevor das Ölfiltergehäuse ausgebaut wird, muss es entleert werden.

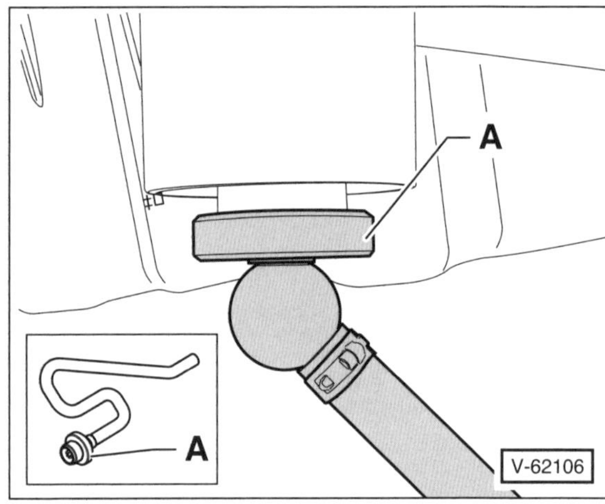

- Die Fachwerkstatt verwendet zum Entleeren des Ölfilters den Ölablaufadapter VW-T40057 –A–. Adapter in das Ölfiltergehäuse einschrauben und Ablaufschlauch in die Ölauffangwanne halten.

Hinweis: Beim Einschrauben des Ölablaufadapters wird ein Ventil im Ölfilterghäuse geöffnet. Beim Herausschrauben schließt das Ventil automatisch wieder.

- Altöl vollständig in die Auffangwanne ablaufen lassen.
- Ölablaufadapter herausschrauben.

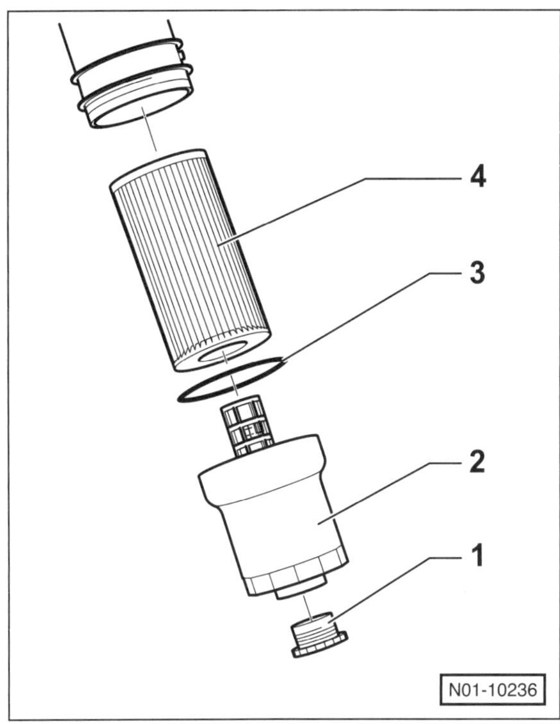

- Ölfiltergehäuse –2– mit einem Steckschlüssel SW 36 abschrauben.
- Filtereinsatz –4– herausnehmen.
- Dichtring –3– aus dem Ölfiltergehäuse herausnehmen. Dabei Dichtring mit einer Spitzzange an der Haltefahne fassen und herausziehen.
- **Neuen** Filtereinsatz –4– einsetzen
- **Neuen** Dichtring –3– so einsetzen, dass die Haltefahne am Dichtring nach oben zeigt. Dichtring in die Dichtnut drücken und mit dem Finger prüfen, ob der Dichtring in der gesamten Dichtnut gleichmäßig anliegt
- Filtergehäuse –2– mit **25 Nm** anschrauben.
- Staubkappe –1– handfest in das Ölfiltergehäuse –2– einschrauben.
- Fahrzeug ablassen.

1,2-/1,6-l-Dieselmotor bis 3/2014

- Motorraumabdeckung unten einbauen, siehe Seite 278.
- Fahrzeug ablassen.

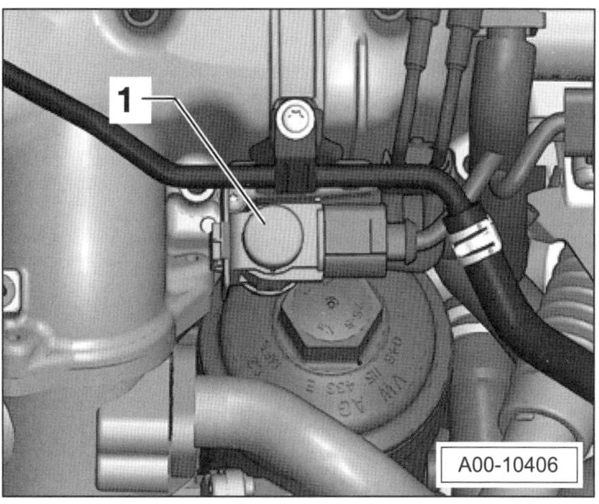

- Magnetumschaltventil –1– ausclipsen.

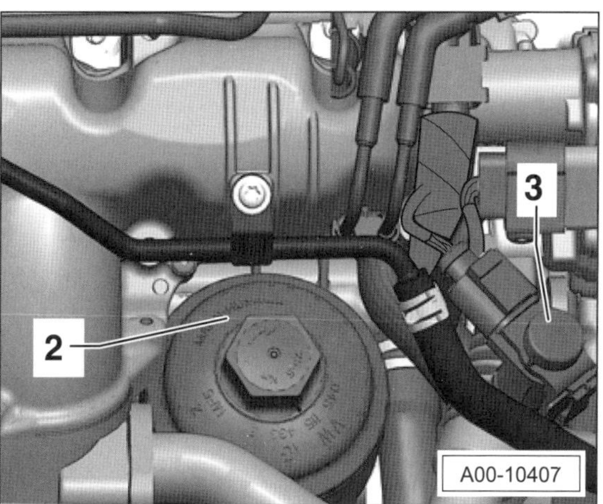

- Ölfilterdeckel –2– mit einer Stecknuss SW-32 oder HAZET 2169-32 abschrauben. 3 – Magnetumschaltventil.
- Dichtflächen am Filterdeckel und am Ölfiltergehäuse mit Kaltreiniger oder Kraftstoff und einem Lappen reinigen.

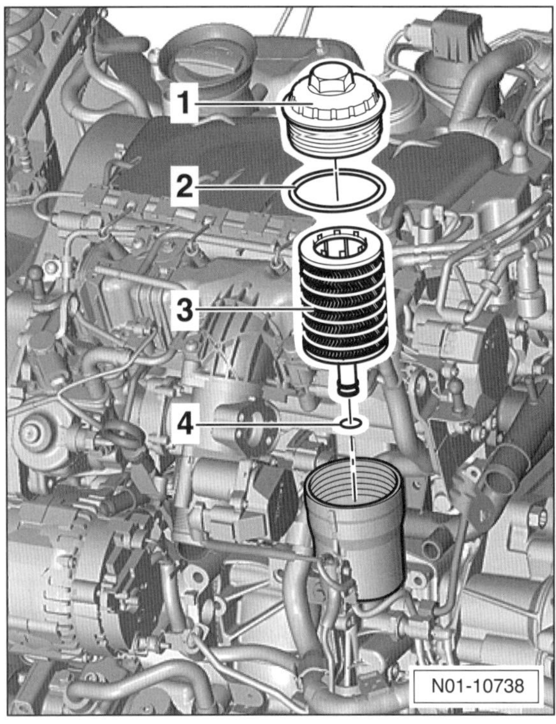

- O-Ringe –2– und –4– sowie Filtereinsatz –3– ersetzen.
- Filterdeckel –1– aufschrauben und mit **25 Nm** festziehen.
- Magnetumschaltventil ansetzen und hörbar einrasten.

1,4-l-Dieselmotor ab 4/2014

Achtung: Beim Ölwechsel kann Motoröl zwischen Ölwanne und die Geräuschdämpfung für die Ölwanne gelangen. Dadurch kann sich die Geräuschdämpfung mit Motoröl vollsaugen. Aus diesem Grund Geräuschdämpfung für Ölwanne vorsichtig von der Ölwanne lösen.

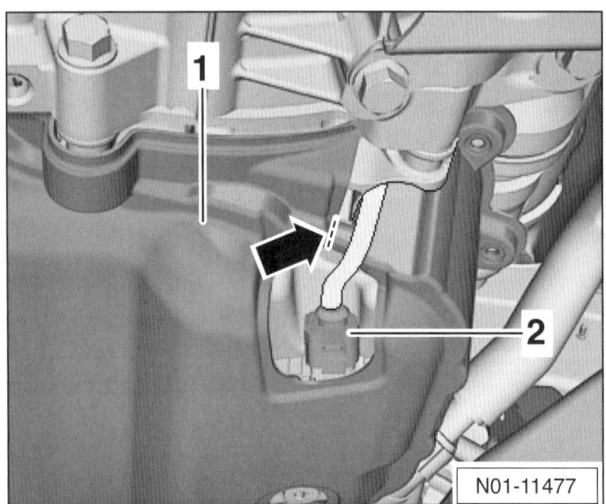

- Geräuschdämpfung für Ölwanne –1– an der schmalsten Stelle der Aussparung für die Steckverbindung des Ölstands- und Öltemperaturgeber –2– mit einem geeignetem Werkzeug durchschneiden –Pfeil–.
- Leitung des Gebers –2– vorsichtig hinter die Geräuschdämpfung der Ölwanne legen. Hinweis: Dadurch muss die Steckverbindung –2– nicht geöffnet werden.

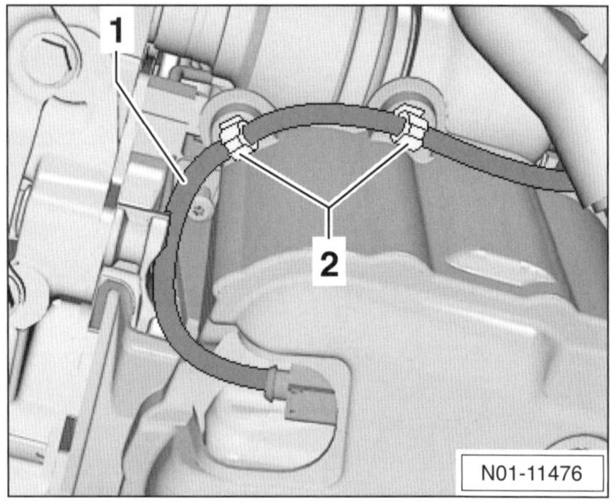

- Beide Clips –2– öffnen, Leitung –1– ausfädeln und zur Seite legen.

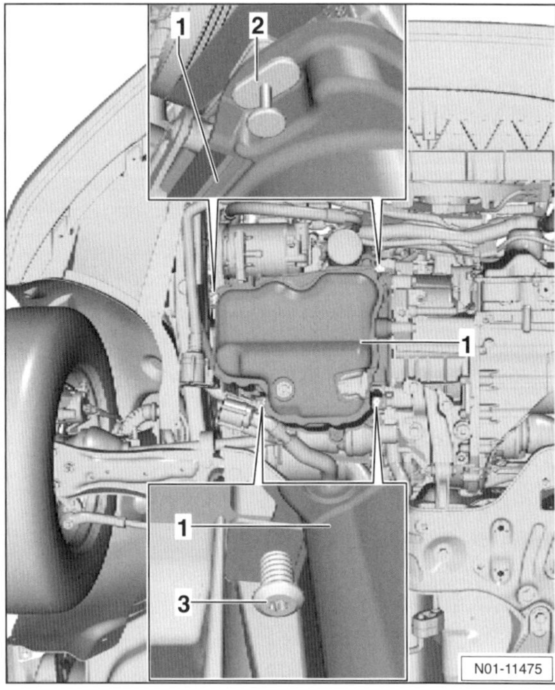

Achtung: Die Gewinde der Kunststoffschrauben –3– und die Befestigungsteile –2– sind mit der Geräuschdämpfung –1– verklebt. Durch den Ausbau kann die Geräuschdämpfung beschädigt werden, daher vorischtig vorgehen.

- Befestigungsteile –2– lösen und Kunststoffschrauben –3– herausdrehen.

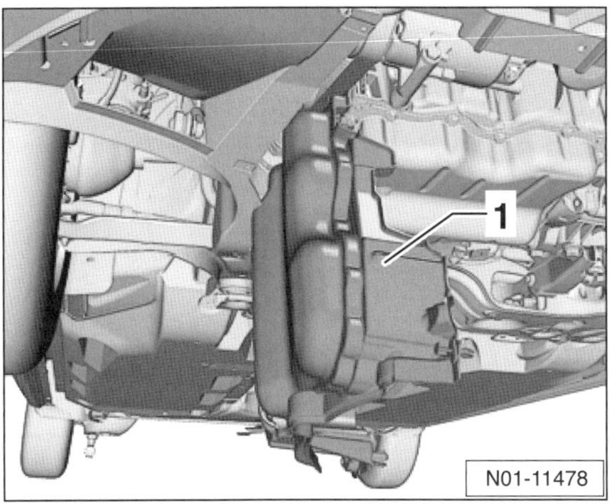

- Geräuschdämpfung –1– vorsichtig zur Seite schwenken und an der seitlichen Lasche nach unten hängen lassen.

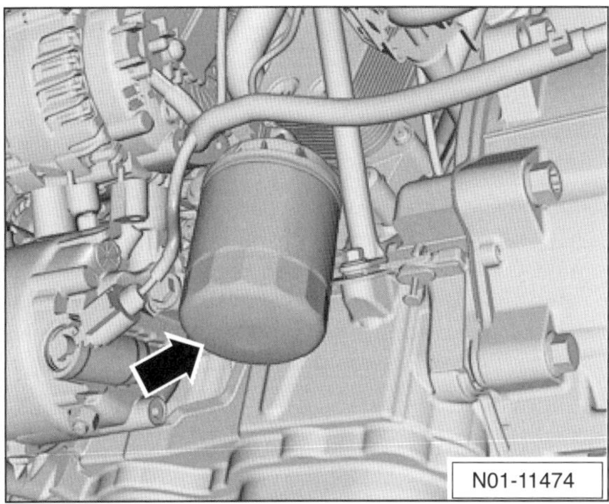

- Ölfilterpatrone –Pfeil– mit Ölfilterschlüssel, zum Beispiel HAZET 2169, lösen.
- Ölfilter von Hand abschrauben.
- Dichtfläche für Ölfilter am Motor reinigen.
- Gummidichtung der Ölfilterpatrone mit sauberem Motoröl benetzen.
- **Neue** Ölfilterpatrone von Hand einschrauben und mit **20 Nm** festziehen.
- Motoröl ablassen, siehe Abschnitt »Motoröl ablassen«.
- Anschließend Geräuschdämpfung für die Ölwanne in umgekehrter Ausbaureihenfolge einbauen.
- Motorraumabdeckung unten einbauen.
- Fahrzeug ablassen.

Motoröl auffüllen

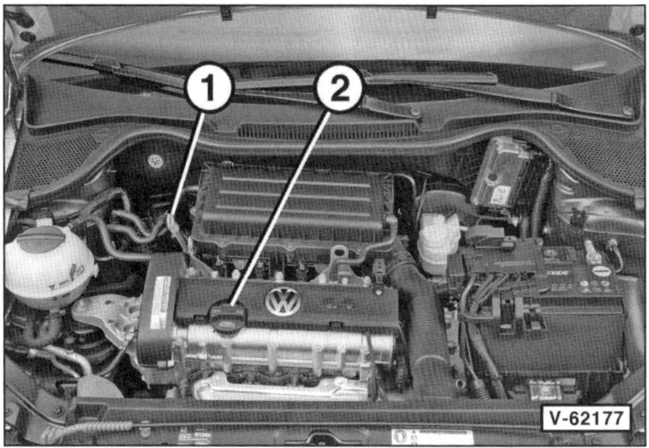

- Verschlussdeckel –2– öffnen und neues Öl am Einfüllstutzen des Zylinderkopfdeckels einfüllen. Gegebenenfalls Öleinfülltrichter verwenden. 1 – Ölmessstab.

Achtung: Grundsätzlich empfiehlt es sich, zunächst ½ Liter Motoröl weniger einzufüllen, den Motor im Leerlauf warm laufen zu lassen und nach einigen Minuten den Ölstand mit dem Messstab zu kontrollieren. Gegebenenfalls Motoröl ergänzen. Zu viel eingefülltes Motoröl muss wieder abgesaugt werden, da sonst die Motordichtungen beziehungsweise der Katalysator beschädigt werden können.

- Nach ca. 5 Minuten den Ölstand mit dem Ölmessstab kontrollieren.

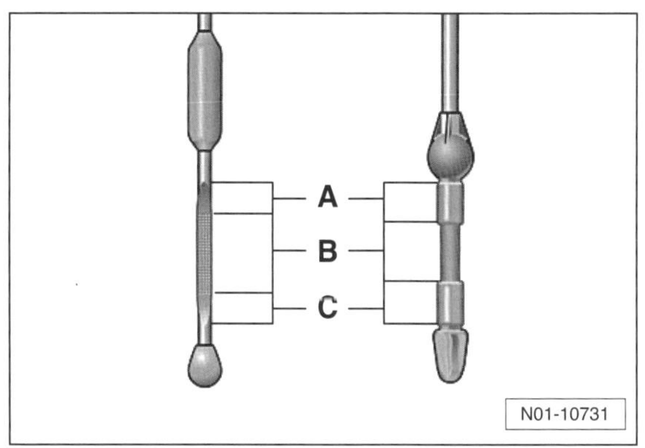

- Der Ölstand ist in Ordnung, wenn er im Bereich –B– liegt. Liegt er im Bereich –C–, muss Öl bis zum Bereich –B– nachgefüllt werden. Bei einem Ölstand im Bereich –A– darf kein Motoröl nachgefüllt werden.

Achtung: Zu viel eingefülltes Motoröl (oberhalb von Bereich –A–) muss wieder abgesaugt werden, da sonst die Motordichtungen beziehungsweise der Katalysator beschädigt werden können.

- Nach Probefahrt Dichtigkeit der Ablassschraube und des Ölfilters überprüfen, gegebenenfalls vorsichtig nachziehen.
- Ölstand ca. 3 Minuten nach Abstellen des Motors nochmals prüfen, gegebenenfalls korrigieren.
- Motorraumabdeckung unten einbauen, siehe Seite 278.

Kühlmittelstand prüfen/auffüllen

Der Kühlmittelstand sollte vor jeder größeren Fahrt grundsätzlich geprüft werden.

Spezialwerkzeug ist nicht erforderlich.

Erforderliche Betriebsmittel zum Nachfüllen:

- VW-Kühlerfrost- und Korrosionsschutzmittel »**G13**«, Farbe lila, oder ein anderes Kühlkonzentrat mit dem Vermerk »gemäß VW/AUDI-TL-774-**J**«, zum Beispiel »Glysantin GG 40« oder »MAINTAIN FRICOFIN V«.
  Hinweis: G13 ist mischbar mit dem älteren, ebenfalls lilafarbenen G12++ oder G12+.
- Destilliertes Wasser.

Prüfen/Nachfüllen

Sicherheitshinweis
Verschlussdeckel bei heißem Motor vorsichtig öffnen. **Verbrühungsgefahr!** Beim Öffnen Lappen über den Verschlussdeckel legen. Verschlussdeckel nur bei einer Kühlmitteltemperatur unter +90° C öffnen.

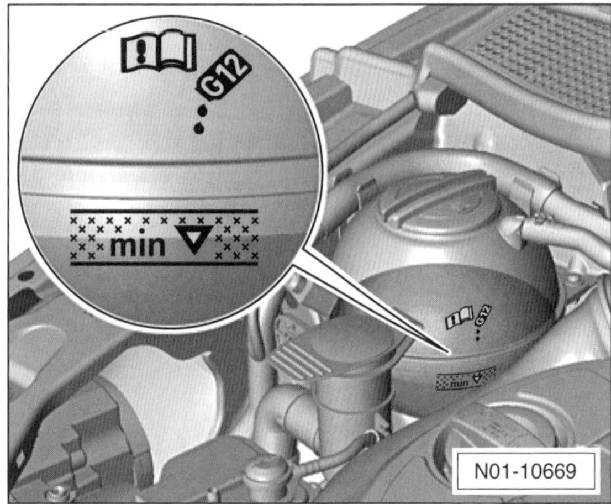

- Der Kühlmittelstand soll bei kaltem Motor (Kühlmitteltemperatur ca. +20° C) zwischen der MAX- und der MIN-Markierung (gerasterter Bereich) am Ausgleichbehälter liegen. Bei warmem Motor darf der Kühlmittelstand etwas über der MAX-Markierung stehen.
- Größere Mengen **kaltes** Kühlmittel nur bei **kaltem Motor** nachfüllen, um Motorschäden zu vermeiden.
- Verschlussdeckel beim Öffnen zuerst etwas aufdrehen und Überdruck entweichen lassen. Danach Deckel weiterdrehen und abnehmen.
- Sichtprüfung auf Dichtheit durchführen, wenn der Kühlmittelstand in kurzer Zeit absinkt.

Frostschutz prüfen/korrigieren

Regelmäßig vor Winterbeginn sollte sicherheitshalber die Konzentration des Frostschutzmittels geprüft werden, insbesondere wenn zwischendurch reines Wasser nachgefüllt wurde.

Erforderliches Spezialwerkzeug:

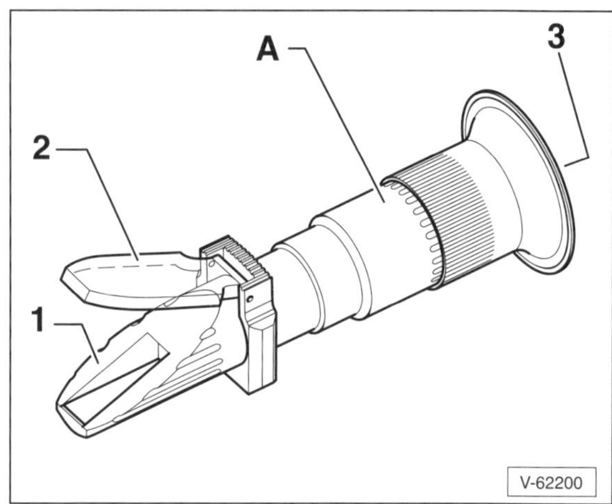

- Prüfspindel zum Messen des Frostschutzanteils beziehungsweise ein Refraktometer –A–, zum Beispiel HAZET 4810-C oder VW-T10007A. Mit dem Refraktometer können Kühlmittel- oder Scheibenwasch-Frostschutzanteil gemessen werden. **Hinweis:** Für die Messung mit einem Refraktometer wird der Umstand ausgenutzt, dass sich der Lichtbrechungsindex der Flüssigkeit abhängig von der Konzentration des gelösten Stoffes ändert.
  1 – Messprisma, 2 – Deckel, 3 – Einblick-Okular.

Erforderliche Betriebsmittel zum Nachfüllen:

- VW-Kühlerfrost- und Korrosionsschutzmittel »**G13**«, Farbe lila, oder ein anderes Kühlkonzentrat mit dem Vermerk »gemäß VW/AUDI-TL-774-**J**«, zum Beispiel »Glysantin GG 40« oder »MAINTAIN FRICOFIN V«.
  Hinweis: G13 ist mischbar mit dem älteren, ebenfalls lilafarbenen G12++ oder G12+.
- Destilliertes Wasser.

Prüfen

- Motor kurz warm fahren bis der obere Kühlmittelschlauch zum Kühler etwa handwarm ist. Bei der Frostschutzmessung soll die Kühlflüssigkeitstemperatur ca. +20° C betragen.

Sicherheitshinweis
Verschlussdeckel bei heißem Motor vorsichtig öffnen. **Verbrühungsgefahr!** Beim Öffnen Lappen über den Verschlussdeckel legen. Verschlussdeckel nur bei einer Kühlmitteltemperatur unter +90° C öffnen.

- Verschlussdeckel am Ausgleichbehälter vorsichtig öffnen.

Prüfung mit einer Prüfspindel:

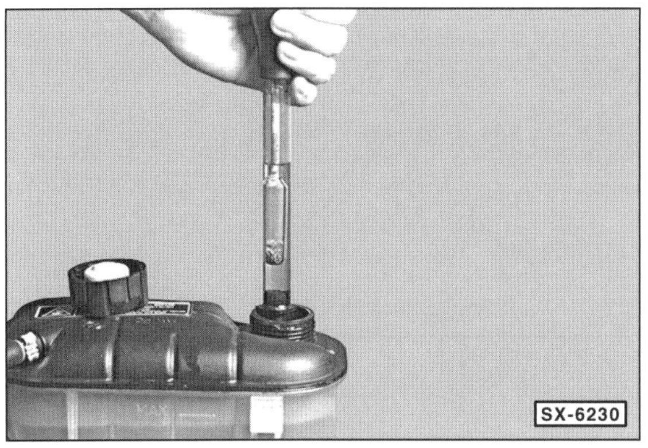

- Mit der Prüfspindel Kühlflüssigkeit ansaugen und am Schwimmer die Kühlmitteldichte ablesen. **Hinweis:** Die Abbildung zeigt nicht den POLO.

Hinweis: Eventuell ist es erforderlich, die **Prüfspindel zu eichen**. Dabei ist folgendermaßen vorzugehen: 50 ml Kühlkonzentrat mit 50 ml destilliertem Wasser mischen. Diese Mischung hat einen Frostschutz von –35° C. Frostschutz mit der Prüfspindel messen und eventuelle Abweichung zum Sollwert von –35° C notieren. **Beispiel:** Die Prüfspindel zeigt –31° C an. Die Abweichung beträgt also –4° C. Wird dann am Fahrzeug ein Wert von –16° C gemessen, dann beträgt der tatsächliche Frostschutz (–16°) + (–4°) = –20° C.

- Der Frostschutz soll in unseren Breiten bis –25° C reichen, bei extrem kaltem Klima bis –35° C.

Prüfung mit einem Refraktometer

- Mit einer Pipette ein wenig Kühlflüssigkeit auf das Messprisma –1– des Refraktometers –A– auftragen und Deckel –2– zuklappen, siehe Abbildung V-62200.

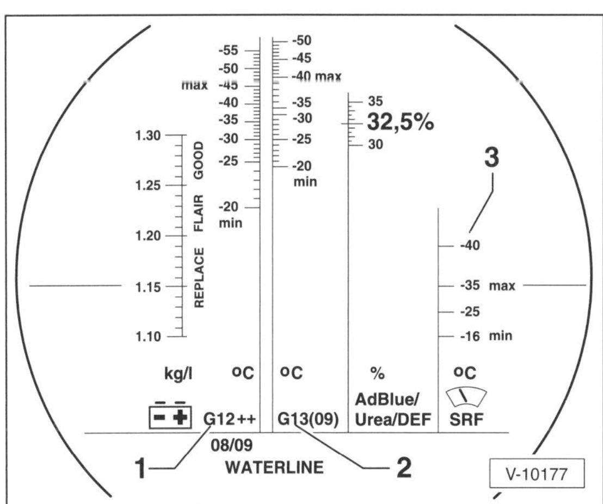

- Durch das Einblick-Okular schauen und anhand der Hell-dunkel-Grenze der aufgetragenen Flüssigkeit an der Skala –2– den aktuellen Frostschutz ablesen.

Hinweis: Damit die Hell-dunkel-Grenze leichter erkennbar ist, anstelle der Kühlflüssigkeit mit der Pipette einen Tropfen Wasser auf das Glas aufbringen. Die Hell-dunkel-Grenze liegt nun an der mit »WATERLINE« gekennzeichneten Linie.

Die Skala –1– des Refraktometers bezieht sich auf die Kühlmittelzusätze G12, G12Plus, G12PlusPlus. An der Skala –2– kann der Frostschutz für das Frostschutzmittel G13 und an der Skala –3– der Frostschutz für das VW-Scheibenreinigungskonzentrat G 052 164 abgelesen werden.

Kühlkonzentrat ergänzen

Bei einem Frostschutz bis –25° C muss der Anteil an Frostschutzmittel in der Kühlflüssigkeit 40 % betragen. Soll der Frostschutz bis –35° C reichen, müssen Wasser und Kühlkonzentrat im Verhältnis 1:1 gemischt werden.

Achtung: Ist ein stärkerer Frostschutz erforderlich, kann bis auf maximal 60 % Frostschutzmittelanteil erhöht werden, dann reicht der Frostschutz bis –40° C. Wird mehr Frostschutzmittel (Kühlkonzentrat) zugegeben, verringert sich der Frostschutz wieder, außerdem verschlechtert sich die Kühlwirkung.

Die folgende Tabelle zeigt wie viel Frostschutzmittel zugegeben werden muss, damit die gewünschte Konzentration erreicht wird. Es handelt sich nur um Richtwerte, da die Füllmengen der Kühlflüssigkeit je nach Motor unterschiedlich sind.

Frostschutz bis		Differenzmenge		
Istwert	**Sollwert**	**1,2-/1,4-l-Bz**	**1,4-l-GT**	**GTI & Diesel**
0°	– 25°	2,2 l	2,6 l	3,2 l
	– 35°	2,8 l	3,3 l	4,0 l
– 5°	– 25°	1,9 l	2,3 l	2,8 l
	– 35°	2,4 l	2,8 l	3,4 l
– 10°	– 25°	1,6 l	1,9 l	2,3 l
	– 35°	2,0 l	2,4 l	2,9 l
– 15°	– 25°	1,3 l	1,6 l	1,9 l
	– 35°	1,7 l	1,9 l	2,4 l
– 20°	– 25°	1,0 l	1,2 l	1,5 l
	– 35°	1,3 l	1,5 l	1,8 l
– 25°	– 35°	0,9 l	1,0 l	1,3 l
– 30°	– 35°	0,5 l	0,6 l	0,8 l
– 35°	– 40°	0,4 l	0,5 l	0,6 l
Gesamtfüllmenge		**5,6 l**	**6,6 l**	**8,0 l**

Beispiel: Die Frostschutz-Messung mit der Spindel ergibt beim 1,2-l-TSI-Motor einen Frostschutz bis –10° C. In diesem Fall aus dem Kühlsystem 2,0 l Kühlflüssigkeit ablassen und dafür 2,0 l reines VW/AUDI-Frostschutzkonzentrat auffüllen. Der Frostschutz reicht dann bis –35° C.

- Verschlussdeckel am Kühler verschließen und nach Probefahrt Frostschutz erneut überprüfen.

Kraftstofffilter ersetzen

Dieselmotor

Achtung: Eventuell auslaufender Dieselkraftstoff muss besonders von Gummiteilen, wie beispielsweise Kühlmittelschläuchen, sofort abgewischt werden, sonst werden die Gummiteile im Lauf der Zeit zerstört.

Achtung: Dieselkraftstoff ist ein Problemstoff und darf auf keinen Fall einfach weggeschüttet oder dem Hausmüll mitgegeben werden. Gemeinde- und Stadtverwaltungen informieren darüber, wo die nächste Problemstoff-Sammelstelle ist.

Erforderliches Werkzeug:

- **1,6-l-TDI:** Schlauchklemmenzange, zum Beispiel HAZET 798-5.

Erforderliche Verschleißteile:

- Filterpatrone.

Ausbau

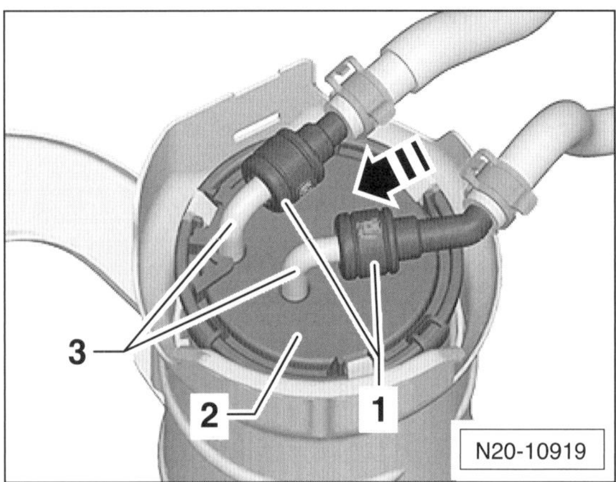

- **1,2-/1,4-l-TDI:** Steckkupplungen –1– nach vorn auf den Filteranschluss –3–schieben –Pfeil–. Verriegelungen eindrücken und halten, dann Kraftstoffleitungen von den Anschlüssen –3– abziehen. 2 – Filterpatrone.

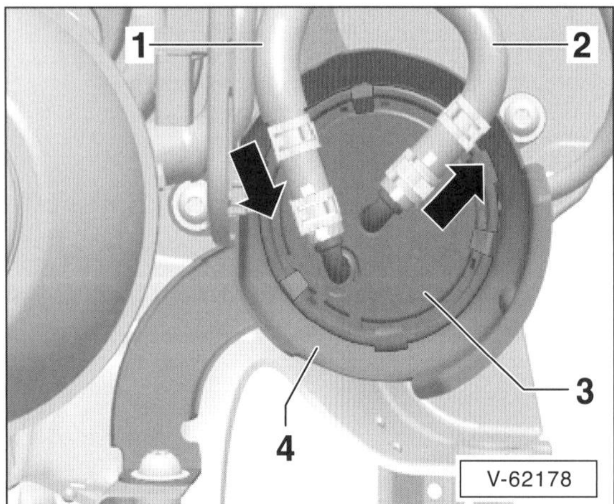

- **1,6-l-Dieselmotor:** Schlauchschellen mit geeigneter Zange lösen und zurückschieben. Kraftstoffschläuche –1– und –2– abziehen. Die –Pfeile– zeigen in Kraftstoff-Durchflussrichtung. 3 – Filterpatrone, 4 – Halter.

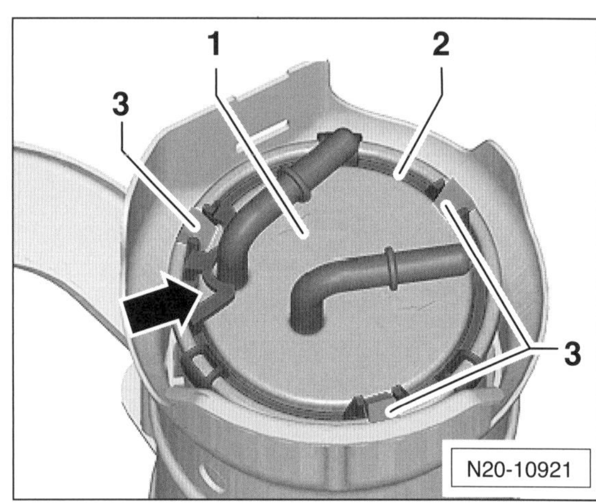

- Kraftstofffilter –1– an den Rastnasen –3– ausclipsen und nach oben herausziehen.

Einbau

- **Neue** Filterpatrone so weit wie möglich mit sauberem Dieselkraftstoff befüllen.
- Kraftstofffilter in den Halter einsetzen und ausrichten. Die eingeprägten Pfeile auf dem Filter kennzeichnen den Kraftstoffeingang und Kraftstoffausgang.
- Kraftstoffschläuche knickfrei verlegen.
- **1,2-/1,4-l-TDI:** Kraftstoffschläuche auf die Anschlüsse am Filter aufschieben und einrasten. Festen Sitz der Schnellkupplungen durch Gegenziehen prüfen.
- **1,6-l-TDI:** Kraftstoffschläuche entsprechend der Farbmarkierungen aufstecken und mit Schellen sichern. 1 –Vorlaufleitung: blaue Markierung; 2 – Rücklaufleitung weiße Markierung, siehe Abbildung V-62178.
- Haltering –2– mit der Führung –Pfeil– am Anschluss des Kraftstofffilters –1– ansetzen, siehe Abbildung N20-10921.
- Haltering –2– am Kraftstofffilter –1– einclipsen.
- Kraftstofffilter –1– bis zum Anschlag in den Halter einschieben. Dabei FIlter mit den Daumen jeweils links und rechts neben den Rastnasen –3– nach unten drücken. Dabei darauf achten, dass die Haltenasen –3– in die vorgesehenen Aussparungen des Halterings –2– einrasten.
- Kraftstoffsystem entlüften.

Kraftstoffsystem entlüften

Achtung: Die Hochdruckpumpe darf auf keinen Fall trockenlaufen, sonst wird sie beschädigt. Da der Kraftstofffilter bereits mit Dieselkraftstoff gefüllt ist und sich in der Zulaufleitung zur Hochdruckpumpe ebenfalls Dieselkraftstoff befindet, kann nur wenig Luft im Bereich des Anschlussstutzens vorhanden sein.

- Zum Entlüften Zündung mehrmals einschalten, dadurch läuft jeweils die Kraftstoffpumpe an und fördert Kraftstoff über den Filter zur Hochdruckpumpe. Gleichzeitig wird dadurch das Kraftstoffsystem entlüftet.
- Motor starten und einige Minuten bei mittlerer Drehzahl laufen lassen. Anschließend Motor abstellen.
- Kraftstoffsystem auf Dichtigkeit sichtprüfen.

Motor-Luftfilter: Filtereinsatz erneuern

Spezialwerkzeug: nicht erforderlich.

Erforderliche Betriebsmittel/Verschleißteile:

- Luftfiltereinsatz.

1,0-l-Benzinmotor 44/55 kW

Ausbau

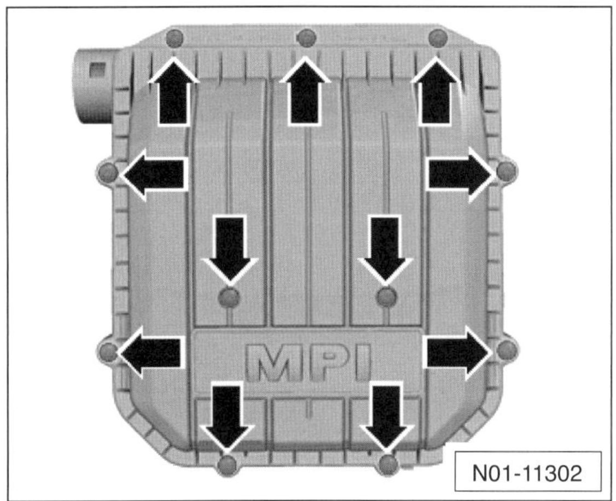

- 11 Schrauben –Pfeile– von Hand herausdrehen.

Achtung: Serienmäßig werden selbstschneidende Schrauben verwendet. Werden diese Schrauben mit einem Akku-Schrauber gelöst oder angezogen, kann das Gewinde im Saugrohr oder Luftfilterunterteil beschädigt werden. Falls ein Akku-Schrauber verwendet wird, muss die maximale Schrauberdrehzahl auf 200/min und das Anzugsdrehmoment auf max. **1,6 Nm** eingestellt werden.

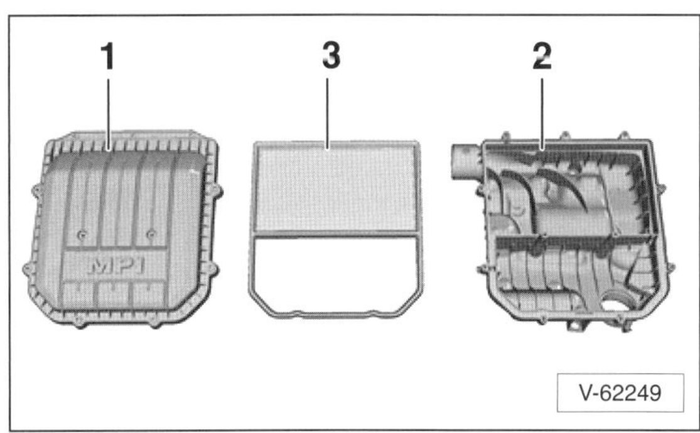

- Luftfilteroberteil –1– vom Luftfiltergehäuse –2– abnehmen und Luftfiltereinsatz –3– herausnehmen.
- Filtergehäuse mit einem Lappen reinigen.

Einbau

- **Neuen** Filtereinsatz einsetzen, dabei auf einwandfreien Sitz der Dichtung achten.
- Luftfilteroberteil aufsetzen und Schrauben von Hand beziehungsweise mit **1,6 Nm** festziehen.

1,0-l-Benzinmotor 70/81 kW

Ausbau

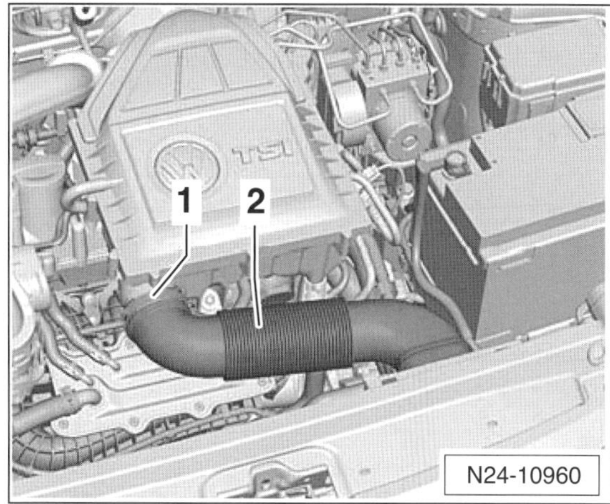

- Federbandschelle –1– öffnen und zurückschieben. Luftführungsschlauch –2– abziehen.

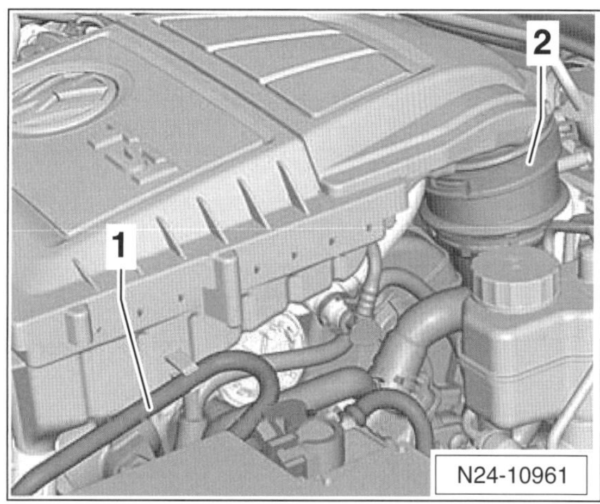

- Unterdruckleitung –1– am Luftfiltergehäuse ausclipsen.
- Federbandschelle –2– öffnen und zurückschieben.

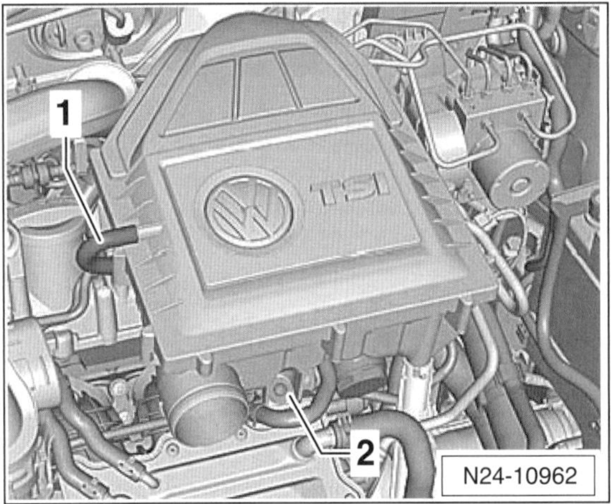

- Luftfiltergehäuse vorsichtig vom Ansaugstutzen des Turboladers abziehen.
- Schlauch für Kurbelgehäuseentlüftung –1– abziehen.
- Schraube –2– herausdrehen und Luftfiltergehäuse leicht anheben. **Hinweis:** Auf der Unterseite des Luftfiltergehäuses sind Unterdruckleitungen eingehängt!
- Einbaulage der Unterdruckleitungen auf der Unterseite des Luftfiltergehäuses merken und Leitungen aushängen.
- Luftfilter nach oben herausnehmen.

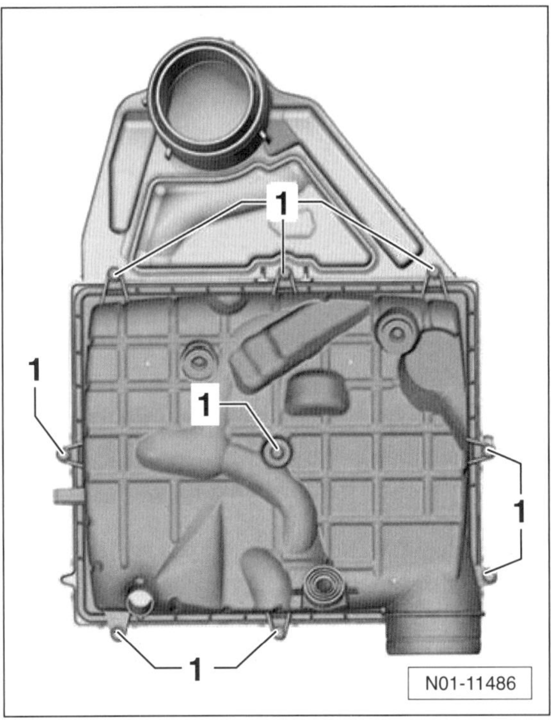

- Luftfilter umgedreht auf einer weichen Unterlage ablegen.
- Schrauben –1– an der Luftfilterunterseite herausschrauben.
- Luftfilterunterseite abnehmen und Luftfiltereinsatz herausnehmen.

Einbau

- Gehäuse und Wasserabläufe auf Verschmutzung prüfen, gegebenenfalls reinigen, siehe auch Abschnitt für den 1,2-/1,4-l-Benzinmotor.

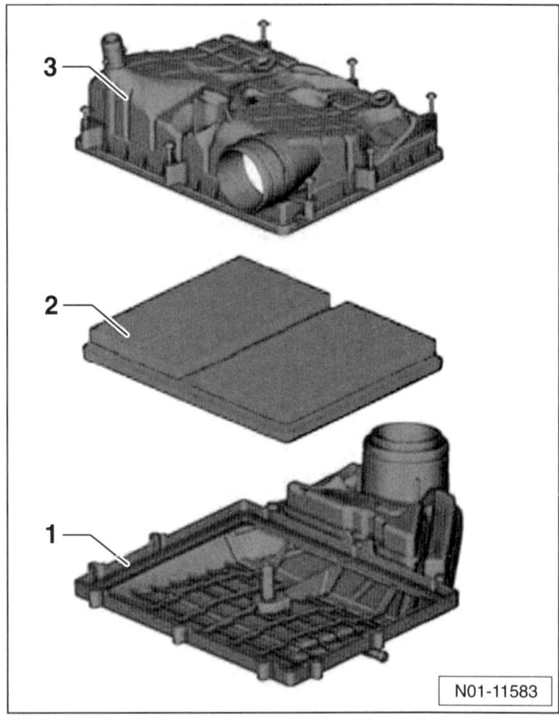

- Luftfiltereinsatz –2– mittig in die Aufnahme im Luftfilteroberteil –1– einsetzen.
- Luftfilterunterteil –3– auf das Luftfilteroberteil –1– aufsetzen und zusammenschrauben. Schrauben ganz leicht, mit **1,5 Nm,** festziehen.

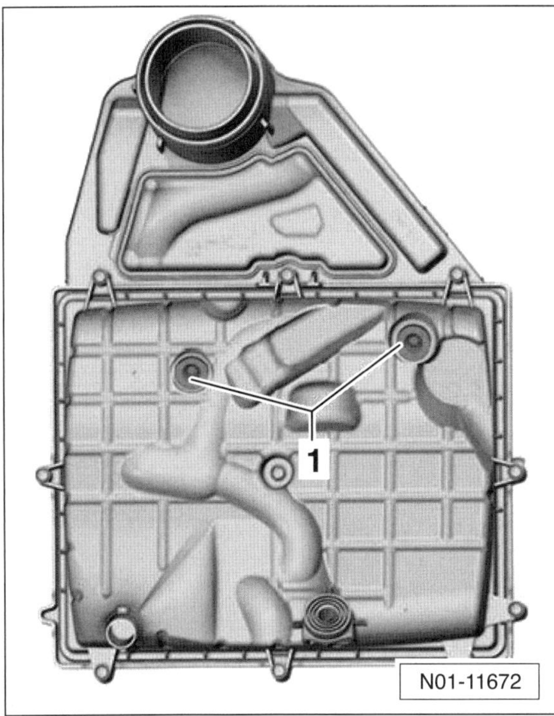

- Befestigungselemente –1– für Luftfilter erneuern. Dazu die Befestigungselemente –1– nach oben heraus nehmen und die neuen Befestigungselemente in die Führungen hineindrücken. **Achtung:** Die Befestigungselemente –1– dürfen vor dem Einbau nicht gefettet oder geschmiert werden.
- Der weitere Einbau erfolgt in umgekehrter Ausbaureihenfolge. Luftfiltergehäuse mit **5 Nm** anschauben.

1,2-l-Benzinmotor 44/51 kW

Ausbau

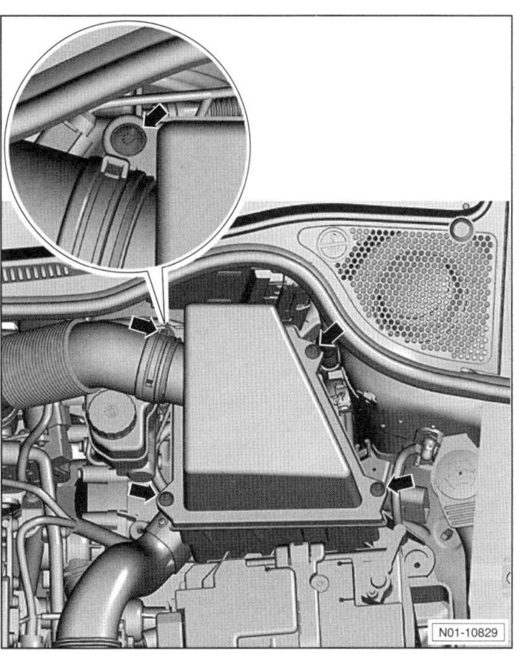

- Schrauben –Pfeile– lösen, Luftfilterdeckel abheben und zur Seite drücken.

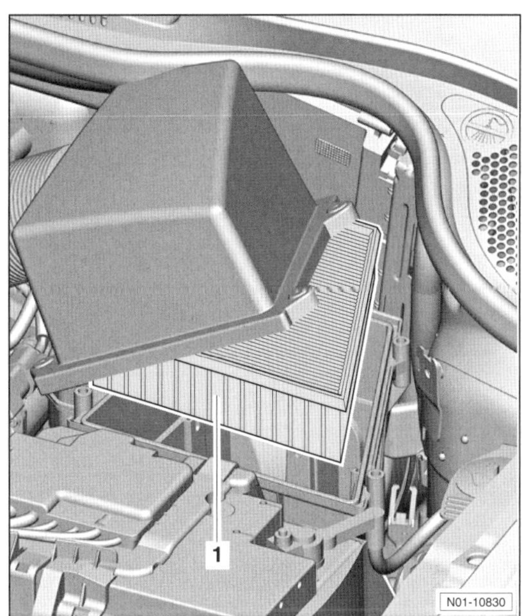

- Filtereinsatz –1– herausnehmen.
- Filtergehäuse mit einem Lappen auswischen.

Einbau

- Neuen Filtereinsatz in das Gehäuse legen.
- Filterdeckel von Hand festschrauben. **Anzugsdrehmoment: 3 Nm.**

1,2-l-66/77-kW bis 3/2014; 1,4-l-132-kW bis 3/2014

Ausbau

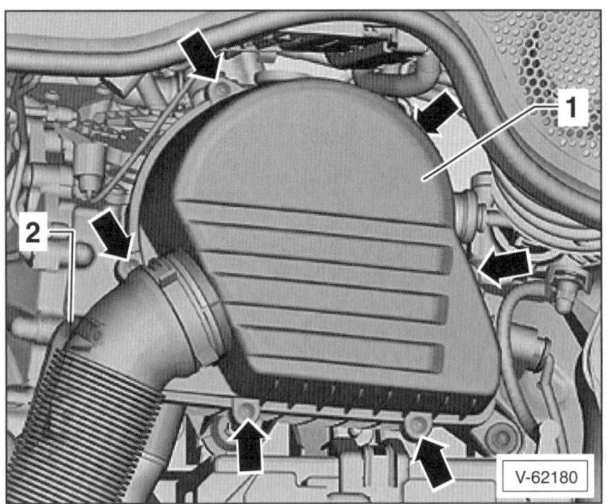

- Schrauben –Pfeile– herausdrehen und Luftfilterdeckel –1– hochheben. Gegebenenfalls Unterdruckschlauch –2– am Ansagschlauch abziehen.
- Filtereinsatz aus dem Filterdeckel herausziehen, siehe Abbildung N01-10828 im Abschnitt »Dieselmotor«.
- Filtergehäuse mit einem Lappen auswischen.

Einbau

- Prüfen, ob der Gummiring –a– richtig an der Mittenzentrierung des Luftfilters sitzt, gegebenenfalls einsetzen, siehe Abbildung N01-10826 im Abschnitt »Dieselmotor«.
- Neuen Filtereinsatz auf den Deckel aufstecken.
- Deckel aufsetzen und mit **2 Nm** festschrauben.

1,2-l 66 – 81 kW ab 4/2014; 1,4-l 103 kW; 1,4-l 110/132 kW ab 4/2014

Ausbau

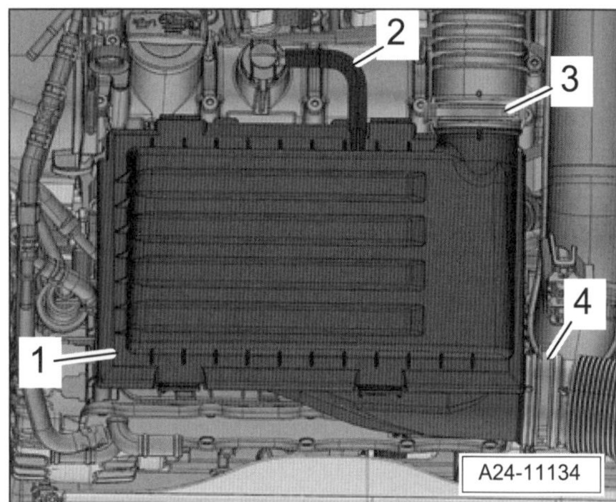

- Luftführungsschlauch –2– vom Luftfilteroberteil –1– abziehen.
- Schlauchschellen –3– und –4– lösen und zurückschieben.
- Luftfiltergehäuse nach oben von den Kugelbolzen abziehen.
- Luftschläuche vom Luftfilter abziehen.
- Luftfilter herausnehmen und mit dem Deckel nach unten auf einer weichen Unterlage ablegen.

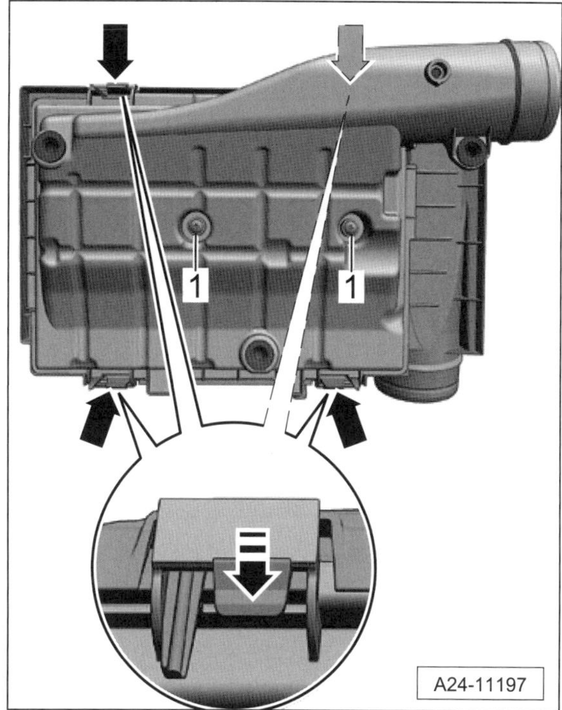

- Schrauben –1– an der Luftfilterunterseite herausschrauben.
- Haltelaschen –Pfeile– am Luftfilteroberteil der Reihe nach entriegeln. Dabei vorsichtig vorgehen, damit die Laschen nicht abbrechen.
- Luftfilteroberteil abnehmen und Filtereinsatz herausnehmen.

Einbau

Hinweis: Durch starke Verschmutzung oder Nässe im Bereich des Luftmassenmessers kann der Luftmassenwert verfälscht werden. Dies führt zu Leistungsmangel, da eine geringere Einspritzmenge berechnet wird.

- Luftmassenmesser und Ansaugschlauch (Reinluftseite) auf Salzrückstände, Schmutz und Blätter prüfen, gegebenenfalls mit einem Lappen reinigen.
- Wasserablaufschlauch im Luftfilterunterteil auf Schmutz und Verklebungen prüfen, gegebenenfalls mit einem Lappen reinigen.
- Luftfiltergehäuse (Ober- und Unterteil) von Salzrückständen, Schmutz oder Blättern mit einem Lappen reinigen.
- Der Einbau erfolgt in umgekehrter Ausbaureihenfolge.

1,4-l-Benzinmotor 63 kW

Ausbau

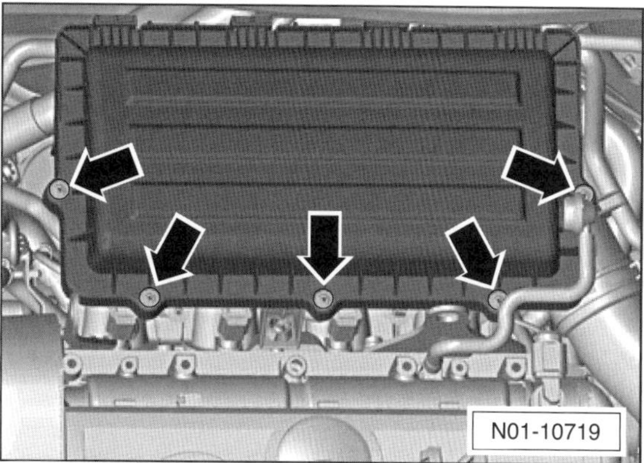

- Schrauben –Pfeile– für Luftfilterdeckel lösen und Luftfilterdeckel nach oben klappen. Deckel gegebenenfalls aushängen.

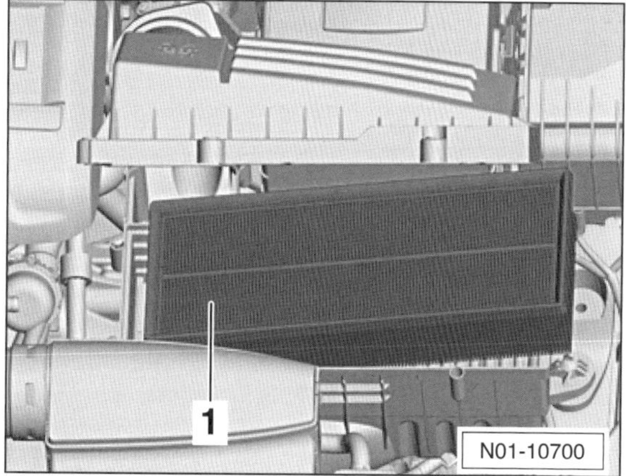

- Filtereinsatz –1– herausnehmen.
- Filtergehäuse mit einem Lappen auswischen.

Einbau

- Neuen Filtereinsatz in das Gehäuse legen. Dabei auf korrekten Sitz der Dichtung des Filtereinsatzes am Filtergehäuse achten.
- Deckel am Filtergehäuse einhängen, runterklappen und anschrauben.

1,8-l-Benzinmotor

Ausbau

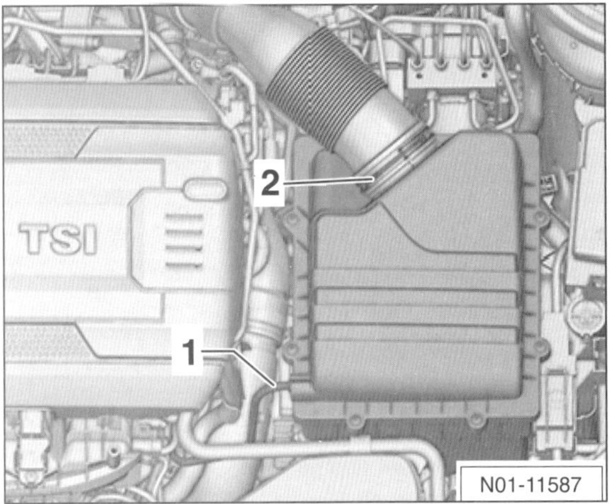

- Schlauch –1– vom Luftfilteroberteil abziehen.
- Federbandschelle –2– lösen und zurückschieben. Luftführungsschlauch vom Luftfilteroberteil abziehen.

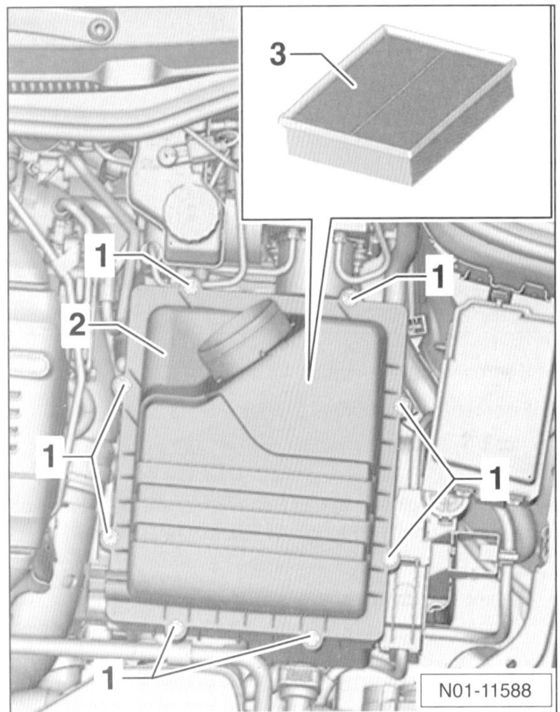

- Schrauben –1– herausschrauben und Luftfilteroberteil –2– abnehmen.
- Luftfiltereinsatz –3– herausnehmen.

Einbau

- Gehäuse und Wasserabläufe auf Verschmutzung prüfen, gegebenenfalls reinigen.
- Luftfiltereinsatz –3– zentriert in die Aufnahme im Luftfilterunterteil einsetzen.
- Luftfilteroberteil –2– sorgfältig und ohne größere Kräfte auf Luftfilterunterteil aufsetzen.
- Schrauben –1– über Kreuz mit **1,5 Nm** festziehen.
- Schläuche aufschieben und, wo erforderlich, mit Schellen sichern.

2,0-l-Benzinmotor

Ausbau

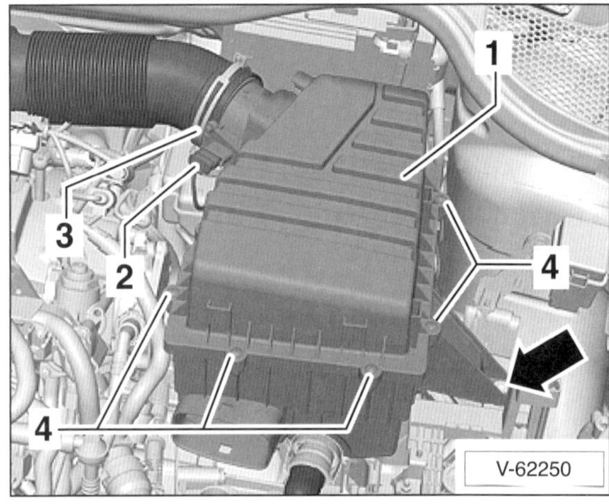

- Federbandschelle –3– lösen und zurückschieben.
- Luftführungsschlauch am Luftmassenmesser abziehen.
- Elektrische Steckverbindung –2– vom Luftmassenmesser abziehen.
- 7 Befestigungsschrauben –4– für Luftfilteroberteil –1– herausschrauben und Luftfilteroberteil nach oben abnehmen. **Hinweis:** In der Abbildung sind nicht alle Schrauben dargestellt.
- Luftfiltereinsatz herausnehmen.

Einbau

- Gehäuse, Luftmassenmesser und Wasserabläufe auf Verschmutzung prüfen, gegebenenfalls reinigen.
- Luftfiltereinsatz zentriert in die Aufnahme im Luftfiltergehäuse einsetzen.
- Der weitere Einbau erfolgt in umgekehrter Ausbaureihenfolge.
- Schrauben über Kreuz mit **5 Nm** festziehen.

1,2-/1,6-l-Dieselmotor bis 3/2014

Ausbau

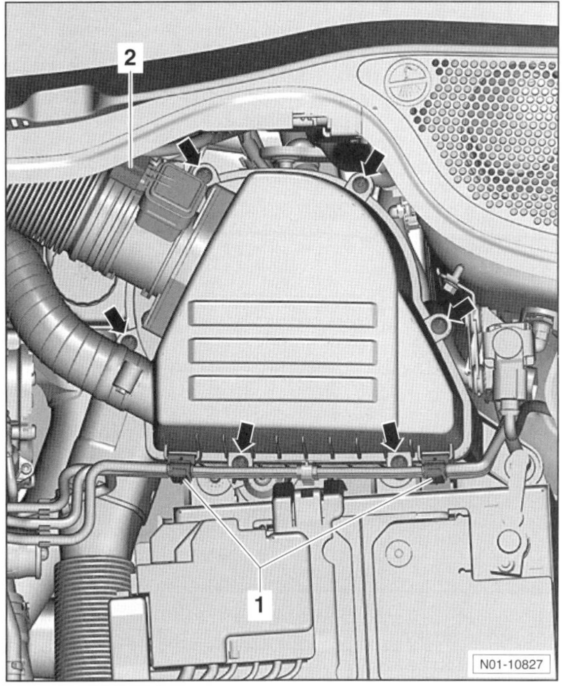

- Schrauben –Pfeile– herausdrehen.
- Leitungen –1– ausclipsen.
- Stecker –2– abziehen.

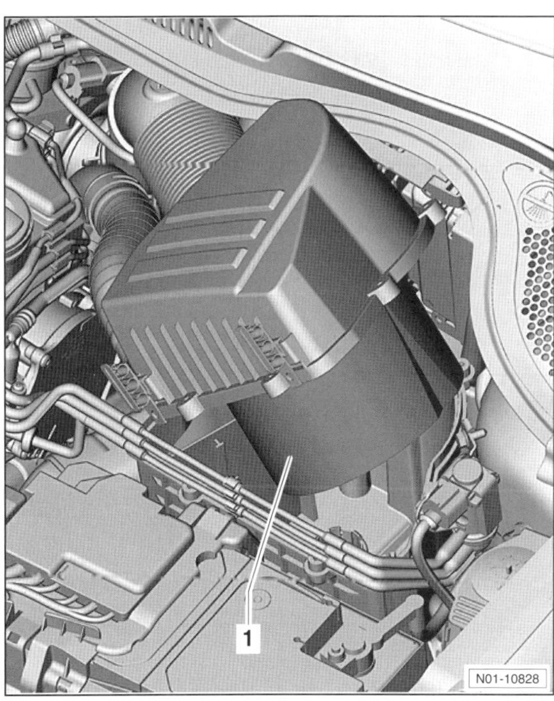

- Luftfilterdeckel hochheben und Filtereinsatz –1– herausnehmen.
- Filtergehäuse mit einem Lappen auswischen.

Einbau

- Prüfen, ob der Gummiring –a– richtig an der Mittenzentrierung des Luftfilters sitzt, gegebenenfalls einsetzen.
- Neuen Filtereinsatz auf den Deckel aufstecken.
- Deckel aufsetzen und mit **2 Nm** festschrauben.

1,4-l-Dieselmotor ab 4/2014

Ausbau

- Obere Motorabdeckung ausbauen, siehe Seite 195.

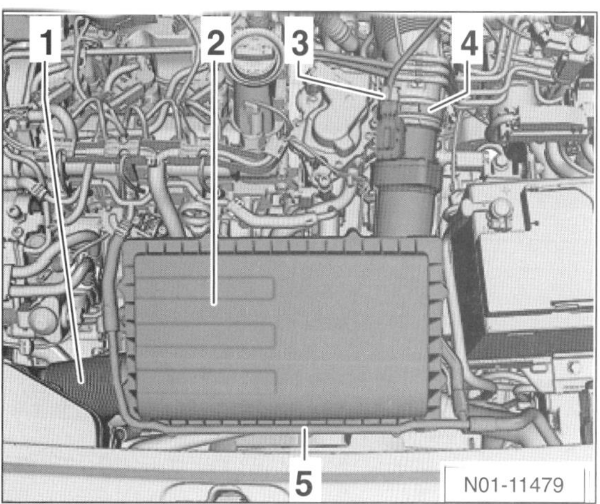

- Ansaugrohr –1– vom Ansaugstutzen abziehen.
- Kühlmittelleitung –5– am Luftfiltergehäuse ausclipsen und zur Seite legen.

- Elektrische Steckverbindung –3– am Luftmassenmesser trennen.
- Federbandschelle –4– lösen und zurückschieben.
- Luftführungsschlauch am Luftmassenmesser abziehen.
- Luftfiltergehäuse –2– nach oben von den Kugelbolzen abziehen.
- Luftfiltergehäuse –2– herausnehmen und um 180° gedreht auf eine weiche Unterlage ablegen.
- Ansaugrohr vom Luftfiltergehäuse abziehen.

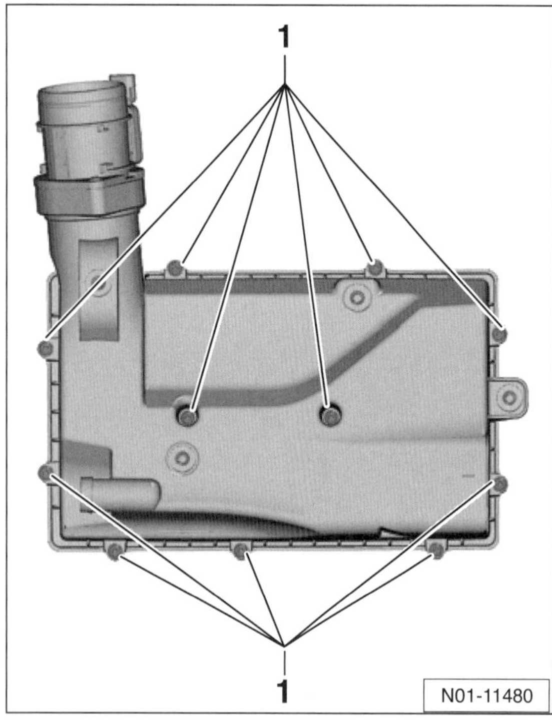

- Schrauben –1– an der Luftfilterunterseite herausschrauben.

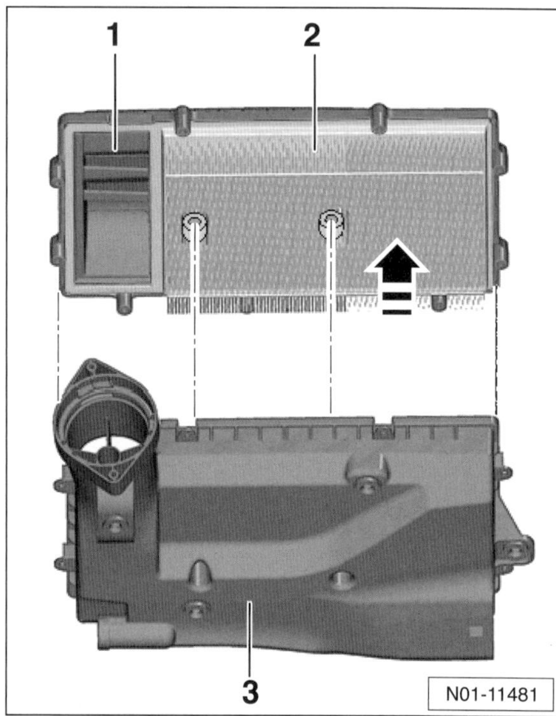

- Luftfilteroberteil –1– abnehmen und Luftfiltereinsatz –2– herausnehmen.

Einbau

- Gehäuse, Luftmassenmesser und Wasserabläufe auf Verschmutzung prüfen, gegebenenfalls reinigen.
- Luftfiltereinsatz –2– zentriert in die Aufnahme im Luftfilteroberteil –1– einsetzen.
- Luftfilterunterteil –3– auf Luftfilteroberteil –1– aufsetzen.
- Schrauben eindrehen und über Kreuz mit **1,5 Nm** festziehen.
- Der weitere Einbau erfolgt in umgekehrter Ausbaureihenfolge.

Zahnriemenzustand prüfen

Spezialwerkzeug und Verschleißteile: für die Prüfung nicht erforderlich

1,0-l-Benzinmotor; 1,2-l-Benzinmotor CJZC/CJZD; 1,4-l-TSI--Benzinmotor 103 – 132 kW

Zahnriemen für *Nockenwellenantrieb* prüfen

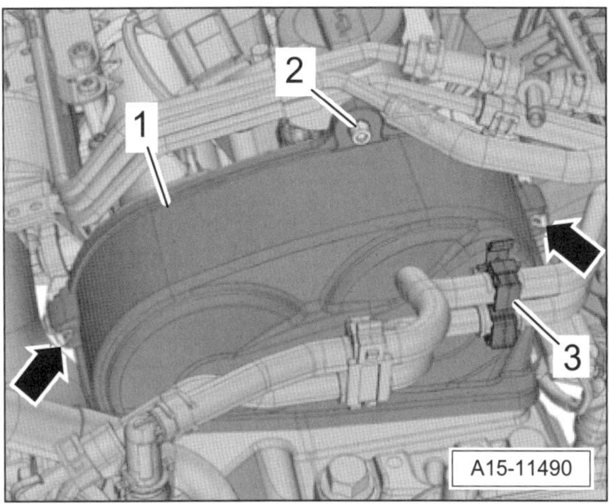

- Schläuche am Halter –3– freilegen.
- Schraube –2– herausdrehen.
- Klemmen –Pfeile– lösen und oberen Zahnriemenschutz –1– abnehmen.

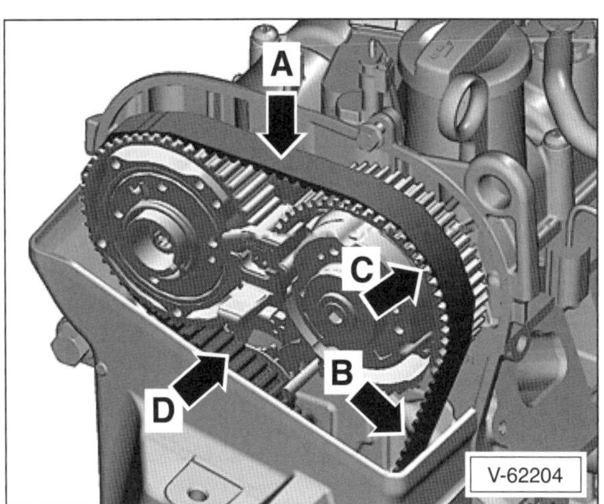

- Getriebe in Leerlaufstellung bringen, Handbremse anziehen.
- Die Kurbelwelle an der Befestigungsschraube der Kurbelwellen-Riemenscheibe langsam in Motordrehrichtung drehen und den gesamten Zahnriemen sichtprüfen auf:
  - Anrisse –A–, Querschnittbrüche in der Abdeckung.
  - Seitliches Anlaufen –B– des Zahnriemens.
  - Ausbrüche, Ausfransungen –C– der Zugstränge.
  - Risse –D– im Zahnriemengrund.
  - Lagentrennung von Zahnriemen/Zugsträngen.
  - Oberflächenrisse.
  - Öl- und Fettspuren.
- Beschädigten Zahnriemen **unbedingt** ersetzen (Werkstattarbeit), siehe auch Kapitel »Motor-Mechanik«.
- Obere Zahnriemenabdeckung einbauen. Schraube mit **8 Nm** festziehen.

1,4-l-Benzinmotor 63 kW

Zahnriemen für *Nockenwellenantrieb* prüfen

- Spannverschlüsse der oberen Zahnriemenabdeckung öffnen und Abdeckung abnehmen.

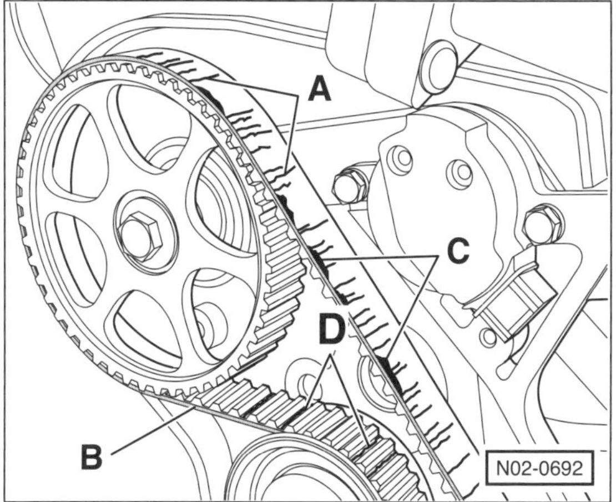

- Zahnriemen sichtprüfen auf:
  - Anrisse –A–, Querschnittbrüche in der Abdeckung.
  - Seitliches Anlaufen –B– des Zahnriemens.
  - Ausbrüche, Ausfransungen –C– der Zugstränge.
  - Risse –D– im Zahnriemengrund.
  - Lagentrennung von Zahnriemen/Zugsträngen.
  - Öl- und Fettspuren.
- Beschädigten Zahnriemen **unbedingt** ersetzen (Werkstattarbeit).
- Obere Zahnriemenabdeckung einbauen.

1,0-l-Benzinmotor 44/55 kW

Zahnriemen für *Kühlmittelpumpe* prüfen

- Luftfiltergehäuse ausbauen, siehe Seite 241.

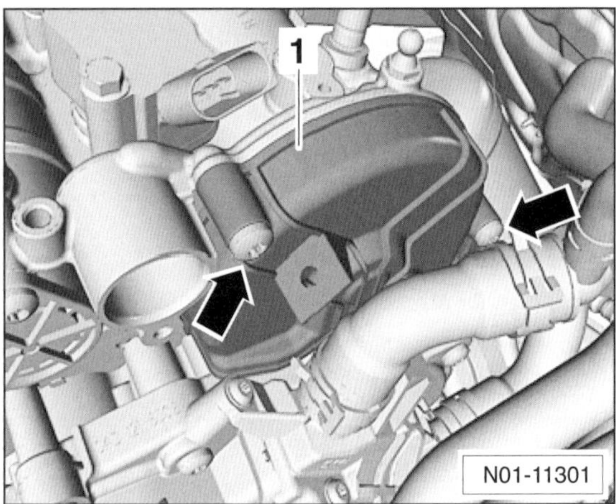

- Befestigungsschrauben –Pfeile– herausschrauben.
- Leitungsführung an der Abdeckung ausclipsen.
- Zahnriemenabdeckung –1– herausnehmen.

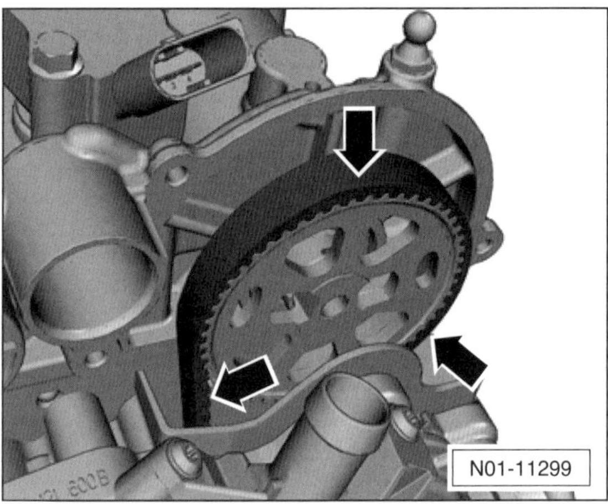

- Getriebe in Leerlaufstellung bringen.
- Die Kurbelwelle an der Befestigungsschraube der Kurbelwellen-Riemenscheibe langsam in Motordrehrichtung drehen und den gesamten Zahnriemen sichtprüfen –Pfeile– auf:
  - Anrisse, Querschnittbrüche in der Abdeckung.
  - Seitliches Anlaufen des Zahnriemens.
  - Ausbrüche, Ausfransungen der Zugstränge.
  - Risse im Zahnriemengrund.
  - Lagentrennung von Zahnriemen/Zugsträngen.
  - Oberflächenrisse.
  - Öl- und Fettspuren.
- Beschädigten Zahnriemen **unbedingt** ersetzen lassen (Werkstattarbeit).
- Obere Zahnriemenabdeckung einbauen. Schrauben mit **8 Nm** festziehen.
- Der weitere Zusammenbau erfolgt in umgekehrter Ausbaureihenfolge.

1,0-l-Benzinmotor 70/81 kW

Zahnriemen für *Kühlmittelpumpe* prüfen

- Luftfiltergehäuse sowie Luftführungsrohr vom Ladeluftsystem ausbauen, siehe Seite 241.

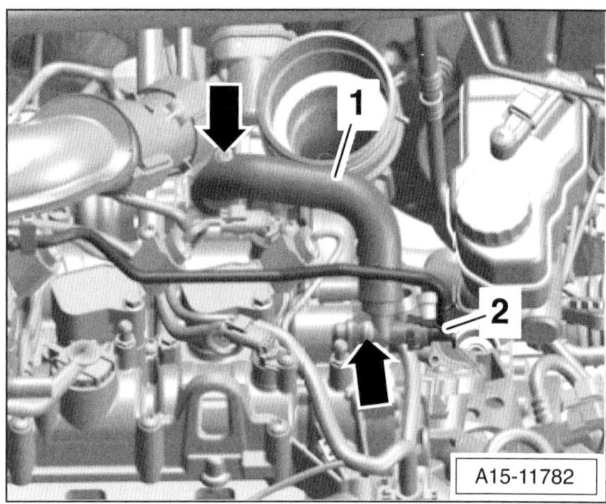

- Schlauch –2– zum Aktivkohlebehälter abbauen, dazu am Anschluss die Entriegelungstasten drücken
- Schrauben –Pfeile– herausdrehen und Schlauch –1– für Kurbelgehäuseentlüftung abnehmen. **Achtung:** O-Ringe auf Beschädigung prüfen, gegebenenfalls ersetzen. O-Ringe beim Einbau mit sauberem Motoröl benetzen.

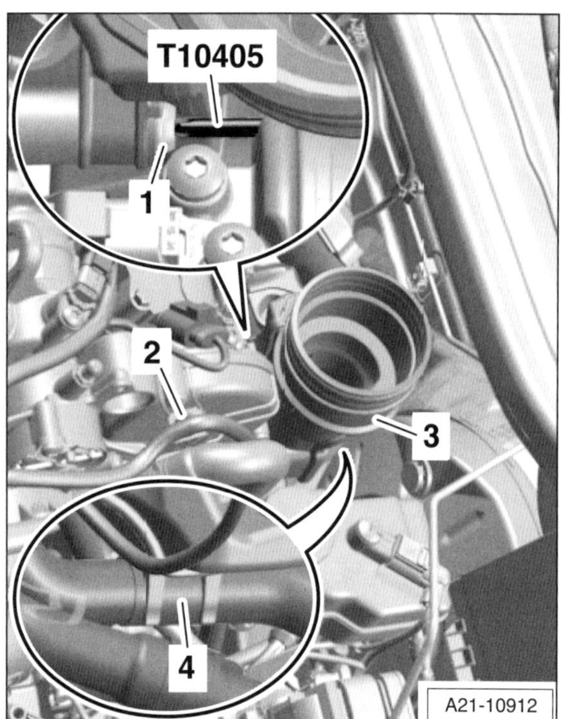

- Elektrischen Leitungsstrang –2– und Kühlmittelschlauch –4– frei legen und zur Seite drücken.
- Schraube –1– mit dem Torx-Steckeinsatz T30 herausdrehen.

- Stutzen –3– vom Abgasturbolader zur linken Seite abziehen und nach hinten drücken.

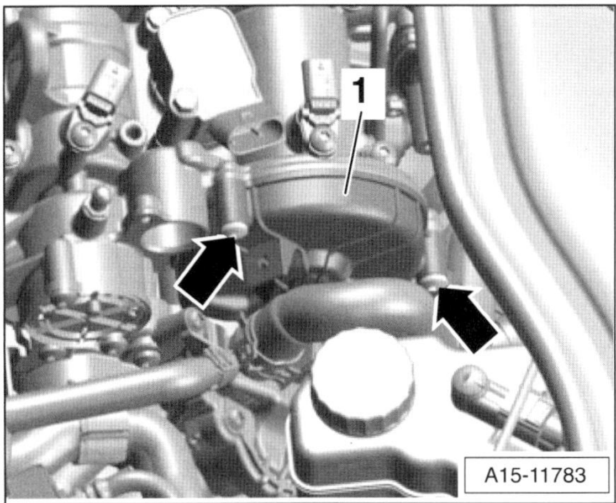

- Schrauben –Pfeile– herausdrehen.
- Zahnriemenschutz –1– für den Zahnriemen der Kühlmittelpumpe abnehmen.
- Zahnriemen prüfen, siehe Abschnitt für den 1,0-l-Benzinmotor mit 44/55 kW.
- Der Zusammenbau erfolgt in umgekehrter Ausbaureihenfolge. Dabei ist Folgendes zu beachten:
- Schrauben für Zahnriemenschutz beziehungsweise für Kurbelgehäuseentlüfung mit **8 Nm** festziehen.

1,2-l-Benzinmotor 66 – 81 kW; 1,4-l-TSI-Benzinmotor 103 – 132 kW

Zahnriemen für *Kühlmittelpumpe* prüfen

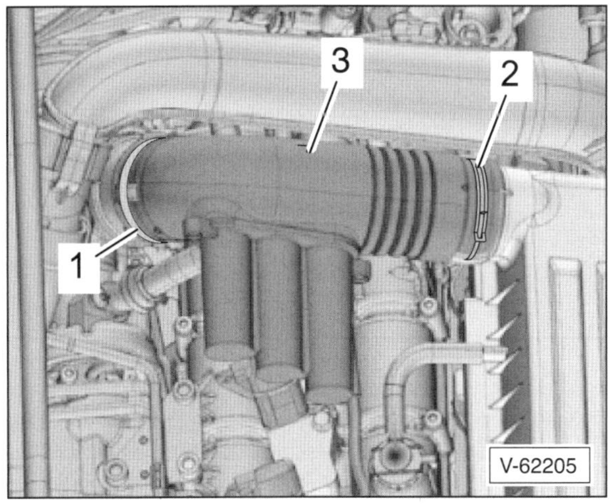

- Schlauchschellen –1– und –2– lösen und zurückschieben.
- Luftführungsrohr –3– abziehen und herausnehmen.

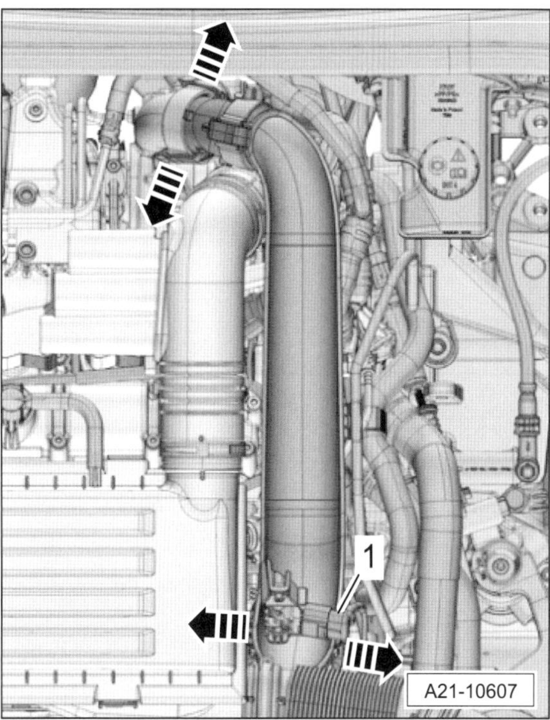

- Stecker –1– abziehen.
- Verrastungen entriegeln –Pfeile– und Luftführungsrohr abnehmen.

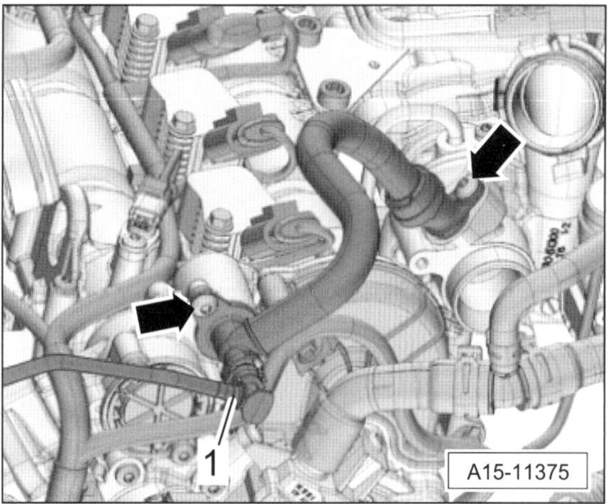

- Entriegelungstasten drücken und Schlauch –1– zum Aktivkohlebehälter abbauen.
- Schrauben –Pfeile– herausdrehen, Schlauch für Kurbelgehäuseentlüftung abnehmen.

Achtung: Bei Beschädigung eines O-Rings oder beider O-Ringe Schlauch für Kurbelgehäuseentlüftung ersetzen.

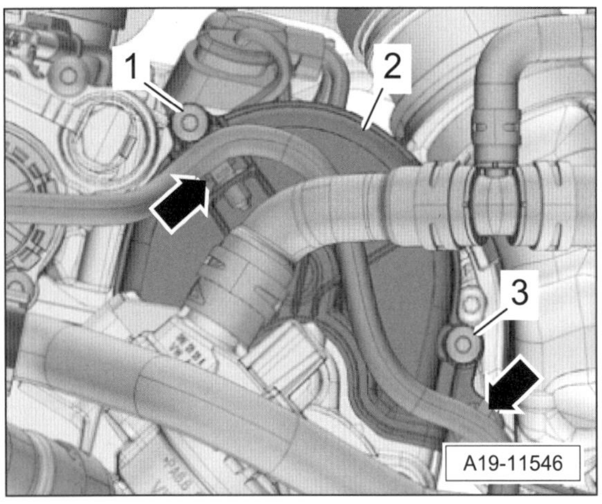

- Elektrischen Leitungsstrang frei legen –Pfeile–.
- Schrauben –1– und –3– herausdrehen
- Zahnriemenschutz –2– für Zahnriemen der Kühlmittelpumpe abnehmen.
- Zahnriemen prüfen, siehe Abschnitt für den 1,0-l-Benzinmotor mit 44/55 kW.
- Beschädigten Zahnriemen **unbedingt** ersetzen lassen (Werkstattarbeit).
- Obere Zahnriemenabdeckung einbauen. Schrauben mit **8 Nm** festziehen.
- Der weitere Zusammenbau erfolgt in umgekehrter Ausbaureihenfolge. Dabei Folgendes beachten:
- **Neue** O-Ringe für die Kurbelgehäuseentlüftung beim Einbau mit Motoröl benetzen.
- Schraube für die Kurbelgehäuseentlüftung mit **9 Nm** festziehen.

Sichtprüfung der Abgasanlage

Sicherheitshinweis
Beim Aufbocken des Fahrzeugs besteht Unfallgefahr! Deshalb vorher das Kapitel »Fahrzeug aufbocken« durchlesen.

- Fahrzeug aufbocken.
- Befestigungsschellen auf festen Sitz prüfen.
- Abgasanlage mit Lampe anstrahlen und auf Löcher, durchgerostete Teile sowie Scheuerstellen absuchen.
- Stark gequetschte Abgasrohre ersetzen.
- Gummihalterungen durch Drehen und Dehnen auf Porosität überprüfen und gegebenenfalls austauschen.
- Fahrzeug ablassen.

Keilrippenriemen prüfen

Der Keilrippenriemen muss nicht nachgespannt werden, da eine automatische Spannrolle die Riemenspannung konstant hält. Im Rahmen der Wartung muss der Keilrippenriemen auf Beschädigungen geprüft, gegebenenfalls erneuert werden.

Spezialwerkzeug: nicht erforderlich.

Erforderliche Betriebsmittel/Verschleißteile bei defektem Keilrippenriemen:

- Keilrippenriemen für die jeweilige Motorausführung.

Prüfen

- Getriebe in Leerlaufstellung bringen.

Sicherheitshinweis
Beim Aufbocken des Fahrzeugs besteht Unfallgefahr! Deshalb vorher das Kapitel »Fahrzeug aufbocken« durchlesen.

- Fahrzeug aufbocken.
- Motorraumabdeckung unten ausbauen, siehe Seite 278.
- Falls vorhanden, Abdeckkappe für Keilrippenriemenscheibe ausbauen.

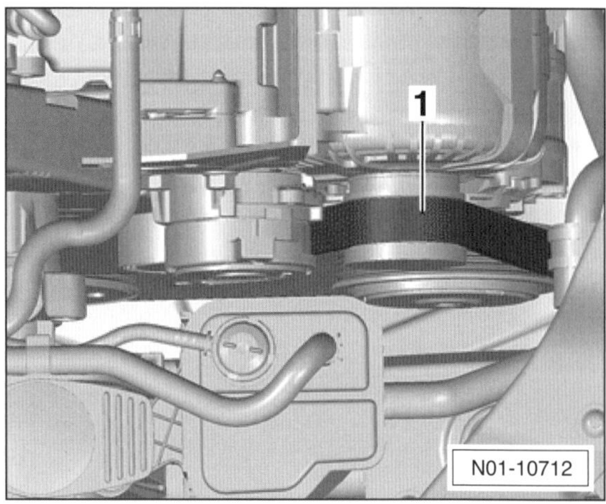

- Riemen –1– mit einem Kreidestrich quer zum Riemen markieren.
- Von der Fahrzeugunterseite her den Motor mit einer Stecknuss an der Kurbelwellen-Riemenscheibe in Motordrehrichtung, also im Uhrzeigersinn, jeweils ein Stück weiterdrehen, bis die Kreidemarkierung wieder sichtbar wird. Dabei Keilrippenriemen Stück für Stück sichtprüfen.

Keilrippenriemen auf folgende Beschädigungen prüfen:

- Öl- und Fettspuren.
- Richtige Spannung.

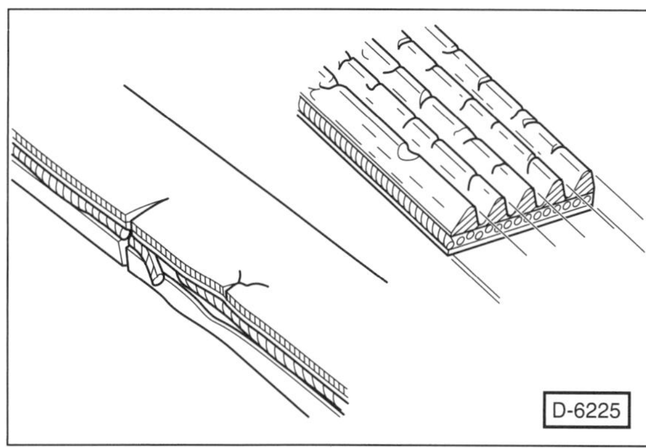

- Flankenverschleiß: Rippen laufen spitz zu, neu sind sie trapezförmig.
- Flankenverhärtungen, glasige Flanken.
- Querrisse auf der Rückseite des Riemens.
- Einzelne Rippen lösen sich ab.
- Ausfransungen der äußeren Zugstränge. Zugstrang seitlich herausgerissen. Querrisse in mehreren Rippen. Ausbruch am Unterbau.
- Rippenbrüche, einzelne Rippenquerrisse. Einlagerung von Schmutz, Steinen zwischen den Rippen. Gummiknollen im Rippengrund.

- Wenn eine oder mehrere dieser Beschädigungen vorhanden sind, Keilrippenriemen **unbedingt** ersetzen, siehe Seite 204.
- Falls vorhanden, Abdeckkappe für Keilrippenriemenscheibe einbauen.
- Motorraumabdeckung unten einbauen, siehe Seite 278.

Zündkerzen erneuern

Erforderliches Spezialwerkzeug:

- Zündkerzenschlüssel, zum Beispiel HAZET 4766-1.
- Je nach Motor unterschiedliche Abziehwerkzeuge:
  - 1,0-/1,2-/1,4-/1,8-l-Motor CHYA/CHYB/CHZB/CHZC/CJZC/CJCD/CPTA/CZEA/DAJA/DAJB: Abzieher VW-T10530
  - 1,2-/1,4-l-Motor CGPA/CGPB/CGGB/CAVE/CTHE: Abzieher VW-T10094A oder HAZET 1849-7.
  - 1,2-l-Motor CHFA: Abzieher VW-T10166.
  - 2,0-l-Motor CDLJ: Abzieher HAZET 1849-10 oder VW-T40039

Erforderliche Verschleißteile:

- Je nach Motor 3 beziehungsweise 4 Zündkerzen. Vorgeschriebene Zündkerze, siehe Seite 49.
- Kerzensteckerfett, zum Beispiel VW-G052 141 A2.

Achtung: Zündkerzen nur bei kaltem oder handwarmem Motor wechseln. Wenn die Zündkerzen bei heißem Motor herausgedreht werden, kann das Zündkerzengewinde des Leichtmetall-Zylinderkopfes ausreißen.

Das Abziehen der Zündspulen wird durch einen warmen Motor erleichtert, weil das Fett in den Zündkerzensteckern in warmem Zustand weicher ist.

1,0-/1,2-/1,4-l-Motor CHYA/CHYB/CHZB/CHZC/CJZC/CJCD/CPTA/CZEA

Ausbau

- **1,0-l-Motor:** Luftfiltergehäuse ausbauen, siehe Seite 241.
- **1,0-l-TSI-Motor mit 70/81 kW:** Luftführungsrohr ausbauen, siehe Seite 241.

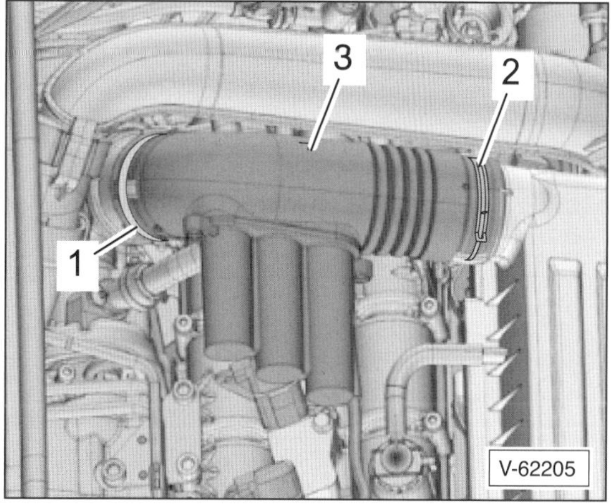

- **1,2-/1,4-l-Motor 66/81/103/110 kW:** Schlauchschellen –1– und –2– lösen und zurückschieben. Luftführungsrohr –3– abziehen und herausnehmen.

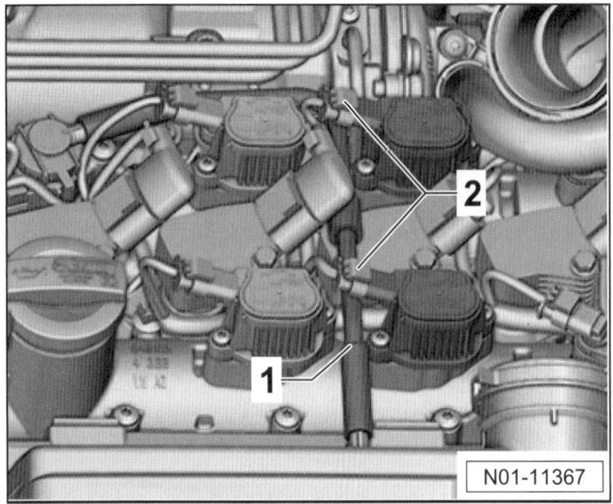

- **1,4-l-Motor 103 kW:** Steckverbindungen –2– trennen, Luftführungsschlauch –1– abziehen und herausnehmen.

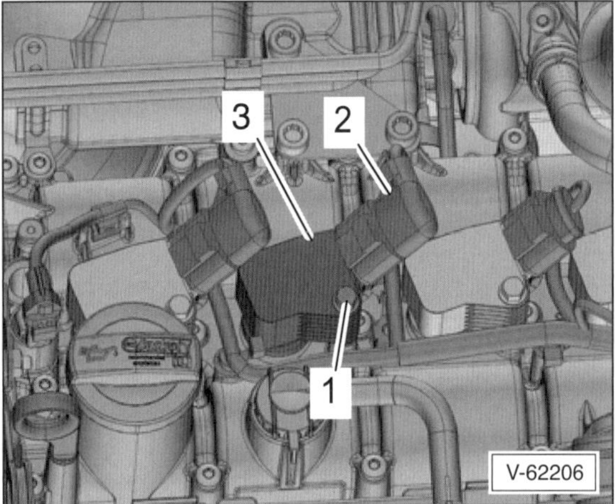

Hinweis: Einbaulage der Zündspulen für den späteren Einbau merken. Darauf achten, dass die Leitungen nicht geknickt oder beschädigt werden.

- Zündspulen ausbauen. Dazu Stecker –2– entriegeln und abziehen.
- Schraube –1– herausdrehen.
- Betreffende Zündspule –3– herausziehen. **Hinweis:** Da die Zündspule oftmals sehr fest sitzt, wird in der Fachwerkstatt ein spezieller Abzieher, VW-T10530, zum Herausziehen der Zündspulen verwendet.

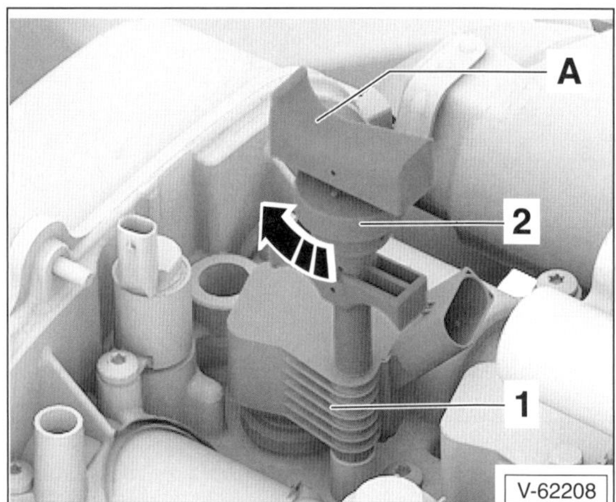

- Abzieher –A–, zum Beispiel VW-T10530, in die Bohrung der Zündspule –1– einsetzen.
- Rändelmutter –2– im Uhrzeigersinn –Pfeilrichtung– drehen und dadurch den Abzieher festklemmen.

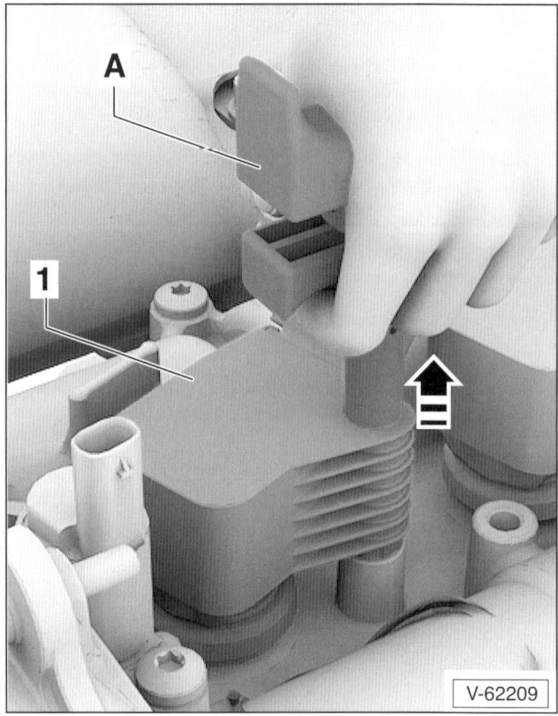

- Mithilfe des Abziehers –A– die Zündspule –1– vorsichtig senkrecht nach oben herausziehen.
- Auf diese Weise sämtliche Zündspulen ausbauen.
- Zündkerzen mit Zündkerzenschlüssel VW-3122B oder HAZET 4766-1 herausdrehen.

Einbau

- **Neue** Zündkerzen vorsichtig reinschrauben und dann mit **25 Nm**, beim **1,4-l-TSI-Motor** mit **22 Nm,** festziehen.
- Alle Zündspulen locker in den Kerzenschacht stecken und wie vor dem Ausbau ausrichten.

- Zündspulen mit der Hand auf die Zündkerzen aufdrücken. Kein Schlagwerkzeug verwenden!
- Schrauben für die Zündspulen mit **8 Nm** festziehen.
- Stecker auf die Zündspulen aufstecken und einrasten.
- **1,0-l-TSI-Motor mit 70/81 kW:** Luftführungsrohr einbauen, siehe Seite 241.
- **1,0-l-Motor:** Luftfiltergehäuse einbauen, siehe Seite 241.
- **1,2-/1,4-l-Motor 66 – 132 kW:** Luftführungsrohr auf schieben und mit Schlauchschellen sichern.
- **1,4-l-Motor 103 – 132 kW:** Luftführungsschlauch aufschieben. Steckverbindungen zusammenstecken.

1,2-l-TSI-Motor CBZB/CBZC, 66/77 kW

Ausbau

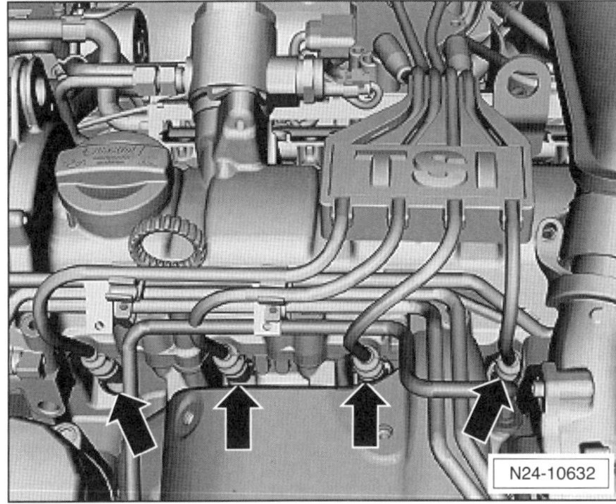

- Zündkerzenstecker –Pfeile– abziehen.
- Zündkerzen mit Zündkerzenschlüssel VW-3122B oder HAZET 4766-1 herausdrehen.

Einbau

- Neue Zündkerzen vorsichtig einschrauben und dann mit **25 Nm** festziehen.
- Beim Einbau neuer Zündkerzen, Kerzenstecker nachfetten, siehe Abschnitt am Ende des Kapitels.
- Zündkerzenstecker auf die Zündkerzen aufdrücken. **Achtung:** Die Zündkerzenstecker müssen spürbar einrasten.

1,2-l-Benzinmotor CGPB/CHFA/CGPA, 44/51 kW 1,4-l-Benzinmotor CGGB/CAVE/CTHE, 63/132 kW

Ausbau

- Falls vorhanden, obere Motorabdeckung ausbauen und mit der Oberseite auf eine weiche Unterlage legen, um Kratzer zu vermeiden, siehe Seite 195.

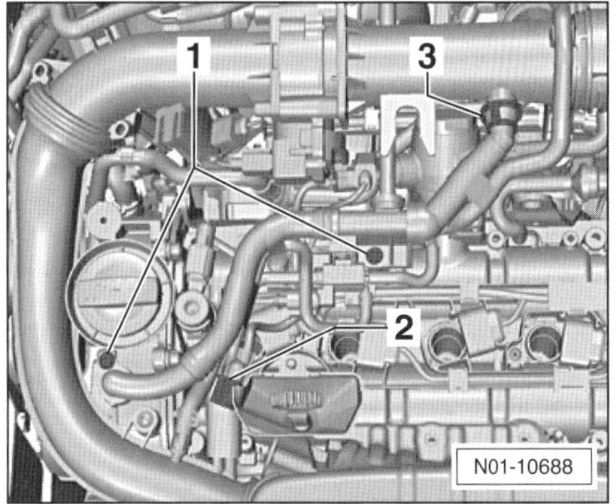

- **1,4-l-TSI-Motor CAVE/CTHE:** Damit die Zündspule für Zylinder 1 zugänglich wird, Stecker –2– abziehen. Schlauchenden –3– zusammendrücken, dadurch entriegeln, und abziehen. Schrauben –1– herausdrehen. Schlauch mit Halter und Magnetventil für Ladedruckbegrenzung anheben und zur Seite legen.
- Einbaulage der Zündspulen in den Führungen des Zylinderkopfdeckels merken.

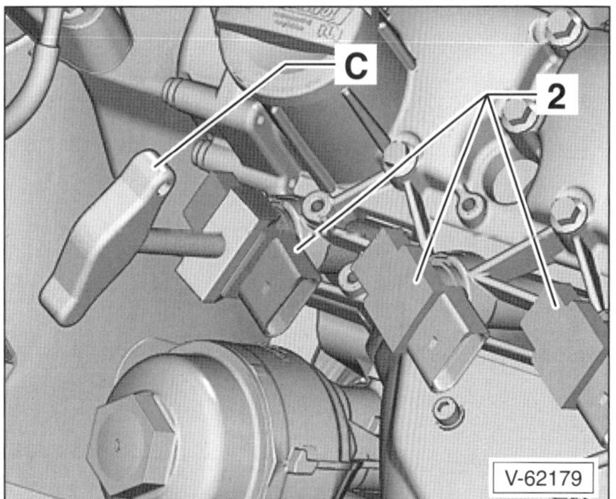

- **1,2-l-Motor CHFA:** Zündspulen –2– mit geeignetem Abzieher –C– etwas nach oben abziehen, zum Beispiel mit VW-T10166.

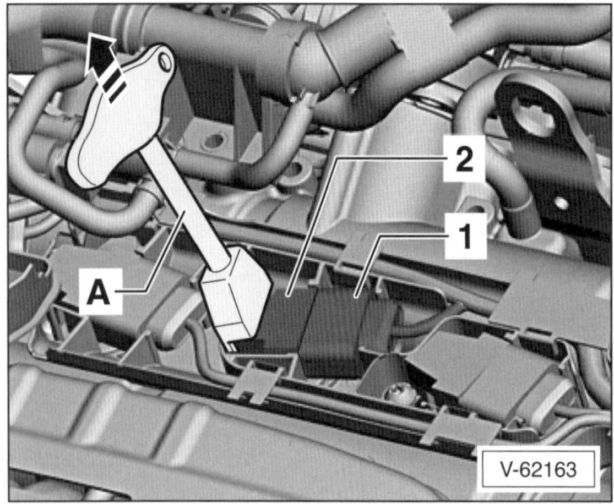

- **Motor CGPA/CGPB/CGGB/CAVE/CTHE:** Zündspulen –2– mit geeignetem Abzieher –A– etwas nach oben abziehen, zum Beispiel mit VW-T10094A oder HAZET-1849-7 (Klauenweite 18 mm).
- Stecker –1– in Richtung Zündspulen –2– drücken, von Hand auf die Stecker-Verriegelung drücken und Stecker von den Zündspulen abziehen.
- Zündspulen herausnehmen.

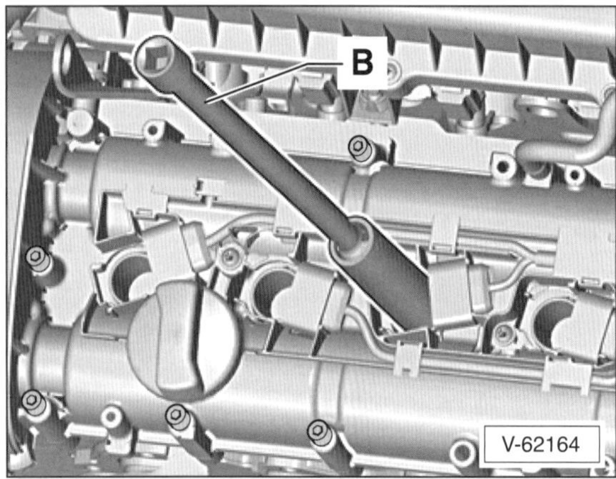

- Zündkerzen mit Zündkerzenschlüssel –B–, zum Beispiel VW-3122B oder HAZET 4766-1, herausdrehen.

Einbau

- **Neue** Zündkerzen vorsichtig einschrauben und mit **30 Nm** festziehen.
- **1,4-l-TSI-Motor:** Zündkerzenstecker fetten, siehe Seite 48.
- Zündspulen in die Zündkerzenschächte einführen und zu den Steckverbindungen ausrichten, siehe Abbildung V-62179.
- Stecker auf die Zündspulen aufstecken und einrasten.
- Zündspulen fest auf die Zündkerzen aufdrücken. **Achtung:** Die Zündspulen müssen spürbar einrasten.
- Falls abgebaut, obere Motorabdeckung einbauen, siehe Seite 195.

1,8-l-Motor DAJA/DAJB 141 kW

Ausbau

- Obere Motorabdeckung ausbauen und mit der Oberseite auf eine weiche Unterlage legen, um Kratzer zu vermeiden, siehe Seite 195.

- Muttern der Masseleitungen –Pfeile– abschrauben, Masseleitungen abnehmen und zur Seite legen.

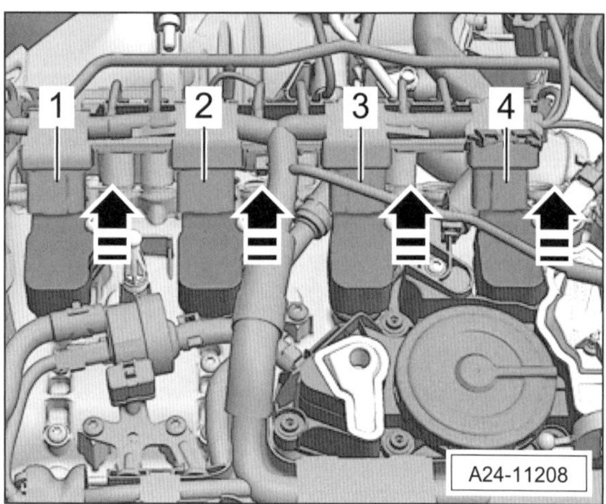

Hinweis: Einbaulage der Zündspulen für den späteren Einbau merken. Darauf achten, dass die Leitungen nicht geknickt oder beschädigt werden.

- Zündspulen ausbauen. Dazu Stecker –1– bis –4– entriegeln und in Pfeilrichtung abziehen.

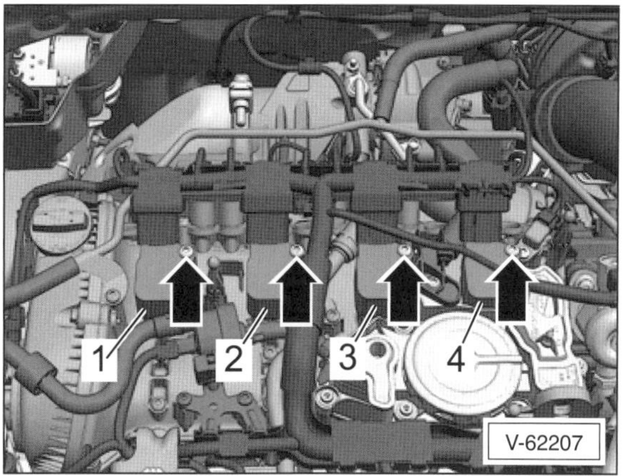

- Schrauben –Pfeile– herausdrehen und Zündspulen –1– bis –4– vorsichtig nach oben herausziehen. **Hinweis:** Da die Zündspule oftmals sehr fest sitzt, wird in der Fachwerkstatt ein spezieller Abzieher, VW-T10530, zum Herausziehen der Zündspulen verwendet, siehe auch Abbildungen V-62208 und V-62209 auf Seite 44.
- Zündkerzen mit Zündkerzenschlüssel VW-3122B oder HAZET 4766-1 herausdrehen.

Einbau

- **Neue** Zündkerzen vorsichtig reinschrauben und dann mit **25 Nm** festziehen.
- Beim Einbau neuer Zündkerzen, Kerzenstecker nachfetten, siehe Abschnitt am Ende des Kapitels.
- Alle Zündspulen locker in den Kerzenschacht stecken und wie vor dem Ausbau ausrichten.
- Zündspulen mit der Hand auf die Zündkerzen aufdrücken. Kein Schlagwerkzeug verwenden!
- Schrauben für die Zündspulen mit **10 Nm** festziehen.
- Stecker auf die Zündspulen aufstecken und einrasten.
- Masseleitungen aufstecken und Muttern mit **10 Nm** festziehen.
- Obere Motorabdeckung einbauen, siehe Seite 195.

2,0-l-Motor CDLJ

Ausbau

- Obere Motorabdeckung ausbauen und mit der Oberseite auf eine weiche Unterlage legen, um Kratzer zu vermeiden, siehe Seite 195.

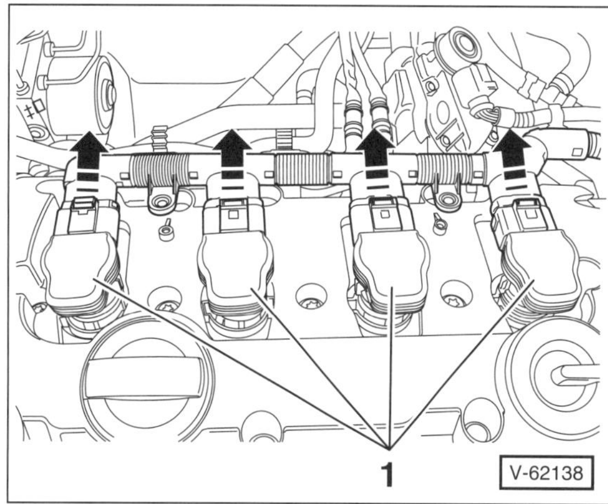

- Stecker der Zündspulen in Richtung Zündspulen –1– drücken, von Hand auf die Verriegelung drücken und Stecker in Pfeilrichtung abziehen.

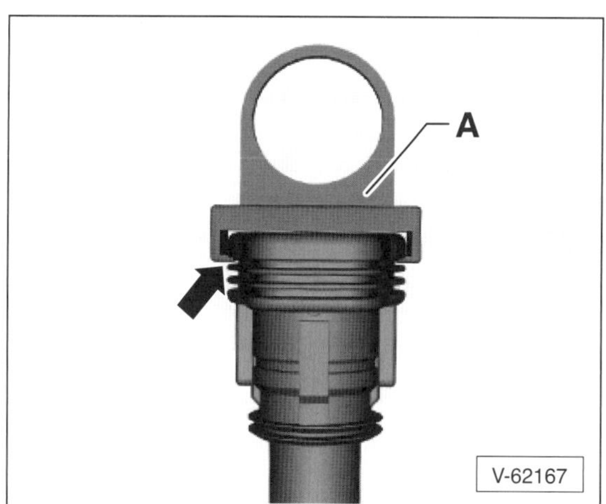

Hinweis: Zum Abziehen der Zündspulen wird der Abzieher –A– benötigt, zum Beispiel HAZET 1849-10 oder VW-T40039. Dabei Abzieher nur an der obersten dicken Rippe –Pfeil– ansetzen. Die unteren Rippen sind zu schwach und können beim Abziehen beschädigt werden.

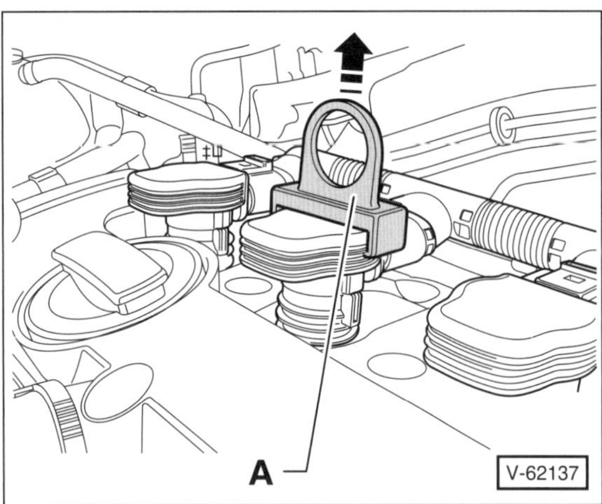

- Zündspulen mit Abzieher –A– nach oben aus dem Zylinderkopf herausziehen –Pfeil–.
- Zündkerzen mit Zündkerzenschlüssel VW-3122B oder HAZET 4766-1 herausdrehen.

Einbau

- **Neue** Zündkerzen vorsichtig einschrauben und dann mit **30 Nm** festziehen.
- Kerzenstecker nachfetten, siehe Abschnitt am Ende des Kapitels.
- Zündspulen locker in den Zündkerzenschacht stecken.
- Alle Zündspulen zu den abgezogenen Zündspulensteckern ausrichten.
- Alle Stecker gleichzeitig auf die Zündspulen lose aufstecken.
- Zündspulen gleichmäßig mit der Hand auf die Zündkerzen drücken (kein Schlagwerkzeug benutzen).
- Steckerleiste ausrichten und alle Stecker gleichzeitig auf die Zündspulen stecken und einrasten. **Achtung:** Die Zündkerzenstecker müssen spürbar einrasten.
- Obere Motorabdeckung einbauen, siehe Seite 195.

Zündkerzenstecker nachfetten

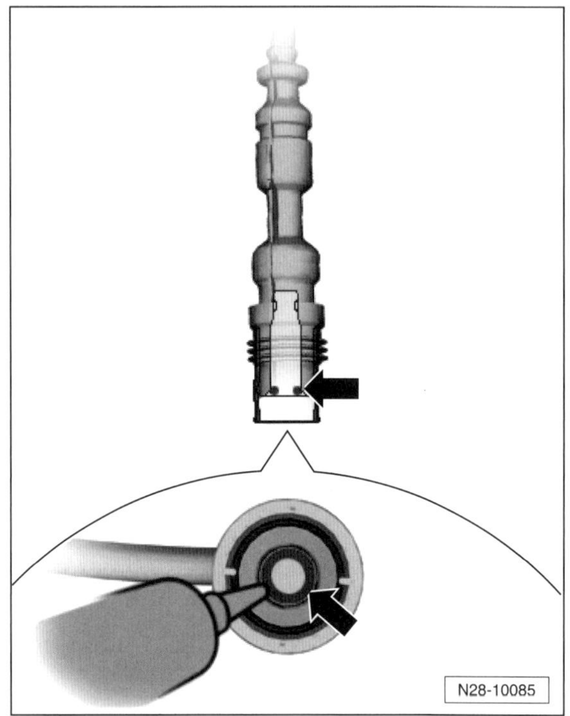

- Zündkerzenstecker mit Kerzensteckerfett, zum Beispiel VW-G 052 141 A2, nachfetten. Dazu eine dünne Raupe Kerzensteckerfett umlaufend auf den Dichtschlauch des Zündkerzensteckers auftragen –Pfeile–. Die Fettraupe muss 1 – 2 mm dick sein.

Hinweis: Neue Zündkerzenstecker sind bereits mit Fett versehen und müssen beim Ersteinbau nicht gefettet werden. Zündkerzenstecker nur beim Einbau neuer Zündkerzen nachfetten. Dadurch wird verhindert, dass der Dichtschlauch des Zündkerzensteckers an der Zündkerze festklebt. Die Schmierpaste muss sich beim Aufstecken des Zündkerzensteckers auf der Zündkerze verteilen.

Zündkerzengewinde erneuern

Hinweis: Falls festgestellt wird, dass das Zündkerzengewinde beschädigt ist, muss dieses erneuert werden. Dazu gibt es unter anderem von BERU einen entsprechenden Werkzeug- und Reparatursatz. Mit einem Spezialbohrer wird das alte Gewinde herausgeschält; der Zylinderkopf muss dazu nicht ausgebaut werden. Anschließend wird ein neues Gewinde in den Zylinderkopf geschnitten und die Zündkerze mit einem speziellen Gewindeeinsatz eingeschraubt. Nachträglich eingebaute Zündkerzen-Gewindeeinsätze sitzen sicher und sind kompressionsdicht.

Zündkerzenwerte für die VW POLO-Motoren

Achtung: Die technische Entwicklung geht ständig weiter. Es kann sein, dass inzwischen für einzelne Motoren andere Zündkerzenwerte gelten und daher die Tabelle möglicherweise nicht auf dem neuesten Stand ist. Um die aktuelle Zündkerze für Ihren Fahrzeugmotor zu ermitteln, benötigt der Fachhandel die **Fahrzeug-Ident-Nummer** (FIN) sowie die **3 Schlüsselnummern** aus dem Kfz-Schein. Diese Nummern sollten beim Kauf von Zündkerzen angegeben werden.

Wenn in der Tabelle für einen bestimmten Motor keine Zündkerzenwerte angegeben sind, dann ist zur Zeit nur die über den VW-Kundendienst erhältliche Zündkerze freigegeben.

Motor	Motor-Kenn-buchstaben	BOSCH	EA[1]	NGK	EA[1]
1,0-l 44/55 kW	CHYA/CHYB	Y 7 LER 02	1,0	ZKER6A-10EG	1,0
1,0-l 70/81 kW	CHZB/CHZC	Y 5 KPP 332 S	0,7	–	–
1,2-l 44/51 kW	CGPB/CHFA/CGPA	FR 7 HC+	0,9	ZFR6T-11G	1,1
1,2-l 66/77 kW	CBZC/CBZB	FR 6 HI 332	0,8	IZFR6P7	0,7
1,2-l 66/81 kW	CJZC/CJZD	Y 5 KPP 332 S	0,7	PZKER7A8EGS	0,75
1,4-l 63 kW	CGGB	FR 7 HC+	0,9	ZFR6T-11G	1,1
1,4-l 103/110 kW	CPTA/CZEA	Y 5 KPP 332 S	0,7	PZKER7A8EGS	0,75
1,4-l 132 kW	CAVE/CTHE	FR 6 HI 332	0,8	SIZFR6B8EG	0,8
1,8-l 141 kW	DAJA/DAJB	FQ 5 NPP 332 S	0,7	PLFER7A8EG	0,8
2,0-l 162 kW	CDLJ	FR 5 KPP 332 S	0,7	PFR7S8EG	0,8

[1]) EA = Elektrodenabstand in mm.

Getriebe/Achsantrieb

Folgende Wartungspunkte müssen nach dem Wartungsplan in unterschiedlichen Intervallen durchgeführt werden:

- Getriebe/Achsantrieb: Auf Undichtigkeiten und Beschädigungen sichtprüfen.

Getriebe-Sichtprüfung auf Dichtheit

Spezialwerkzeug: nicht erforderlich.

Folgende Leckstellen sind möglich:

- Trennstelle zwischen Motorblock und Getriebe (Schwungraddichtung/Wellendichtung-Getriebe).
- Antriebswelle an Getriebe.
- Öleinfüllschraube.
- Ölablassschraube.

Bei ölverschmiertem Getriebe und Ölverlust überprüfen, wo das Öl austritt. Bei der Suche nach der Leckstelle folgendermaßen vorgehen:

- Getriebegehäuse mit Kaltreiniger reinigen.
- Mögliche Leckstellen mit Kalk oder Talkumpuder bestäuben.
- Probefahrt durchführen. Damit das Öl besonders dünnflüssig wird, sollte die Probefahrt auf einer Schnellstraße über eine Entfernung von ca. 30 km durchgeführt werden.

Sicherheitshinweis
Beim Aufbocken des Fahrzeugs besteht Unfallgefahr! Deshalb vorher das Kapitel »Fahrzeug aufbocken« durchlesen.

- Fahrzeug aufbocken und Getriebe mit einer Lampe anstrahlen und nach der Leckstelle absuchen.
- Leckstelle umgehend beseitigen. Anschließend Getriebeöl auffüllen.

Schaltgetriebe/Achsantrieb: Ölstand prüfen

Das Getriebeöl muss nicht gewechselt werden. Der Ölstand wird im Rahmen der Wartung kontrolliert, wenn ausgetretenes Getriebeöl auf Ölverlust schließen lassen.

Erforderliches Spezialwerkzeug:

- Eine Grube oder ein Wagenheber mit Unterstellböcken.
- Geeigneten Schlüssel zum Lösen der Öleinfüllschraube. Je nach verwendeter Schraube einen Innensechskant-Steckschlüsseleinsatz SW-17, HAZET 985-17 oder einen Innenvielzahn-Steckschlüsseleinsatz SW-27.
- Selbst anfertigen: Dünnen Draht als Peilstab zur Ölstandkontrolle verwenden, ca. 1 cm lange Spitze um 90° abwinkeln.

Erforderliche Betriebsmittel/Verschleißteile:

- Synthetik-Getriebeöl der VW-Spezifikation »G 052«.

Prüfen

Hinweis: Die Kennbuchstaben des eingebauten Getriebes sind auf dem Fahrzeugdatenträger und auch auf dem Getriebe vermerkt, siehe auch Seite 12.

Sicherheitshinweis
Beim Aufbocken des Fahrzeugs besteht Unfallgefahr! Deshalb vorher das Kapitel »Fahrzeug aufbocken« durchlesen.

- Fahrzeug über Montagegrube fahren oder waagerecht aufbocken.
- Untere Motorraumabdeckung ausbauen, siehe Seite 278.

5-Gang-Schaltgetriebe 02R, 6-Gang-Schaltgetriebe 0A8

1,2-l-TDI 55 kW; 1,6-l-TDI 55-77 kW; 1,4-l 110 kW; 1,8-l 141 kW; 2,0-l 162 kW

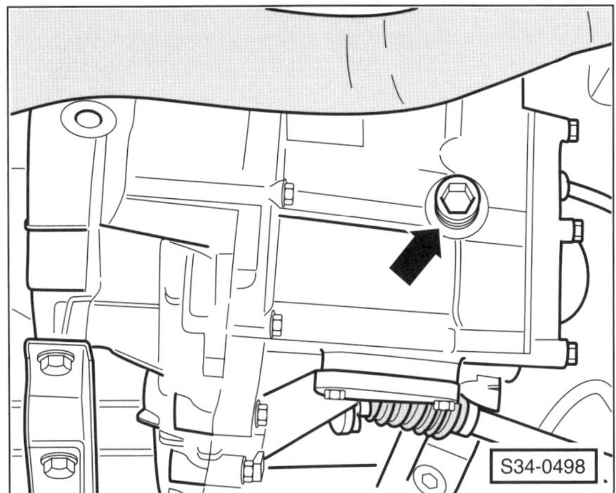

- Falls erforderlich, Getrieböl durch die Kontrollbohrung für Getriebeölstand auffüllen. Dazu Innensechskant- beziehungsweise Innenvielzahn-Kontrollschraube –Pfeil– vorn am Getriebe herausdrehen. Der Ölstand muss bis zur Unterkante der Kontrollbohrung reichen. Dichtring für Kontrollschraube erneuern. Innensechskantschraube mit **30 Nm**, Innenvielzahnschraube mit **45 Nm** festziehen.

5-Gang-Schaltgetriebe 02T/02R/0DF/0ZW, 6-Gang-Schaltgetriebe 0DQ/02U

1,0-l 70/81 kW; 1,2-l 44-81 kW; 1,4-l 63 kW

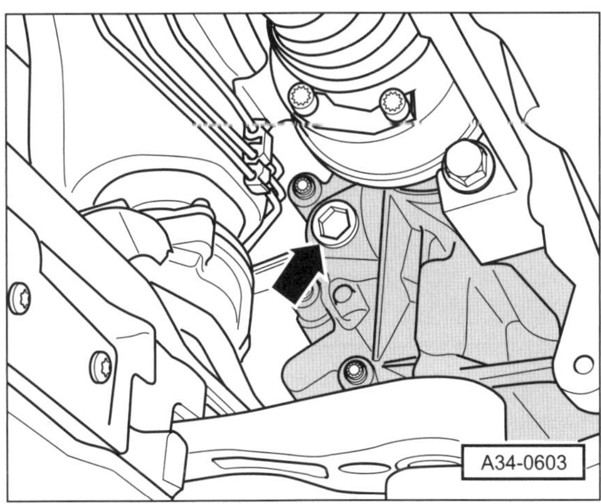

Falls erforderlich, Getrieböl durch die Kontrollbohrung für Getriebeölstand auffüllen. Dazu Innensechskant- beziehungsweise Innenvielzahn-Verschlussschraube –Pfeil– seitlich am Getriebe beziehungsweise neben dem Gelenkwellenflansch herausdrehen. Der Ölstand muss bis zur Unterkante der Kontrollbohrung reichen.

- Öleinfüllschraube einschrauben und festziehen.
  Anzugsdrehmoment:
  Innenvielzahnschraube (Getriebe 02T) . . . . **25 Nm**
  Innensechskantschraube (Getriebe 02T) . . . . **30 Nm**
  Innensechskantschraube (Getriebe 02R) . . . . **35 Nm**
- Untere Motorraumabdeckung einbauen, siehe Seite 278.

5-Gang-Schaltgetriebe 0CF, 0A4

1,0-l 44/55 kW; 1,4-l-TDI

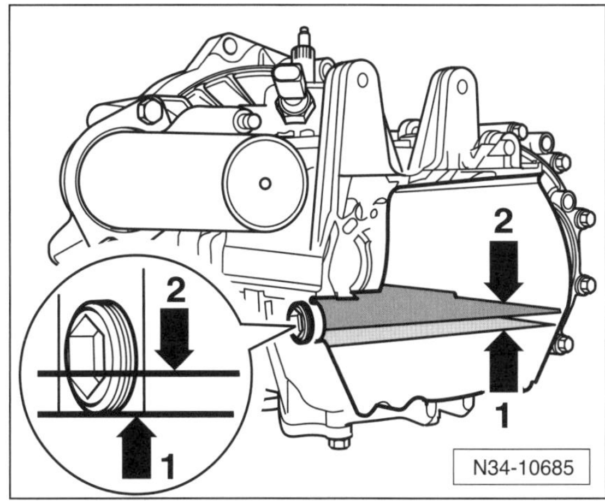

- Wegen der Neigung der Motor-Getriebe-Einheit befindet sich die Unterkante der Einfüllbohrung –1– unterhalb des Ölspiegels –2–. Der Ölstand des Getriebeöls kann daher nur durch völliges Ablassen und anschließendes wieder Auffüllen der korrekten Ölmenge geprüft und korrigiert werden. **Auf keinen Fall Ölkontrollschraube herausdrehen.**

Vorderachse/Lenkung

Folgende Wartungspunkte müssen nach dem Wartungsplan in unterschiedlichen Intervallen durchgeführt werden:

- Spurstangenköpfe: Spiel und Befestigung prüfen, Staubkappen prüfen.
- Achsgelenke/Achslager: Auf Beschädigung prüfen.
- Manschetten der Antriebswellen: Auf Undichtigkeiten und Beschädigungen sichtprüfen.

Achsgelenke und Spurstangenköpfe prüfen/ersetzen

Erforderliches Spezialwerkzeug:

- Werkstattwagenheber.
- Lampe.

Sicherheitshinweis
Beim Aufbocken des Fahrzeugs besteht Unfallgefahr! Deshalb vorher das Kapitel »Fahrzeug aufbocken« durchlesen.

- Fahrzeug vorn aufbocken, die Räder müssen frei hängen.

Achsgelenke:

Staubkappen prüfen

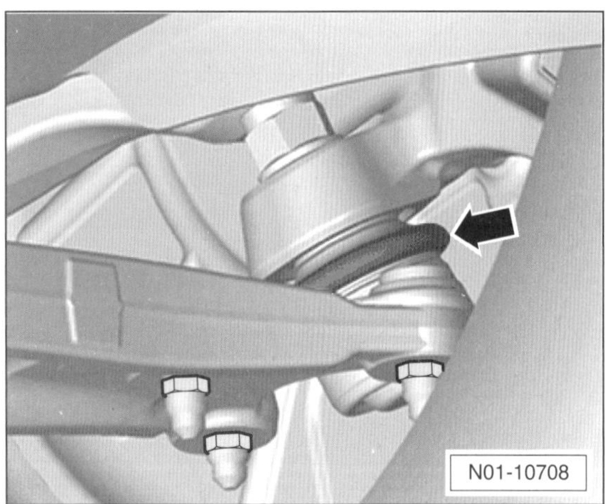
N01-10708

- Staubkappen –Pfeil– für Achsgelenke links und rechts mit Lampe anstrahlen und auf Beschädigungen und Undichtigkeit überprüfen.

Spiel prüfen

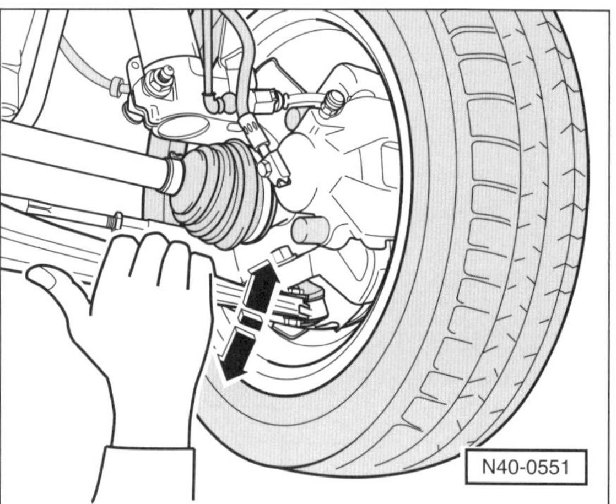
N40-0551

- Querlenker kräftig nach oben drücken und nach unten ziehen, dabei das Achsgelenk beobachten.

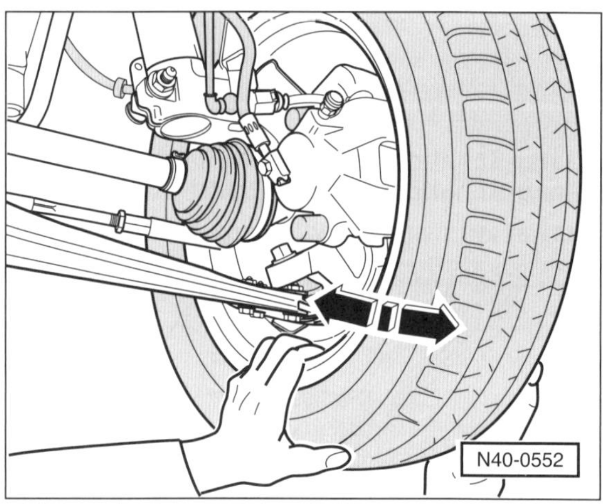
N40-0552

- Rad unten kräftig nach außen und innen drücken, dabei das Achsgelenk beobachten.
- Bei beiden Prüfungen darf kein fühlbares und sichtbares Spiel im Achsgelenk vorhanden sein.

Hinweis: Eventuell vorhandenes Radlagerspiel oder Spiel im Federbeinlager oben berücksichtigen.

Ersetzen

- Einbaulage der 3 Muttern am Querlenker mit Reißnadel kennzeichnen und Muttern abschrauben.
- Gelenkwelle aus der Radnabe herausziehen, siehe Seite 149.

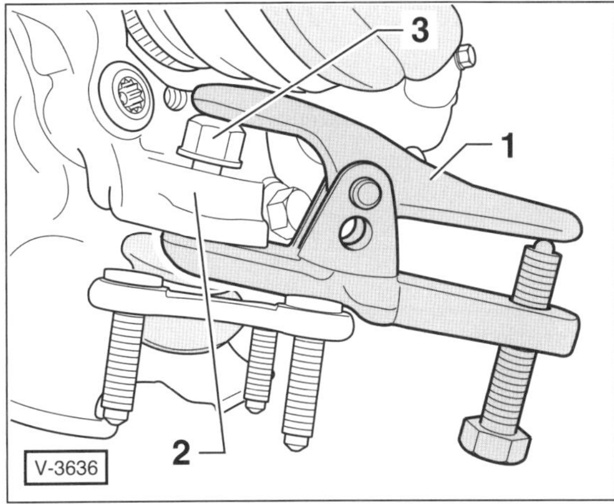

- Mutter –3– am Achslenker lösen, siehe Abbildung.
- Querlenker nach unten abziehen und Achsgelenk mit Kugelgelenkabzieher –1–, zum Beispiel HAZET 1790-7, aus dem Achsschenkel –2– herausdrücken.

Hinweis: Beim Abdrücken die Mutter –3– zum Schutz des Gewindes einige Gewindegänge auf dem Achsgelenk belassen.

Achtung: Einbaulage des Achsgelenkes beachten. Bei falscher Einbaulage ändert sich der Nachlauf.

- Achsgelenk in den Achsschenkel einsetzen und mit **neuer, selbstsichernder Mutter** handfest locker anschrauben. Dabei Gelenkzapfen mit Innentorxschlüssel T40 gegenhalten.
- Gelenkwelle in das Radlager einschieben, siehe Seite 149.
- Achsgelenk festziehen. Dabei Gelenk-Kugelbolzen mit Innentorxschlüssel T40 gegenhalten. Anzugsdrehmoment: **20 Nm + 90°**. **Hinweis:** Nach dem Anziehen der Mutter mit einen Drehmomentschlüssel, die Mutter mit einem **starren** Schlüssel ¼ Umdrehung weiterdrehen.
- Achsgelenk in den Querlenker einsetzen, Dichtungsbalg des Achsgelenks dabei nicht verdrillen oder beschädigen. **Neue selbstsichernde Muttern** aufschrauben und festziehen. Anzugsdrehmoment: **100 Nm**.
- Nabenmutter einbauen, siehe Seite 150.
- Reifen-Laufrichtung beachten, Rad anschrauben, Fahrzeug ablassen, erst dann Radschrauben über Kreuz mit **120 Nm** festziehen. **Achtung:** Unbedingt Hinweise im Kapitel »Rad aus- und einbauen« beachten.

Achslager:

Prüfen

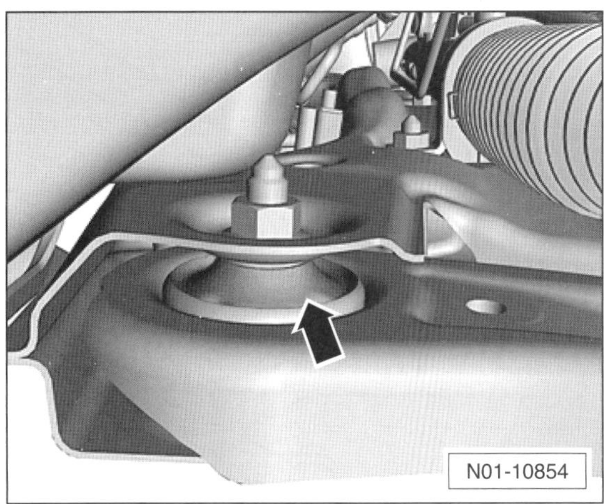

- Achslager –Pfeil– links und rechts mit Lampe anstrahlen und auf Beschädigungen sichtprüfen. Es darf kein Spiel vorhanden sein. Das vulkanisierte Gummilager darf keine Risse und poröse Stellen aufweisen. Gegebenenfalls Achslager ersetzen lassen (Werkstattarbeit).

Spurstangenköpfe/Lenkmanschetten:

Staubkappen und Manschetten prüfen

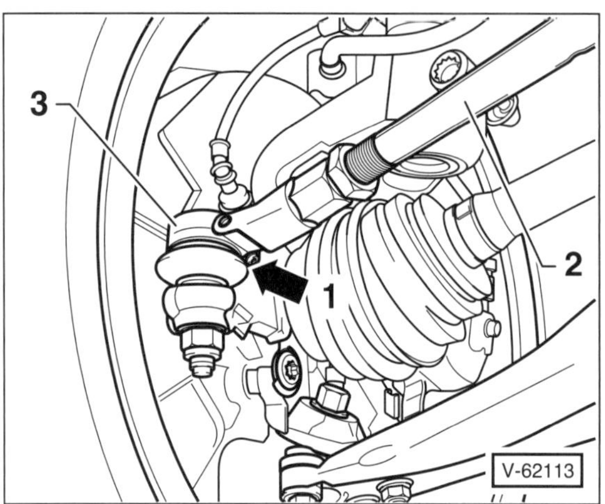

- Staubkappe –1– für Kugelgelenk der Spurstange links und rechts mit Lampe anstrahlen und auf Beschädigungen überprüfen.
- Bei beschädigter Staubkappe sicherheitshalber entsprechendes Gelenk mit Schutzkappe auswechseln. Eingedrungener Schmutz zerstört mit Sicherheit das Gelenk. Spurstangenkopf ersetzen, siehe Seite 164.
- Spurstange –2– links und rechts kräftig von Hand hin- und herbewegen. Das jeweilige Kugelgelenk –3– darf kein Spiel aufweisen, andernfalls Spurstangengelenk ersetzen, siehe Seite 164.
- Festsitz der Kontermutter am Spurstangenkopf und Befestigungsmutter des Kugelgelenks prüfen, ohne sie dabei zu verdrehen.
- Manschetten am Lenkgetriebe auf Beschädigung prüfen, gegebenenfalls erneuern.

Manschetten der Antriebswellen prüfen

Erforderliches Spezialwerkzeug:

- Werkstattwagenheber.
- Lampe.

Prüfen

> **Sicherheitshinweis**
> Beim Aufbocken des Fahrzeugs besteht Unfallgefahr! Deshalb vorher das Kapitel »Fahrzeug aufbocken« durchlesen.

- Fahrzeug aufbocken.

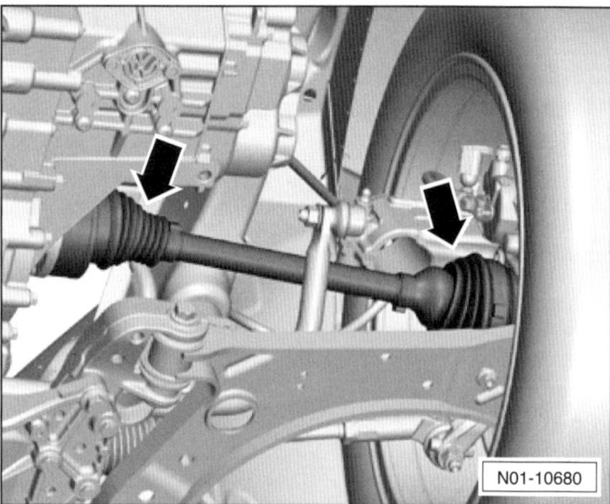

- Manschetten –Pfeile– mit Lampe anstrahlen und auf Porosität und Risse untersuchen. Eingerissene Manschetten umgehend erneuern.
- Manschetten auf der anderen Fahrzeugseite auf die gleiche Weise prüfen.
- Sollte eine Manschette durch Unterdruck im Gelenk nach innen gezogen oder defekt sein, so ist sie umgehend auszutauschen.
- Auf sichtbare Fettspuren an den Manschetten und in deren Umgebung achten.
- Festen Sitz der Klemmschellen prüfen.
- Fahrzeug ablassen.

Bremsen/Reifen/Räder

Folgende Wartungspunkte müssen nach dem Wartungsplan in unterschiedlichen Intervallen durchgeführt werden:

- Bremsflüssigkeitsstand: Prüfen.
- Belagstärke der vorderen und hinteren Bremsbeläge prüfen.
- Sichtprüfung von Bremsleitungen, -schläuchen und Anschlüssen auf Undichtigkeiten und Beschädigungen.
- Bremsflüssigkeit: Erneuern.
- Bereifung (einschließlich Reserverad): Profiltiefe, Reifenfülldruck und Reifenventil prüfen; Reifen auf Verschleiß und Beschädigungen prüfen.
- Reifenreparaturset, falls vorhanden: Haltbarkeitsdatum prüfen, gegebenenfalls Reifenreparaturset ersetzen.
- Reifen-Kontroll-Anzeige: Grundeinstellung durchführen.

Bremsflüssigkeitsstand prüfen

Spezialwerkzeug: nicht erforderlich.

Erforderliche Betriebsmittel/Verschleißteile zum Nachfüllen:

- Bremsflüssigkeit der Spezifikation **VW-501 14.**

Der Vorratsbehälter für die Bremsflüssigkeit befindet sich im Motorraum.

Der Vorratsbehälter ist durchscheinend, so dass der Bremsflüssigkeitsstand von außen überprüft werden kann. Außerdem wird ein zu niedriger Bremsflüssigkeitsstand durch eine Warnleuchte im Kombiinstrument signalisiert. Dennoch ist es ratsam, bei der regelmäßigen Motor-Ölstandkontrolle auch einen Blick auf den Vorratsbehälter für Bremsflüssigkeit zu werfen.

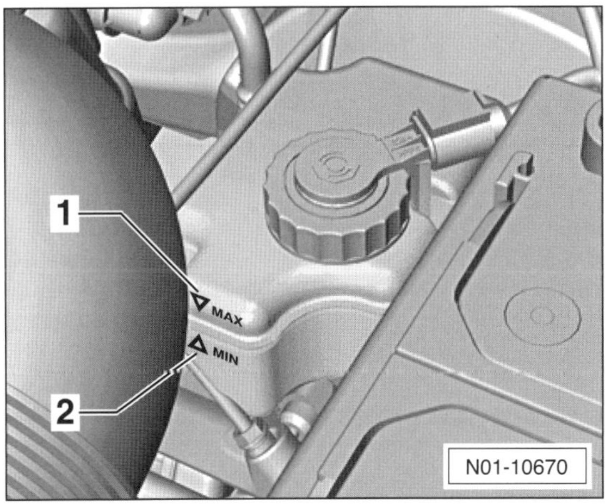

- Der Bremsflüssigkeitsstand soll zwischen der MAX- –1– und der MIN-Marke –2– liegen.
- Bei Bedarf nur **neue** Bremsflüssigkeit der VW-Spezifikation **501 14** einfüllen.

Achtung: Durch Abnutzung der Scheibenbremsbeläge entsteht ein geringfügiges Absinken der Bremsflüssigkeit. Das ist normal. Es muss keine Bremsflüssigkeit nachgefüllt werden. Beispielsweise kann die Bremsflüssigkeit bis zur MIN-Marke absinken, wenn die Bremsbeläge annähernd die Verschleißgrenze erreicht haben. In diesem Fall **keine** Bremsflüssigkeit nachfüllen.

- Sinkt die Bremsflüssigkeit jedoch innerhalb kurzer Zeit stark ab oder liegt der Flüssigkeitsspiegel unter der MIN-Marke, ist das ein Zeichen für Bremsflüssigkeitsverlust.
- **Bei Bremsflüssigkeitsverlust muss die Leckstelle sofort ausfindig gemacht werden. Sicherheitshalber sollte die Überprüfung und Reparatur der Anlage von einer Fachwerkstatt durchgeführt werden.**

Bremsbelagdicke prüfen

Erforderliches Spezialwerkzeug:

- Taschenlampe und Spiegel.
- Schieblehre.

Prüfvoraussetzung

Hinweis: Durch Schmutzpartikel am Fahrbahnrand ist der Belagverschleiß auf der Beifahrerseite erfahrungsgemäß minimal größer als auf der Fahrerseite. Daher ist es sinnvoll, das vordere Rad auf der Beifahrerseite abzunehmen.

> **Sicherheitshinweis**
> Beim Aufbocken des Fahrzeugs besteht Unfallgefahr! Deshalb vorher das Kapitel »Fahrzeug aufbocken« durchlesen.

- Reifen-Laufrichtung mit Pfeil am Reifen markieren. Radschrauben lösen. Fahrzeug aufbocken und Räder abnehmen. **Achtung:** Unbedingt Hinweise im Kapitel »Rad aus- und einbauen« beachten.

Achtung: Bei der Belagkontrolle gleichzeitig auf verschmierte Beläge achten. In diesem Fall Bremsbeläge umgehend erneuern und Defekt beseitigen.

- Bremsscheibe sichtprüfen auf Risse, Riefen, Rost (kein Flugrost) oder Grat am Bremsscheibenrand, gegebenenfalls Bremsscheibe ersetzen.

Vorderrad-Scheibenbremse

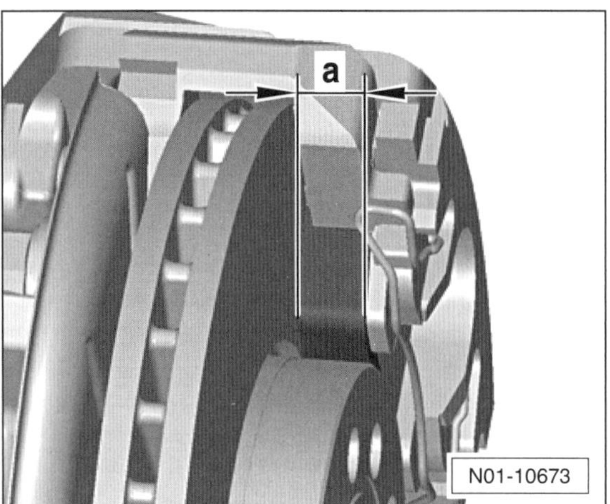

- Belagdicke –a–, ohne Metall-Trägerplatte, mit einer Schieblehre messen.
- Die Verschleißgrenze der vorderen Scheibenbremsbeläge ist erreicht, wenn ein Belag nur noch eine Dicke –a– von **2 mm** (ohne Metall-Trägerplatte) aufweist. In diesem Fall Bremsbeläge an der Vorderachse wechseln, siehe Seite 175.

Hinweis: Wenn die Bremsbeläge ersetzt werden, Bremsscheiben auf Verschleiß prüfen, siehe Seite 180.

- Reifen-Laufrichtung beachten, Räder anschrauben, Fahrzeug ablassen, erst dann Radschrauben über Kreuz mit **120 Nm** festziehen. **Achtung:** Unbedingt Hinweise im Kapitel »Rad aus- und einbauen« beachten.

Hinweis: Nach einer Faustregel entspricht 1 mm Bremsbelag einer Fahrleistung von mindestens 1000 km. Diese Faustregel gilt unter ungünstigen Bedingungen.

Hinterrad-Scheibenbremse

1,2-/1,4-l 77/63 kW, 1,6-l-TDI 66/77 kW

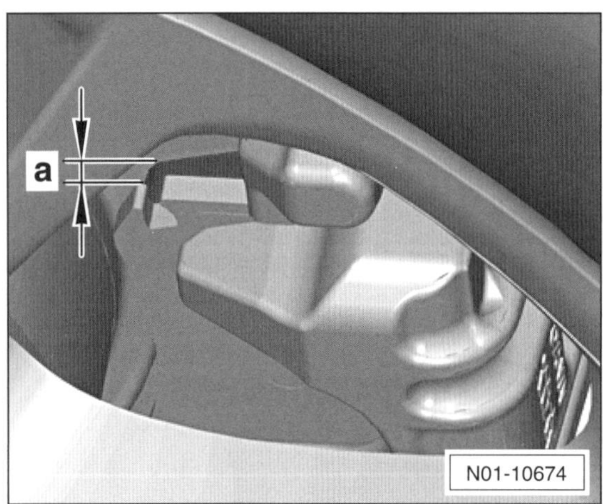

- Dicke der äußeren Bremsbeläge –a– durch einen Durchbruch im Scheibenrad prüfen, falls erforderlich, Lampe verwenden. Das Rad muss nicht abgenommen werden. Falls vorhanden, Radvollblende abziehen.
- Inneren Belag mit Hilfe einer Lampe und eines Spiegels sichtprüfen.
- Die Verschleißgrenze der Scheibenbremsbeläge ist erreicht, wenn ein Belag ohne Metall-Trägerplatte nur noch eine Dicke von a = **2 mm** aufweist.

Hinterrad-Trommelbremse

1,2-l 44/51 kW, 1,6-l-TDI 55 kW

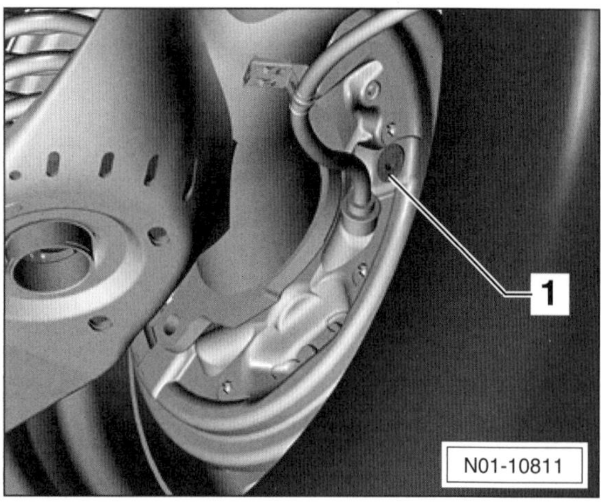

- Auf jeder Seite des Fahrzeugs am hinteren Bremsträger den Verschlussstopfen –1– abnehmen.

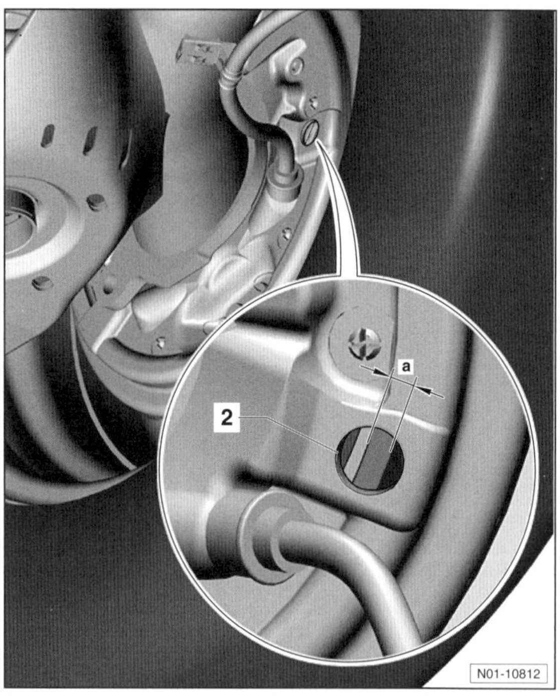

- Mit einer Taschenlampe durch die Öffnung –2– leuchten. Die Verschleißgrenze ist erreicht, wenn der Belag eine Stärke von a = **2,5 mm** (ohne Metallträgerbacke) hat.
- Verschlussstopfen einsetzen.

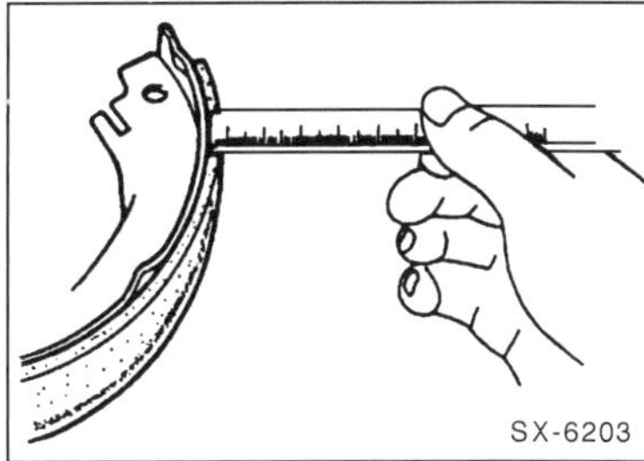

- Im Zweifelsfall Bremstrommel ausbauen und Belagstärke messen.
- Bei der Belagkontrolle gleichzeitig darauf achten, ob die Bremsbeläge durch Bremsflüssigkeit oder Öl verschmierte sind. In diesem Fall Bremsbeläge umgehend erneuern.

Sichtprüfung der Bremsleitungen

Spezialwerkzeug: nicht erforderlich.

Sicherheitshinweis
Beim Aufbocken des Fahrzeugs besteht Unfallgefahr! Deshalb vorher das Kapitel »Fahrzeug aufbocken« durchlesen.

- Fahrzeug aufbocken.
- Verschmutzte Bremsleitungen reinigen.

Achtung: Die Bremsleitungen sind zum Schutz gegen Korrosion mit einer Kunststoffschicht überzogen. Wird diese Schutzschicht beschädigt, kann es zur Korrosion der Leitungen kommen. Daher dürfen Bremsleitungen nicht mit Drahtbürste oder Schmirgelleinen gereinigt werden.

- Bremsleitungen vom Hauptbremszylinder zur ABS-Hydraulikeinheit und den einzelnen Radbremsen mit Lampe anstrahlen und überprüfen. Der Hauptbremszylinder sitzt im Motorraum unter dem Vorratsbehälter für Bremsflüssigkeit.
- Bremsleitungen dürfen weder geknickt noch gequetscht sein. Auch dürfen sie keine Rostnarben oder Scheuerstellen aufweisen. Andernfalls Leitung bis zur nächsten Trennstelle ersetzen.
- Bremsschläuche verbinden die Bremsleitungen mit den Radbremszylindern an den beweglichen Teilen des Fahrzeugs. Sie bestehen aus hochdruckfestem Material, können aber mit der Zeit porös werden, aufquellen oder durch scharfe Gegenstände angeschnitten werden. In einem solchen Fall sind die Bremsschläuche sofort zu ersetzen.

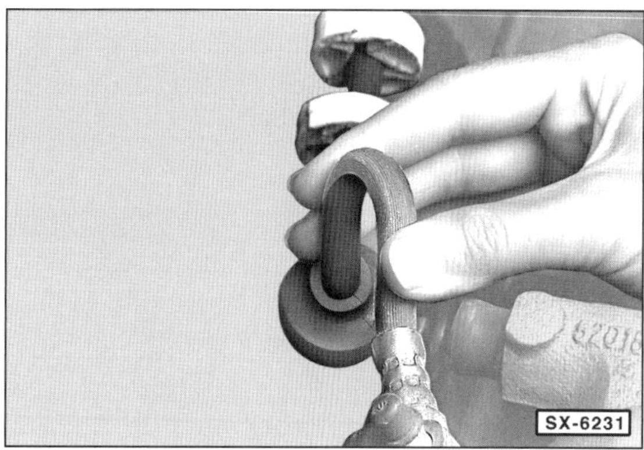

- Bremsschläuche mit der Hand hin- und herbiegen, um brüchige Stellen und Beschädigungen festzustellen. Die Schläuche dürfen nicht verdreht sein. Farbige Kennlinie beachten, falls vorhanden!
- Anschlussstellen von Bremsleitungen und -schläuchen dürfen nicht durch ausgetretene Flüssigkeit feucht sein.
- Lenkrad nach links und rechts bis zum Anschlag drehen. Die Bremsschläuche dürfen dabei in keiner Stellung Fahrzeugteile berühren.
- Fahrzeug ablassen.
- Lenkrad nochmals nach links und rechts bis zum Anschlag drehen und sicherstellen, dass die Bremsschläuche in keiner Stellung Fahrzeugteile berühren.

Bremsflüssigkeit wechseln

Erforderliches Spezialwerkzeug:

- Ringschlüssel für Entlüftungsschrauben.
- Durchsichtiger Kunststoffschlauch und Auffangflasche.

Erforderliches Betriebsmittel:

- Bremsflüssigkeit der Spezifikation **VW 501 14.**
  Schaltgetriebe: 1,15 l , Automatikgetriebe: 1,0 l.

Bremsflüssigkeit nimmt durch die Poren der Bremsschläuche sowie durch die Entlüftungsöffnung des Vorratsbehälters Luftfeuchtigkeit auf. Dadurch sinkt im Laufe der Betriebszeit der Siedepunkt der Bremsflüssigkeit. Bei starker Beanspruchung der Bremse kann es deshalb zu Dampfblasenbildung in den Bremsleitungen kommen, wodurch die Funktion der Bremsanlage stark beeinträchtigt wird.

Die Bremsflüssigkeit soll erstmalig nach 3 Jahren, dann alle 2 Jahre, möglichst im Frühjahr, erneuert werden. Bei vielen Gebirgsfahrten, Bremsflüssigkeit in kürzeren Abständen wechseln.

Achtung: Die Arbeitsschritte zum Wechseln der Bremsflüssigkeit sind weitgehend gleich wie beim Entlüften der Bremsanlage. In der folgenden Beschreibung wird nur auf die Unterschiede eingegangen, daher muss auf jeden Fall auch das Kapitel »Bremsanlage entlüften« durchgelesen werden, siehe Seite 185.

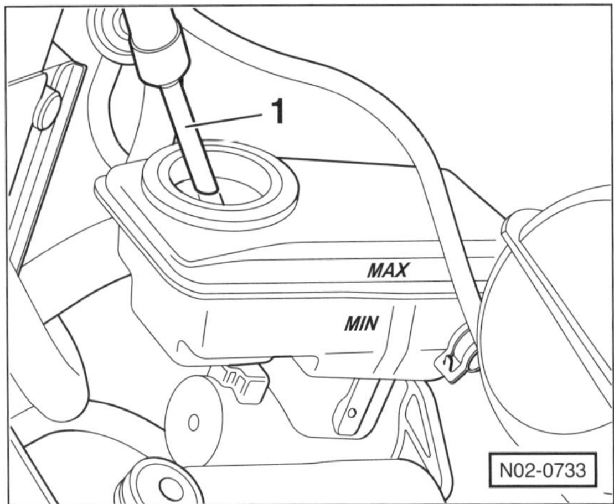

- Bremsflüssigkeitsstand auf dem Vorratsbehälter mit Filzstift markieren. Nach Erneuern der Bremsflüssigkeit ursprünglichen Flüssigkeitsstand wieder herstellen. Dadurch wird ein Überlaufen des Bremsflüssigkeitsbehälters beim Wechsel der Bremsbeläge vermieden.
- Mit einer Absaugflasche –1– aus dem Bremsflüssigkeitsbehälter so viel wie möglich Bremsflüssigkeit absaugen, maximal aber bis zu einem Stand von ca. 10 mm.

Achtung: Das Sieb im Bremsflüssigkeitsbehälter darf nicht entfernt werden. Abgesaugte Bremsflüssigkeit auf keinen Fall wieder verwenden.

- Vorratsbehälter bis zur MAX-Marke mit **neuer** Bremsflüssigkeit füllen.
- Alte Bremsflüssigkeit nacheinander aus den Bremssätteln herauspumpen. Die abfließende Bremsflüssigkeit muss in jedem Fall klar und blasenfrei sein. An den **vorderen** Bremssätteln jeweils ca. **200 cm³** , an den **hinteren** Bremssätteln jeweils **300 cm³** Bremsflüssigkeit herauspumpen. Dabei am vorderen linken Bremssattel beginnen, dann in der Reihenfolge vorn rechts, hinten links und hinten rechts fortfahren.

Achtung: Vorratsbehälter zwischendurch immer mit **neuer** Bremsflüssigkeit auffüllen. Er darf nie ganz leer sein, sonst gelangt Luft in das Bremssystem. **Falls der Bremsflüssigkeitsbehälter dennoch leer läuft, Bremsanlage in der Fachwerkstatt entlüften lassen, da für die Entlüftung der ABS-Hydraulik das Werkstatt-Diagnosegerät erforderlich ist.**

- Nach dem Bremsflüssigkeitswechsel das Bremspedal betätigen und Leerweg prüfen. Der Leerweg darf maximal ⅓ des gesamten Pedalwegs betragen.

Bremsflüssigkeit aus der Kupplungsbetätigung herausdrücken

Da die Kupplungsbetätigung ebenfalls mit Bremsflüssigkeit arbeitet, muss auch der Inhalt des Kupplungssystems ersetzt werden.

- Luftfilter ausbauen, siehe Seite 241.

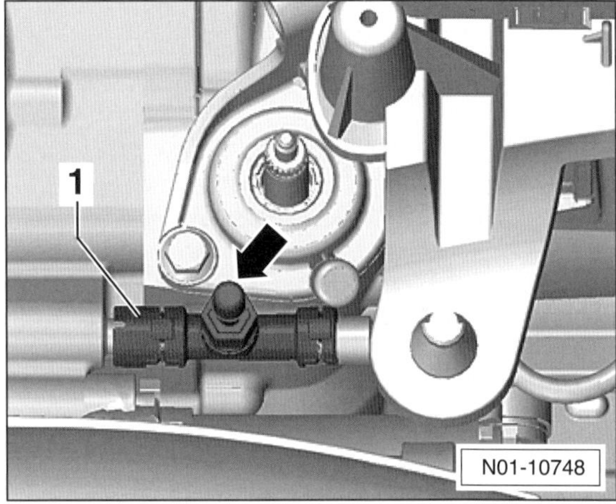

- Staubkappe –Pfeil– vom Entlüftungsventil am Kupplungs-Nehmerzylinder –1– abziehen. Entlüftungsventil reinigen.
- Durchsichtigen, sauberen Schlauch auf das Entlüftungsventil aufschieben.
- Freies Schlauchende in eine mit Bremsflüssigkeit halbvoll gefüllte Flasche stecken. Einen geeigneten Schlauch und ein passendes Gefäß gibt es im Autozubehör-Handel.
- Entlüftungsschraube lösen und durch Helfer Kupplungspedal betätigen lassen. Dabei 100 cm³ Bremsflüssigkeit herausfließen lassen.
- Kupplungspedal in gedrückter Stellung halten lassen und Entlüftungsschraube festziehen.
- Kupplungspedal zurücknehmen lassen.
- Kupplungspedal 10- bis 15-mal schnell hintereinander bis zum Anschlag durchtreten und loslassen.
- Entlüftungsschraube lösen und durch Helfer Kupplungspedal betätigen lassen. Dabei 50 cm³ beziehungsweise 50 ml Bremsflüssigkeit herausfließen lassen.
- Kupplungspedal in gedrückter Stellung halten lassen und Entlüftungsschraube festziehen.
- Kupplungspedal zurücknehmen lassen.
- Kupplungspedal mehrmals bis Anschlag durchtreten und loslassen.

- Entlüftungsschlauch abziehen und mit Auffanggefäß zur Seite stellen.
- Luftfilter einbauen, siehe Seite 241.

- Bremsflüssigkeit im Vorratsbehälter bis zum markierten Stand vor dem Bremsflüssigkeitswechsel auffüllen.
- Verschlussdeckel am Behälter aufschrauben.

Achtung, Sicherheitskontrolle durchführen:

- Sind die Entlüftungsschrauben angezogen?
- Ist genügend Bremsflüssigkeit eingefüllt?
- Bei laufendem Motor Dichtheitskontrolle durchführen. Hierzu Bremspedal mit 200 bis 300 N (entspricht 20 bis 30 kg) etwa 10 Sekunden betätigen. Das Bremspedal darf nicht nachgeben. Sämtliche Anschlüsse auf Dichtheit kontrollieren.

- Nach dem Bremsflüssigkeitswechsel darf sich beim Treten auf das Bremspedal der Druck nicht schwammig anfühlen. Falls doch, Anlage nochmals entlüften. Dabei an jedem Bremssattel den Entlüftungsvorgang 5-mal durchführen.
- Anschließend einige Bremsungen auf einer Straße ohne Verkehr durchführen. Dabei sollte mindestens einmal die Bremsregelung des ABS-Systems geprüft werden, beispielsweise auf losem Untergrund. Dazu Bremse stark betätigen, bis am spürbaren Pulsieren des Bremspedals der Beginn der Bremsregelung erkennbar ist.

Achtung: Falls der Bremspedalweg nach der Probefahrt zu groß ist, obwohl er direkt nach dem Entlüften in Ordnung war, dann ist möglicherweise Luft in der ABS-Hydraulikeinheit. In diesem Fall Bremsanlage umgehend in der Fachwerkstatt entlüften lassen.

Reifenprofil prüfen

Spezialwerkzeug: nicht erforderlich.

Die Reifen ausgewuchteter Räder nutzen sich bei gewissenhaftem Einhalten des vorgeschriebenen Fülldrucks und bei fehlerfreier Radeinstellung und Stoßdämpferfunktion auf der gesamten Lauffläche annähernd gleichmäßig ab. Bei ungleichmäßiger Abnutzung können verschiedene Fehler vorliegen, siehe Kapitel »Räder und Reifen«. Im Übrigen lässt sich keine generelle Aussage über die Lebensdauer bestimmter Reifenfabrikate machen, denn die Lebensdauer hängt von unterschiedlichen Faktoren ab:

- Fahrbahnoberfläche
- Reifenfülldruck
- Fahrweise
- Witterung

Vor allem sportliche Fahrweise, scharfes Anfahren und starkes Bremsen fördern den schnellen Reifenverschleiß.

Achtung: Die Rechtsprechung verlangt, dass Reifen lediglich bis zu einer Profiltiefe von 1,6 mm abgefahren werden dürfen, und zwar müssen die Profilrillen auf der gesamten Lauffläche noch mindestens 1,6 mm Tiefe aufweisen. Es empfiehlt sich jedoch, sicherheitshalber die Reifen bereits bei einer Mindestprofiltiefe von 2 mm auszutauschen.

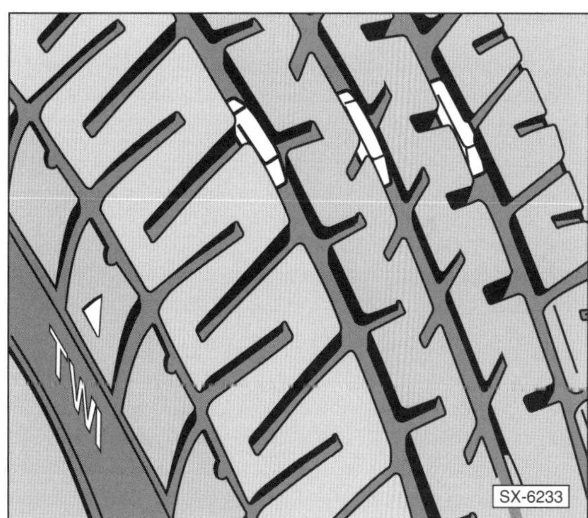

Nähert sich die Profiltiefe der gesetzlich zulässigen Mindestprofiltiefe, das heißt, weisen die mehrmals am Reifenumfang angeordneten, 1,6 mm hohen Verschleißanzeiger kein Profil mehr auf, müssen die Reifen gewechselt werden.

Achtung: Ganzjahres- und Winterreifen haben auf Matsch und Schnee nur den gewünschten Grip, wenn ihr Profil noch mindestens 4 mm tief ist.

Achtung: Reifen auf Schnittstellen untersuchen und mit kleinem Schraubendreher Tiefe der Schnitte feststellen. Wenn die Schnitte bis zur Karkasse reichen, korrodiert durch eindringendes Wasser der Stahlgürtel. Dadurch löst sich unter Umständen die Lauffläche von der Karkasse, der Reifen platzt. Deshalb: Bei tiefen Einschnitten im Profil aus Sicherheitsgründen Reifen austauschen.

Reifenfülldruck prüfen

Erforderliches Spezialwerkzeug:

- Reifenfüllgerät an der Tankstelle.

Prüfen

- Reifenfülldruck nur am kalten Reifen prüfen.
- Ventilkappe abschrauben.

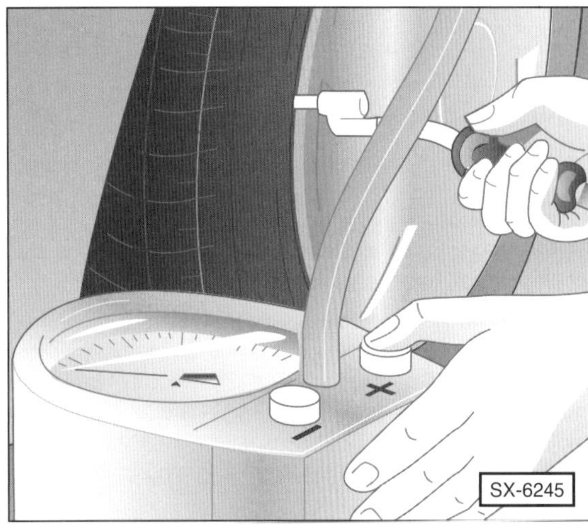

SX-6245

- Reifenfülldruck einmal im Monat sowie im Rahmen der Wartung (einschließlich Reserverad, falls vorhanden) prüfen.
- Zusätzlich sollte der Fülldruck vor längeren Autobahnfahrten kontrolliert werden, da hierbei die Temperaturbelastung für den Reifen am größten ist.

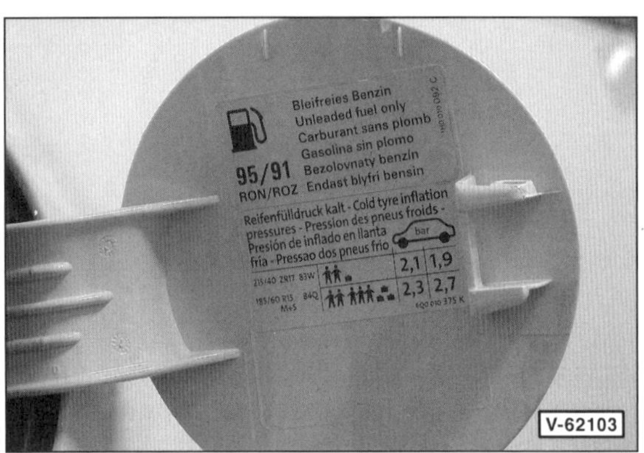

V-62103

- Der richtige Fülldruck steht auf einem Aufkleber an der Innenseite der Tankklappe und gilt für Sommer- und Winterreifen.
- Der richtige Fülldruck für das **Reserverad**, falls vorhanden, liegt bei **3,0 bar**; für das **Notrad** bei **4,2 bar.**

Reifenventil prüfen

Erforderliches Spezialwerkzeug:

- Ventil-Metallschutzkappe oder HAZET 666-1.

Prüfen

- Staubschutzkappe vom Ventil abschrauben.

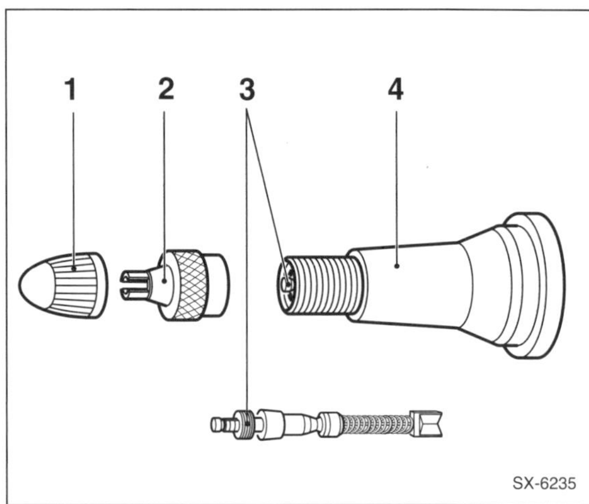

SX-6235

- Etwas Seifenwasser oder Speichel auf das Ventil geben. Wenn sich eine Blase bildet, Ventileinsatz –3– mit umgedrehter Metallschutzkappe –2– festdrehen.

Achtung: Zum Anziehen des Ventileinsatzes kann nur eine Metallschutzkappe –2– verwendet werden. Metallschutzkappen sind an der Tankstelle erhältlich. 1 – Gummischutzkappe, 4 – Ventil.

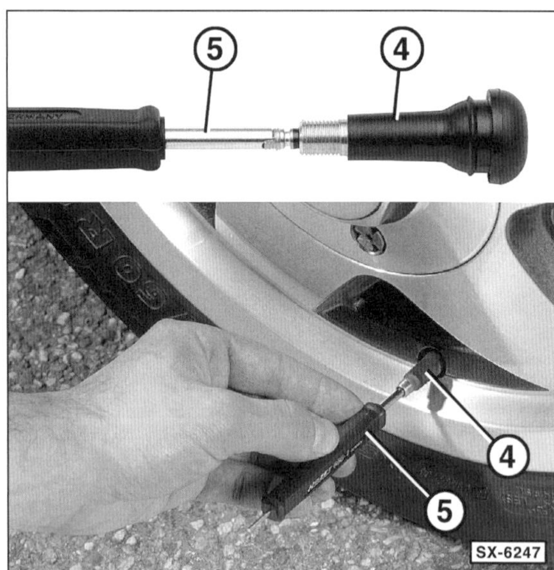

SX-6247

Hinweis: Anstelle der Metallschutzkappe kann auch das Werkzeug HAZET 666-1 –5– verwendet werden. 4 – Ventil.

- Ventil erneut prüfen. Falls sich wieder Blasen bilden oder das Ventil sich nicht weiter anziehen lässt, Ventileinsatz erneuern.
- Grundsätzlich Staubschutzkappe wieder aufschrauben.

Reifenreparatur-Set prüfen/ersetzen

Spezialwerkzeug: nicht erforderlich.

Prüfen/Ersetzen

Das Reifenpannen-Set befindet sich im Kofferraum in der Reserveradmulde.

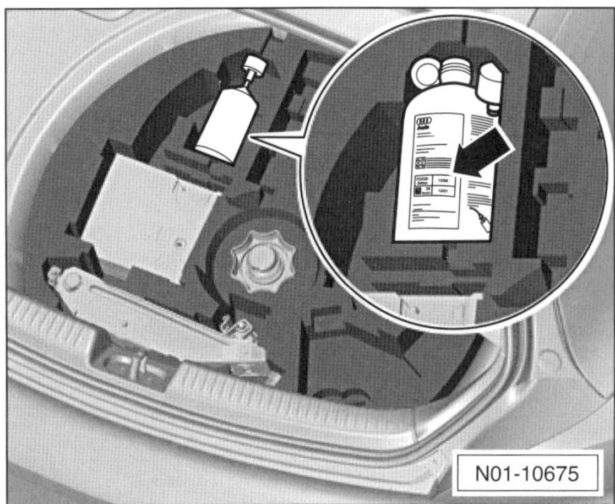

N01-10675

- Haltbarkeitsdatum –Pfeil– überprüfen. Bei Ablauf des Verfalldatums Flasche erneuern. In der Regel ist das Reifenpannen-Set alle 3 Jahre zu erneuern. Das Reifendichtungsmittel darf nicht älter als 4 Jahre sein.
- Nach Benutzung muss das Reifendichtungsmittel grundsätzlich ersetzt werden.

Reifen-Kontroll-Anzeige: Grundeinstellung durchführen

Spezialwerkzeug: nicht erforderlich.

Die Grundeinstellung der Reifen-Kontroll-Anzeige grundsätzlich nur durchführen, nachdem die Reifenfülldruckwerte vorher auf die richtigen Werte korrigiert worden sind.

Hinweis: Wird nach einer Reifendruckwarnung kein Druckverlust und kein Reifenschaden festgestellt, so kann eine irrtümliche Warnung durch eine Grundeinstellung behoben werden.

Das Reifen-Kontroll-System vergleicht mit Hilfe der ABS-Sensoren die Drehzahl und somit den Abrollumfang der einzelnen Räder. Bei Veränderung des Abrollumfanges eines Rades wird dies durch die Reifen-Kontroll-Anzeige angezeigt. Der Abrollumfang des Reifens kann sich verändern wenn:

- der Reifenfülldruck zu gering ist.
- der Reifen Strukturschäden hat.
- das Fahrzeug einseitig belastet ist.
- die Räder einer Achse stärker belastet sind (zum Beispiel bei Anhängerbetrieb oder bei Berg- und Talfahrt).
- Schneeketten montiert sind.
- ein Rad pro Achse gewechselt wurde.

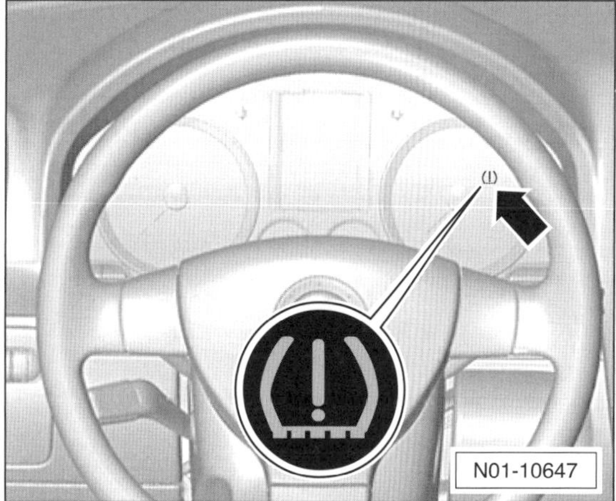

N01-10647

- Die Reifen-Kontroll-Anzeige erfolgt über eine gelbe Kontrollleuchte im Kombiinstrument (Schalttafeleinsatz) –Pfeil–.
- »BLINKENDE LEUCHTE« bedeutet, es wurde noch keine »ERSTMALIGE GRUNDEINSTELLUNG« durchgeführt.
- »STÄNDIGES LEUCHTEN«, in Verbindung mit einem Warnton, bedeutet, dass ein Druckverlust erkannt wurde. In diesem Fall Reifenfülldrücke prüfen und anschließend Systemgrundeinstellung durchführen.

Erstmalige Grundeinstellung durchführen

- Zündung einschalten.

Achtung: Die Taste »SET« für die Einstellung der Reifen-Kontroll-Anzeige befindet sich je nach Ausführung im Handschuhfach neben dem Airbag-Schlüsselschalter oder in der Mittelkonsole vor dem Schalthebel.

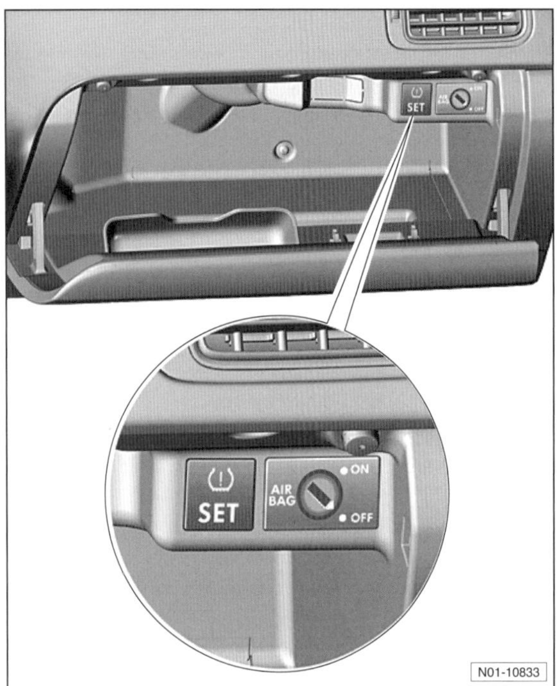

Ausführung 1: »SET«-Taste im Handschuhfach neben dem Airbag-Schlüsselschalter.

Ausführung 2: »SET«-Taste in der Mittelkonsole.

- Taste für »ESP« sowie die Taste »SET« gleichzeitig drücken und länger als 2 Sekunden halten. **Hinweis:** Wenn »ESP« nicht vorhanden ist, stattdessen die Taste für »ASR« drücken. Der Beginn der Grundeinstellung wird durch einen Hinweiston bestätigt.
- Zündung ausschalten. Damit ist die erstmalige Grundeinstellung durchgeführt.

Grundeinstellung durchführen

- Zündung einschalten.
- Taste »SET« drücken und länger als 2 Sekunden halten.
- Die Kontrolllampe für Reifen-Kontroll-Anzeige im Kombiinstrument –Pfeil– leuchtet solange die Taste gedrückt wird. Der Beginn der Grundeinstellung wird durch einen Hinweiston bestätigt.
- Zündung ausschalten. Damit ist die Grundeinstellung durchgeführt.

Karosserie/Innenausstattung

Folgende Wartungspunkte müssen nach dem Wartungsplan in unterschiedlichen Intervallen durchgeführt werden:

- Türfeststeller: Befestigungsbolzen schmieren.
- Motorhaube: Fanghaken schmieren.
- Sicherheitsgurte: Auf Beschädigungen sichtprüfen.
- Beifahrerairbag: Schlüsselschaltung kontrollieren.
- Unterbodenschutz: Auf Beschädigungen sichtprüfen.
- Lüftung/Heizung: Staub-/Pollenfilter-Einsatz erneuern, Gehäuse reinigen.
- Verbandkasten: Haltbarkeitsdatum überprüfen, gegebenenfalls Verbandkasten ersetzen.
- Schiebedach: Führungsschienen reinigen und fetten.
- Wasserkasten und Wasserablauföffnungen sichtprüfen und reinigen.
- Abnehmbare Anhängerkupplung prüfen/instand setzen.

Sicherheitsgurte sichtprüfen

Spezialwerkzeug und Verschleißteile/Betriebsmittel sind nicht erforderlich.

Achtung: Geräusche, die beim Aufrollen des Gurtbandes entstehen, sind funktionsbedingt. Auf keinen Fall darf zur Behebung von Geräuschen Öl oder Fett verwendet werden. Der Aufroll- und Gurtstrafferautomat darf aus Sicherheitsgründen nicht zerlegt werden.

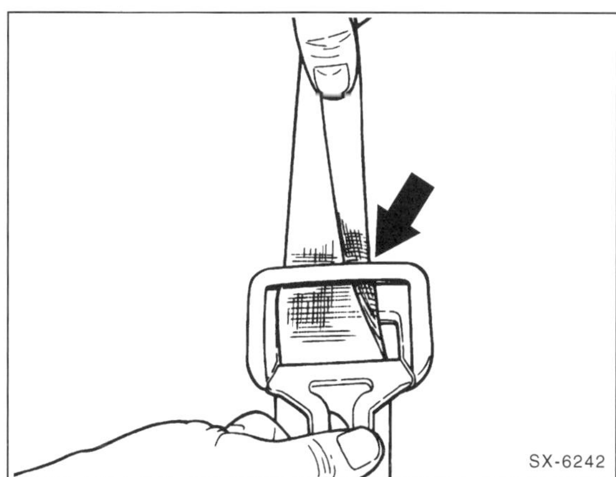

- Sicherheitsgurt ganz herausziehen und Gurtband auf durchtrennte Fasern prüfen.
- Beschädigungen können zum Beispiel durch Einklemmen des Gurtes oder durch brennende Zigaretten entstehen. In diesem Fall Gurt austauschen.
- Sind Scheuerstellen vorhanden, ohne dass Fasern durchtrennt sind, braucht der Gurt nicht ausgewechselt zu werden.
- Schwer gängigen Gurt auf Verdrehungen prüfen, gegebenenfalls Verkleidung an der Mittelsäule ausbauen.
- Wenn die Aufrollautomatik nicht mehr funktioniert, Gurt auswechseln (Werkstattarbeit).
- Gurtbänder nur mit Seife und Wasser reinigen, keinesfalls Lösungsmittel oder chemische Reinigungsmittel verwenden.

Beifahrerairbag: Schüsselschaltung überprüfen

Die Betätigung für »Airbag ON/OFF« befindet sich im Handschuhfach.

Funktion prüfen

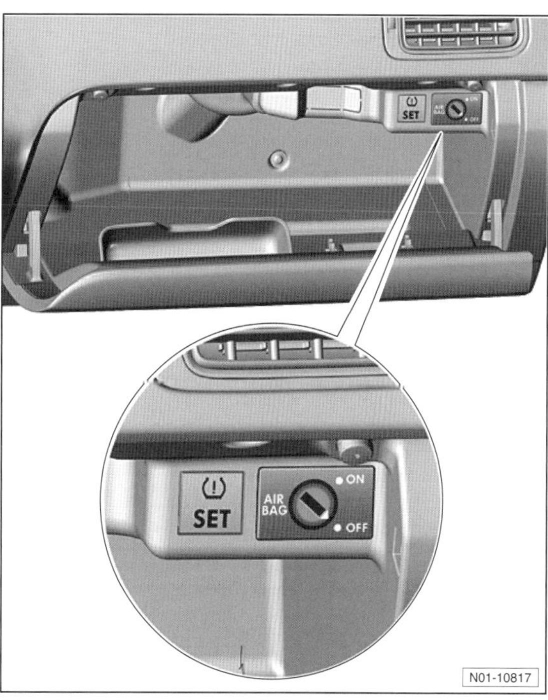

- Schlüsselschalter mit dem Fahrzeugschlüssel in die Position »AIRBAG OFF« drehen.

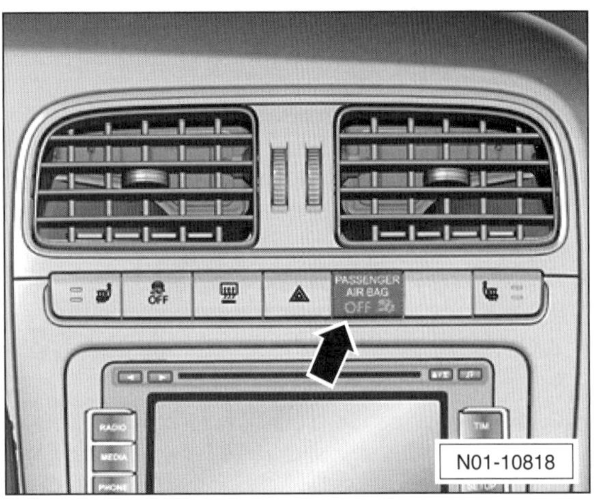

- Zündung einschalten. Die Kontrolllampe »PASSENGER AIRBAG OFF« –Pfeil– muss auch nach dem Selbstcheck leuchten. Das bedeutet, dass der Beifahrerairbag deaktiviert ist.
- Zündung ausschalten.
- Schlüsselschalter mit dem Fahrzeugschlüssel in die Position »AIRBAG ON« drehen.
- Zündung einschalten. Die Kontrollanzeige »PASSENGER AIRBAG OFF« erlischt nach dem Selbstcheck. Das bedeutet, der Beifahrerairbag ist aktiviert.
- Zündung ausschalten.

Staub-/Pollenfilter-Einsatz erneuern

Spezialwerkzeug: nicht erforderlich.

Erforderliche Betriebsmittel/Verschleißteile:

- Staub-/Pollenfilter.

Der Filter befindet sich unter dem Armaturenbrett.

Ausbau

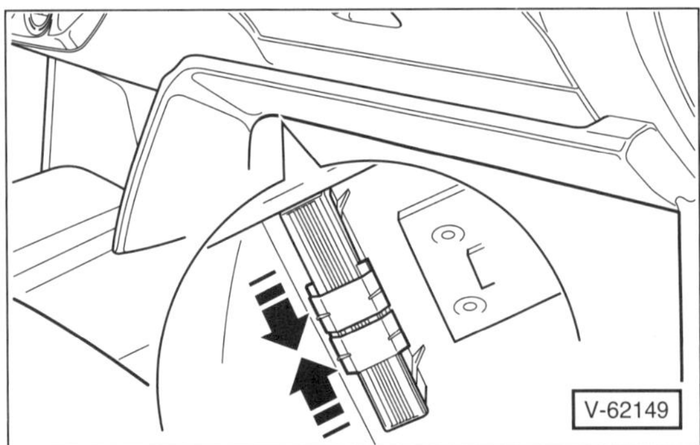

- Filter lösen. Dazu im rechten Fußraum unter dem Armaturenbrett die beiden Schiebestücke –Bildausschnitt– bis zur Mitte zusammenschieben –Pfeile–.

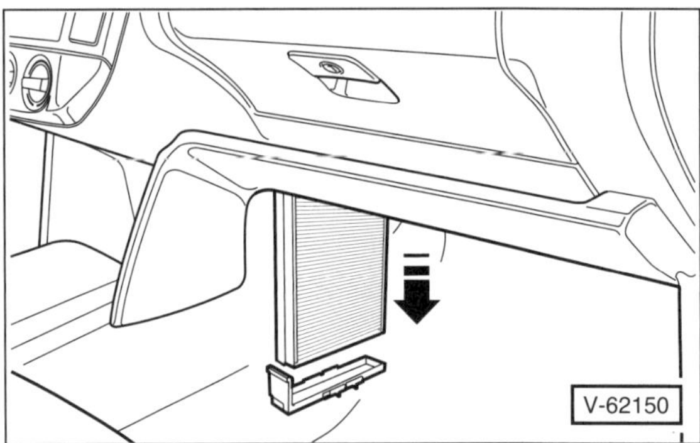

- Staub- und Pollenfilter mit dem Filterrahmen nach unten aus dem Gehäuse herausziehen –Pfeil–.

- Filtereinsatz aus dem Filterrahmen herausnehmen.

Einbau

- Der Einbau erfolgt in umgekehrter Ausbaureihenfolge.

Wasserkasten und Wasserablauföffnungen sichtprüfen und reinigen

Spezialwerkzeug und Verschleißteile/Betriebsmittel sind nicht erforderlich.

Reinigen

- Sämtliche Verschmutzungen, beispielsweise alte Blätter, aus dem Wasserkasten entfernen. Gegebenenfalls mit einem handelsüblichen flexiblen Greifwerkzeug herausnehmen.
- Gummitüllen der Wasserabläufe links und rechts reinigen und auf freien Durchgang prüfen.
- Feine Verschmutzungen mit einem dünnen Wasserstrahl und gegebenenfalls mit einer flexiblen Nylonsonde reinigen.

Türfeststeller und Befestigungsbolzen schmieren

Spezialwerkzeug: nicht erforderlich.

Erforderliches Betriebsmittel:

- Spezialfett VW-G 000 150

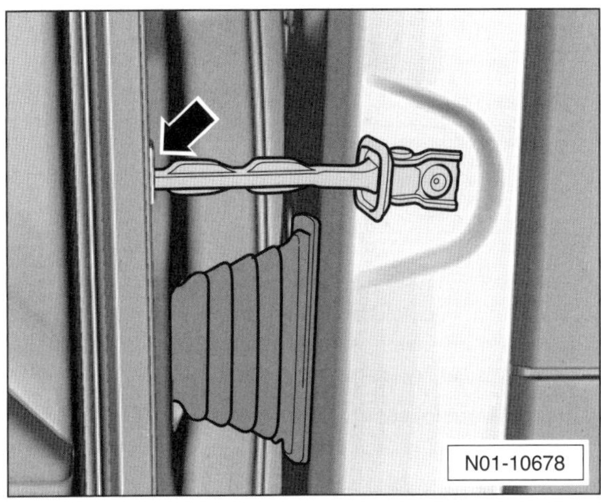

- Türfeststeller an der mit dem Pfeil gekennzeichneten Stelle mit dem Schmierfett VW-G 000 150 schmieren.

Motorhaube: Fanghaken schmieren

Spezialwerkzeug ist nicht erforderlich.

Erforderliche Betriebsmittel/Verschleißteile:

- Universalöl-Spray, zum Beispiel VW-G 000 115 A2.

Schmieren

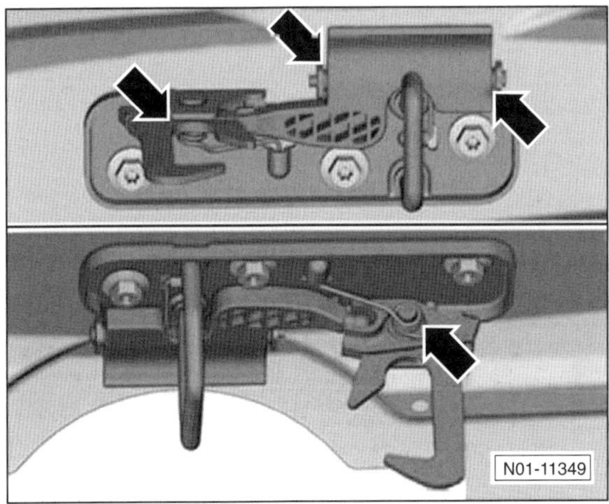

- Motorhaubenfanghaken an den gekennzeichneten Stellen –Pfeile– schmieren.
- Bewegliche Teile mehrmals betätigen, damit dass Universalöl einkriechen kann.
- Überschüssiges Schmiermittel mit einem fusselfreien Lappen entfernen.

Abnehmbare Anhängerkupplung prüfen/instand setzen

Spezialwerkzeug: Nicht erforderlich.

Erforderliches Betriebsmittel:

- Spezialfett VW-G 000 650 oder G 000 150.

Prüfen

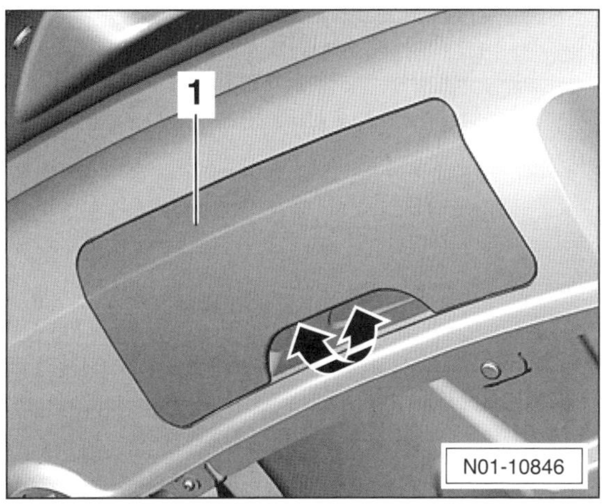

- Abdeckung –1– abnehmen –Pfeil–.

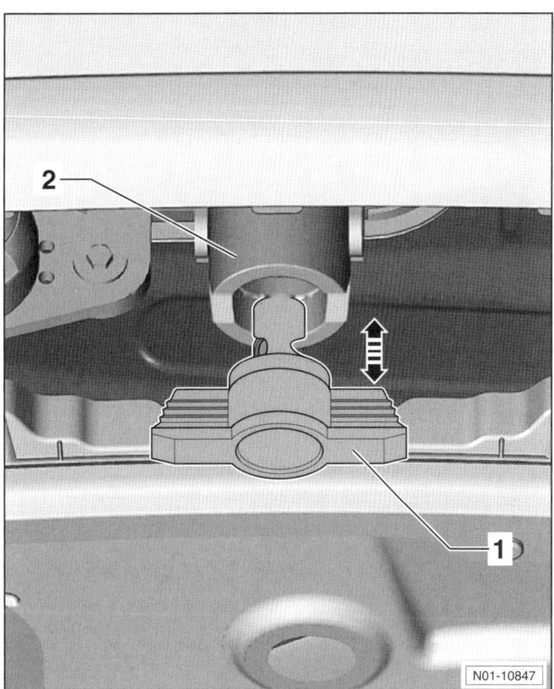

- Schutzkappe –1– von der Aufnahme –2– abziehen.
- Kugelhals in die Aufnahme einsetzen.

- Nachdem der Kugelhals eingesetzt wurde, muss die grüne Markierung am Handrad zur weißen Markierung am Kugelhals zeigen. Das Handrad muss vollständig anliegen.

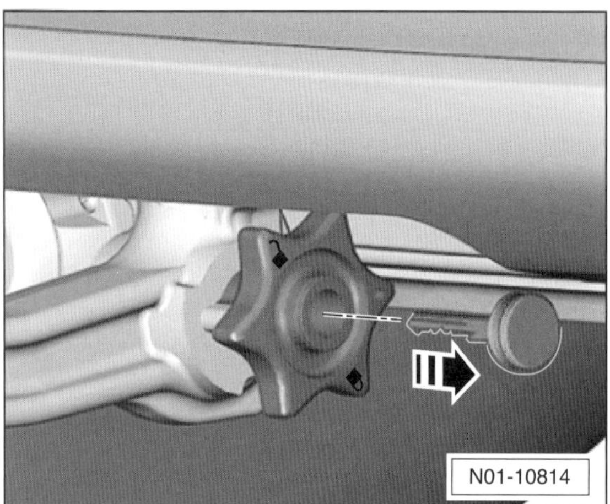
N01-10814

- Schlüssel abziehen –Pfeil– und dadurch prüfen, ob sich das Schloss der Anhängevorrichtung verschließen lässt. Andernfalls Anhängerkupplung instand setzen.

Instand setzen

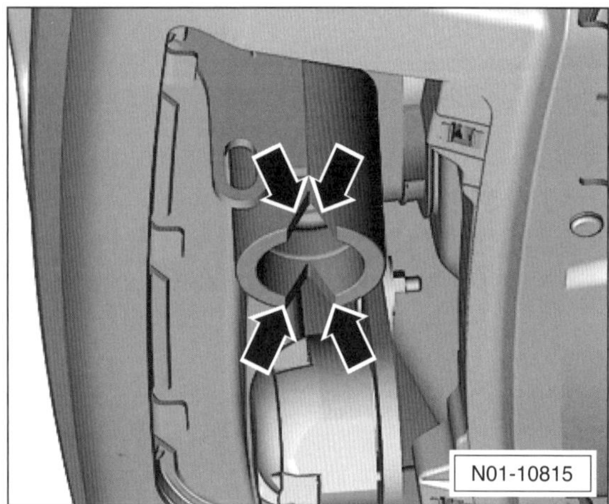
N01-10815

- Kontaktflächen –Pfeile– der Aufnahme auf Korrosion prüfen. Gegebenenfalls Korrosion mit einem Dreikantschaber beseitigen und die behandelten Stellen mit einem Silikonentferner reinigen.
- Festschmierstoffpaste VW-G 000 650 oder G 000 150 dünn auf die gereinigten Flächen auftragen.

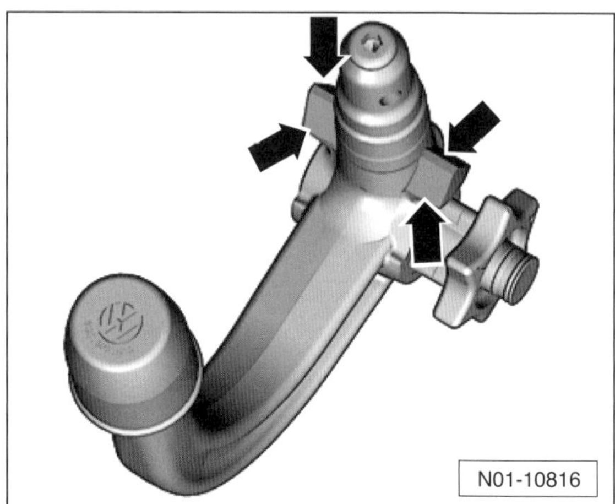
N01-10816

- Kontaktflächen –Pfeile– am Kugelhals auf Korrosion prüfen. Gegebenenfalls Korrosion mit einem Dreikantschaber beseitigen und die behandelten Stellen mit einem Silikonentferner reinigen.
- Festschmierstoffpaste VW-G000650 oder G000150 dünn auf die gereinigten Flächen auftragen.
- Erneut den Sitz des Kugelhalses in der Aufnahme prüfen.
- Schutzkappe in die Kugelhals-Aufnahme einsetzen. Sollte die Schutzkappe nicht vorhanden oder beschädigt sein, neue Ersatzteil-Schutzkappe einsetzen, um die Kugelhals-Aufnahme vor Korrosion zu schützen.

Elektrische Anlage

Folgende Wartungspunkte müssen nach dem Wartungsplan in unterschiedlichen Intervallen durchgeführt werden:

- Alle Stromverbraucher: Funktion prüfen.
- Scheibenwischerblätter: Wischergummis auf Verschleiß sichtprüfen.
- Scheibenwaschanlage, Scheinwerfer-Waschanlage: Flüssigkeitsstand, Frostschutz und Funktion prüfen, Düsenstellung kontrollieren, siehe Kapitel »Scheibenwischeranlage«.
- Batterie: Prüfen.
- Automatische Fahrlichtsteuerung prüfen.
- Service-Intervall-Anzeige zurücksetzen.

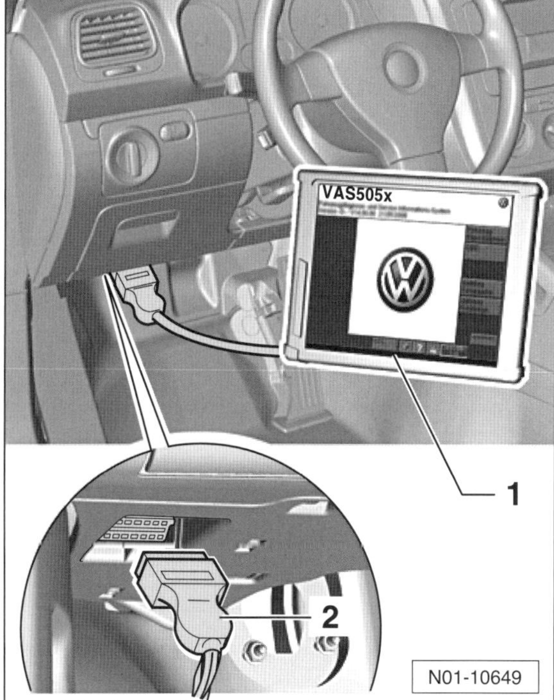

- Eigendiagnose: Fehlerspeicher auslesen (Werkstattarbeit). Dazu wird ein geeignetes Fahrzeugdiagnosegerät –1–, zum Beispiel VW-VAS-5052 mit einem passenden Verbindungskabel –2–, zum Beispiel VAS-5051/6A, benötigt. Diagnosegerät bei ausgeschalteter Zündung an den Diagnoseanschluss im Fahrerfußraum unter der Armaturentafel anschließen.
- Service-Intervallanzeige zurücksetzen: Die Serviceanzeige kann selbst über verschiedene Fahrzeugtasten oder mit dem Diagnosegerät zurückgesetzt werden. Zum Umcodieren der Serviceanzeige wird das Diagnosegerät benötigt. Durch Umcodieren wird die Service-Intervallanzeige von »flexible Wartungsintervalle« auf »feste Wartungsintervalle« umgestellt.

Stromverbraucher prüfen

Spezialwerkzeug: nicht erforderlich.

Folgende Funktionen prüfen, gegebenenfalls Fehler beheben. **Hinweis:** Je nach Ausstattung sind im Fahrzeug nicht alle hier aufgeführten Verbraucher vorhanden.

- Beleuchtung, Scheinwerfer, Nebellampen, Blinkleuchten, Warnblinkanlage, Schlussleuchten, Nebelschlussleuchten, Rückfahrleuchten, Bremsleuchten, Parklichtschaltung.
- Innen- und Leseleuchten (Abschaltautomatik für Innenleuchten vorn), beleuchtetes Handschuhfach, beleuchteter Ascher, Kofferraumbeleuchtung.
- Warnsummer für nicht ausgeschaltetes Licht und/oder Radio.
- Alle Schalter in der Armaturentafel beziehungsweise Mittelkonsole.
- Kombiinstrument (Schalttafeleinsatz) mit allen Anzeigen, Zählern, Leuchten und Beleuchtung.
- Hupe.
- Scheibenwisch-/Scheibenwaschanlage, Scheinwerferreinigungsanlage.
- Zigarettenanzünder.
- Elektrische Außenspiegel (beheizbar, einstellbar, anklappbar, Beifahrerspiegelabsenkung).
- Elektrische Fensterheber.
- Zentralverriegelung, Funkfernbedienung, Komfortschließung.
- Elektrische Sitzverstellung, Gurthöhenverstellung.
- Beheizbare Sitze.
- Radio.

Batterie prüfen

Batterie sichtprüfen

- Gehäuse der Batterie auf Beschädigungen sichtprüfen. Bei beschädigtem Gehäuse kann Batteriesäure auslaufen und die umliegenden Bauteile beschädigen. Bei beschädigtem Gehäuse Batterie schnellstmöglich ersetzen.

Batterie/Batterieklemmen auf festen Sitz prüfen

Eine lockere Batterie hat eine verkürzte Lebensdauer durch Rüttelschäden. Lockere Batterieanschlüsse können einen Kabelbrand oder Funktionsstörungen in der elektrischen Anlage nach sich ziehen und die Crash-Sicherheit des Fahrzeuges vermindern.

Batterie im Motorraum

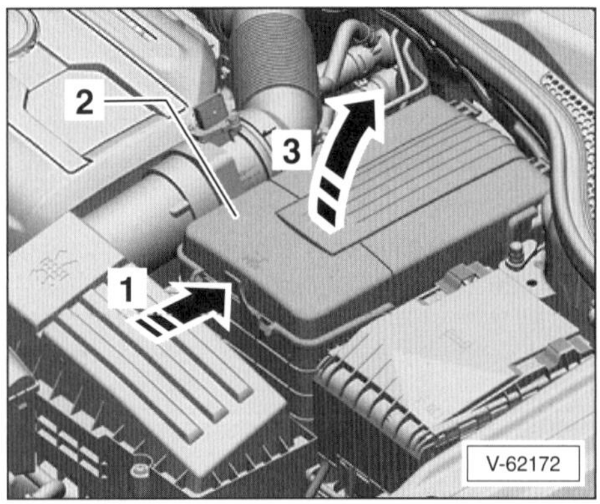

- Falls ein Batteriedeckel vorhanden ist, Verschluss –Pfeil 1– drücken, Deckel –2– hochschwenken –Pfeil 3–. Deckel hinten aushängen und abnehmen.
- Batterie kräftig hin- und herbewegen.
- Sitzt die Batterie lose, Batterie-Halteplatte mit **20 Nm** festziehen, siehe Kapitel »Batterie aus- und einbauen« auf Seite 85.

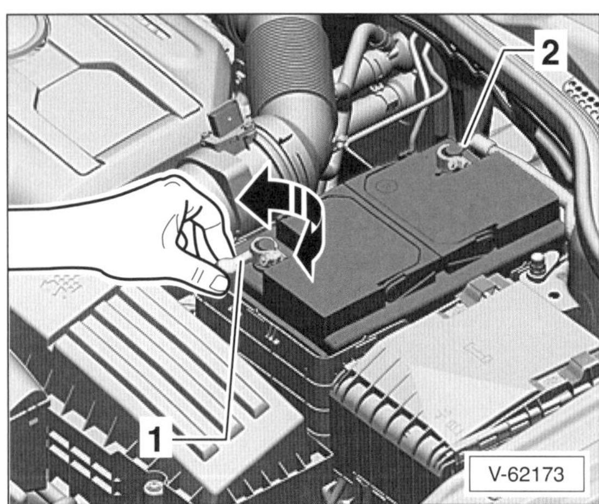

- Batterieklemmen –1– und –2– hin- und herbewegen und festen Sitz prüfen, gegebenenfalls Befestigungsmuttern nachziehen. Anzugsdrehmoment: **6 Nm**.

Achtung: Falls die Batterie-Plusklemme (+) locker ist, muss vor dem Festziehen der Plusklemme wegen Kurzschlussgefahr die Masseklemme (–) an der Batterie abgeklemmt werden. Nachdem die Plusklemme festgezogen ist, Massekabel wieder anklemmen. Batterie-Massekabel abklemmen, siehe Seite 82.

- Gegebenenfalls Batteriedeckel zurückklappen und einrasten.

Batterie im Kofferraum

- Notrad in der Reserveradmulde entfernen.

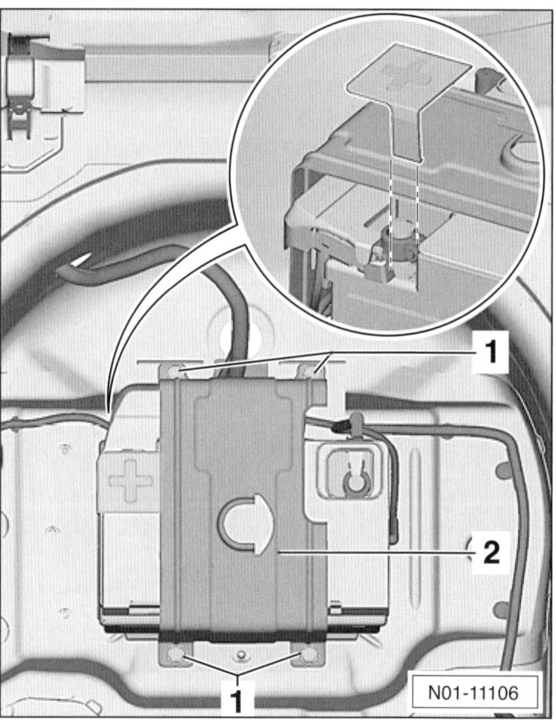

- 4 Schrauben –1– herausschrauben.
- Batteriekonsole –2– abnehmen.
- Pluspolabdeckung entfernen.
- Festen Sitz der Batterieklemmen prüfen. Dazu die Batterie-Minusklemme und Batterie-Plusklemme hin- und herbewegen.

Achtung: Sitzt die Batteriepolklemme am Pluspol nicht fest, muss, um Unfallgefahren auszuschließen, zuerst die Batterieklemme am Minuspol abgeklemmt werden.

Sitzt die Batteriepolklemme am Pluspol NICHT fest:

- Batterieklemme am Minuspol (–) lösen und abnehmen.
- Batteriepolklemme am Pluspol (+) mit einem Drehmomentschlüssel und **6 Nm** festziehen.

Sitzt die Batteriepolklemme am Minuspol NICHT fest:

- Batterieklemme am Minuspol (–) mit einem Drehmomentschlüssel und **6 Nm** festziehen.
- Batteriepolabdeckung aufstecken.

- Batteriekonsole –2– aufsetzen und die 4 Schrauben mit **20 Nm** festziehen.
- Notrad wieder befestigen.

Falls die Batterie abgeklemmt war, ist nach dem Anklemmen Folgendes durchzuführen:

- Zündung mit dem Zündschlüssel einschalten und wieder ausschalten.
- Fehlerspeicher auslesen (Werkstattarbeit).
- Zeituhr: Einstellung prüfen gegebenenfalls Uhr neu stellen.
- Elektrische Fensterheber: Alle Fenster ganz öffnen und wieder schließen. Danach die Schalter in Richtung »Schließen« betätigen und für 2 Sekunden halten. Dadurch wird der automatische Hoch- und Tieflauf aktiviert.
- Alle elektrischen Verbraucher auf Funktion prüfen.

Automatische Fahrlichtsteuerung prüfen

Spezialwerkzeug: nicht erforderlich.

- Prüfvoraussetzung: Fahrzeug muss sich im Tageslicht befinden.

Prüfen

- Zündung einschalten.
- Lichtschalter in Stellung 2 »AUTO« drehen. Die Scheinwerfer dürfen nicht leuchten.
- Zündung bleibt eingeschaltet und Lichtschalter steht weiterhin auf »AUTO«.

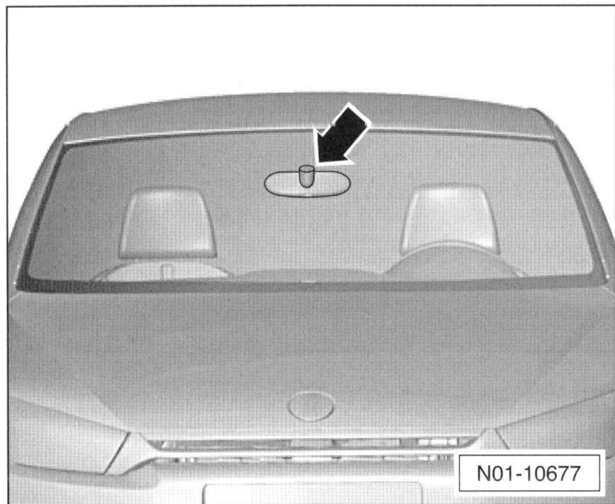

- Befestigungsbereich –Pfeil– des Innenspiegels außen an der Windschutzscheibe mit der Hand oder einem geeigneten Gegenstand abdecken. Daraufhin erkennt der Sensor für Regen- und Lichterkennung am Halter des Innenspiegels eine Helligkeitsabnahme und schaltet die Scheinwerfer ein.
- Lichtschalter in Stellung »0« drehen und Zündung ausschalten.

Service-Intervall-Anzeige zurücksetzen

Die Service-Intervallanzeige (SIA) kann auf zwei verschiedene Arten zurückgesetzt werden: In der Werkstatt wird dazu das Fehlerauslesegerät an den Diagnoseanschluss angeschlossen. Das Zurücksetzen kann auch mit den Tasten am Kombiinstrument oder am Scheibenwischerschalter erfolgen. Dadurch wird allerdings bei Fahrzeugen mit »Longlife-Service« die »flexible« Service-Intervallanzeige auf »feste Service-Intervalle« umgeschaltet.

Die **Service-Intervall-Anzeige** kann nur zurückgesetzt werden, wenn vorher im Display des Schalttafeleinsatzes die Servicemeldung oder wenigstens eine Vorwarnung angezeigt wurde.

Achtung: Bei Fahrzeugen mit Longlife-Service, bei denen die Longlife-Service-Intervalle beibehalten werden sollen, darf die Service-Intervallanzeige **nicht** mit den Einstelltasten im Kombiinstrument zurückgesetzt werden. Auch ein Zurückstellen von festen Wartungsintervallen auf flexible Wartungsintervalle ist nur mit dem Diagnosegerät möglich.

Zurücksetzen mit den Bedientasten am Kombiinstrument (Schalttafeleinsatz)

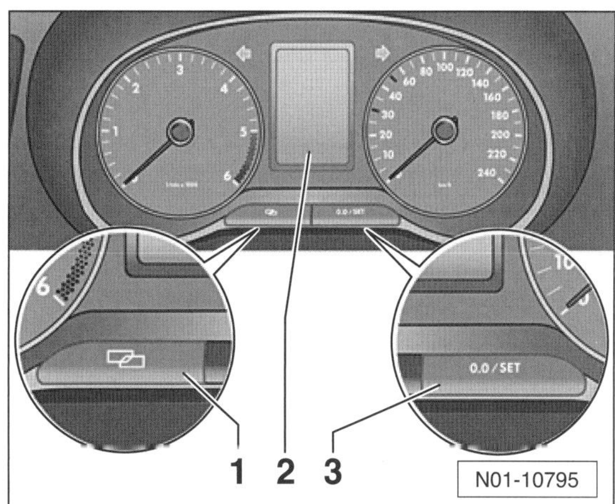

- Bei ausgeschalteter Zündung die Taste –3– drücken und halten.
- Zündung einschalten. Die Service-Intervall-Anzeige befindet sich jetzt im Rückstellmodus.
- Taste –3– loslassen.
- Innerhalb von 20 Sekunden die Taste –1– einmal kurz drücken. Dadurch wird die Service-Intervall-Anzeige zurückgesetzt. Nach kurzer Zeit schaltet das Display –2– in die Normalanzeige zurück.

Wagenpflege

Aus dem Inhalt:

- **Fahrzeug waschen**
- **Lackierung pflegen**
- **Unterbodenschutz/ Hohlraumkonservierung**
- **Polster reinigen**
- **Lackschäden ausbessern**

Fahrzeug waschen

Aus Umweltschutzgründen ist es in den meisten Gemeinden verboten, Fahrzeuge auf öffentlichen Plätzen zu waschen. Wird das Auto sehr oft in einer automatischen Waschanlage gewaschen, hinterlassen die rotierenden Waschbürsten Schleifspuren auf dem Lack. Diese lassen sich verhindern, wenn man den Wagen von Hand in einer entsprechenden Waschanlage wäscht.

- Vogelkot, Insekten, Baumharze, Teer- und Fettflecken, Streusalz und andere aggressive Ablagerungen sofort abwaschen, da sie ätzende Bestandteile enthalten, die Lackschäden verursachen.
- Bedienungshinweise für den Hochdruckreiniger bezüglich Druck und Düsenabstand des Sprühkopfes befolgen.
- Beim Waschen reichlich Wasser verwenden. Mit einem Schwamm oder Waschhandschuh beziehungsweise einer weichen Bürste mit dem Reinigen des Fahrzeugdachs beginnen; Schwamm oft ausspülen.
- Waschmittel nur bei hartnäckiger Verschmutzung verwenden. Mit klarem Wasser gründlich nachspülen, um die Reste des Waschmittels zu entfernen. Bei regelmäßiger Benutzung von Waschmitteln muss öfter konserviert werden. Dem Waschwasser kann ein Konservierungsmittel beigegeben werden.
- Darauf achten, dass kein Wasser in die Eintrittsöffnungen für die Innenraumbelüftung eindringt. Hochdruckdüse nicht gegen den Kühler oder schadhafte Lackflächen des Fahrzeugs richten.
- Zum Abtrocknen sauberes Leder verwenden. Verschiedene Reinigungsleder für Lack- und Fensterflächen verwenden, da Konservierungsmittelrückstände auf den Scheiben zu Sichtbehinderungen führen.
- Durch Streusalz besonders gefährdet sind alle innen liegenden Falze, Flansche und Fugen an Türen und Hauben. Diese Stellen müssen deshalb bei jeder Wagenwäsche – auch nach der Wäsche in automatischen Waschstraßen – mit einem Schwamm gründlich gereinigt und anschließend abgespült und abgeledert werden.
- Wagen niemals in der Sonne waschen oder trocknen. Wasserflecken sind sonst unvermeidlich.

Achtung: Nach der Wagenwäsche Bremspedal während der Fahrt leicht antippen, um den Wasserfilm abzubremsen.

Lackierung pflegen

Konservieren: Die gewaschene und getrocknete Lackierung möglichst oft mit einem Konservierungsmittel behandeln, um die Oberfläche durch eine Poren schließende und Wasser abweisende Wachsschicht gegen Witterungseinflüsse zu schützen. Auch wenn beim Waschen regelmäßig Waschkonservierer verwendet werden, empfiehlt es sich, den Lack mindestens zweimal im Jahr mit Hartwachs zu schützen.

Sofern Kraftstoff, Öl, Fett oder Bremsflüssigkeit auf den Lack gelangt, diese Flüssigkeiten **sofort entfernen,** sonst kommt es zu Lackverfärbungen.

Spätestens dann, wenn Wasser nicht mehr deutlich vom Lack abperlt, muss konserviert werden. Der Lack trocknet sonst aus.

Polieren: Das Polieren des Lackes ist nur dann erforderlich, wenn dieser infolge mangelhafter Pflege beziehungsweise unter der Einwirkung von Umwelteinflüssen unansehnlich geworden ist und sich durch eine Behandlung mit Konservierungsmitteln kein Glanz mehr erzielen lässt. Zu warnen ist vor stark schleifenden oder chemisch stark angreifenden Poliermitteln, auch wenn der erste Versuch damit noch so sehr zu überzeugen scheint.

Vor jedem Polieren muss der Wagen sauber gewaschen und sorgfältig abgetrocknet werden. Im Übrigen ist nach der Gebrauchsanweisung für das Poliermittel zu verfahren.

Die Bearbeitung soll in nicht zu großen Flächen erfolgen, um ein vorzeitiges Eintrocknen der Politur zu vermeiden. Bei manchen Poliermitteln muss anschließend noch konserviert werden. Nicht in der prallen Sonne polieren!

Kunststoffteile und matt lackierte Teile dürfen nicht mit Konservierungs- oder Poliermitteln behandelt werden, da sich sonst Flecken bilden.

Teerflecke entfernen: Frische Teerflecke können mit einem in Waschbenzin getränkten weichen Lappen entfernt werden oder mit speziellen Teerfleck-Entfernern. Notfalls kann auch Petroleum oder Terpentinöl verwendet werden. Sehr gut gegen Teerflecke eignet sich auch ein Lackkonservierer. Bei Verwendung dieses Mittels kann auf ein Nachwaschen verzichtet werden.

Insekten entfernen: Insekten enthalten aggressive Stoffe, die den Lackfilm beschädigen können. Sie müssen deshalb umgehend mit lauwarmer Seifen- oder Waschmittellösung abgewaschen werden. Es gibt auch spezielle Insekten-Entferner.

Außenbeleuchtung: Leuchten- und Scheinwerferabdeckungen sind aus Kunststoff. Verunreinigungen nur mit einem feuchten, weichen Tuch entfernen. Scheinwerferabdeckungen auf keinen Fall mit einem trockenen oder scheuernden Tuch reinigen. Keine Eiskratzer verwenden und nicht mit Reinigungs- oder Lösungsmitteln säubern.

Kunststoffteile pflegen: Kunststoffteile, Kunstledersitze, Himmel, Leuchtengläser sowie mattschwarz gespritzte Teile mit Wasser und Flüssigseife säubern. Fahrzeughimmel nicht durchfeuchten. Kunststoffteile gegebenenfalls mit Kunststoffreiniger behandeln.

Scheiben reinigen: Schnee und Eis von Scheiben und Spiegeln nur mit einem Kunststoffschaber entfernen. Um Kratzer durch Schmutz zu vermeiden, sollte der Schaber nicht nach vorn und dann zurückbewegt, sondern nur geschoben werden. Fensterscheiben innen und außen mit sauberem, weichem Lappen abreiben. Bei starker Verschmutzung helfen Spiritus oder Salmiakgeist und lauwarmes Wasser oder auch ein spezieller Scheibenreiniger. Beim Reinigen der Windschutzscheibe Scheibenwischerarme nach vorn klappen. Bei der Reinigung der Windschutzscheibe auch die Wischerblätter säubern.

Achtung: Bei Verwendung silikonhaltiger Mittel dürfen die zur Reinigung der Lackierung verwendeten Waschbürsten, Schwämme, Lederlappen und Tücher nicht für die Scheiben verwendet werden. Beim Einsprühen der Lackierung mit silikonhaltigen Pflegemitteln sollten die Scheiben mit Pappe oder anderem Material abgedeckt werden.

Gummidichtungen pflegen: Gummidichtungen durch Einpudern der Dicht- und Gleitflächen mit Talkum oder Besprühen mit Silikonspray geschmeidig halten. So werden auch quietschende oder knarrende Geräusche beim Schließen der Türen vermieden. Auch das Einreiben der betreffenden Flächen mit Schmierseife beseitigt die Geräusche.

Reifen reinigen: Reifen nicht mit einem Dampfstrahlgerät reinigen. Wird die Düse des Dampfstrahlers zu nahe an den Reifen gehalten, wird dessen Gummischicht innerhalb weniger Sekunden irreparabel zerstört, selbst bei Verwendung von kaltem Wasser. Ein auf diese Weise gereinigter Reifen sollte sicherheitshalber ersetzt werden.

Leichtmetall-Scheibenräder mit Felgenreiniger und Bürste reinigen, jedoch keine aggressiven, säurehaltigen, stark alkalischen und rauen Reinigungsmittel oder Dampfstrahl über +60° C verwenden.

Sicherheitsgurte nur mit milder Seifenlauge im eingebauten Zustand säubern, nicht chemisch reinigen, da dadurch das Gewebe zerstört werden kann. Automatikgurte nur in trockenem Zustand aufrollen.

Unterbodenschutz/ Hohlraumkonservierung

Die Unterbodenverkleidung ist aus Kunststoff und schützt den hinteren Bereich des Fahrzeugunterbodens. Die besonders stark gefährdeten Bereiche in den Radläufen sind zusätzlich mit Kunststoffschalen gegen Steinschlag geschützt. Vor der kalten Jahreszeit und nach einer Unterbodenwäsche sollte der Unterbodenschutz kontrolliert und gegebenenfalls ausgebessert werden.

Im Schleuderbereich des Unterbaues können sich Staub, Lehm und Sand ablagern. Den angesammelten Schmutz entfernen, zumal er während der Winterzeit auch noch mit Streusalz angereichert sein kann.

Polsterbezüge pflegen/reinigen

Textilbezüge: Polsterbezüge mit Staubsauger und Bürste reinigen. Flecken mit Flüssigseife, 25-prozentiger Ammoniaklösung oder Branntweinessig entfernen.

Fett- und Ölflecke mit Reinigungsbenzin oder Fleckenwasser behandeln. Das Reinigungsmittel darf aber nicht unmittelbar auf den Stoff gegossen werden, da sich sonst unweigerlich Ränder bilden. Fleck durch kreisförmiges Reiben von außen nach innen bearbeiten. Andere Verschmutzungen lassen sich meistens mit lauwarmem Seifenwasser entfernen.

Lederbezüge: Bei starker Sonneneinstrahlung und längerer Standzeit Sitze abdecken, damit sie nicht ausbleichen.

Trikot- oder Wolllappen mit Wasser leicht anfeuchten und Lederflächen säubern, ohne das Leder oder die Nahtstellen zu durchfeuchten. Anschließend das getrocknete Leder mit einem sauberen und weichen Tuch nachreiben.

Stärker verschmutzte Lederflächen mit einem milden Feinwaschmittel ohne Aufheller (2 Esslöffel auf 1 Liter Wasser) oder Flüssigseife reinigen. Fett- und Ölflecke ohne zu reiben vorsichtig mit Reinigungsbenzin abtupfen.

Lackierte Lederpolster sollten nach dem Reinigen mit einem handelsüblichen Pflegemittel für Lederflächen behandelt werden. Das Mittel vor Gebrauch gut schütteln und mit einem weichen Lappen dünn auftragen. Nach dem Eintrocknen mit einem sauberen und weichen Tuch nachreiben. Diese Behandlung empfiehlt sich bei normaler Beanspruchung alle 6 Monate.

Steinschlagschäden ausbessern

Ausbeul- und Lackierarbeiten an der Autokarosserie setzen Erfahrung über den Werkstoff und dessen Bearbeitung voraus. Derartige Fertigkeiten werden in der Regel erst durch eine langjährige Praxis erreicht. Aus diesem Grund wird hier nur das Ausbessern von kleineren Lackschäden erläutert.

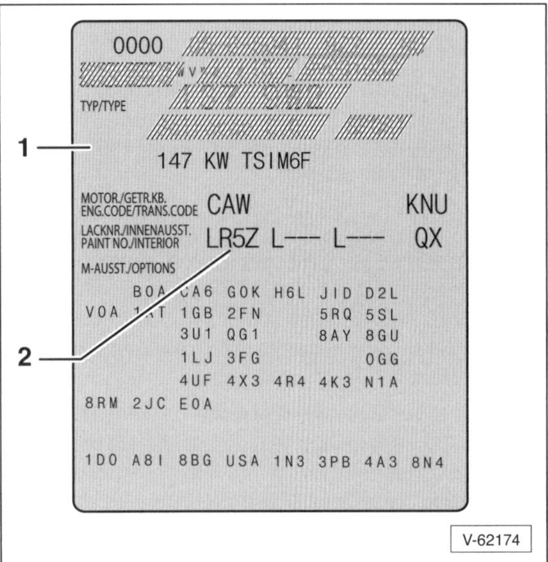

Zum Nachlackieren wird unbedingt dieselbe Lackfarbe benötigt, denn selbst kleinste Farbunterschiede fallen nach Abschluss der Arbeiten sofort ins Auge. Der jeweilige Fahrzeug-Farbton wird vom Hersteller durch die Lacknummer gekennzeichnet. Die Lacknummer –2– steht auf dem Fahrzeugdatenträger –1–. Der Fahrzeugdatenträger ist sowohl auf dem Kofferraumboden, links neben der Reserveradmulde sowie im Serviceheft aufgeklebt.

Treten dennoch Differenzen zwischen dem Originallack und dem Reparaturlack auf, dann liegt das daran, dass sich Fahrzeug-Lackierungen durch Alterung, ultraviolette Sonnenbestrahlung, extreme Temperaturdifferenzen, Witterungsbedingungen und chemische Einflüsse wie beispielsweise Industrieabgase mit der Zeit verändern. Außerdem können Oberflächenschäden, Farbveränderungen und Ausbleichen des Lackes eintreten, wenn Reinigung und Lackpflege mit ungeeigneten Mitteln durchgeführt wurden.

Die Metallic-Lackierung besteht aus 2 Schichten, dem Metallic-Grundlack und der farblosen Decklackierung. Beim Lackieren wird der Klarlack über den feuchten Grundlack gespritzt. Die Gefahr von Farbdifferenzen bei der nachträglichen Metallic-Lackierung ist besonders groß, da hier schon die unterschiedliche Viskosität des Reparaturlackes gegenüber dem Originallack zu Farbverschiebungen führt.

Es lohnt sich, auch kleinste Lackschäden regelmäßig zu beseitigen, da auf diese Weise Rostschäden und größere Reparaturen vermieden werden.

Für kleine Kratzer und Steinschläge, die lediglich den Decklack abgesplittert haben, also nicht bis aufs blanke Blech vorgedrungen sind, genügt im allgemeinen der Lackstift oder Tupflack. Dabei handelt es sich um eine kleine Lackdose, in deren Deckel ein Pinsel integriert ist. Der Lackstift wird im Auto-Zubehörhandel angeboten.

- Tiefere Steinschlagschäden, die schon kleine Rostnarben gebildet haben, mit einem »Rostradierer« beziehungsweise einem Messer oder einem kleinen Schraubendreher auskratzen, bis das blanke Blech erscheint. Wichtig ist, dass keine auch noch so kleine Roststelle mehr sichtbar ist. Bei »Rostradierern« handelt es sich um kleine Kunststoffhülsen, die zum Auskratzen des Rostes kurze Drahtborsten besitzen.
- Die blanken Stellen müssen einwandfrei trocken und fettfrei sein. Dazu Reparaturstelle sowie den umgebenden Lack mit Silikonentferner reinigen.
- Auf die blanke Metallfläche mit einem dünnen Pinsel etwas Lackgrundierung (»Primer«) auftragen. Da das Grundiermittel meist in Sprühdosen erhältlich ist, etwas Grundiermittel in den Deckel der Dose sprühen.
- Nachdem die Grundierung trocken ist, Stelle mit Tupflack ausbessern. Bei den Tupflackdosen ist ein Pinsel bereits im Deckel integriert. Falls nur eine Spraydose mit der entsprechenden Farbe zur Verfügung steht, etwas Farbe in den Deckel der Dose sprühen und Lack mit einem dünnen Wasserfarbenpinsel auftragen. Dabei in einem Arbeitsgang immer nur eine dünne Lackschicht anbringen, damit der Lack nicht herunterlaufen kann. Anschließend Farbe gut trocknen lassen. Vorgang so oft wiederholen, bis der Krater ausgefüllt ist und die ausgebesserte Stelle gegenüber der umgebenden Lackfläche keine Vertiefung mehr bildet.

Werkzeugausrüstung

Langfristig zahlt es sich immer aus, wenn man qualitativ hochwertiges Werkzeug kauft. Neben einer Grundausstattung mit Maul- und Ringschlüsseln in den gängigen Größen und verschiedenen Torxschraubendrehern sowie einem Satz Steckschlüssel empfiehlt sich auch der Kauf eines Drehmomentschlüssels. Darüber hinaus ist bei manchen Arbeitsgängen der Einsatz von Spezialwerkzeug zwingend erforderlich.

Gutes und stabiles Werkzeug wird von der Firma HAZET (42804 Remscheid, Postfach 100461) angeboten. In den Tabellen sind die Werkzeuge mit der HAZET-Bestellnummer aufgeführt. Vertrieben wird das Werkzeug über den Fachhandel.

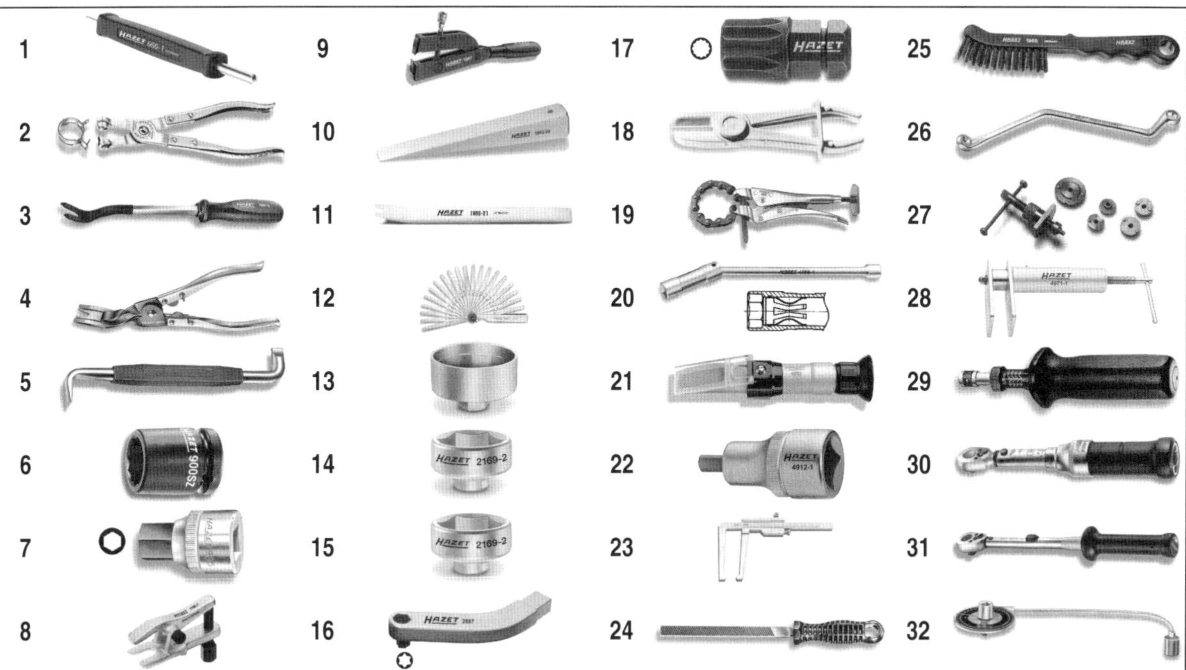

Abb.	Werkzeug	Hazet-Nr.
1	Ventildreher für Reifenventile	666-1
2	Schlauchklemmenzange	798-5
3	Türverkleidungs-Lösehebel	799-3
4	Türverkleidungs-Lösezange	799-4
5	Abgewinkelter Schraubendreher zum Entriegeln von Steckern	–
6	Stecknuss für Nabenschraube SW36	900SZ-36
7	Innensechskant-Steckschlüssel-einsatz	985-17
8	Kugelgelenk-Abzieher	1790-7
9	Spannzange für Edelstahlklammern der Gelenkwellenmanschetten	1847
10	Montagekeil	1965-20
11	Montagekeil	1965-21
12	Fühlerblattlehre 0,05 - 1,0 mm	2147
13	Ölfilterschlüssel für Ölfilterpatrone (1,2-/1,4-l-TSI-Motor)	2169
14	Schlüssel für Ölfilterdeckel (Dieselmotor)	2169-32
15	Schlüssel für Ölfilterdeckel (1,2-l-Benziner 44/51 kW)	2169-36

Abb.	Werkzeug	Hazet-Nr.
16	Türscharnier-Einsteckwerkzeug	2597
17	Vielzahn-Bit für Türscharnier	2597-03
18	Abklemmzangen-Satz	4590/3
19	Ketten-Abgasrohrschneider	4682
20	Zündkerzenschlüssel	4766-1
21	Messgerät für Säuredichte und Frostschutzanteil	4810 C
22	Spreizer für Federbeinausbau	4912-1
23	Bremsscheiben-Messschieber	4956-1
24	Bremssattelfeile	4968-1
25	Bremssatteldrahtbürste	4968-3
26	Brems-Entlüftungsschlüssel (Satz)	4968/5
27	Bremskolbendrehwerkzeug für hintere Scheibenbremsen	4970/6
28	Kolbenrücksetzvorrichtung vordere Scheibenbremse	4971-1
29	Drehmomentschlüssel 1 – 6 Nm	6003 CT
30	Drehmomentschlüssel 4 – 40 Nm	6109-2 CT
31	Drehmomentschlüssel 40 – 200 Nm	6122–1CT
32	Winkelscheibe für drehwinkel-gesteuerten Schraubenanzug	6690

Motorstarthilfe

Sicherheitshinweise

Werden die vorgeschriebenen Anschlusshinweise nicht genau eingehalten, besteht die Gefahr der Verätzung durch austretende Batteriesäure. Außerdem können Verletzungen oder Schäden durch eine Batterieexplosion entstehen oder Defekte an der Fahrzeugelektrik auftreten.

- Keine Funken oder offenen Flammen in Batterienähe, da aus der Batterie brennbare Gase austreten können.
- Darauf achten, dass die Starthilfekabel nicht durch drehende Teile wie zum Beispiel den Kühlerventilator beschädigt werden.

- Die Starthilfekabel sollten einen Leitungsquerschnitt von 25 mm² (Benziner) bzw. 35 mm² (Diesel) aufweisen und mit isolierten Kabelzangen ausgestattet sein. Der Leitungsquerschnitt in der Regel auf der Packung der Starthilfekabel angegeben.
- Bei beiden Batterien muss die Spannung 12 Volt betragen. Die Kapazität der stromgebenden Batterie darf nicht wesentlich unter der der entladenen Batterie liegen.
- Eine entladene Batterie kann bereits bei –10° C gefrieren. In diesem Fall **keine Starthilfe** geben, sondern Batterie ersetzen.
- Die entladene Batterie muss ordnungsgemäß am Bordnetz angeklemmt sein.
- Fahrzeuge so weit auseinander stellen, dass kein metallischer Kontakt besteht. Andernfalls könnte bereits beim Verbinden der Pluspole ein Strom fließen.
- Bei beiden Fahrzeugen Handbremse anziehen. Schaltgetriebe in Leerlaufstellung, Automatikgetriebe in »P«schalten.
- Alle Stromverbraucher ausschalten.
- Grundsätzlich Motor des Spenderfahrzeuges ca. 1 Minute vor dem Startvorgang und während des Startvorganges mit Leerlaufdrehzahl drehen lassen. Dadurch wird eine Beschädigung des Generators durch Spannungsspitzen beim Startvorgang vermieden.

Achtung: Hinweise im Kapitel »Batterie aus- und einbauen« beachten.

- Falls vorhanden, Deckel der Fahrzeugbatterie öffnen.

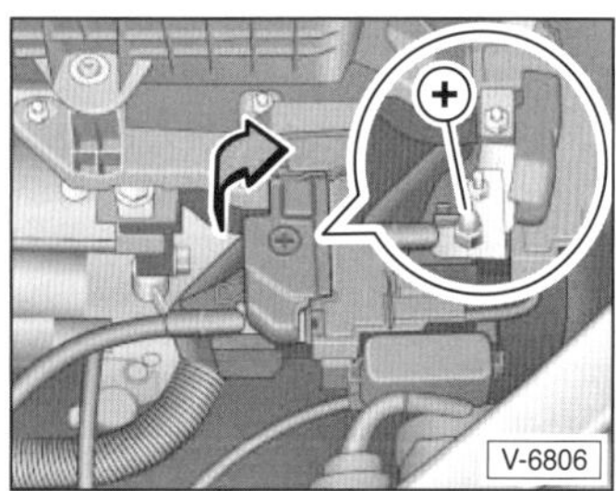

- Falls vorhanden, Abdeckung vom Plus-Abgriff (+) im Motorraum hochklappen –Pfeil–.

Starthilfekabel in folgender Reihenfolge anschließen:

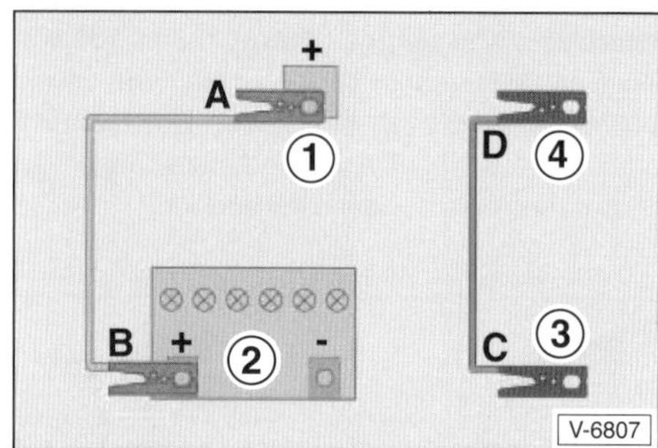

1. Rotes Kabel –A– an den Plus-Abgriff (+) –1– im Motorraum der entladenen Batterie anklemmen. Ist kein Plus-Abgriff vorhanden, Kabel an den Pluspol der Batterie anklemmen.
2. Das andere Ende des roten Kabels –B– an den Plus-Abgriff (+) im Motorraum der Strom gebenden Batterie anklemmen. Ist kein Plus-Abgriff vorhanden, Kabel –B– an den Pluspol –2– der Batterie anklemmen.
3. Schwarzes Kabel –C– an den Masse-Abgriff (–) –3– im Motorraum der Strom gebenden Batterie anklemmen.
4. Das andere Ende des schwarzen Kabels –D– an den Masse-Abgriff (–) –4– im Motorraum der entladenen Batterie anklemmen.

Achtung: Ist kein Masse-Abgriff vorhanden, Kabel an eine gute Massestelle des Fahrzeugs anklemmen. Kabel **nicht** an den Minuspol der Batterie anklemmen. Gute Massestellen sind ein massives, fest mit dem Motorblock verschraubtes Metallteil oder der Motorblock selbst beziehungsweise die eingeschraubte, vordere Abschleppöse.

Die Klemmen der Starthilfekabel dürfen bei angeschlossenen Kabeln nicht in Kontakt miteinander kommen, beziehungsweise die Plusklemmen dürfen keine Massestellen (Karosserie oder Rahmen) berühren – Kurzschlussgefahr!

- Motor des Empfängerfahrzeuges (leere Batterie) starten und laufen lassen. Beim Starten Anlasser nicht länger als 10 Sekunden ununterbrochen betätigen, da sich durch die hohe Stromaufnahme Polzangen und Kabel erwärmen. Deshalb zwischendurch eine »Abkühlpause« von mindestens ½ Minute einlegen.
- Bei Startschwierigkeiten nicht unnötig lange den Anlasser betätigen. Während des Anlassens wird permanent Kraftstoff eingespritzt. Fehlerursache ermitteln und beseitigen.
- Nach erfolgreichem Start beide Fahrzeuge mit der »Strombrücke« noch 3 Minuten laufen lassen.
- Um Spannungsspitzen beim Trennen abzubauen, im Fahrzeug mit der leeren Batterie Heizgebläse und Heckscheibenheizung einschalten. Nicht das Fahrlicht einschalten. Glühlampen brennen bei Überspannung durch.
- **Nach der Starthilfe** Kabel in **umgekehrter** Reihenfolge vom –D– bis –A– abklemmen.

Fahrzeug aufbocken

Bei Arbeiten unter dem Fahrzeug muss dieses, falls es nicht auf einer Hebebühne steht, auf zwei oder vier stabilen Unterstellböcken stehen.

Sicherheitshinweis
Wenn unter dem Fahrzeug gearbeitet werden soll, muss es mit geeigneten Unterstellböcken sicher abgestützt werden. Abstützen nur mit dem Wagenheber ist unzureichend. **Lebensgefahr!**

- Das Fahrzeug nur in unbeladenem Zustand auf ebener, fester Fläche aufbocken.
- Bei Arbeiten unter dem Fahrzeug, dieses zusätzlich mit Unterstellböcken so abstützen, dass jeweils ein Bein seitlich nach außen zeigt. Unterstellböcke an den Aufbockpunkten oder direkt daneben anordnen.

Aufnahmepunkte für Hebebühne und Werkstattwagenheber

Achtung: Um Beschädigungen am Unterbau zu vermeiden, geeignete Gummi- oder Holzzwischenlage verwenden. Der Wagen darf keinesfalls am Antriebsaggregat, der Motorölwanne oder an Vorder- oder Hinterachse angehoben werden, da dadurch große Schäden entstehen können.

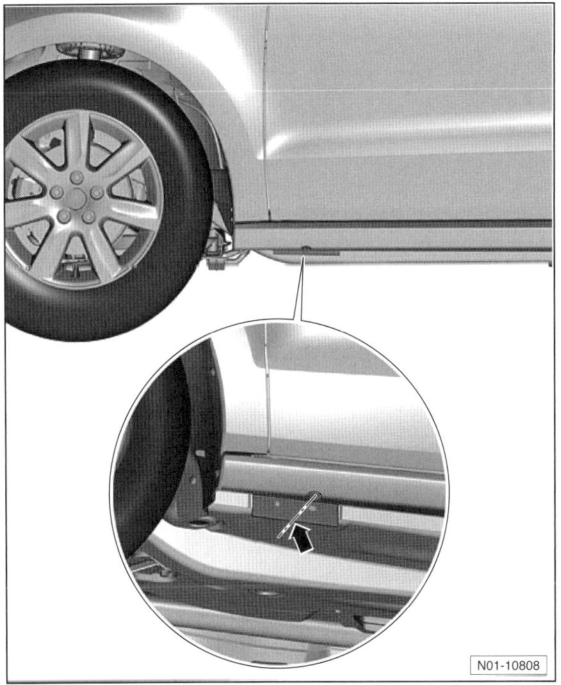

- Vorderer Aufnahmepunkt an der senkrechten Versteifung –Pfeil– des Bodenblechs unterhalb der Einprägung am Unterholm.

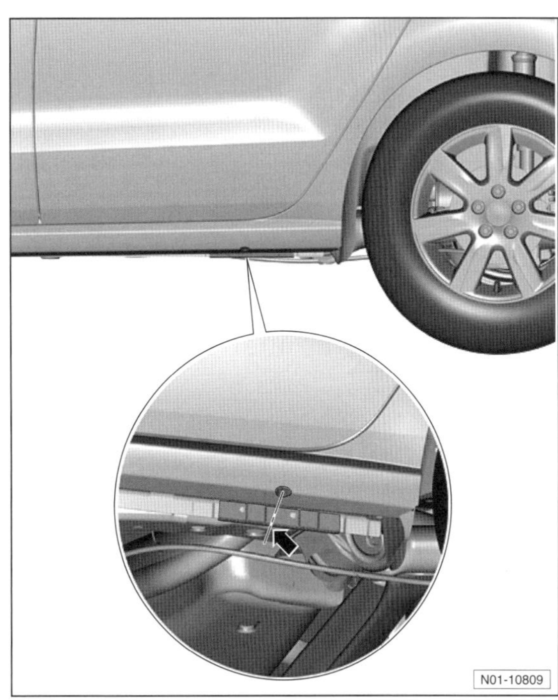

- Hinterer Aufnahmepunkt an der senkrechten Versteifung –Pfeil– des Bodenblechs unterhalb der Einprägung am Unterholm.
- Mit einem Werkstatt-Wagenheber oder einer Hebebühne darf das Fahrzeug nur an diesen Aufbockpunkten angehoben werden. Dabei muss die Versteifung mittig auf dem Aufnahmeteller von Hebebühne/Werkstattwagenheber aufliegen –Pfeil–.
- Die Räder, die beim Anheben auf dem Boden stehen bleiben, mit Keilen gegen Vor- oder Zurückrollen sichern. Nicht nur auf die Feststellbremse verlassen, diese muss bei einigen Reparaturarbeiten gelöst werden.

Achtung: Niemals bei angehobenem Fahrzeug den Motor anlassen und einen Gang einlegen, solange auch nur ein Rad noch den Boden berührt.

Achtung: Bevor die Schwerpunktlage des Fahrzeugs durch Demontagen erheblich verändert wird, muss das Fahrzeug auf der Hebebühne befestigt werden, zum Beispiel mit entsprechenden Gurten und Spannern.

Elektrische Anlage

Aus dem Inhalt:

- Sicherungen auswechseln
- Batterie ausbauen
- Generator prüfen
- Anlasser ausbauen
- Scheibenwischer
- Beleuchtungsanlage
- Armaturen/Schalter

Steckverbinder trennen

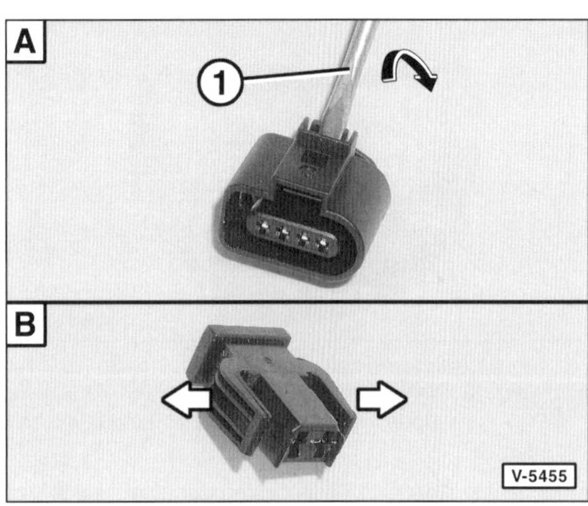

- –A–: Lasche mit einem Schraubendreher –1– herunterdrücken –Pfeil–, Stecker dabei ziehen und Verbindung trennen. Stecker beim Aufschieben hörbar einrasten lassen. **Hinweis:** An schwer zugänglichen Stellen zum Entriegeln der Lasche einen abgewinkelten Schraubendreher verwenden, zum Beispiel HAZET 818-1.
- –B–: 2 Laschen nach außen spreizen –Pfeile– und Steckverbindung trennen.

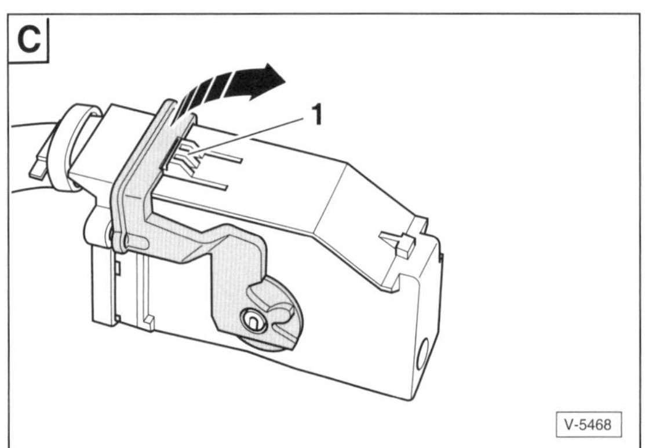

- –C–: Sicherungsraste –1– drücken, Haltebügel in Pfeilrichtung drehen und Stecker abziehen.

Signalhorn aus- und einbauen

Ausbau

Das Signalhorn ist am linken Längsträger angeschraubt. Es besteht aus einem Hochtonhorn und einem Tieftonhorn, die parallel geschaltet sind.

- Zündung und alle elektrischen Verbraucher ausschalten, Zündschlüssel abziehen.
- **Fahrzeug mit Nebelschenwerfer oder Tagesfahrlicht:** Rahmen für linken Nebelscheinwerfer nach vorn aus der Verrastung der Stoßfängerabdeckung herausziehen.
- **Fahrzeug ohne Nebelschenwerfer oder Tagesfahrlicht:** Stoßfängerabdeckung ausbauen, siehe Seite 282.

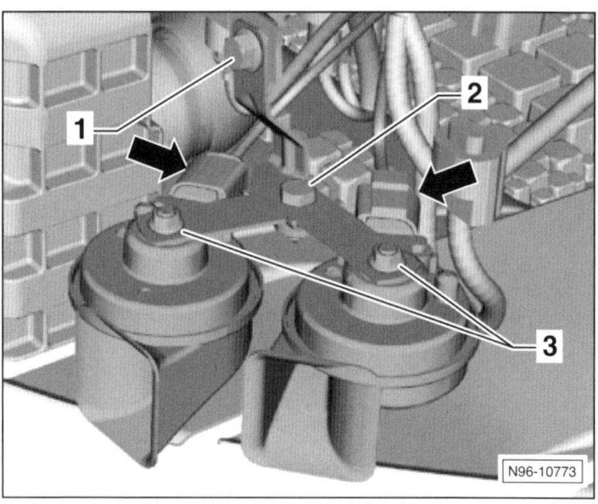

- Stecker –Pfeile– abziehen.
- Schraube –1– herausdrehen und Signalhorn zusammen mit dem Halter herausnehmen.
  2 – Verbindungsschraube Halter; 3 – Befestigungsmuttern für Hoch- und Tieftonhorn.

Einbau

- Der Einbau erfolgt in umgekehrter Ausbaureihenfolge. Dabei darauf achten, dass das Signalhorn nicht an umliegenden Bauteilen anliegt.

Batterien für Schlüssel mit Funkfernbedienung aus- und einbauen

Ausbau

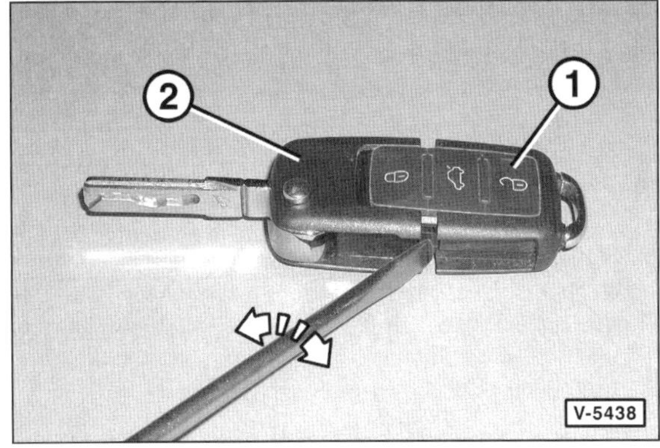

- Sendeeinheit –1– vom Schlüssel –2– trennen. Dazu Schraubendreher in den Schlitz einsetzen und in Pfeilrichtung drehen.

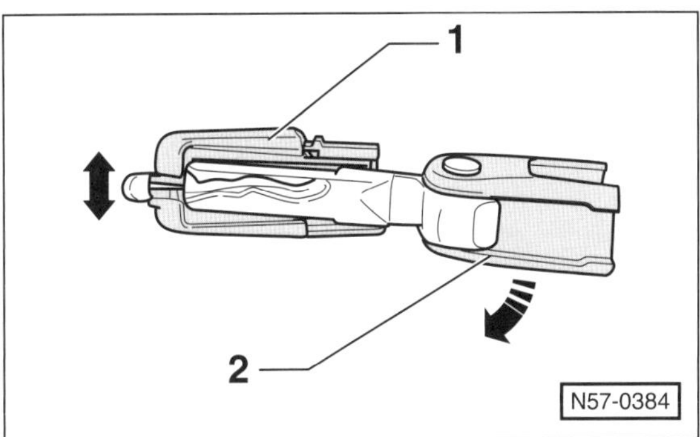

- Sendeeinheit –1– mit dem Schlüsselbart des Schlüssels –2– auseinander drücken.

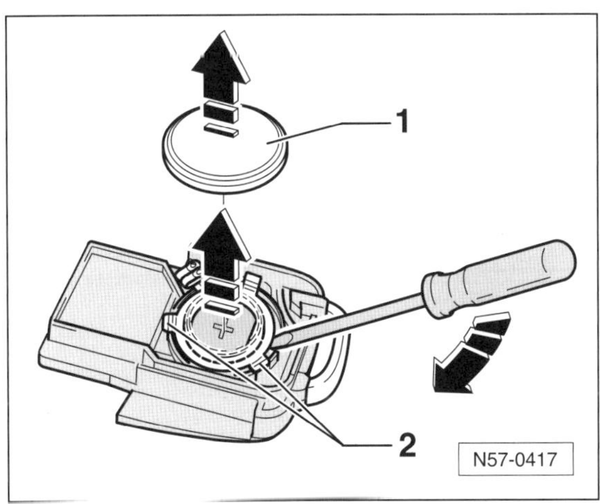

- Batterie –1– mit kleinem Schraubendreher nach oben aus der Halterung –2– ausclipsen.

Achtung: Beim Ausbau der Batterie prüfen, ob die Polarität auf der Batterie eingeprägt ist, andernfalls Einbaulage notieren.

Einbau

- Batterie mit dem Pluspol nach unten in die Sendeeinheit einlegen und mit leichtem Druck einrasten lassen.
- Deckel auflegen und zusammen mit der Sendeeinheit am Schlüssel einrasten. Dabei darauf achten, dass die Dichtung nicht beschädigt wird.

Geber für Einparkhilfe aus- und einbauen

Die Sensoren sind in der vorderen und hinteren Stoßfängerabdeckung eingesetzt.

Ausbau

Achtung: Je nach Einbauort werden unterschiedliche Geber verwendet, daher Geber beim Ausbau markieren oder so ablegen, dass sie an gleicher Stelle wieder eingebaut werden können. Die Ausbaureihenfolge ist auf jeden Fall einzuhalten. Ausrichtung der Geberanschlüsse notieren.

- Zündung und alle elektrischen Verbraucher ausschalten, Zündschlüssel abziehen.
- Stoßfängerabdeckung ausbauen, siehe Seite 282/283.

Achtung: Einbaulage und Ausrichtung der Geberanschlüsse für den richtige Wiedereinbau notieren.

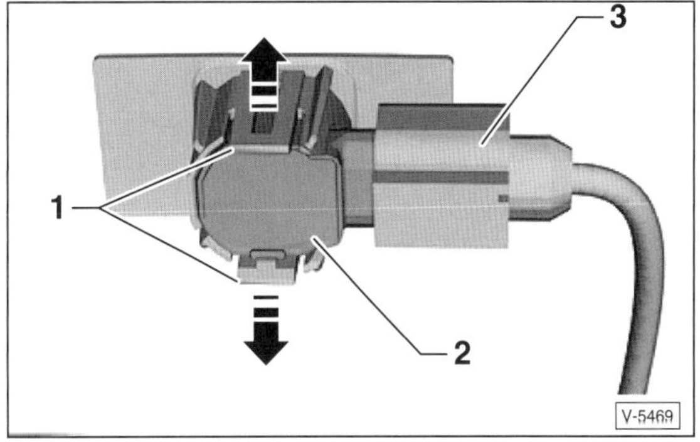

- Haltelaschen –1– am Halter in Pfeilrichtung auseinanderdrücken und Geber –2– mit angeschlossenen Leitungen nach oben herausziehen. **Achtung:** Dabei darauf achten, dass der schwarze Silikonring (Entkopplungsring) auf dem Geberkopf bleibt und nicht im Halter stecken bleibt oder verloren geht. Beim Ausbau des Gebers darf der Silikonring auf keinen Fall gedehnt werden.

Achtung: Durch zu große Krafteinwirkung auf den Geber können Haarrisse entstehen, die zu einem Ausfall des Gebers führen.

- Steckverbindung –3– entriegeln und vom Geber abziehen.

Einbau

- Der Einbau erfolgt in umgekehrter Ausbaureihenfolge. Dabei ist Folgendes zu beachten:
- Entkopplungsring nicht dehnen.
- Beschädigten Entkopplungsring ersetzen.

Achtung: Bei falschem oder beschädigtem Entkopplungsring kann es zu Funktionsstörungen der Einparkhilfe kommen.

- Der Entkopplungsring muss richtig auf dem Geber sitzen und darf sich beim Einstecken in den Halter nicht verwerfen oder aufrollen.
- Geber an gleicher Position wie vor dem Ausbau einbauen. Auf richtige Position der Geberanschlüsse achten.
- Beide Rastnasen des Halters müssen bei der Montage des Gebers hörbar einrasten.

Sicherungen auswechseln

Um Kurzschluss- und Überlastungsschäden an den Leitungen und Verbrauchern der elektrischen Anlage zu verhindern, sind die einzelnen Stromkreise durch Schmelzsicherungen geschützt.

- Vor dem Auswechseln einer Sicherung immer alle Stromverbraucher und die Zündung ausschalten.
- Die meisten Sicherungen befinden sich in einem Sicherungskasten hinter einer Abdeckung oberhalb des linken Fußraums. Dieser Sicherungskasten wird auch als Sicherungshalter »B« bezeichnet.
- Abdeckung für Sicherungskasten ausbauen, siehe Seite 263.

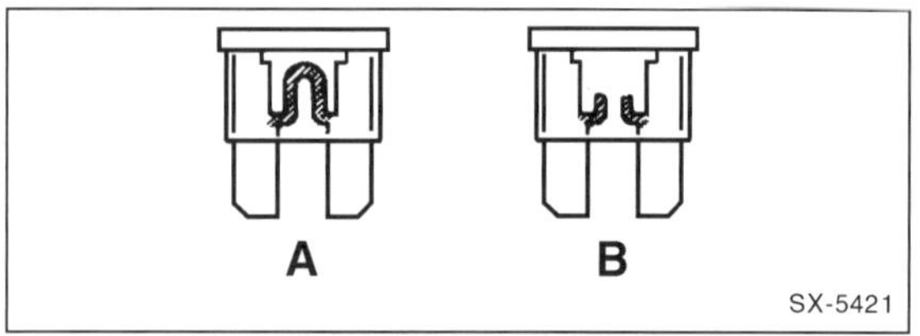

- Eine durchgebrannte Sicherung erkennt man am durchgeschmolzenen Metallstreifen. A – Sicherung in Ordnung, B – Sicherung durchgebrannt.

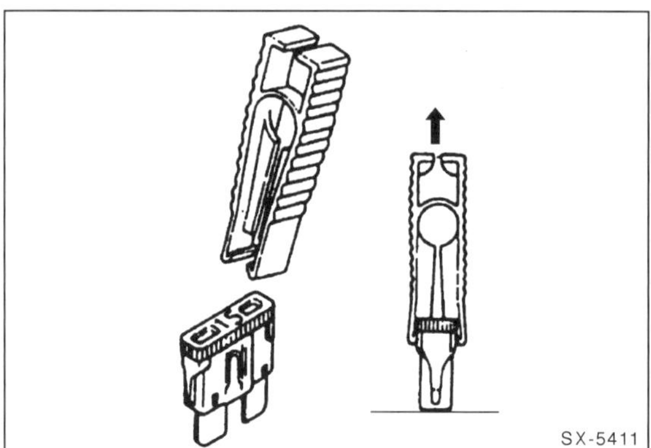

- Defekte Sicherung herausziehen. Dazu befindet sich eine Kunststoffklammer im Bereich des Sicherungskastens.

Nennstromstärke in Ampere	Kennfarbe
3	lila
5	beige
7,5	braun
10	rot
15	blau
20	gelb
25	weiß
30	grün

- Neue Sicherung **gleicher Sicherungsstärke** einsetzen. Die Nennstromstärke der Sicherung ist auf der Rückseite des Sicherungsgriffes aufgedruckt. Außerdem hat der Griff der Sicherungen eine Kennfarbe an der ebenfalls die Nennstromstärke zu erkennen ist.
- Es empfiehlt sich, stets einige Ersatzsicherungen mitzuführen.
- Brennt eine neu eingesetzte Sicherung nach kurzer Zeit wieder durch, muss der entsprechende Stromkreis überprüft werden.
- Auf keinen Fall Sicherung durch Draht oder ähnliche Hilfsmittel ersetzen, weil dadurch Schäden an der elektrischen Anlage auftreten können.
- Abdeckung mit den Clips über den Aussparungen im Armaturenbrett ansetzen, andrücken und einrasten.

Sicherungs- und Relaisträger oberhalb des Fahrerfußraums (Sicherungshalter B)

Hinweis: Die Sicherungsbelegung ist abhängig von der Ausstattung und vom Baujahr des Fahrzeugs. Die Belegung im aktuellen Fahrzeug kann von der hier aufgeführten Liste abweichen. Die abgedruckten Listen beziehen sich vorwiegend auf Fahrzeuge bis 3/2014.

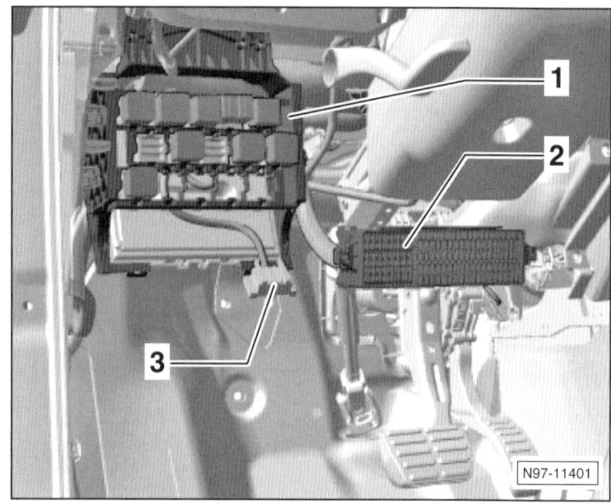

1 – Relaisträger
2 – Sicherungshalter B (mit Sicherungen SB1, SB2 usw.)
3 – Diagnosesteckdose

Sicherungsbelegung

Hinweis: Die aktuelle Sicherungsbelegung ist abhängig von der Ausstattung und vom Baujahr des Fahrzeugs.

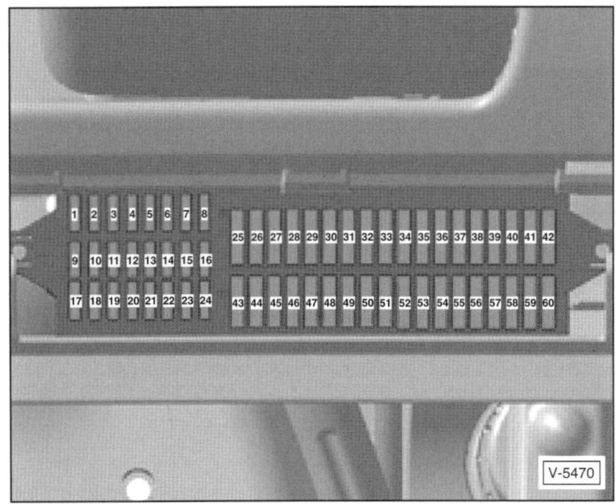

Nr.	Benennung	Stärke
1	Steuergerät im Kombiinstrument[1)] Steuergerät für ABS[1)]	5 A
2	Lenkstockschalter, Bordnetzsteuergerät Motor für Heckscheibenwischer, Frontscheibenwasch- und Heckscheibenwaschpumpe	10 A
3	Kraftstoffpumpenrelais, Motorsteuergerät, Relais für Kraftstoffvorlauf	5 A
4	Lenkstockschalter	2 A
5	nicht belegt	
6	Steuergerät im Kombiinstrument	5 A
7	Regler für Leuchtweitenregelung Kennzeichenleuchten links und rechts	5 A
8	Einspritzventile für Zylinder 1 bis 4	10 A
9	Taster für ASR und ESP *oder* Taster für Reifendruckkontrollanzeige, Lenkwinkelgeber, Steuergerät für ABS	5 A 7 A
10	Schalter für GRA (Geschwindigkeitsregelanlage), Lenkstockschalter, Bremslichtschalter, Kupplungspedalschalter, Bordnetzsteuergerät	5 A
11	Einsteller für Leuchtweitenregelung, Stellmotor links für Leuchtweitenregelung, Stellmotor rechts für Leuchtweitenregelung	10 A
12	Schalter für Spiegelverstellung	5 A
13	Mechatronik für Doppelkupplungsgetriebe, Wählhebel	5 A
14	Steuergerät für Airbag, Kontrollleuchte für »Airbag Beifahrerseite aus«	5 A
15	Heizwiderstände für Scheibenwaschdüsen	5 A
16	Steuergerät für Einparkhilfe	5 A
17	nicht belegt	
18	Kontaktschalter für abschaltbare Nebelschlussleuchte, Steuergerät im Kombiinstrument, Lampe für Nebelschlussleuchte links	5 A
19	Bordnetzsteuergerät	5 A
20	Lenkwinkelgeber, Steuergerät im Kombiinstrument	5 A
21	Bordnetzsteuergerät	10 A
22	Diagnosestecker, Steuergerät für Climatronic Steuergerät für Klimaanlage, Steuergerät für Bedienungselektronik des Handys, Magnet für Zündschlüsselabzugsperre	10 A
23	Wählhebel, Regensensor, Bordnetzsteuergerät, Motorsteuergerät	7,5 A
24	Bordnetzsteuergerät, beheizbarere Außenspiegel links und rechts	5 A
25	Hochdruckgeber, Steuergerät für Heizung, Steuergerät für Kühlerlüfter, Steuergerät für Klimaanlage, Steuergerät für Anhängererkennung, Diagnosestecker	5 A
26	Luftmassenmesser, Ölstands- und Öltemperaturgeber, Steuergerät für Lenkhilfe	7,5 A
27	Schalter für Rückfahrleuchten	5 A
28	Lambdasonde, Lambdasonde nach Katalysator, Heizung für Lambdasonde, Heizung für Lambdasonde 1 nach Katalysator	10 A
29	Regelventil für Kraftstoffdruck, Ventil für Kraftstoffdosierung	10 A
30	Magnetventil für Ladedruckbegrenzung, Magnetventil 1 für Aktivkohlebehälter, Umschaltventil für Kühler der Abgasrückführung, Pumpe für Kühlmittelnachlauf	10 A
31	Kraftstoffpumpenrelais, Steuergerät für Glühzeitautomatik, Relais für Kraftstoffvorlauf, Einspritzventile für Zylinder 1 bis 3	10 A
32	Geber für Kraftstoffvorratsanzeige, Kraftstoffpumpe für Vorförderung *oder* Motorsteuergerät	10 A 30 A
33	Kupplungspositionsgeber	5 A
34	Lenkstockkombinationsschalter, Steuergerät im Kombiinstrument, Lampe für Fernlichtscheinwerfer links, Lampe für Fernlichtscheinwerfer rechts	15 A
35	Motorsteuergerät, Relais für Kraftstoffvorlauf	15 A
36	Lampe für Fernlichtscheinwerfer rechts	15 A
37	Einsteller für beheizbaren Fahrersitz, Einsteller für beheizbaren Beifahrersitz, Steuergerät für beheizbare Vordersitze	25 A
38	Mechatronik für Doppelkupplungsgetriebe	30 A
39	Lampe für Abblendlichtscheinwerfer rechts	10 A

40	Schalter für Frischluftgebläse, Steuergerät für Frischluftgebläse	30 A
41	Motor für Heckscheibenwischer	10 A
42	Zigarettenanzünder, 12-V-Steckdose	15 A
43	Bordnetzsteuergerät	15 A
44	Ultraschallsensor für Diebstahlwarnanlage, Alarmhorn	15 A
45	Steuergerät mit Anzeigeeinheit für Radio und Navigationssystem, Steuergerät für Multimediasystem, Radio, Spannungsstabilisator[1)]	15 A
46	Relais für Scheinwerferreinigungsanlage, Bordnetzsteuergerät	20 A
47	Bordnetzsteuergerät, Scheibenwischermotor	20 A
48	Bordnetzsteuergerät	25 A
49	Steuergerät für Schiebedach	30 A
50	Türsteuergerät Fahrerseite	25 A
51	Türsteuergerät Beifahrerseite	25 A
52	Türsteuergerät hinten links, Türsteuergerät hinten rechts	30 A
53	Bordnetzsteuergerät	30 A
54	Lampe für Nebelscheinwerfer links, Lampe für Nebelscheinwerfer rechts	15 A
55	Zündspulen 1 bis 3 mit Leistungsendstufen	15 A
56	Lampe für Tagesfahrlicht links und rechts	15 A
57	Bordnetzsteuergerät	15 A
58	Unterdruckpumpe für Bremse	20 A
59	Lampe für Abblendlichtscheinwerfer	10 A
60	Steuergerät mit Anzeigeeinheit für Radio und Navigationssystem	15 A

[1)] nur für Fahrzeuge mit Stopp-Start-Anlage

Hinweis: Die Sicherungen von 1 bis 60 werden in den Stromlaufplänen mit SB1 bis SB60 bezeichnet, dabei steht das »SB« für »Sicherung im Sicherungshalter B«.

Relaisbelegung

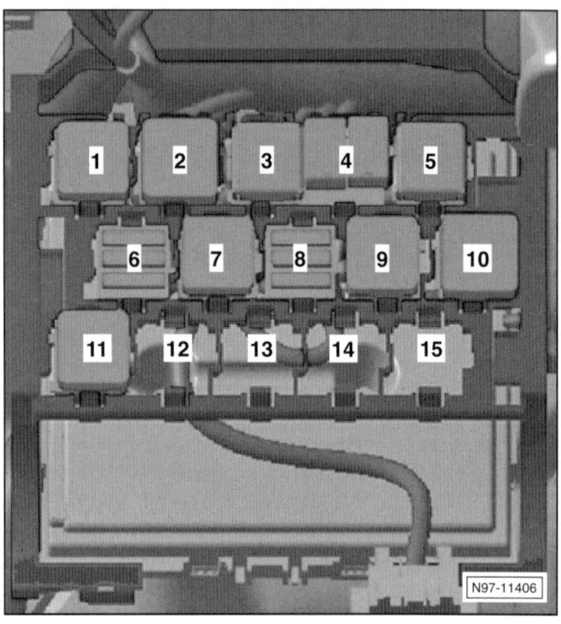

Nr.	Benennung
1	Relais für kleine Heizleistung
2	Relais für große Heizleitstung
3	Relais für Spannungsversorgung der Klemme 30 (nur 1,4-l-Benzinmotor 63 kW)
3	Relais für Stromversorgung Simos-Steuergerät
4	Links: Relais für Abblendlicht
4	Rechts: Relais für Kraftstoffvorlauf (Dieselmotor)
5	nicht belegt
6	Sicherungshalter D
7	Kraftstoffpumpenrelais (Benzinmotor) Relais für Spannungsversorgung Kl.30 (Dieselmotor)
8	Sicherungshalter E
9	Relais für Anlasssperre
10	Entlastungsrelais für X-Kontakt
11	Relais für Scheinwerfer-Reinigungsanlage
12	nicht belegt
13	nicht belegt
14	nicht belegt
15	nicht belegt

Sicherungsbelegung am Relaishalter

Nr.	Benennung	Stärke
6	Sicherung S131, S132, S133 für Heizelement der Luftzusatzheizung	40 A
8	Sicherung S134, S138, S139 für Steuergerät der Anhängererkennung	25 A

Sicherungs- und Relaisbelegung am Batterie-Sicherungshalter

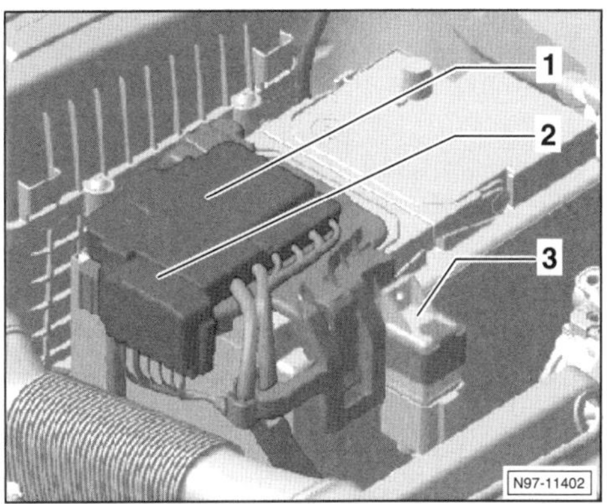

1 – Sicherungshalter A (Sicherungen SA1, SA2, usw.)
2 – Sicherungshalter C (Sicherungen SC1, SC2 usw.)
3 – Steuergerät für Glühzeitautomatik

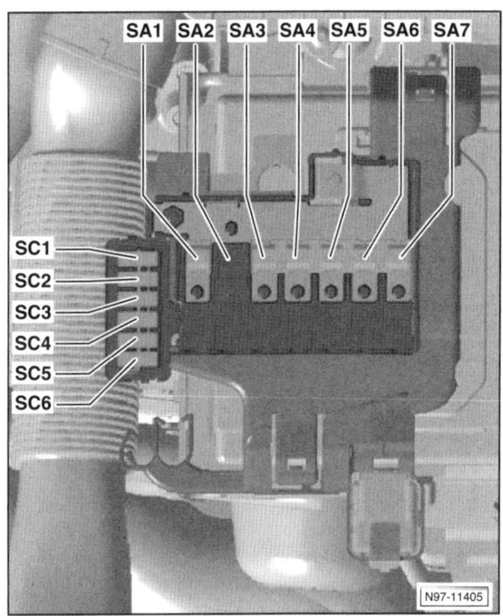

Nr.	Benennung Halter A	Stärke
1	Drehstromgenerator	150 A 175 A[1)]
2	nicht belegt	–
3	Zündanlassschalter, Lichtschalter, Lenkstockschalter, Entlastungsrelais für X-Kontakt, Stromversorgungsrelais für Motronic, Relais für kleine Heizleistung, Relais für große Heizleistung, Relais für Kraftstoffvorlauf, Schmelzsicherung –S134–, Schmelzsicherung –S138–, Schmelzsicherung –S139–, Sicherung SB4, SB20, SB35, SB38, SB57	110 A
4	Steuergerät für Lenkhilfe	50 A
5	Steuergerät für ABS	40 A
6	Steuergerät im Kühlerlüfter	40 A
7	Steuergerät für Glühzeitautomatik	50 A

Nr.	Benennung Halter C	Stärke
1	Steuergerät für ABS	25 A
2	Thermoschalter für Kühlerlüfter Steuergerät für Kühlerlüfter	30 A
3	Steuergerät für Kühlerlüfter	5 A
4	Steuergerät für ABS	10 A
5	Bordnetzsteuergerät	5 A
6	Mechatronik für Doppelkupplungsgetriebe	30 A

[1)] nur für Fahrzeuge mit Stopp-Start-Anlage

Hinweis: Die Sicherungen für Halter A und Halter C werden in den Stromlaufplänen mit SA1 bis SA7 sowie SC1 bis SC6 bezeichnet, dabei steht beispielsweise das »SA« für »Sicherung im Sicherungshalter A«.

Batterieträger aus- und einbauen

Ausbau

- Batterie ausbauen, siehe entsprechendes Kapitel.
- **Batterieträger ohne Wärmeschutzummantelung:** Ansaugschlauch vom Luftfiltergehäuse zur vorderen Quersteifung ausclipsen.
- **Batterieträger mit Wärmeschutzummantelung:** Seitenwand aus der Wärmeschutzummantelung rechts herausclipsen. Anschließend Leitungsverbindung Batterie-Plus aus dem Durchbruch in der Wärmeschutzummantelung herausnehmen.

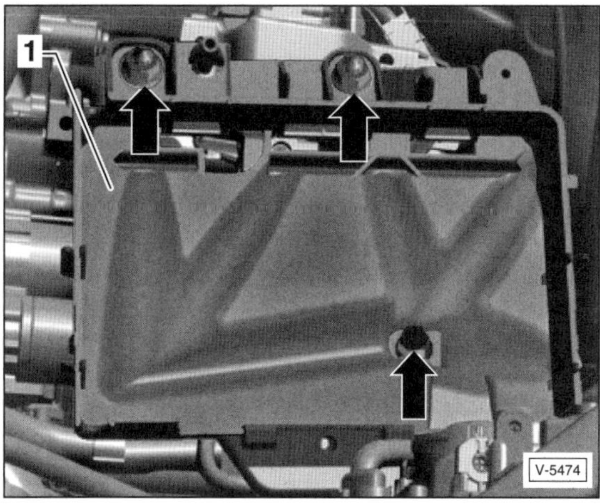

- Schraube und Muttern –Pfeile– herausdrehen und Batterieträger –1– aus dem Motorraum herausziehen.

Einbau

- Der Einbau erfolgt in umgekehrter Ausbaureihenfolge, dabei ist Folgendes zu beachten:
- Den Wasserablaufschlauch unter dem Batterieträger knickfrei verlegen.
- Schrauben mit **8 Nm**, Muttern mit **9 Nm** festziehen.

Batterie-Massekabel ab- und anklemmen

Durch das Abklemmen der Batterie-Masseleitung (Stromunterbrechung) wird das sichere Arbeiten an der elektrischen Anlage sichergestellt.

Das Abklemmen der Batterie-Plusleitung ist nur für den Ausbau der Fahrzeugbatterie erforderlich.

Je nach Modell und Ausstattung kann die Fahrzeug- oder Starterbatterie im Motorraum oder im Kofferraum eingebaut sein.

Beim Nachladen der Batterie oder bei der Starthilfe an Fahrzeugen mit Start-Stopp-System ist Folgendes zu beachten:

- Mithilfe des Ladekabels zuerst die Pluspole verbinden.
- Dann die Karosserie-Masse verbinden.

Auf diese Weise wird sichergestellt, dass das Steuergerät für Batterieüberwachung (Batteriesensor) nicht überbrückt wird. Die direkte Aufladung der Batterie am Minuspol führt dazu, dass der Batteriesensor überbrückt wird und die Batteriedaten während des Ladevorgangs nicht vom Sensor erfasst werden. Die im Steuergerät für Batterieüberwachung gespeicherten Werte zum Batteriezustand stimmen dann nicht mehr mit den Werten der geladenen Batterie überein.

Vor dem Abklemmen beachten:

- Vor Abklemmen des Batterie-Massekabels muss die Diebstahlwarnanlage deaktiviert sein.
- Sollen **Airbag** oder **Gurtstraffer** ausgebaut werden, erfolgt das Abklemmen bei **eingeschalteter Zündung**.

Starterbatterie im Motorraum

Vor dem Abklemmen beachten (speziell Batterie im Motorraum:

- Die Batterie-Masseleitung darf karosserieseitig nicht gelöst werden.
- Zum Abklemmen der Batterie muss der auf der Batterie befindliche Sicherungsträger nicht ausgebaut werden.

Abklemmen

- Zündung und alle elektrischen Verbraucher ausschalten und Zündschlüssel abziehen. **Achtung:** Falls Airbag und/oder Gurtstraffer ausgebaut werden sollen: Zündung einschalten.
- Falls vorhanden, Abdeckkappe für Minuspolklemme öffnen.

Bis 3/2014:

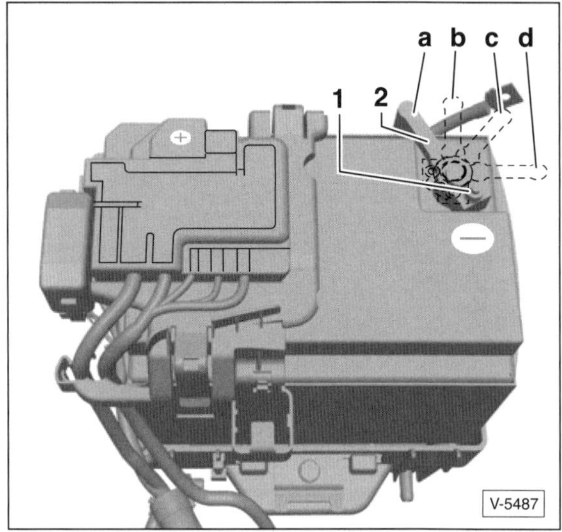

Achtung: Stellung der Minuspolklemme –gestrichelte Linien– merken und gegebenenfalls an der Batterie markieren, damit die Minuspolklemme später in gleicher Stellung wieder eingebaut werden kann.

- Klemmmutter –1– lösen und Minuspolklemme –2– von der Batterie abziehen.

Ab 4/2014:

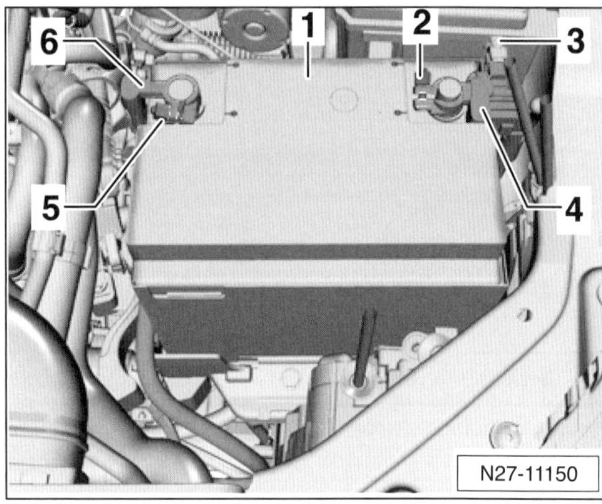

- Mutter –2– einige Umdrehungen lösen und Batteriepolklemme –4– der Masseleitung am Batterie-Minuspol »–« der Batterie –1– abziehen.
  3 – Stecker für Batterieüberwachung, 5 – Mutter für Pluspolklemme, 6 – Pluskabel.

Anklemmen

Achtung: Falls Airbag und/oder Gurtstraffer aus- und eingebaut wurden muss die Zündung vor dem Anklemmen eingeschaltet sein. Sicherheitshinweise zum Airbag beachen, siehe Seite 162.

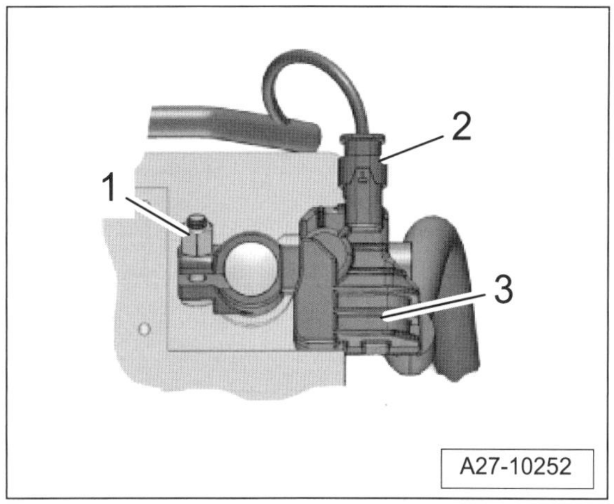

- Stecker –2– am Steuergerät für Batterieüberwachung –3– abziehen. 1 – Klemmmutter für Batteriepolklemme.
- Batteriepolklemme der Masseleitung von Hand auf den Batterie-Minuspol »–« aufstecken.
- Mutter –1– festschrauben. Stecker –2– am Steuergerät für Batterieüberwachung aufstecken.

Bis 3/2014:

- Klemme der Masseleitung –1– in der richtigen Stellung beziehungsweise in gleicher Stellung wie vor dem Ausbau auf den Minuspol der Batterie schieben. Klemmschraube mit **6 Nm** festziehen, siehe Abbildung V-5487.

Hinweis: Die richtige Stellung ist je nach Motortyp unterschiedlich:
44-kW-Benzinmotor: . . . . Stellung –c–
51-kW-Benzinmotor: . . . . Stellung –b–
63/66/77-kW-Benzinmotor: . . . . Stellung –d–
1,6-l-Dieselmotor: . . . . Stellung –c–
Fahrzeuge mit Start-Stopp-System: . . . . . . Stellung –d–

Alle Fahrzeuge:

- Falls ausgeschaltet, Zündung mit dem Zündschlüssel einschalten und wieder ausschalten.

Hinweis: Nach dem Anklemmen der Batterie und dem Einschalten der Zündung leuchtet die Kontrollleuchte für ESP und ASR dauerhaft. Die Kontrollleuchte erlischt automatisch, wenn mit 15 bis 20 km/h eine Wegstrecke geradeaus gefahren wird. Dadurch wird der Lenkwinkelgeber aktiviert.

- Nach dem Anklemmen der Batterie die elektrischen Fensterheber neu aktivieren:
  - ◆ Alle Türen schließen.
  - ◆ Alle Fenster ganz öffnen und wieder schließen.
  - ◆ An jedem Fenster Fensterheberschalter mindestens 2 Sekunden lang ziehen und so Fenster in Schließstellung halten.
  - ◆ Gesamten Vorgang ein zweites Mal durchführen.
- Einstellung der Zeituhr prüfen, gegebenenfalls Uhr neu stellen.
- Alle elektrischen Verbraucher auf Funktion prüfen.
- Fehlerspeicher auslesen lassen und gegebenenfalls Fehler, die durch das Abklemmen der Batterie abgelegt wurden, löschen lassen (Werkstattarbeit).

Starterbatterie im Kofferraum

Die Batterie befindet sich im Kofferraum unter dem Notrad.

Achtung: Hinweise am Anfang des Kapitels beachten.

Achtung: Fahrzeuge mit Batterie im Kofferraum besitzen zur Erhöhung der Crashsicherheit eine Batterieabtrennung. Im Falle eines Unfalls wird durch das Steuergerät für Airbag eine Sprengung ausgelöst, die die Zuleitung zum Anlasser und zur Motorelektrik unterbricht. Die Batterieabtrennung erfolgt pyrotechnisch mit einer sehr kleinen Sprengladung. Um bei Arbeiten an der Batterie oder der Batterieabtrennung die Zündung nicht versehentlich auszulösen, muss unbedingt zuerst die Batterie abgeklemmt werden.

- **Achtung:** Verletzungsgefahr! Sicherheitsmaßnahmen bei Arbeiten im Bereich von pyrotechnischen Bauteilen, wie beispielsweise der Batterieabtrennung beachten, siehe Seite 162.

Abklemmen

- Zündung und alle elektrischen Verbraucher ausschalten und Zündschlüssel abziehen. **Achtung:** Falls Airbag und/oder Gurtstraffer ausgebaut werden sollen: Zündung einschalten.

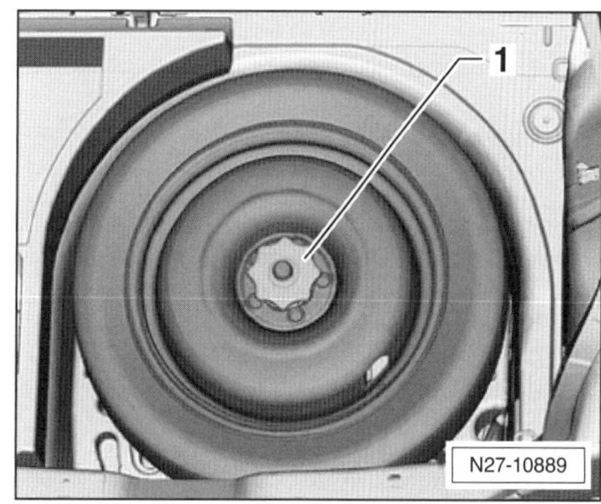

- Mutter –1– für Notrad abschrauben und Notrad herausnehmen.

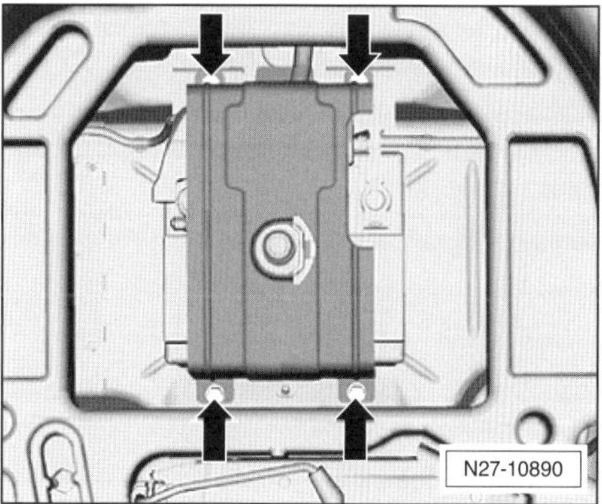

- Schrauben –Pfeile– herausdrehen und Batterieabdeckung abnehmen.

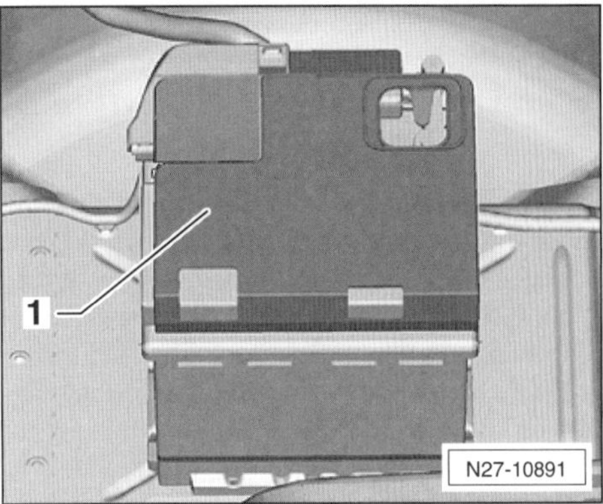

- Minuspolabdeckung –1– abnehmen.

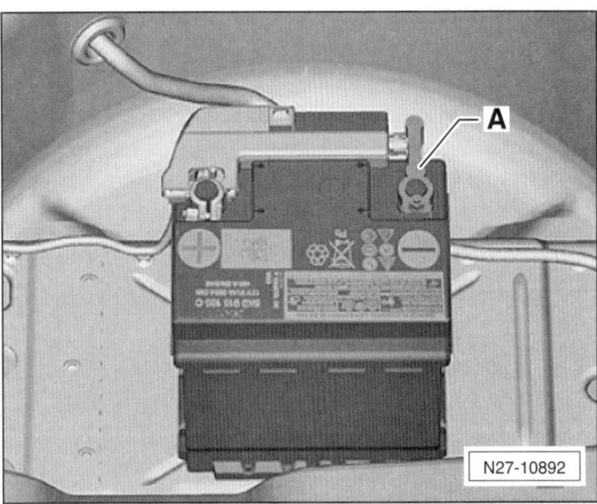

- **Bis 3/2014:** Klemmschraube lösen und Batteriepolklemme der Masseleitung –A– vom Batterie-Minuspol abziehen.
- **Ab 4/2014:** Batterie -Massekabel ab- und anklemmen wie für die »Batterie im Motorraum« beschrieben.

Anklemmen

Achtung: Falls Airbag und/oder Gurtstraffer aus- und eingebaut wurden muss die Zündung vor dem Anklemmen eingeschaltet sein. Sicherheitshinweise zum Airbag beachen, siehe Seite 162.

- Batteriepolklemme am Batterie-Minuspol so weit aufschieben, dass sie bündig mit dem Minuspol sitzt. Klemmschraube festziehen.
- Minuspolabdeckung aufclipsen.
- Batterieabdeckung aufsetzen und anschrauben.
- Notrad einsetzen und mit Rändelmutter anschrauben.
- Falls ausgeschaltet, Zündung mit dem Zündschlüssel einschalten und wieder ausschalten.

Hinweis: Nach dem Anklemmen der Batterie und dem Einschalten der Zündung leuchtet die Kontrollleuchte für ESP und ASR dauerhaft. Die Kontrollleuchte erlischt automatisch, wenn mit 15 bis 20 km/h eine Wegstrecke geradeaus gefahren wird. Dadurch wird der Lenkwinkelgeber aktiviert.

- Nach dem Anklemmen der Batterie die elektrischen Fensterheber neu aktivieren:
  - ◆ Alle Türen schließen.
  - ◆ Alle Fenster ganz öffnen und wieder schließen.
  - ◆ An jedem Fenster Fensterheberschalter mindestens 2 Sekunden lang ziehen und so Fenster in Schließstellung halten.
  - ◆ Gesamten Vorgang ein zweites Mal durchführen.
- Einstellung der Zeituhr prüfen, gegebenenfalls Uhr neu stellen.
- Alle elektrischen Verbraucher auf Funktion prüfen.
- Fehlerspeicher auslesen lassen und gegebenenfalls Fehler, die durch das Abklemmen der Batterie abgelegt wurden, löschen lassen (Werkstattarbeit).

Batterie aus- und einbauen

Je nach Modell und Ausstattung kann die Starterbatterie im Motorraum oder im Kofferraum eingebaut sein.

Starterbatterie im Motorraum

Achtung: Beim Ersetzen der Batterie bei Fahrzeugen mit Start-Stopp-System Folgendes zu beachten:

- Aufgrund der höheren Anforderung an die Zyklenfestigkeit kommt bei Fahrzeugen mit Start-Stopp-System eine spezielle Starterbatterie zum Einsatz.
- Starterbatterien für den Einsatz in Fahrzeugen mit Start-Stopp-System sind durch den Aufdruck „AGM“ (Absorbent Glass Mat) oder „EFB“ (Enhanced Flooded Battery) gekennzeichnet.
- Nach dem Ersetzen der Batterie müssen die neuen Batteriedaten im Steuergerät für Batterieüberwachung eingegeben werden, dazu ist ein Fahrzeug-Diagnosegerät erforderlich (Werkstattarbeit).

Beim Nachladen der Batterie oder bei der Starthilfe an Fahrzeugen mit Start-Stopp-System ist Folgendes zu beachten:

- Mithilfe des Ladekabels zuerst die Pluspole verbinden.
- Dann die Karosserie-Masse verbinden.

Auf diese Weise wird sichergestellt, dass der Batteriesensor nicht überbrückt wird. Die direkte Aufladung der Batterie am Minuspol führt dazu, dass der Batteriesensor überbrückt wird und die Batteriedaten während des Ladevorgangs nicht vom Sensor erfasst werden. Die im Steuergerät für Batterieüberwachung gespeicherten Werte zum Batteriezustand stimmen dann nicht mehr mit den Werten der geladenen Batterie überein.

Ausbau

- Batterie-Massekabel abklemmen, siehe entsprechendes Kapitol.

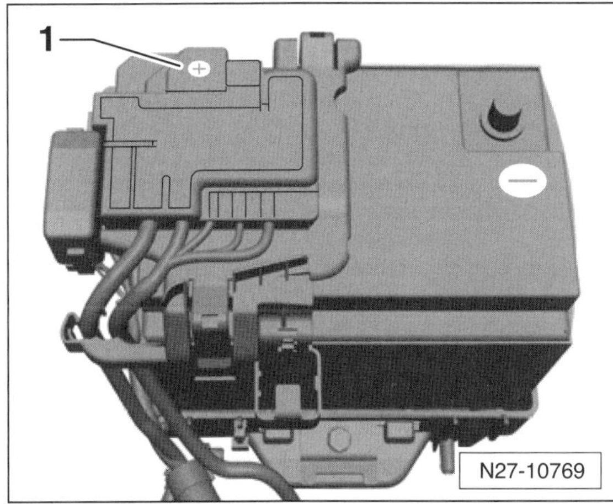

- Batteriepluspolabdeckung –1– öffnen.

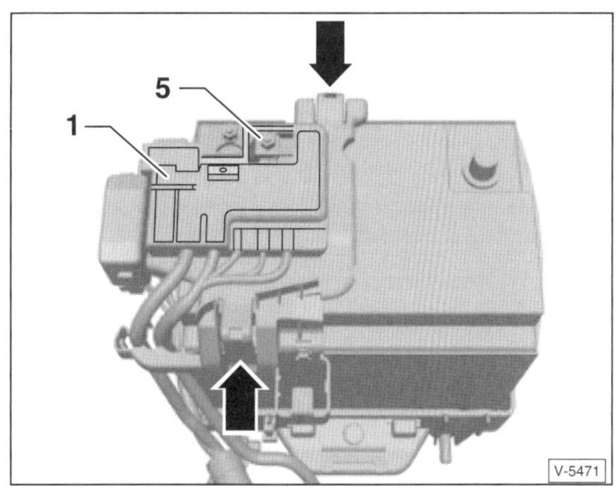

- Befestigungsmutter –5– des Sicherungskastens abschrauben.
- Halter –Pfeile– ausclipsen.
- Sicherungskasten –1– abnehmen und mit angeschlossenen Leitungen zur Seite legen.

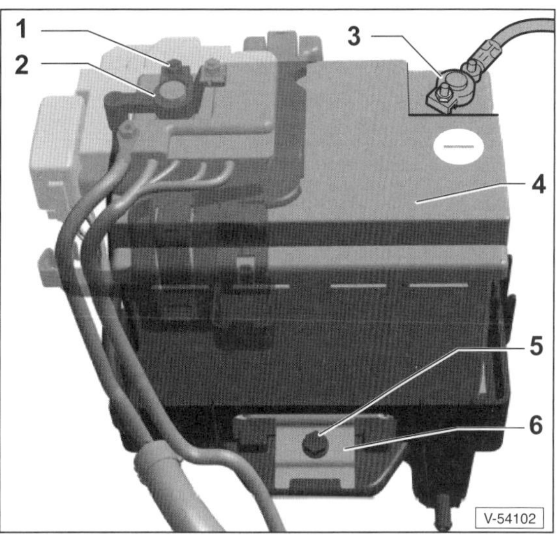

- Batterie-Pluskabel abklemmen. Dazu Schraube –1– lösen und Plusklemme –2– vom Pluspol der Batterie abziehen. **Hinweis:** Das Batterie-Massekabel –3– ist im Gegensatz zur Abbildung bereits abgeklemmt.
- Schraube –5– herausdrehen und Befestigungsbügel –6– abnehmen.
- Batterie –4– aus dem Fahrzeug herausheben.

Einbau

- Der Einbau erfolgt in umgekehrter Ausbaureihenfolge, dabei ist Folgendes zu beachten:
- Befestigungsbügel mit **20 Nm** festschrauben.

Achtung: Bei einer lose montierten Batterie können folgende Schäden entstehen:

- Verkürzte Lebensdauer durch Rüttelschäden (Explosionsgefahr).
- Gitterplatten der Batterie werden beschädigt.

- Beschädigung des Batteriegehäuses durch den Befestigungsbügel (möglicher Säureaustritt, hohe Folgekosten).
- Mangelhafte Crashsicherheit.
- Batterie nach dem Einbau durch Hin- und Herbewegen auf festen Sitz prüfen.
- Batterie anklemmen, siehe entsprechendes Kapitel.

Starterbatterie im Kofferraum

Achtung: Beim Ersetzen der Batterie bei Fahrzeugen mit Start-Stopp-System Folgendes zu beachten:

- Aufgrund der höheren Anforderung an die Zyklenfestigkeit kommt bei Fahrzeugen mit Start-Stopp-System eine spezielle Starterbatterie zum Einsatz.
- Starterbatterien für den Einsatz in Fahrzeugen mit Start-Stopp-System sind durch den Aufdruck „AGM" (Absorbent Glass Mat) oder „EFB" (Enhanced Flooded Battery) gekennzeichnet.
- Nach dem Ersetzen der Batterie müssen die neuen Batteriedaten mit dem Diagnosegerät im Steuergerät für Batterieüberwachung eingegeben werden (Werkstattarbeit).

Beim Nachladen der Batterie oder bei der Starthilfe an Fahrzeugen mit Start-Stopp-System ist Folgendes zu beachten:

- Mithilfe des Ladekabels zuerst die Pluspole verbinden.
- Dann die Karosserie-Masse verbinden.

Auf diese Weise wird sichergestellt, dass der Batteriesensor nicht überbrückt wird. Die direkte Aufladung der Batterie am Minuspol führt dazu, dass der Batteriesensor überbrückt wird und die Batteriedaten während des Ladevorgangs nicht vom Sensor erfasst werden. Die im Steuergerät für Batterieüberwachung gespeicherten Werte zum Batteriezustand stimmen dann nicht mehr mit den Werten der geladenen Batterie überein.

Ausbau

- Zündung und alle elektrischen Verbraucher ausschalten.
- Batterie-Massekabel abklemmen, siehe entsprechendes Kapitel.

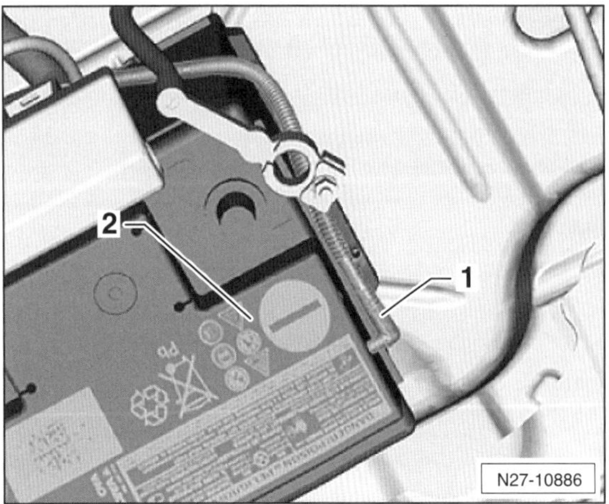

- Schlauch für die Zentralentgasung –1– aus der Batterie –2– herausziehen.

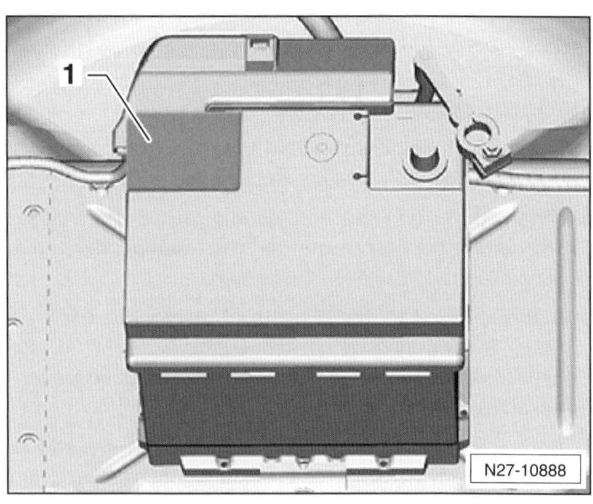

- Abdeckung für Pluspol –1– abnehmen.

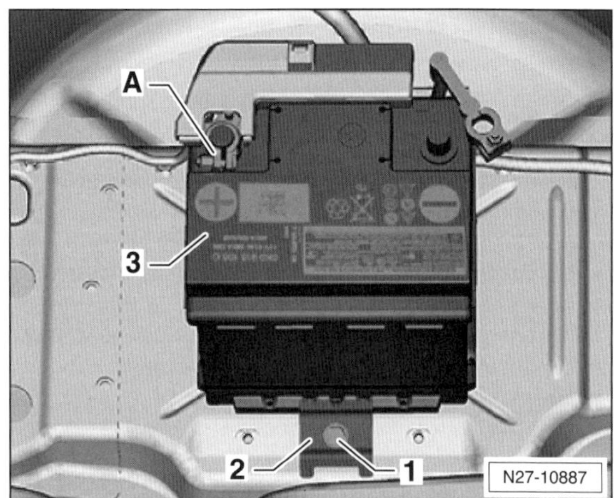

- Klemmmutter am Pluspol –A– lösen und Plusklemme vom Pluspol der Batterie –3– abziehen.
- Schraube –1– herausschrauben, Halteplatte –2– abnehmen und Batterie –3– aus der Reserveradmulde herausnehmen.

Einbau

- Der Einbau erfolgt in umgekehrter Ausbaureihenfolge. Halteplatte mit **20 Nm** anschrauben.

Batterie prüfen

Mechanische Prüfung

- Batterie sichtprüfen sowie Batterie beziehungsweise Batterieklemmen auf festen Sitz prüfen, siehe Seite 68.

Ladezustand und Säurestand prüfen

Vor Beginn des Winters sollte die Batterie unbedingt überprüft werden. Bei großer Kälte sinkt die Batteriespannung einer nur mäßig geladenen Batterie während des Anlassvorgangs stark ab.

Serienmäßig ist eine wartungsfreie Batterie eingebaut bei der kein destilliertes Wasser nachgefüllt werden kann. Zur Ermittlung des Ladezustandes dient ein »magisches Auge« auf der Oberseite der Batterie.

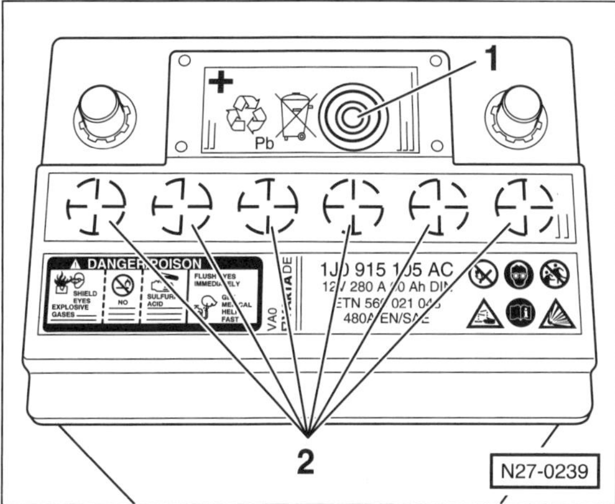

Batterie-Ausführung 1: Das magische Auge –1– sitzt zwischen den Batteriepolen. Die Zellverschlussstopfen –2– sind mit einer Plastikfolie überklebt.

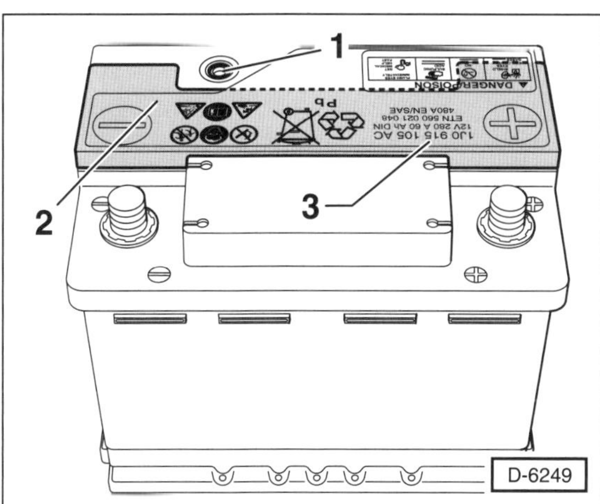

Batterie-Ausführung 2: Das magische Auge –1– sitzt auf der den Batteriepolen gegenüber liegenden Seite. Die Zellöffnungen sind mit einer Abdeckung –2– verschlossen.

Hinweis: Die Abdeckung –2– dient nur zur Befüllung in der Produktion. **Die Abdeckung darf auf keinen Fall abgenommen werden,** sonst wird die Batterie unbrauchbar und muss ersetzt werden.

Magisches Auge prüfen

Anhand der Farbe des magischen Auges können der Säure- und der Ladezustand der Batterie abgelesen werden. Da sich das magische Auge nur in einer Batteriezelle befindet, ist die Anzeige auch nur für diese Zelle gültig. Eine exakte Beurteilung des Batteriezustandes ist nur durch eine Belastungsprüfung möglich (Werkstattarbeit).

Hinweis: Je nach Baujahr des Fahrzeuges gibt es 2 unterschiedlichen Ausführungen des magischen Auges. Ältere Batterien besitzen ein magisches Auge mit **3-farbiger** Anzeige, bei neueren Batterien ist die Anzeige **2-farbig**. Die jeweilige Ausführung des magischen Auges ist an der Batterie-Kennnummer –3– erkennbar.

3-farbige Anzeige: Die Batterie-Kennnummer beginnt mit »1J0«, »7N0« oder »3B0«. Eine Ersatzteil-Batterie hat die Kennnummer »000 915 105 Ax«, wobei »x« für einen beliebigen Buchstaben stehen kann.

2-farbige Anzeige: Die Batterie-Kennnummer beginnt mit »5K0«. Eine Ersatzteil-Batterie hat die Kennnummer »000 915 105 Dx«, wobei »x« für einen beliebigen Buchstaben stehen kann.

- Magisches Auge mit einer Taschenlampe anleuchten und Farbanzeige prüfen. **Hinweis:** Durch Luftblasen unter dem magischen Auge kann die Farbanzeige verfälscht werden. Daher bei der Prüfung mit einem Schraubendrehergriff leicht auf das Batteriegehäuse klopfen.
- Magisches Auge mit **3-farbiger** Anzeige beurteilen:
  - ◆ Grün – die Batterie ist ausreichend geladen, der Säurestand ist in Ordnung.
  - ◆ Schwarz – die Batterie ist zu gering geladen oder entladen. Batterie laden.
  - ◆ Farblos oder gelb – der Säurestand ist zu niedrig. Die Batterie muss ersetzt werden.
- Magisches Auge mit **2-farbiger** Anzeige beurteilen:
  - ◆ Schwarz – der Säurestand ist in Ordnung. Der Ladezustand kann nur mit einer Batterie-Belastungsprüfung festgestellt werden.
  - ◆ Farblos oder gelb – der Säurestand ist zu niedrig. Die Batterie muss ersetzt werden.

Achung: Batterien, bei denen das magische Auge farblos oder hellgelb anzeigt, dürfen nicht geprüft oder geladen werden. Es darf auch keine Starthilfe gegeben werden. Beim Prüfen, Laden oder bei der Starthilfe besteht Explosionsgefahr!

Ruhespannung messen

- Zündung ausschalten. Alle elektrischen Verbraucher ausschalten. Zündschlüssel abziehen.
- Batterie abklemmen. **Achtung:** Hinweise im Kapitel »Batterie aus- und einbauen« beachten.
- Bis zum Messen der Ruhespannung mindestens 2 Stunden warten. Die Batterie darf in diesem Zeitraum weder geladen noch entladen werden.

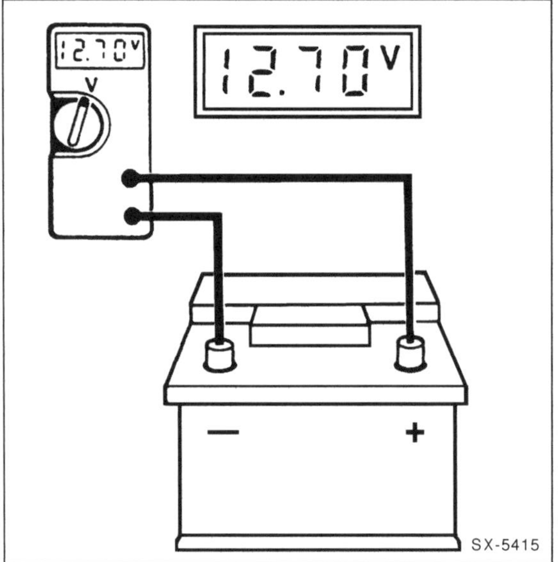

- Multimeter zwischen den beiden Batteriepole anschließen und Spannung messen.
- **Beurteilung des Spannungsmesswertes:**

12,7 Volt oder darüber:	Batterie in gutem Zustand.
11,6 – 12,6 Volt:	Batterie laden.
unter 11,6 Volt:	Batterie tiefentladen, Batterie laden oder ersetzen.

- Falls die Batterie geladen wurde, nach einer Wartezeit von 2 Stunden Ruhespannung erneut prüfen. Liegt der Messwert abermals unter 12,7 Volt, empfiehlt es sich die Batterie zu ersetzen.

Batterie unter Belastung prüfen

Achung: Wenn das **magische Auge farblos** oder **hellgelb** anzeigt, darf die Batterie **nicht geprüft** werden. **Explosionsgefahr!**

- Voltmeter an den Batteriepole anschließen. Anschlusskabel **nicht** abklemmen.
- Motor starten und Spannung ablesen.
- Während des Startvorganges darf bei einer **vollen** Batterie die Spannung nicht unter 10 Volt (bei einer Säuretemperatur von ca. +20° C) abfallen.
- Bricht die Spannung sogar zusammen, dann ist die Batterie defekt.

Batterie laden

Sicherheitshinweise

- Batterie **nicht** bei laufendem Motor abklemmen.
- Batterie **niemals kurzschließen,** das heißt Plus- (+) und Minuspol (–) dürfen nicht verbunden werden. Bei Kurzschluss erhitzt sich die Batterie und kann platzen.
- Wenn das **magische Auge farblos** oder **hellgelb** anzeigt, darf die Batterie **nicht geprüft** werden. **Explosionsgefahr!**
- Gefrorene Batterie vor dem Laden auftauen. Eine geladene Batterie gefriert bei ca. –65° C, eine halbentladene bei ca. –30° C und eine entladene bei ca. –12° C. Aufgetaute Batterie vor dem Laden auf Gehäuserisse prüfen, gegebenenfalls ersetzen. Die von der ausgelaufenen Säure betroffenen Fahrzeugteile müssen umgehend mit Seifenlauge behandelt oder ausgetauscht werden.
- Batterie nur in gut belüftetem Raum oder im Freien laden. Beim Laden der eingebauten Batterie Motorhaube geöffnet lassen.

Zum Laden der Batterie nur ein elektronisch gesteuertes Ladegerät verwenden.

Beim Laden muss die Batterie eine Temperatur von mindestens +10° C aufweisen.

Laden

- **Bei ausgeschaltetem Ladegerät** Pluskabel (+) des Ladegerätes an den Pluspol (+) der Batterie anschließen. Minuskabel (–) des Ladegerätes mit dem Minuspol (–) der Batterie verbinden.
- Netzstecker des Ladegerätes in die Steckdose stecken. Falls erforderlich, Ladegerät einschalten.
- Nach dem Laden der Batterie Ladegerät ausschalten (wenn möglich) und Netzstecker des Ladegerätes ziehen.
- Anschlusskabel des Ladegerätes von der Batterie abklemmen.
- Geladene Batterie prüfen, siehe entsprechendes Kapitel.

Batterie lagern

Wird das Fahrzeug länger als 2 Monate stillgelegt, Batterie ausbauen und im aufgeladenen Zustand lagern. Die günstigste Lagertemperatur liegt zwischen 0° C und +27° C. Bei diesen Temperaturen hat die Batterie die günstigste Selbstentladungsrate. Spätestens nach 2 Monaten Batterie erneut aufladen, da sie sonst unbrauchbar wird.

Batteriepole reinigen

Batteriepole auf Korrosion überprüfen. Korrosion an den Batteriepolen zeigt sich in Form von weißen oder gelblichen pulverartigen Ablagerungen an den Polen.

- Batterie ausbauen, siehe entsprechendes Kapitel.
- Zur Entfernung von Korrosion Batteriepole mit einer Lösung aus Wasser und Soda bestreichen. Es kommt zu einer chemischen Reaktion mit Blasenbildung und einer braunen Verfärbung an den Polen.
- Gegebenenfalls Batteriepole mit einem Polreiniger oder einer Drahtbürste von Korrosionsrückständen reinigen.
- Nach Abklingen dieser Reaktion Batteriepole und Batterie mit klarem Wasser abwaschen und Batterie abtrocknen.
- Batterie einbauen, siehe entsprechendes Kapitel.

Batterietypen

Je nach Modell und Ausstattung können technisch recht unterschiedliche Batterietypen im Fahrzeug eingebaut sein. .

Nass-Batterie

Eine Batterie mit flüssigem Elektrolyt wird als Nass-Batterie bezeichnet. Diese Batterie besitzt ein magisches Auge zur Kontrolle von Ladezustand und Säurestand. Es darf kein destilliertes Wasser nachgefüllt werden, wie bei früheren Ausführungen der Nass-Batterie. Wenn der Säurestand zu niedrig ist, muss die Batterie ersetzt werden. Die Nassbatterie ist nicht für Fahrzeuge mit Start-Stopp-System geeignet.

EFB-Batterie

EFB = Enhanced **F**looded **B**attery. Die EFB-Batterie ist eine Weiterentwicklung der Standard-Nass-Batterie und kann auch für Fahrzeuge mit Start-Stopp-System verwendet werden. Allerdings nur, wenn der Fahrzeughersteller nicht ausdrücklich eine AGM-Stromquelle vorschreibt.

AGM-Batterie (Vlies-Batterie)

AGM = Absorbent-**G**lass-**M**att-Battery. Bei der AGM-Batterie ist der Elektrolyt in einem Mikroglasvlies festgelegt; sie gilt dadurch als auslaufsicher. Die Batterie ist mit einem Batteriedeckel verschlossen, Zellverschluss-Stopfen und Entgasungskanal sind im Deckel integriert. Die AGM-Batterie hat kein magisches Auge und bietet folgende Vorteile: hohe Zyklenfähigkeit (Zyklus = abwechselnder Lade- und Entladevorgang), Auslaufsicherheit, wartungsarm, geringe Gasung und gute Kaltstarteigenschaften. Wird häufig bei Fahrzeugen mit Start-Stopp-System verwendet. **Hinweis:** Bei Ersatz einer AGM- oder Vlies-Batterie unbedingt wieder eine Vlies-Batterie einbauen.

VRLA-Batterie

Bei der **V**alve-**R**egulated-**L**ead-**A**cid-Batterie (VRLA) handelt es sich um einen wartungsfreien Stromspeicher mit festgelegtem Elektrolyt. Die Zellverschluss-Stopfen lassen sich nicht herausschrauben. Wird die Batterie überladen, werden die entstehenden Wasserstoff- und Sauerstoffgase innerhalb der jeweiligen Zelle wieder zu Wasser zurückgewandelt. Bei zu starker Ladung tritt das überschüssige Gas über ein Entspannungsventil aus. Da diese Flüssigkeitsmengen nicht wieder ersetzt werden können, ist eine nachhaltige Beschädigung der Batterie möglich. Deshalb muss beim Laden unbedingt ein Batterieladegerät mit einer Ladebegrenzung von 14,4 Volt eingesetzt werden.

Gel-Batterie

Bei der Gel-Batterie ist der Elektrolyt durch die Zugabe von Kieselsäure zur Schwefelsäure in einer gelartigen Masse eingebunden. Entsprechend ihrem Entgasungsprinzip zählt die Gel-Batterie zu den VRLA-Batterien. Dieser Batterietyp zeichnet sich durch eine hohe Zyklenfestigkeit aus, die Batterie kann also öfters ent- und geladen werden. Eine Gel-Batterie hat kein magisches Auge. Sie ist wartungsfrei und auslaufsicher. Da die Batterie nicht hochtemperaturfähig ist, eignet sie sich nicht für den Einbau im Motorraum.

Batterie entlädt sich selbstständig

Je nach Fahrzeugausstattung addiert sich zur natürlichen Selbstentladung der Batterie auch die Stromaufnahme der verschiedenen Stromverbraucher im Ruhezustand. Daher sollte die Batterie in einem abgestellten Fahrzeug alle 6 Wochen nachgeladen werden. Wenn der Verdacht auf Kriechströme besteht, Bordnetz nach folgender Anleitung prüfen:

- Zur Prüfung eine geladene Batterie verwenden.

Achtung: Da für diese Prüfung ein Ruhestrom-Erhaltungsgerät nicht angeschlossen werden kann, vorher mit der Fachwerkstatt klären, welche Speicher eventuell vor der Prüfung auszulesen und später wieder einzulesen sind.

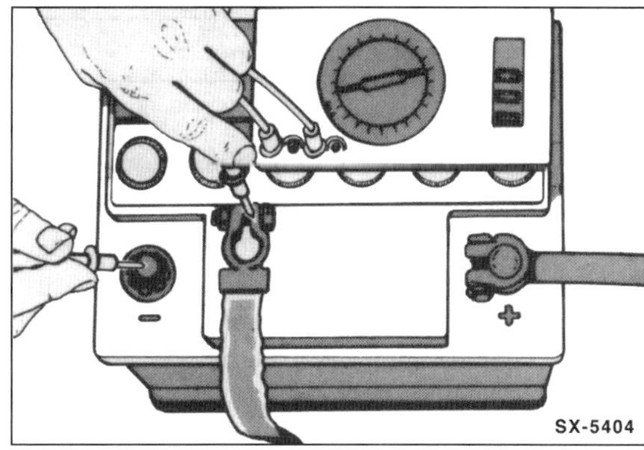
SX-5404

- Am Amperemeter den höchsten Messbereich einstellen.
- Batterie-Massekabel (–) abklemmen. **Achtung:** Hinweise im Kapitel »Batterie aus- und einbauen« beachten.
- Amperemeter zwischen Batterie-Minuspol (–) und Massekabel schalten: Amperemeter-Plus-Anschluss (+) an Massekabel und Minus-Anschluss (–) an Batterie-Minuspol (–).

Achtung: Die Prüfung kann auch mit einer Prüflampe durchgeführt werden. Leuchtet die Lampe zwischen Massekabel und Minuspol der Batterie jedoch nicht auf, ist auf jeden Fall ein Amperemeter zu verwenden.

- Alle Verbraucher ausschalten, vorhandene Zeituhr (und andere Dauerverbraucher) abklemmen, Türen schließen.
- Vom Amperebereich solange auf den Milliamperebereich zurückschalten bis eine ablesbare Anzeige erfolgt (1–3 mA sind zulässig).
- Durch Herausnehmen der Sicherungen nacheinander die verschiedenen Stromkreise unterbrechen. Geht bei einem unterbrochenen Stromkreis die Anzeige auf Null zurück, ist hier die Fehlerquelle zu suchen.
- Fehler können sein: korrodierte und verschmutzte Kontakte, durchgescheuerte Leitungen, interner Kurzschluss in Aggregaten.
- Wird in den abgesicherten Stromkreisen kein Fehler gefunden, so sind die Leitungen an den nicht abgesicherten Aggregaten, wie Generator und Anlasser, abzuziehen.
- Geht beim Abklemmen von einem der ungesicherten Aggregate die Anzeige auf Null zurück, betreffendes Bauteil überholen oder austauschen. Bei Stromverlust in der Anlasser- oder Zündanlage immer auch den Zünd-Anlassschalter nach Schaltplan prüfen.
- Batterie-Massekabel (–) anklemmen. **Achtung:** Hinweise im Kapitel »Batterie aus- und einbauen« beachten.

Störungsdiagnose Batterie

Störung	Ursache	Abhilfe
Abgegebene Leistung ist zu gering, Spannung fällt stark ab.	Batterie entladen.	■ Batterie nachladen.
	Ladespannung zu niedrig.	■ Spannungsregler prüfen, gegebenenfalls austauschen.
	Anschlussklemmen lose oder oxydiert.	■ Anschlussklemmen reinigen, Klemmenmuttern anziehen.
	Masseverbindungen Batterie/Motor/Karosserie sind schlecht.	■ Masseverbindung überprüfen, gegebenenfalls metallische Verbindungen herstellen oder Schraubverbindungen festziehen. Korrodierte Schrauben durch verzinnte ersetzen.
	Zu große Selbstentladung der Batterie.	■ Batterie austauschen.
	Batterie sulfatiert.	■ Batterie mit geringer Stromstärke laden. Falls die abgegebene Leistung immer noch zu gering ist, Batterie austauschen.
	Batterie verbraucht, aktive Masse der Platten ausgefallen.	■ Batterie austauschen.
Nicht ausreichende Ladung der Batterie.	Fehler an Generator, Spannungsregler oder Leitungsanschlüssen.	■ Generator und Spannungsregler überprüfen, gegebenenfalls Generator austauschen.
	Keilrippenriemen locker, Spannvorrichtung defekt.	■ Spannvorrichtung prüfen, gegebenenfalls Keilrippenriemen ersetzen.
	Zu viele Verbraucher angeschlossen.	■ Stärkere Batterie einbauen; eventuell auch leistungsstärkeren Generator verwenden.
Batterie gast nach Abstellen des Motors sehr stark. Geruch nach faulen Eiern.	Spannungsregler am Generator defekt. Batterie wird zu stark geladen und beginnt zu gasen. Dabei bildet sich Schwefelwasserstoff (H_2S).	■ Ladespannung bzw. Spannungsregler des Generators prüfen, ggf. Spannungsregler ersetzen.

Generator aus- und einbauen/ Generator-Ladespannung prüfen

Je nach Modell und Ausstattung können Generatoren mit unterschiedlicher Leistung eingebaut sein. **Achtung:** Wenn nachträglich elektrisches Zubehör mit hohem Stromverbrauch in das Fahrzeug eingebaut wird, sollte überprüft werden, ob die bisherige Generatorleistung noch ausreicht; gegebenenfalls stärkeren Generator einbauen.

Ladespannung prüfen

Wenn die Batterie nicht ausreichend geladen wird, Generatorspannung prüfen:

- Voltmeter zwischen Plus- und Minuspol der Batterie anschließen.
- Motor starten. Die Spannung darf beim Startvorgang bis etwa 8 Volt (bei + 20° C Außentemperatur) absinken.
- Motordrehzahl auf 3.000/min erhöhen. Die Spannung soll dann 13 bis 14,5 Volt betragen. Dies ist ein Beweis, dass Generator und Regler arbeiten. Die Generatorspannung (Bordspannung) muss höher als die Batteriespannung sein, damit die Batterie im Fahrbetrieb wieder aufgeladen wird.
- Regelstabilität prüfen. Dazu Fernlicht einschalten und Messung bei 3.000/min wiederholen. Die gemessene Spannung darf nicht mehr als 0,4 Volt über dem vorher gemessenen Wert liegen.
- Liegen die gemessenen Werte außerhalb der Sollwerte, Generator und Regler von Fachwerkstatt überprüfen lassen.

Sicherheitshinweise

Bei Arbeiten an der elektrischen Anlage im Motorraum grundsätzlich die Batterie abklemmen. **Achtung:** Dadurch werden elektronische Speicher gelöscht, wie zum Beispiel die Daten im Motor-Fehlerspeicher. Vor dem Abklemmen der Batterie Hinweise im Kapitel »Batterie aus- und einbauen« beachten.

- Batterie oder Spannungsregler **nicht** bei laufendem Motor abklemmen.
- Generator **nicht** bei angeschlossener Batterie ausbauen.
- Beim Elektroschweißen Batterie grundsätzlich vom Bordnetz abklemmen.

Ausbau

Hinweis: Spezielle Hinweise für die einzelnen Motoren stehen am Ende des Kapitels.

- Batterie abklemmen. **Achtung:** Hinweise im Kapitel »Batterie aus- und einbauen« beachten.
- Keilrippenriemen ausbauen, siehe Seite 104.

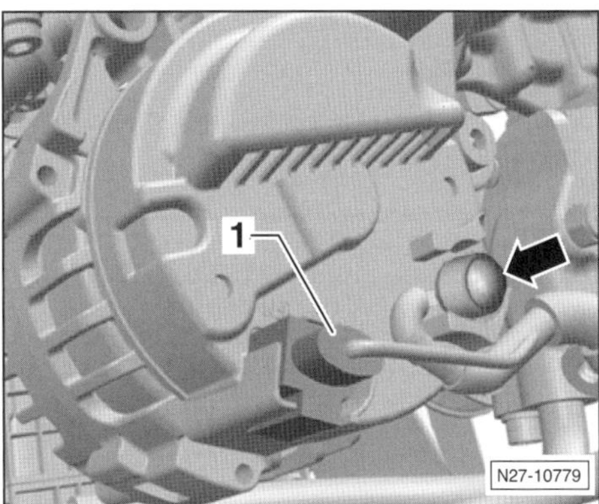

Hinweis: Die Anordnung der elektrischen Leitungen an der Rückseite kann je nach Generatormodell unterschiedlich sein.

- Stecker –1– entriegeln und abziehen.
- Abschirmkappe –Pfeil– abziehen und dahinter liegende Mutter abschauben. Batterie-Plusleitung abnehmen.

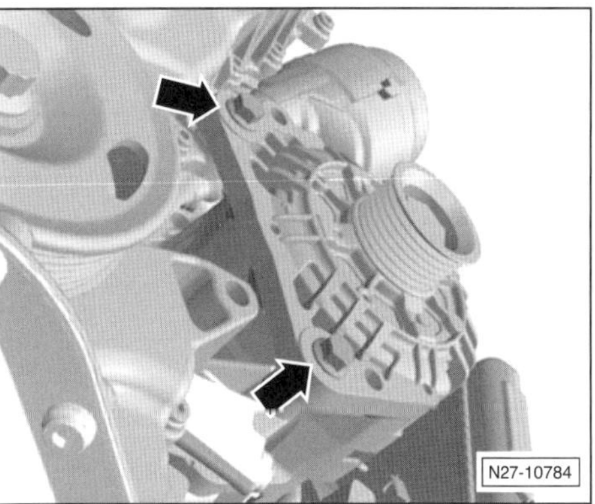

- Generator abschrauben –Pfeile– und herausnehmen. Dabei darauf achten, dass die Distanzbuchse der unteren Befestigungsschraube nicht verloren geht.

Hinweis: Wenn der Drehstromgenerator –1– in seinem Halter klemmt, Schrauben wieder bis auf 2 Umdrehungen eindrehen. Vorsichtig mit der flachen Hammerseite auf die Schraubenköpfe schlagen, damit sich die Schiebebuchsen der Generatorbefestigung lösen.

Einbau

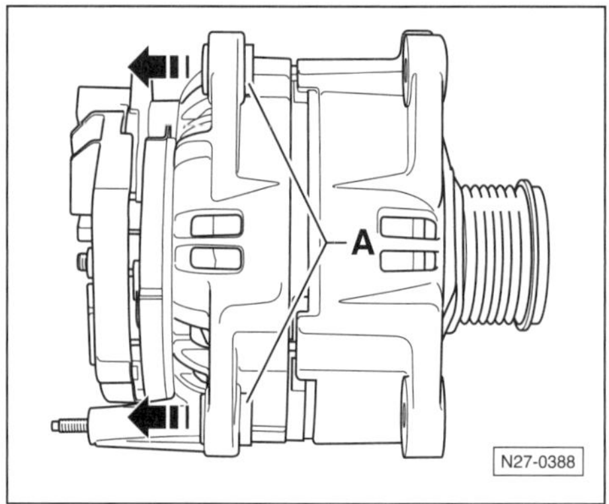

- Gewindebuchsen –A– etwa 4 mm in Pfeilrichtung aus dem Gehäuse des Generators heraustreiben.
- Der weitere Einbau erfolgt in umgekehrter Ausbaureihenfolge.

Speziell 1,0-l-Benzinmotor, 70/81 kW

Hinweis: Hier werden nur die Abweichungen beschrieben.

- Spannvorrichtung für Keilrippenriemen ausbauen.
- Elektrische Steckverbindung erst nach dem Abnehmen des Generators trennen.

Speziell 1,2-l-Benzinmotor, 51 kW

Ausbau

Hinweis: Hier werden nur die Abweichungen beschrieben.

Sicherheitshinweis
Der **Kältemittelkreislauf der Klimaanlage darf nicht geöffnet** werden, da das Kältemittel bei Hautberührung Erfrierungen hervorrufen kann.

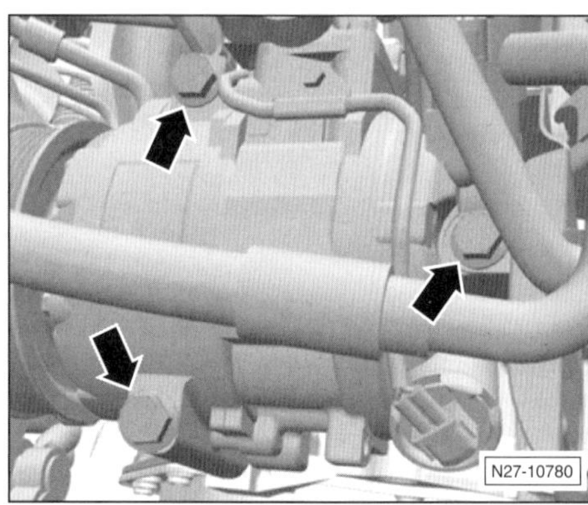

- Klimakompressor abschrauben –Pfeile–.

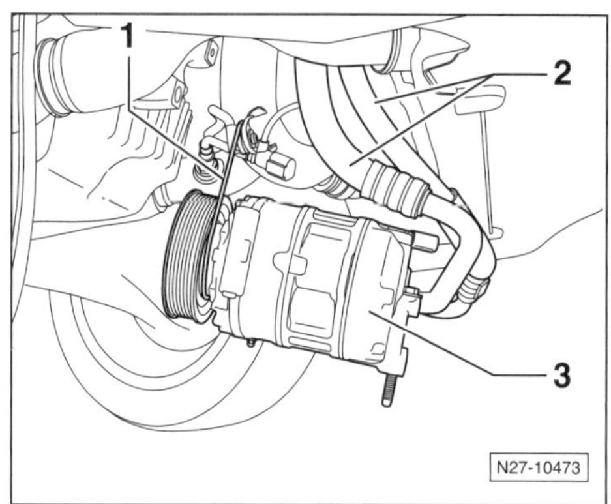

- Klimakompressor –3– absenken und mit Draht –1– aufhängen. Dabei darauf achten, dass die Schläuche –2– nicht gedehnt oder geknickt werden. Zentrierhülsen und Distanzbuchsen so ablegen, dass sie beim Einbau an gleicher Stelle wieder eingesetzt werden können.

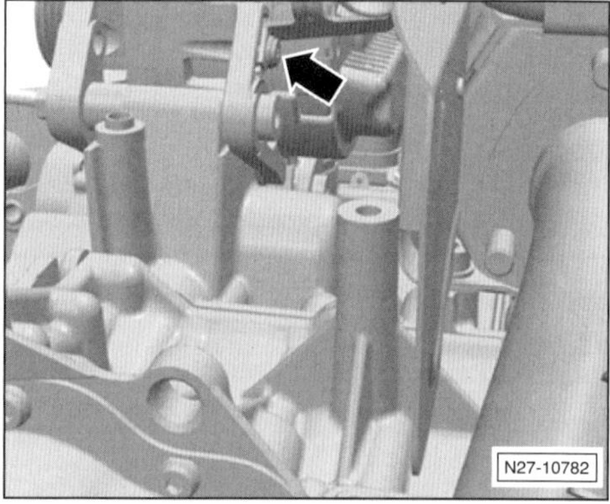

- Schraube –Pfeil– am Generator herausdrehen.

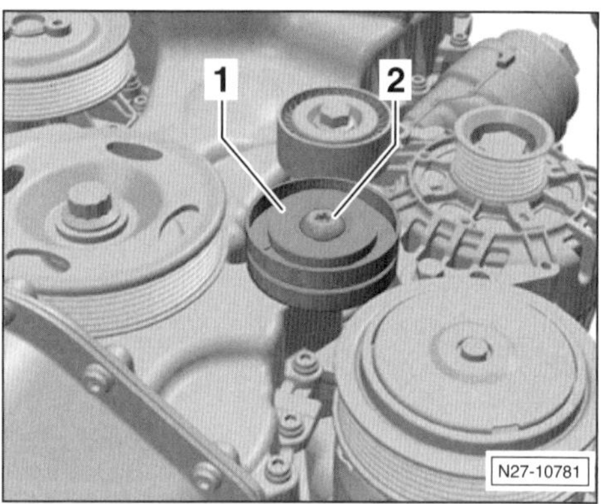

- Umlenkrolle –1– abschrauben –2–.

- Spannelement –1– abschrauben –Pfeil–.

Einbau

- Distanzbuchse der unteren Generatorschraube einsetzen.
- Generator mit **25 Nm** anschrauben (M8-Schrauben).
- Der weitere Einbau erfolgt in umgekehrter Ausbaureihenfolge.
  Anzugsdrehmomente:
  Mutter M8 für Batterie-Plusleitung . . . . **15 Nm**
  Schraube für Spannelement/Umlenkrolle . . **20 Nm +90°**
  Schrauben für Klimakompressor . . . . **25 Nm**

Speziell 1,2-/1,4-l-Benzinmotor, 66 - 110 kW

Hinweis: Hier werden nur die Abweichungen beschrieben.

- Spannvorrichtung für Keilrippenriemen ausbauen.
- Untere Motorraumabdeckung ausbauen, siehe Seite 278.
- Klimakompressor vom Halter abbauen und mit Draht so am Schlossträger aufhängen, dass die Kältemittelleitungen entlastet sind. **Achtung:** Kältemittelkreislauf **nicht öffnen**, Kältemittelleitungen und -schläuche nicht überdehnen, knicken oder verbiegen, siehe Abbildung N27-10473 auf Seite 92.
- Generator nach unten rechts herausnehmen.

Speziell 1,4-l-Benzinmotor, 63 kW

Ausbau

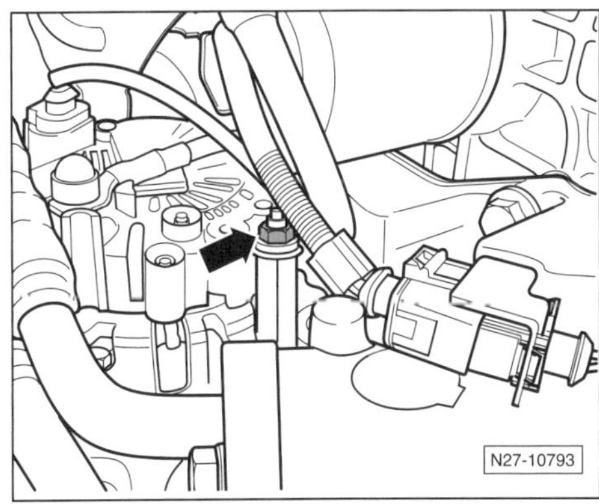

- Leitungshalter –Pfeil– von der Rückseite des Generators abschrauben.
- Elektrische Leitungen vom Generator abbauen.
- Generator abschrauben und nach oben herausnehmen.

Einbau

- Generator mit **50 Nm** anschrauben (M10-Schrauben).
- Der weitere Einbau erfolgt in umgekehrter Ausbaureihenfolge.
  Anzugsdrehmomente:
  Mutter M8 für Batterie-Plusleitung . . . . **20 Nm**
  Mutter M5 für Leitungshalter . . . . **4,5 Nm**

Speziell 1,8-l-Benzinmotor, 141 kW

Hinweis: Hier werden nur die Abweichungen beschrieben.

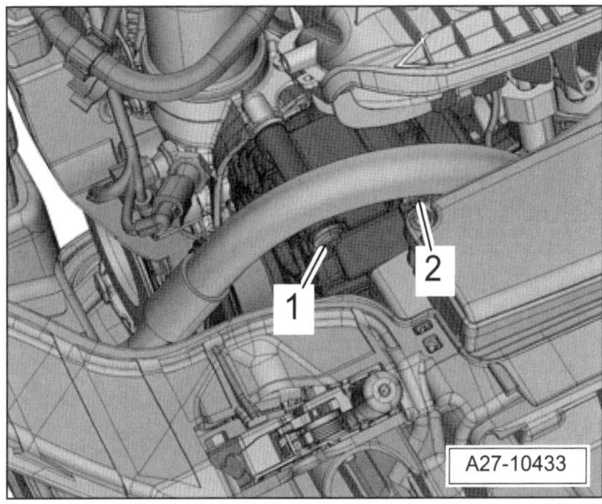

- Schrauben –1– und –2– herausdrehen.
- Keilrippenriemen ausbauen, siehe Seite 204.

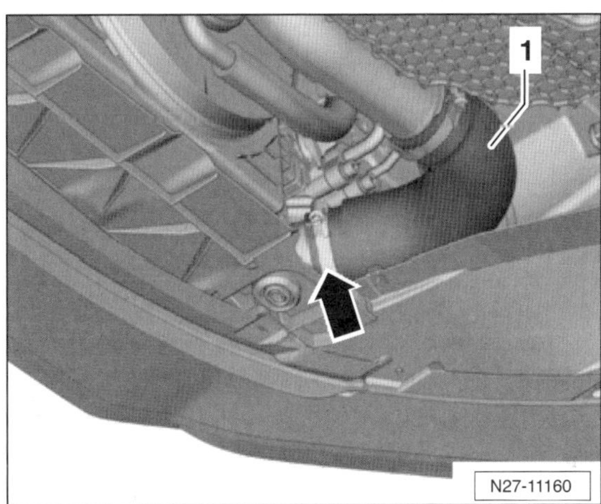

- Schelle –Pfeil– öffnen.
- Ladeluftschlauch –1– abziehen.
- Offene Leitungen und Anschlüsse mit sauberen Stopfen verschließen.

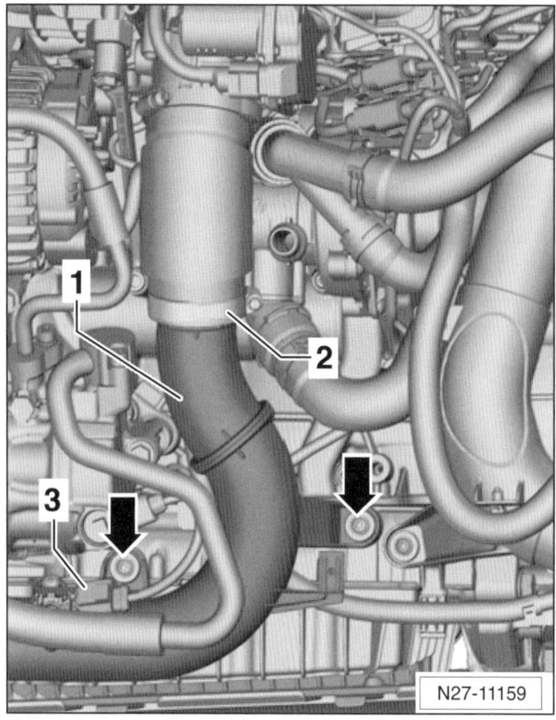

- Elektrische Steckverbindung –3– trennen.
- Schelle –2– öffnen.
- Schrauben –Pfeile– herausdrehen.
- Ladeluftrohr –1– abziehen.
- Ladeluftrohr –1– nach unten herausnehmen.
- Klimakompressor vom Halter abbauen und mit Draht so am Schlossträger aufhängen, dass die Kältemittelleitungen entlastet sind. **Achtung:** Kältemittelkreislauf **nicht öffnen**, Kältemittelleitungen und -schläuche nicht überdehnen, knicken oder verbiegen, siehe Abbildung N27-10473 auf Seite 92.

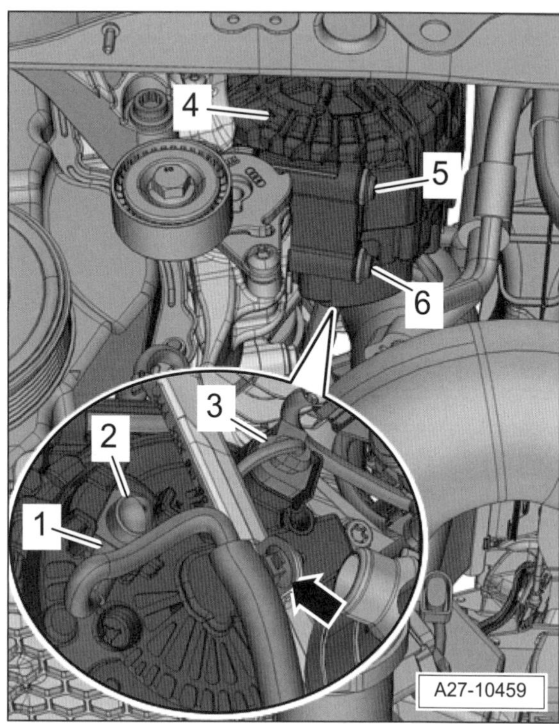

- Elektrischen Leitungsstrang frei legen –Pfeil–.
- Schrauben –5– und –6– herausdrehen und Drehstromgenerator –4– nach vorn nehmen.
- Elektrische Steckverbindung –3– trennen.
- Abdeckkappe –2– abhebeln.
- Mutter abschrauben und Klemme 30/B+ –1– abnehmen.
- Drehstromgenerator –4– nach unten herausnehmen.

Speziell 1,6-l-Dieselmotor

Ausbau

- Obere Motorabdeckung ausbauen, siehe Seite 195.

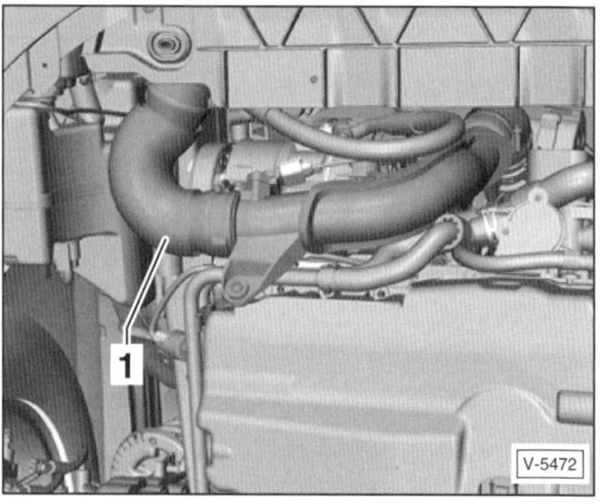

- Ladeluftrohr –1– ausbauen, siehe Seite 234.

Sicherheitshinweis
Der **Kältemittelkreislauf der Klimaanlage darf nicht geöffnet** werden, da das Kältemittel bei Hautberührung Erfrierungen hervorrufen kann.

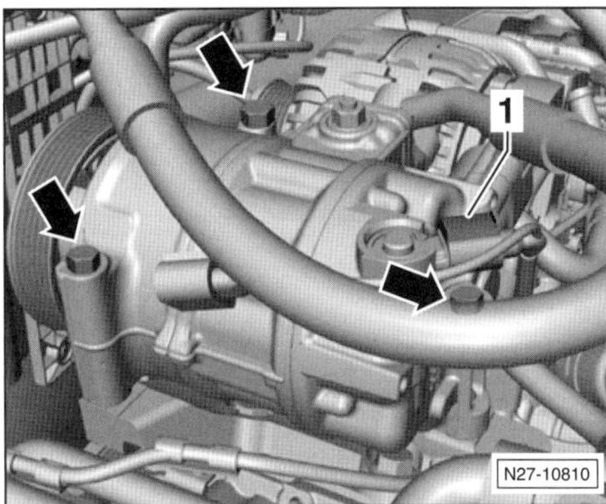

- Stecker –1– am Klimakompressor entriegeln und abziehen.
- Klimakompressor abschrauben –Pfeile– und mit Draht am Aufbau aufhängen, siehe auch Abschnitt für den 1,2-l-Benzinmotor mit 51 kW.
- Leitungshalter am Generator abschrauben.
- Elektrische Leitungen vom Generator abbauen.
- Generator abschrauben und nach unten herausnehmen.

Einbau

- Generator mit **25 Nm** anschrauben (M8-Schrauben).
- Der weitere Einbau erfolgt in umgekehrter Ausbaureihenfolge.

  Anzugsdrehmomente:
  Mutter M8 für Batterie-Plusleitung . . . . **15 Nm**
  Mutter M5 für Leitungshalter . . . . **4,5 Nm**
  Schrauben für Klimakompressor . . . . **25 Nm**

Spannungsregler aus- und einbauen

Der Spannungsregler ist immer dann zu ersetzen, wenn die Fahrzeugbatterie zu schwach oder zu stark geladen wird. Ist die Ladespannung zu hoch führt das zu einer Überladung und kann, je nachdem wie oft es geschieht, zum Ausfall der Batterie führen. Eine stark gasende Batterie beziehungsweise der Geruch nach faulen Eiern in der Nähe der Batterie kurz nach dem Abstellen des Motors kann auf einen defekten Spannungsregler hindeuten.

BOSCH-Generator

Ausbau, Variante 1

- Generator ausbauen, siehe entsprechendes Kapitel.

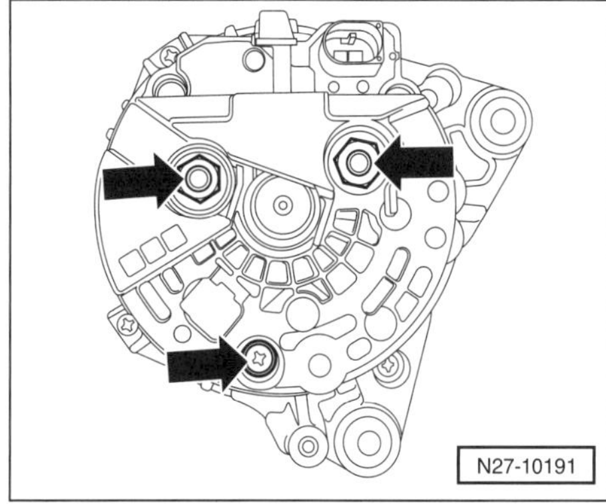

- Befestigungsschraube sowie die beiden Muttern –Pfeile– herausdrehen und Schutzkappe an der Rückseite des Generators abnehmen.

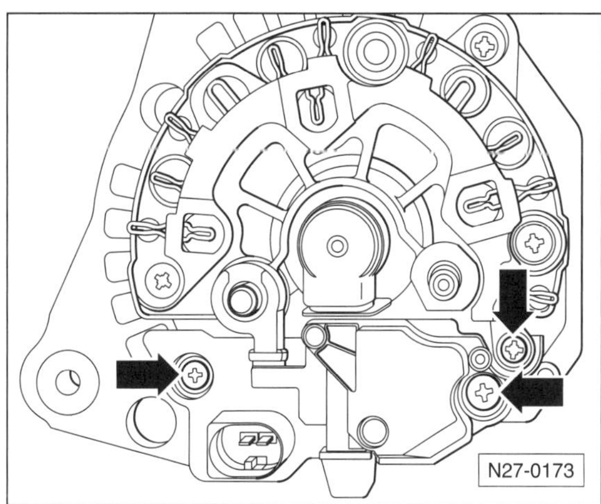

- Spannungsregler abschrauben –Pfeile– und abnehmen.

Einbau

- Spannungsregler einsetzen. Dabei darauf achten, dass die Kohlebürsten korrekt auf den Schleifbahnen aufliegen.
- Spannungsregler mit **2 Nm** festschrauben.

- Nach dem Einbau neue Kohlebürsten auf leichten Lauf in den Bürstenhaltern prüfen.
- Schutzabdeckung am Generator mit **4,5 Nm** anschrauben.
- Generator einbauen, siehe entsprechendes Kapitel.

Ausbau, Variante 2

- Generator ausbauen, siehe entsprechendes Kapitel.

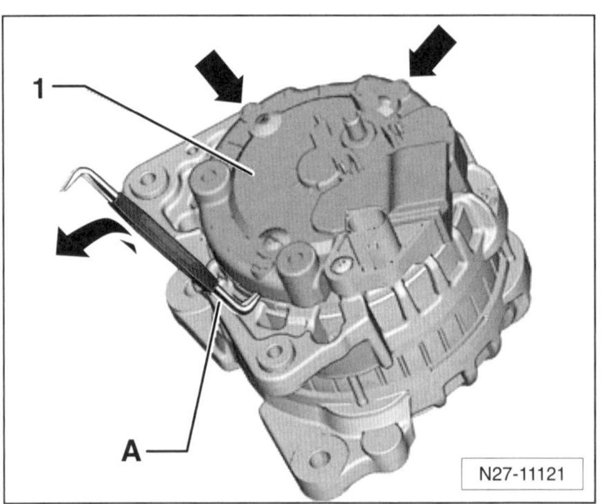

- Abschirmkappe –1– mit einem Winkelschraubendreher für Schlitzschrauben –A– an den Verrastungen –Pfeile– vorsichtig abhebeln.

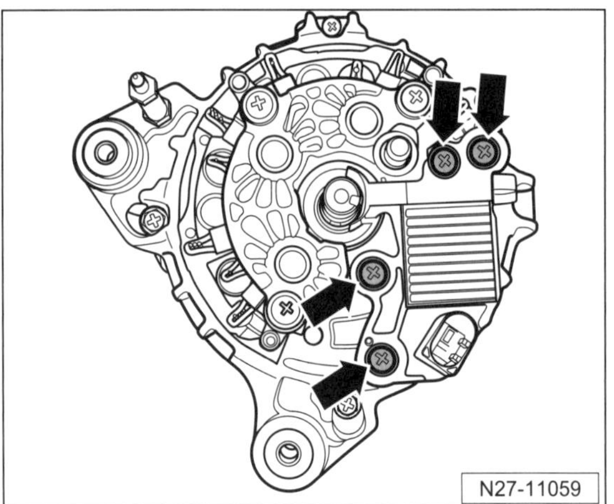

- Befestigungsschrauben –Pfeile– des Spannungsreglers abschrauben.
- Spannungsregler aus dem Drehstromgenerator herausnehmen.

Einbau

- Der Einbau erfolgt in umgekehrter Ausbaureihenfolge. Spannungsregler mit **2 Nm** anschrauben.

VALEO-Generator

Ausbau

- Generator ausbauen, siehe entsprechendes Kapitel.

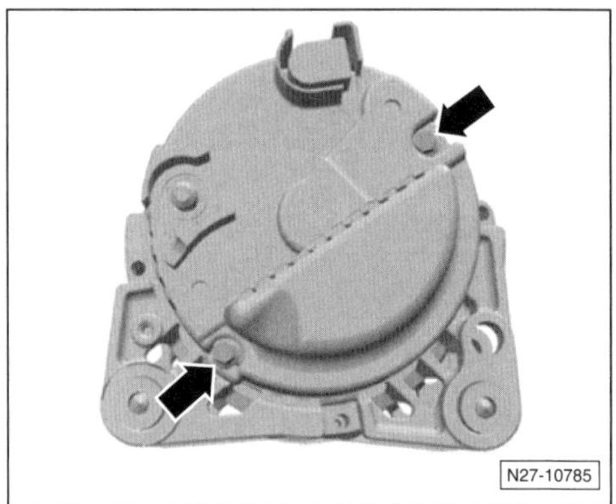

- Schrauben –Pfeile– herausdrehen und Schutzkappe an der Rückseite des Generators abnehmen.

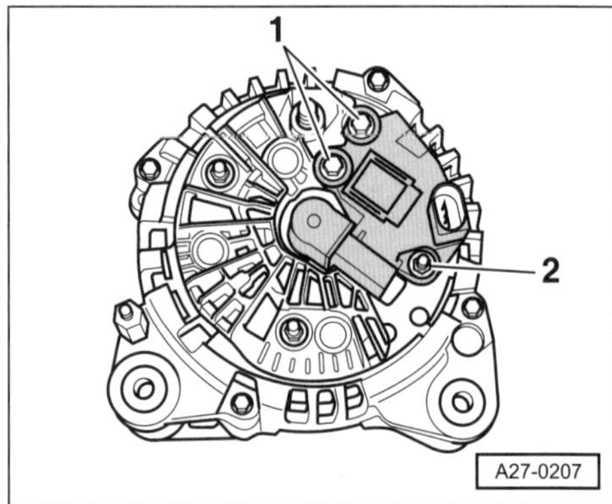

- Schrauben –1– und Doppelschraube –2– herausdrehen.
- Spannungsregler abnehmen.

Störungsdiagnose Generator

Störung	Ursache	Abhilfe
Ladekontrolllampe brennt nicht bei eingeschalteter Zündung.	Batterie entladen.	■ Laden.
	Anschlusskabel an der Batterie locker oder korrodiert.	■ Kabel auf festen Sitz prüfen, Anschlüsse reinigen.
	Kabel am Generator locker oder korrodiert.	■ Kabel auf einwandfreien Kontakt prüfen, Mutter festziehen.
	Regler defekt.	■ Regler prüfen, gegebenenfalls austauschen.
	Unterbrechung in der Leitungsführung zwischen Generator, Zündschloss und Kontrolllampe.	■ Mit Ohmmeter nach Schaltplan untersuchen. Leitung gegebenenfalls reparieren beziehungsweise ersetzen.
	Kohlebürsten liegen nicht auf dem Schleifring auf.	■ Freigängigkeit der Kohlebürsten und Mindestlänge (5 mm) prüfen. Anpresskraft der Bürstenfedern prüfen lassen.
Ladekontrolllampe erlischt nicht bei Drehzahlsteigerung.	Keilrippenriemen locker, Riemen rutscht durch.	■ Keilrippenriemen prüfen, Spannvorrichtung prüfen, gegebenenfalls ersetzen.
	Kohlebürsten im Spannungsregler abgenutzt.	■ Kohlebürsten prüfen, gegebenenfalls Spannungsregler austauschen.
	Verkabelung schadhaft oder locker.	■ Verkabelung überprüfen, gegebenenfalls instand setzen.
Batterie gast kurz nach Abstellen des Motors sehr stark.	Spannungsregler am Generator defekt. Batterie wird zu stark geladen und beginnt zu gasen.	■ Ladespannung bzw. Spannungsregler des Generators prüfen, ggf. Spannungsregler ersetzen.

Anlasser aus- und einbauen

Zum Starten des Verbrennungsmotors ist ein elektrischer Motor erforderlich, der Anlasser. Damit der Motor überhaupt anspringen kann, muss der Anlasser den Verbrennungsmotor auf eine Drehzahl von mindestens 300 Umdrehungen in der Minute beschleunigen. Das funktioniert aber nur, wenn der Anlasser einwandfrei arbeitet und die Batterie hinreichend geladen ist.

Da zum Starten eine hohe Stromaufnahme erforderlich ist, ist im Rahmen der Wartung auf eine einwandfreie Kabelverbindung zu achten. Korrodierte Anschlüsse säubern und **nach dem Verbinden** mit Polschutzfett einstreichen.

5-Gang-Schaltgetriebe 02T/0DF/ 6-Gang-Schaltgetriebe 02U/0DQ

Ausbau

Der Anlasser sitzt seitlich am Motorblock, so dass sein Ritzel in die Verzahnung des Schwungrades eingreifen kann.

- Massekabel (–) und Pluskabel (+) von der Batterie abklemmen. **Achtung:** Hinweise im Kapitel »Batterie aus- und einbauen« beachten.

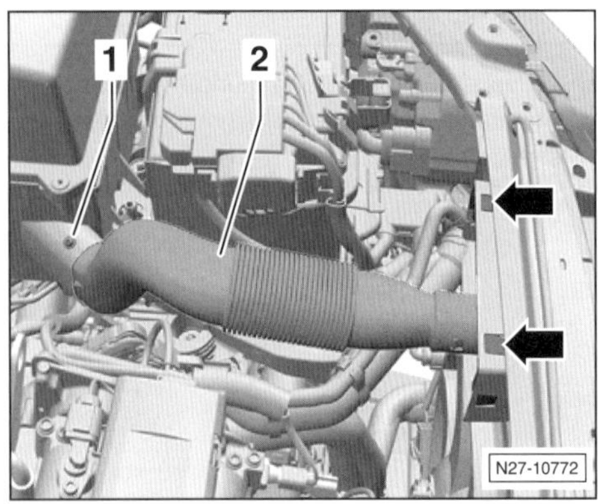

- Luftansaugschlauch ausbauen. Dazu Schraube –1– herausdrehen und Schlauch –2– an der Lufthutze ausclipsen –Pfeile–. **Hinweis:** Die Abbildung zeigt den 1,2-l-Benzinmotor/1,6-l-Dieselmotor. Beim 1,4-l-Benzinmotor Schlauchschelle öffnen und Luftschlauch vom Luftfilter abziehen.

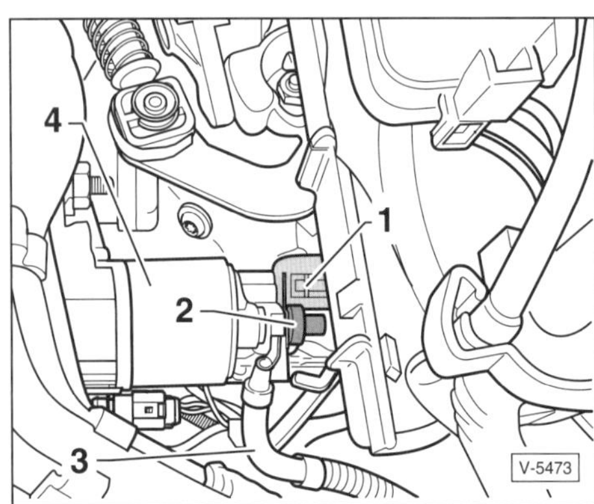

- Stecker –1– für Klemme 50 entriegeln und abziehen.
- Abdeckkappe –2– abziehen. Darunter liegende Befestigungsmutter abschrauben und Leitung –3– für Klemme 30 vom Magnetschalter –4– abnehmen.

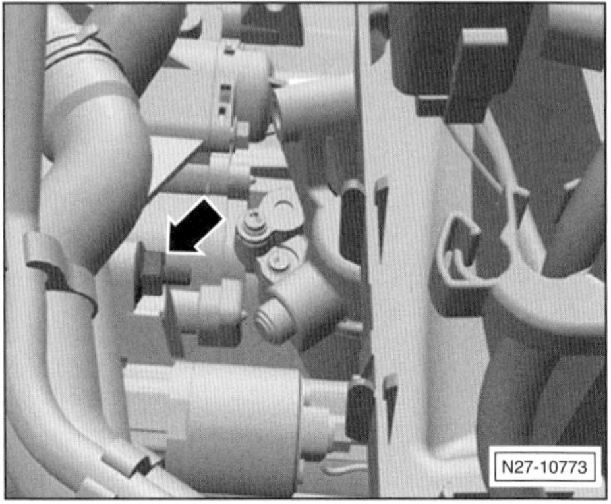

- Schraube –Pfeil– herausdrehen.

- Mutter –Pfeil– vom Leitungshalter abschrauben.

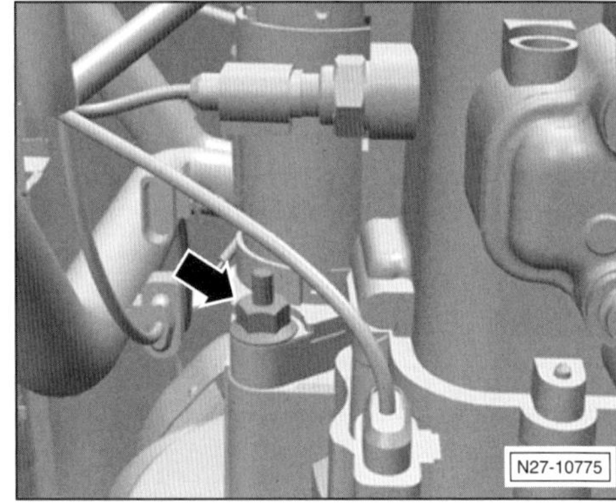

- Schraube –Pfeil– herausdrehen.
- Anlasser nach unten aus dem Fahrzeug herausnehmen.

Einbau

- Der Einbau erfolgt in umgekehrter Ausbaureihenfolge.
  Anzugsdrehmomente:
  M10 Schraube für Anlasser . . . . **40 Nm**
  M12 Schraube für Anlasser . . . . **80 Nm**
  M8 Mutter für dickes Kabel (Klemme 30)
  sowie Mutter für Leitungshalter . . . . **20 Nm**
  Schrauben für Klimakompressor . . . . **25 Nm**

DSG-Getriebe

Ausbau

Hinweis: Der Ausbau des Anlassers erfolgt im Prinzip auf die gleiche Weise wie bei Fahrzeugen mit Schaltgetriebe. Hier werden nur die Unterschiede aufgeführt.

- Batterie ausbauen, siehe Seite 85.
- Luftfiltergehäuse ausbauen, siehe Seite 241
- Batterieträger ausbauen, siehe entsprechendes Kapitel.
- Anlasser nach oben herausnehmen.

Einbau

- Der Einbau erfolgt in umgekehrter Ausbaureihenfolge. Anzugsdrehmomente, siehe Seite 98.

Störungsdiagnose Anlasser

Störung	Ursache	Abhilfe
Anlasser dreht sich nicht beim Betätigen des Zündanlassschalters.	Batterie entladen.	■ Batterie laden.
	Anlasser läuft an nach Überbrücken der Klemmen 30 und 50; dann ist die Leitung vom Zündanlassschalter unterbrochen, oder der Anlassschalter ist defekt.	■ Unterbrechung beseitigen, defekte Teile ersetzen.
	Kabel oder Masseanschluss ist unterbrochen, oder die Batterie ist entladen.	■ Batteriekabel und Anschlüsse prüfen. Batteriespannung messen, ggf. laden.
	Ungenügender Stromdurchgang infolge lockerer oder oxydierter Anschlüsse.	■ Batteriepole und -klemmen reinigen. Stromsichere Verbindungen zwischen Batterie, Anlasser und Masse herstellen.
	Keine Spannung an Klemme 50.	■ Leitung unterbrochen, Startschalter defekt.
Anlasserwelle dreht sich zu langsam und zieht den Motor nicht durch.	Batterie teilentladen.	■ Batterie laden.
	Ungenügender Stromdurchgang infolge lockerer oder oxydierter Anschlüsse.	■ Batteriepole und -klemmen und Anschlüsse am Anlasser reinigen, Anschlüsse festziehen.
	Kohlebürsten liegen nicht auf dem Kollektor auf, klemmen in ihren Führungen, sind abgenutzt, gebrochen, verölt oder verschmutzt.	■ Kohlebürsten überprüfen, reinigen beziehungsweise auswechseln. Führungen prüfen.
	Ungenügender Abstand zwischen Kohlebürsten und Kollektor.	■ Kohlebürsten ersetzen und Führungen für Kohlebürsten reinigen.
	Kollektor riefig oder verbrannt und verschmutzt.	■ Anlasser ersetzen.
	Spannung an Klemme 50 zu niedrig (weniger als 10 Volt).	■ Zündanlassschalter oder Magnetschalter überprüfen.
	Lager ausgeschlagen.	■ Lager prüfen, gegebenenfalls auswechseln.
	Magnetschalter defekt.	■ Magnetschalter auswechseln.
Anlasserritzel spurt ein und zieht an, Motor dreht nicht oder nur ruckweise.	Ritzelgetriebe defekt.	■ Anlasser ersetzen.
	Ritzel verschmutzt.	■ Ritzel reinigen.
	Zahnkranz am Schwungrad defekt.	■ Schwungrad erneuern.
Ritzelgetriebe spurt nicht aus.	Ritzelgetriebe oder Steilgewinde verschmutzt beziehungsweise beschädigt.	■ Anlasser ersetzen.
	Magnetschalter defekt.	■ Magnetschalter ersetzen.
	Rückzugfeder schwach oder gebrochen.	■ Magnetschalter ersetzen.
Anlasserwelle läuft weiter, nachdem der Zündschlüssel losgelassen wurde.	Magnetschalter hängt, schaltet nicht ab.	■ Zündung sofort ausschalten, Magnetschalter ersetzen.
	Zündanlassschalter schaltet nicht ab.	■ Sofort Batterie abklemmen, Zündanlassschalter ersetzen.

Scheibenwischeranlage

Scheibenwischergummi aus- und einbauen

Frontscheibe

Ausbau

- Wischerblatt ausbauen, siehe entsprechendes Kapitel.

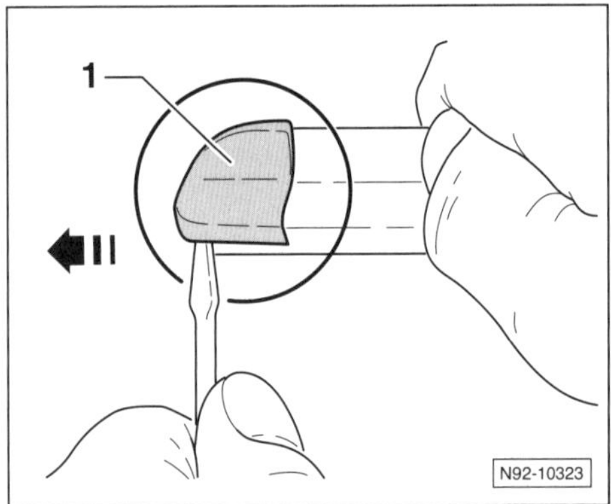

- Prüfen, an welcher Seite sich das Wischergummi nicht in der Führung verschieben lässt.
- Auf dieser Seite die Kappe –1– vorsichtig in Pfeilrichtung abhebeln.

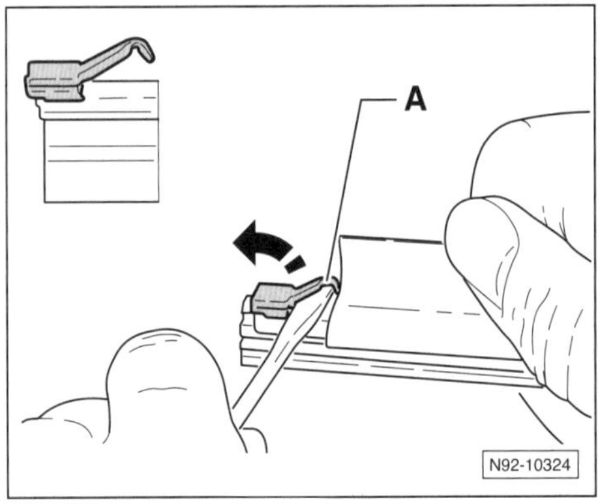

- Mit einem Schraubendreher die Wischergummiarretierung –A– aufbiegen –Pfeil–.
- Wischergummi herausziehen.

Einbau

- Neues Wischergummi einsetzen. Dabei auf richtigen Sitz in den Führungen des Wischerblattes achten.

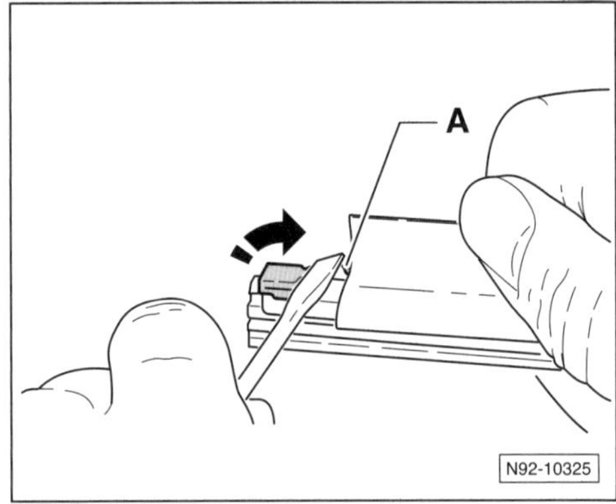

- Arretierung –A– mit einem Schraubendreher herunterdrücken –Pfeil–, bis sich das Wischergummi in der Führung nicht mehr verschieben lässt.
- Neue Kappe in Pfeilrichtung aufschieben und einrasten. Durch Ziehen an der Kappe deren festen Sitz prüfen.
- Wischerblatt einbauen.
- Anschließend Funktion des Scheiberwischers prüfen.

Heckscheibe

Ausbau

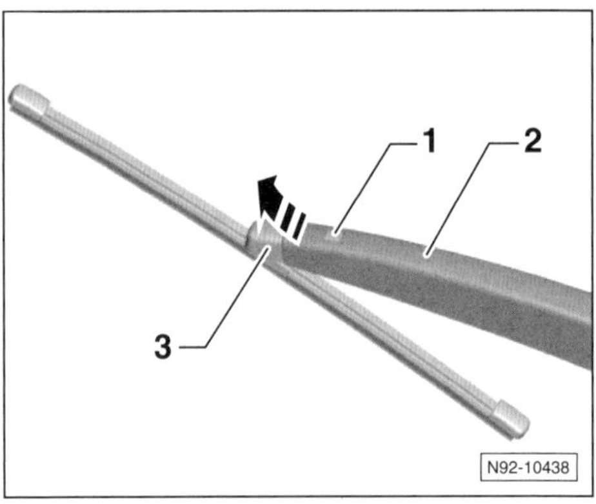

- Wischerarm –2– hochklappen.
- Entriegelungstaste –1– drücken und Wischerblatt an der Wischerblattbefestigung –3– in Pfeilrichtung aus dem Wischerarm –2– herausziehen.

Einbau

- Wischerblatt mit dem Befestigungsclip in den Wischerarm schieben und einrasten.
- Wischerarm auf die Heckscheibe zurückklappen.

Ruhestellung der Wischerblätter prüfen

Frontscheibe

Prüfen

- Scheibenwischer in die **Endstellung** laufen lassen. Dazu die Frontscheibe mit Wasser benetzen. Zündung einschalten und Scheibenwischer kurze Zeit laufen lassen. Scheibenwischer über den Wischerschalter abschalten. Dadurch läuft der Wischer in die Endstellung. Zündung ausschalten.

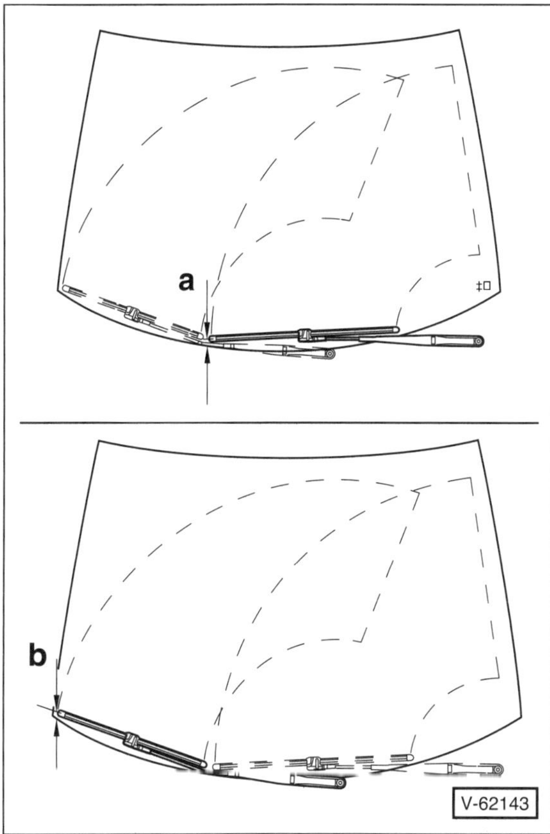

- Abstand der Wischerblattspitzen zur Oberkante der Wasserkastenabdeckung messen und mit Sollwert vergleichen:

Bis 3/2014	Ab 4/2014
Maß –a– = 25 mm	Maß –a– = 30 ± 5 mm
Maß –b– = 25 mm	Maß –b– = 30 ± 5 mm

- Gegebenenfalls Wischerarme ausbauen und entsprechend umsetzen, siehe Seite 103.

Heckscheibe

Prüfen

- Zündung einschalten und Heckscheibenwischer ein- und ausschalten und in Endstellung laufen lassen. Zündung ausschalten.

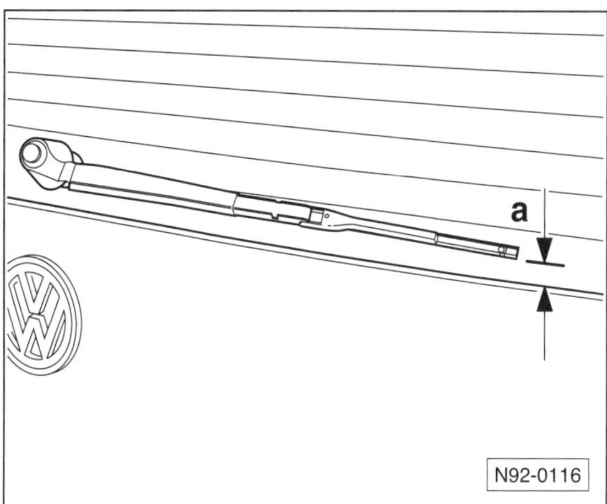

- Abstand der Wischerblattspitze zur Scheibenunterkante messen und mit Sollwert vergleichen:
  Maß –a– = 32 ± 5 mm.
- Gegebenenfalls Wischerarm ausbauen und entsprechend umsetzen, siehe entsprechendes Kapitel.

Frontwischeranlage

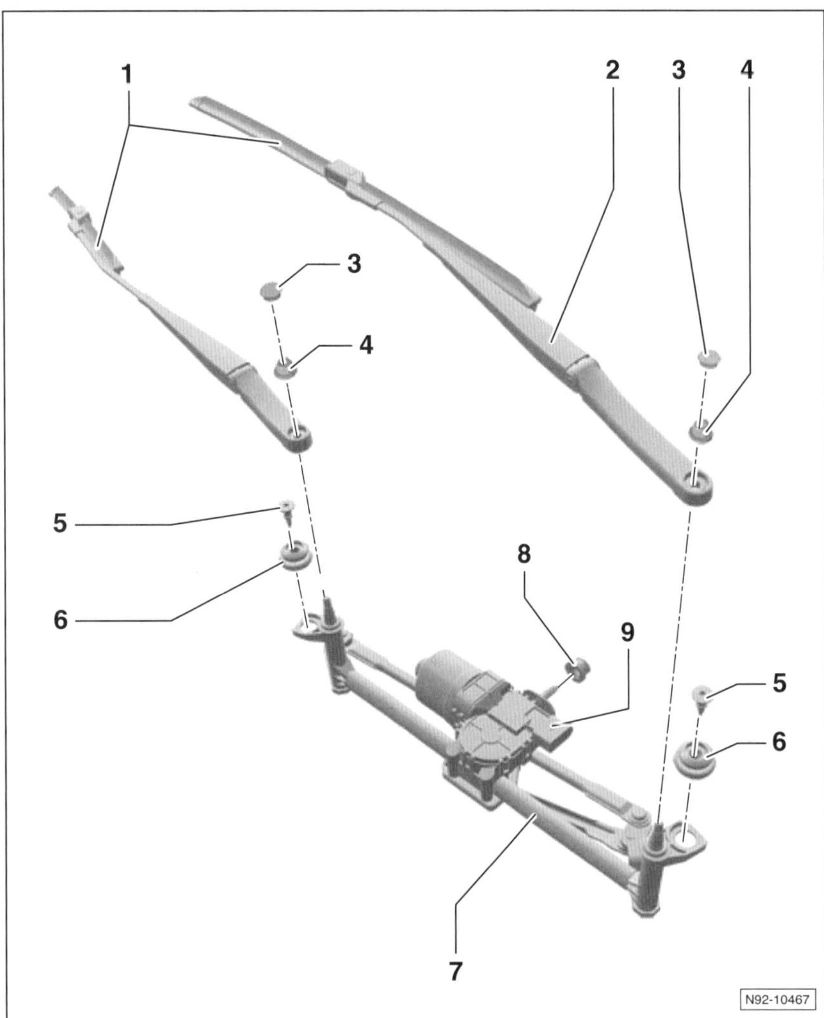

1 – **Wischerblätter**
2 – **Wischerarm**
3 – **Abdeckkappen**
4 – **Muttern, 20 Nm**
5 – **Schrauben, 8 Nm**
6 – **Gummilager**
7 – **Wischerrahmen mit Gestänge**
8 – **Gummitülle in Spritzwand**
9 – **Wischermotor**
Mit integriertem Steuergerät.

Sicherheitshinweis
Bei Wartungs- und Reparaturarbeiten an der Scheibenwischeranlage besteht Verletzungsgefahr der Hände durch Klemmen oder Quetschen. Im Extremfall durch Abscheren von Gliedmaßen bei Eingriffen in die Scheibenwischermechanik. Vor jeglichen Reparaturarbeiten ist stets der Zündschlüssel abzuziehen.

Wischerblatt aus- und einbauen

Ausbau

- Wischerarme in die »**Servicestellung**« fahren: Dazu Zündung ausschalten und innerhalb von 10 Sekunden Wischerschalter kurz nach unten drücken beziehungsweise antippen. **Hinweis:** Falls ein Kontaktschalter für die Motorhaube vorhanden ist (ausstattungsabhängig), kann der Frontscheibenwischer nur bei geschlossener Motorhaube in Betrieb genommen werden.
- Wischerarm hochklappen. Dabei nur den Wischerarm oder das Wischerblatt im Bereich der Befestigung anfassen.

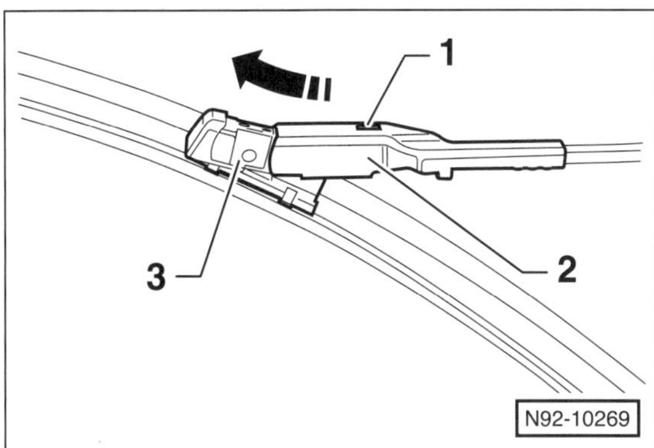

- Verriegelungstaste –1– drücken und Aufnahme –3– am Wischerblatt in Pfeilrichtung vom Wischerarm –2– abziehen.

Einbau

- Aufnahme –3– am Wischerblatt bis zum Anschlag in den Wischerarm –2– einschieben. Die Verriegelungstaste –1– muss dabei sicher einrasten.
- Wischerarm vorsichtig zurückklappen.

Achtung: Das längere Wischerblatt wird auf der Fahrerseite eingesetzt.

Wischerarm an der Frontscheibe aus- und einbauen

Ausbau

- Scheibenwischer in die **Endstellung** laufen lassen. Dazu die Frontscheibe mit Wasser benetzen. Zündung einschalten und Scheibenwischer kurze Zeit laufen lassen. Scheibenwischer über den Wischerschalter abschalten. Dadurch läuft der Wischer in die Endstellung. Zündung ausschalten.
- Stellung der Wischergummis auf der Frontscheibe markieren. Dazu Klebeband neben den Wischergummis auf die Scheibe kleben.
- Motorhaube öffnen.

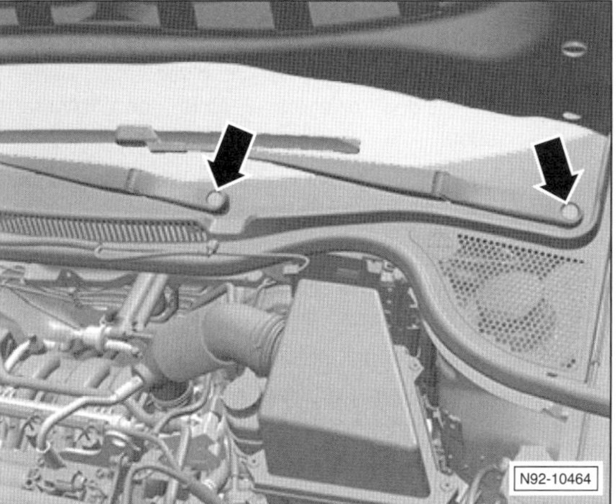

- Abdeckkappen –Pfeile– mit einem Schraubendreher abhebeln.

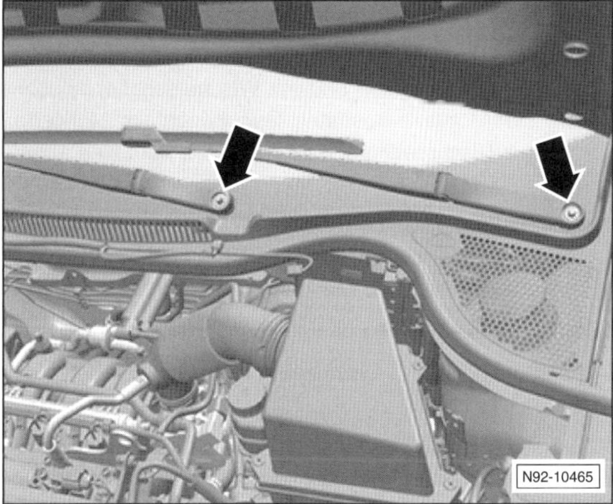

- Muttern –Pfeile– am jeweiligen Wischerarm um ca. 2 Umdrehungen lockern, noch nicht ganz abschrauben.
- Wischerarm hochklappen und leicht hin und her bewegen, bis er sich von der Wischerwelle löst. Mutter ganz abschrauben und Wischerarm von der Welle abziehen.

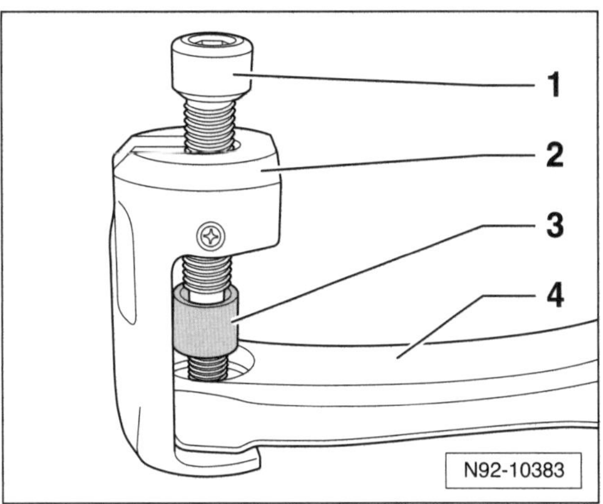

- Läßt sich der Wischerarm auf diese Weise nicht lösen, muss ein geeignetes Abziehwerkzeug verwendet werden. Dabei die Arme des Abziehers –2– unter den Wischerarm –4– schieben.

Achtung: Vorsichtig vorgehen, damit die Wischerwelle nicht beschädigt wird. Grundsätzlich geeignetes Druckstück –3– verwenden.

- Druckschraube –1– des Abziehers im Uhrzeigersinn drehen, bis das Druckstück –3– auf der Welle aufliegt.
- Druckschraube –1– mit einem Innensechskantschlüssel, Schlüsselweite 6 mm, im Uhrzeigersinn drehen, bis sich der Wischerarm –4– von der Welle löst.

Hinweis: Zum Abziehen kann das VW-Werkzeug T10369/1 oder die Spindel HAZET 4855-8 mit Abziehkopf 4855-1 verwendet werden.

Einbau

- Falls der Wischermotor bei ausgebauten Wischerarmen betätigt wurde, sicherstellen, dass sich der Scheibenwischermotor in Endstellung befindet. Gegebenenfalls Motor kurz laufen lassen und mit Wischerschalter abschalten, siehe unter »Ausbau«. Gegebenenfalls Markierungen auf Wischerwelle und umliegenden Bauteilen anbringen.
- Wischerarm anhand der beim Ausbau angebrachten Klebeband-Markierung ausrichten und auf die Wischerwelle aufsetzen. Klebeband-Markierung abnehmen.
- Mutter aufschrauben und handfest anziehen.
- Falls ausgebaut 2. Wischerarm auf dieselbe Weise einbauen.
- Endstellung der Wischerarme überprüfen. Dazu Motorhaube schließen, Scheibe mit Wasser benetzen und Scheibenwischermotor kurz laufen lassen. Die Wischerarme müssen nach dem Abschalten in die eingestellte Endstellung zurückkehren und dürfen sich beim Wischen nicht über den Scheibenrand hinausbewegen.
- Gegebenenfalls Muttern lösen und Einstellung korrigieren. Eventuell Ruhestellung der Wischerblätter prüfen, siehe entsprechendes Kapitel.
- Muttern für Wischerarme mit **20 Nm** festziehen.
- Abdeckkappen aufdrücken.

Wischermotor an der Frontscheibe aus- und einbauen

Ausbau

- Scheibenwischer in die **Endstellung** laufen lassen. Dazu die Frontscheibe mit Wasser benetzen. Zündung einschalten und Scheibenwischer kurze Zeit laufen lassen. Scheibenwischer über den Wischerschalter abschalten. Dadurch läuft der Wischer in die Endstellung. Zündung ausschalten.
- Batterie abklemmen, siehe Seite 85.
- Wischerarme ausbauen, siehe entsprechendes Kapitel.
- Windlaufgrill sowie Wasserkasten-Stirnwand ausbauen, siehe Seite 279.

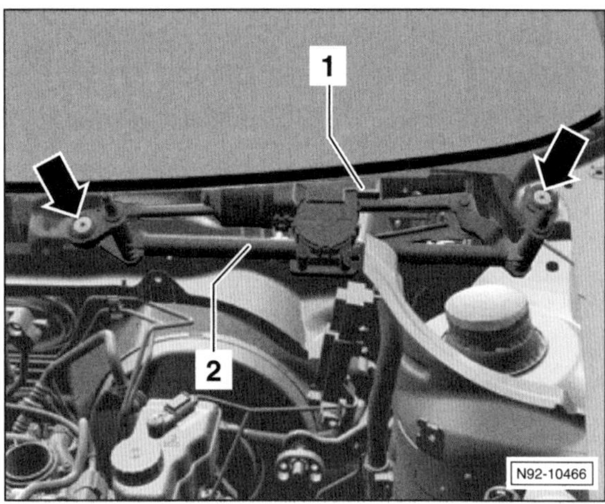

- Schrauben –Pfeile– herausdrehen.
- Wischerrahmen –2– nach vorn aus dem Motorraum herausschwenken.
- Stecker –1– abziehen.

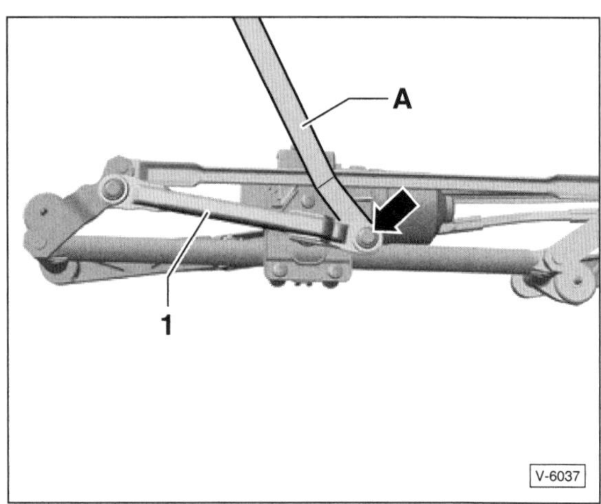

- Kugelkopf –Pfeil– des Gestänges –1– mit dem Abdrückhebel –A–, zum Beispiel VW-80-200 oder einem großen Schraubendreher von der Kurbel des Scheibenwischermotors abhebeln.

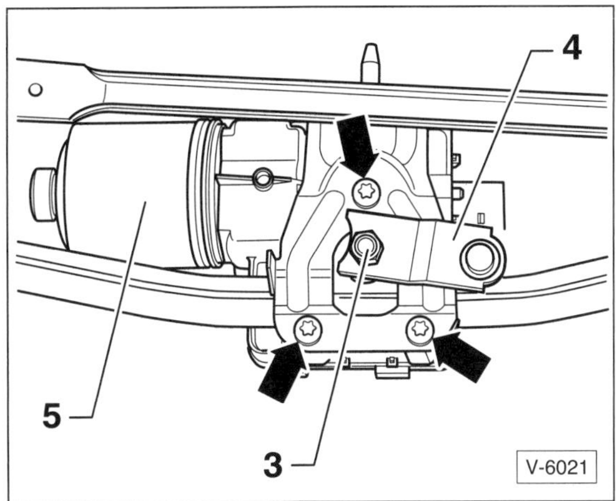

- Mutter –3– abschrauben und Kurbel –4– von der Motorwelle abziehen.
- 3 Schrauben –Pfeile– herausdrehen und Scheibenwischermotor –5– mit Steuergerät vom Wischerrahmen abnehmen.

Einbau

Achtung: Vor dem Einbau prüfen, ob sich der Wischermotor in Endstellung befindet. Dazu kurzzeitig Anschlussstecker aufschieben und Batterie anklemmen. Motor kurz laufen lassen und mit dem Wischerschalter ausschalten. Dadurch läuft der Motor in die Endstellung.

- Wischermotor mit Steuergerät am Wischerrahmen einsetzen und mit **9 Nm** anschrauben.

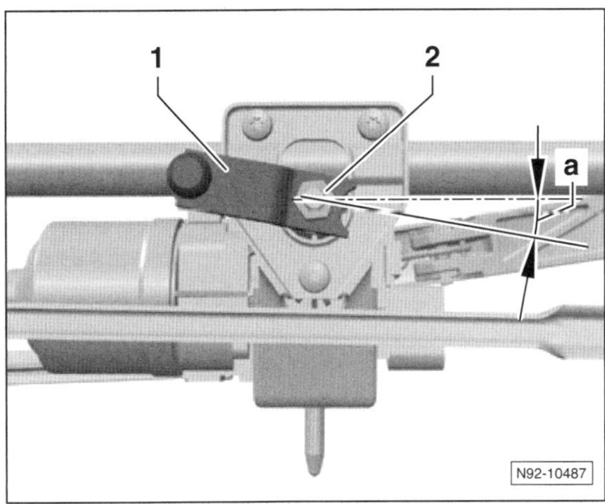

- Kurbel –1– so auf die Motorwelle aufsetzen, dass der Winkel –a– zum Wischerrahmen 7° beträgt. In dieser Stellung Mutter –2– mit **18 Nm** anziehen. **Hinweis:** Zum Ausrichten gegebenenfalls eine Winkelschablone aus Pappe anfertigen.
- Kugelkopf des Gestänges auf die Kurbel aufdrücken und einrasten.

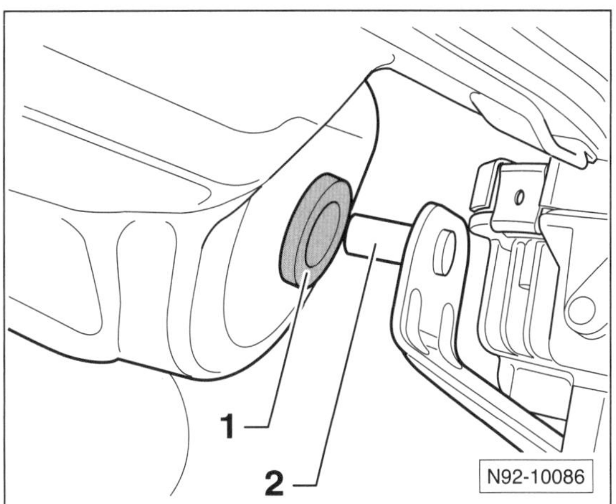

- Wischerrahmen mit Motor und Gestänge einsetzen, dabei darauf achten, dass der Zapfen –2– des Wischerrahmens in das Gummistück –1– der Aufnahme an der Spritzwand gesteckt wird.
- Wischerrahmen mit **8 Nm** an der Karosserie festschrauben.
- Stecker am Wischermotor aufschieben.
- Der weitere Einbau erfolgt in umgekehrter Ausbaureihenfolge.
- Ruhestellung der Wischerarme überprüfen.

Heckwischeranlage

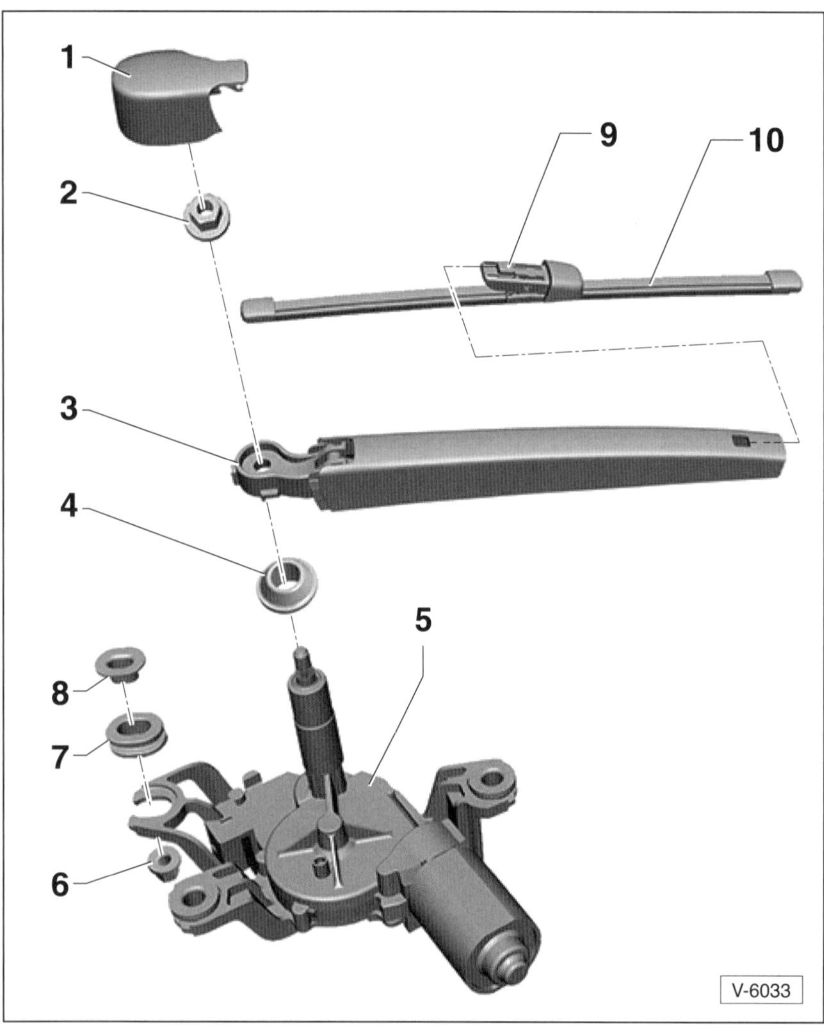

1 – **Abdeckkappe**

2 – **Mutter, 12 Nm**

3 – **Wischerarm**

4 – **Dichtung**
In der Heckscheibe.

5 – **Motor für Heckwischer**

6 – **Mutter, 8 Nm**
M6-Mutter mit Scheibe.

7 – **Gummiring**

8 – **Distanzstück**

9 – **Entriegelungstaste**

10 – **Aero-Wischerblatt**

Wischerarm an der Heckscheibe aus- und einbauen

Ausbau

- Heckscheibe mit Wasser benetzen.
- Heckscheibenwischer kurze Zeit laufen lassen und über den Scheibenwischerschalter abschalten. Dadurch läuft der Wischer in die Endstellung.
- Zündung ausschalten. Zündschlüssel abziehen.
- Stellung des Wischergummis auf der Heckscheibe markieren. Dazu Klebeband neben dem Wischergummi auf die Scheibe kleben.

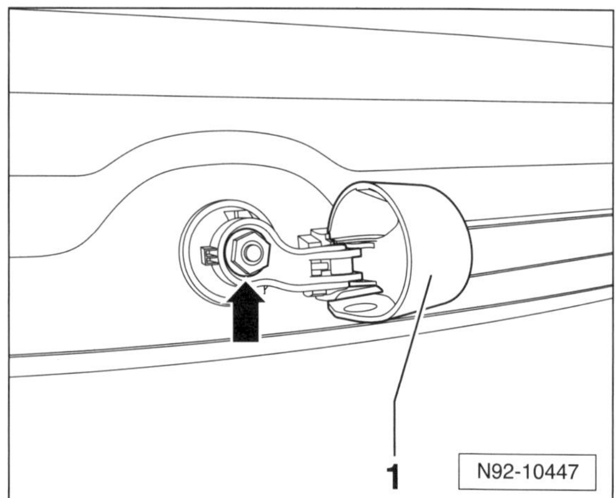

- Abdeckkappe –1– hochklappen und vom Wischerarm abziehen.
- Mutter –Pfeil– um ca. 2 Umdrehungen lockern.

- Wischerarm hochklappen und seitlich hin- und herbewegen. Dadurch wird der Wischerarm vom Konus der Wischerwelle gelöst.
- Mutter ganz abschrauben und Wischerarm abnehmen.

Einbau

- Sicherstellen, dass der Scheibenwischermotor in Endstellung steht. Gegebenenfalls Motor kurz laufen lassen und mit Wischerschalter abschalten.
- Wischerarm auf die Wischerwelle aufsetzen und anhand der beim Ausbau angebrachten Klebeband-Markierung ausrichten.
- Mutter aufschrauben und mit **12 Nm** festziehen.
- Abdeckkappe einsetzen, zurückklappen und hörbar einrasten.
- Heckscheibe mit Wasser benetzen.
- Heckscheibenwischer kurze Zeit laufen lassen und über den Scheibenwischerschalter abschalten. Stellung des Wischerarms kontrollieren, gegebenenfalls korrigieren, siehe entsprechendes Kapitel.

Wischermotor an der Heckscheibe aus- und einbauen

Ausbau

- Sicherstellen, dass sich der Scheibenwischer in Endstellung befindet, siehe Kapitel »Wischerarm aus- und einbauen«.
- Batterie abklemmen. **Achtung:** Hinweise im Kapitel »Batterie aus- und einbauen« beachten.
- Wischerarm ausbauen, siehe entsprechendes Kapitel.
- Heckklappe öffnen und untere Heckklappenverkleidung ausbauen, siehe Seite 294.

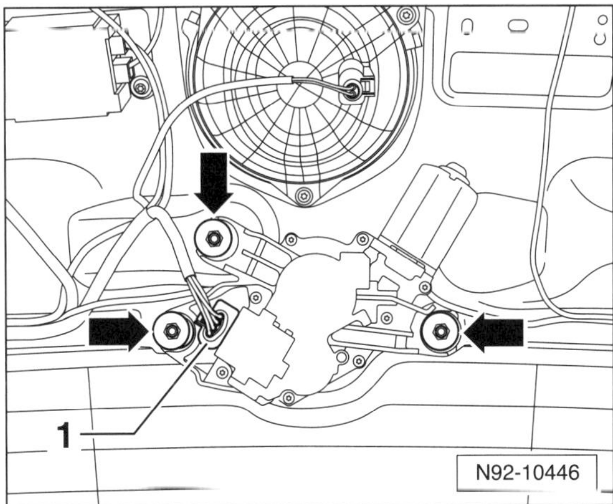

- Stecker –1– vom Wischermotor abziehen.
- Muttern –Pfeile– abschrauben und Wischermotor vorsichtig aus der Heckklappe herausziehen.

Einbau

Achtung: Vor dem Einbau prüfen, ob sich der Wischermotor in Endstellung befindet. Dazu kurzzeitig Anschlussstecker aufschieben und Batterie anschließen. Motor kurz laufen lassen und anschließend mit Wischerschalter ausschalten, damit der Motor in Endstellung stehen bleibt.

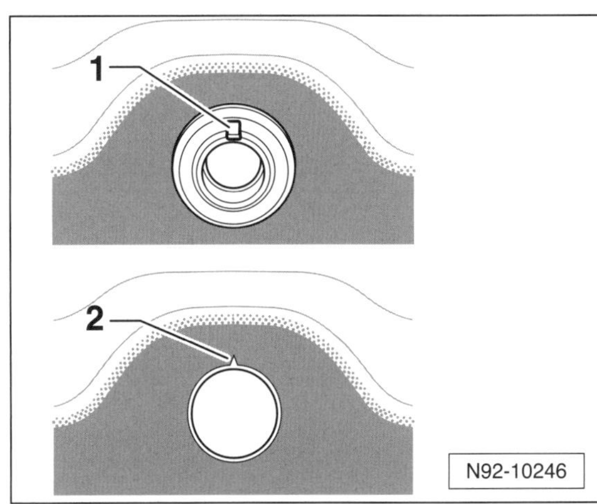

- Wischermotor vorsichtig durch die Öffnung in der Heckscheibe einsetzen. Dabei auf richtigen Sitz der Dichtung achten. Die Markierung –1– auf der Dichtung muss mit der Markierung –2– auf der Heckscheibe übereinstimmen.
- Wischermotor mit **8 Nm** anschrauben.
- Der weitere Einbau erfolgt in umgekehrter Ausbaureihenfolge. Einstellung des Wischerarms überprüfen.

Scheibenwaschanlage

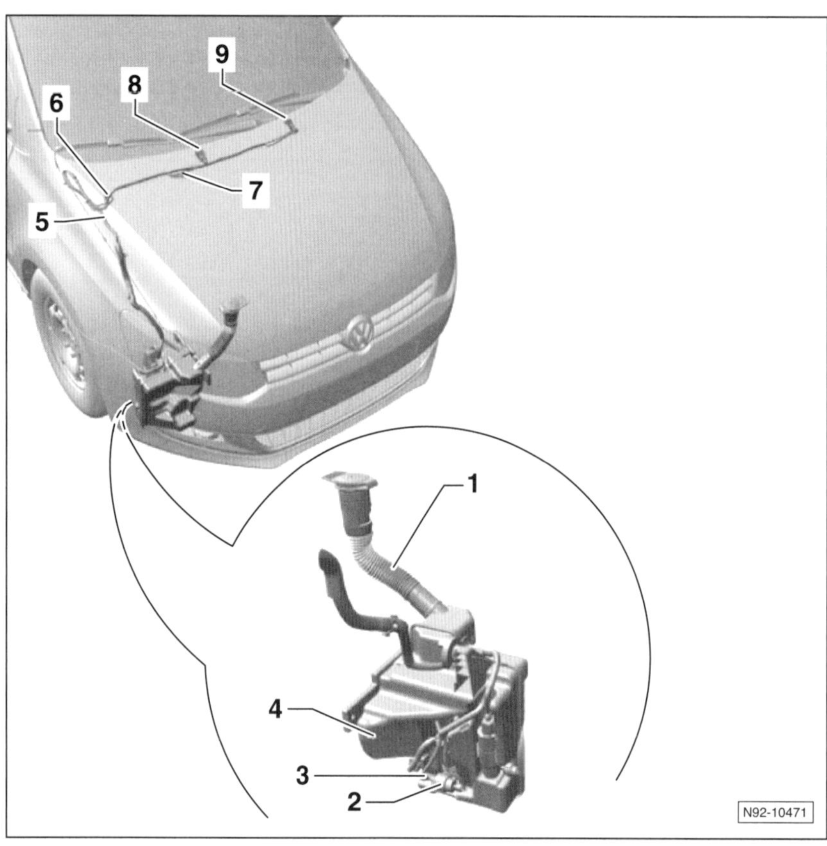

1 – **Einfüllstutzen**

2 – **Waschpumpe**
Für Front- und Heckscheibe.

3 – **Winkelanschlussstück**

4 – **Scheibenwaschbehälter**

5 – **Schlauch**

6 – **Tülle**

7 – **Y-Stück**
Für Verteilung der Waschwasserleitung zu den Spritzdüsen der Frontscheibenwaschanlage

8 – **Scheibenwaschdüse rechts**

9 – **Scheibenwaschdüse links**

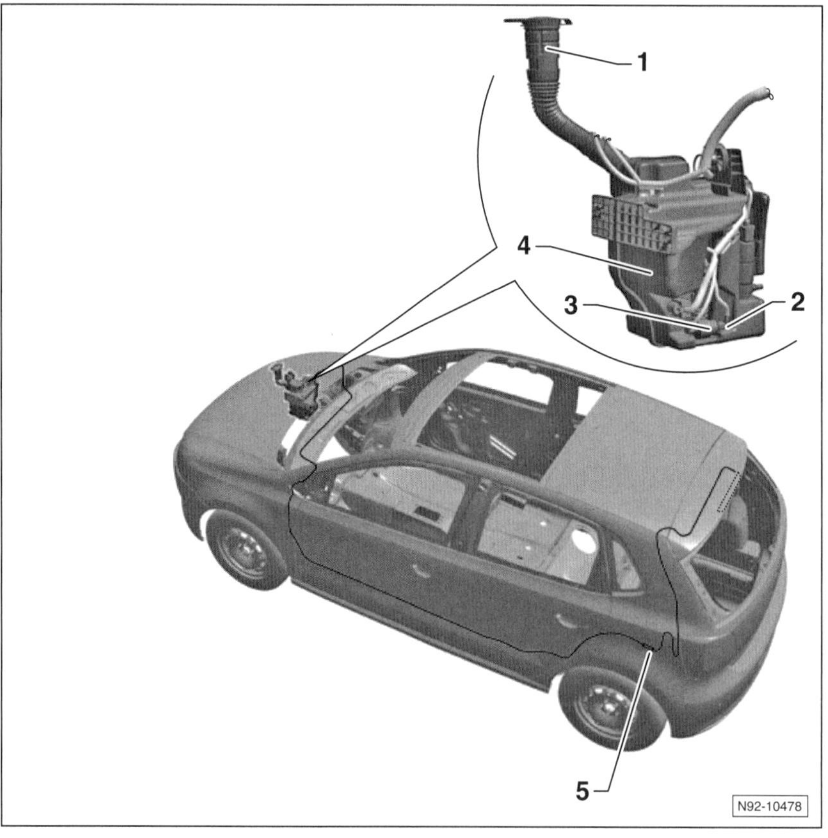

1 – **Einfüllstutzen**

2 – **Winkelanschlussstück**

3 – **Waschpumpe**

4 – **Scheibenwaschbehälter**

5 – **Anschlussstück**
Trennstelle von der Leitung »Innenraum« zur Leitung »Heckklappe«.

Scheibenwaschdüse (Spritzdüse) für Frontscheibe aus- und einbauen

Ausbau

- Motorhaube öffnen.

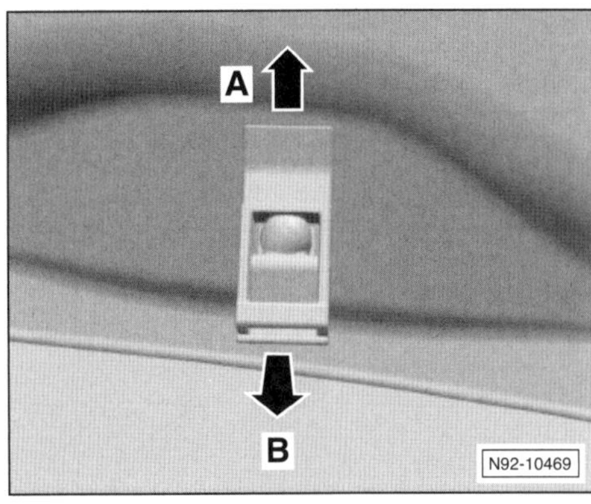

- Spritzdüse in Pfeilrichtung –A– nach oben drücken und in Pfeilrichtung –B– hinten aus der Motorhaube herausziehen.

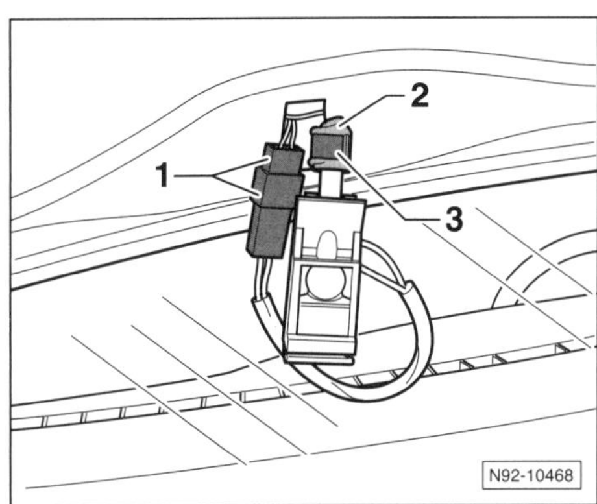

- Steckverbindung –1– trennen.
- Sicherungsclip –3– hochziehen und Schlauch –2– von der Waschdüse abziehen.

Reinigen

- Waschdüse entgegen der Spritzrichtung mit Wasser durchspülen.
- Anschließend entgegen der Spritzrichtung mit Druckluft durchblasen. **Achtung:** Keine Gegenstände zum Reinigen der Spritzdüse verwenden.

Einbau

- Waschwasserschlauch auf die Waschdüse aufschieben und Verriegelung schließen.
- Steckverbindung zusammenstecken.
- Spritzdüse in die Einbauöffnung schieben, bis sie hörbar einrastet.
- Spritzdüsen einstellen.

Spritzdüse einstellen

Die Spritzdüsen sind voreingestellt. Es können nur kleine Höhenunterschiede ausgeglichen werden.

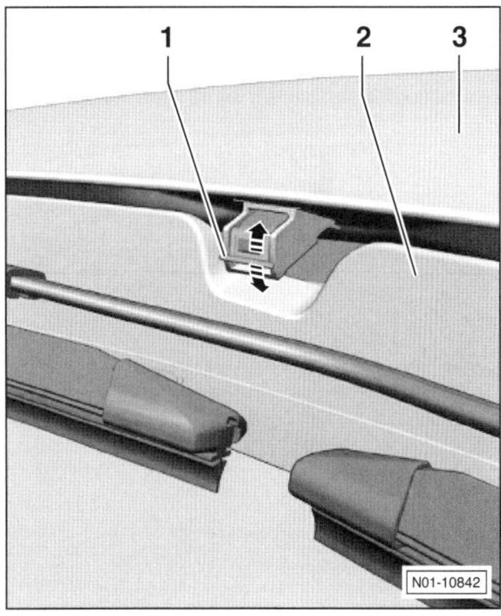

1 – Einsteller der Düse **3 – Motorhaube**
2 – Windlaufgrill

- Einsteller der Waschdüse nach oben oder unten verstellen, um die richtige Position des Spritzfeldes zu erreichen.

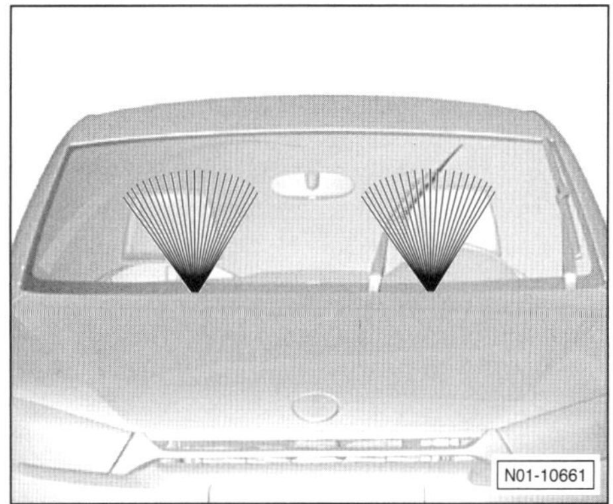

- Die Spritzfelder müssen, wie in der Abbildung dargestellt, etwa auf gleicher Höhe an der Frontscheibe liegen.

Scheibenwaschdüse (Spritzdüse) für Heckscheibe aus- und einbauen

Die Spritzdüse ist in der mittleren Bremsleuchte eingebaut.

Ausbau

- Mittlere Bremsleuchte ausbauen, siehe Seite 125.

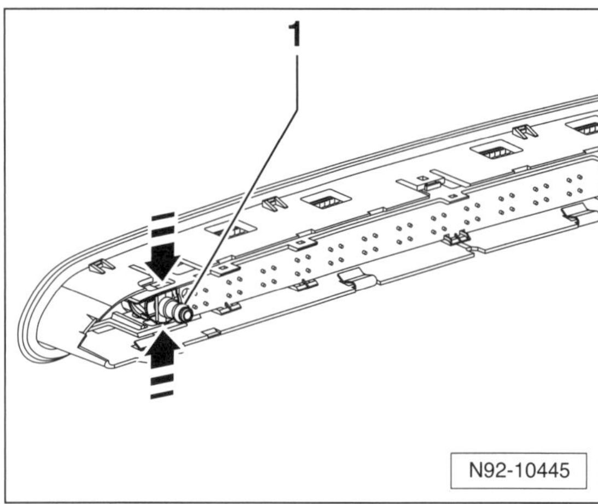

- Rasten der Scheibenwaschdüse –1– zusammendrücken –Pfeile– und Scheibenwaschdüse nach hinten aus der Bremsleuchte herausziehen.

Einbau

- Scheibenwaschdüse in die Öffnung der Bremsleuchte drücken und einrasten.

Scheibenwaschdüse einstellen

- Spritzdüse mit dem Einstellwerkzeug, zum Beispiel VW-T10187 oder HAZET 4850-1, so einstellen, dass der Wasserstrahl auf das obere Drittel der Heckscheibe auftrifft.

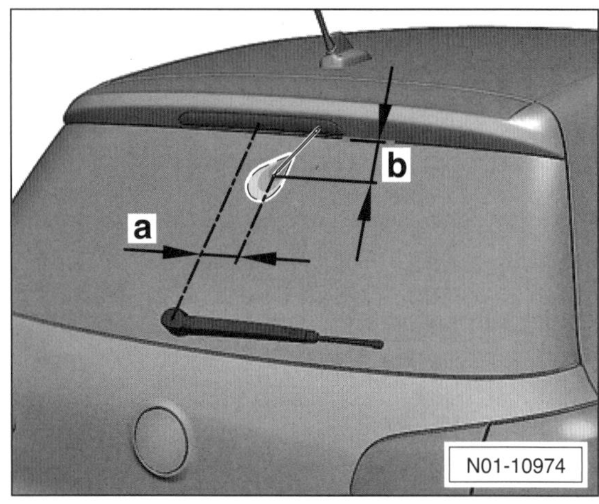

a – ca. 115 mm; b – ca. 50 mm.

Wasserschlauchverbindungen lösen

Beim Anschluss der Schläuche an Pumpen und Spritzdüsen werden verschiedene Sicherungsarten verwendet.

- Wenn kein Sicherungsring oder Sichrungsclip vorhanden ist, zum Lösen der Verbindung beide Kupplungsteile auseinanderziehen. Zum Verbinden Schlauchanschlüsse fest zusammendrücken, bis diese hör- und fühlbar verrasten.

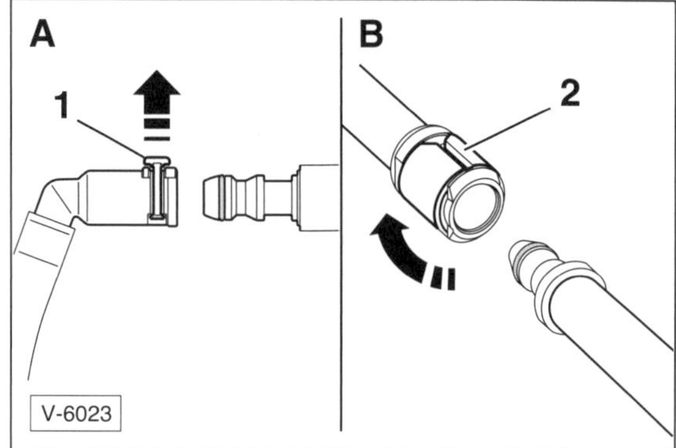

- Sicherungsclip –1– etwa 1 mm hochziehen –Pfeil A– und Schlauchanschluss abziehen. Zum Verbinden Schlauchanschluss aufstecken, Sicherungsclip eindrücken und einrasten. **Hinweis:** Die Form des Sicherungsclips kann von der Abbildung abweichen.
- Sicherungsring –2– um 90° verdrehen –Pfeil B– und Schlauchanschluss abziehen. Zum Verbinden Schlauchanschluss aufstecken, dabei Sicherungsring verdrehen, und einrasten.

Verbindung für Scheinwerferreinigungsanlage

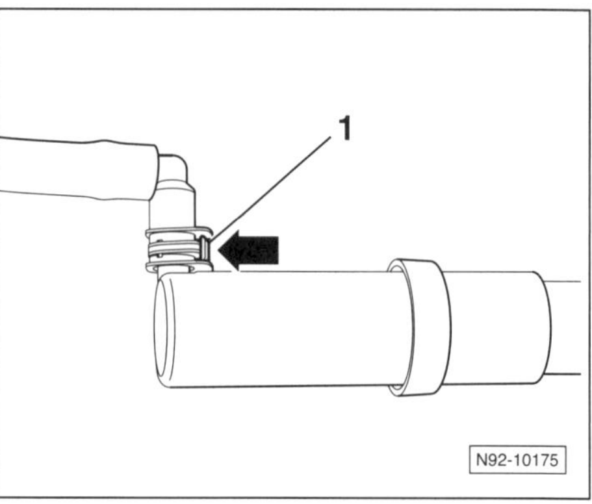

- Zum Lösen den Sicherungsclip –1– drücken –Pfeil– und den Schlauchanschluss abziehen.
- Beim Aufstecken den Sicherungsclip gedrückt halten –Pfeil– und den Schlauchanschluss aufstecken.
- Clip loslassen und einrasten.
- Durch Ziehen am Schlauch festen Sitz prüfen.

Waschwasserpumpen/ Wasserstandgeber aus- und einbauen

Ausbau

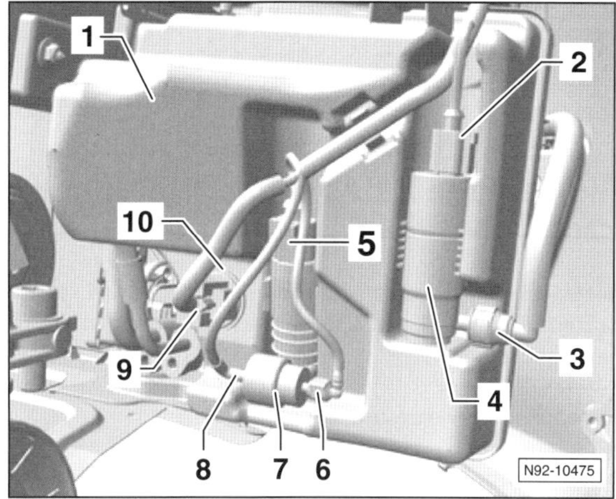

Hinweis: Der Einbau der Waschwasserpumpen kann je nach Ausstattung etwas von der Abbildung abweichen.

Die Anschlüsse an den Waschwasserpumpen sowie an den Schläuchen für die Spritzdüsen sind zur Unterscheidung und zum richtigen Einbau farblich gekennzeichnet.

- Zündung ausschalten und Zündschlüssel abziehen.
- Innenkotflügel vorn rechts ausbauen, siehe Seite 286.
- Auffangbehälter für ausfließende Waschwasser-Flüssigkeit unterstellen.

Scheibenwaschpumpe

- Stecker –5– abziehen.
- Sicherungsring an den Schlauchanschlüssen –6– und –8– zum Entriegeln hochziehen und Schläuche von der Scheibenwaschpumpe –7– abziehen.

Scheinwerferreinigungspumpe

- Stecker –2– abziehen.
- Pumpe –4– für Scheinwerferreinigungsanlage nach oben aus dem Waschwasserbehälter –1– herausziehen.
- Sicherungsring am Winkelanschluss –3– zusammendrücken und Schlauch von der Pumpe –4– abziehen.

Waschwasserstandsgeber

- Stecker –9– vom Wasserstandgeber –10– abziehen. **Hinweis:** Wasserstandgeber zum Ausbau aus der Gummidichtung herausziehen.

Einbau

- Der Einbau erfolgt in umgekehrter Ausbaureihenfolge. Waschwasserbehälter mit einer Mischung aus sauberem Leitungswasser und Scheibenreinigungsskonzentrat auffüllen.

Scheinwerfer-Reinigungsanlage entlüften

- Scheibenwaschbehälter auffüllen.
- Motor starten und Abblendlicht einschalten.
- Scheinwerfer-Reinigung auslösen. Dazu Scheibenwischerhebel 3- bis 5-mal anziehen und jeweils 3 Sekunden halten.
- Vorgang gegebenenfalls wiederholen, bis Hubzylinder und Spritzdüsen einwandfrei funktionieren.

Beleuchtungsanlage

Lampentabelle

Bis 3/2014

12-Volt-Glühlampe für	Typ	Leistung
Fernlicht [1)]	H7	55 W
Abblendlicht [1)]	H7	55 W
Fernlicht/Abblendlicht [2)]	H4	60/55 W
Standlicht	W	5 W
Blinklicht vorn	PY	21 W
Nebelscheinwerfer	HB4	51 W
Tagesfahrlicht	HiPer PS	19 W
Schlusslicht	W	5 W
Bremslicht	P	21 W
Blinklicht hinten	PY	21 W
Nebelschlusslicht	H	21 W
Mittlere hochgesetzte Bremsleuchte	LED	–
Kennzeichenleuchte geschraubt	Soffitte C	5 W
Kennzeichenleuchte geclipst	W	5 W

H: Halogenlampe; P: Bajonett-Sockel; W: Glassockel; C: Soffitte; Y: Leuchtenfarbe orange.

[1]) Scheinwerfer mit getrennten Reflektoren für Fern- und Abblendlicht.

[2]) Scheinwerfer mit gemeinsamem Reflektor für Fern- und Abblendlicht.

Hinweis: Glühlampen grundsätzlich nur durch solche gleicher Ausführung ersetzen. Vor einem Lampenwechsel sicherstellen, dass der betreffende Schalter ausgeschaltet ist.

Achtung: Den Glaskolben einer leistungsstarken Glühlampe nicht mit bloßen Fingern berühren. Dies gilt insbesondere für die Haupt- und Nebelscheinwerfer. Am besten ein sauberes Stofftuch dazwischen legen oder Baumwollhandschuhe anziehen. Versehentlich entstandene Berührungsflecken auf dem Glaskolben mit einem sauberen, nicht fasernden Tuch und etwas Spiritus abwischen.

Achtung: Die mit einem Schutzlack beschichteten Kunststoffscheiben der Hauptscheinwerfer dürfen auf keinen Fall mit einem trockenen oder gar scheuernden Lappen gesäubert werden. Es dürfen auch keine Reinigungs- oder Lösungsmittel benutzt werden. Die Scheiben nur mit einem weichen, feuchten Tuch reinigen.

Fahrzeuge bis 3/2014

Glühlampen für Außenbeleuchtung vorn auswechseln

Achtung: Halogen-Lampen stehen unter Druck und können platzen. Deshalb beim Lampenwechsel Schutzbrille und Handschuhe tragen.

Allgemeine Hinweise zum Lampenwechsel

- Grundsätzlich Lichtschalter ausschalten, Zündung ausschalten, Zündschlüssel abziehen.
- Motorhaube öffnen.
- Beim Einbau darauf achten, dass die Steckverbindungen richtig einrasten und fest sitzen.
- Nach dem Einbau neue Glühlampe auf Funktion überprüfen. Gegebenenfalls Scheinwerfer-Einstellung von einer Werkstatt kontrollieren und einstellen lassen.
- Sicherstellen, dass die Abdeckkappe hinten am Scheinwerfer fest sitzt. Falls vorhanden, Dichtung der Abdeckkappe auf Beschädigung prüfen. Bei undichter oder nicht richtig sitzender Abdeckkappe wird der Scheinwerfer durch Wassereintritt beschädigt.

Abblendlicht/Fernlicht (H4-Scheinwerfer)

Ausbau

- Zündung ausschalten, Zündschlüssel abziehen.
- Scheinwerfer ausbauen, siehe entsprechendes Kapitel.

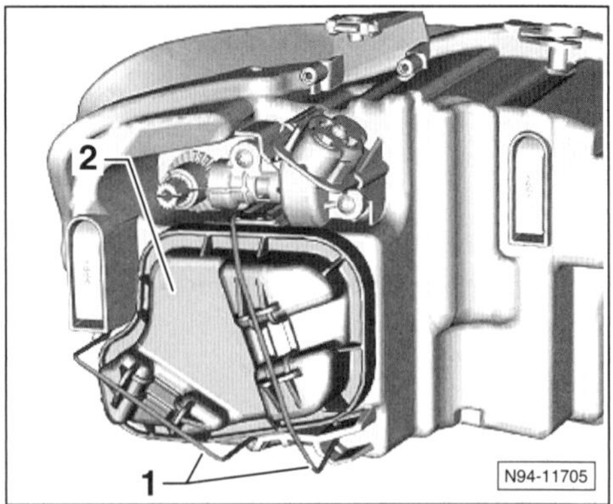

- Haltebügel –1– aufklappen und Abdeckkappe –2– abnehmen. Dichtung der Abdeckkappe auf Porosität und Beschädigung prüfen, gegebenenfalls ersetzen.

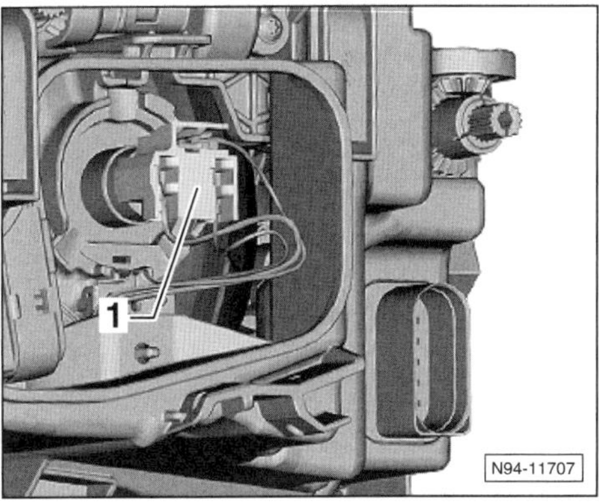

- Stecker –1– abziehen.

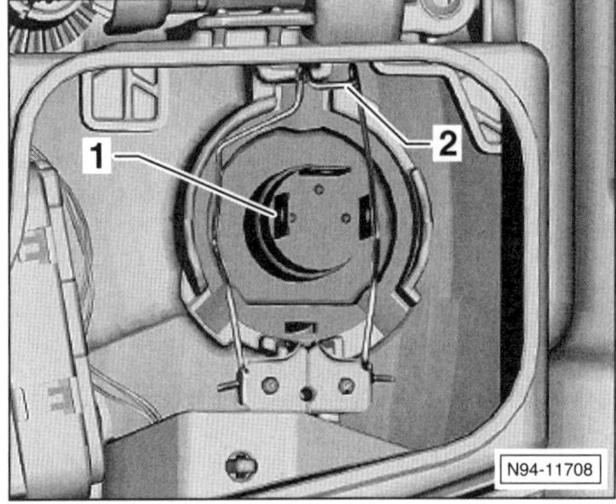

- Haltefeder –2– entriegeln und abklappen.
- Lampe –1– herausnehmen.

Einbau

- Lampe so einsetzen, dass die 3 Nasen in die entsprechenden Aussparungen am Reflektor eingreifen und die mittlere Nase nach oben zeigt.
- Haltefeder zurückklappen und einrasten.
- Stecker aufschieben.
- Abdeckkappe aufsetzen und mit den Halteklammern sichern. **Achtung:** Auf richtigen Sitz der Kappe achten, damit der Scheinwerfer durch etwaigen Wassereintritt nicht beschädigt wird.
- Scheinwerfer einbauen, siehe entsprechendes Kapitel.

Standlicht (H4-Scheinwerfer)

Ausbau

- Zündung ausschalten, Zündschlüssel abziehen.
- Scheinwerfer ausbauen, siehe entsprechendes Kapitel.

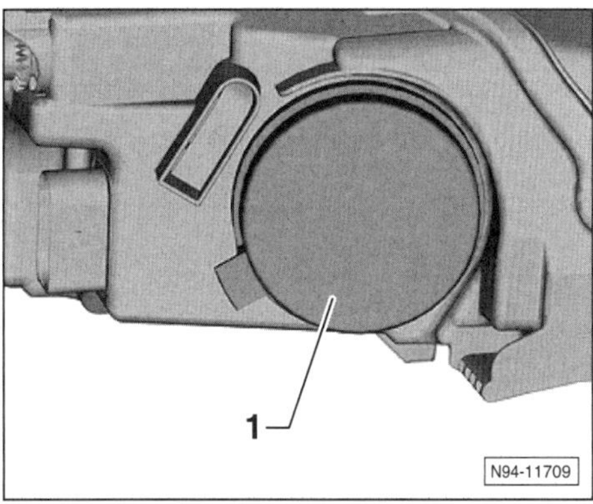

- Abdeckkappe –1– abziehen.

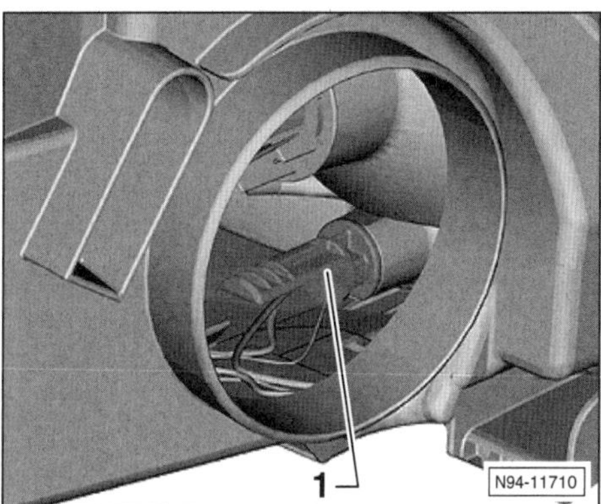

- Lampenfassung –1– mit Standlichtlampe nach hinten aus dem Reflektor herausziehen. Dabei darauf achten, dass die Leitungen nicht zu stark auf Zug beansprucht werden.

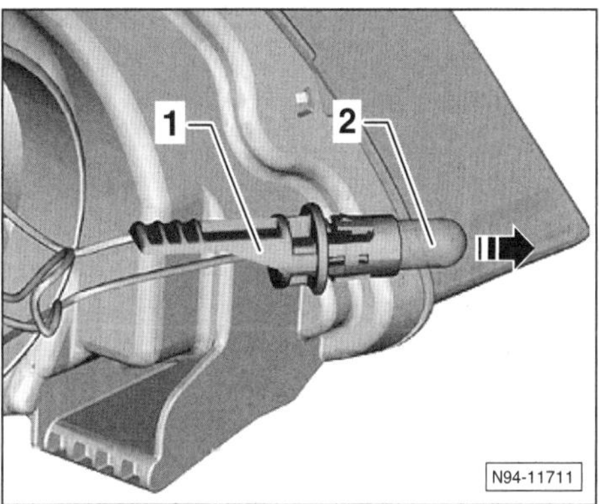

- Standlichtlampe –2– aus der Fassung –1– in Pfeilrichtung herausziehen.

Einbau

- Der Einbau erfolgt in umgekehrter Ausbaureihenfolge. Dabei auf dichten Sitz der Abdeckkappe achten.

Blinklicht (H4-Scheinwerfer)

Ausbau

- Zündung ausschalten, Zündschlüssel abziehen.
- Scheinwerfer ausbauen, siehe entsprechendes Kapitel.
- Abdeckkappe –1– abziehen, siehe Abbildung N94-11709.

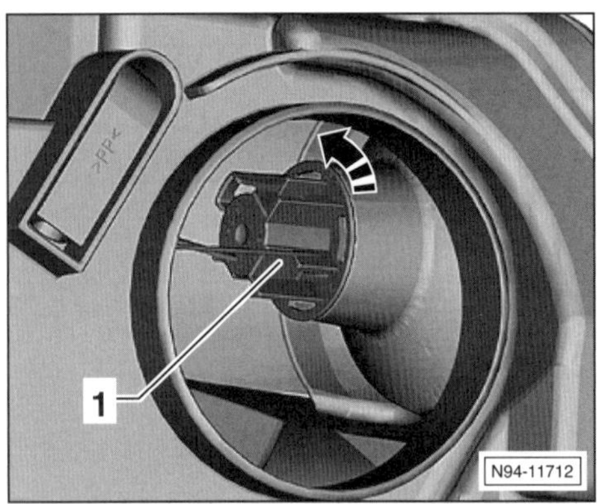

- Lampenfassung –1– mit Blinklichtlampe in Pfeilrichtung drehen und aus dem Reflektor herausziehen.

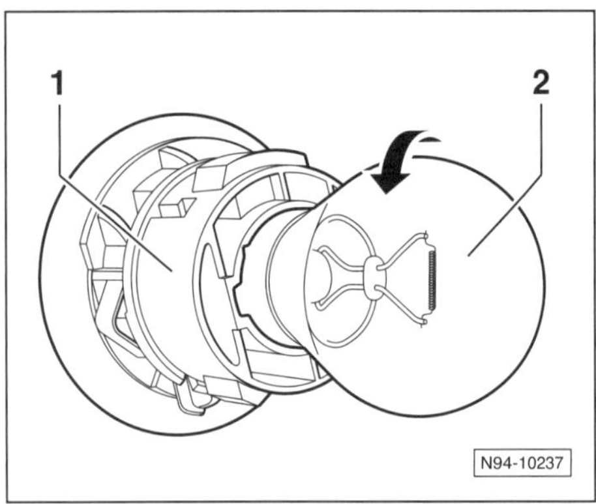

- Blinklichtlampe –2– in die Fassung –1– drücken und in Pfeilrichtung drehen, dann herausziehen.

Einbau

- Der Einbau erfolgt in umgekehrter Ausbaureihenfolge. Dabei auf dichten Sitz der Abdeckkappe achten.

Stellmotor für Leuchtweitenregelung (H4-Scheinwerfer)

Ausbau

- Zündung ausschalten, Zündschlüssel abziehen.
- Scheinwerfer ausbauen, siehe entsprechendes Kapitel.
- Abdeckkappe –2– abbauen, siehe Abbildung N94-11705.

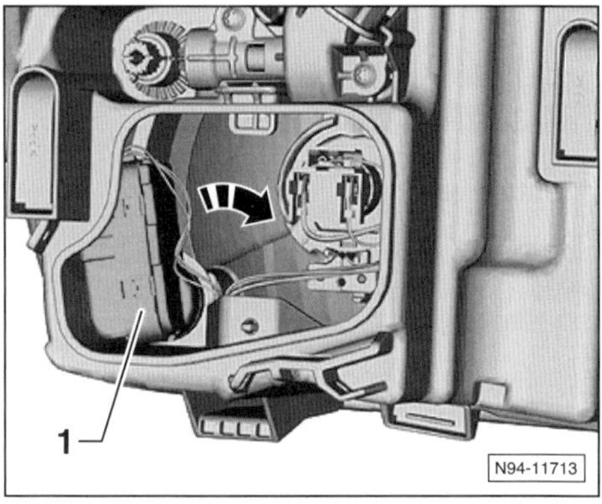

- Stellmotor –1– in Pfeilrichtung drehen und dadurch entriegeln.
- Stellmotor mit der Verrastung herausziehen und aus dem Reflektor herausnehmen.
- Stecker vom Stellmotor abziehen.

Einbau

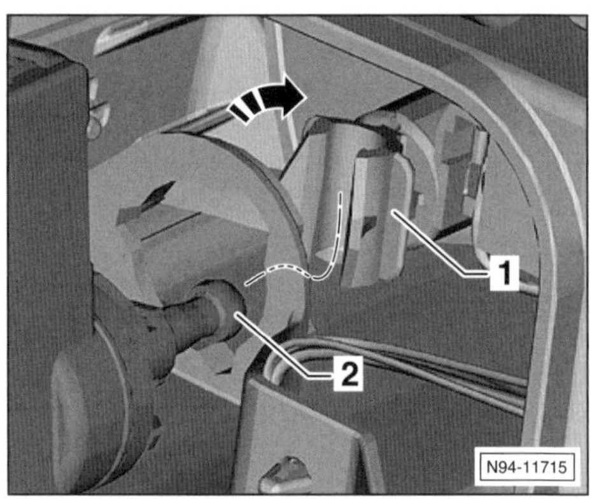

- Reflektor nach hinten ziehen und festhalten.
- Stellmotor mit dem Kugelkopf –2– vorsichtig in Pfeilrichtung in die Aufnahme –1– einsetzen und einrasten.
- Stellmotor entgegen der Pfeilrichtung in Abbildung N94-11713 drehen und verriegeln.
- Abdeckkappe einbauen.
- Scheinwerfer einbauen, siehe entsprechendes Kapitel.

Abblendlicht (H7-Scheinwerfer)

Variante 1

Ausbau

- Zündung ausschalten, Zündschlüssel abziehen.
- Scheinwerfer ausbauen, siehe entsprechendes Kapitel.

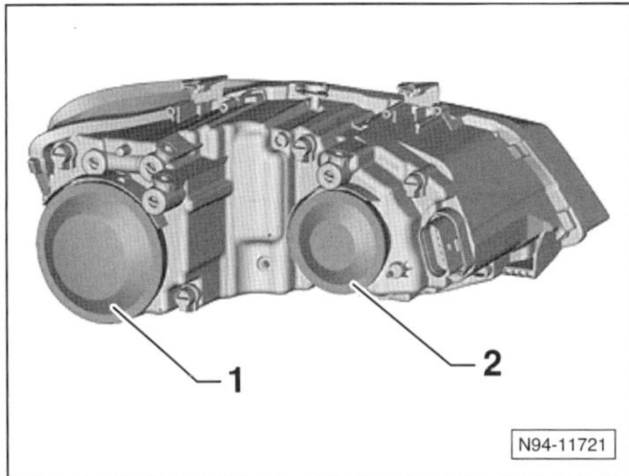

- Abdeckkappe –1– abziehen.

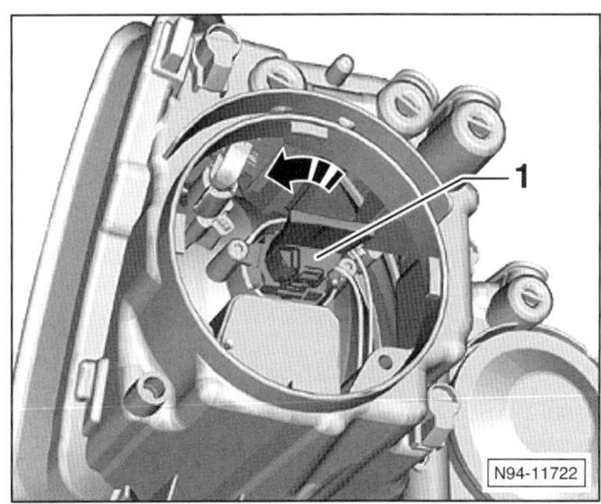

- Lampenfassung mit Griffstück –1– in Pfeilrichtung drehen und zusammen mit der Abblendlichtlampe herausnehmen.

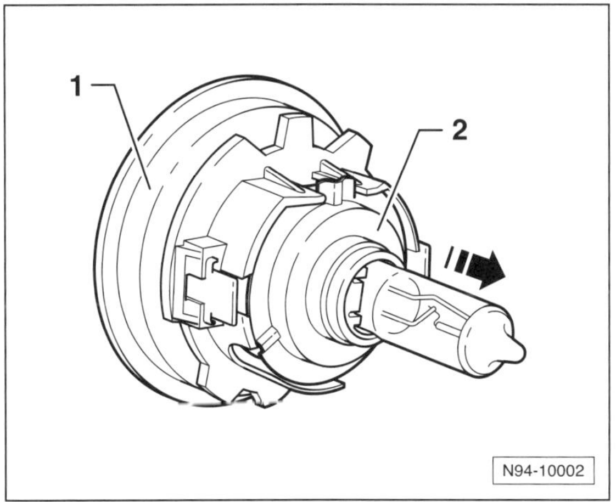

- Lampe –2– in Pfeilrichtung aus der Lampenfassung –1– herausziehen.

Einbau

- Der Einbau erfolgt in umgekehrter Ausbaureihenfolge. Dabei auf dichten Sitz der Abdeckkappe achten.
- Scheinwerfer einbauen, siehe entsprechendes Kapitel.

Fernlicht (H7-Scheinwerfer)

Variante 1

Ausbau

- Zündung ausschalten, Zündschlüssel abziehen.
- Scheinwerfer ausbauen, siehe entsprechendes Kapitel.
- Abdeckkappe –2– abziehen, siehe Abbildung N94-11721.

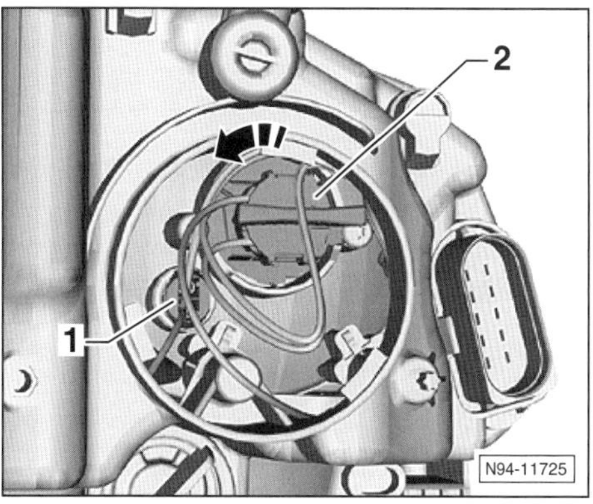

- Lampenfassung –2– mit Fernlichtlampe am Griff in Pfeilrichtung drehen und nach hinten aus dem Reflektor herausziehen. Dabei darauf achten, dass die Leitungen nicht zu stark auf Zug beansprucht werden.

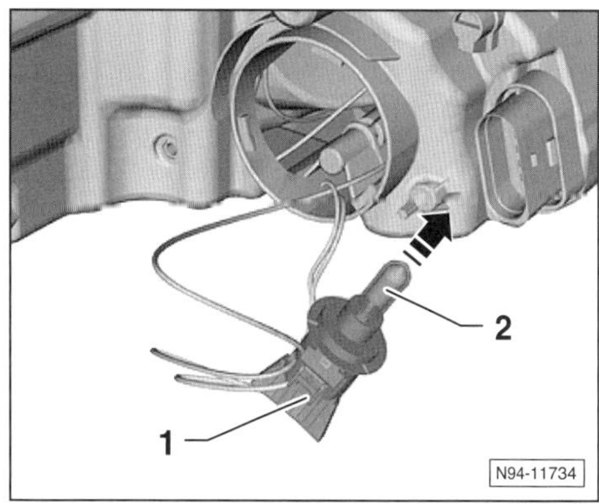

- Fernlichtlampe –2– aus der Fassung –1– in Pfeilrichtung herausziehen.

Einbau

- Der Einbau erfolgt in umgekehrter Ausbaureihenfolge. Dabei auf dichten Sitz der Abdeckkappe achten.

Standlicht (H7-Scheinwerfer)

Variante 1

Ausbau

- Zündung ausschalten, Zündschlüssel abziehen.
- Scheinwerfer ausbauen, siehe entsprechendes Kapitel.
- Abdeckkappe –2– abziehen, siehe Abbildung N94-11721.
- Lampenfassung –1– mit Standlichtlampe nach hinten aus dem Reflektor herausziehen, siehe Abbildung N94-11725. Dabei darauf achten, dass die Leitungen nicht zu stark auf Zug beansprucht werden.
- Standlichtlampe –2– aus der Fassung –1– in Pfeilrichtung herausziehen, siehe dazu Abbildung N94-11711 auf Seite 113.

Einbau

- Der Einbau erfolgt in umgekehrter Ausbaureihenfolge. Dabei auf dichten Sitz der Abdeckkappe achten.

Blinklicht (H7-Scheinwerfer)

Variante 1

Ausbau

- Zündung ausschalten, Zündschlüssel abziehen.
- Scheinwerfer ausbauen, siehe entsprechendes Kapitel.

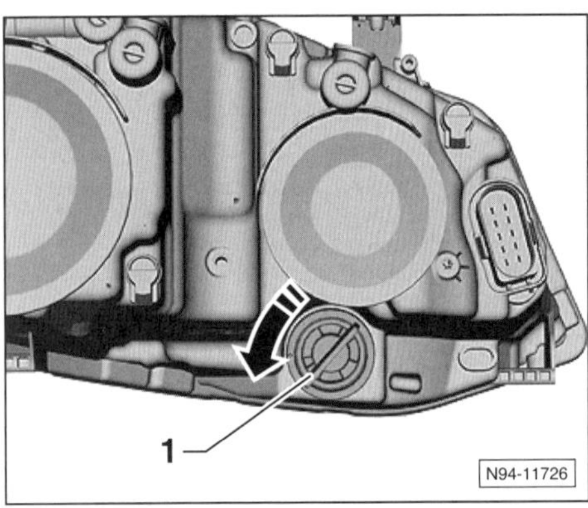

- Lampenfassung –1– mit Blinklichtlampe in Pfeilrichtung drehen und aus dem Reflektor herausziehen.
- Blinklichtlampe –2– in die Fassung –1– drücken und in Pfeilrichtung drehen, dann herausziehen, siehe Abbildung N94-10237.

Einbau

- Der Einbau erfolgt in umgekehrter Ausbaureihenfolge.

Stellmotor für Leuchtweitenregelung (H7-Scheinwerfer)

Variante 1

Ausbau

- Zündung ausschalten, Zündschlüssel abziehen.
- Scheinwerfer ausbauen, siehe entsprechendes Kapitel.
- Abdeckkappe –1– abziehen, siehe Abbildung N94-11721.

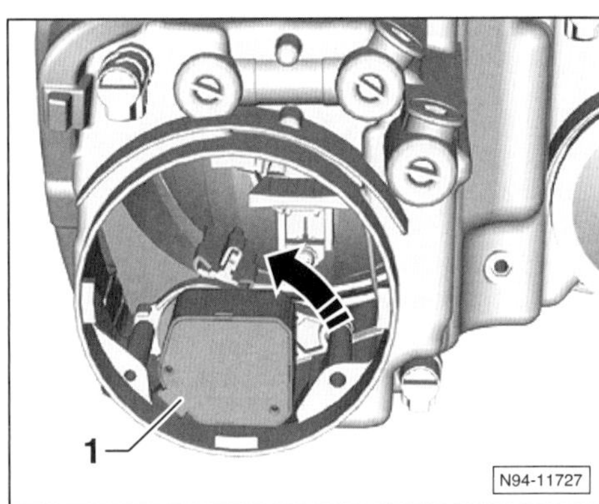

- Stellmotor –1– in Pfeilrichtung drehen und dadurch entriegeln.
- Kugelkopf der Stellachse vom Stellmotor nach links oben aus der Führung am Reflektor herausschieben.
- Stecker vom Stellmotor abziehen.

Einbau

- Der Einbau erfolgt in umgekehrter Ausbaureihenfolge. Dabei darauf achten, dass der Kugelkopf des Stellmotors in die Grundplatte des Reflektors eingerastet wird.

Fahrzeuge ab 4/2014

Hier werden nur die Abweichungen beschrieben. Allgemeine Hinweise und Sicherheitshinweise stehen im Abschnitt für »Fahrzeuge bis 3/2014«.

Glühlampen für Außenbeleuchtung vorn auswechseln

Abblendlicht (H7-Scheinwerfer)

Variante 2

Ausbau

- Zündung ausschalten, Zündschlüssel abziehen.
- Scheinwerfer ausbauen, siehe entsprechendes Kapitel.

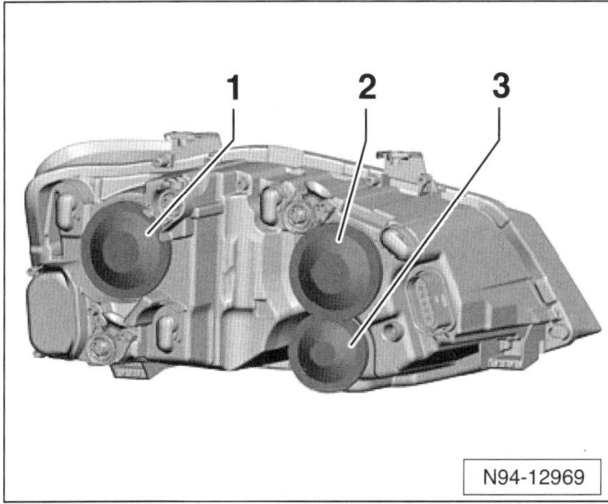

N94-12969

- Abdeckkappe –1– am Scheinwerfer abziehen.

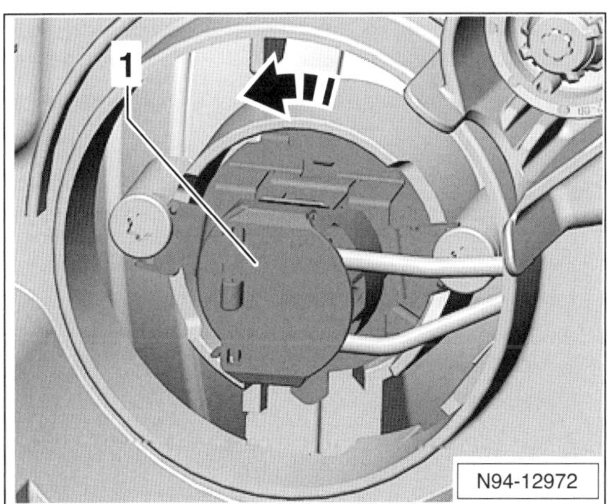

N94-12972

- Lampenfassung –1– in Pfeilrichtung drehen und mit Lampe aus dem Reflektor herausnehmen.
- Lampe aus der Lampenfassung ausclipsen und herausziehen.

Einbau

- Der Einbau erfolgt in umgekehrter Ausbaureihenfolge. Dabei Folgendes beachten:
- Lampenfassung so in den Reflektor einsetzen, dass die Rastnase nach oben in die Aussparung zeigt.
- Auf dichten Sitz der Abdeckkappe achten.

Fernlicht (H7-Scheinwerfer)

Variante 2

Ausbau

- Zündung ausschalten, Zündschlüssel abziehen.
- Scheinwerfer ausbauen, siehe entsprechendes Kapitel.
- Abdeckkappe –2– am Scheinwerfer abziehen, siehe Abbildung N94-12969.

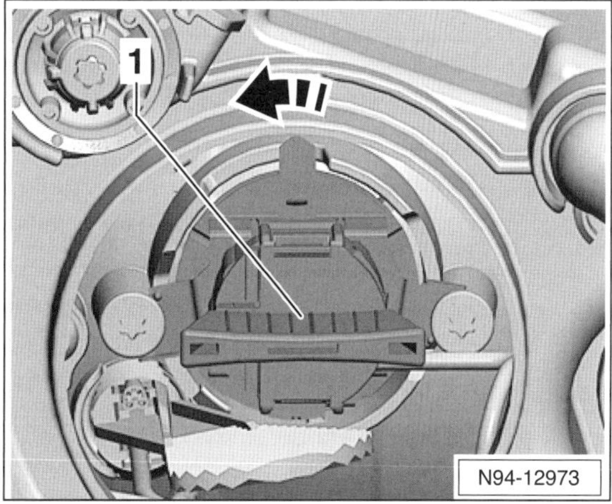

N94-12973

- Lampenfassung am Griffstück –1– in Pfeilrichtung drehen und mit Lampe aus dem Reflektor herausnehmen.
- Lampe aus der Lampenfassung ausclipsen und herausziehen.

Einbau

- Der Einbau erfolgt in umgekehrter Ausbaureihenfolge. Dabei Folgendes beachten:
- Lampenfassung so in den Reflektor einsetzen, dass die Rastnase nach oben in die Aussparung zeigt.
- Auf dichten Sitz der Abdeckkappe achten.

Abblend-/Fernlicht (LED-Scheinwerfer)

Achtung: Arbeiten an LED-Scheinwerfern nur an einem ESD-Abeitsplatz durchführen, sonst können die empfindlichen elektronischen Bauteile des Scheinwerfers beschädigt werden und der Scheinwerfer muss ersetzt werden. ESD steht für »**E**lectro**S**tatic **D**ischarge« also »Elektrostatische Entladung«. An einem ESD-Arbeitsplatz wird durch Verwendung besonderer Materialien verhindert, dass elektronische Bauteile durch elektrostatische Aufladungen beschädigt werden.

Da dieser Arbeitsplatz in der Regel nicht zur Verfügung steht, werden die Arbeitschritte zum Wechsel des entsprechenden Moduls hier nicht beschrieben.

Xenonlampe

Achtung: Halogen- und Xenon-Lampen stehen unter Druck und können platzen. Deshalb beim Lampenwechsel Schutzbrille und Handschuhe tragen. Xenon-Lampen sind Sondermüll, da sie Quecksilber und Spuren von Thallium enthalten. Hautkontakt mit zerstörten Lampen vermeiden.

Sicherheitshinweis/Xenon-Scheinwerfer
Vorsicht beim Lampenwechsel an Xenon-Scheinwerfern. Verletzungsgefahr durch Hochspannung! Personen mit Herzschrittmacher dürfen keine Arbeiten an Xenon-Scheinwerfern vornehmen. **Auf jeden Fall Scheinwerfer ausschalten und Zündschlüssel abziehen.** Anschließend Scheinwerferschalter kurz ein- und wieder ausschalten, um **Restspannungen abzubauen**. Sicherheitshalber Schutzbrille, Handschuhe sowie Schuhe mit Gummisohlen tragen.

- Das Steuergerät der Xenonlampe darf nicht ohne Lampe betrieben werden.
- Die Xenonlampe darf aufgrund der hohen Spannungen (über 28.000 Volt beim Zünden) nur im Scheinwerfergehäuse betrieben werden.
- Der Glaskolben der Xenonlampe steht unter Druck; bei kalter Lampe mit ca. 7 bar, bei heißer Lampe mit bis zu 100 bar. Am heißen Glaskolben können bis zu +700° C erreicht werden.

Ausbau

Achtung: Lebensgefahr durch Hochspannung, Verletzungsgefahr und Umweltverschmutzungsgefahr.

- Scheinwerfer ausbauen, siehe Seite 117.

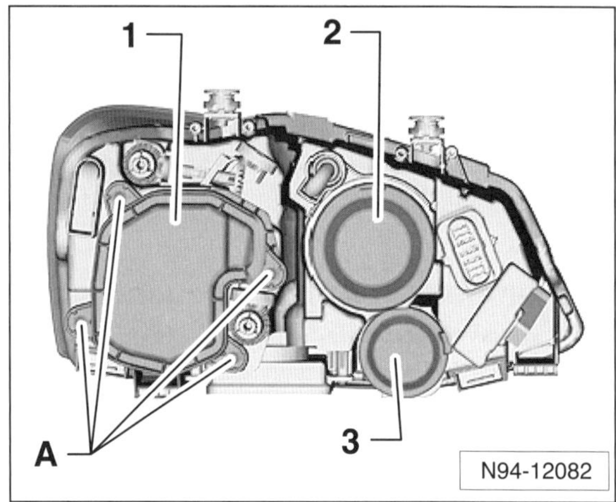

- Schrauben –A– des Gehäusedeckels –1– herausdrehen.
- Gehäusedeckel –1– abnehmen.

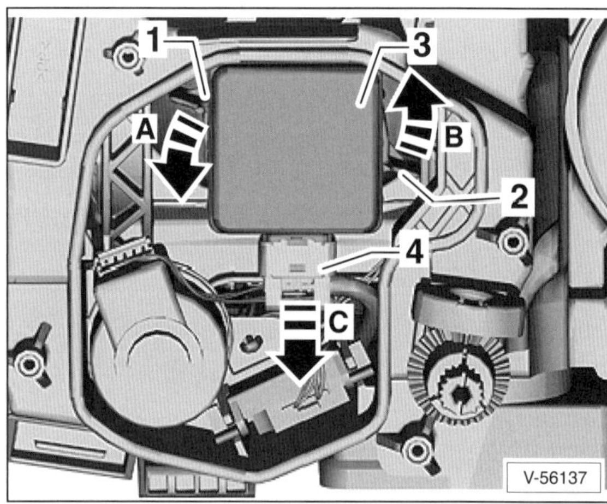

- Elektrische Steckverbindung –4– in Pfeilrichtung –C– abziehen.
- Verriegelung links –1– und rechts –2– jeweils in Pfeilrichtung –A– und –B– drehen.
- Gasentladungslampe –3– aus dem Gehäuse herausziehen.

Einbau

- Der Einbau erfolgt in umgekehrter Ausbaureihenfolge, dabei allgemeine Hinweise und Sicherheitshinweise zum Lampenwechsel beachten.
- Beim Einbau des Gehäusedeckels auf den richtigen Sitz achten. Durch Wassereintritt in den Scheinwerfer wird dieser zerstört.
- Scheinwerfereinstellung prüfen, gegebenenfalls Scheinwerfer einstellen (Werkstattarbeit).

Standlicht (H7-Scheinwerfer)

Variante 2

Ausbau

- Zündung ausschalten, Zündschlüssel abziehen.
- Scheinwerfer ausbauen, siehe entsprechendes Kapitel.
- Abdeckkappe –2– am Scheinwerfer abziehen, siehe Abbildung N94-12969 auf Seite 117.

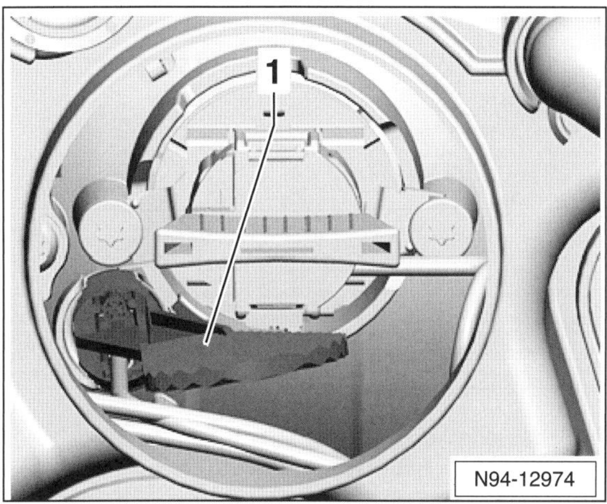

- Lampenfassung mit Standlichtlampe am Griffstück –1– nach hinten aus dem Reflektor herausziehen.
- Standlichtlampe –2– aus der Fassung –1– in Pfeilrichtung herausziehen, siehe dazu Abbildung N94-11711 auf Seite 113.

Einbau

- Der Einbau erfolgt in umgekehrter Ausbaureihenfolge. Dabei auf dichten Sitz der Abdeckkappe achten.

Blinklicht (H7-Scheinwerfer)

Variante 2

Ausbau

- Zündung ausschalten, Zündschlüssel abziehen.
- Scheinwerfer ausbauen, siehe entsprechendes Kapitel.
- Abdeckkappe –3– abziehen, siehe Abbildung N94-12969 auf Seite 117.

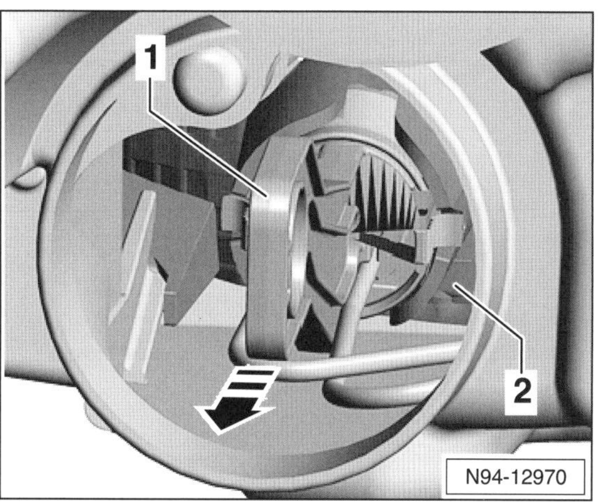

- Lampenfassung mit Blinklichtlampe am Griffstück –1– nach hinten in Pfeilrichtung aus dem Reflektor –2– herausziehen.

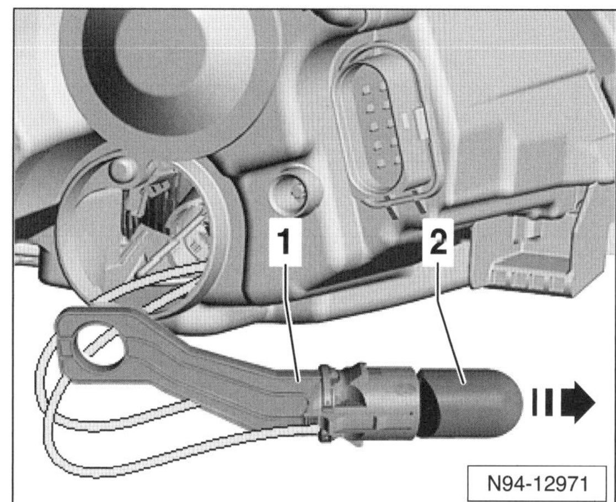

- Blinklichtlampe –2– aus der Fassung –1– in Pfeilrichtung herausziehen.

Einbau

- Der Einbau erfolgt in umgekehrter Ausbaureihenfolge. Dabei auf dichten Sitz der Abdeckkappe achten.

Blinklicht (Xenon-Scheinwerfer)

Ausbau

- Zündung ausschalten, Zündschlüssel abziehen.
- Scheinwerfer ausbauen, siehe entsprechendes Kapitel.
- Abdeckkappe –3– abziehen, siehe Abbildung N94-12082 auf Seite 118.

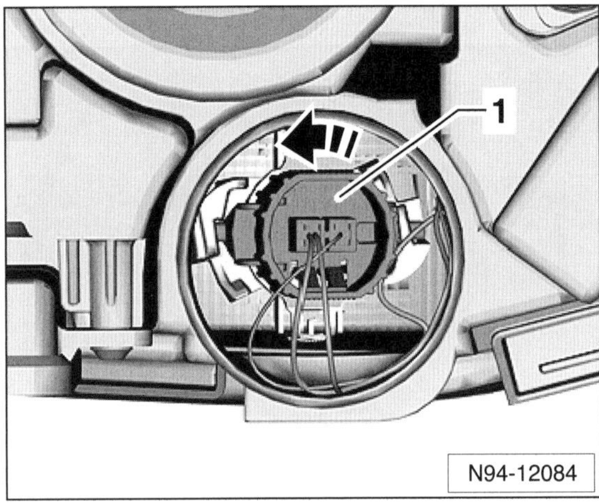

- Lampenfassung –1– in Pfeilrichtung drehen und mit Blinklichtlampe nach hinten aus dem Reflektor herausziehen.

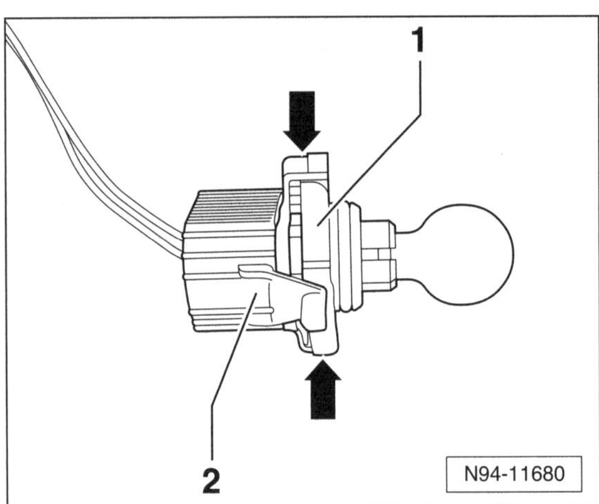

- Rechtes Blinklicht: Verriegelungen –Pfeile– drücken und Lampe für Blinklicht –1– aus der Lampenfassung –2– herausziehen.
- Linkes Blinklicht: Die Lampe ist fest mit dem Lampenhalter verbunden und kann nicht weiter zerlegt werden.

Einbau

- Der Einbau erfolgt in umgekehrter Ausbaureihenfolge. Dabei auf dichten Sitz der Abdeckkappe achten.

Blinklicht (LED-Scheinwerfer)

Ausbau

- Zündung ausschalten, Zündschlüssel abziehen.
- Scheinwerfer ausbauen, siehe entsprechendes Kapitel.

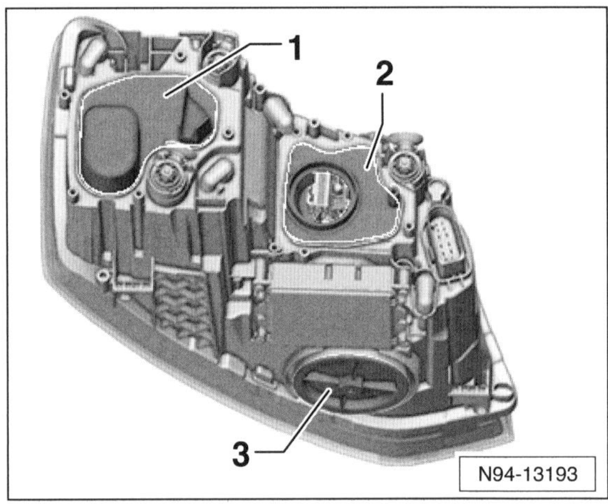

- Gehäusedeckel –3– öffnen.
  1 – Deckel für Abblendlichtmodul,
  2 – Deckel für Fernlichtmodul.

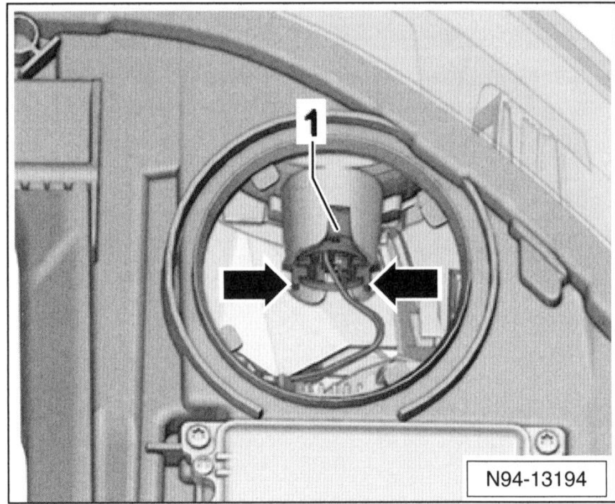

- Verrastungen –Pfeile– entriegeln und Blinklichtlampe herausziehen.

Einbau

- Der Einbau erfolgt in umgekehrter Ausbaureihenfolge. Dabei auf dichten Sitz des Gehäusedeckels achten.

Scheinwerfer aus- und einbauen

H4 und H7

Ausbau

- Zündung und alle elektrischen Verbraucher ausschalten, Zündschlüssel abziehen.
- Motorhaube öffnen.
- Um Beschädigungen zu vermeiden, Stoßfänger vorn mit handelsüblichem Klebeband im Bereich des Scheinwerfers abkleben

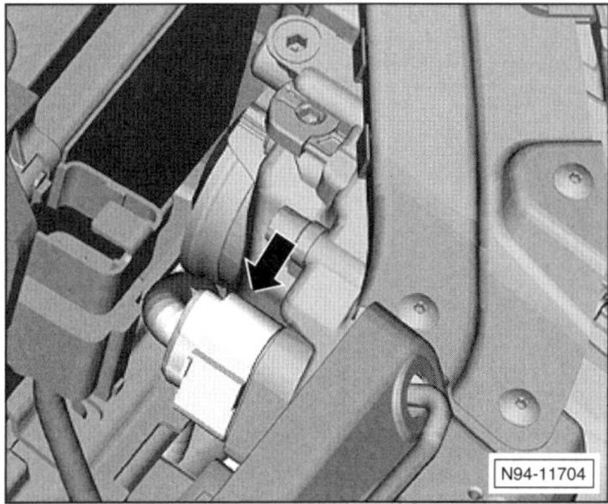
N94-11704

- An der Rückseite des Scheinwerfers die Mehrfachsteckverbindung –Pfeil– entriegeln und abziehen.

N94-11706

- Schrauben –Pfeile– herausdrehen.
- Scheinwerfer zuerst unten aus der inneren und dann unten aus der äußeren Scheinwerferaufnahme lösen.
- Scheinwerfer in Pfeilrichtung nach vorn aus den unteren Scheinwerferaufnahmen und anschließend nach vorn aus dem Karosserieausschnitt herausnehmen.

Einbau

- Scheinwerfer in den Karosserieausschnitt einsetzen und gegen den oberen Anschlag drücken. Dabei darauf achten, dass er in die unteren Scheinwerferaufnahmen eingeschoben wird.
- Scheinwerfer mit **2,5 Nm** anschrauben. Dabei auf gleichmäßige Fugenmaße und Bündigkeit zu den angrenzenden Karosserieteilen achten.
- An der Rückseite des Scheinwerfers den Mehrfachstecker aufschieben und einrasten.
- Abklebungen vom Stoßfänger entfernen.
- Scheinwerfer-Einstellung so bald wie möglich von einer Werkstatt kontrollieren und gegebenenfalls einstellen lassen.

Achtung: Für die Verkehrssicherheit ist die exakte Einstellung der Scheinwerfer von großer Bedeutung (Werkstattarbeit).

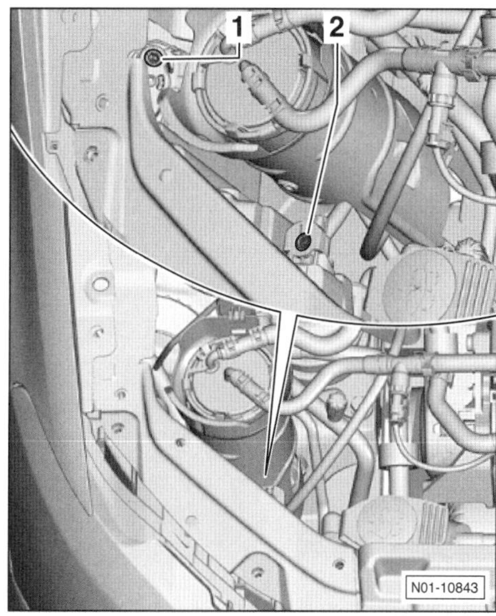

N01-10843

- Position der Scheinwerfer-Einstellschrauben:
  1 – Höhenverstellung. Immer zuerst einstellen.
  2 – Seitenverstellung.
  Zur Verstellung wird ein Innensechskantschlüssel benötigt.

Heckleuchte aus- und einbauen/ Glühlampen wechseln

Ausbau

- Zündung und sämtliche elektrischen Verbraucher ausschalten, Zündschlüssel abziehen.

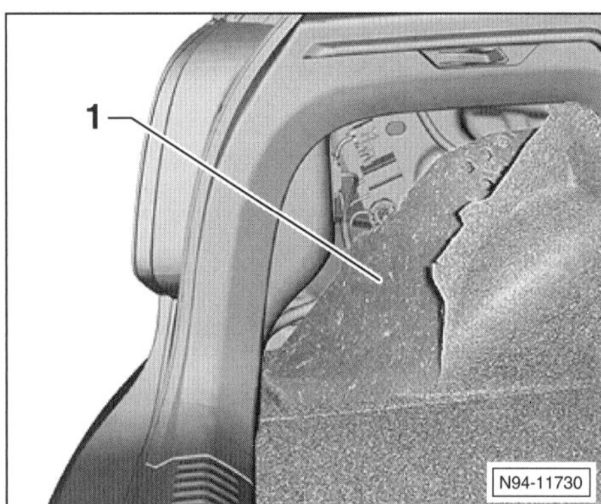

- Seitliche Kofferraumabdeckung –1– zur Seite klappen.

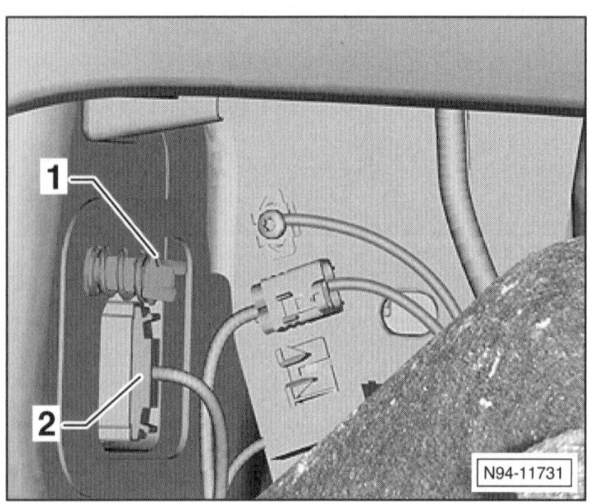

- Mehrfachstecker –2– entriegeln und abziehen.
- Heckleuchte festhalten und Zentralmutter –1– abschrauben.
- Heckleuchte nach hinten aus dem Seitenteil herausnehmen.

Einbau

- Der Einbau erfolgt in umgekehrter Ausbaureihenfolge.

Glühlampen wechseln

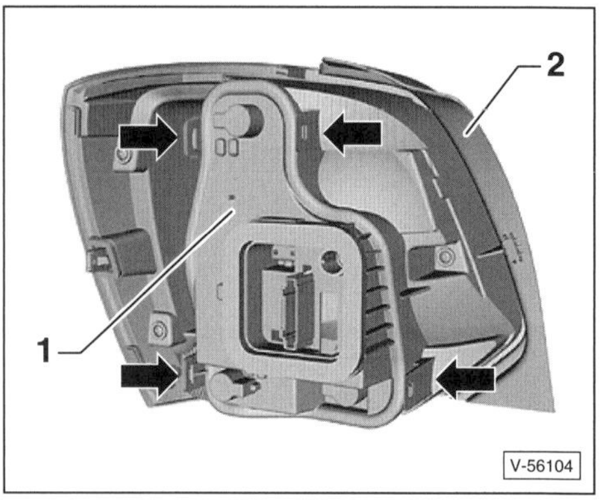

- Haltelaschen –Pfeile– entriegeln und Lampenträger –1– von der Heckleuchte –2– abnehmen.

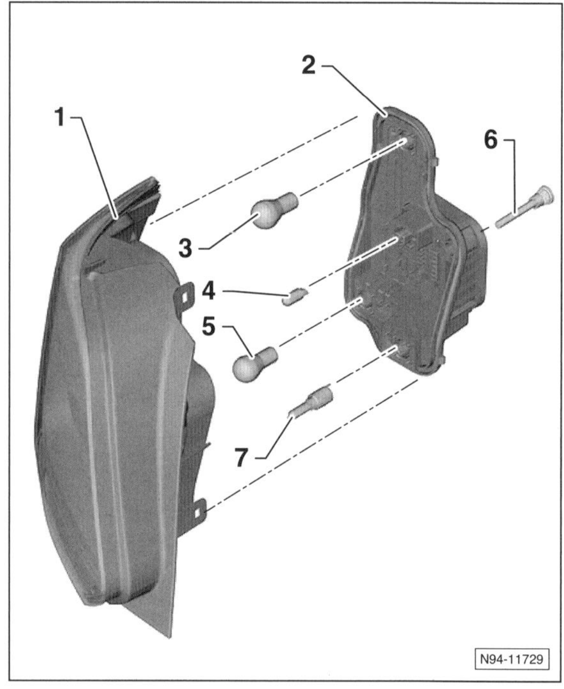

1 – **Heckleuchte**
2 – **Lampenträger**
3 – **Bremslichtlampe**
4 – **Schlusslichtlampe**
5 – **Blinklichtlampe**
6 – **Befestigungselement, 2 Nm**
7 – Links: **Nebelschluss- oder Rückfahrlichtlampe**
Rechts: **Rückfahrlichtlampe**

- Lampe –3/5– in die Fassung hineindrücken, nach links drehen und herausnehmen.
- Lampe –4– aus der Fassung herausziehen.
- Der Einbau erfolgt in umgekehrter Ausbaureihenfolge.

Kennzeichenleuchte aus- und einbauen/Glühlampe wechseln

Geschraubte Ausführung

Ausbau

- Zündung ausschalten, Zündschlüssel abziehen.

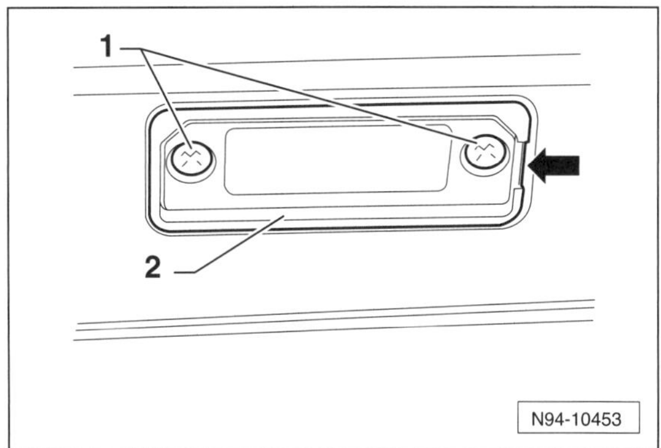

- Schrauben –1– herausdrehen.
- An der Schlitzöffnung –Pfeil– mit einem kleinen Schraubendreher den Rasthaken eindrücken, Kennzeichenleuchte –2– etwas anheben und herausschwenken.

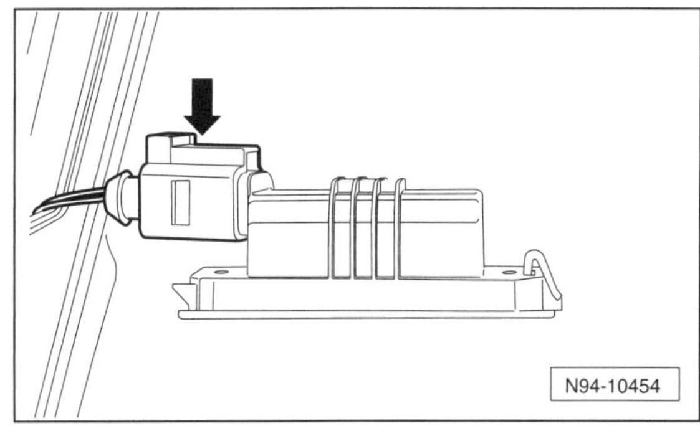

- Stecker-Verriegelung drücken –Pfeil– und Stecker von der Leuchte abziehen.

Glühlampe wechseln

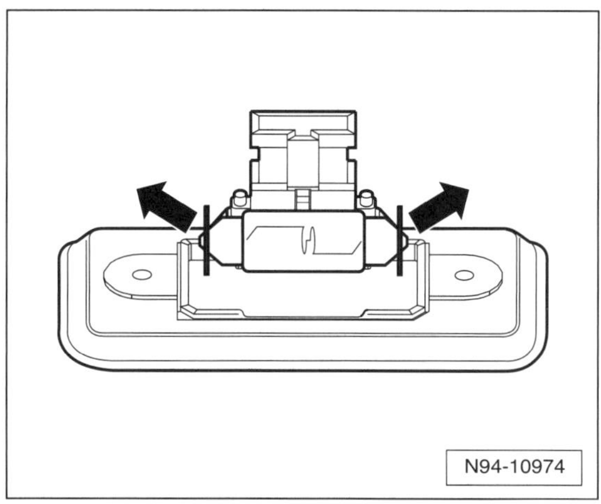

- Kontaktbleche in Pfeilrichtung auseinanderdrücken, Soffittenlampe herausnehmen und ersetzen.

Einbau

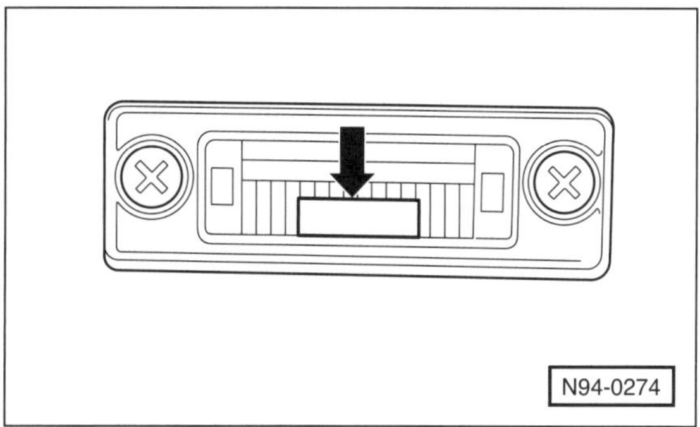

Hinweis: Beim Einbau darauf achten, dass der Blendschutzstreifen –Pfeil– der Stoßfängerseite zugewandt ist.

- Stecker aufschieben und einrasten.
- Leuchte an der Steckerseite in die Öffnung einsetzen und auf der anderen Seite in die Öffnung hineinschwenken und einrasten.
- Kennzeichenleuchte anschrauben.

Geclipste Ausführung

Ausbau

- Zündung ausschalten, Zündschlüssel abziehen.

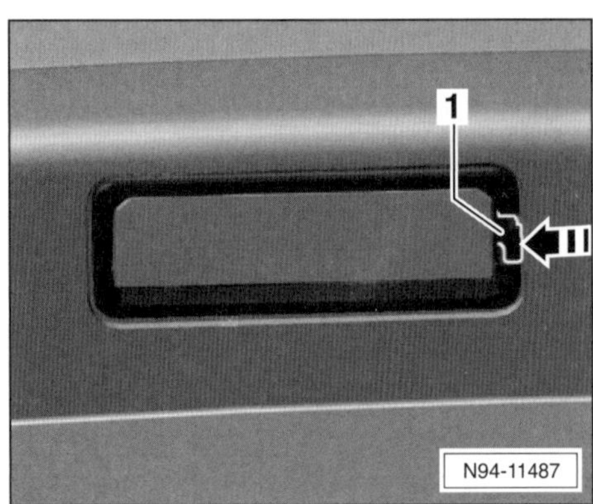

- Haltenase –1– mit einem kleinen Schraubendreher in Pfeilrichtung zur Kennzeichenleuchte drücken, Kennzeichenleuchte etwas anheben und herausschwenken.

Glühlampe wechseln

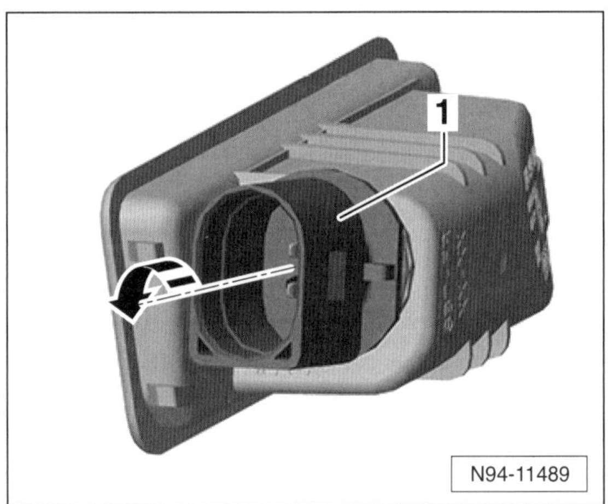

- Lampenfassung –1– in Pfeilrichtung drehen und aus der Leuchte herausnehmen.

Einbau

- Der Einbau erfolg in umgekehrter Ausbaureihenfolge.

Hochgesetzte Bremsleuchte aus- und einbauen

Ausbau

- Zündung ausschalten, Zündschlüssel abziehen.

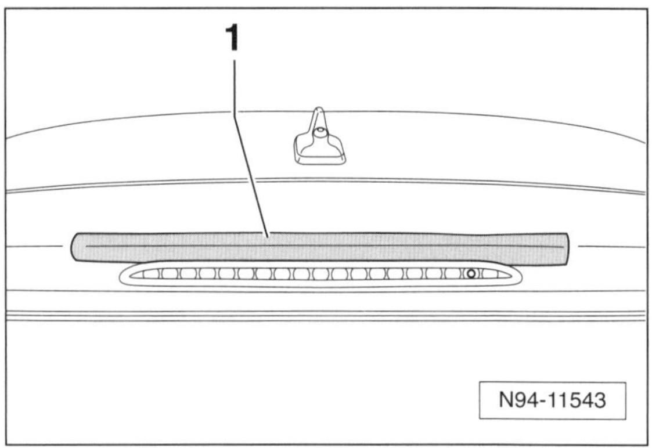

- Heckklappe über der Bremsleuchte mit Klebeband –1– abkleben und dadurch vor Beschädigung schützen.

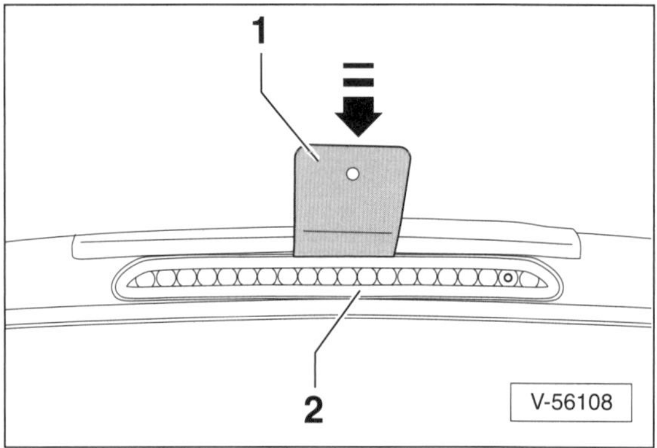

- Kunststoffkeil –1– oben zwischen Leuchte –2– und Heckklappe stecken. Anschließend Kunststoffkeil –1– in Pfeilrichtung drücken und dadurch Leuchte entriegeln.
- Bremsleuchte vorsichtig herausziehen.

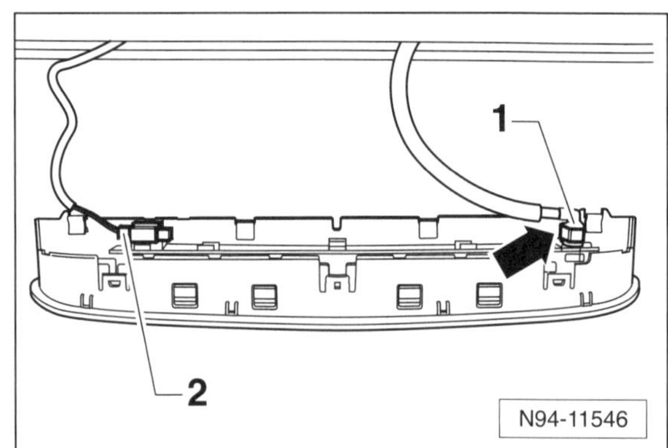

- Schlauchsicherung –Pfeil– herausziehen und Schlauchanschluss –1– für Scheibenwaschanlage von der Spritzdüse abziehen.
- Stecker –2– entriegeln und abziehen.

Einbau

- Beim Einbau auf richtigen Sitz der Dichtung achten. Die Dichtung darf keine Schlaufen werfen und nicht beschädigt sein.
- Waschwasserschlauch und elektrischen Stecker aufschieben und einrasten.
- Bremsleuchte in die Heckklappe einsetzen und einrasten, dabei unten beginnen.

Nebelscheinwerfer aus- und einbauen/Glühlampen wechseln

Ausbau

- Zündung und sämtliche elektrischen Verbraucher ausschalten, Zündschlüssel abziehen.

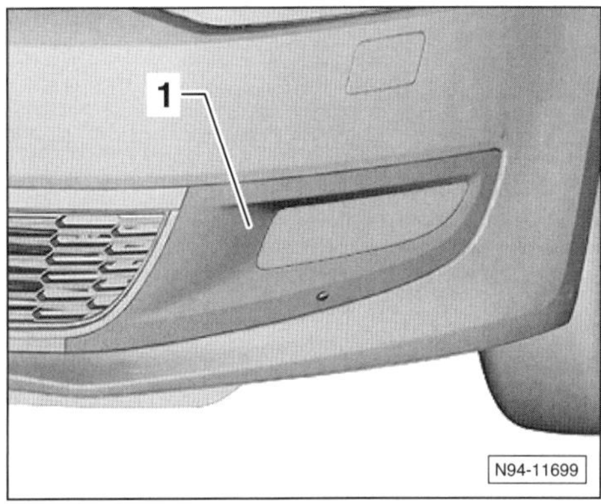

- Abdeckung –1– mit einem Kunststoffkeil aus den Verrastungen ausclipsen.

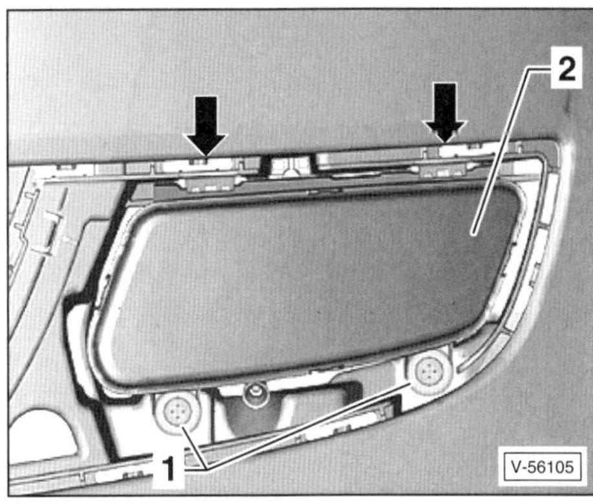

- Schrauben –1– herausdrehen und Rastnasen –Pfeile– entriegeln.
- Nebelscheinwerfergehäuse –2– aus dem Stoßfänger herausziehen. Dabei darauf achten, dass die elektrischen Leitungen nicht gedehnt werden.

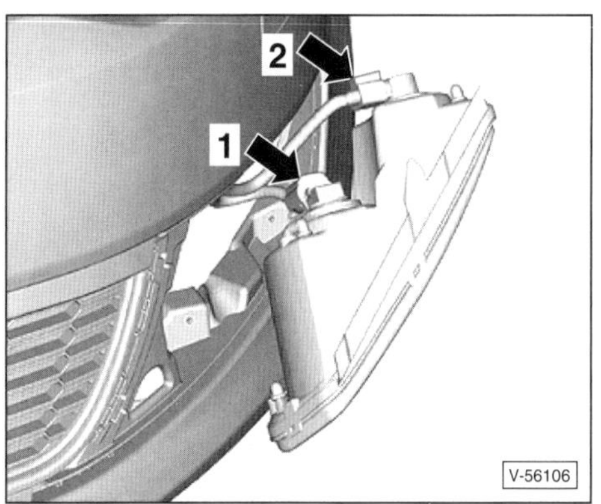

- Stecker –1– für Nebelscheinwerferlampe und –2– für Tagesfahrlicht entriegeln und abziehen.

Glühlampen ersetzen

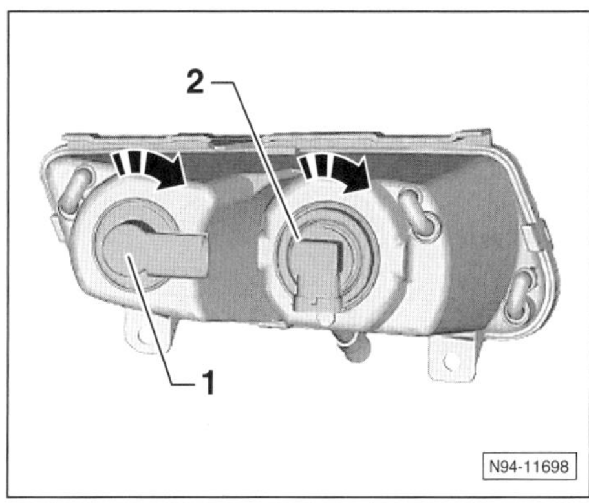

- Lampenfassung der Nebelscheinwerferlampe –2– in Pfeilrichtung drehen und herausnehmen. **Achtung:** Die Lampe ist mit der Fassung fest verbunden und kann nicht einzeln ersetzt werden.
- Lampenfassung der Tagesfahrlichtlampe –1– in Pfeilrichtung drehen und herausnehmen.

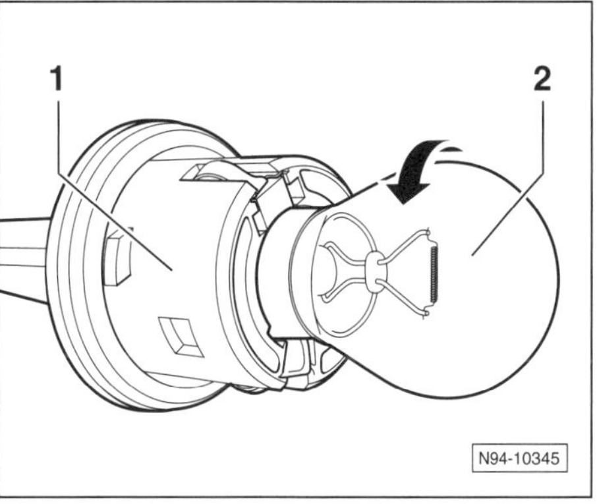

- Lampe –2– in die Fassung –1– hineindrücken, dann In Pfeilrichtung drehen und schließlich aus der Fassung herausnehmen

Einbau

- Der Einbau erfolgt in umgekehrter Ausbaureihenfolge. Dabei ist folgendes zu beachten:

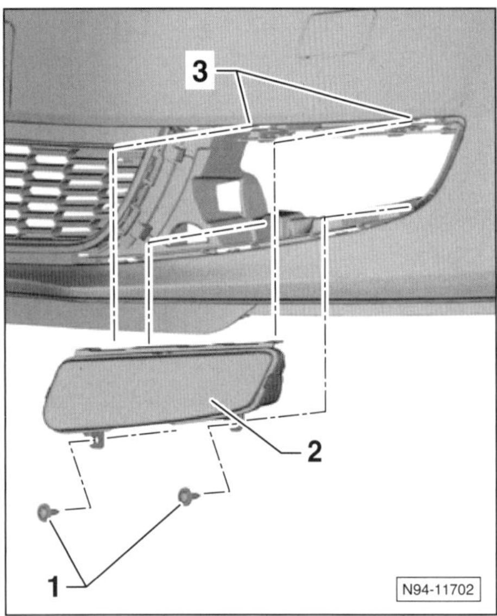

- Nebelscheinwerfer –2– mit den Laschen in den Stoßfänger einsetzen –3–.
- Schrauben –1– mit **1,8 Nm** festziehen.
- Nebelscheinwerfer-Einstellung so bald wie möglich von einer Werkstatt kontrollieren und gegebenenfalls einstellen lassen.

Einstellen

Achtung: Für die Verkehrssicherheit ist die exakte Einstellung der Nebelscheinwerfer von großer Bedeutung (Werkstattarbeit).

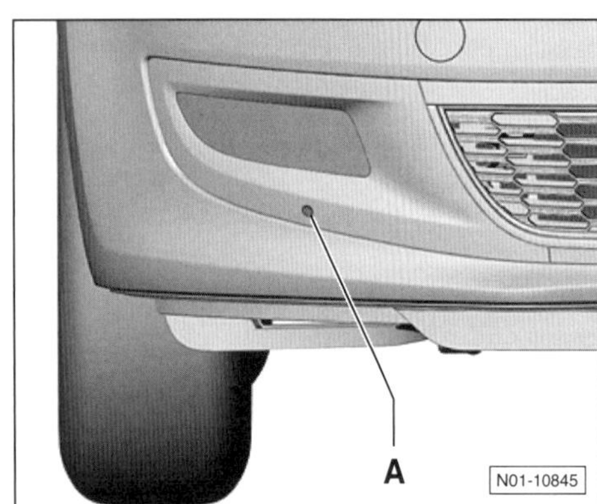

- Position der Scheinwerfer-Einstellschraube:
  A – Höhenverstellung.
  Eine Seitenverstellung ist nicht vorgesehen..

Speziell Nebelscheinwerfer POLO CROSS

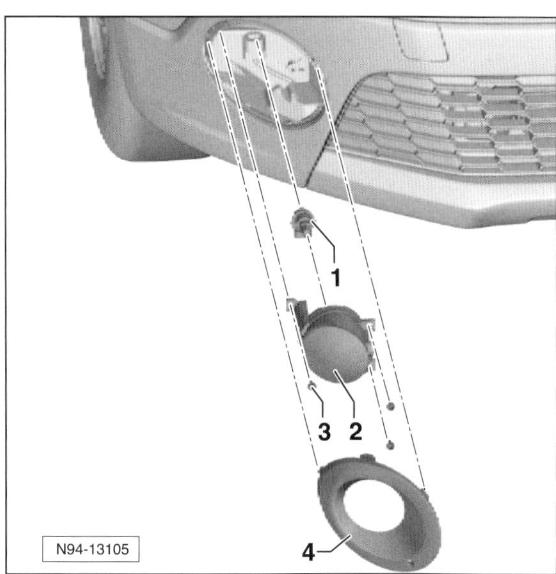

1 – Lampe für Nebelscheinwerfer
Die Lampe für den Nebelscheinwerfer ist mit der Lampenfassung fest verbunden und kann nur komplett ersetzt werden.

2 – Nebelscheinwerfer

3 – Schrauben, 1,5 Nm

4 – Rahmen für Nebelscheinwerfer

Speziell Nebelscheinwerfer POLO GTI

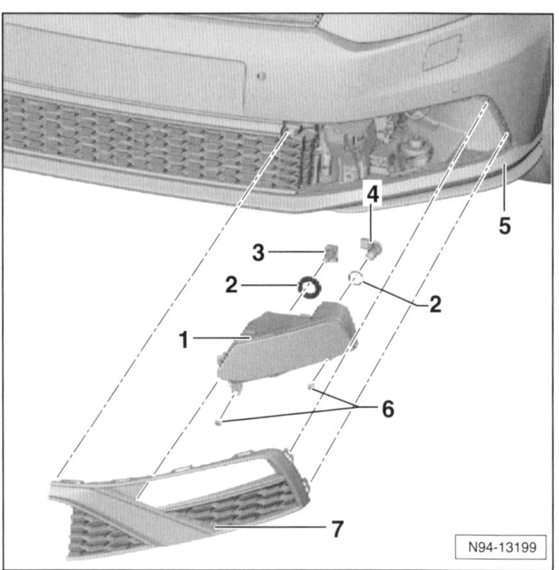

1 – Nebelscheinwerfer

2 – Abdeckkappe
2 Stück.

3 – Lampe für Nebelscheinwerfer
Die Lampe für den Nebelscheinwerfer ist mit der Lampenfassung fest verbunden und kann nur komplett ersetzt werden.

4 – Lampe für Tagesfahrlicht, 1,5 Nm

5 – Stoßfängerabdeckung vorn

6 – Schrauben, 1,5 Nm

7 – Blende für Nebelscheinwerfer

Glühlampen für Innenleuchten auswechseln

- Zündung und Schalter der Leuchte ausschalten. Zündschlüssel abziehen.
- Die Stelle, an der ein Schraubendreher für den Ausbau der Leuchte angesetzt wird, zum Schutz mit Klebeband abdecken.

Hinweis: Nach dem Einbau die neue Glühlampe auf Funktion überprüfen.

Kofferraumleuche/Fußraumleuchte

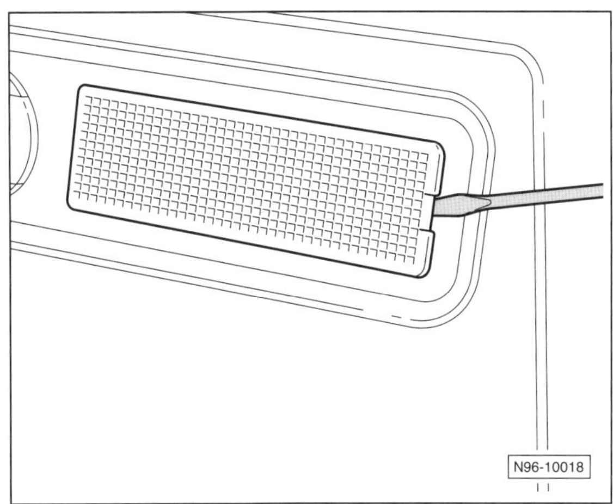

- Leuchte mit flachem Schraubendreher oder einem Kunststoffkeil aus der Einbauöffnung heraushebeln und herausziehen.

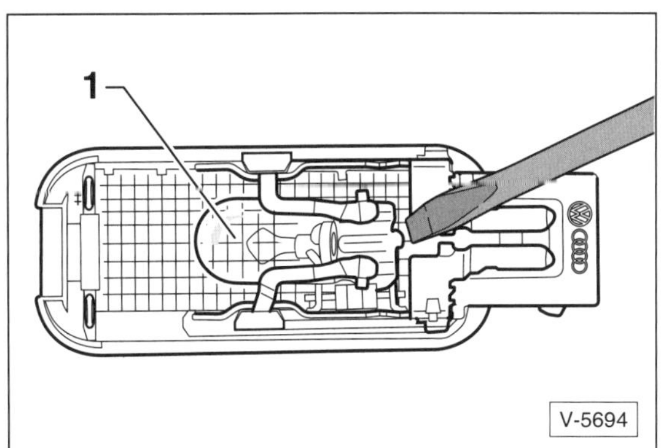

- Mit einem Schraubendreher Glühlampe –1– vorsichtig aus der Fassung herausdrücken und herausnehmen.
- Neue Glühlampe (W3W) in die Fassung einsetzen.
- Leuchte an der Steckerseite einsetzen, in die Öffnung schwenken und einrasten.

Innenleuchte/Leseleuchten vorn

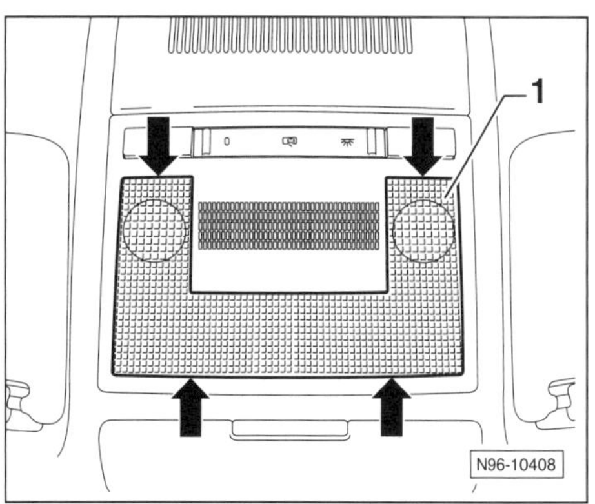

- Streuscheibe –1– vorsichtig abhebeln. Dabei geeigneten Kunststoffkeil an den mit Pfeilen gekennzeichneten Stellen ansetzen.

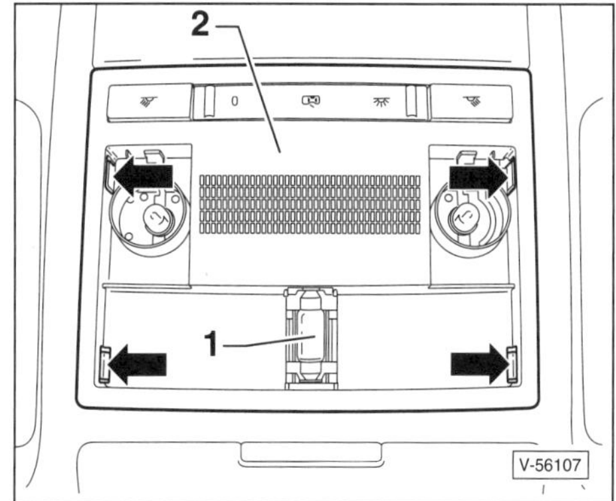

- Soffittenlampe (12 V/10 W) –1– herausziehen und ersetzen.
- Zum Ausbau der Lampen für die Leseleuchten die Rastnasen –Pfeile– ausclipsen und die Innenleuchte –2– nach unten schwenken.

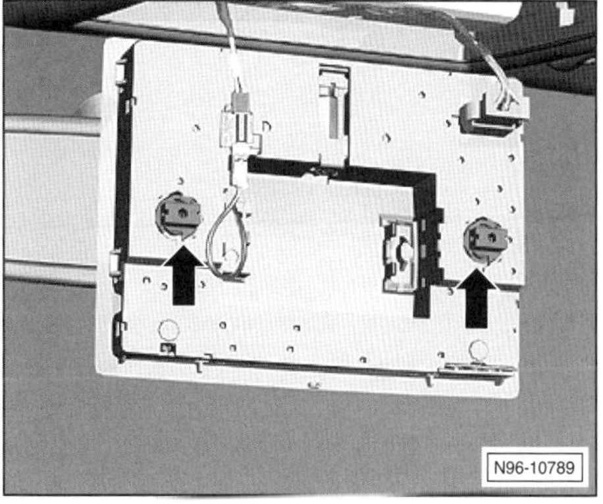

- Lampenfassung –Pfeile– der defekten Leselampe um 90° nach links drehen und herausziehen.
- Defekte Glühlampe (12 V/5 W) aus der Fassung herausziehen und ersetzen.
- Der Einbau erfolgt in umgekehter Ausbaureihenfolge.

Innenleuchte hinten

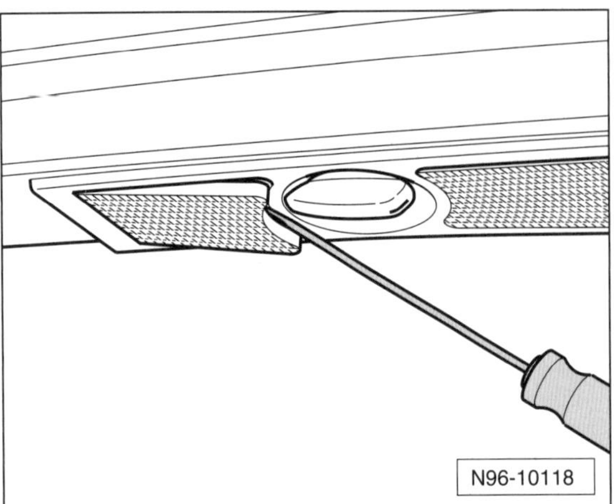

- Streuglasscheiben mit einem kleinen Schraubendreher oder einem Kuststoffkeil vorsichtig abhebeln.

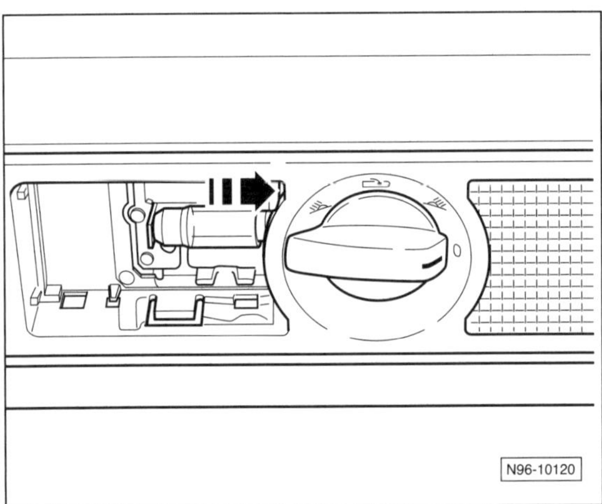

- Soffittenlampe (12 V/5 W) in Pfeilrichtung drücken und aus der Fassung herausnehmen.

Leuchte für Kosmetikspiegel

Ausbau

- Kosmetikleuchte im Dachhimmel: Sonnenblende nach vorne klappen.

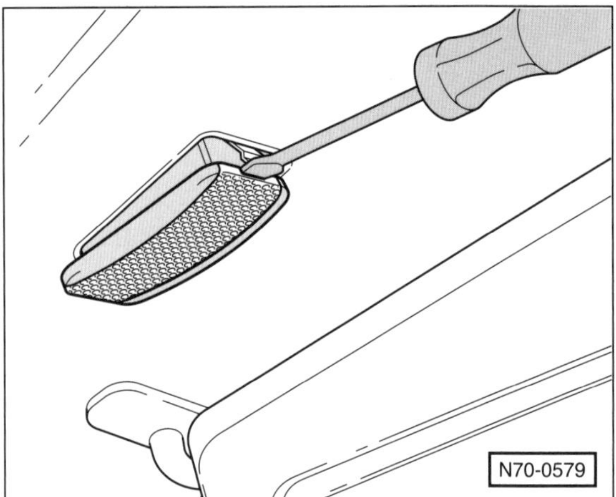

- Leuchte mit flachem Schraubendreher heraushebeln.
- Stecker von der Leuchte abziehen.

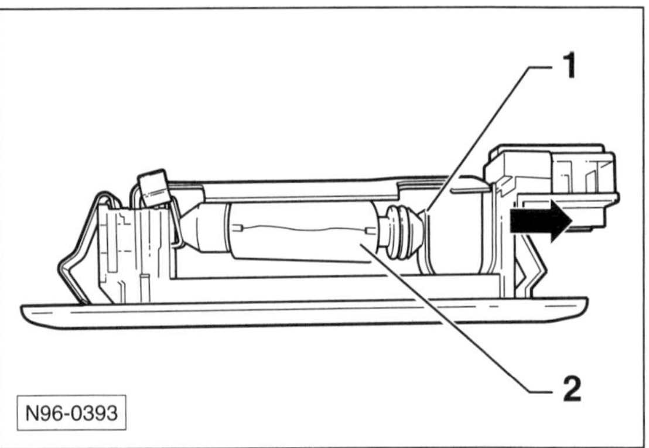

- Kontaktblech –1– in Pfeilrichtung drücken und Soffittenlampe –2– aus der Halterung herausnehmen.
- Neue Soffittenlampe in die Halterung einsetzen.
- Leuchte an der Steckerseite einsetzen, in die Öffnung schwenken und einrasten.

Kombiinstrument aus- und einbauen

Hinweis: Bei den Kontrollleuchten des Kombiinstrumentes handelt es sich um Leuchtdioden. Bei einem Defekt einer Leuchtdiode wird das Kombiinstrument komplett ausgetauscht. Im Kombiinstrument ist neben dem eigenen Steuergerät auch das Steuergerät für die Wegfahrsicherung integriert.

Beim Ersetzen des Kombiinstruments müssen die Daten für Kilometerstand sowie verschiedene Ausstattungsmerkmale auf das neue Exemplar übertragen werden. Außerdem muss die Wegfahrsicherung an das Motorsteuergerät angepasst werden. Dazu ist das VW-Diagnosesystem VAS-5051A erforderlich.

Ausbau

- Zündung ausschalten, Zündschlüssel abziehen.

Hinweis: Das Lenkrad braucht nicht ausgebaut zu werden.

- Lenkrad lösen, ganz herausziehen und in der untersten Stellung arretieren.
- Obere Lenksäulenverkleidung ausbauen, siehe Seite 237.

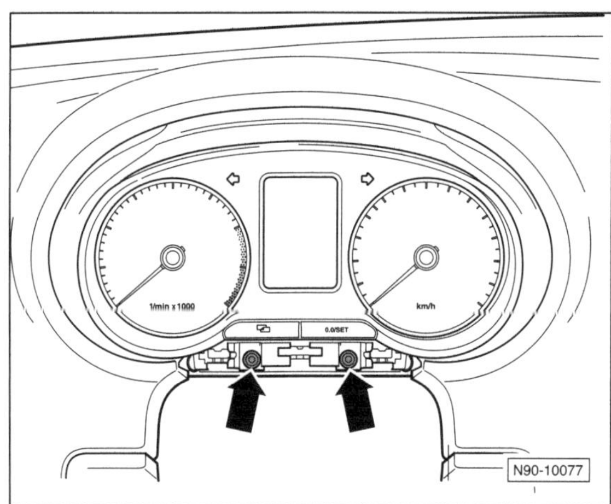

- 2 Schrauben –Pfeile– herausdrehen und Kombiinstrument gerade nach hinten so weit aus der Armaturentafel herausziehen bis die Steckverbindung an der Rückseite zugänglich wird.

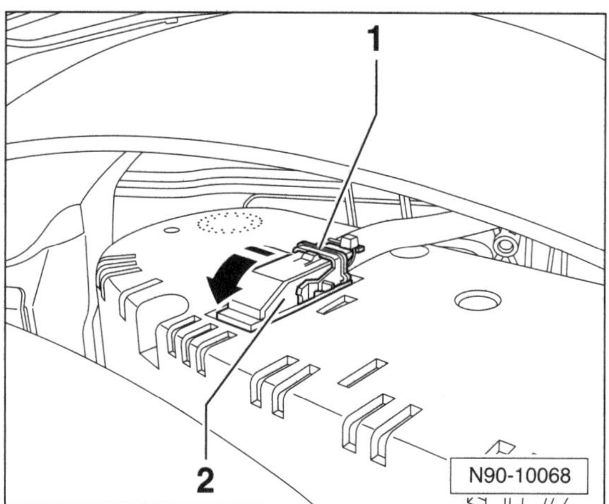

- Sicherungsbügel –1– in Pfeilrichtung schwenken und Mehrfachstecker –2– abziehen.

Einbau

- Der Einbau erfolgt in umgekehrter Ausbaureihenfolge.

Lenkstockschalter aus- und einbauen

Bis 3/2014

Als Lenkstockschalter bezeichnet man die beiden Schalter an der Lenksäule für Blinker/Fernlicht und Scheibenwischer.

Hinweis: Bei Fehlfunktionen am Lenkstockschalter muss die Codierung des Steuergerätes für Lenksäulenelektronik mit dem VW-Diagnosegerät überprüft werden. Wird das Steuergerät ersetzt, muss es neu codiert werden (Werkstattarbeit).

Ausbau

- Batterie abklemmen. **Achtung:** Hinweise im Kapitel »Batterie aus- und einbauen« beachten.

Sicherheitshinweis
Unbedingt Airbag-Sicherheitshinweise befolgen, siehe Seite 162.

- Lenkrad in Mittelstellung bringen, so dass sich die Räder in Geradeausstellung befinden.
- Lenkrad ausbauen, siehe Seite 164.
- Vorstellhebel für Lenkradverstellung lösen und Lenksäule herausziehen und ganz nach unten drücken.
- Lenksäulenverkleidungen ausbauen, siehe Seite 263.

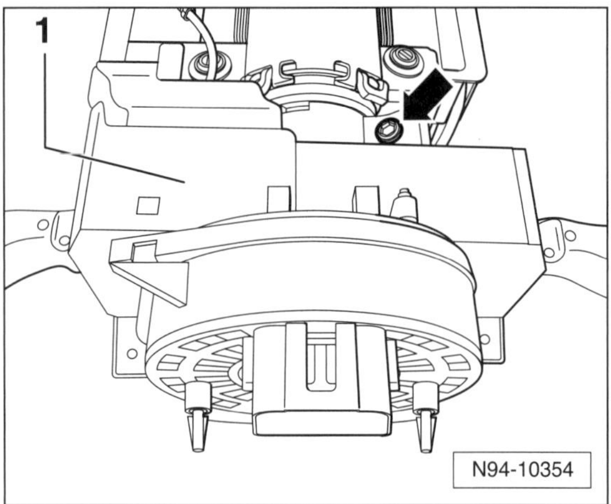

- Schraube –Pfeil– für Lenkstockschalter –1– herausdrehen.

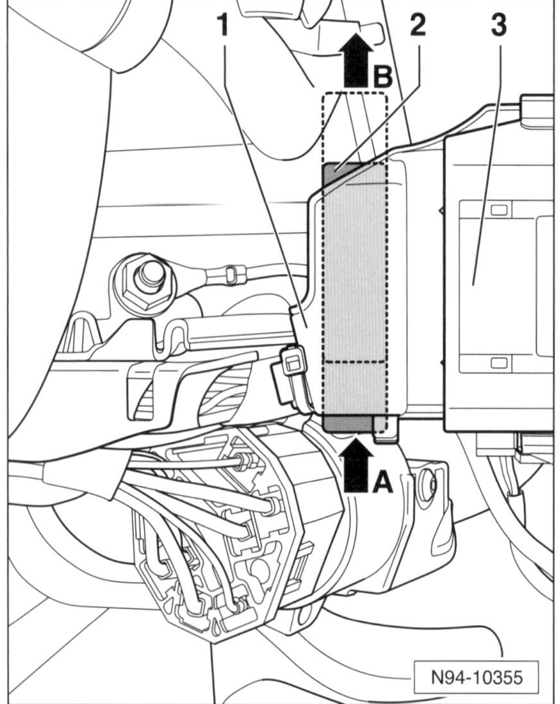

- Stecker –1– entriegeln. Dazu Sicherungsriegel –2– **zuerst von unten** in Pfeilrichtung –A– drücken und **dann von oben** in Pfeilrichtung –B– ziehen.
- Lenkstockschalter –3– vom Stecker –1– und von der Lenksäule abziehen.

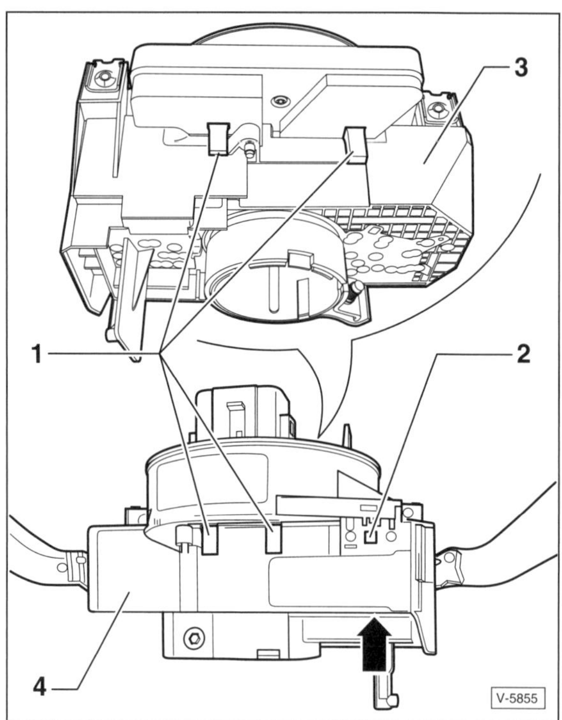

Achtung: Die Wickelfeder –3– darf beim Ausbau **nicht** aus der Mittelstellung verdreht werden; gegebenenfalls Wickelfeder mit einem Klebestreifen fixieren.

- Zum Trennen der Wickelfeder vom Lenkstockschalter einen Schraubendreher in die flache Öffnung am Lenkstockschalter –Pfeil– hineinschieben und die Rastnase –2– entriegeln.
- Rastlaschen –1– etwas anheben und Wickelfeder –3– vom Lenkstockschalter –4– abziehen.

Einbau

- Der Einbau erfolgt in umgekehrter Ausbaureihenfolge.

Achtung: Beim Einbau der Wickelfeder muss der Blinkerschalter in 0-Stellung stehen, damit der Rückstellhebel nicht abbricht.

- Sicherstellen, dass sich beim Einbau der Wickelfeder die Räder in Geradeausstellung und die Wickelfeder in Mittelstellung befinden.
- Nach dem Einbau gegebenenfalls Grundeinstellung des Lenkwinkelgebers mit dem Diagnosegerät VAS-5051A durchführen lassen (Werkstattarbeit).

Lichtschalter aus- und einbauen

Ausbau

- Zündung ausschalten und Zündschlüssel abziehen.

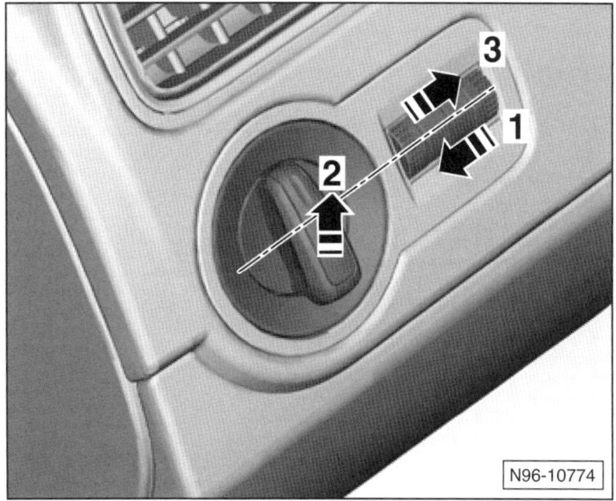

- Drehgriff des Lichtschalters in Stellung »0« drehen.
- Drehgriff des Lichtschalters fest hineindrücken –1– und gleichzeitig etwas nach rechts drehen –2–.
- Drehgriff in dieser Stellung halten und Lichtschalter am Drehgriff aus der Armaturentafel herausziehen –3–.

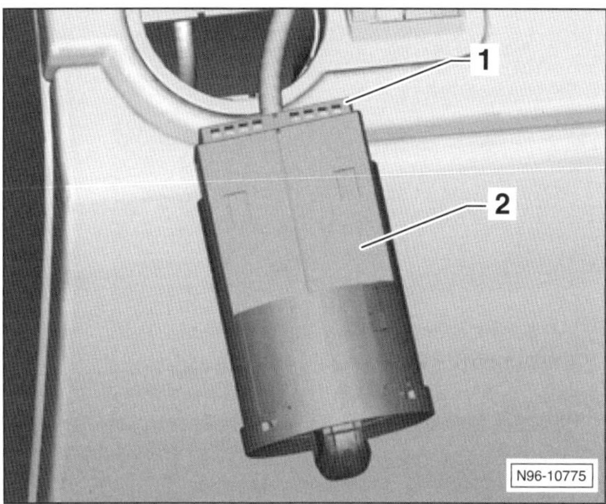

- Stecker –1– an der Rückseite des Schalters –2– abziehen.

Einbau

- Stecker am Schalter aufschieben.

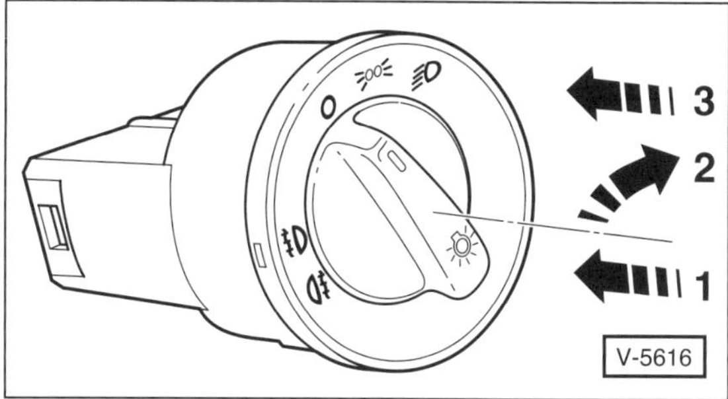

- Zum Einbau Lichtschalter festhalten, Drehgriff für Lichtschalter fest hineindrücken –1– und gleichzeitig nach rechts drehen –2–. Dadurch werden die beiden Verriegelungshaken des Schalters versenkt.
- Drehgriff in dieser Stellung halten und Lichtschalter in die Öffnung der Armaturentafel eindrücken –3–.
- Drehgriff in Stellung »0« drehen und Schalter einrasten.
- Sämtliche Positionen des Schalters durchschalten und festen Sitz des Schalters prüfen.

Leuchtweitenregler aus- und einbauen

Ausbau

- Zündung ausschalten und Zündschlüssel abziehen.
- Seitliche Abdeckung links von der Armaturentafel abbauen, siehe Seite 262.

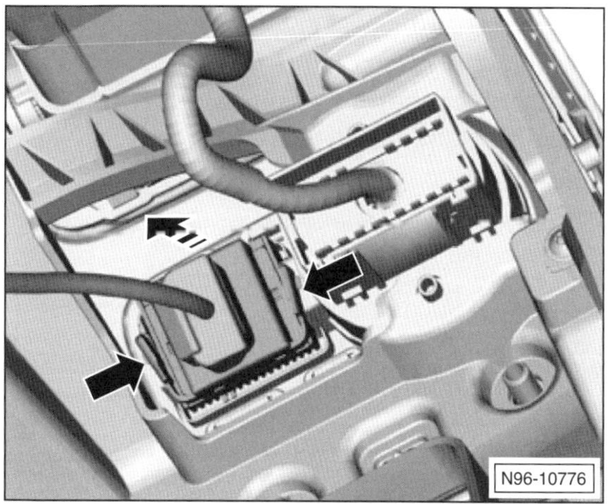

- Hinter die Armaturentafel greifen, die beiden Haltenasen zusammendrücken –Pfeile– und Leuchtweitenregler in Fahrtrichtung –Pfeil oben– aus der Verkleidung herausziehen.
- Regler seitlich aus der Armaturentafel herausziehen und Stecker abziehen.

Einbau

- Der Einbau erfolgt in umgekehrter Ausbaureihenfolge.

Schalter im Fahrzeuginnenraum aus- und einbauen

Grundsätzliche Hinweise:

- Vor dem Ausbau Zündung und alle elektrischen Verbraucher ausschalten, Zündschlüssel abziehen.
- Der Einbau erfolgt in umgekehrter Ausbaureihenfolge.

Taster/Schalter und Kontrollleuchten in der Armaturentafelmitte

Ausbau

- Obere Armaturentafelblende Mitte ausbauen, siehe Seite 259.

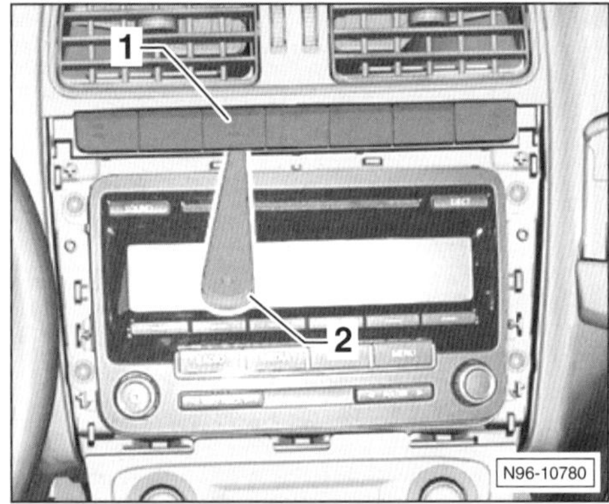

- Taster –1– oder Kontrollleuchte mit einem Kunststoffkeil –2– heraushebeln.
- Steckverbindung trennen.

Schlüsselschalter für Airbagabschaltung/ Taster für Reifenkontrollanzeige

Ausbau

- Seitliche Abdeckung rechts von der Armaturentafel abbauen, siehe Seite 262.

Sicherheitshinweis
Unbedingt Airbag-Sicherheitshinweise befolgen, siehe Seite 162.

- Hinter die Armaturentafel greifen, die jeweilige Steckverbindung abziehen und den Schalter in den Innenraum herausdrücken.

Schalter für Fensterheber

Bis 3/2014

Ausbau

Hinweis: Die Schalterbeleuchtung ist im Schalter integriert und kann nicht einzeln ausgebaut werden.

Fahrertür

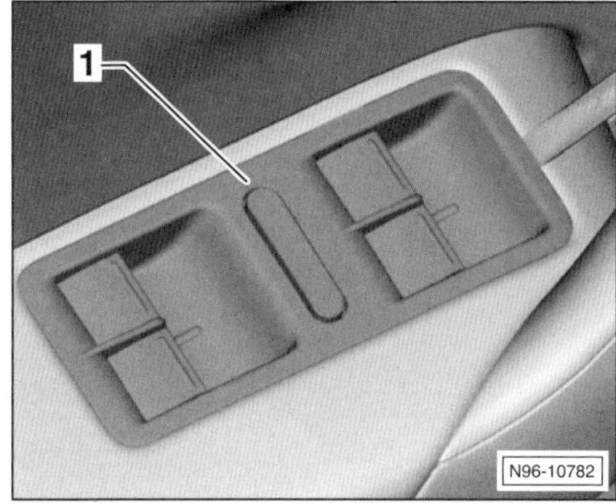

Beifahrertür

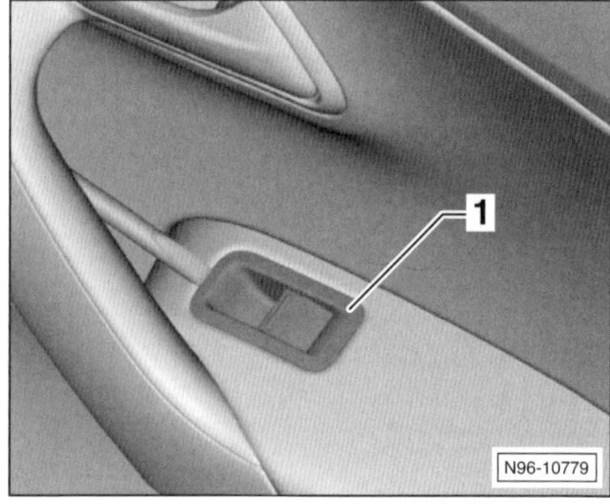

- Mit einem Kunststoffkeil, zum Beispiel HAZET 1965-20 oder 1965-21 beziehungsweise einem Schraubendreher, den Fensterheberschalter –1– heraushebeln. **Achtung:** Wird ein Schraubendreher verwendet, Papierpolster unterlegen, um Beschädigungen der Türverkleidung zu vermeiden.

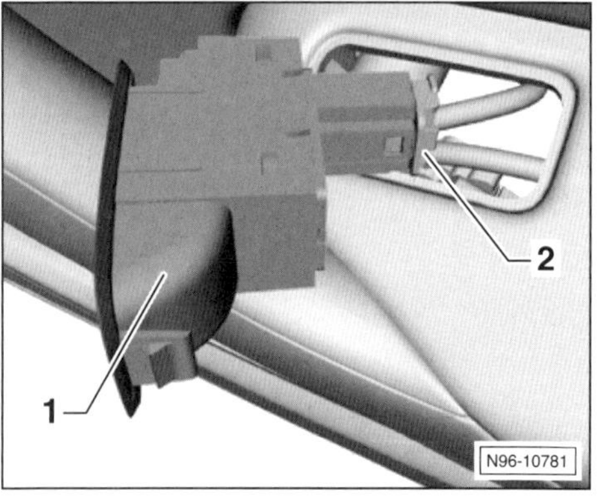

- Stecker –2– vom Schalter –1– abziehen.

Ab 4/2014

Fahrertür

Ausbau

- Zündung und alle elektrischen Verbraucher ausschalten.
- Zündschlüssel abziehen.
- Türverkleidung vorn links ausbauen, siehe Seite 297.
- Elektrische Steckverbindung von der Bedienungseinheit für Fensterheber abziehen.

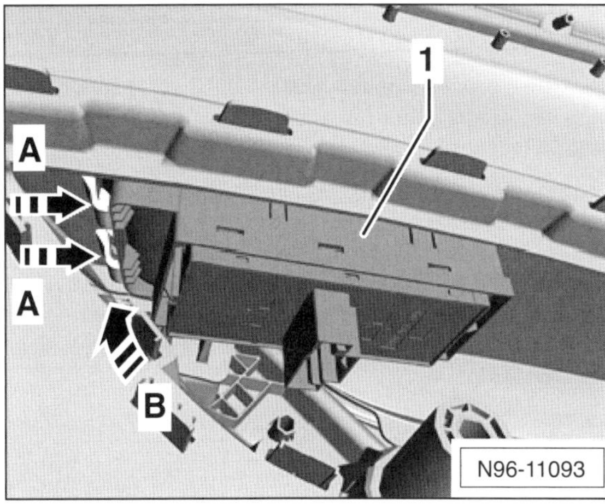

- Verrastungen an der Blende –1– in Pfeilrichtung –A– drücken.
- Blende –1– für Bedienungseinheit in Pfeilrichtung –B– aus der Türverkleidung herausnehmen.

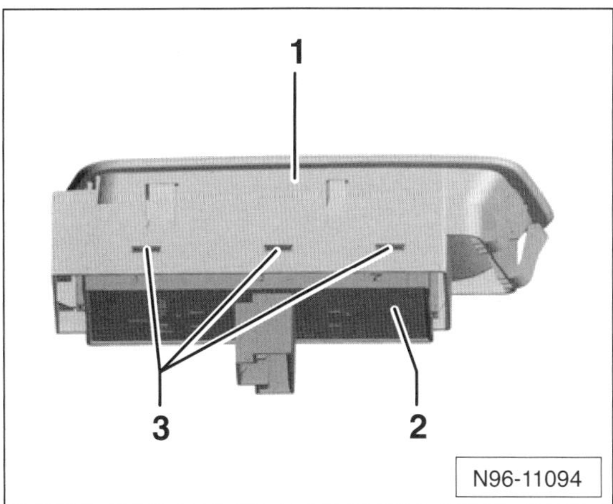

- Rasthaken –3– auf beiden Seiten der Blende –1– entriegeln.
- Bedienungseinheit für Fensterheber –2– aus der Blende –1– herausnehmen.

Einbau

- Der Einbau erfolgt in umgekehrter Ausbaureihenfolge.

Schalter für Spiegelverstellung

Ausbau

- Blende am Türzuziehgriff mit Kunststoffkeil abhebeln, siehe auch Seite 271.

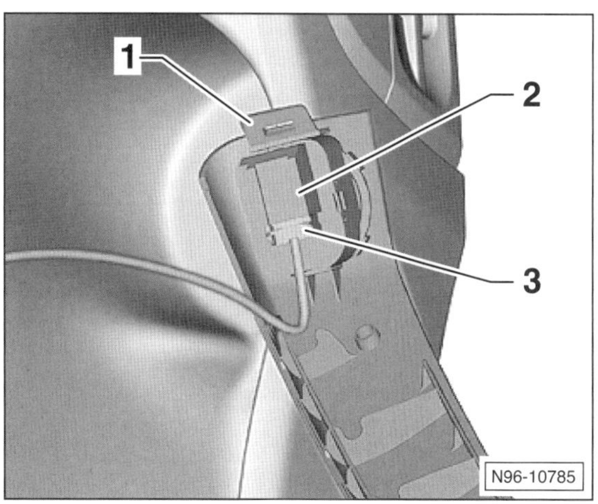

- Stecker –3– abziehen.
- Rastnase –1– entriegeln und Schalter –2– aus der Blende herausnehmen.

Taster für Türinnenverriegelung

Ausbau

- Blende am Türzuziehgriff mit Kunststoffkeil abhebeln, siehe auch Seite 271.

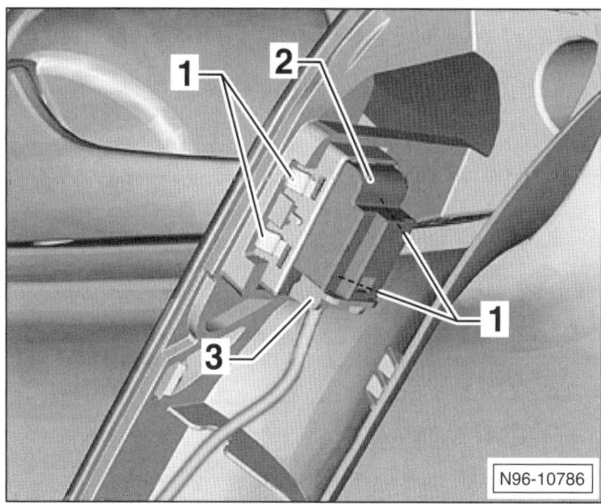

- Stecker –3– abziehen.
- Rastnasen –1– auf beiden Seiten entriegeln und Taster –2– aus der Türverkleidung herausdrücken.

Schalter für Kofferraumbeleuchtung

Der Schalter ist im Heckklappenschloss integriert und kann nicht einzeln ausgebaut werden. Bei defektem Schalter muss das komplette Heckklappenschloss erneuert werden.

Schalter im Lenkrad

Ausbau

Sicherheitshinweis
Unbedingt Airbag-Sicherheitshinweise befolgen, siehe Seite 162.

- Airbageinheit am Lenkrad ausbauen, siehe Seite 142.

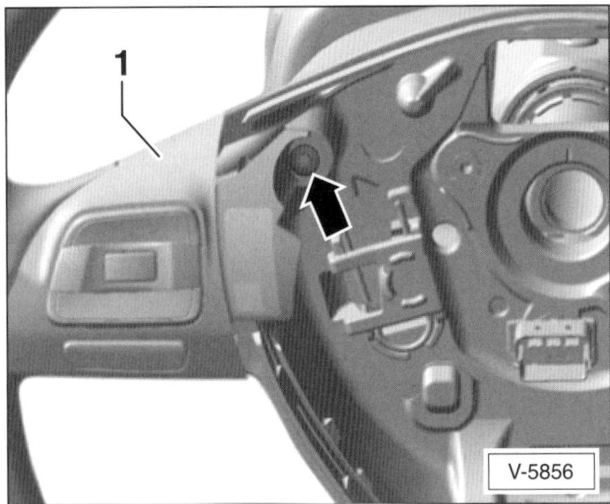

- Schraube –Pfeil– herausdrehen und Tastenblock –1– am Lenkrad herausziehen.

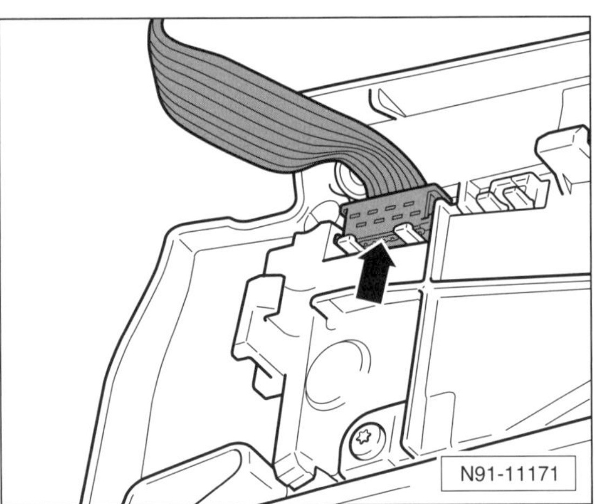

- Stecker –Pfeil– am Tastenblock abziehen.

Radio aus- und einbauen

Serienmäßig ist ein Radio mit **Anti-Diebstahl-Codierung** eingebaut. Diese verhindert die unbefugte Inbetriebnahme des Gerätes, wenn die Stromversorgung unterbrochen wurde. Die Stromversorgung ist beispielsweise unterbrochen beim Abklemmen der Batterie, beim Ausbau des Radios oder wenn die Radiosicherung durchgebrannt ist.

Die VW-Radioanlagen werden über das Werkstatt-Diagnosegerät auf das Fahrzeug abgestimmt. Daher ist beim Trennen und Wiederanschließen der Stromversorgung, beziehungsweise beim Aus- und Einbau desselben Radios keine Codeeingabe erforderlich.

Beim Einbau eines **neuen** Radios oder bei einem Defekt muss das Radio in der Fachwerkstatt auf das Fahrzeug angepasst und codiert werden.

Achtung: Bei einem nachträglich eingebauten Radio muss der Diebstahlcode vor dem Abklemmen der Batterie oder dem Ausbau des Radios festgestellt werden. Ansonsten kann das Radio nur durch den Hersteller wieder in Betrieb genommen werden. Die Code-Nummer ist in der Radio-Bedienungsanleitung angegeben. Sie sollte nicht im Fahrzeug aufbewahrt werden.

Ausbau

Hinweis: Der Aus- und Einbau des Radio-/Navigationsgerätes erfolgt in gleicher Weise.

- Gegebenenfalls eingelegte CD aus dem Player herausnehmen.
- Zündung ausschalten und Zündschlüssel abziehen.

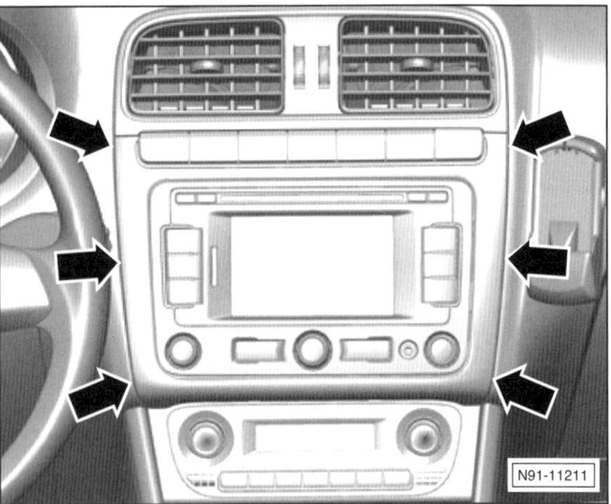

- Mittlere Blende in der Armaturentafel mit einem Kunststoffkeil abhebeln –Pfeile–.

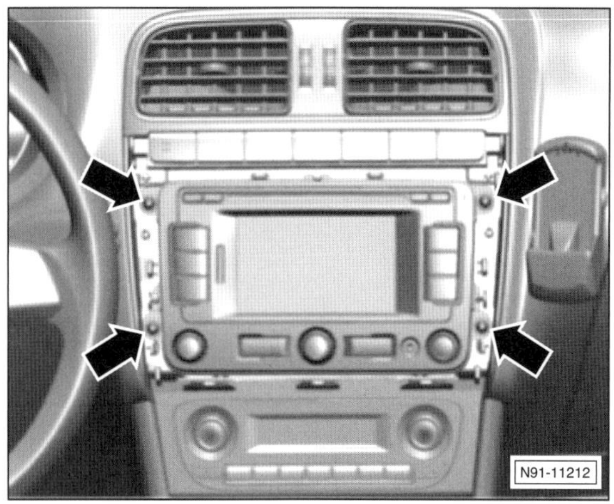

- 4 Schrauben –Pfeile– herausdrehen und Radio so weit aus dem Einbauschacht herausziehen, dass die Anschlüsse an der Rückseite des Radios zugänglich sind.

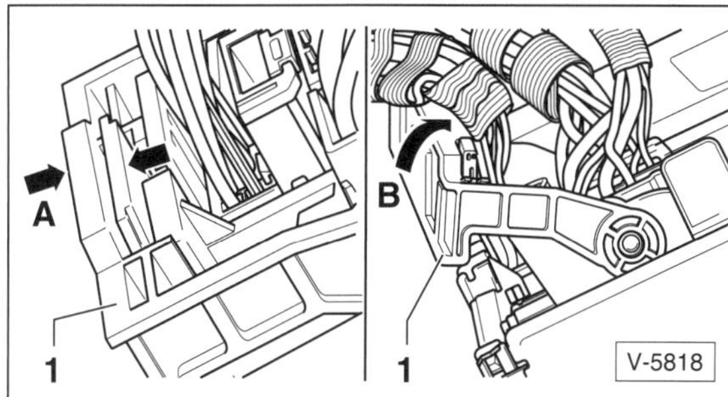

- Steckerarretierung an der Rückseite des Radios zusammendrücken –Pfeile A–, Verriegelungsbügel –1– hochschwenken –Pfeil B– und Stecker abziehen.

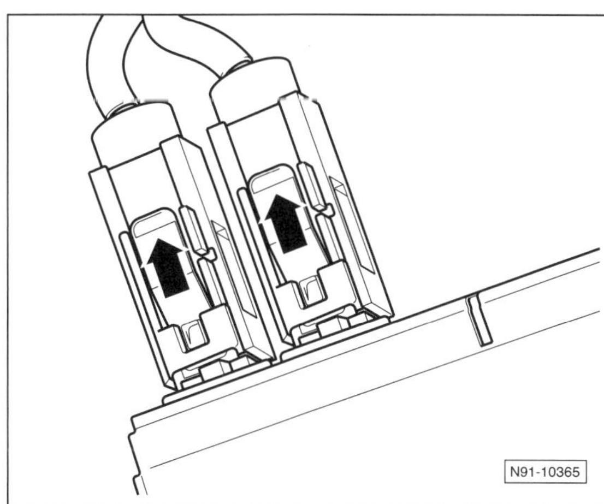

- Stecker entriegeln –Pfeil– und Antennenkabel an der Rückseite des Radios abziehen. **Hinweis:** Je nach Radiomodell kann auch nur 1 Antennenkabel angeschlossen sein.

Einbau

- Stecker sowie Antennenkabel an der Rückseite des Radios anschließen und Radio in den Einbauschacht schieben. Dabei nicht auf das Display und die Bedienungstasten drücken, das Radio könnte sonst beschädigt werden.
- Radio mit 4 Schrauben festschrauben.
- Mittlere Blende in der Armaturentafel einbauen, siehe Seite 233.
- Zündung einschalten.
- Wenn nötig, Radiocode eingeben, Radio einschalten und auf Funktion überprüfen.

Lautsprecher aus- und einbauen

Tieftonlautsprecher

Ausbau

- Zündung und alle elektrischen Verbraucher ausschalten, Zündschlüssel abziehen.
- Türverkleidung beziehungsweise hintere Seitenverkleidung ausbauen, siehe Seite 271/243.

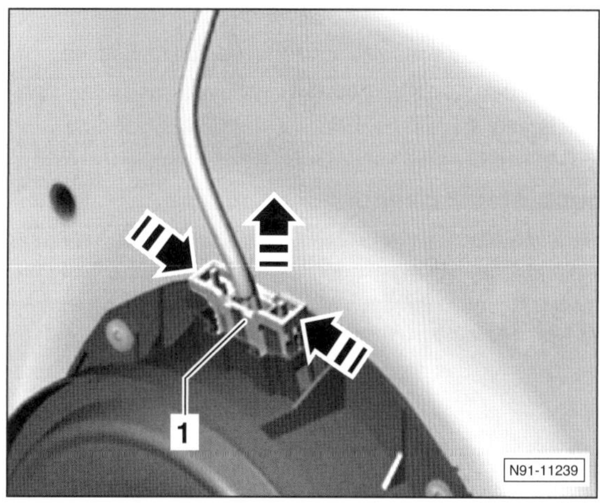

- Verriegelung des Lautsprechersteckers –1– zusammendrücken –Pfeile– und herausziehen.

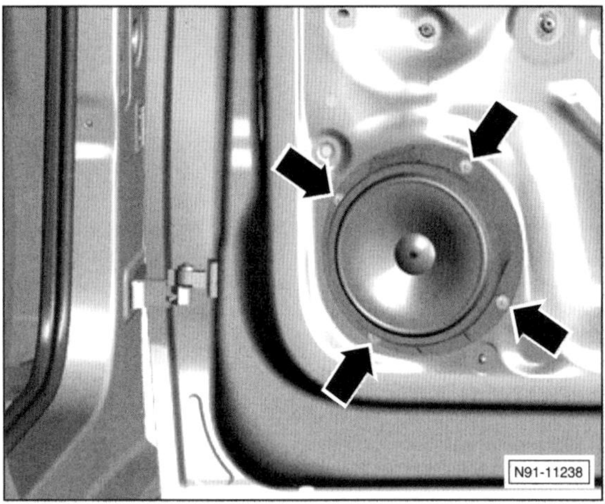

- Nieten –Pfeile– mit einem geeigneten Bohrer ausbohren und defekten Lautsprecher von der Tür abnehmen.
- Sämtliche Bohrspäne aus der Tür entfernen. Eventuell entstandene Lackschäden ausbessern.

Einbau

- Neuen Lautsprecher mit handelsüblichen Blindnieten oder mit Blechschrauben befestigen.
- Stecker für Lautsprecher aufschieben und einrasten.
- Türverkleidung/Seitenverkleidung einbauen, siehe Seite 271/243.

Hochtonlautsprecher vorn

Die vorderen Hochtonlautsprecher sind in den vorderen A-Säulen-Verkleidungen integriert. Ein defekter Lautsprecher muss zusammen mit der Verkleidung ersetzt werden. A-Säulen-Verkleidung ausbauen, siehe Seite 240.

Heizung/Klimatisierung

Aus dem Inhalt:

- **Klimaanlage**
- **Heizungsbedieneinheit**
- **Stellmotor**
- **Frischluft-/Heizgebläse**
- **Vorwiderstand**
- **Luftaustrittsdüsen**

Die Frischluft für Heizung und Klimaanlage wird von einem elektrischen Gebläse angesaugt. Bevor die Luft in den Innenraum gelangt wird sie von einem Staub- und Pollenfilter gereinigt.

Erwärmt wird die Luft für den Fahrzeuginnenraum über den Wärmetauscher oder sie wird, je nach Bedarf, im Verdampfer der Klimaanlage abgekühlt und dann auf die Luftaustrittsdüsen im Fahrzeuginnenraum verteilt.

Der Wärmetauscher wird ständig von der heißen Motorkühlflüssigkeit durchströmt, so dass er die Wärme für den Fahrzeuginnenraum schnell an die vorbeiströmende Frischluft abgibt. Um den Luftdurchsatz im Fahrzeuginnenraum zu erhö-

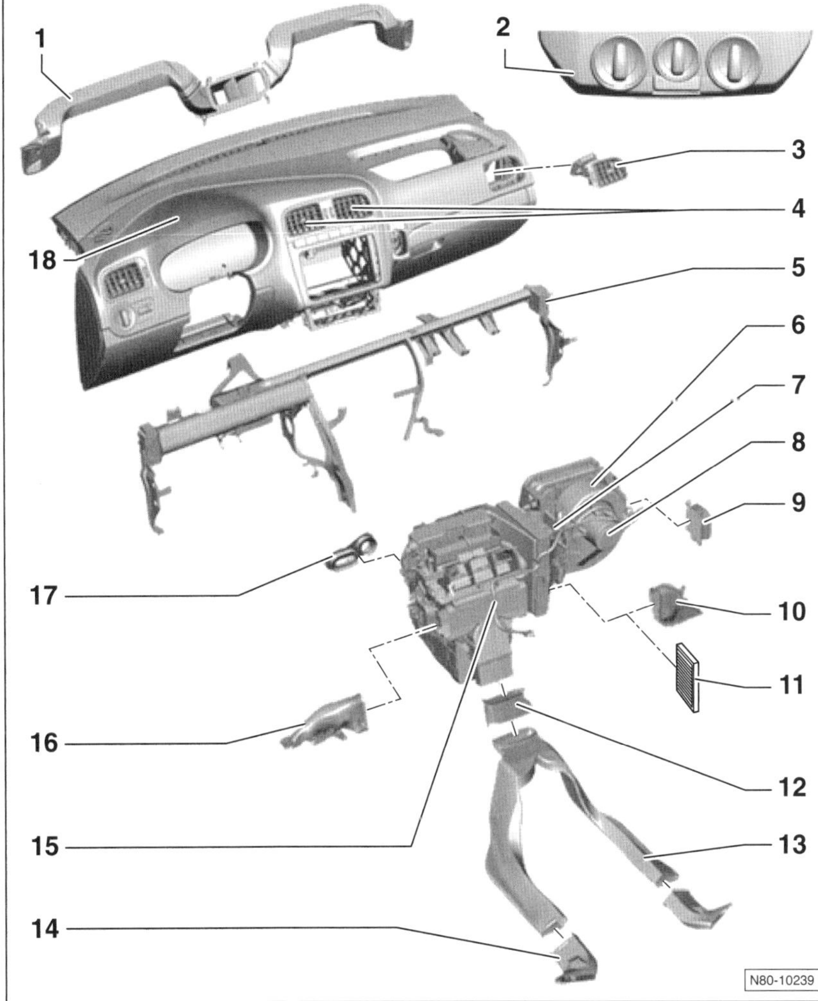

Heizanlage

1 – **Luftführung**

2 – **Heizungs-Bedieneinheit**

3 – **Luftaustrittsdüse rechts**

4 – **Luftaustrittsdüsen Mitte**

5 – **Querträger der Armaturentafel**

6 – **Heizgerät**

7 – **Vorwiderstand**
Für Gebläsemotor. Mit Überhitzungssicherung.

8 – **Frischluftgebläse**

9 – **Stellmotor**
Für Frischluft- und Umluftklappe.

10 – **Fußraumausströmer rechts**

11 – **Staub- und Pollenfilter**
Mit Aktivkohle-Filtereinsatz.

12 – **Verbindungsstutzen**

13 – **Luftführungskanal**
Für Fußraum hinten rechts.

14 – **Luftaustrittsdüse**
Für Fußraum hinten links.

15 – **Flexible Welle**
Für Stelleinheit der Temperaturklappe.

16 – **Fußraumausströmer links**

17 – **Dichtung**
Zwischen Wärmetauscher und Wasserkasten-Stirnwand. Einbaulage bachten.

18 – **Armaturentafel**

hen, kann das integrierte Frischluftgebläse in mehreren Leistungsstufen betrieben werden.

Soll keine Frischluft von außen angesaugt werden, zum Beispiel bei schlechter Außenluft, kann auf Umluftbetrieb umgeschaltet werden. In dieser Betriebsart wird nur die im Fahrzeug befindliche Luft umgewälzt. Geschieht das über einen längeren Zeitraum, können die Scheiben innen beschlagen.

Bei Fahrzeugen mit Dieselmotor ist zusätzlich ein **PTC-Zuheizelement** (**P**ositive **T**emperature **C**oefficient) vorhanden, um bei tiefen Außentemperaturen das Heizungsdefizit zu verbessern. Die Zusatzheizung ist im Heizgerät unter dem Wärmetauscher eingebaut. Nach dem Start des Motors erwärmt sich der elektrische PTC-Zuheizer in Abhängigkeit von der Außentemperatur und gibt innerhalb von Sekunden die Wärme an die vorbeiströmende kalte Luft ab.

Tritt ein Fehler in der Heizungs- oder Klimaanlage auf, wird er in einem elektronischen Speicher abgelegt. Über ein Fehlerauslesegerät kann der entsprechende Speicher ausgelesen werden. Eine exakte Fehlerdiagnose ohne Auslesegerät ist nicht möglich.

Klimaanlage

Manuell gesteuerte Klimaanlage (»Climatic«)

Die Klimaanlage ist eine kombinierte Kühl- und Heizanlage. Im Kühlbetrieb arbeitet die Klimaanlage im Prinzip wie ein Kühlschrank. Der Kompressor verdichtet das dampfförmige FCKW-freie Kältemittel R 134 A. Dieses erhitzt sich dabei und wird in den Kondensator geleitet. Dort wird das Kältemittel abgekühlt und verflüssigt sich. Über das Expansionsventil wird das Kältemittel entspannt und in den Verdampfer eingespritzt, wo es auf Grund seines niedrigen Druckes verdampft. Es kühlt dabei stark ab.

Durch diesen Verdampfungs- und Abkühlungsprozess wird der von außen vorbeistreichenden Luft Wärme entzogen. Die Luft kühlt sich ab und mitgeführte Luftfeuchtigkeit wird zu Kondenswasser, das ins Freie geleitet wird. Die Intensität der Kühlung ist abhängig von der eingestellten Temperatur und von der Gebläseschalterstellung.

Sicherheitshinweis
Der **Kältemittelkreislauf der Klimaanlage darf nicht geöffnet** werden, da das Kältemittel bei Hautberührung Erfrierungen hervorrufen kann.
Bei versehentlichem Hautkontakt betroffene Stelle sofort mindestens 15 Minuten lang mit kaltem Wasser spülen.
Kältemittel ist farb- und geruchlos sowie schwerer als Luft. Bei austretendem Kältemittel besteht am Boden beziehungsweise in unteren Räumen Erstickungsgefahr.
Das Kältemittelgas ist nicht wahrnehmbar.

Hinweis: Die Klimaanlage sollte, vor allem in der kalten Jahreszeit, einmal im Monat für einige Zeit bei höchster Gebläsestufe eingeschaltet werden, und zwar bei normaler und gleichmäßiger Fahrzeuggeschwindigkeit und bei betriebswarmem Motor. Dadurch wird sichergestellt, dass das im Kältemittel enthaltene Schmieröl in Umlauf gebracht wird, die beweglichen Teile der Klimaanlage regelmäßig geschmiert werden und die Dichtungen nicht porös werden.

Achtung: Arbeiten an der Klimaanlage dürfen nur von einer Fachwerkstatt durchgeführt werden. Deshalb werden Reparaturen an der Klimaanlage nicht beschrieben.

Neben der manuell gesteuerten Klimaanlage (»Climatic«) ist auf Wunsch auch eine **elektronisch gesteuerte Klimaanlage (»Climatronic«)** erhältlich. Der Automatikmodus sorgt für konstante Temperaturen im Innenraum und entfeuchtet die Luft im Fahrzeuginnern, so dass die Scheiben nicht beschlagen. Außerdem werden Lufttemperatur, Luftmenge und Luftverteilung automatisch geregelt und Schwankungen der Außentemperatur ausgeglichen. Durch Drücken der AC-Taste kann die Kühlanlage separat ein- und ausgeschaltet werden; dennoch wird die Heizungs- und Belüftungsanlage weiterhin automatisch geregelt.

Luftaustrittsdüsen aus- und einbauen

Mittlere Luftaustrittsdüse

Ausbau

- Mittleres Ablagefach in der Armaturentafel ausbauen, siehe Seite 259.

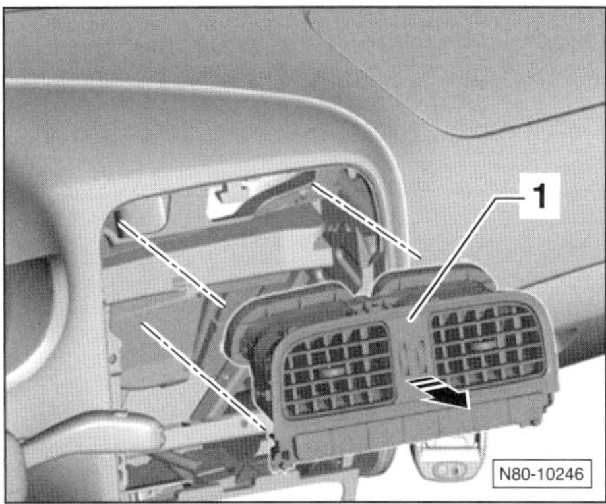

- Mittlere Luftaustrittsdüse –1– ausclipsen und etwas aus der Armaturentafel herausziehen.
- Steckverbindungen am Gehäuse der Luftaustrittsdüse abziehen und Luftaustrittsdüse abnehmen.

Einbau

- Stecker aufschieben.
- Luftaustrittsdüse leicht in die Armaturentafel eindrücken, bis sie einrastet.
- Mittleres Ablagefach einbauen, siehe Seite 259.

Seitliche Luftaustrittsdüse

Ausbau

Hier wird der Ausbau der linken Luftaustrittsdüse beschrieben. Die rechte Luftaustrittsdüse wird auf die gleiche Weise aus- und eingebaut.

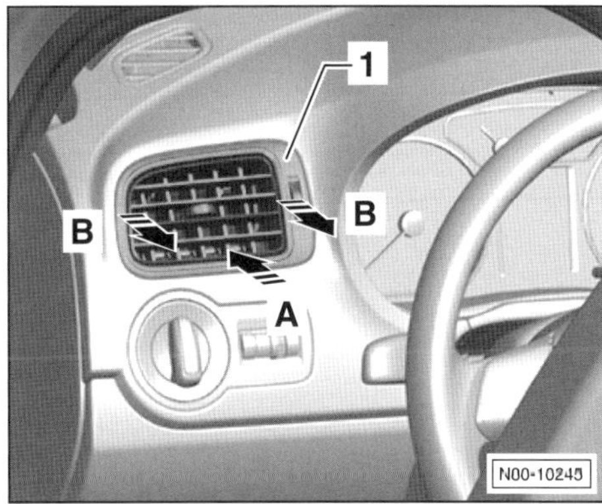

- Gitter der Luftaustrittsdüse –1– in Pfeilrichtung –A– drücken.
- Mit den Händen auf den unteren Rahmen fassen und Austrittsdüse –1– in Pfeilrichtung –B– herausziehen.

Einbau

- Luftaustrittsdüse leicht in die Armaturentafel eindrücken, bis sie einrastet

---

Fußraumausströmer rechts

Ausbau

- Verkleidung unter dem Handschuhfach ausbauen.

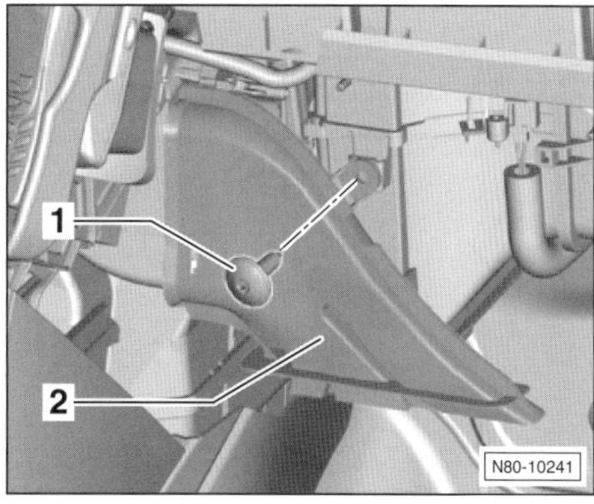

- Schraube –1– herausdrehen.
- Fußraumausströmer –2– vom Heizgerät abnehmen.

Einbau

- Der Einbau erfolgt in umgekehrter Ausbaureihenfolge.

Fußraumausströmer links

Ausbau

- Verkleidung für Sicherungskasten ausbauen.

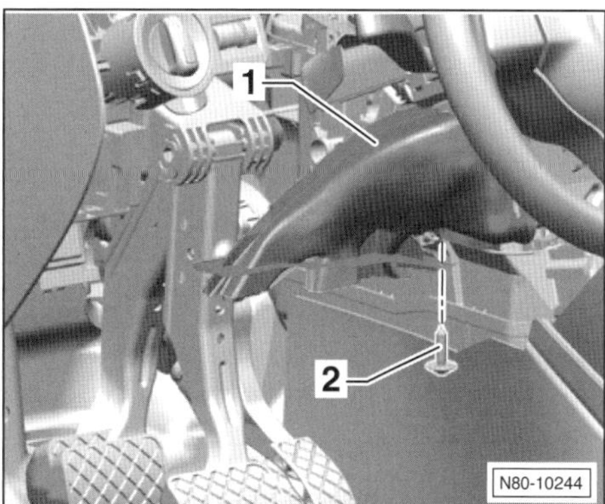

- Schraube –2– herausdrehen.
- Fußraumausströmer –1– vom Heizgerät abnehmen.

Einbau

- Der Einbau erfolgt in umgekehrter Ausbaureihenfolge.

Gebläsemotor für Heizung aus- und einbauen

Ausbau

- Batterie abklemmen. **Achtung:** Hinweise im Kapitel »Batterie aus- und einbauen« beachten.
- Handschuhfach ausbauen, siehe Seite 264.

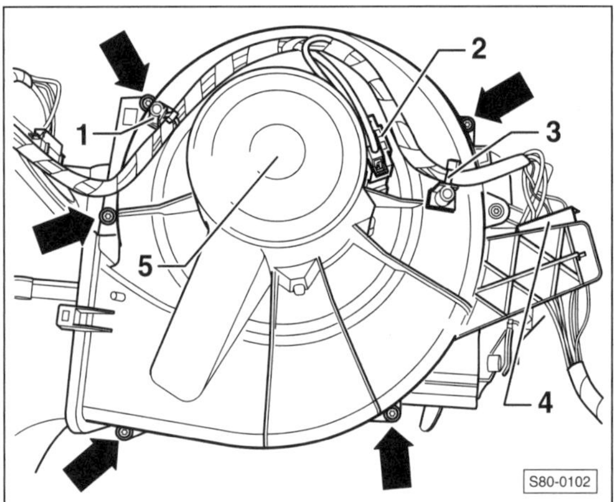

- Stecker –2– abziehen.
- Kabelbinder –1– und –3– vorsichtig durchschneiden.
- Stecker –4– abziehen und Leitungsstrang beiseite legen.
- Schrauben –Pfeile– herausdrehen und Gehäuse für Frischluftgebläse –5– aus dem Heizgerät herausnehmen.

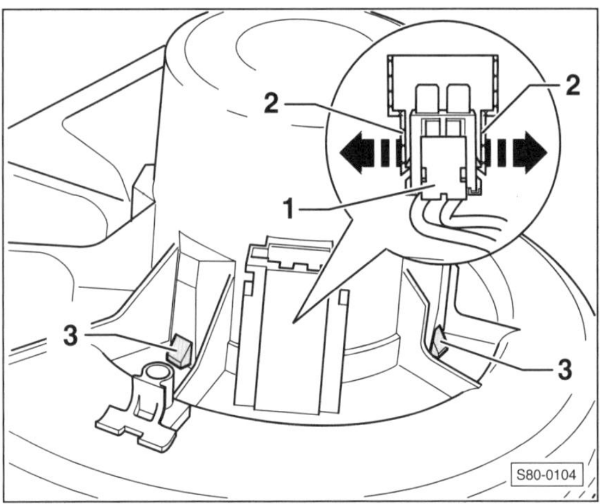

- Rastnasen –2– mit einem schmalen Schraubendreher in Pfeilrichtung nach außen drücken und Stecker –1– aus der Verrastung nach unten schieben.
- Gumminasen –3– mit einem Schraubendreher nach innen und unten drücken.
- Gebläsemotor mit Lüfterrad aus dem Halter herausziehen.

Einbau

Hinweis: Je nach Ausstattung werden unterschiedliche Gebläsemotoren verwendet. Bei Ersatz – Teilenummer beachten.

- Der Einbau erfolgt in umgekehrter Ausbaureihenfolge. Dabei ist folgendes zu beachten:
- Wenn beim Einbau des Gebläses Druck auf das Lüfterrad ausgeübt wird, kann das Lüfterrad leicht brechen oder verbiegen (Unwucht, Geräuschentwicklung im Betrieb). Deshalb beim Einbau des Gebläses nur Druck auf die Welle ausüben.
- Der Mehrfachstecker muss hör- und fühlbar einrasten.
- Die Gumminasen müssen nach dem Einbau vollständig aus dem Gehäuse hervortreten.
- Gebläse ganz leicht mit **1 Nm** anschrauben.

Vorwiderstand aus- und einbauen

Ausbau

- Gebläsemotor ausbauen, siehe entsprechendes Kapitel.

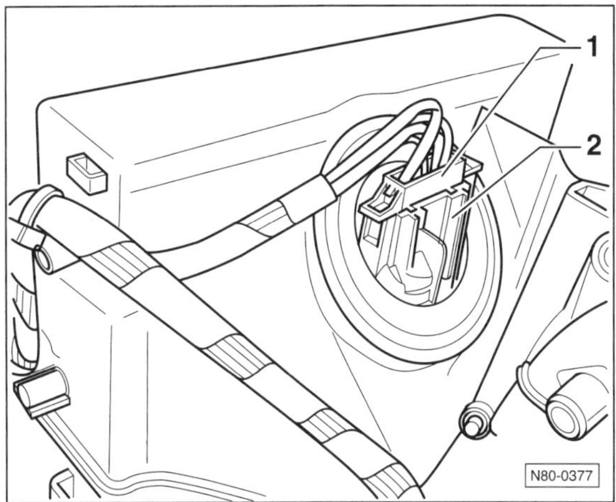

- Stecker –1– vom Vorwiderstand –2– abziehen.

Achtung: Der Vorwiderstand kann heiß sein. Gegebenenfalls Vorwiderstand vor dem Ausbau abkühlen lassen.

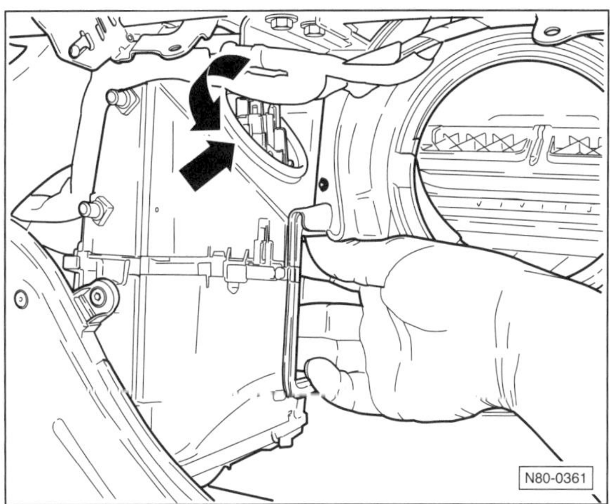

- In das Heizgerät greifen, den Vorwiderstand nach links drehen und dann nach oben herausziehen.

Einbau

- Der Einbau erfolgt in umgekehrter Ausbaureihenfolge.

Heizungs-/Klimabedieneinheit aus- und einbauen

Ausbau

- Mittlere Blenden in der Armaturentafel ausbauen, siehe Seite 259.

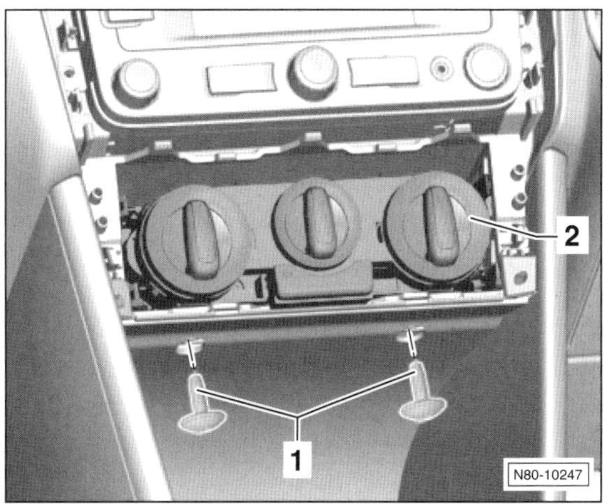

- Schrauben –1– herausdrehen und Bedieneinheit –2– aus der Einbauöffnung herausziehen.

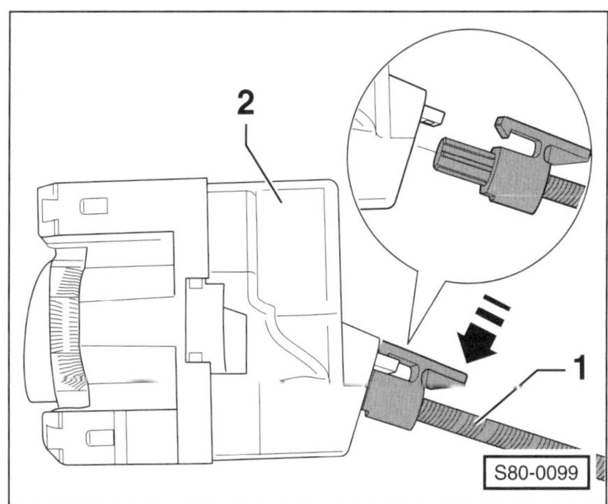

- Flexible Wellen –1– für Luftverteilerklappe und Temperaturklappe an der Bedieneinheit –2– lösen. Dazu Griffe eindrücken –Pfeil– und dadurch Rasthaken aushängen.

Achtung: Stellung der flexiblen Wellen und der Drehknöpfe nach dem Ausbau nicht verändern.

Einbau

- Der Einbau erfolgt in umgekehrter Ausbaureihenfolge. Falls die Stellung der flexiblen Wellen und/oder der Drehknöpfe verändert wurde, nach dem Einbau richtige Einbaulage der flexiblen Wellen prüfen.

Flexible Wellen aus- und einbauen

Ausbau

- Bedieneinheit der Heizung ausbauen, siehe entsprechendes Kapitel.

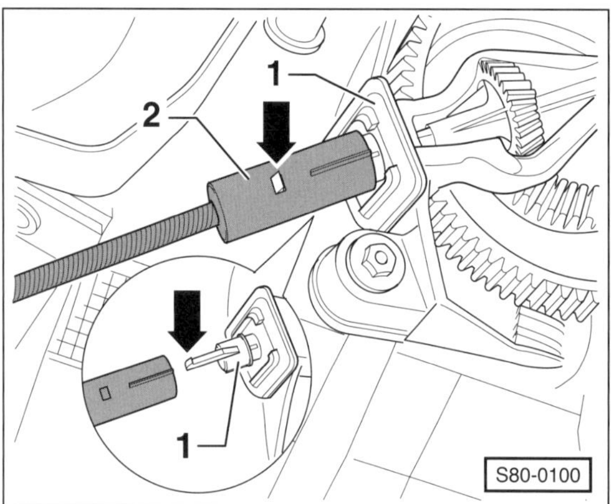

- An der Stelleinheit –1– für die Lüftungsklappe mit einem Schraubendreher die Rastnase –Pfeil– eindrücken und biegsame Welle –2– von der Stelleinheit abziehen.

Achtung: Die Drehregler der Bedieneinheit und die Lüftungsklappen müssen in definierter Lage zueinander stehen. Daher vor Ausbau der biegsamen Wellen die Regler auf eine bestimmte Position stellen und diese nicht mehr verändern.

Einbau

Hinweis: Die flexiblen Wellen haben unterschiedliche Längen, daher bei Ersatz die Teilenummer beachten.

- Bedieneinheit der Heizung einbauen, siehe entsprechendes Kapitel.
- Flexible Welle an der Stelleinheit aufschieben und richtige Einbaulage prüfen.

Prüfen

- Frischluftgebläse auf höchster Stufe laufen lassen.
- Drehknopf an der Bedieneinheit auf »Defrost« stellen. Wenn jetzt die Luft aus der Defrosterdüse und nicht aus dem Fußraumausströmer strömt, ist der Einbau der flexiblen Welle richtig. Andernfalls flexible Welle von der Bedieneinheit abziehen, Drehknopf ½ Umdrehung (180°) drehen und flexible Welle wieder aufstecken. Prüfung wiederholen.
- Prüfen, ob sich der Temperaturknopf von »kalt« bis »warm« leichtgängig drehen lässt.

Störungsdiagnose Heizung

Störung	Ursache	Abhilfe
Heizleistung zu gering.	Kühlmittelstand zu niedrig.	■ Kühlmittelstand prüfen, gegebenenfalls Kühlmittel auffüllen.
	Staubfilter verstopft.	■ Staubfilter ersetzen.
	Wärmetauscher undicht oder verstopft.	■ Wärmetauscher ersetzen (Werkstattarbeit).
Heizgebläse läuft nur mit einer Geschwindigkeit.	Gebläsewiderstand defekt.	■ Gebläsewiderstand ersetzen.
Geräusche im Bereich des Heizgebläses.	Eingedrungener Schmutz, Laub.	■ Gebläse ausbauen, reinigen, Luftkanal säubern.
	Lüfterrad hat Unwucht, Lager defekt.	■ Gebläsemotor ausbauen und auf leichten Lauf prüfen.
Heizluft riecht süßlich, Scheiben beschlagen, wenn Heizung eingeschaltet wird.	Wärmetauscher undicht.	■ Kühlsystem abdrücken (Werkstattarbeit). Wenn Kühlflüssigkeit aus dem Heizungskasten austritt, Wärmetauscher erneuern lassen.
Frischluft bzw. Heizluft riecht nach faulen Eiern.	Spannungsregler am Generator defekt. Batterie wird zu stark geladen und beginnt zu gasen. Dabei bildet sich Schwefelwasserstoff (H_2S).	■ Ladespannung bzw. Spannungsregler des Generators prüfen, ggf. Spannungsregler ersetzen.

Fahrwerk

Aus dem Inhalt:

- **Vorderachse**
- **Hinterachse**
- **Federbein**
- **Stoßdämpfer**
- **Schraubenfeder**
- **Achswellen**
- **Lenkung/Airbag**
- **Räder und Reifen**

Die wesentlichen Komponenten des Fahrwerks sind die McPherson-Vorderachse und die Verbundlenker-Hinterachse.

Die Übertragung der Motor-Antriebskraft erfolgt über zwei Gelenkwellen auf die Vorderräder.

Sicherheitshinweis
Schweiß- und Richtarbeiten an tragenden und radführenden Bauteilen der Vorder- und Hinterradaufhängung **sind nicht zulässig. Selbstsichernde Schrauben/Muttern** sowie korrodierte Schrauben/Muttern sind im Reparaturfall **immer zu ersetzen.**

Optimale Fahreigenschaften und geringster Reifenverschleiß sind nur dann zu erzielen, wenn die Stellung der Räder einwandfrei ist. Bei unnormaler Reifenabnutzung sowie mangelhafter Straßenlage sollte die Werkstatt aufgesucht werden, um den Wagen optisch vermessen zu lassen. Die Fahrwerkvermessung kann ohne eine entsprechende Messanlage nicht durchgeführt werden.

Achseinstellwert für die Gesamtspur **vorn**: . . . . +10' ± 10'

Achseinstellwert für die Gesamtspur **hinten**
bei vorgeschriebenem Sturz »Basisfahrwerk«: . +21' ± 10'
»Sportfahrwerk«: . . . . +26' ± 10'
»Schlechtwegefahrwerk«: . . . . +16' ± 10'

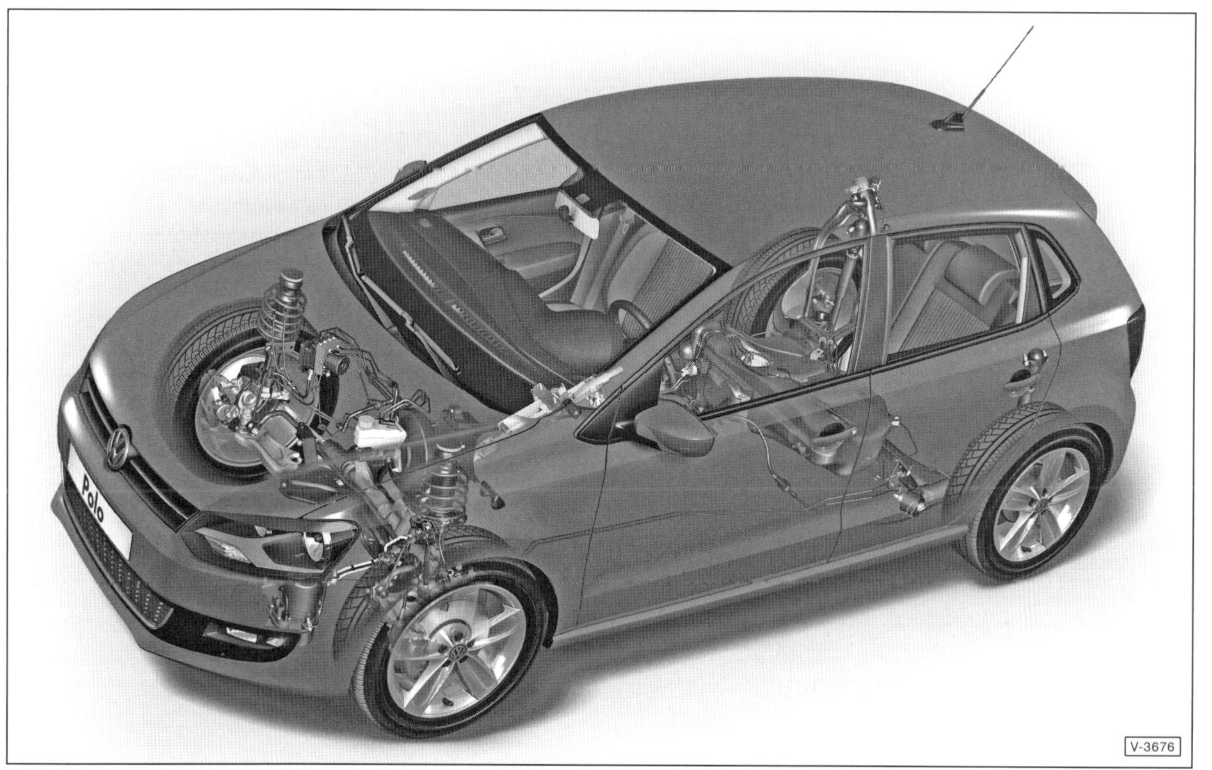

Vorderachse

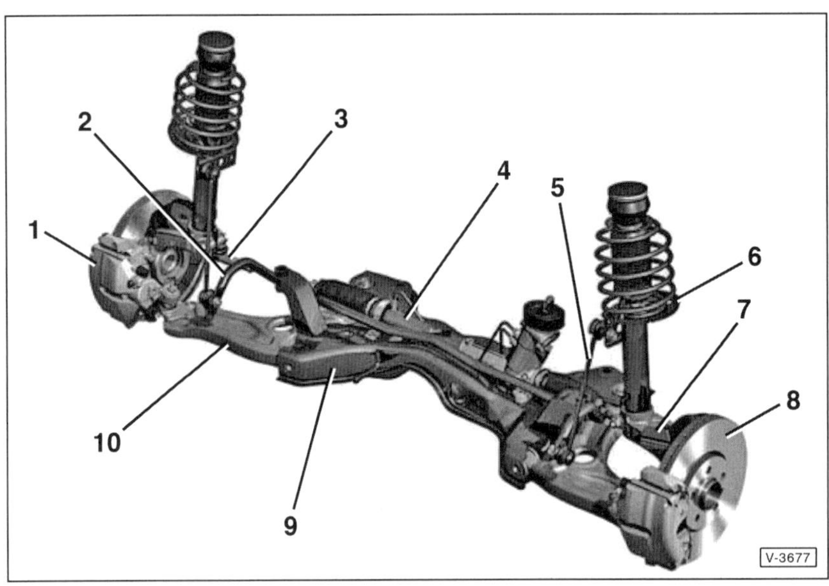

1 – **Bremssattel**
2 – **Stabilisator**
3 – **Spurstangenkopf**
4 – **Lenkgetriebe**
5 – **Koppelstange**
6 – **Federbein**
7 – **Radlagergehäuse**
8 – **Bremsscheibe**
9 – **Aggregateträger**
10 – **Achslenker**

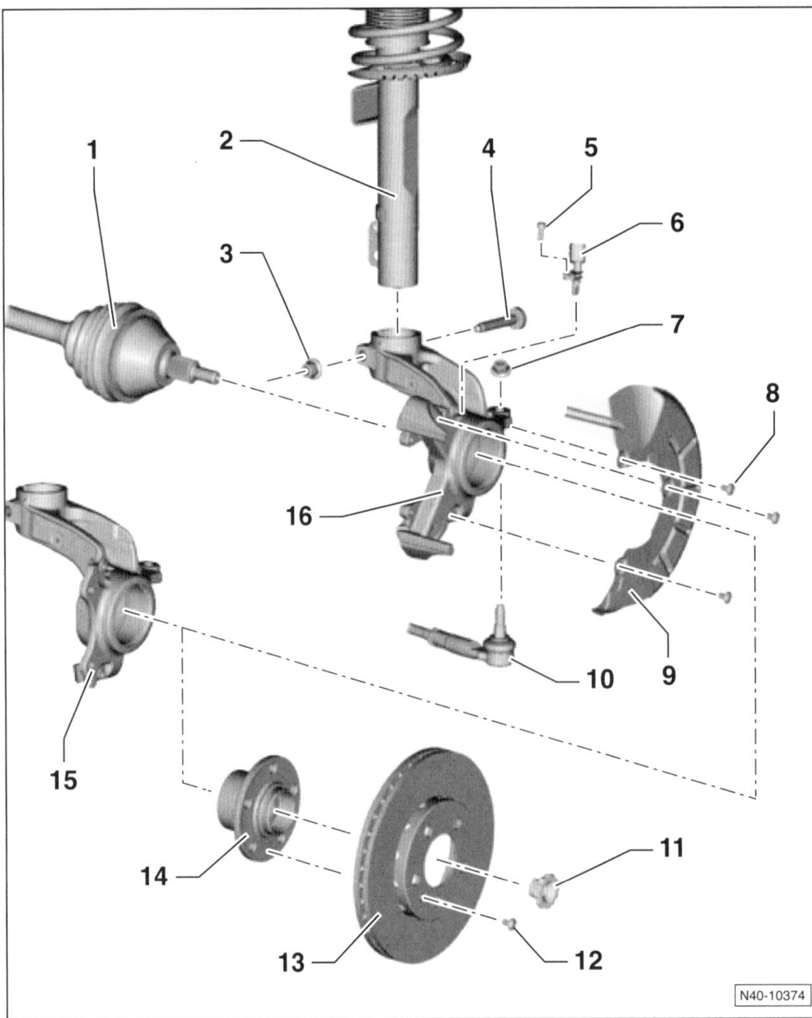

Radlagerung

1 – **Gelenkwelle**

2 – **Federbein**

3 – **Mutter*, 60 Nm + 90°**

4 – **Innenvielzahnschraube**
Die Spitze der Schraube muss in Fahrtrichtung zeigen.

5 – **Innensechskantschraube, 8 Nm**

6 – **Drehzahlfühler**
Vor dem Ersetzen des Fühlers die Innenfläche der Bohrung reinigen und mit Festschmiertoffpaste VW-G00650 bestreichen.

7 – **Mutter*, 20 Nm + 90°**

8 – **Schraube, 12 Nm**

9 – **Abdeckblech**

10 – **Spurstangenkopf**

11 – **Zwölfkantmutter*, 50 Nm + 45°**
Selbstsichernd.

12 – **Schraube, 4 Nm**

13 – **Bremsscheibe**
Innenbelüftet.

14 – **Radnabe mit Radlager**
Der Sensorring für das ABS ist in der Radnabe eingebaut.

15 – **Radlagergehäuse**
Für Bremssattel FN und 15"-Fahrwerk.

16 – **Radlagergehäuse**
Für Bremssattel FS-III und 14"-Fahrwerk.

---

*) Nach jeder Demontage ersetzen.

Federbein aus- und einbauen

Ausbau

- Nabenmutter lösen, nicht herausschrauben, siehe entsprechendes Kapitel. **Achtung: Beim vollständigen Herausdrehen der Nabenmutter darf das Fahrzeug nicht auf dem Boden stehen.**
- Reifen-Laufrichtung mit Pfeil am Reifen markieren. Radschrauben lösen und Vorderrad abnehmen.

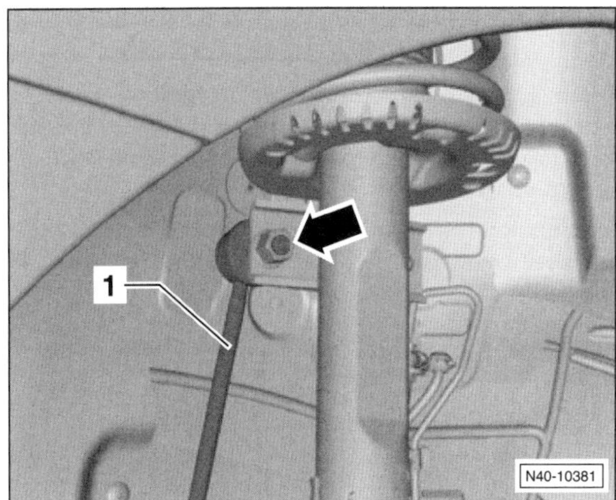

- Obere Mutter –Pfeil– für Koppelstange –1– am Federbein-Stützrohr abschrauben. Dabei Gelenk-Kugelbolzen mit Innensechskantschlüssel SW-6 gegenhalten.
- Gelenkbolzen aus dem Federbein-Stützrohr herausziehen und Koppelstange zur Seite legen.

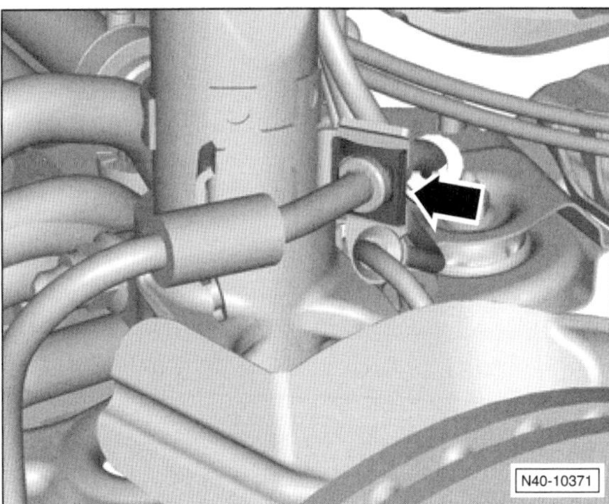

- Clip für Bremsleitung –Pfeil– abziehen und Bremsleitung am Federbein aushängen.
- Stecker vom ABS-Drehzahlfühler abziehen.

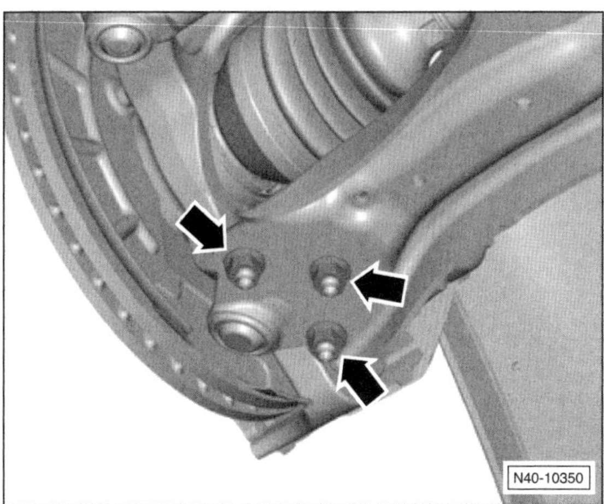

- Einbaulage der 3 Muttern –Pfeile– am Achslenker mit Reißnadel kennzeichnen und Muttern abschrauben.
- Achslenker vom Achsgelenk abziehen.
- Außengelenk der Gelenkwelle von Hand aus der Radnabe herausziehen, dabei nicht an der Gelenkwelle ziehen.

Hinweis: Fest sitzende Gelenkwelle mit Abdrückwerkzeug, zum Beispiel HAZET 1781-5, aus der Radnabe herausdrücken.

- Gelenkwelle mit Draht am Aufbau aufhängen. **Achtung:** Gelenkwelle nicht nach unten hängen lassen, sonst wird das Innengelenk zu stark abgewinkelt und beschädigt.
- Achsgelenk wieder mit dem Achslenker verschrauben.
- Radlagergehäuse mit geeignetem Montageheber abstützen.

Achtung: Keinesfalls am Achsgelenk abstützen.

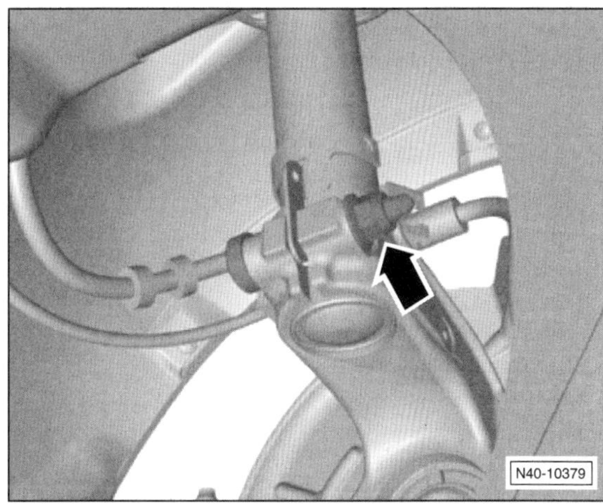

- Schraubverbindung –Pfeil– des Federbeins am Radlagergehäuse losdrehen und Schraube herausziehen. **Hinweis:** Beim Einbau Schraube und Mutter ersetzen.

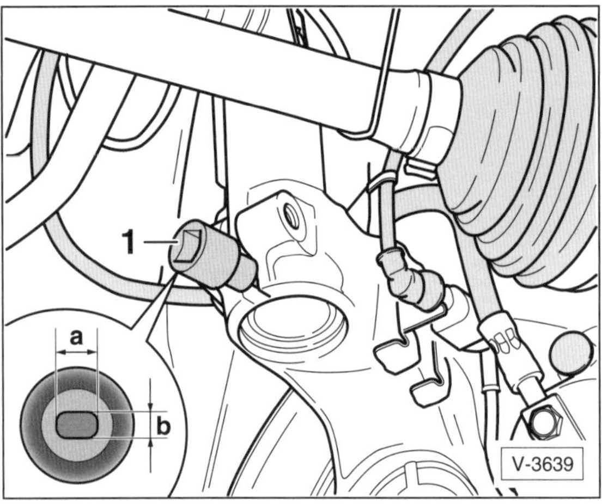

- Geeigneten Spreizer –1–, zum Beispiel HAZET-4912-1 oder VW 3424, in den Schlitz am Radlagergehäuse einsetzen. Knarre um 90° drehen. Spreizer eingesetzt lassen und Knarre abnehmen. Gegebenenfalls geeignetes Werkzeug selbst anfertigen: a = 8 mm, b = 5,5 mm; die Kanten müssen abgerundet sein.
- Bremsscheibe in Richtung Federbein drücken; das Federbein-Stützrohr kann sich sonst in der Bohrung des Radlagergehäuses verkanten.
- Montageheber langsam absenken und Radlagergehäuse vom Federbein-Stützrohr abziehen, bis das Federbein-Stützrohr frei hängt.
- Radlagergehäuse am Aggregateträger festbinden und Montageheber entfernen.

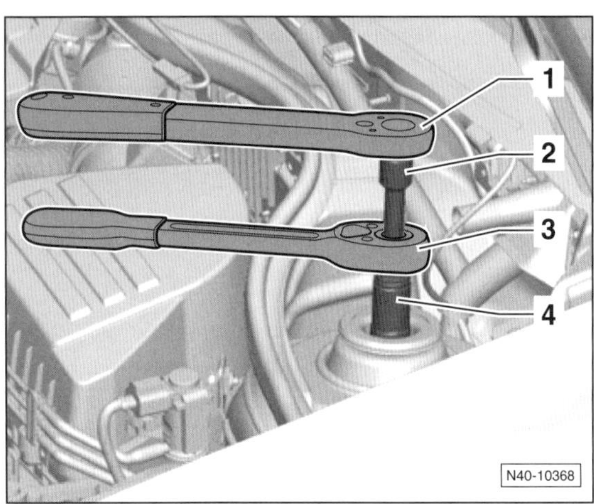

- Obere Dämpferbefestigung abschrauben und Federbein nach unten aus dem Radkasten herausziehen.
  1 – Handelsübliche Ratsche
  2 – Innensechskantsteckschlüsseleinsatz HAZET 4910-7 oder VW-T10001/8
  3 – Drehmomentschlüssel HAZET 4910-1 oder VW-T10001/11
  4 – Steckschlüsseleinsatz HAZET 4910-21 oder VW-T10001/5

Einbau

- Montageheber unter das Radlagergehäuse stellen und Federbein-Stützrohr an der Bohrung des Radlagergehäuses ansetzen.
- Federbein-Stützrohr in die Bohrung des Radlagergehäuses einschieben, bis die Schraube für die Federbeinbefestigung eingesetzt werden kann. **Hinweis: Neue** Schraube so einsetzen, dass deren Spitze in Fahrtrichtung zeigt.
- **Neue Mutter** für die Federbeinbefestigung am Radlagergehäuse anschrauben aber noch nicht festziehen. Spreizer aus dem Schlitz herausnehmen.
- Radlagergehäuse losbinden und mit Montageheber vorsichtig anheben. Federbein vorsichtig in den Radkasten einführen, bis das Federbein im Federbeindom innen anliegt.

Achtung: Keinesfalls mit dem Montageheber am Achsgelenk abstützen.

- Anschlag oben am Federbeindom auflegen.
- **Neue** Mutter für obere Federbeinbefestigung ansetzen und mit **60 Nm** festziehen.
- Montageheber entfernen.
- Untere Schraubverbindung für Federbein in 2 Stufen festziehen:
  1. Stufe: . . mit Drehmomentschlüssel **60 Nm** anziehen.
  2. Stufe: . . . . mit starrem Schlüssel **90°** weiterdrehen.
- 3 Muttern für Achsgelenk herausdrehen und Achslenker vom Achsgelenk abziehen.

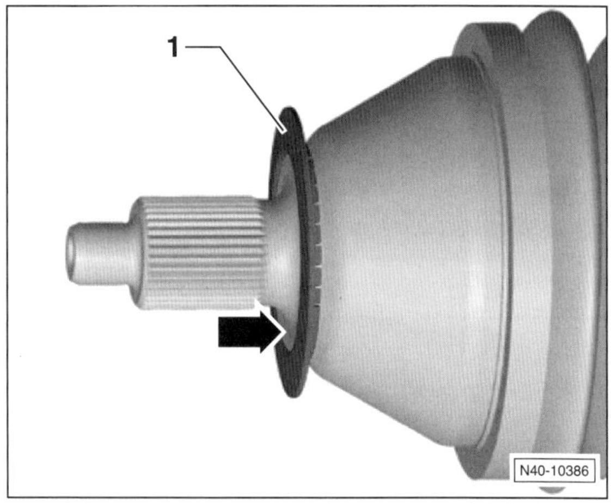

- Gelenkwelle in die Radnabe einsetzen. Dabei auf beschädigungsfreie und nicht verdrillte Manschette achten. Außerdem darauf achten, dass die Schleuderscheibe –1– komplett auf das Außengelenk aufgeclipst ist. Die Schleuderscheibe muss mit der Anlagefläche des Außengelenks –Pfeil– fluchten.
- Achslenker am Achsgelenk ansetzen, Staubkappe des Achsgelenks dabei nicht verdrillen oder beschädigen. **Neue** Muttern aufschrauben und mit **100 Nm** festziehen, siehe Abbildung N40-10350..
- Stecker vom ABS-Drehzahlfühler aufschieben.

- Bremsleitung am Federbein einhängen und mit Clip sichern.
- Koppelstange mit **neuer Mutter** und **40 Nm** am Federbein-Stützrohr festschrauben. Dabei Gelenk-Kugelbolzen mit Innensechskantschlüssel gegenhalten.
- Nabenmutter einbauen, siehe entsprechendes Kapitel. **Achtung: Beim ersten Anziehen der Nabenmutter darf das Fahrzeug nicht auf dem Boden stehen.**
- Reifen-Laufrichtung beachten, Rad anschrauben, Fahrzeug ablassen, erst dann Radschrauben über Kreuz mit **120 Nm** festziehen. **Achtung:** Unbedingt Hinweise im Kapitel »Rad aus- und einbauen« beachten.

Federbein zerlegen/Stoßdämpfer/ Schraubenfeder aus- und einbauen

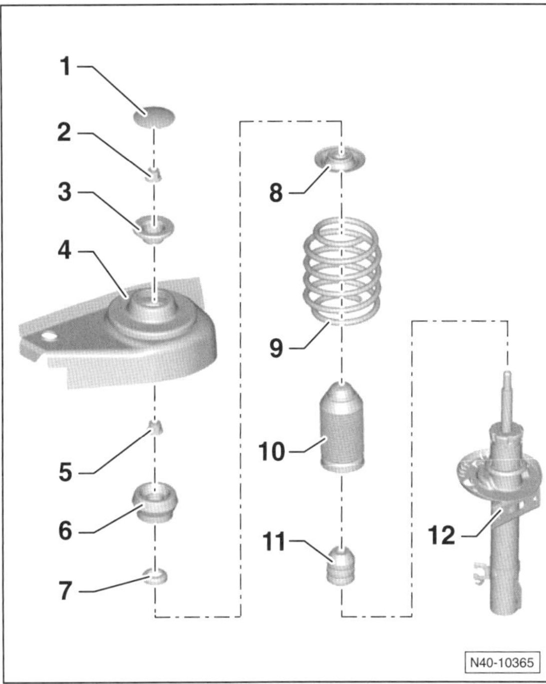

1 – **Abdeckkappe**
2 – **Mutter, 60 Nm**
Selbstsichernd, nach jeder Demontage ersetzen.
3 – **Anschlag**
4 – **Federbeindom**
5 – **Mutter, 60 Nm**
Selbstsichernd, nach jeder Demontage ersetzen.
6 – **Federbeinlager**
7 – **Axialrillenkugellager**
8 – **Federteller**
9 – **Schraubenfeder**
Auf Farbkennzeichnung achten. Die Oberfläche der Federwindungen darf nicht beschädigt sein.
10 – **Schutzhülle**
11 – **Anschlagpuffer**
12 – **Stoßdämpfer**
Einzeln austauschbar.

Ausbau

- Federbein ausbauen, siehe entsprechendes Kapitel.

Achtung: Die Schraubenfeder steht unter hoher Spannung. Um den Stoßdämpfer ausbauen zu können, **muss die Schraubenfeder mit einem geeigneten Federspanner zusammengedrückt werden**.

Sicherheitshinweis
Auf keinen Fall Stoßdämpfermutter lösen, wenn die Feder nicht einwandfrei und sicher gespannt ist. Darauf achten, dass die Federwindungen sicher von den Spannplatten umfasst werden und der Federspanner nicht abrutschen kann. Nur stabiles Werkzeug verwenden. Keinesfalls Feder mit Draht zusammenbinden. Unfallgefahr!

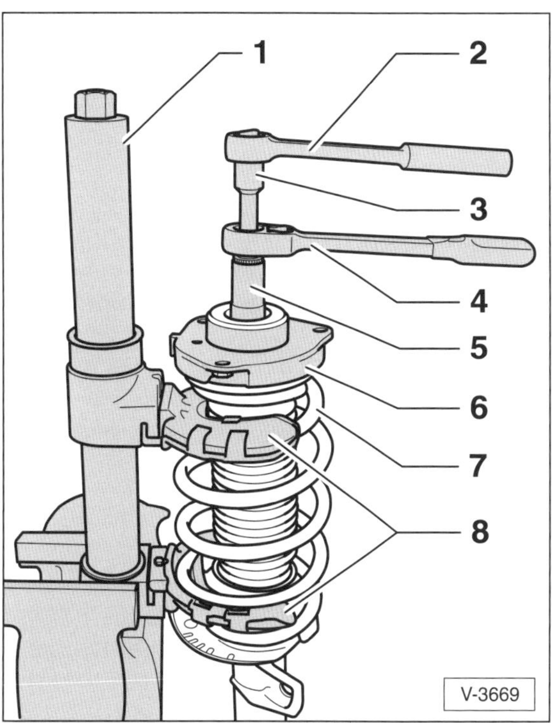

1 – **Federspanner**
V.A.G-1752/1 oder HAZET-4900-2A
2 – **Ratschenschlüssel**
Für den Ausbau wird ein handelsübliche Ratsche und für den Einbau ein Drehmomentschlüssel benötigt.
3 – **Steckeinsatz**
VW-T10001/8 oder HAZET-4910-7
4 – **Knarre**
VW-T10001/11 oder HAZET-4910-1
5 – **Steckeinsatz**
VW-T10001/5 oder HAZET-4910-21
6 – **Federbeinlager**
Hinweis: In der Abbildung ist nicht das Federbeinlager des POLO dargestellt.
7 – **Schraubenfeder**
8 – **Federhalter/Spannplatten**

- Federbein in geeigneten Federspanner –1– mit Spannplattenpaar –8– einsetzen. Spannvorrichtung selbst in einen Schraubstock einspannen.

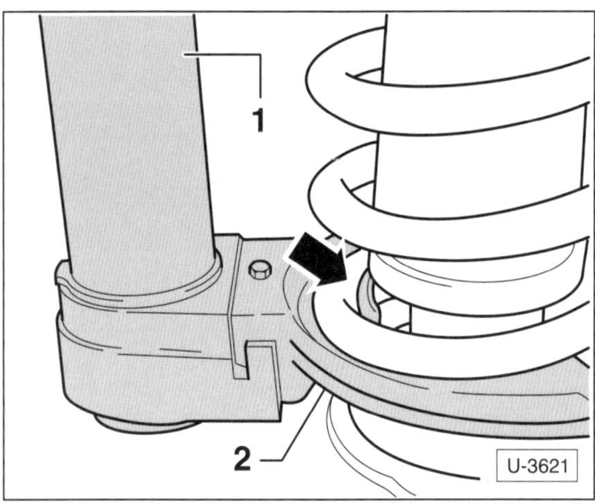

- Federspanner –1– mit Spannplatten –2– so in die Windungen der Schraubenfeder einsetzen, dass mindestens 3 Windungen der Feder eingespannt werden. Auf richtigen Sitz der Schraubenfeder in den Spannplatten achten –Pfeil–.
- Schraubenfeder so weit vorspannen, bis das Axialrillenkugellager –7– entlastet ist, siehe Abbildung N40-10365.
- Stoßdämfer gegen Herunterfallen sichern und Mutter am Federbein mit dem Steckschlüsseleinsatz –5– von der Kolbenstange abschrauben, dabei mit einem Inbusschlüsseleinsatz –3– gegenhalten, siehe Abbildung V-3669.

Achtung: Die obere Mutter darf nur dann gelöst werden, wenn die Feder sicher gespannt ist.

- Federbeinlager und Axialrillenlager abziehen. Schutzhülle und Anschlagpuffer von der Kolbenstange des Stoßdämpfers abziehen.
- Federspanner aus dem Schraubstock herausnehmen und Schraubenfeder mit Federspanner vom Stoßdämpfer abziehen.
- Ausgebauten Stoßdämpfer gegebenenfalls in der Werkstatt prüfen lassen.
- Alle Einzelteile des Federbeins auf Risse, Verschleiß, Korrosion und Alterungserscheinungen sichtprüfen. Beschädigte beziehungsweise verschlissene Teile erneuern.
- Falls die Schraubenfeder ausgewechselt werden soll, **Federspanner langsam entspannen** und Schraubenfeder herausnehmen.

Einbau

Schraubenfedern immer paarweise austauschen, also an beiden Fahrzeugseiten. Beim Einbau neuer Federn darauf achten, dass je nach Motorisierung/Fahrzeugausstattung unterschiedliche Federn eingebaut sein können. Nur gleiche Federn an einer Achse verwenden. Die Kennzeichnung der Federn erfolgt durch Farbmarkierung an einer Windung.

Hinweis: Neue Schraubenfedern sind gegen Korrosion mit einem Schutzlack versehen. Die Oberfläche darf nicht beschädigt sein.

- Wenn die Schraubenfeder ausgebaut war, Schraubenfeder in den Federspanner einsetzen und zusammendrücken.
- Anschlagpuffer und Schutzhülle auf die Kolbenstange aufschieben.

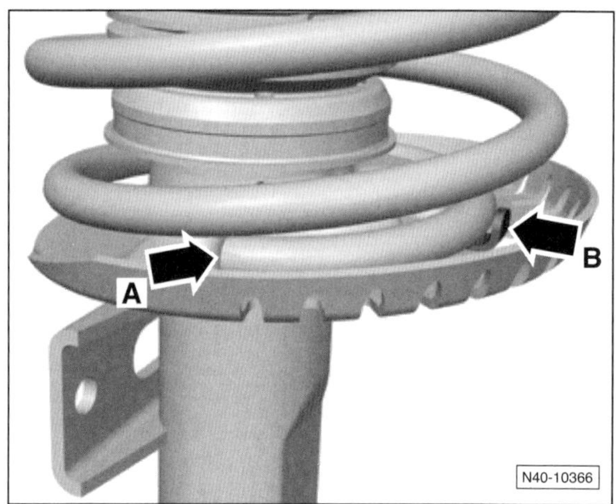

- Vorgespannte Schraubenfeder mit Federspanner auf die Federlagerung des Stoßdämpfers unten aufsetzen. Das Ende der Federwindung muss dabei am Anschlag –Pfeil A– und an der Nase –Pfeil B– anliegen; Schraubenfeder gegebenenfalls bis zum Anschlag drehen.

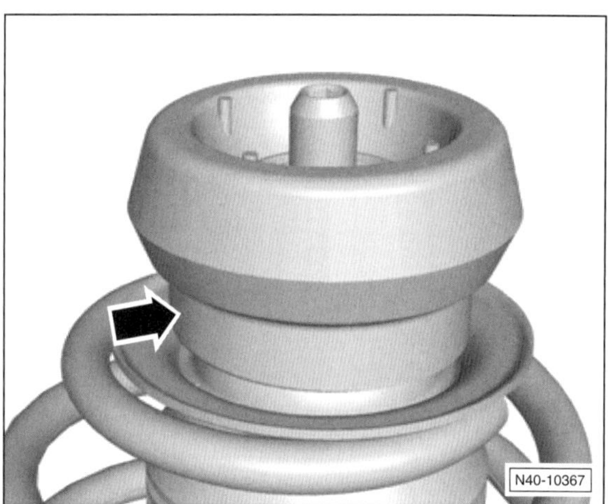

- Federteller, Axialrillenlager und Federbeinlager aufschieben, dabei auf richtige Einbaulage achten. Der Bund des Federbeinlagers –Pfeil– muss zum Federteller zeigen.
- **Neue selbstsichernde Mutter** auf die Kolbenstange aufschrauben und mit **60 Nm** anziehen. Kolbenstange dabei mit Inbusschlüssel gegenhalten.
- Schraubenfeder langsam entspannen, dabei auf richtigen Sitz der Feder am oberen Federteller und an der unteren Federlagerung achten.
- Federbein aus der Spannvorrichtung herausnehmen.
- Federbein einbauen, siehe entsprechendes Kapitel.

Stoßdämpfer prüfen

Folgende Fahreigenschaften weisen auf defekte Stoßdämpfer hin:

- Langes Nachschwingen der Karosserie bei Bodenunebenheiten.
- Aufschaukeln der Karosserie bei aufeinander folgenden Bodenunebenheiten.
- Springen der Räder auch auf normaler Fahrbahn.
- Ausbrechen des Fahrzeuges beim Bremsen (kann auch andere Ursachen haben).
- Kurvenunsicherheit durch mangelnde Spurhaltung, Schleudern des Fahrzeuges.
- Abnorme Reifenabnutzung mit Abflachungen (Auswaschungen) am Reifenprofil.
- Polter- und Knackgeräusche während der Fahrt.

Gelenkwelle aus- und einbauen

Es werden verschiedene Gelenkwellentypen eingebaut, die sich im Wesentlichen im Durchmesser des Innengelenks unterscheiden. Als Innengelenk wird entweder ein Gleichlaufkugelgelenk oder ein Tripodegelenk verwendet.

Achtung: Bei allen Arbeiten, bei denen die Gelenkwelle aus dem Radlager beziehungsweise aus dem Getriebe ausgebaut wird, darauf achten, dass **stets nur am Gelenk** und **nicht an der Welle** gezogen wird.

Achtung: Bei demontierter Gelenkwelle darf das Fahrzeug nicht mit vollem Gewicht auf den Rädern stehen und nicht geschoben werden, da bei fehlender axialer Vorspannung die Wälzkörper des Radlagers beschädigt werden.

Hinweis: Soll das Fahrzeug nach dem Ausbau der Gelenkwelle geschoben werden, muss stattdessen ein Gelenkwellenstummel oder ein Außengelenk für den Gegendruck in das Radlager eingeschoben werden. Nabenmutter auf den Gelenkwellenstummel schrauben und mit **50 Nm** anziehen.

Ausbau

- Nabenmutter ausbauen, siehe entsprechendes Kapitel. **Achtung: Beim vollständigen Herausdrehen der Nabenmutter darf das Fahrzeug nicht auf dem Boden stehen.**
- Reifen-Laufrichtung mit Pfeil am Reifen markieren. Radschrauben lösen und Vorderrad abnehmen.

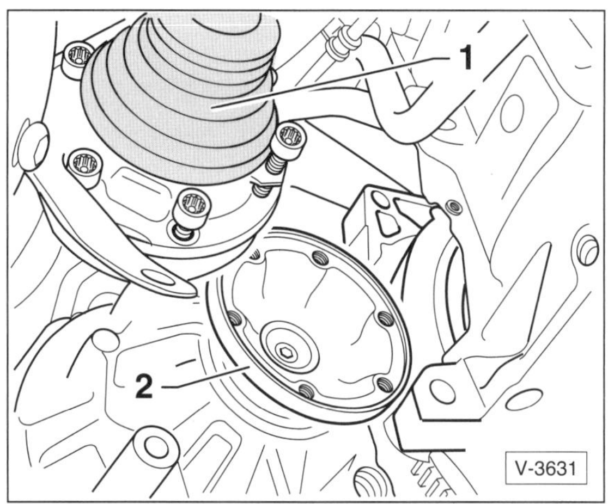

- Innengelenk –1– von der Flanschwelle –2– des Getriebes abschrauben. Hierzu wird ein Innenvielzahn-Steckschlüsseleinsatz benötigt, zum Beispiel HAZET 990 Lg-8/10.
- Einbaulage der 3 Muttern –Pfeile– am Achslenker –1– mit Reißnadel kennzeichnen und Muttern abschrauben, siehe Abbildung N40-10350 auf Seite 165.
- Achslenker vom Achsgelenk abziehen.

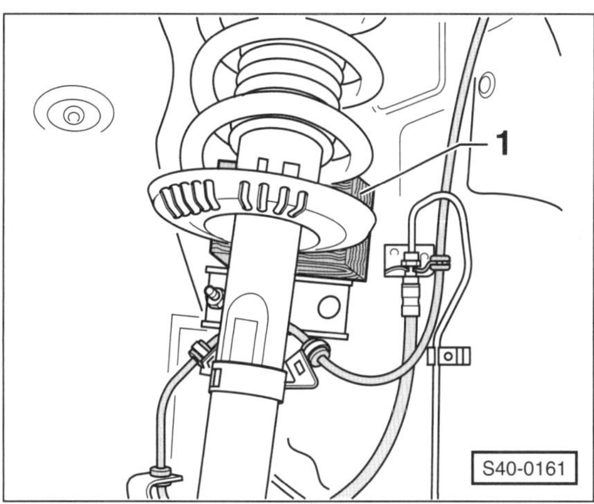

- Federbein nach außen schwenken und zum Beispiel mit einem Holzklotz –1– abstützen.
- Gelenkwelle aus dem Radlagergehäuse herausziehen und abnehmen.

Hinweis: Fest sitzende Gelenkwelle mit Abdrückwerkzeug, zum Beispiel HAZET 1781-5 oder VW-3283, aus der Radnabe herausdrücken.

Einbau

Hinweis: Korrosion, Fett beziehungsweise Lackrückstände im Gewinde und in der Verzahnung des Außengelenkes sowie an der Verzahnung der Radnabe entfernen.

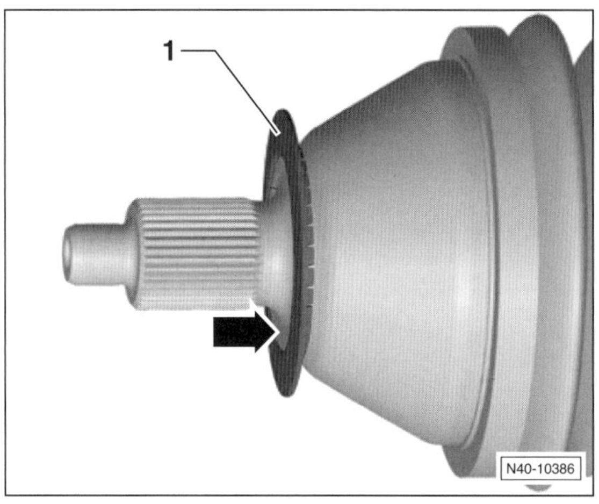

- Gelenkwelle in die Verzahnung der Radnabe so weit wie möglich einführen. Dabei unbedingt darauf achten, dass die Schleuderscheibe –1– komplett auf das Außengelenk aufgeclipst ist. Die Schleuderscheibe muss mit der Anlagefläche des Außengelenks –Pfeil– fluchten.
- Achslenker am Achsgelenk ansetzen und mit **neuen** Muttern anschrauben. Staubkappe des Achsgelenks dabei nicht verdrillen oder beschädigen. Muttern mit **100 Nm** festziehen.
- Innengelenk der Gelenkwelle an der Flanschwelle des Getriebes anschrauben. **Neue** Schrauben und **neue** Unterlegplatten (nur Gleichlauf-Innengelenk) ansetzen. Schrauben in 2 Stufen **über Kreuz** festziehen, dabei Schraubendurchmesser beachten:
  1. Stufe: . . . . **10 Nm.**
  2. Stufe: Schrauben (M8) . . . . **40 Nm.**
  2. Stufe: Schrauben (M10) . . . . **70 Nm.**
- Nabenmutter einbauen, siehe entsprechendes Kapitel. **Achtung: Beim ersten Anziehen der Nabenmutter darf das Fahrzeug nicht auf dem Boden stehen.**
- Reifen-Laufrichtung beachten, Rad anschrauben, Fahrzeug ablassen, erst dann Radschrauben über Kreuz mit **120 Nm** festziehen. **Achtung:** Unbedingt Hinweise im Kapitel »Rad aus- und einbauen« beachten.

Nabenmutter aus- und einbauen

Ausbau

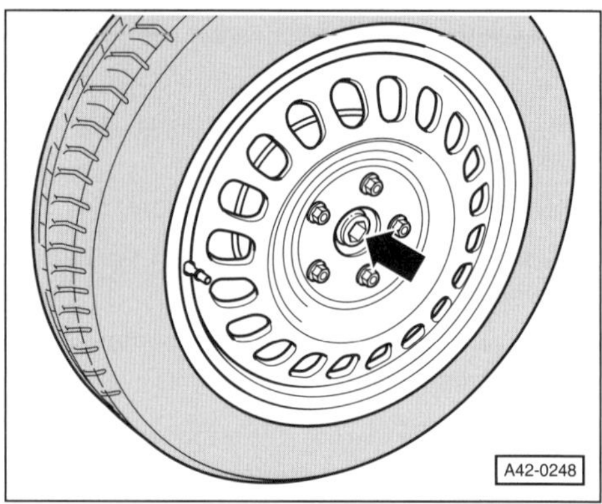

- Nabenmutter –Pfeil– bei auf den Rädern stehendem Fahrzeug lösen. Dabei durch Helfer Bremse treten lassen. Zum Lösen wird ein Innenvielzahn-Steckschlüssel einsatz SW-36 benötigt.

Achtung: Die Nabenmutter darf bei auf den Rädern stehendem Fahrzeug nur **maximal 45°** (1/8 Umdrehung) gelöst werden, sonst wird das Radlager vorgeschädigt.

- Radschrauben bei auf dem Boden stehenden Rädern lösen.

Sicherheitshinweis
Beim Aufbocken des Fahrzeugs besteht Unfallgefahr! Hinweise im Kapitel »Fahrzeug aufbocken« beachten.

- Fahrzeug so weit aufbocken, bis die Räder frei hängen.
- Nabenmutter herausdrehen und ersetzen.

Einbau

- Gewinde am Gelenkstummel des Außengelenks mit einem Gewindeschneider vorsichtig reinigen.
- **Neue** Nabenmutter bis zur Anlage einschrauben und anschließend mit **50 Nm** anziehen.

Achtung: Beim ersten Anziehen der Nabenmutter dürfen die Räder den Boden **nicht** berühren, sonst wird das Radlager vorgeschädigt.

- Rad anschrauben, Fahrzeug ablassen.
- Nabenmutter mit einem starren Schlüssel um **45°** (1/8 Umdrehung) weiterdrehen.

Hinweis: Um die Winkelgrade beim Anziehen einzuhalten, ist es sinnvoll, eine Winkelscheibe aus Pappe auszuschneiden oder die Winkelscheibe HAZET 6690 zu verwenden.

- Radschrauben über Kreuz mit **120 Nm** anziehen.

Fahrzeug in Leergewichtslage bringen

Alle Schrauben an Fahrwerksteilen mit Gummimetalllagern müssen grundsätzlich in »Leergewichtslage« oder bei auf den Rädern stehendem Fahrzeug festgezogen werden. Steht das Fahrzeug auf der Hebebühne, ist zur Einstellung der Leergewichtslage ein Motor- und Getriebeheber erforderlich.

Die Leergewichtslage ist erforderlich, weil Gummimetalllager einen begrenzten Verdrehbereich haben. Achsbauteile mit Gummimetalllagern müssen deshalb vor dem Festziehen in eine Position gebracht werden, die der Position im Fahrbetrieb entspricht. Diese Position nennt man »Leergewichtslage«. Andernfalls wird das Gummimetalllager verspannt, was eine geringere Lebensdauer zur Folge hat.

Die Position der Leergewichtslage wird durch Anheben der Radaufhängung beim angehobenen Fahrzeug erreicht. Dabei besteht die **Gefahr, dass das Fahrzeug von der Hebebühne oder von den Böcken rutscht.**

Aus diesem Grund das Fahrzeug **auf der Hebebühne unbedingt vorher festzurren**.

Auf keinen Fall versuchen, ein aufgebocktes Fahrzeug in Leergewichtslage zu bringen. In diesem Fall das auf den Rädern stehende Fahrzeug auf eine Rampe oder über eine Grube fahren. Schrauben der Fahrwerksteile bei auf dem Boden stehenden Rädern festziehen.

Leergewichtslage einstellen

Achtung: Die Einstellhinweise gelten nur für Fahrzeuge, die sich auf einer Hebebühne befinden. Auf der Hebebühne muss das Fahrzeug an den Tragarmen festgezurrt sein, damit es nicht herunterrutschen kann.

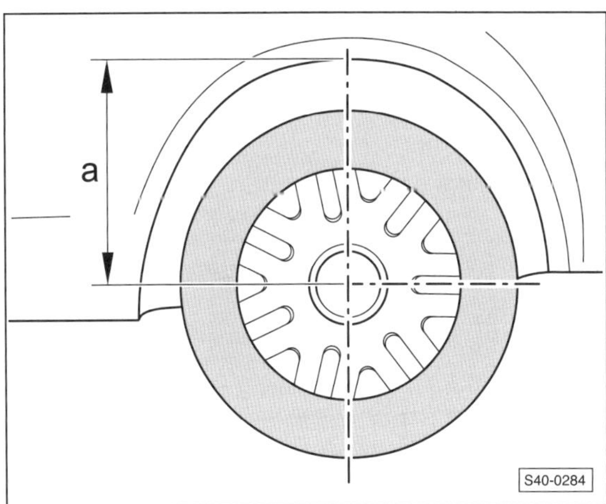

- Am unbeladenen Fahrzeug das Maß –a– messen.
- Radschrauben lösen.

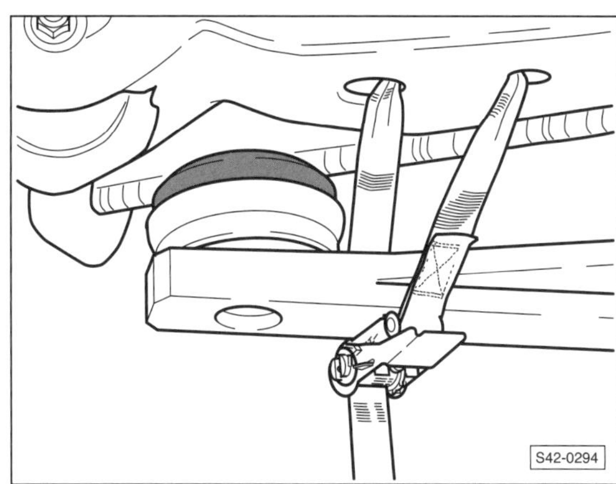

- Fahrzeug mit einer Hebebühne anheben und mit Spanngurten an den Tragarmen der Hebebühne verzurren.
- Radschrauben herausdrehen und Räder an der entsprechenden Achse abnehmen.
- Radnaben so drehen, bis eine Radschraubenbohrung oben steht.

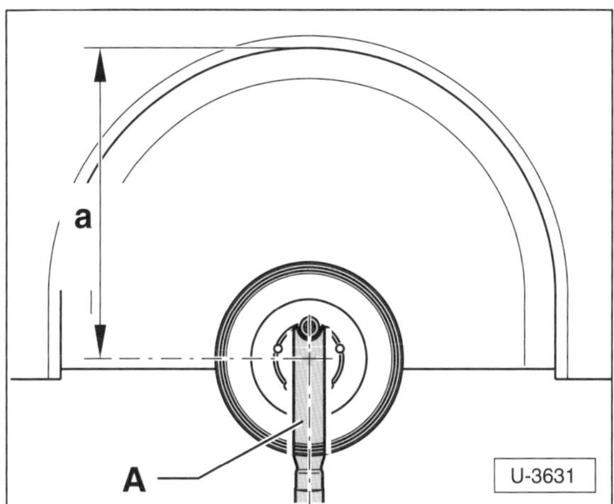

- Aufnahme –A–, zum Beispiel VW/AUDI-T10149, an der Radnabe anschrauben.
- Radlagergehäuse links und rechts mit Motor- und Getriebeheber und Aufnahme –A– so weit anheben, bis das vorher gemessene Maß –a– erreicht ist.

Zusätzliche Sollwerte für das Maß –a–:

Fahrwerk	Maß –a–
Basisfahrwerk (G09/G10)	366 ± 10 mm
Sportfahrwerk (G12/G22/G27)	351 ± 10 mm
Schlechtwegefahrwerk (G13/G14/G33/G34)	381 ± 10 mm

Hinweis: Welches Fahrwerk eingebaut ist steht als PR-Nummer auf dem Fahrzeugdatenträger. Zum Beispiel G10 für Basisfahrwerk.

- Betroffene Schrauben am Fahrwerk festziehen.
- Radlagergehäuse ablassen.
- Motor- und Getriebeheber wegziehen und Aufnahme abbauen.

Gelenkwelle mit Gleichlaufgelenken

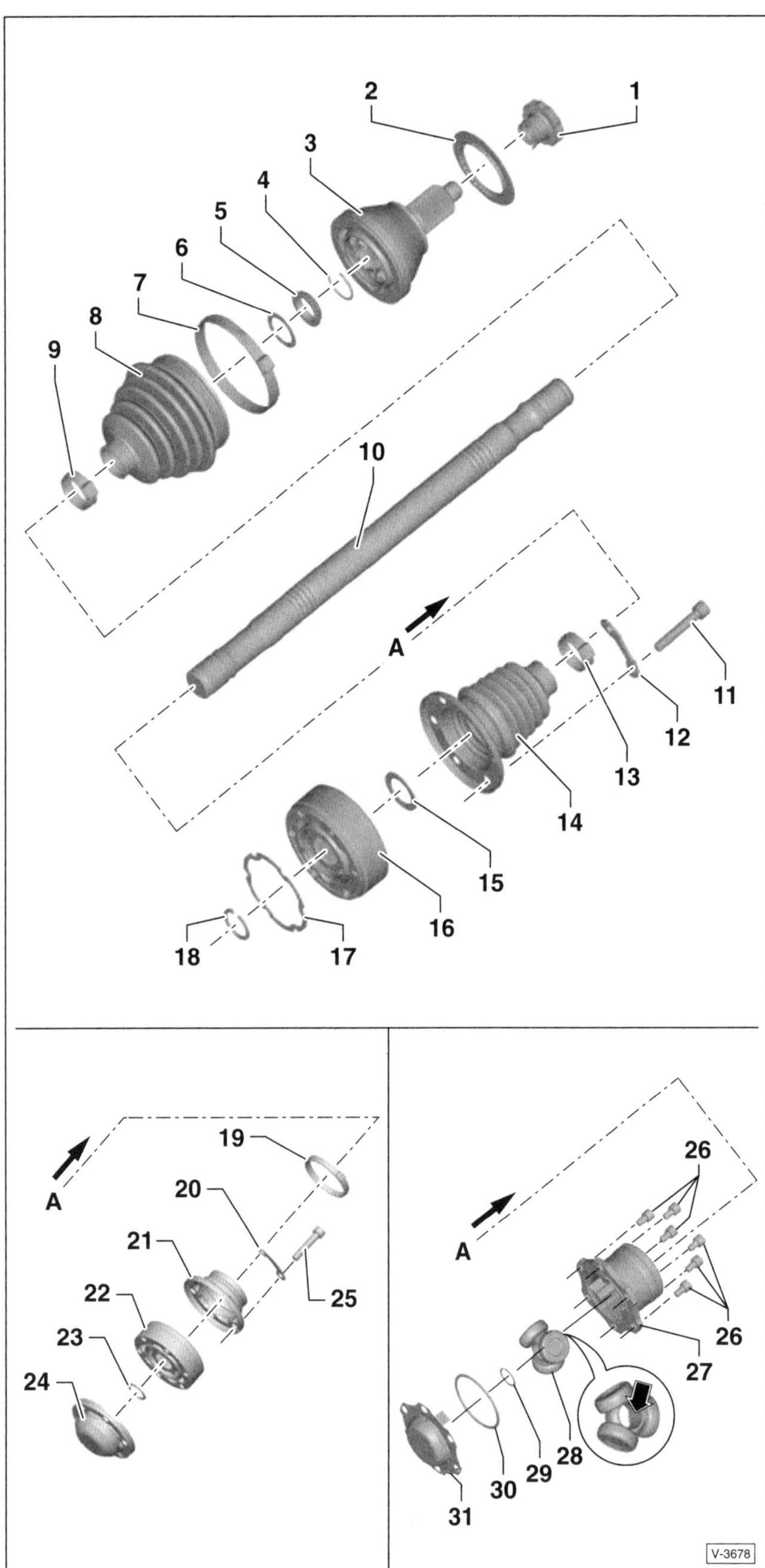

1 – **Nabenmutter*, 50 Nm + 45°**
Zwölfkant, selbstsichernd.

2 – **Schleuderscheibe**

3 – **Gleichlaufgelenk außen**
Kann nur komplett ersetzt werden.

4 – **Sicherungsring***
In die Nut der Welle einsetzen.

5 – **Distanzring**

6 – **Tellerfeder**

7 – **Klemmschelle***

8 – **Manschette außen**

9 – **Klemmschelle***

10 – **Gelenkwelle**

Innegelenk VL90/100

11 – **Innenvielzahnschraube***
M8x48. Mit **10 Nm** über Kreuz voranziehen, dann mit **40 Nm** festziehen.

12 – **Unterlegplatte**

13 – **Klemmschelle***

14 – **Manschette innen**
Mit Dorn abtreiben.

15 – **Tellerfeder**
Innendurchmesser verzahnt. So einbauen, dass der große Durchmesser (Konkavseite) am Gleichlaufgelenk anliegt.

16 – **Gleichlaufgelenk innen**
Kann nur komplett ersetzt werden.

17 – **Dichtung***
Schutzfolie abziehen und in das Gelenk kleben.

18 – **Sicherungsring***

Innengelenk VL107

19 – **Klemmschelle*** .

20 – **Unterlegplatte**

21 – **Kappe**
Mit einem Dorn vorsichtig abtreiben. Vor dem Einbau die Dichtfläche mit Dichtmittel VW-D454300A2 bestreichen. **Achtung:** Die Dichtfläche muss frei von Öl und Fett sein.

22 – **Gleichlaufgelenk innen**
Kann nur komplett ersetzt werden.

23 – **Sicherungsring***

24 – **Deckel***

25 – **Innenvielzahnschraube***
M8x52. Mit **10 Nm** über Kreuz voranziehen, dann mit **70 Nm** festziehen.

Tripodegelenk AAR2000/108

26 – **Innenvielzahnschraube***
M10x23. Mit **10 Nm** über Kreuz voranziehen, dann mit **70 Nm** festziehen.

27 – **Gelenkgehäuse**
Außendurchmesser 108 mm.

28 – **Tripodestern mit Rollen**
Die Fase –Pfeil– zeigt zur Verzahnung der Gelenkwelle.

29 – **Sicherungsring***

30 – **Dichtring***

31 – **Deckel***

Gelenkwelle zerlegen/ Manschette erneuern

Achtung: Je nach Motor-/Getriebekombination ist das innere Gelenk als Gleichlauf-Kugelgelenk oder als Tripode-Gelenk ausgelegt. Das Tripodegelenk hat anstelle der 6 Kugeln 3 Rollen, die um 120° versetzt auf einem Tripodestern angeordnet sind.

- Gelenkwelle ausbauen, siehe entsprechendes Kapitel.
- Gelenkwelle mit Schutzbacken in Schraubstock einspannen.
- Einbaulage der Manschetten (Gelenkschutzhüllen) auf der Welle markieren, damit die neuen Manschetten in gleicher Lage eingebaut werden können. Beim Markieren auf keinen Fall den Lack der Gelenkwelle beschädigen.
- Klemmschellen an beiden Manschetten mit Seitenschneider aufschneiden und abnehmen. Manschette zurückschieben, wenn nötig mit einem Dorn vom Gelenk abtreiben.

Gelenk außen

Ausbau

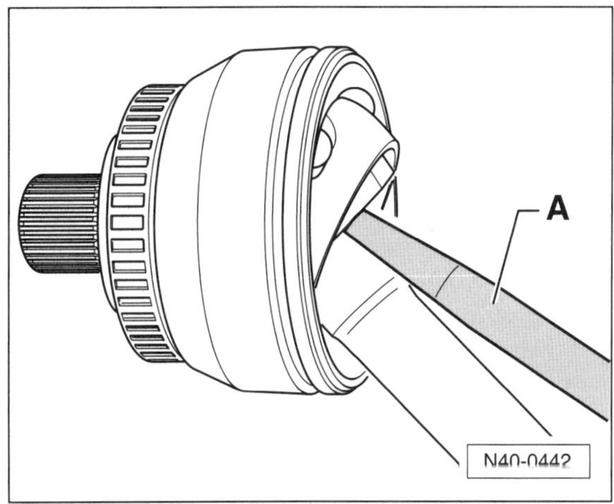

- Außengelenk mit einem Dorn –A– von der Gelenkwelle abtreiben. **Achtung:** Der Dorn muss genau am Stern des Gleichlaufgelenks angesetzt werden. **Hinweis:** Die Fachwerkstatt verwendet zum Abdrücken die Abziehvorrichtung VW-T10382 mit dem Schlagabzieher VW-771.
- Sicherungsring –4– vom Gelenk abziehen, siehe Abbildung V-3678.
- Distanzring –5– und Tellerfeder –6– von der Gelenkwelle herunterziehen, siehe Abbildung V-3678.
- Manschette von der Gelenkwelle herunterziehen.

Einbau

- **Neue** kleine Klemmschelle auf die Gelenkwelle schieben.
- Spröde oder beschädigte Manschette ersetzen und auf die Gelenkwelle schieben.

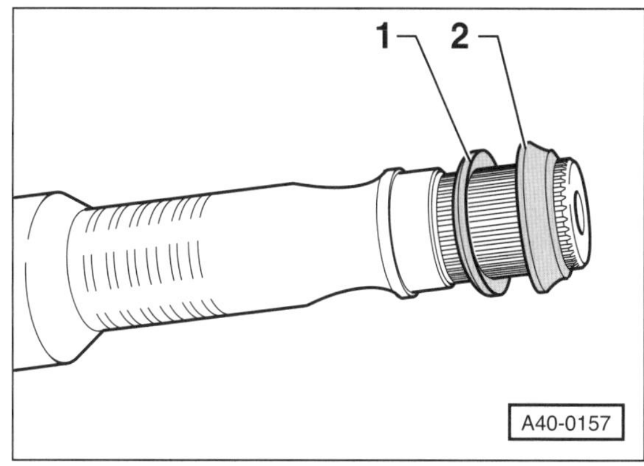

- Tellerfeder und Distanzring auf die Gelenkwelle schieben. Die Tellerfeder –1– am Außengelenk zeigt mit dem großen Durchmesser nach außen, der Distanzring –2– mit dem kleinen Durchmesser nach außen.
- **Neuen** Sicherungsring in die Nut der Welle einsetzen.
- Außengelenk mit einem Kunststoffhammer bis zum Anschlag auf die Gelenkwelle treiben, so dass der Sicherungsring einrastet.
- Gelenk mit Spezialfett aus dem Reparatursatz schmieren. Halbe Fettmenge in der Manschette verteilen, die andere Hälfte ins Gelenk eindrücken.
- Manschette über das Gelenk ziehen und mit **neuen** Klemmschellen befestigen.
- Darauf achten, dass die Schleuderscheibe komplett auf das Außengelenk aufgeclipst ist. Die Schleuderscheibe muss mit der Anlagefläche des Außengelenks fluchten, siehe Abbildung N40-10336 auf Seite 146.

Klemmschelle am Außengelenk spannen – Ausführung 1

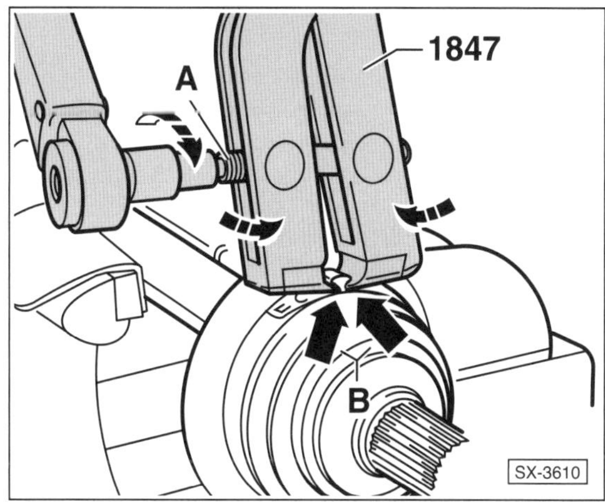

- Zum Spannen der Klemmschellen muss eine Spezialzange verwendet werden, zum Beispiel HAZET 1847, sonst wird die erforderliche Spannkraft nicht erreicht. Die Schneiden der Zange müssen beim Ansetzen in den Ecken –Pfeile B– anliegen. In dieser Stellung Schraube –A– mit Drehmomentschlüssel und **25 Nm** anziehen und dadurch Klemmschelle spannen.

Achtung: Das Gewinde der Zange muss leichtgängig sein, gegebenenfalls vorher mit MoS_2-Fett schmieren.

- Gelenkwelle einbauen, siehe entsprechendes Kapitel.

Klemmschelle am Außengelenk spannen – Ausführung 2

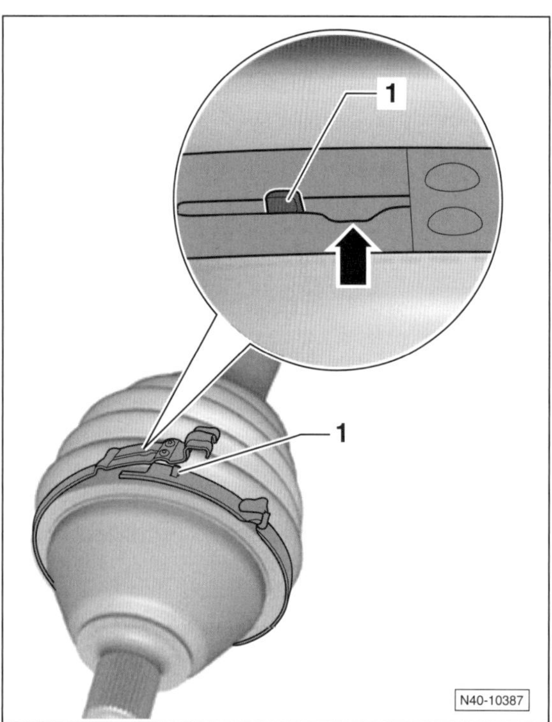

- Nase –1– der Klemmschelle in die Führung –Pfeil– einsetzen.

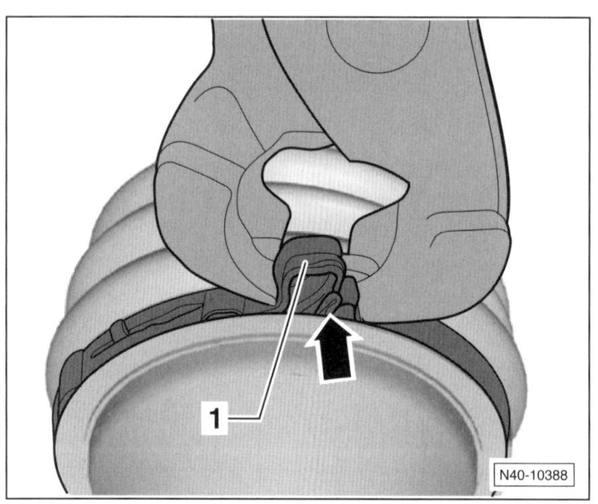

- Klemmschelle mit einer geeigneten Klemmzange so weit zusammendrücken, bis sich das Oberteil –1– mit der Führung –Pfeil– verhakt.

Gleichlaufgelenk innen VL90, VL100, VL107

Hinweis: Die Zahl hinter der Bezeichnung »VL« gibt jeweils den Durchmesser des Innengelenks in mm an.

Ausbau

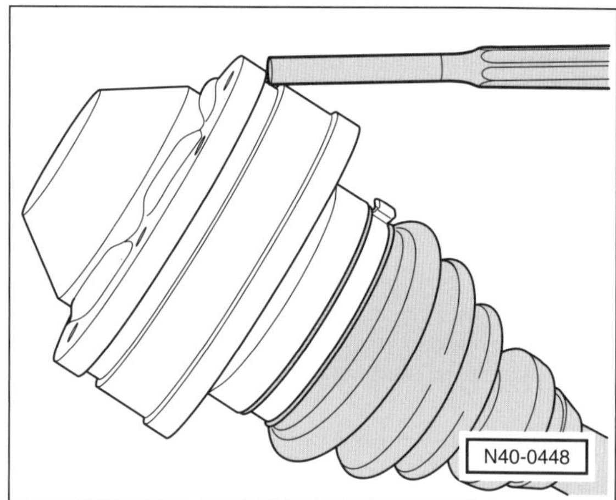

- **Gleichlaufgelenk VL 107:** Deckel mit geeignetem Dorn vom Gelenk abtreiben.
- Dichtung –17– vom Gelenk abnehmen, siehe Abbildung V-3678.
- Sicherungsring –18– mit geeigneter Zange, zum Beispiel HAZET 1847-61, vom Gelenk abziehen, siehe Abbildung V-3678.

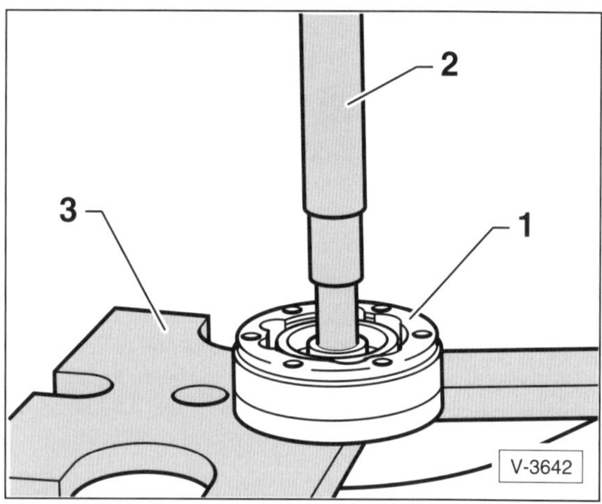

- Innengelenk –1– mit geeigneter Presse –2– von der Gelenkwelle abpressen, dabei die Kugelnabe mit Auflageplatten –3– abstützen.
- Manschette von der Gelenkwelle herunterziehen.

Einbau

- **Neue** kleine Klemmschelle auf die Gelenkwelle schieben.
- Spröde oder beschädigte Manschette ersetzen und auf die Gelenkwelle schieben.

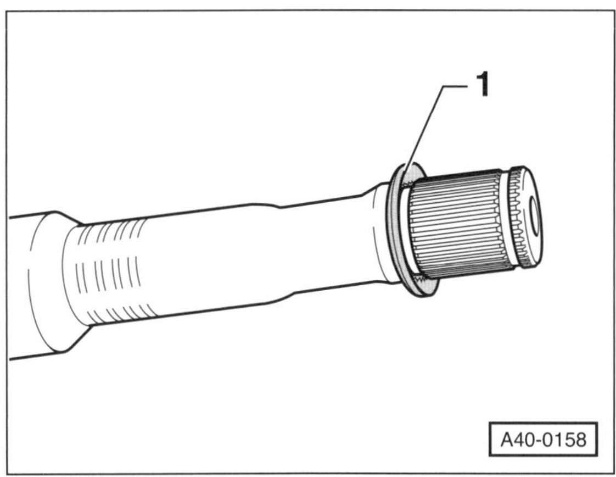

- **Gleichlaufgelenk VL 90/100:** Tellerfeder –1– auf die Welle schieben. Der große Durchmesser der Tellerfeder stützt sich dabei am Gelenk ab.

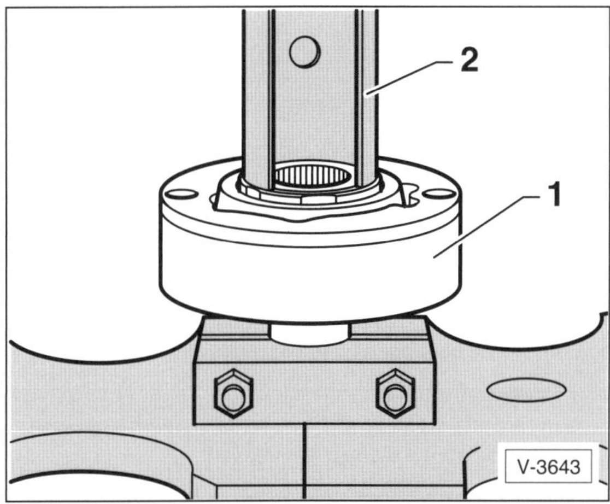

- Innengelenk –1– mit geeigneter Presse –2– bis zum Anschlag aufpressen. **Achtung:** Die abgeschrägte Kante am Innendurchmesser der Kugelnabe (Verzahnung) muss zum Anlagebund der Gelenkwelle zeigen.
- **Neuen** Sicherungsring mit Sprengringzange HAZET 1847-61 in das Gelenk einfedern.
- **Neue** Dichtung auf das Gelenk kleben, vorher Schutzfolie von der Dichtung abziehen. **Hinweis:** Die Klebefläche am Gelenk muss frei von Fett und Öl sein.
- Gelenk mit Spezialfett aus dem Reparatursatz schmieren. Halbe Fettmenge in der Manschette verteilen, die andere Hälfte ins Gelenk eindrücken.
- Manschette über das Gelenk ziehen, vorher die Dichtfläche mit VW-Dichtungsmittel D.454.300.A2 bestreichen.
- Manschette mit **neuen** Klemmschellen befestigen und spannen, siehe Abschnitt »Gelenk außen«.

Deckel für inneres Gleichlaufgelenk VL 107 einbauen

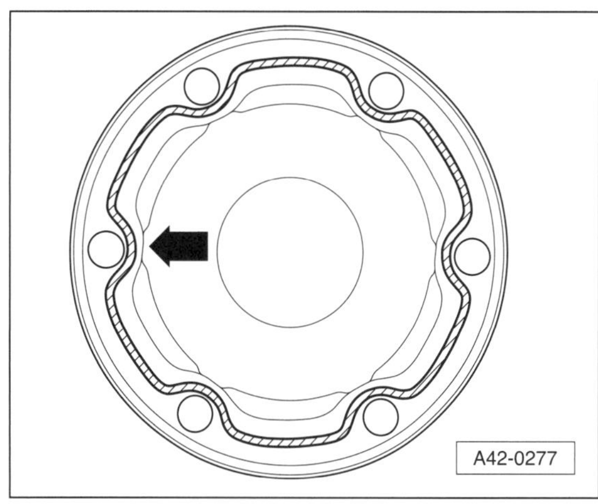

- Dichtfläche des Deckels mit dem Dichtmittel VW-D454.300.A2 bestreichen. Dabei Dichtmittelraupe ununterbrochen mit einem Durchmesser von 2 bis 3 mm im Bereich der Bohrungen innen –Pfeil– auf die saubere Fläche des Deckels auftragen.

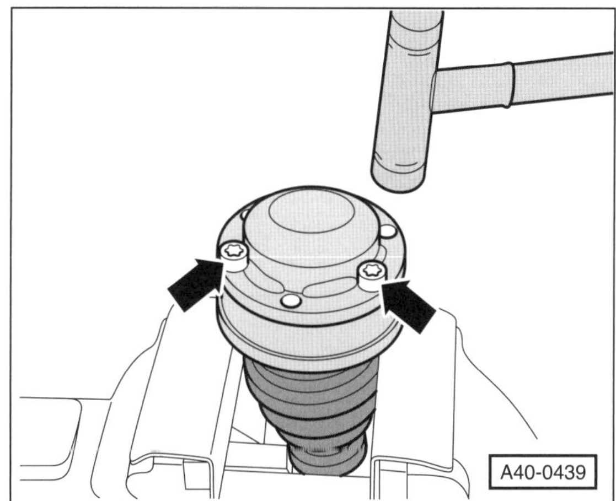

- Neuen Deckel mit Schrauben –Pfeile– zu den Schraubenlöchern ausrichten. **Achtung:** Der Deckel muss sehr genau ausgerichtet werden, da nach dem Auftreiben kein Ausrichten mehr möglich ist.
- Deckel mit einem Kunstoffhammer auftreiben.
- Herausquellendes Dichtmittel abwischen.

Tripodegelenk innen

Ausbau

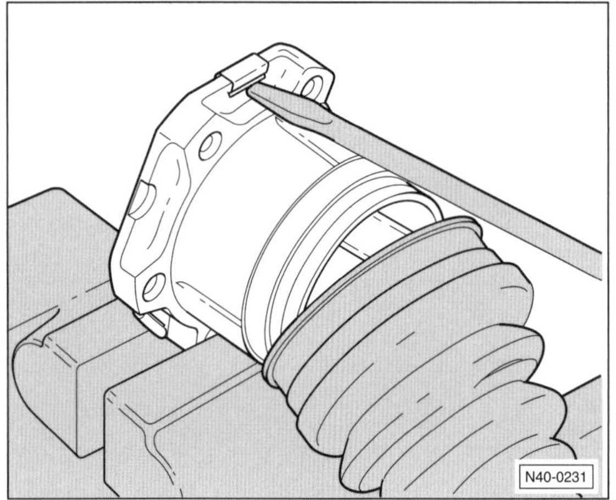

- Blechlaschen am Gelenkgehäuse mit einem Schlitzschraubendreher aufbiegen und Deckel abhebeln.

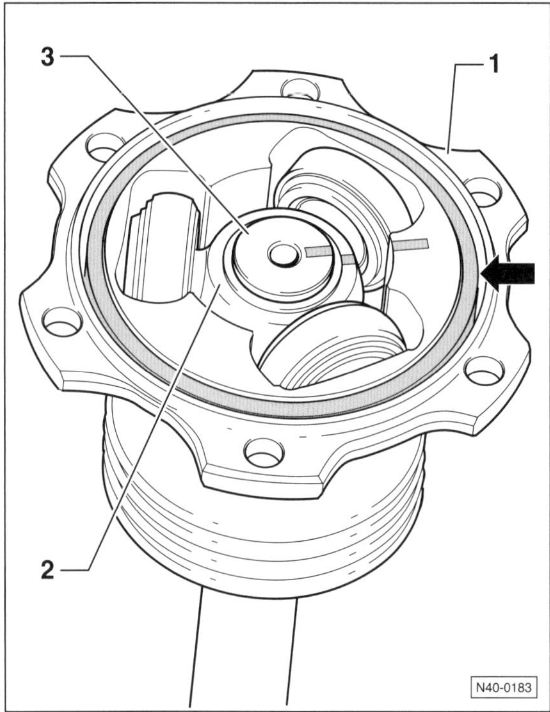

- Einbaulage der Teile –1–, –2– und –3– zueinander durch Striche mit einem wasserfesten Filzstift kennzeichnen. **Achtung:** Werden die Teile nicht in der vorigen Einbaulage zusammengebaut können im Fahrbetrieb Geräusche auftreten.
  1 – Gelenkgehäuse
  2 – Tripodestern
  3 – Gelenkwelle
- Dichtring –Pfeil– aus der Nut herausnehmen.

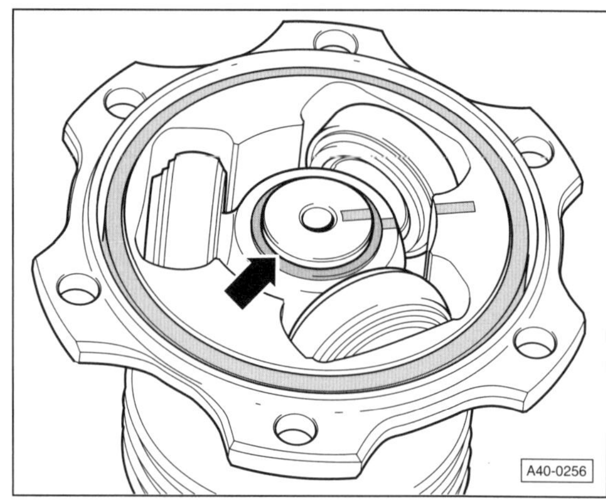

- Sicherungsring –Pfeil– mit einer geeigneten Zange, zum Beispiel HAZET 1846c, von der Verzahnung der Gelenkwelle abbauen.
- Tripodestern mit geeigneter Presse von der Gelenkwelle abpressen.
- Gelenkgehäuse und Manschette von der Gelenkwelle herunterziehen.

Einbau

- **Neue** kleine Klemmschelle auf die Gelenkwelle schieben.
- Spröde oder beschädigte Manschette ersetzen und auf die Gelenkwelle schieben.
- Gelenkgehäuse auf die Gelenkwelle schieben.
- Tripodestern mit der abgeschrägten Kante (falls vorhanden) auf die Gelenkwelle aufstecken und mit geeigneter Presse bis zum Anschlag aufpressen.
- **Neuen** Sicherungsring einsetzen.
- Gelenkgehäuse über die Rollen schieben und festhalten.
- Die Hälfte des Gelenkwellenfettes aus dem Reparatursatz in das Gelenk drücken.
- Die andere Hälfte des Gelenkwellenfettes aus dem Reparatursatz in die Rückseite des Tripodegelenks drücken.
- Manschette über das Gelenk ziehen und mit **neuen** Klemmschellen befestigen. Dabei darauf achen, dass der Wulst in der Manschette in die Nut des Gelenkgehäuses einrastet.

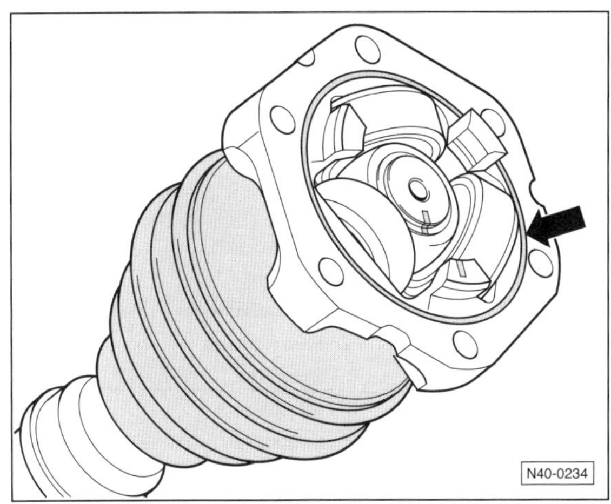

- **Neuen** Dichtring –Pfeil– aus dem Reparatursatz in die Nut einsetzen.

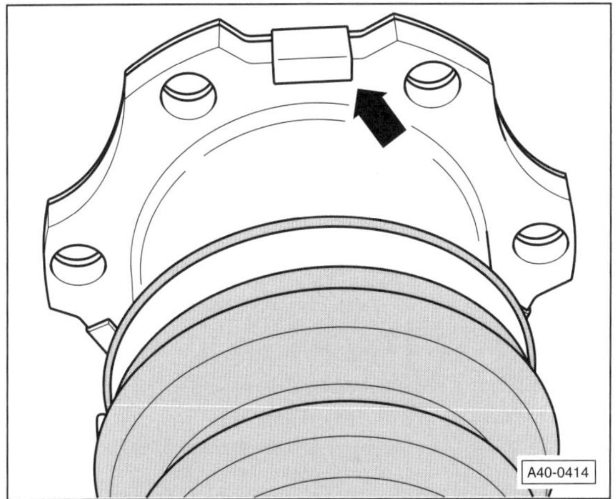

- **Neuen** Deckel auf das Gelenkgehäuse aufsetzen, dabei die Laschen auf den geraden Flächen des Gelenkgehäuses positionieren –Pfeil– **Achtung:** Die Bohrungen vom Deckel und vom Gelenkgehäuse müssen fluchten.

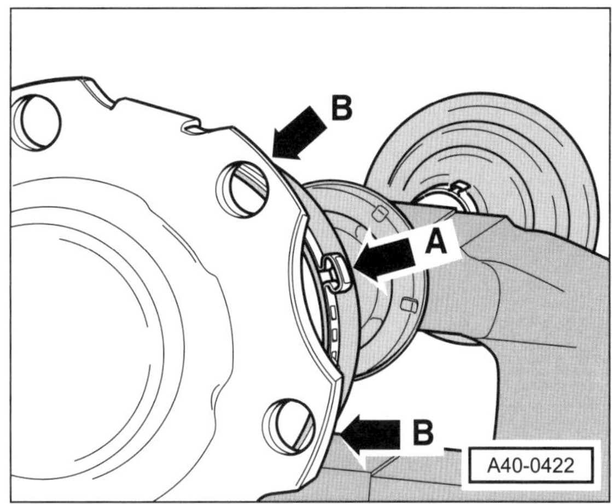

- Große Klemmschelle so ausrichten, dass keine Bohrung –B– für die Getriebeflansch-Schrauben vom Klemmohr –A– der Schelle verdeckt wird.
- Große und kleine Klemmschelle mit Spezialzange HAZET 1847 spannen, siehe Abbildung SX-3610

- Gelenkwelle einbauen, siehe entsprechendes Kapitel.

Hinterachse

Schraubenfeder, Stoßdämpfer, Querlenker, Radlagergehäuse

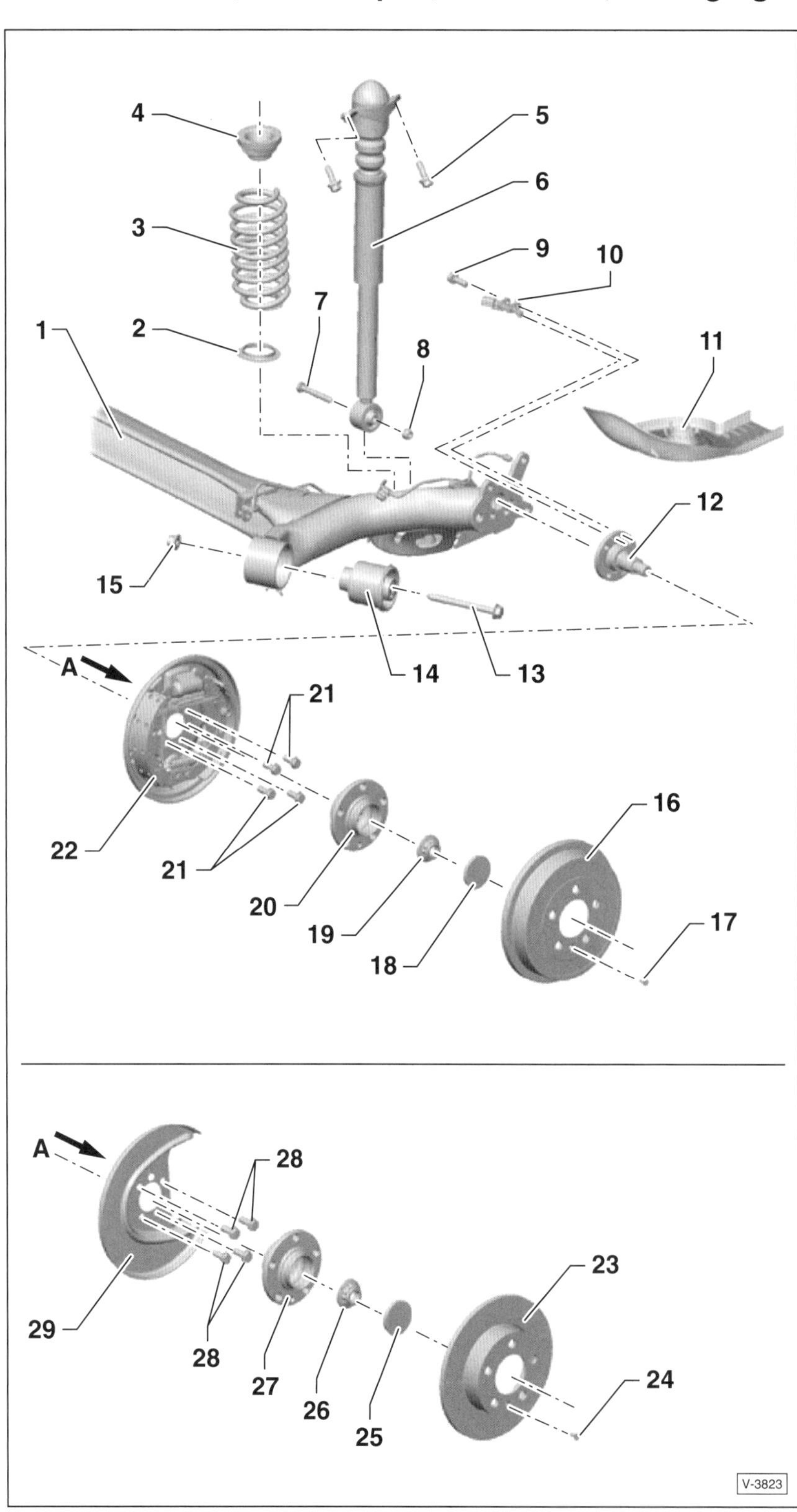

1 – Achskörper

2 – Unterlage

3 – Schraubenfeder

4 – Federauflage

5 – Schraube*, 30 Nm + 90°

6 – Stoßdämpfer

7 – Schraube*, 40 Nm + 90°
In Leergewichtslage festziehen.

8 – Mutter*

9 – Schraube, 8 Nm

10 – ABS-Drehzahlfühler
Vor dem Ersetzen die Innenfläche der Bohrung reinigen und mit Feststoffschmierpaste VW-G000650 bestreichen.

11 – Steinschlagschutz

12 – Achszapfen

13 – Schraube*, 45 Nm + 90°
Von außen einsetzen; in Leergewichtslage festziehen.

14 – Gummimetalllager

15 – Mutter*

Mit Trommelbremse

16 – Bremstrommel

17 – Schraube, 4 Nm

18 – Staubkappe*
Alte Staubkappe auf keinen Fall wiederverwenden.

19 – Nabenmutter*, 70 Nm + 30°

20 – Radnabe mit Radlager
Der ABS-Sensorring ist in die Radnabe eingebaut.

21 – Schraube*, 30 Nm + 90°
Mit Tellerfeder.

22 – Bremsträger mit Bremsbacken

Mit Scheibenbremse

23 – Bremsscheibe

24 – Schraube, 4 Nm

25 – Staubkappe*
Alte Staubkappe auf keinen Fall wiederverwenden.

26 – Nabenmutter*, 70 Nm +30°

27 – Radnabe mit Radlager

28 – Schraube*, 30 Nm + 90°

29 – Abdeckblech

---

*) Nach jeder Demontage ersetzen.

Schraubenfeder an der Hinterachse aus- und einbauen

Ausbau

- Reifen-Laufrichtung mit Pfeil am Reifen markieren. Radschrauben lösen. Fahrzeug hinten aufbocken und Hinterrad abnehmen. **Achtung:** Unbedingt Hinweise im Kapitel »Rad aus- und einbauen« beachten.

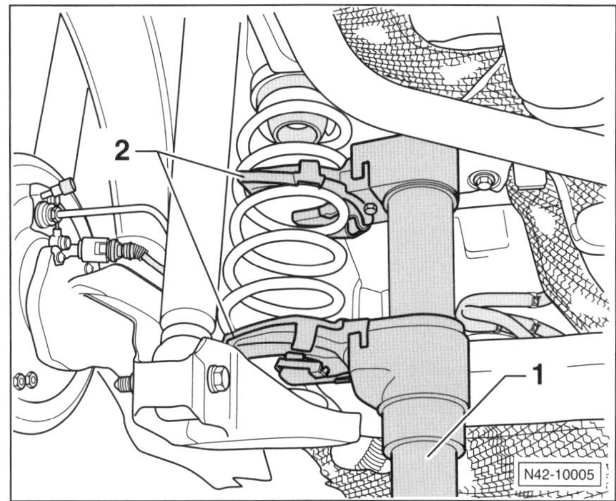

- Geeigneten Federspanner –1– von innen an der Schraubenfeder ansetzen und möglichst nah an den Federwindungen anlegen, dabei mindestens 3 Windungen umgreifen.

Hinweis: Die Fachwerkstatt benutzt den Federspanner VAG 1752/1 mit den Spannplatten VAG 1752/3A.

Achtung: Während des Spannvorgangs auf korrekten Sitz der Spannplatten –2– in den Federwindungen achten –Pfeile–.

- Schraubenfeder so weit spannen, bis diese herausnehmbar ist. Federspanner mit Schraubenfeder aus dem Radkasten herausziehen.
- **Federspanner langsam entspannen** und Schraubenfeder abnehmen.

Einbau

Hinweis: Schraubenfedern nur achsweise erneuern und auf Farbkennzeichnung achten. An einer Achse nur Schraubenfedern gleicher Hersteller verwenden.

- Federunterlage auf Beschädigung prüfen, gegebenenfalls ersetzen.
- Schraubenfeder in den Federspanner einsetzen und zusammendrücken.

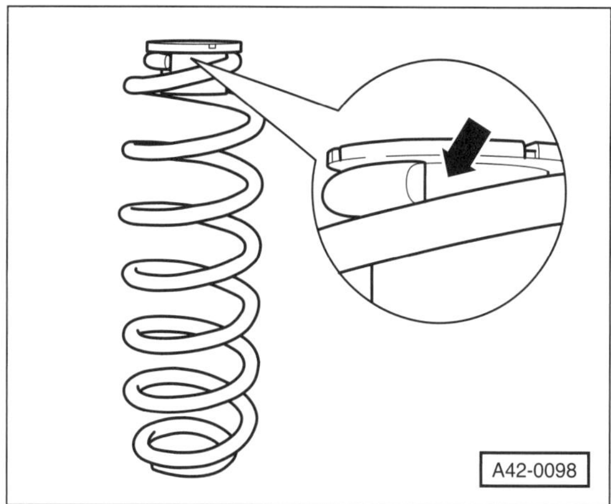

- Gespannte Schraubenfeder zusammen mit den Unterlagen einbauen. Der Federanfang –Pfeil– muss am Anschlag der Unterlage oben anliegen.
- Schraubenfeder entspannen und Federspanner herausnehmen. Dabei darauf achten, dass der Oberflächenschutz der Schraubenfeder nicht beschädigt wird.
- Reifen-Laufrichtung beachten, Hinterrad anschrauben, Fahrzeug ablassen, erst dann Radschrauben über Kreuz mit **120 Nm** festziehen. **Achtung:** Unbedingt Hinweise im Kapitel »Rad aus- und einbauen« beachten.

Stoßdämpfer an der Hinterachse aus- und einbauen

Ausbau

Achtung: Vor dem Ausbau gegebenenfalls die Leergewichtslage der Hinterachse bestimmen, siehe Seite 151.

- Reifen-Laufrichtung mit Pfeil am Reifen markieren. Radschrauben lösen. Fahrzeug hinten aufbocken und Hinterrad abnehmen. **Achtung:** Unbedingt Hinweise im Kapitel »Rad aus- und einbauen« beachten.
- Achsschenkel mit Werkstattwagenheber abstützen, damit der Stoßdämpfer beim Lösen der oberen Stoßdämpferbefestigung nicht nach unten fällt.

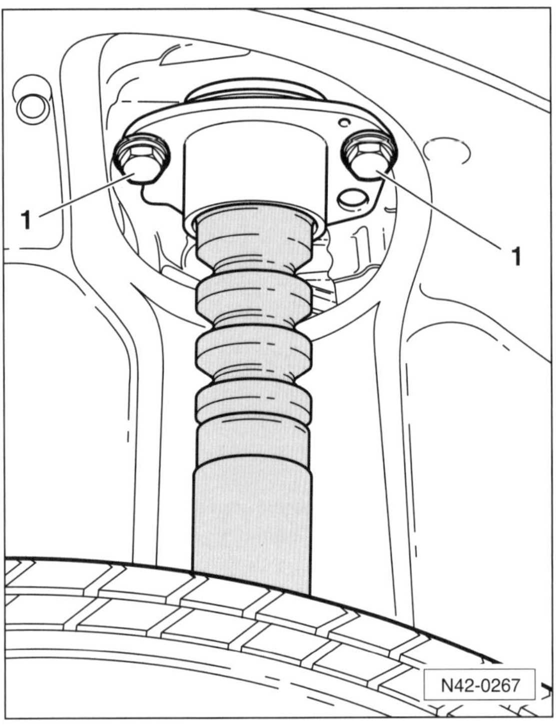

● 2 Schrauben –1– oben aus der Karosserie herausdrehen.

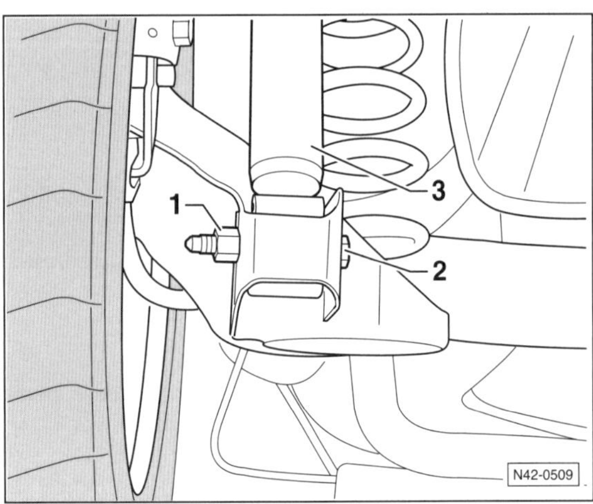

● Mutter –1– abschrauben.

● Schraube –2– unten aus dem Achsschenkel herausziehen und Stoßdämpfer –3– aus dem Radkasten herausnehmen.

Einbau

● Stoßdämpfer in den Radkasten einsetzen, oben an der Karosserie anschrauben und **neue selbstsichernde Schrauben** in 2 Stufen festziehen:
1. Stufe: . . mit Drehmomentschlüssel **30 Nm** anziehen.
2. Stufe: . . . . mit starrem Schlüssel **90°** weiterdrehen.

● Stoßdämpfer unten am Achsschenkel locker anschrauben, **nicht** festziehen.

Achtung: Um die Gummimetalllager nicht zu beschädigen, untere Schraubverbindung erst festziehen, wenn das Fahrzeug auf den Rädern steht oder in die sogenannte Leergewichtslage gebracht wurde, siehe Seite 151.

● Stoßdämpfer unten am Achsschenkel mit **40 Nm** anschrauben. Mutter anschließend um **90°** weiterdrehen.

● Reifen-Laufrichtung beachten, Hinterrad anschrauben, Fahrzeug ablassen, erst dann Radschrauben über Kreuz mit **120 Nm** festziehen. **Achtung:** Unbedingt Hinweise im Kapitel »Rad aus- und einbauen« beachten.

Stoßdämpfer zerlegen und zusammenbauen

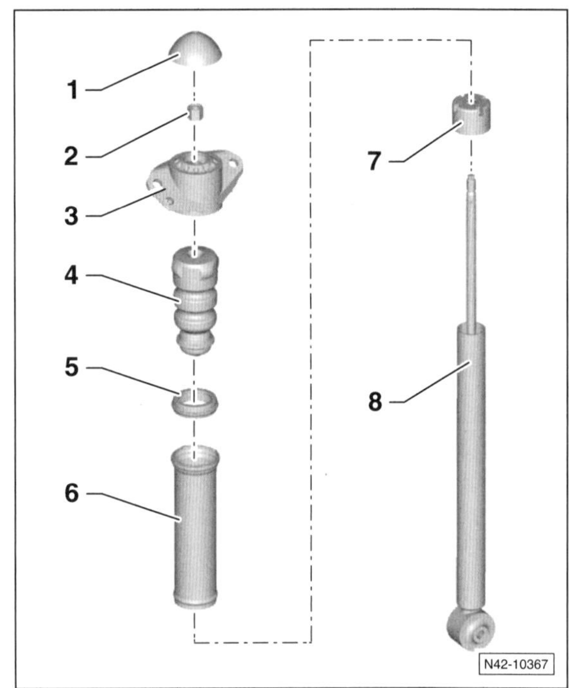

1 – Schutzkappe

2 – Mutter, 25 Nm
Nach jeder Demontage ersetzen. Zum Lösen und Festziehen der Mutter Kolbenstange des Dämpfers an der Spitze gegenhalten.

3 – Stoßdämpferlager

4 – Anschlagpuffer

5 – Befestigungsring

6 – Schutzrohr

7 – Schutzkappe

8 – Gasdruckstoßdämpfer

Lenkung/Airbag

Die Lenkung besteht im Wesentlichen aus dem Lenkrad mit der Lenksäule, dem Zahnstangen-Lenkgetriebe und den Spurstangen. Die Lenksäule überträgt die Lenkbewegungen auf das Lenkgetriebe. Über eine Verzahnung im Lenkgetriebe wird die Zahnstange entsprechend dem Lenkradeinschlag nach links oder rechts bewegt. Spurstangen übertragen die Lenkkräfte über Spurstangengelenke und Radlagergehäuse auf die Räder.

Die Zahnstangenlenkung ist spielfrei von Anschlag zu Anschlag sowie wartungsfrei, nur die Lenkmanschetten und Staubkappen der Spurstangenköpfe müssen im Rahmen der Wartung auf einwandfreien Zustand geprüft werden.

Der Kraftaufwand beim Einschlagen der Räder, insbesondere bei stehendem Fahrzeug, wird durch eine elektrohydraulische Lenkhilfe (Servolenkung) verringert. Die Lenkhilfe besteht aus der elektrischen Ölpumpe, der darüberliegenden Zahnradpumpe, dem Vorratsbehälter und den Öldruckleitungen. Pumpe und Vorratsbehälter befinden sich links hinter dem vorderen Stoßfänger und sind nach Ausbau von Fahrzeugbatterie und Batterieträger zugänglich. Die Pumpe saugt das Hydrauliköl aus dem Vorratsbehälter an und fördert es mit hohem Druck zum Ventilkörper. Der Ventilkörper sitzt im Lenkgetriebe. Er ist mit der Lenksäule mechanisch verbunden und leitet das Öl je nach Lenkeinschlag in die entsprechende Seite des Arbeitszylinders. Dort drückt das Öl gegen den Zahnstangenkolben und unterstützt dadurch die Lenkbewegungen.

Sicherheitshinweis
Schweiß- und Richtarbeiten an Bauteilen der Lenkung **sind nicht zulässig. Selbstsichernde Schrauben/Muttern** sowie korrodierte Schrauben/Muttern im Reparaturfall **immer ersetzen.**

Achtung: Die angegebenen Anzugsdrehmomente sind unbedingt einzuhalten. Bei mangelnder Erfahrung sollten Arbeiten an der Lenkung von einer Fachwerkstatt durchgeführt werden.

Im Lenkrad ist der Fahrer-**Airbag** untergebracht. Der Airbag ist ein zusammengefalteter Luftsack, der im Fall einer Frontalkollision aufgeblasen wird und dadurch Oberkörper und Kopf des Fahrers vor einem Aufprall auf das Lenkrad schützt. Bei einer entsprechend starken Frontalkollision wird über ein Steuergerät eine kleine Sprengladung im Gasgenerator der Airbag-Einheit gezündet. Es entstehen Explosionsgase, die den Luftsack innerhalb weniger Millisekunden aufblasen. Diese Zeit reicht aus, um den Aufprall des nach vorn

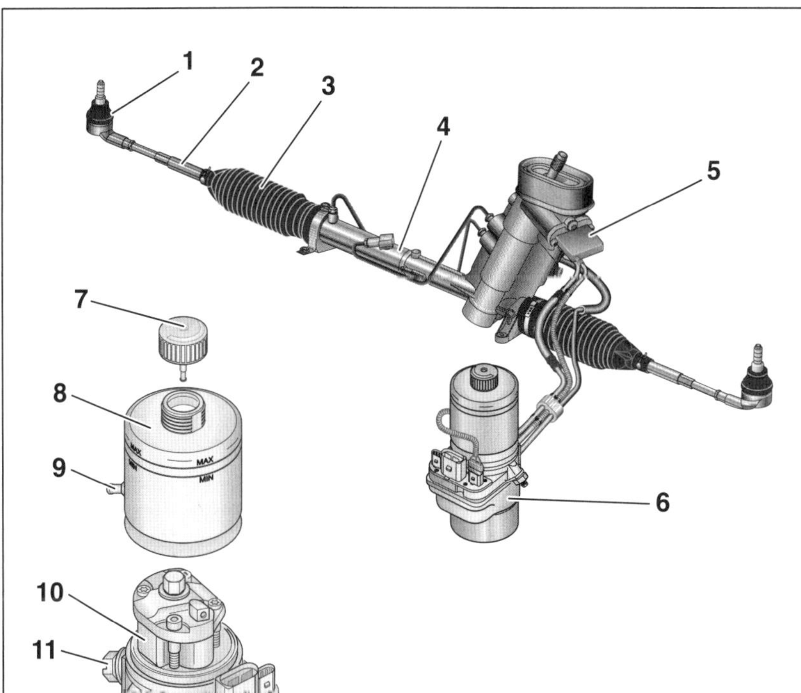

1 – Spurstangenkopf
2 – Spurstange
3 – Lenkmanschette
4 – Zahnstangen-Lenkgetriebe
5 – Sensor für Lenkhilfe
Für Erfassung des Lenkradwinkels und die Berechnung der Lenkwinkelgeschwinigkeit. Bei Ausfall des Sensors schaltet die Servolenkung auf ein Notfallprogramm um. Die Lenkungsfunktion ist sichergestellt, allerdings werden die Lenkkräfte größer.
6 – Elektrohydraulische Servopumpe
7 – Verschlussdeckel
8 – Vorratsbehälter
9 – Anschluss für Rücklauf
10 – Zahnradpumpe
11 – Anschluss für Druckschlauch
12 – Gummilager
13 – Steuergerät für Lenkhilfe
Regelt den Antrieb der Zahnradpumpe –10– in Abhängigkeit von der Lenkwinkelgeschwindigkeit und der Fahrgeschwindigkeit. Kann nur zusammen mit dem Pumpenaggregat –14– ersetzt werden.
14 – Elektrisches Pumpenaggregat

schnellenden Fahrer-Oberkörpers zu dämpfen. Der Airbag fällt anschließend innerhalb weniger Sekunden wieder in sich zusammen, da die Gase durch Austrittsöffnungen entweichen.

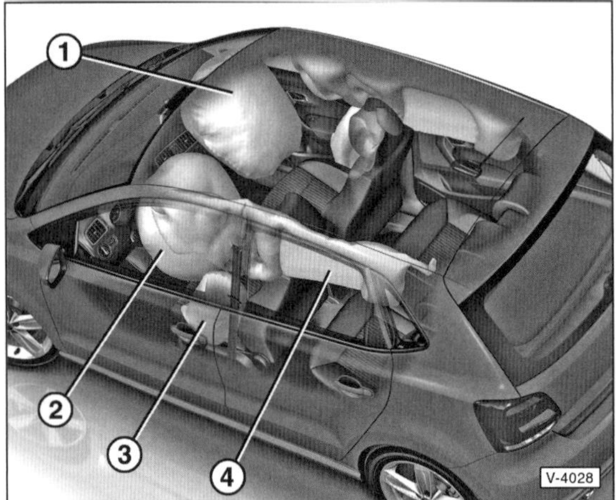

1 – Beifahrer-Airbag **3 – Seiten-Airbag**
2 – Fahrer-Airbag **4 – Kopf-Airbag**

Airbag-Sicherheitshinweise

Das Airbag-System besteht aus dem Aufprallsensor, dem Gasgenerator und dem Airbag. Das Aufblasen des Airbags wird elektrisch ausgelöst.

Je nach Ausstattung ist das Fahrzeug mit Front-, Seiten- sowie Kopf-Airbags einschließlich Gurtstraffern mit Gurtkraftbegrenzern ausgestattet.

Auf dem Beifahrersitz darf kein gegen die Fahrtrichtung angeordneter Babysitz montiert werden; ausgenommen ein spezieller Kindersitz in Zusammenhang mit der automatischen Kindersitzerkennung.

Achtung: Aus Sicherheitsgründen keine Arbeiten an Teilen des Airbag- oder Gurtstraffer-Systems durchführen.

Vor Aus- und Einbau der Fahrer-Airbag-Einheit folgende Hinweise unbedingt befolgen:

- **Batterie-Massekabel (–) bei eingeschalteter Zündung *abklemmen.*** Anschließend **Battere-Minuspol isolieren,** um einen versehentlichen Kontakt zu vermeiden. Nach dem Abklemmen ist eine **Wartezeit** von mindestens **10 Sekunden** erforderlich, bis sich sämtliche Kondensatoren entladen haben. **Achtung AUSNAHME:** Befindet sich die **Batterie im Fahrgastinnenraum** muss beim Abklemmen der Batterie die **Zündung ausgeschaltet** sein. **Achtung:** Hinweise im Kapitel »Batterie aus- und einbauen« durchlesen.
- **Batterie-Massekabel (–)** nur bei **eingeschalteter Zündung *anklemmen.* Achtung:** Beim **Anklemmen** der Batterie darf sich **keine Person** im **Innenraum** des Fahrzeuges **aufhalten.** Befindet sich die **Batterie im Innenraum,** darf sich **niemand** im **Wirkungsbereich von Airbags und Gurtstraffern aufhalten.**
- **Fahrer-Airbag:** Vor dem Ausbau Räder in Geradeausstellung, Lenkrad in Mittelstellung bringen.
- Vor dem Abnehmen der Airbag-Einheit beziehungsweise dem Trennen der elektrischen Steckverbindungen eigene elektrostatische Aufladung abbauen. Dazu kurz den Schließkeil der Tür oder die Karosserie anfassen.

Allgemeine Hinweise:

- Niemals Airbag-Komponenten eines anderen Fahrzeugs oder ein anderes Lenkrad einbauen. Beim Austausch stets neue Teile verwenden.
- Selbst nach einem leichten Unfall, der nicht zum Auslösen des Airbags führte, Airbag- und Gurtstraffer-System von einer Fachwerkstatt überprüfen lassen.
- **Das Airbag-System darf nur in der Fachwerkstatt geprüft werden. Keinesfalls mit Prüflampe, Voltmeter oder Ohmmeter prüfen.**
- Airbag-Komponenten, die auf eine harte Unterlage herabgefallen sind, müssen grundsätzlich ersetzt werden.
- Airbag-Komponenten vor großer Hitze und direkter Flammeneinwirkung schützen und keinen Temperaturen über +100° C aussetzen, auch nicht kurzfristig.
- Airbag-Komponenten vor Kontakt mit Wasser, Fett oder Öl schützen. Sofort mit einem trockenem Lappen abwischen.
- Die Airbag-Einheit ist im ausgebauten Zustand immer so abzulegen, dass das Lenkradpolster nach oben zeigt. Bei umgekehrter Lagerung besteht die Gefahr, dass bei eventueller Zündung der Gasgenerator nach oben geschleudert wird. Dadurch erhöht sich die Verletzungsgefahr.
- Bei Arbeitsunterbrechung die Airbag-Einheit nicht unbeaufsichtigt liegen lassen.
- Die Airbag-Einheit darf nicht zerlegt werden, bei einem Defekt ist sie immer komplett zu ersetzen. Da die Airbag-Einheit Explosivstoffe enthält, ist sie unter Verschluss oder geeigneter Aufsicht aufzubewahren.
- Vor Verschrotten des Fahrzeugs müssen die Airbag-Einheiten entsorgt werden. Die Entsorgung erfolgt nur durch eine Fachwerkstatt.
- Für Airbag-Einheiten gibt es keine Wechselintervalle.

Speziell für die Seitenairbags folgendes befolgen:

- Es dürfen nur original Sitzbezüge und Rücksitzbezüge verbaut werden, die für Seitenairbags freigegeben sind (erkennbar am Airbag-Annäher auf dem Bezug).
- Die Rückenlehnen dürfen nicht mit Schonbezügen überzogen werden, da dadurch die Funktion des Seitenairbags beeinflusst wird.
- Sitzplatzauflagen, -matten oder Ähnliches, die die Funktion der Sitzbelegungserkennung und der Airbags beeinträchtigen, sind nicht zulässig.
- Bei Beschädigung des Bezuges (durch Risse, Brandlöcher usw.) im Bereich des Seitenairbags ist aus Sicherheitsgründen immer der Bezug zu wechseln, da sich sonst der Seitenairbag nicht richtig entfaltet.
- Nicht mit der Polsternadel oder ähnlich spitzen Gegenständen im Bereich Airbag und Sensormatte in den Bezug stechen.

Airbag-Einheit aus- und einbauen

Ausbau

- **Airbag-Sicherheitshinweise durchlesen und befolgen.**
- **Batterie-Massekabel (–) bei eingeschalteter Zündung abgeklemmen.**

Achtung: Hinweise im Kapitel »Batterie aus- und einbauen« durchlesen.

- **Minuspol** der Batterie **isolieren**, um einen versehentlichen Kontakt zu vermeiden.
- Nach dem Abklemmen des Massekabels mindestens 10 Sekunden warten, bis mit weiterführenden Arbeiten begonnen wird.
- Lenksäulenverstellung entriegeln. Lenksäule ganz herausziehen und in unterster Position verriegeln.

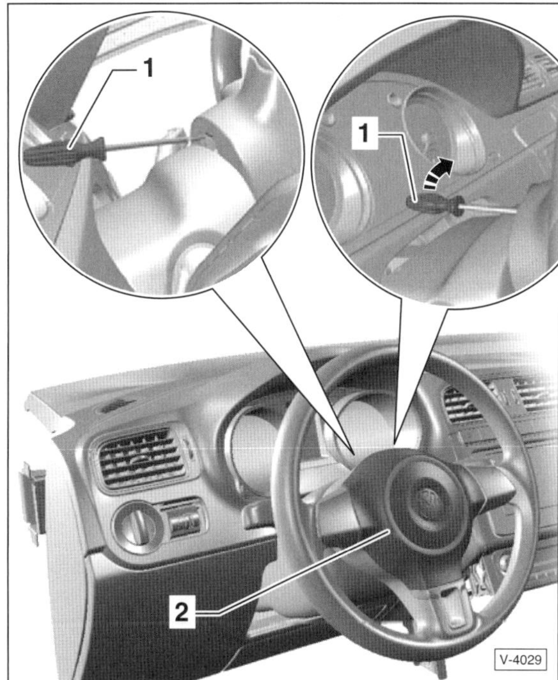

- Lenkrad ¼ Umdrehung gegen den Uhrzeigersinn drehen.
- Einen etwa 7 mm breiten und 18 cm langen Schlitz-Schraubendreher –1– bis zum Anschlag (ca. 18 mm) in die Bohrung an der Rückseite des Lenkrads stecken.
- Schraubendreher in Pfeilrichtung nach oben ziehen. Dadurch wird die Airbag-Einheit –2– entriegelt und springt ein Stück aus dem Lenkrad.
- Lenkrad um 180° zurückdrehen und zweite Verrastung an der gegenüberliegenden Seite auf die gleiche Weise entriegeln.
- Lenkrad um 90° in die Mittelstellung zurückdrehen und Airbag-Einheit –2– vorsichtig ein Stück vom Lenkrad abnehmen. Gegebenenfalls Lenkrad an der Oberkante aus dem Lenkradtopf herausziehen.

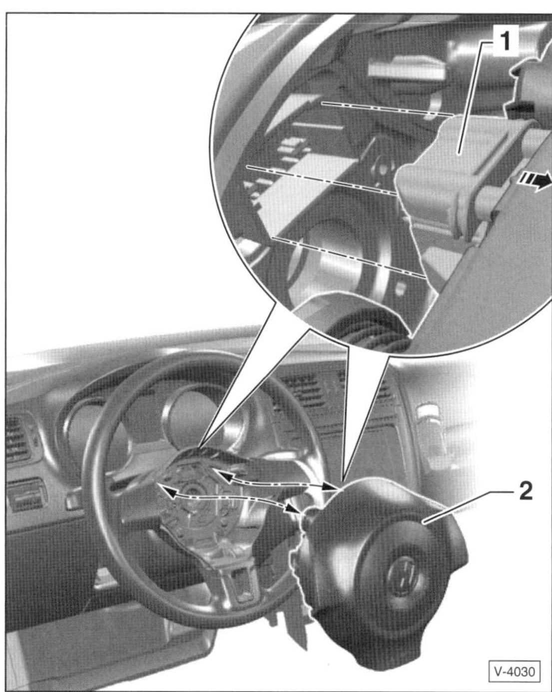

Achtung: Vor dem Trennen der Airbag-Leitung eventuelle elektrostatische Ladungen abbauen. Dazu kurz den Schließkeil der Tür oder die Karosserie anfassen.

- Steckersicherung in Pfeilrichtung entriegeln und Airbag-Stecker –1– abziehen.
- Airbag-Einheit –2– vom Lenkrad abnehmen.
- Airbag-Einheit so ablegen, dass das Prallpolster nach oben zeigt.

Einbau

- Airbag-Stecker verbinden und Sicherungslasche hörbar einrasten.
- Airbag-Einheit –2– ins Lenkrad einsetzen. Airbag-Einheit rechts und links eindrücken und hörbar einrasten.
- Überprüfen, ob die Airbag-Einheit korrekt im Lenkrad verrastet ist.

Achtung: Beim Anklemmen der Batterie darf sich keine Person im Fahrzeug-Innenraum befinden!

- Zündung einschalten.
- Isolierband am Minuspol der Batterie entfernen und Massekabel (–) an der Batterie anklemmen. **Achtung:** Hinweise im Kapitel »Batterie aus- und einbauen« beachten.

Lenkrad aus- und einbauen

Ausbau

- Airbageinheit ausbauen, dabei Sicherheitshinweise befolgen, siehe entsprechende Kapitel.
- Lenkrad in Mittelstellung drehen, so dass sich die Räder in Geradeausstellung befinden.

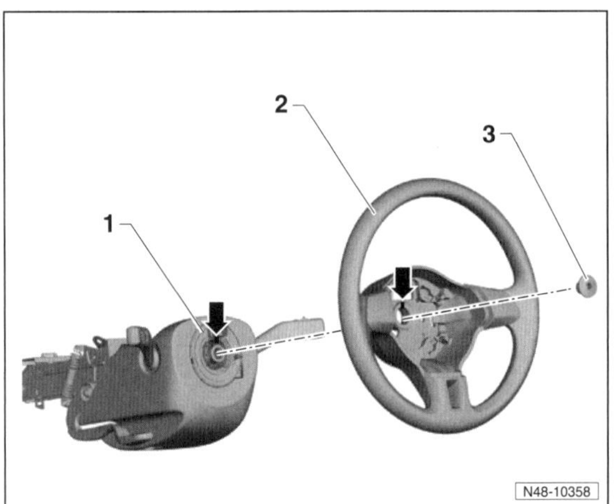

- Schraube –3– herausdrehen und Lenkrad –2– von der Lenksäule abziehen.

Einbau

- Sicherstellen, dass sich die Räder in Geradeausstellung befinden.
- Lenkrad so ansetzen, dass die Markierungen –Pfeile– auf der Nabe des Lenkrades und auf der Lenksäule fluchten.
- Lenkrad aufschieben und dabei den Steckkontakt –1– für Lenkwinkelgeber in die Aussparung am Lenkradboden einführen.
- **Neue** Schraube –3– einschrauben und mit **30 Nm** festziehen. Anschließend die Schraube mit einem starren Schlüssel **90°** (¼ Umdrehung) **weiterdrehen**.
- Airbageinheit einbauen, siehe entsprechendes Kapitel.

Spurstangenkopf aus- und einbauen

Ausbau

Hinweis: Ein Ausbau der kompletten Spurstange ist nur nach dem Ausbau des Lenkgetriebes möglich (Werkstattarbeit).

- **Spurstangenspiel prüfen:** Fahrzeug vorn aufbocken, die Räder müssen frei hängen. Räder und Spurstangen bewegen. Dabei darf kein Spiel auftreten.
- Reifen-Laufrichtung mit Pfeil am Reifen markieren. Radschrauben lösen. Fahrzeug vorn aufbocken und Vorderrad abnehmen. **Achtung:** Unbedingt Hinweise im Kapitel »Rad aus- und einbauen« beachten.
- Dichtungsbälge auf Beschädigungen, Risse und richtigen Sitz prüfen, gegebenenfalls Gelenk austauschen.

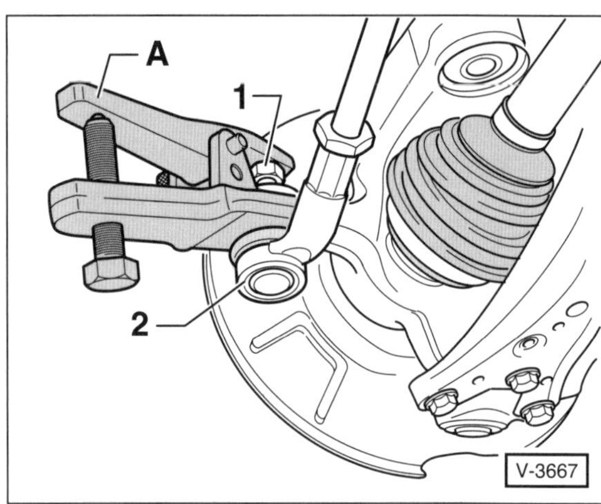

- Sechskantmutter –1– so weit abschrauben, dass sich der Abzieher auf der Sechskantmutter abstützt.
- Spurstangenkopf –2– mit Abzieher –A–, zum Beispiel HAZET 1790-7, vom Lenkspurhebel abdrücken.
- Mutter vom Spurstangenkopf abschrauben und Spurstangenkopf aus dem Lenkspurhebel herausziehen.

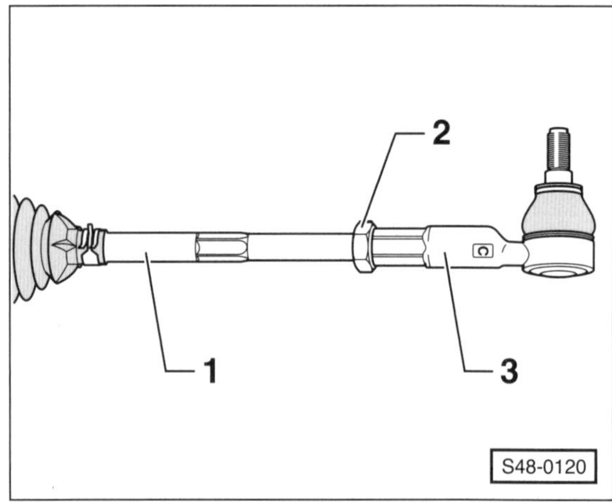

- Markierung über Spurstange und Spurstangenkopf anbringen, damit die Kontermutter –2– beim späteren Einbau an derselben Position festgezogen werden kann.
- Kontermutter –2– lösen. Dabei Spurstange –1– mit Maulschlüssel gegenhalten.
- Spurstangenkopf –3– von der Spurstange –1– abschrauben. Dabei die Anzahl der Umdrehungen für den späteren Einbau notieren.

Einbau

- Kennzeichnung auf dem Schaft des Spurstangenkopfes beachten: **C** – Spurstangenkopf **rechts**, **D** – Spurstangenkopf **links**, in Fahrtrichtung gesehen.
- Kegelschaft des Spurstangenkopfes entfetten.

- Spurstangenkopf mit der gleichen Anzahl an Umdrehungen wie beim Ausbau auf die Spurstange aufschrauben.
- Kontermutter –2– handfest anziehen, siehe Abbildung V-4032 auf Seite 164.
- Spurstange so ausrichten, dass der Zapfen des Spurstangenkopfes in Einbaulage steht.
- Spurstange bis zum Anschlag in den Lenkspurhebel einsetzen.
- **Neue** Mutter –1– auf Spurstangenkopf aufschrauben und mit **20 Nm** anziehen und anschließend um ¼ **Umdrehung (90°)** weiterdrehen.

Hinweis: Damit sich der Gelenkzapfen beim Festziehen nicht mitdreht, diesen mit einem Innensechskantschlüssel SW6 gegenhalten.

- Kontermutter mit **50 Nm** festziehen. Beim Festziehen am Sechskant der Spurstange gegenhalten.
- Reifen-Laufrichtung beachten, Vorderrad anschrauben, Fahrzeug ablassen, erst dann Radschrauben über Kreuz mit **120 Nm** festziehen. **Achtung:** Unbedingt Hinweise im Kapitel »Rad aus- und einbauen« beachten.
- Fahrzeugvermessung durchführen lassen (Werkstattarbeit).

Lenkgetriebe/Spurstange/Faltenbälge – Detailübersicht

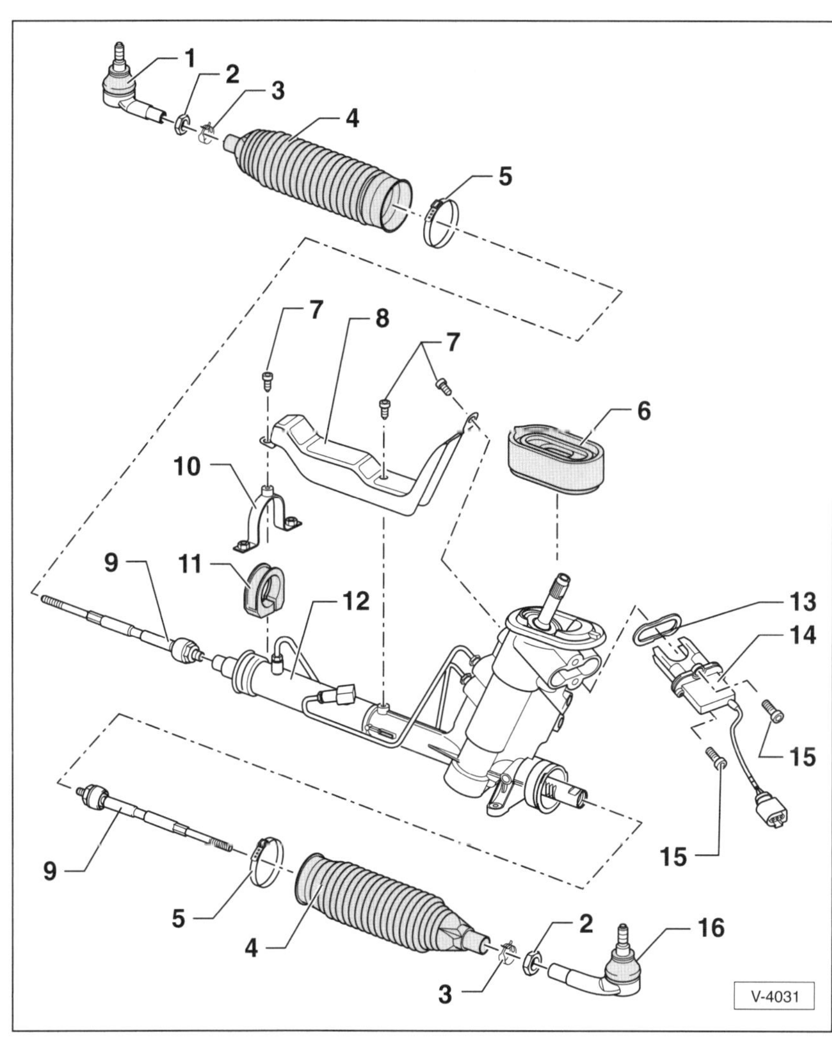

Elektrohydraulische Servolenkung

1 – **Spurstangenkopf rechts**
Vor dem Einbau Kegelzapfen entfetten.

2 – **Kontermutter, 50 Nm**

3 – **Federbandschelle**
Aus- und einbauen mit Montagezange.

4 – **Faltenbalg**
Ersetzen nur bei ausgebautem Lenkgetriebe möglich. Auf Schlitze und Risse prüfen.

5 – **Klemmschelle**
Nach jeder Demontage ersetzen.

6 – **Dichtung**

7 – **Schrauben, 8 Nm**
Selbstschneidende Schrauben zur Befestigung des Wärmeabschirmbleches.

8 – **Wärmeabschirmblech**

9 – **Spurstange**
Anzugsdrehmoment an Zahnstange: **80 Nm**.

10 – **Schelle**
Einbaulage: Schrift muss in Fahrtrichtung zeigen.

11 – **Gummieinsatz**
Einbaulage: Der größere Innendurchmesser zeigt zur Fahrzeugaußenseite.

12 – **Servolenkgetriebe**

13 – **Dichtung**

14 – **Sensor für Lenkhilfe**

15 – **Schrauben, 6 Nm**

16 – **Spurstangenkopf links**
Vor dem Einbau Kegelzapfen entfetten.

Räder und Reifen

Der POLO ist je nach Modell und Ausstattung mit Rädern unterschiedlicher Größe ausgerüstet. Sofern Reifen montiert sind, deren Größe nicht in den Fahrzeugpapieren vermerkt ist, muss diese in der EG-Übereinstimmungsbescheinigung **CoC** (**C**ertification **o**f **C**onformity) für das Fahrzeug aufgeführt sein. Diese Bescheinigung oder eine Kopie davon ist dann grundsätzlich im Fahrzeug mitzuführen.

Neben der Felgenbreite und dem Felgendurchmesser sind bei einem Wechsel der Felge auch die Einpresstiefe und der Lochkreisdurchmesser zu beachten. Die Einpresstiefe ist das Maß von der Felgenmitte bis zur Anlagefläche der Radschüssel an die Bremsscheibe beziehungsweise Bremstrommel. Der Lochkreisdurchmesser gibt den Durchmesser an, an dem die Radschrauben befestigt sind.

Alle Scheibenräder sind als Hump-Felgen ausgelegt. Der Hump ist ein in die Felgenschulter eingepresster Wulst, der auch bei extrem scharfer Kurvenfahrt nicht zulässt, dass der schlauchlose Reifen von der Felge gedrückt wird. **Achtung:** In schlauchlose Reifen darf kein Schlauch eingezogen werden.

Profiltiefe messen

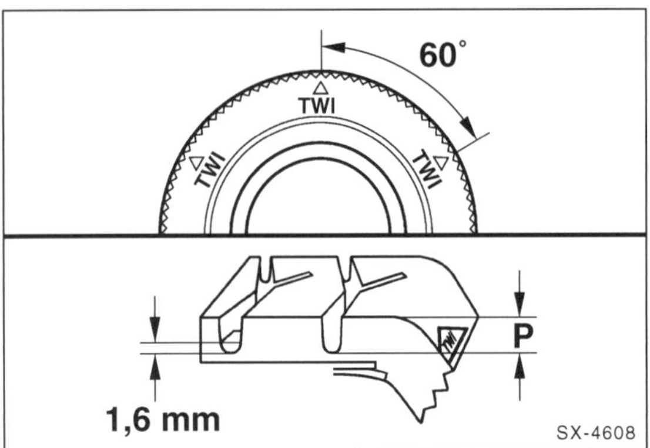

Reifen dürfen aufgrund gesetzlicher Vorschriften bis zu einer Profiltiefe von 1,6 mm abgefahren werden, und zwar an der gesamten Reifenlauffläche gemessen. Aus Sicherheitsgründen empfiehlt es sich, die Sommerreifen bereits bei einer Profiltiefe von 2 mm und die Winterreifen bei einer Profiltiefe von 4 mm auszutauschen.

Die Tiefe des Reifenprofils an den Hauptprofilrillen mit dem stärksten Verschleiß messen. Im Profilgrund der Originalbereifung sind Abnutzungsindikatoren vorhanden. An den Reifenflanken kennzeichnen Buchstaben (TWI = **T**read **W**ear **I**ndicator) oder Dreiecksymbole die Lage der Verschleißanzeiger. Die Flächen der Abnutzungsindikatoren haben eine Höhe von 1,6 mm. Sie dürfen nicht in die Messung mit einbezogen werden. Für die Messwerte entscheidend ist das Maß an der Stelle mit der geringsten Profiltiefe –P–.

Reifenfülldruck

Der Reifenfülldruck wird vom Automobilhersteller in Abhängigkeit verschiedener Parameter festgelegt. Dazu zählen unter anderem die Fahrzeugbeladung und die Fahrzeug-Höchstgeschwindigkeit. Vom Werk sind für den POLO unterschiedliche Reifendimensionen und Felgengrößen zugelassen. Die vorliegende Reifentabelle listet nur einen Querschnitt möglicher Reifen-/Felgenkombinationen auf. Eine komplette Liste aller zugelassenen Reifen und Felgen hat jede Fachwerkstatt.

Motor	Leistung	Reifenfülldruck (Überdruck in bar			
		halbe Zuladung		volle Zuladung	
		vorn	hinten	vorn	hinten
1.2	44 kW	1,9	1,9	2,1	2,3
1.2	51 kW	1,9	1,9	2,1	2,3
1.2 TSI	77 kW	2,2	2,0	2,4	2,6
1.4	63 kW	2,2	2,0	2,4	2,6
1.4 TSI	132 kW	2,6	2,4	2,8	3,0
1,2 TDI	55 kW	2,6	2,4	2,6	2,7
1.6 TDI	55 kW	2,3	2,1	2,5	2,7
1.6 TDI	66 kW	2,2	2,0	2,4	2,6
1.6 TDI BlueMotion	66 kW	2,7	2,7	2,7	2,8
1.6 TDI	77 kW	2,4	2,2	2,6	2,8

Es ist wichtig, dass der für den jeweiligen Reifen festgelegte Reifenfülldruck eingehalten wird. Die Reifenfülldruckwerte stehen auf einem Aufkleber auf der Innenseite der Tankklappe. Für die Lebensdauer der Reifen und die Fahrzeugsicherheit ist das Einhalten des Reifenfülldrucks von großer Wichtigkeit. Reifenfülldruck deshalb alle 4 Wochen und vor jeder längeren Fahrt prüfen (auch Reserverad).

- Reifenfülldruckangaben beziehen sich auf **kalte** Reifen. Der sich bei längerer Fahrt einstellende und um ca. 0,2 bis 0,4 bar höhere Überdruck darf nicht reduziert werden. **Winterreifen** können mit einem um **0,2 bar höheren Überdruck** als Sommerreifen gefahren werden. Auf jeden Fall müssen die Reifenfülldrücke bei Winterreifen entsprechend den Vorgaben des Reifenherstellers eingehalten werden. Unterliegen die Winterreifen einer Geschwindigkeitsbeschränkung, muss ein Hinweis im Blickfeld des Fahrers angebracht werden (§ 36, Absatz 1 StVZO).
- Bei **Anhängerbetrieb** Reifenfülldruck auf den unter »volle Zuladung« angegebenen Wert erhöhen. Reifenfülldruck der Anhängerbereifung ebenfalls kontrollieren.
- Der Reifenfülldruck für das **Reserverad** entspricht dem höchsten für das Fahrzeug vorgesehenen Fülldruck.

Reifen- und Scheibenrad-Bezeichnungen/Herstellungsdatum

Reifen-Bezeichnungen

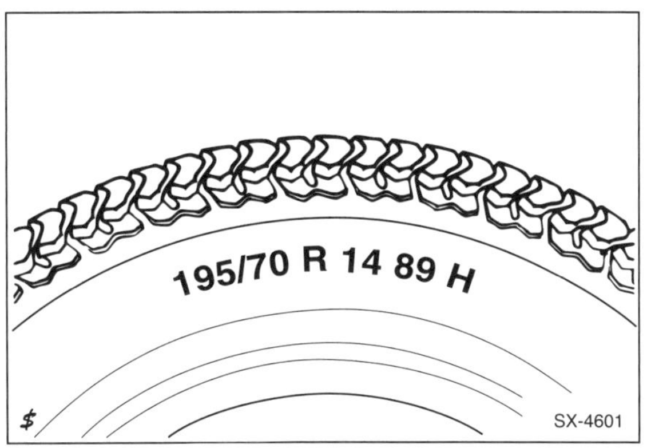

195 = Reifenbreite in mm.

/70 = Verhältnis Höhe zu Breite (die Höhe des Reifenquerschnitts beträgt 70 % von der Breite). Fehlt eine Angabe des Querschnittverhältnisses (zum Beispiel 155 R 13), so handelt es sich um das »normale« Höhen-Breiten-Verhältnis. Es beträgt bei Gürtelreifen 82 %.

R = Radial-Bauart (= Gürtelreifen).

14 = Felgendurchmesser in Zoll.

89 = Tragfähigkeits-Kennzahl.

H = Kennbuchstabe für zulässige Höchstgeschwindigkeit, H: bis 210 km/h. Der Geschwindigkeitsbuchstabe steht hinter der Reifengröße und gilt sowohl für Sommer- als auch für Winterreifen.

M+S = Winterreifen (M+S = Matsch und Schnee).

(Alpine-Symbol) = Nur mit diesem »Alpine-Symbol«, ein Bergpiktogramm mit Schneeflocke, sind die Reifen in der EU als Winterreifen zugelassen. Dies gilt auch für Ganzjahresreifen.

Geschwindigkeits-Kennbuchstabe

Kennbuchstabe	Zulässige Höchstgeschwindigkeit
Q	160 km/h
S	180 km/h
T	190 km/h
H	210 km/h
V	240 km/h
Z	über 240 km/h

Achtung: Steht hinter der Reifenbezeichnung das Wort »reinforced«, handelt es sich um einen Reifen in verstärkter Ausführung, beispielsweise für Vans und Transporter.

Reifen-Herstellungsdatum

Das Herstellungsdatum steht auf dem Reifen im Hersteller-Code.

Beispiel: DOT CUL2 UM8 1810 TUBELESS

DOT = Department of Transportation (US-Verkehrsministerium)
CU = Kürzel für Reifenhersteller
L2 = Reifengröße
UM8 = Reifenausführung
1820 = Herstellungsdatum = 18. Produktionswoche 2020.
TUBELESS = schlauchlos (TUBETYPE = Schlauchreifen)

Achtung: Neureifen müssen seit 10/98 zusätzlich mit einer ECE-Prüfnummer an der Reifenflanke versehen sein. Diese Prüfnummer weist nach, dass der Reifen dem ECE-Standard entspricht. Reifen seit 10/98 **ohne** ECE-Prüfnummer haben keine Allgemeine Betriebserlaubnis (ABE).

Beispiel : 5½J x 15 H2, ET 38, LK 5/100

5½ = Maulweite (Innenbreite) der Felge in Zoll.
J = Kennbuchstabe für Höhe und Kontur des Felgenhorns (B = niedrigere Hornform).
x = Kennzeichen für einteilige Tiefbettfelge.
15 = Felgen-Durchmesser in Zoll.
H2 = Felgenprofil an Außen- und Innenseite mit Hump-Schulter (Hump = Sicherheitswulst, damit der Reifen nicht von der Felge rutscht).
ET38 = Einpresstiefe: 38 mm. Das Maß gibt in mm an, wie weit die Felgenanschraubfläche von der Felgenmitte entfernt ist.

LK5 = Die Felge ist in diesem Beispiel mit 5 Schrauben befestigt.

/100 = Der Lochkreisdurchmesser (LK), auf dem die Schrauben angeordnet sind, beträgt 100 mm.

Auswuchten von Rädern

Die serienmäßigen Räder werden im Werk ausgewuchtet. Das Auswuchten ist notwendig, um unterschiedliche Gewichtsverteilung und Materialungenauigkeiten auszugleichen. Im Fahrbetrieb macht sich die Unwucht durch Trampel- und Flattererscheinungen bemerkbar. Das Lenkrad beginnt dann bei höherem Tempo zu zittern.

In der Regel tritt dieses Zittern nur in einem bestimmten Geschwindigkeitsbereich auf und verschwindet wieder bei niedrigerer oder höherer Geschwindigkeit.

Solche Unwuchterscheinungen können mit der Zeit zu Schäden an Achsgelenken, Lenkgetriebe und Stoßdämpfern sowie am Reifenprofil führen.

Räder nach jeder Reifenreparatur und nach jeder Montage eines neuen Reifens auswuchten lassen, da sich durch Abnutzung und Reparatur die Gewichts- und Materialverteilung am Reifen ändert.

Austauschen der Räder/ Laufrichtung beachten

Es ist nicht zweckmäßig, bei einem Austausch der Räder die Drehrichtung der Reifen zu ändern, da sich die Reifen nur unter vorübergehend stärkerem Verschleiß der veränderten Drehrichtung anpassen. Bei einigen Reifen ist die Laufrichtung durch einen Pfeil auf der Reifenflanke vorgegeben, die Laufrichtung ist dann unbedingt einzuhalten.

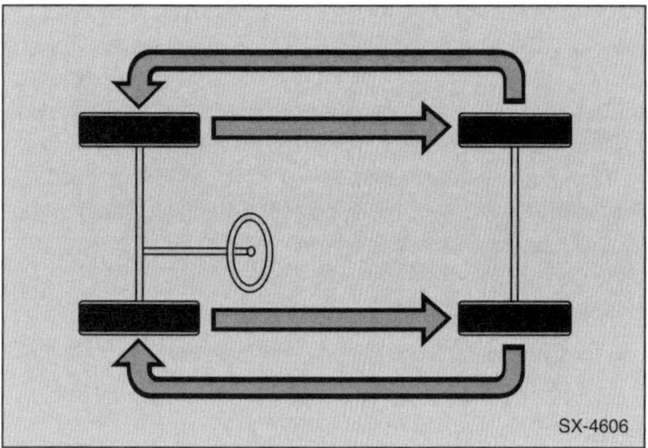

Bei größerem Verschleiß der vorderen Reifen empfiehlt es sich, die Vorderräder gegen die Hinterräder zu tauschen. Dadurch haben alle 4 Reifen etwa die gleiche Lebensdauer.

Sicherheitshinweise
Reifen nicht einzeln, sondern mindestens achsweise ersetzen. Reifen mit der größeren Profiltiefe **vorn** montieren. Am Fahrzeug dürfen nur Reifen gleicher Bauart verwendet werden. An einer Achse dürfen nur Reifen desselben Herstellers und mit der selben Profilausführung eingebaut werden. Reifen, die älter als 6 Jahre sind, nur im Notfall und bei vorsichtiger Fahrweise verwenden. Keine gebrauchten Reifen verwenden, deren Ursprung nicht bekannt ist. Beim Erneuern von Felge oder Reifen grundsätzlich das Gummiventil ersetzen.

- Bei Reifen **mit laufrichtungsgebundenem Profil,** erkennbar an Pfeilen auf der Reifenflanke in Laufrichtung, **muss** die Laufrichtung des Reifens **unbedingt** eingehalten werden. Dadurch werden optimale Laufeigenschaften bezüglich Aquaplaning, Haftvermögen, Geräusch und Abrieb sichergestellt.
- Falls ein laufrichtungsgebundenes Reserverad bei einer Reifenpanne einmal entgegen der Laufrichtung montiert werden muss, sollte dieser Einsatz nur vorübergehend sein. Insbesondere bei Nässe empfiehlt es sich, die Geschwindigkeit den Fahrbahnverhältnissen anzupassen.

Rad aus- und einbauen

Ausbau

Hinweis: Leichtmetallfelgen sind durch einen Klarlacküberzug gegen Korrosion geschützt. Beim Radwechsel darauf achten, dass die Schutzschicht nicht beschädigt wird, andernfalls mit Klarlack ausbessern.

- Reifen-Laufrichtung mit Kreide durch einen Pfeil am Reifen markieren.
- Fahrzeug gegen Wegrollen sichern. Dazu Handbremse anziehen, Rückwärtsgang oder 1. Gang einlegen. Bei Fahrzeugen mit Automatikgetriebe Wählhebel in Stellung »P« legen. Außerdem einen Keil hinter das diagonal gegenüberliegende Rad legen. Dabei Keil immer an der von der Aufbockstelle weg zeigenden Seite unterlegen.

- **Räder mit Radvollblende:** Drahtbügel aus dem Bordwerkzeug in eine Aussparung der Radvollblende einhängen, Radschlüssel durchschieben und Blende abziehen.

- **Räder mit Mittenabdeckung:** Mittenabdeckung mit dem Drahtbügel abziehen.

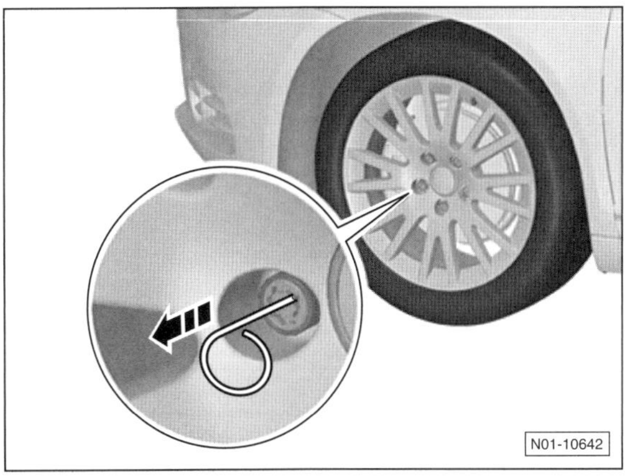

- **Räder mit Abdeckkappen:** Abdeckkappen für Radschrauben mit Drahtbügel abziehen.
- **Radschrauben ½ Umdrehung** lösen, nicht abschrauben. **Achtung:** Dabei muss das Fahrzeug auf dem Boden stehen, ein Gang eingelegt und die Handbremse angezogen sein. Zum Lösen keinen Drehmomentschlüssel verwenden.

Sicherheitshinweis
Beim Aufbocken des Fahrzeugs besteht Unfallgefahr! Deshalb vorher das Kapitel »Fahrzeug aufbocken« durchlesen.

- Fahrzeug mit dem Wagenheber so weit anheben, bis das Rad vom Boden abgehoben hat, siehe Seite 75.
- Radschrauben herausdrehen und Rad abnehmen.

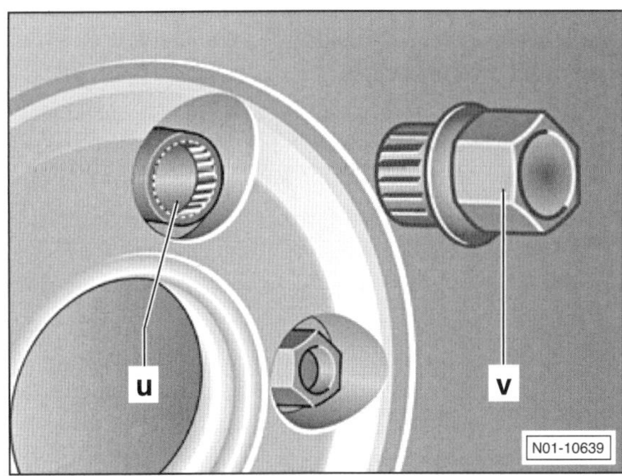

Hinweis: Zum Lösen diebstahlhemmender Radschrauben –1– ist ein Adapter –2– für die Radschrauben erforderlich, der in der Regel dem Bordwerkzeug beigelegt ist. Vor dem Lösen der diebstahlhemmenden Radschrauben die Kappe abnehmen. Adapter in Radschraube einsetzen und Radschraube mit Radschlüssel lösen. An der Stirnseite des Adapters ist eine Code-Nummer eingeschlagen. Nummer notieren und sicher aufbewahren, damit ein verloren gegangener Adapter wiederbeschafft werden kann.

Einbau

- Zum Schutz gegen das Festrosten den Zentriersitz der Felge an der Radnabe vor jeder Montage des Rades dünn mit Hochtemperaturpaste bestreichen, zum Beispiel: VW-G052109A2 oder Castrol Molub-Alloy Paste TA.
- Schrauben und Gewinde sorgfältig reinigen. **Achtung:** Korrodierte oder schwergängige Schrauben erneuern.
- Schräge Anlageflächen Gewinde der Radschrauben dünn mit Hochtemperaturpaste bestreichen, zum Beispiel: VW-G052109A2 oder Castrol Molub-Alloy Paste TA.
- Rad entsprechend der beim Ausbau angebrachten Laufrichtungs-Markierung ansetzen.
- Radschrauben anschrauben und leicht mit etwa **50 Nm** über Kreuz anziehen.
- Fahrzeug absenken und Wagenheber entfernen.
- Radschrauben über Kreuz in mehreren Durchgängen anziehen. Zum Festziehen stets einen Drehmomentschlüssel verwenden. Dadurch wird sichergestellt, dass die Radschrauben gleichmäßig und fest angezogen sind. **Das Anzugsdrehmoment für die Radschrauben beträgt für Stahl- und Leichtmetallfelgen 120 Nm.**
- Anschließend alle Radschrauben über Kreuz mit dem Drehmomentschlüssel nochmals nachknicken.

Achtung: Wurden die Radschrauben nicht mit einem Drehmomentschlüssel festgezogen, ist es zwingend erforderlich, umgehend das Anzugsdrehmoment in einer Werkstatt kontrollieren zu lassen. Durch einseitiges oder unterschiedlich starkes Anziehen der Radschrauben können das Rad und/oder die Radnabe verspannt werden.

- **Fahrzeuge mit Radvollblenden:** Radvollblende im Bereich des Ventilausschnittes zuerst aufdrücken und anschließend gesamte Blende vollständig einrasten lassen. Blende gegebenenfalls mit dem Handballen aufschlagen.
- **Fahrzeuge mit Mittenabdeckung:** Mittenabdeckung einsetzen und einrasten lassen. Dabei darauf achten, dass die Nase an der Abdeckung in die Aussparung in der Felge eingreift, siehe Abbildung N01-10637.
- **Radschrauben mit Abdeckkappen:** Kappen auf die Schraubenköpfe schieben.

Achtung: Felgen und Radschrauben sind aufeinander abgestimmt. Bei der Umrüstung von Leichtmetallfelgen auf Stahlfelgen, zum Beispiel beim Wechsel auf Winterbereifung mit Stahlfelgen, müssen deshalb die dazugehörigen Radschrauben mit der richtigen Länge und Kalottenform verwendet werden. Der Festsitz der Räder und die Funktion der Bremsanlage hängen davon ab.

- Nach dem Reifenwechsel unbedingt Reifenfülldruck prüfen und gegebenenfalls korrigieren.
- Nach einer Fahrstrecke von etwa 50 km alle Radschrauben über Kreuz mit dem Drehmomentschlüssel nochmals nachknicken.

Schneeketten

Schneeketten sind nur an den **Vorderrädern** zulässig. Um Radvollblenden vor der Montage der Schneeketten abnehmen, damit sie nicht beschädigt werden. Nach Entfernen der Schneeketten, Radvollblenden wieder montieren.

Aus technischen Gründen ist die Verwendung von Schneeketten nur mit bestimmten Reifen-/Felgenkombinationen zulässig, siehe Bedienungsanleitung.

Mit Schneeketten darf in Deutschland nicht schneller als **50 km/h** gefahren werden. Auf schnee- und eisfreien Straßen Schneeketten abnehmen. Nur feingliedrige Schneeketten verwenden.

Reifenpflegetipps

Reifen haben ein »Gedächtnis«. Unsachgemäße Behandlung – und dazu zählt beispielsweise auch schon schnelles oder häufiges Überfahren von Bordstein- oder Schienenkanten – führt deshalb zu Reifenpannen, mitunter sogar erst nach längerer Laufleistung.

Reifen reinigen

- Reifen generell **nicht** mit einem Dampfstrahlgerät reinigen. Wird die Düse des Dampfstrahlers zu nahe an den Reifen gehalten, dann wird die Gummischicht innerhalb weniger Sekunden irreparabel zerstört, selbst bei Verwendung von kaltem Wasser. Ein auf diese Weise gereinigter Reifen sollte sicherheitshalber ersetzt werden.
- Ersetzt werden sollte auch ein Reifen, der über längere Zeit mit Öl, Fett oder Kraftstoff in Berührung kam. Der Reifen quillt an den betreffenden Stellen zunächst auf, nimmt jedoch später wieder seine normale Form an und sieht äußerlich unbeschädigt aus. Die Belastungsfähigkeit des Reifens nimmt aber ab.

Reifen lagern

- Reifen sollten kühl, dunkel und trocken aufbewahrt werden. Sie dürfen nicht mit Fett, Öl oder Kraftstoff in Berührung kommen.
- Räder liegend oder an den Felgen aufgehängt in der Garage oder im Keller lagern. Reifen, die nicht auf einer Felge montiert sind, sollten stehend aufbewahrt werden.
- Bevor die Räder abmontiert werden, Reifenfülldruck etwas erhöhen (ca. 0,3 – 0,5 bar).
- Für Winterreifen eigene Felgen verwenden. Das Ummontieren der Reifen lohnt sich aus Kostengründen nicht.

Reifen einfahren

Neue Reifen haben vom Produktionsprozess her eine besonders glatte Oberfläche. Deshalb müssen neue Reifen – das gilt auch für das neue Ersatzrad – etwa 300 Kilometer mit mäßiger Geschwindigkeit und vorsichtiger Fahrweise eingefahren werden. Bei diesem Einfahren raut sich durch die beginnende Abnutzung die glatte Oberfläche auf, das Haftvermögen des Reifens verbessert sich.

Während der ersten 300 km sollte man mit neuen Reifen speziell auf Nässe besonders vorsichtig fahren.

Fehlerhafte Reifenabnutzung

- In erster Linie ist auf vorschriftsmäßigen Reifenfülldruck zu achten, wobei alle 4 Wochen und vor jeder längeren Fahrt sowie bei hoher Zuladung eine Prüfung vorgenommen werden sollte.
- Reifenfülldruck nur bei kühlen Reifen prüfen. Der Reifenfülldruck steigt nämlich mit zunehmender Erhitzung bei schneller Fahrt an. Dennoch ist es völlig falsch, aus erhitzten Reifen Luft abzulassen.

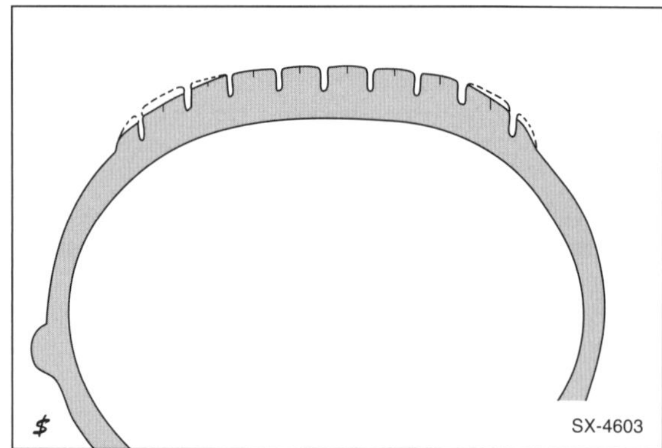

- An den Vorderrädern ist eine etwas größere Abnutzung der Reifenschultern gegenüber der Laufflächenmitte normal, wobei aufgrund der Straßenneigung die Abnutzung der zur Straßenmitte zeigenden Reifenschulter (linkes Rad: außen, rechtes Rad: innen) deutlicher ausgeprägt sein kann.
- Ungleichmäßiger Reifenverschleiß ist zumeist die Folge zu geringen oder zu hohen Reifenfülldrucks. Er kann auch auf Fehler in der Radeinstellung oder der Radauswuchtung sowie auf mangelhafte Stoßdämpfer oder Felgen zurückzuführen sein.
- Bei zu hohem Reifenfülldruck wird die Laufflächenmitte mehr abgenutzt, da der Reifen an der Lauffläche durch den hohen Innendruck mehr gewölbt ist.
- Bei zu niedrigem Reifenfülldruck liegt die Lauffläche an den Reifenschultern stärker auf, und die Laufflächenmitte wölbt sich nach innen durch. Dadurch ergibt sich ein stärkerer Reifenverschleiß der Reifenschultern.

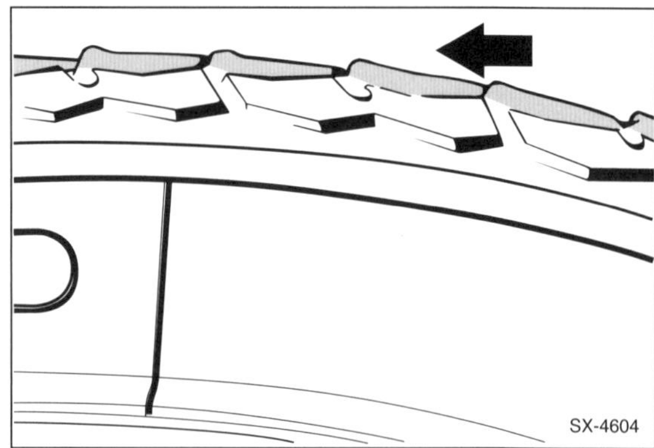

- Sägezahnförmige Abnutzung des Profils ist in der Regel auf eine Überbelastung des Fahrzeugs zurückzuführen.

Bremsanlage

Aus dem Inhalt:

- **Bremsbeläge wechseln**
- **Bremsscheibe prüfen**
- **Bremsscheibe wechseln**
- **Bremse entlüften**
- **Handbremse einstellen**
- **ABS/HBA/EBV/EDS/**
- **Handbremsseil**
- **Bremskraftverstärker**
- **Bremslichtschalter**

Das Arbeiten an der Bremsanlage erfordert peinliche Sauberkeit und exakte Arbeitsweise. Falls die nötige Arbeitserfahrung fehlt, sollten Reparaturarbeiten an der Bremsanlage von einer Fachwerkstatt durchgeführt werden.

Das Bremssystem besteht aus dem Hauptbremszylinder, dem Bremskraftverstärker und den Scheibenbremsen für die Vorderräder. Je nach Modell können die Hinterräder über Trommel- oder Scheibenbremsen verzögert werden. Das hydraulische Bremssystem ist in zwei Kreise aufgeteilt, die diagonal wirken. Ein Bremskreis ist mit den Bremssätteln vorn rechts/hinten links verbunden, der zweite mit den Bremssätteln vorn links/hinten rechts. Dadurch kann bei Ausfall eines Bremskreises, zum Beispiel durch ein Leck, das Fahrzeug über den anderen Bremskreis zum Stehen gebracht werden. Der Druck für beide Bremskreise wird im Tandem-Hauptbremszylinder über das Bremspedal aufgebaut.

Der Bremsflüssigkeitsbehälter befindet sich im Motorraum über dem Hauptbremszylinder. Er versorgt das Bremssystem wie auch das hydraulische Kupplungssystem mit Bremsflüssigkeit.

Der Bremskraftverstärker speichert beim Benzinmotor einen Teil des vom Motor erzeugten Ansaugunterdruckes. Beim Betätigen des Bremspedals wird dann die Pedalkraft durch den Unterdruck verstärkt. Da beim Dieselmotor der Ansaugunterdruck nicht vorhanden ist, erzeugt eine Vakuumpumpe den Unterdruck für den Bremskraftverstärker. Die Vakuumpumpe ist am Zylinderkopf angeflanscht und wird über die Nockenwelle angetrieben.

Die Bremsbeläge sind Bestandteil der Allgemeinen Betriebserlaubnis (ABE), außerdem sind sie vom Werk auf das jeweilige Fahrzeugmodell abgestimmt. Es dürfen deshalb nur die vom Automobilhersteller beziehungsweise vom Kraftfahrtbundesamt freigegebenen Bremsbeläge verwendet werden. Diese Bremsbeläge haben eine KBA-Freigabenummer.

Hinweis: Während des Fahrens auf stark regennassen Fahrbahnen die Fußbremse von Zeit zu Zeit vorsichtig betätigen, um die Bremsscheiben von Rückständen zu befreien. Während der Fahrt wird zwar durch die Zentrifugalkraft das Wasser von den Bremsscheiben geschleudert, doch bleibt teilweise ein dünner Film von Fett und Verschmutzungen zurück, der das Ansprechen der Bremse vermindert.

Eingebrannter Schmutz auf den Bremsbelägen und zugesetzte Regennuten in den Bremsbelägen führen zur Riefenbildung auf den Bremsscheiben. Dadurch kann eine verminderte Bremswirkung eintreten.

Sicherheitshinweis
Beim Reinigen der Bremsanlage fällt Bremsstaub an, der zu gesundheitlichen Schäden führen kann. Beim Reinigen der Bremsanlage Bremsstaub nicht einatmen.

ABS/HBA/EBV/EDS

Grundsätzlich dürfen Arbeiten an den elektronisch gesteuerten Brems- und Fahrwerkskomponenten nur von Fachkräften ausgeführt werden, die dafür ausgebildet wurden.

ABS: Das **A**nti-**B**lockier-**S**ystem verhindert bei scharfem Abbremsen das Blockieren der Räder, dadurch bleibt das Fahrzeug lenkbar.

HBA: Der **h**ydraulische **B**rems**a**ssistent erkennt aufgrund von Bremspedal-Geschwindigkeit und Pedaldruck ob eine Notbremssituation gegeben ist. In einem solchen Fall erhöht der Bremsassistent innerhalb von Millisekunden automatisch den Druck über den vom Fahrer vorgegebenen Bremsdruck. Dadurch lässt sich die maximale Verzögerung an der Blockiergrenze für einen kurzen Bremsweg nutzen, auch wenn der Fahrer den nötigen Bremsdruck nicht aufgebracht hat.

EBV: Die **E**lektronische **B**remskraft**v**erteilung verteilt mittels ABS-Hydraulik die Bremskraft an die Hinterräder. Da die elektronische EBV-Steuerung wesentlich sensibler arbeitet als ein mechanisch wirkender Bremskraftregler, wird ein deutlich größerer Regelbereich ausgenutzt. Fahrzeuge mit ABS-System Mark 60 sind mit einer EBV ausgestattet.

Bei Geradeausfahrt wird die Hinterradbremse voll an der Bremsleistung beteiligt. Um auch bei Kurvenbremsungen die Fahrstabilität zu gewährleisten, muss der Bremskraftanteil der Hinterachse reduziert werden. Über die ABS-Drehzahlsensoren erkennt die EBV, ob das Fahrzeug geradeaus oder durch eine Kurve fährt. Bei Kurvenfahrt wird der Bremsdruck für die Hinterräder reduziert. Dadurch können die Hinterräder die maximale Seitenführungskraft aufbringen.

EDS: Mit der **E**lektronischen **Differenzialsperre** werden beim Anfahren durchdrehende Räder abgebremst. Dadurch wird das Antriebsdrehmoment auf »greifende« Räder umgelenkt.

Die elektronische Differenzialsperre wird beim Anfahren wirksam und schaltet sich bei einer Geschwindigkeit von 40 km/h automatisch ab. Besonders vorteilhaft an dieser Traktionshilfe: Sie beeinflusst weder das Fahrverhalten negativ noch beeinträchtigt sie den Lenkkomfort beim Anfahren.

Hinweise zum ABS/EBV/EDS

Eine Sicherheitsschaltung im elektronischen Steuergerät sorgt dafür, dass sich die Anlage bei einem Defekt (zum Beispiel Kabelbruch) oder bei zu niedriger Betriebsspannung (Batteriespannung unter 10 Volt) selbst abschaltet. Angezeigt wird dies durch das Aufleuchten der Kontrolllampen im Kombiinstrument. Die herkömmliche Bremsanlage bleibt dabei in Betrieb. Das Fahrzeug verhält sich dann beispielsweise beim Bremsen so, als ob keine ABS-Anlage eingebaut wäre.

Sicherheitshinweis
Wenn während der Fahrt die Kontrollleuchten für das ABS und für die Bremsanlage leuchten, können bei starkem Abbremsen die Hinterräder blockieren, da die Bremskraftverteilung ausgefallen ist.

Leuchten eine oder mehrere Kontrolllampen im Kombiinstrument während der Fahrt auf, folgende Punkte beachten:

- Fahrzeug kurz anhalten, Motor abstellen und wieder starten.
- Batteriespannung prüfen. Wenn die Spannung unter 10,5 Volt liegt, Batterie laden.

Achtung: Wenn die Kontrolllampen am Anfang einer Fahrt aufleuchten und nach einiger Zeit wieder erlöschen, deutet das darauf hin, dass die Batteriespannung zunächst zu gering war, bis sie sich während der Fahrt durch Ladung über den Generator wieder erhöht hat.

- Prüfen, ob die Batterieklemmen richtig festgezogen sind und einwandfreien Kontakt haben.
- Fahrzeug aufbocken, Räder abnehmen, elektrische Leitungen zu den Drehzahlfühlern auf äußere Beschädigungen (Scheuerstellen) prüfen. Weitere Prüfungen der ABS/EBV/EDS-Anlage sollten von einer Fachwerkstatt durchgeführt werden.

Achtung: Vor Schweißarbeiten mit einem elektrischen Schweißgerät muss der Stecker von der ABS-Steuereinheit im Motorraum abgezogen werden. Stecker nur bei ausgeschalteter Zündung abziehen. Bei Lackierarbeiten darf das Steuergerät kurzzeitig mit max. +95° C, langzeitig (max. 2 Std.) mit +85° C belastet werden.

Technische Daten Bremsanlage

Scheibenbremse		**vorn**			**hinten**	
PR-Nummer		1LR/1ZG	1ZC/1ZD	1ZP	1KT/1KV	1KD
Motor		1,2-l 77 kW bis 5/12 44 – 66 kW	1,2-l 77 kW ab 5/12 1,6-l/77 kW 103/132 kW	1,4-l 132 kW ab 11/12	63 – 132 kW	1,4-l 132 kW ab 11/12
Bremssattelbezeichnung	mm	FS III (14")	FN-3 (15")	FN-3 (16")	C38 (15")	CI38 (16")
Bremsbelagdicke – neu (ohne Rückenplatte)	mm	14	14	14	12	12
Bremsbelagdicke – Verschleißgrenze (ohne Rückenplatte)	mm	2	2	2	2	2
Bremsscheibe	mm	256	288	310	232	254
Bremsscheibendicke – neu	mm	22	25	25	9	22
Bremsscheibendicke – Verschleißgrenze	mm	19	22	22	7	20

Trommelbremse		**hinten**
PR-Nummer		1KM
Motor		44 – 55 kW 63 kW 6/10 – 5/12
Bremssattelbezeichnung		C38
Bremsbelagdicke – neu	mm	5
Bremsbelagdicke – Verschleißgrenze	mm	2,5
Bremstrommeldurchmesser – neu	mm	200
Bremstrommeldurchmesser – Verschleißgrenze	mm	201,5
Bremsbelag-Breite	mm	40

PR-Nummer = Produktions-Nummer: Steht auf dem Fahrzeugdatenträger.

Vorderrad-Scheibenbremse FS-III

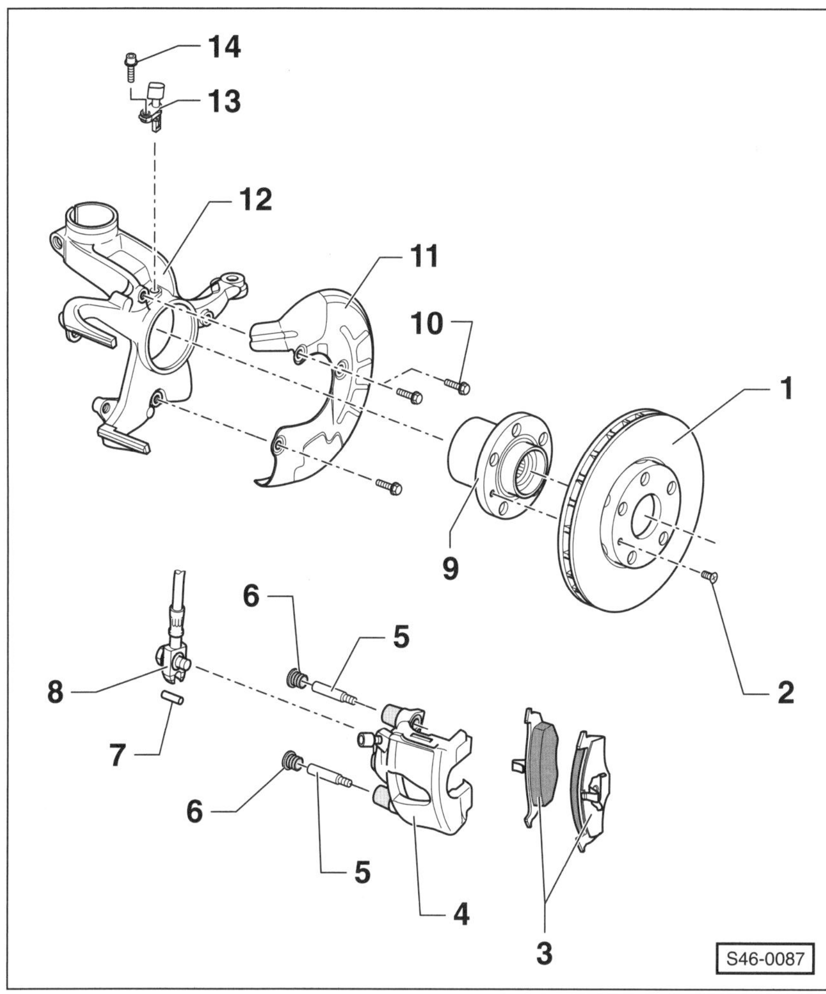

1 – **Bremsscheibe**
Grundsätzlich achsweise ersetzen. Zum Ausbau vorher Bremssattel abschrauben. Bremsscheiben nicht durch Gewaltanwendung von der Radnabe trennen, gegebenenfalls Rostlöser anwenden.

2 – **Torxschraube, 4,5 Nm**

3 – **Bremsbeläge**
Mit Verschleißanzeige. Grundsätzlich achsweise ersetzen.

4 – **Bremssattel**

5 – **Führungsbolzen, 30 Nm**

6 – **Abdeckkappe**

7 – **Spannhülse**

8 – **Bremsschlauch**
Mit Ringstutzen und Hohlschraube, **35 Nm**.

9 – **Radnabe mit Radlager**

10 – **Torx-Schraube, 12 Nm**

11 – **Abdeckblech**

12 – **Radlagergehäuse**
Mit integriertem Bremsträger.

13 – **Drehzahlfühler ABS**
Vor dem Einsetzen des Fühlers die Innenfläche der Bohrung reinigen und mit Hochtemperaturfett, zum Beispiel Keramikpaste von Liqui Moly oder VW-G.052.112.A3, bestreichen.

14 – **Innensechskantschraube, 8 Nm**

Vorderrad-Scheibenbremse FN-3

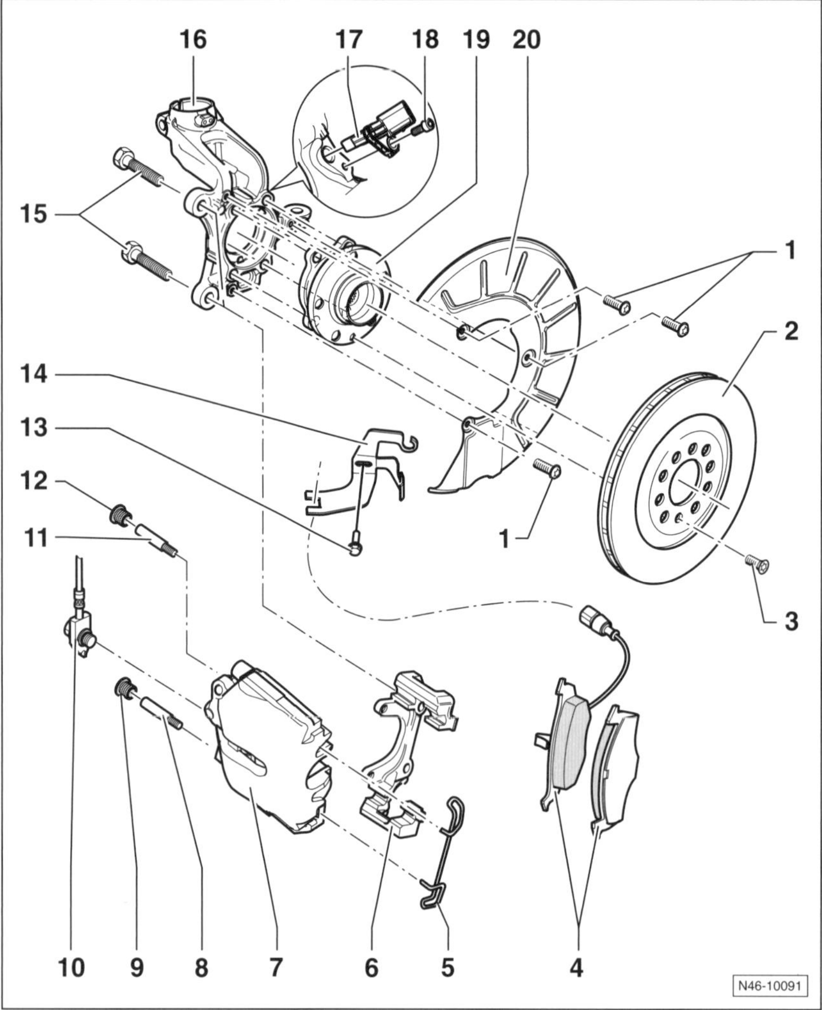

1 – Torx-Schrauben, 12 Nm

2 – Bremsscheibe
Grundsätzlich achsweise ersetzen. Bremsscheiben nicht durch Gewaltanwendung von der Radnabe trennen, gegebenenfalls Rostlöser anwenden.

3 – Sicherungsschraube, 4,5 Nm
Für Bremsscheibe.

4 – Bremsbeläge
Mit Verschleißanzeige. Grundsätzlich achsweise ersetzen.

5 – Haltefeder
In beide Bohrungen des Bremssattels einsetzen.

6 – Bremsträger
Am Radlagergehäuse angeschraubt.

7 – Bremssattel

8 – Führungsbolzen, 30 Nm

9 – Abdeckkappe

10 – Bremsschlauch
Mit Ringstutzen und Hohlschraube, **35 Nm**.

11 – Führungsbolzen, 30 Nm

12 – Abdeckkappe

13 – Schraube

14 – Halter

15 – Schrauben, 124 Nm
Für Bremsträger.
Rippschrauben.
Bei Wiederverwendung reinigen.

16 – Radlagergehäuse
Mit geschraubtem Bremsträger

17 – Drehzahlfühler ABS
Vor dem Einsetzen des Fühlers die Innenfläche der Bohrung reinigen und mit Hochtemperaturfett, zum Beispiel Keramikpaste von Liqui Moly oder VW-G.052.112.A3, bestreichen.

18 – Innensechskantschraube, 8 Nm

19 – Radnabeneinheit
Mit integriertem Radlager und ABS-Sensorring.

20 – Abdeckblech

Bremsbeläge vorn aus- und einbauen

Bremssattel FS-III/FN-3

Achtung: Es gibt an der Vorderachse 2 unterschiedliche Bremssattel-Ausführungen. Deshalb zuerst anhand der Tabelle »Technische Daten Bremsanlage« und den Abbildungen klären, welche Ausführung im eigenen Fahrzeug eingebaut ist.

Ausbau

Achtung: Bremsbeläge sind Bestandteil der Allgemeinen Betriebserlaubnis (ABE) und vom Werk auf das jeweilige Modell abgestimmt. Es dürfen deshalb nur die vom Automobilhersteller freigegebenen Bremsbeläge verwendet werden.

Achtung: Sollen die Bremsbeläge wieder verwendet werden, müssen sie beim Ausbau gekennzeichnet werden. Ein Wechsel der Beläge von der Außen- zur Innenseite oder vom rechten zum linken Rad ist nicht zulässig.

Achtung: Grundsätzlich alle Scheibenbremsbeläge einer Achse gleichzeitig ersetzen, auch wenn nur ein Belag die Verschleißgrenze erreicht hat.

- Reifen-Laufrichtung mit Pfeil am Reifen markieren. Radschrauben lösen. Fahrzeug vorne aufbocken und Rad abnehmen. **Achtung:** Unbedingt Hinweise im Kapitel »Rad aus- und einbauen« beachten.

Sicherheitshinweis
Beim Aufbocken des Fahrzeugs besteht Unfallgefahr! Hinweise im Kapitel »Fahrzeug aufbocken« beachten.

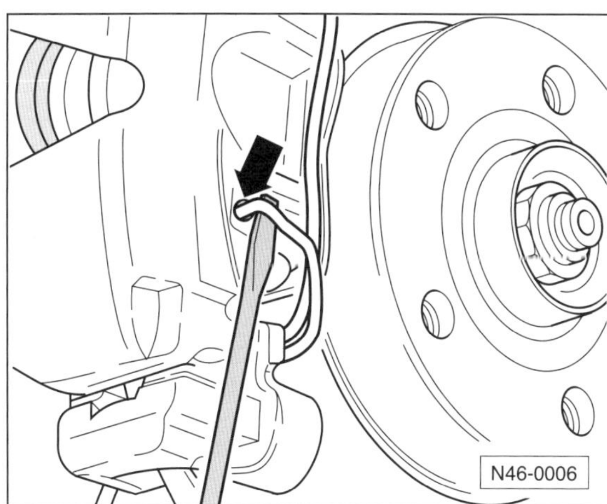

- **Bremssattel FN-3:** Haltefeder für Bremsbeläge mit einem Schraubendreher aus den Bohrungen –Pfeil– heraushebeln und abnehmen.

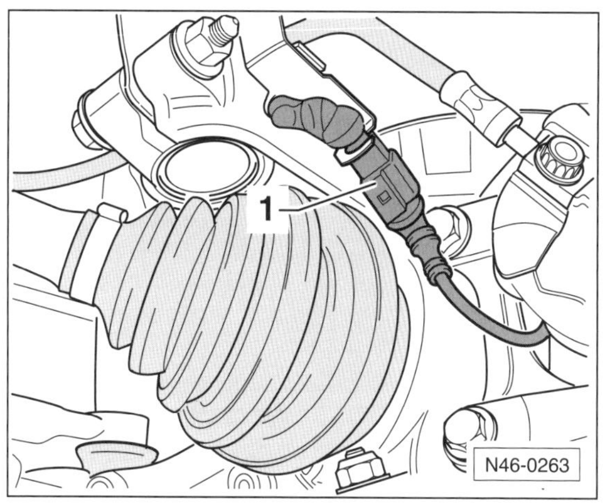

- Steckverbindung –1– für Bremsbelag-Verschleißanzeige trennen.

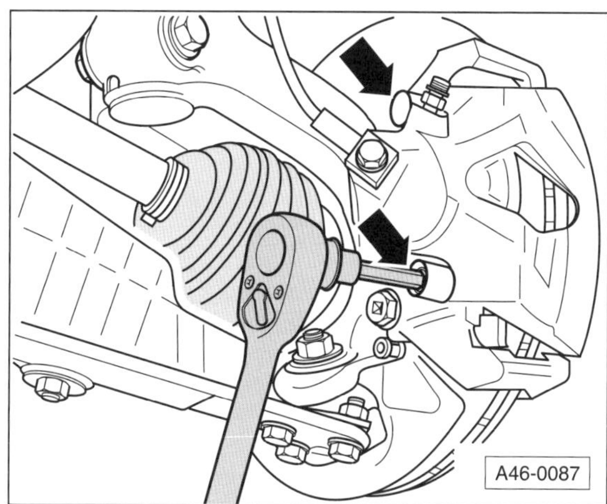

- Abdeckkappen aus den Lagerbuchsen des Bremssattels herausziehen und beide Führungsbolzen –Pfeile– aus dem Bremssattel herausdrehen.
- Bremssattel vom Bremsträger abnehmen und mit Draht am Aufbau aufhängen. **Achtung:** Bremssattel nicht einfach nach unten hängen lassen; der Bremsschlauch darf nicht auf Zug beansprucht oder verdreht werden.
- Bremsbeläge aus dem Bremssattel herausziehen.

Einbau

Achtung: Bei ausgebauten Bremsbelägen nicht auf das Bremspedal treten, sonst wird der Kolben aus dem Gehäuse herausgedrückt. In diesem Fall Bremssattel komplett ausbauen und Kolben in der Werkstatt einsetzen lassen.

- Vor Einbau der Beläge ist die Bremsscheibe durch Abtasten mit den Fingern auf Riefen zu untersuchen. Riefige Bremsscheiben können abgedreht werden (Werkstattarbeit), sofern sie noch eine ausreichende Dicke aufweisen. Grundsätzlich beide Bremsscheiben einer Achse auf gleiches Maß abdrehen lassen.
- Bremsscheibendicke messen, siehe entsprechendes Kapitel.

Achtung: Zum Reinigen der Bremse **ausschließlich** Spiritus verwenden. Führungsfläche beziehungsweise Sitz der Beläge im Gehäuseschacht mit einem Lappen reinigen. Keine scharfkantigen Werkzeuge verwenden. Besonders auf das Entfernen eventueller Klebefolienreste an den Anlageflächen der äußeren Bremsbeläge achten.

- Staubkappe für Bremskolben auf Anrisse prüfen. Eine beschädigte Staubkappe umgehend ersetzen lassen, da eingedrungener Schmutz schnell zu Undichtigkeiten des Bremssattels führt. Der Bremssattel muss hierzu zerlegt werden (Werkstattarbeit).
- Bei hohem Bremsbelagverschleiß Leichtgängigkeit des Kolbens prüfen. Dazu einen Holzklotz in den Bremssattel einsetzen und durch Helfer langsam auf das Bremspedal treten lassen. Der Bremskolben muss sich leicht heraus- und hineindrücken lassen. Zur Prüfung muss der andere Bremssattel eingebaut sein. Darauf achten, dass der Bremskolben nicht ganz herausgedrückt wird. Angerosteten Bremskolben nur mit Bremsflüssigkeit oder Spiritus reinigen. Bei schwergängigem Kolben Bremssattel in der Werkstatt reparieren lassen oder ersetzen.

Achtung: Beim Zurückdrücken des Kolbens wird Bremsflüssigkeit aus dem Bremszylinder in den Vorratsbehälter gedrückt. Flüssigkeit im Behälter beobachten, eventuell Bremsflüssigkeit mit einem Saugheber absaugen.

> **Sicherheitshinweis**
> Zum Absaugen eine Entlüfter- oder Plastikflasche verwenden, die nur mit Bremsflüssigkeit in Berührung kommt. Keine Trinkflaschen verwenden! **Bremsflüssigkeit ist giftig und darf auf gar keinen Fall mit dem Mund über einen Schlauch abgesaugt werden. Saugheber verwenden.** Auch nach dem Belagwechsel darf die MAX-Marke am Bremsflüssigkeitsbehälter nicht überschritten werden, da sich die Flüssigkeit bei Erwärmung ausdehnt. Ausgelaufene Bremsflüssigkeit läuft am Hauptbremszylinder herunter, zerstört den Lack und führt zur Rostbildung.

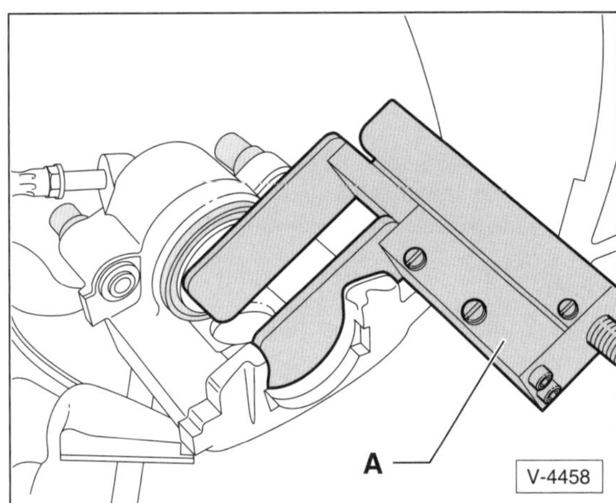

- Deckel des Bremsflüssigkeitsbehälters aufschrauben und Bremskolben mit Rücksetzwerkzeug –A–, zum Beispiel HAZET 4971-1 oder einem Hartholzstab, zurückdrücken.

Achtung: Darauf achten, dass der Kolben nicht verkantet wird und Kolbenfläche sowie Staubkappe nicht beschädigt werden. Beim Zurückdrücken des Kolbens wird Bremsflüssigkeit aus dem Bremszylinder in den Vorratsbehälter gedrückt. Flüssigkeit im Behälter beobachten, gegebenenfalls etwas Bremsflüssigkeit aus dem Vorratsbehälter mit einer Entlüfterflasche oder einem geeigneten Saugheber absaugen. Sonst kann, wenn zwischenzeitlich Bremsflüssigkeit nachgefüllt wurde, Bremsflüssigkeit auslaufen und umliegende Bauteile beschädigen.

- Vor dem Einsetzen neuer Bremsbeläge Bremse gründlich reinigen.

Bremssattel FS-III

- Bremsbeläge in den Bremssattel und den Bremskolben einsetzen.

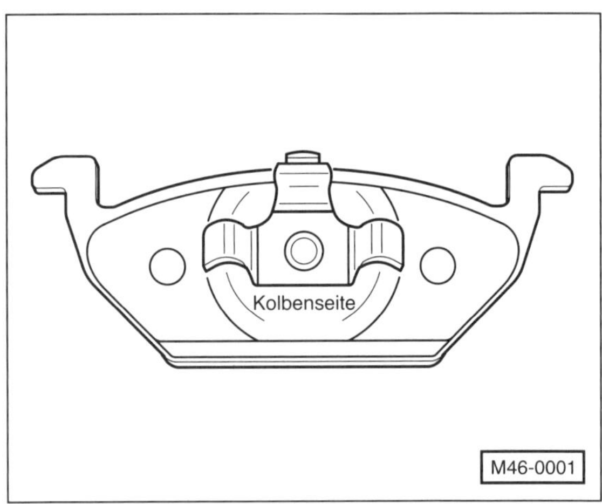

- Bremsbelag mit der Beschriftung auf der Rückenplatte –Kolbenseite– in den Bremskolben einsetzen.

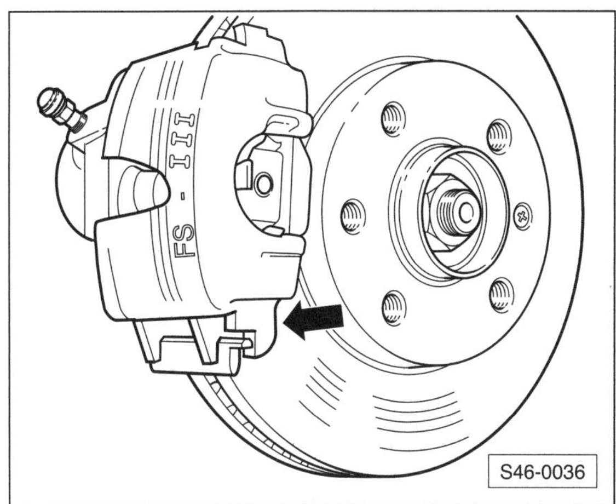

- Bremssattel mit Bremsbelägen zuerst unten –Pfeil– am Bremsträger ansetzen, dabei muss der Zapfen –Pfeil– vom Bremssattel hinter der Führung des Bremsträgers stehen.

Bremssattel FN-3

- Schutzfolie von der Rückenplatte des äußeren Bremsbelags abziehen und Bremsbelag auf den Bremsträger aufsetzen.

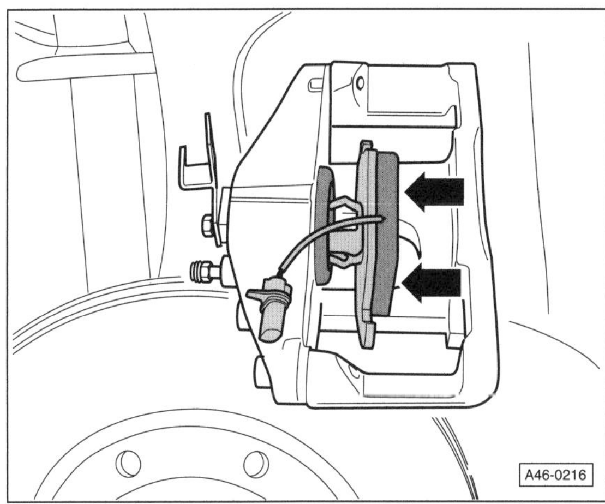

- Inneren Bremsbelag mit der Haltefeder in den Bremskolben einsetzen –Pfeile–.
- Bremssattel am Bremsträger ansetzen, dabei darauf achten, dass der äußere Bremsbelag nicht zu früh mit dem Bremssattel verklebt. Erst wenn der Bremssattel die richtige Einbaulage hat, diesen gegen den äußeren Bremsbelag schieben und verkleben.

Bremssattel FS-III und FN-3

- Beide Führungsbolzen für Bremssattel am Bremsträger einschrauben und mit **30 Nm** festziehen.
- Beide Abdeckkappen einsetzen.

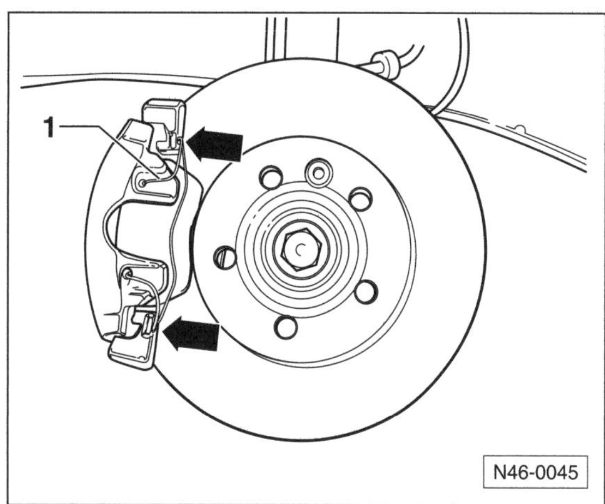

- **Bremssattel FN-3:** Haltefeder –1– in den Bremssattel einsetzen. **Achtung:** Nach dem Einsetzen in die beiden Bohrungen muss die Haltefeder unter den Bremsträger gedrückt werden –Pfeile–. Bei fehlerhafter Montage stellt sich trotz Verschleiß der äußere Bremsbelag nicht nach, so dass sich der Pedalweg vergrößert.
- Stecker für Bremsbelag-Verschleißanzeige verbinden.
- Reifen-Laufrichtung beachten, Räder anschrauben, Fahrzeug ablassen, erst dann Radschrauben über Kreuz mit **120 Nm** festziehen. **Achtung:** Unbedingt Hinweise im Kapitel »Rad aus- und einbauen« beachten.

Achtung: Bremspedal im Stand mehrmals kräftig niedertreten, bis fester Widerstand spürbar ist. Dadurch legen sich die Bremsbeläge an die Bremsscheiben an und nehmen einen dem Betriebszustand entsprechenden Sitz ein.

- Bremsflüssigkeit im Vorratsbehälter prüfen, gegebenenfalls bis zur MAX-Marke auffüllen. Deckel des Behälters festschrauben.
- Neue Bremsbeläge vorsichtig einbremsen, dazu Fahrzeug mehrmals von ca. 80 km/h auf 40 km/h mit geringem Pedaldruck abbremsen. Dazwischen Bremse etwas abkühlen lassen.

Achtung: Nach dem Einbau neuer Bremsbeläge müssen diese eingebremst werden. Während einer Fahrtstrecke von rund 200 km sollten unnötige Vollbremsungen unterbleiben.

Hinweis: Bremsbeläge müssen in einigen Kommunen als Sondermüll entsorgt werden. Die örtlichen Behörden geben darüber Auskunft, ob auch eine Entsorgung über den hausmüllähnlichen Gewerbemüll zulässig ist.

Achtung, Sicherheitskontrolle durchführen:

- ◆ Sind die Bremsschläuche festgezogen?
- ◆ Befindet sich der Bremsschlauch in der Halterung?
- ◆ Sind die Entlüftungsschrauben angezogen?
- ◆ Ist genügend Bremsflüssigkeit eingefüllt?
- ◆ Bei laufendem Motor Dichtheitskontrolle durchführen. Hierzu Bremspedal mit 200 bis 300 N (entspricht 20 bis 30 kg) etwa 10 Sekunden betätigen. Das Bremspedal darf nicht nachgeben. Sämtliche Anschlüsse auf Dichtheit kontrollieren.
- ◆ Anschließend einige Sicherheitsbremsungen auf einer Straße ohne Verkehr durchführen.

Hinterrad-Scheibenbremse

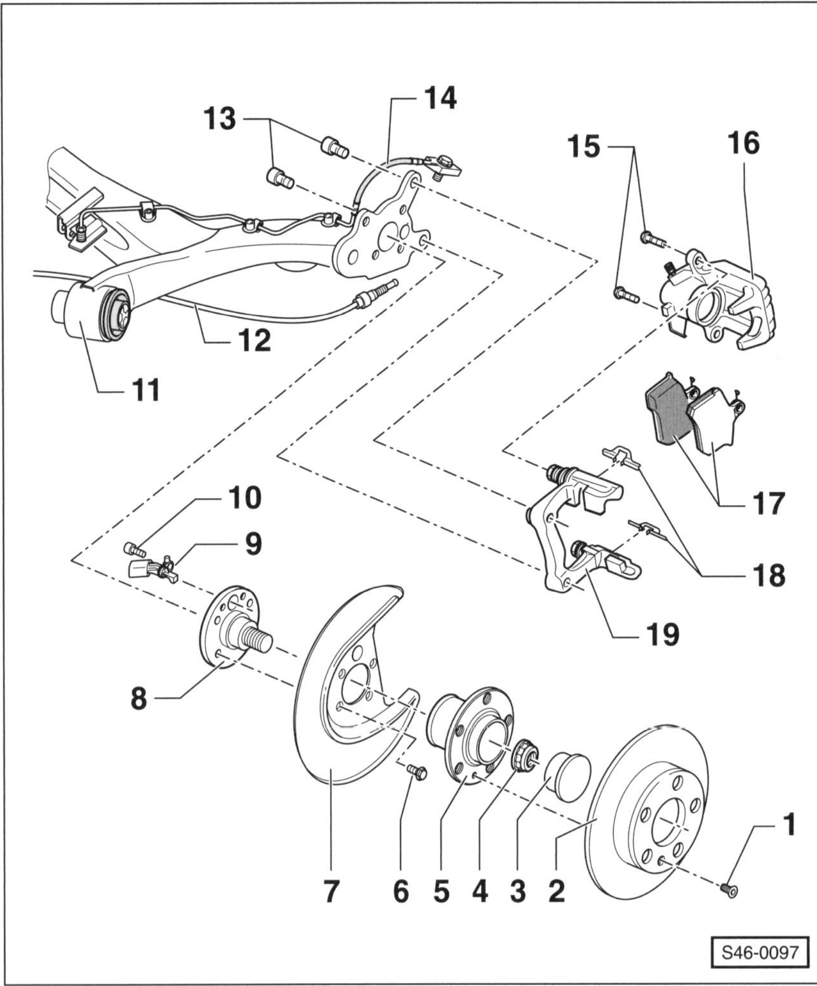

1 – Torx-Schraube, 4 Nm

2 – Bremsscheibe
Grundsätzlich beide Bremsscheiben einer Achse ersetzen. Zum Ausbau vorher Bremssattel abbauen. Bremsscheibe nicht durch Gewaltanwendung von der Radnabe trennen, gegebenenfalls Rostlöser anwenden.

3 – Kappe
Abdrücken.

4 – Zwölfkant-Nabenmutter, 70 Nm + 30°
Selbstsichernd, daher nach jeder Demontage ersetzen.

5 – Radnabe mit Radlager
Nur komplett ersetzen.

6 – Sechskantschraube, 30 Nm + 90°

7 – Abdeckblech

8 – Achszapfen

9 – Drehzahlfühler ABS
Vor dem Einsetzen des Fühlers die Innenfläche der Bohrung reinigen und mit Hochtemperaturfett, zum Beispiel Keramikpaste von Liqui Moly oder VW-G.052.112.A3, bestreichen.

10 – Innensechskantschraube, 8 Nm

11 – Achskörper

12 – Handbremsseil

13 – Innensechskantschrauben, 30 Nm + 30° weiterdrehen

14 – Bremsschlauch/Bremsrohr
Hohlschraube, **38 Nm.**

15 – Sechskantschrauben, 35 Nm
Selbstsichernd, daher immer ersetzen.

16 – Bremssattel

17 – Bremsbeläge

18 – Belaghaltebleche
Bei Belagwechsel immer ersetzen.

19 – Bremsträger mit Führungsbolzen und Schutzkappen
Wird zusammengebaut mit ausreichender Fettmenge an den Führungsbolzen als Ersatzteil geliefert. Bei Beschädigungen an den Schutzkappen oder an den Führungsbolzen Reparatursatz einbauen, dabei beiliegendes Fettkissen zum Befetten der Führungsbolzen verwenden.

Hinterrad-Scheibenbremsbeläge aus- und einbauen

Hinweis: Der Aus- und Einbau der Scheibenbremsbeläge für die Hinterräder erfolgt prinzipiell auf die gleiche Weise wie bei den Scheibenbremsbelägen für die Vorderräder. Deshalb auch das Kapitel »Vorderradbremse/Scheibenbremsbeläge aus- und einbauen« durchlesen. **Alle allgemeinen Hinweise und Sicherheitshinweise aus diesem Kapitel sind zu befolgen.**

In diesem Kapitel stehen **nur die abweichenden** Arbeitsschritte für den Aus- und Einbau der Scheibenbremsbeläge für die Hinterräder.

Ausbau

Achtung: Sollen die Bremsbeläge wieder verwendet werden, müssen sie beim Ausbau gekennzeichnet werden. Ein Wechsel der Beläge von der Außen- zur Innenseite und umgekehrt oder auch vom rechten zum linken Rad ist nicht zulässig. **Grundsätzlich alle Scheibenbremsbeläge einer Achse gleichzeitig ersetzen, auch wenn nur ein Belag die Verschleißgrenze erreicht hat.**

- Bei Fahrzeugen mit Bremsbelagverschleißanzeige Steckverbindung trennen, siehe Vorderrad-Scheibenbremse.
- Handbremshebel lösen.

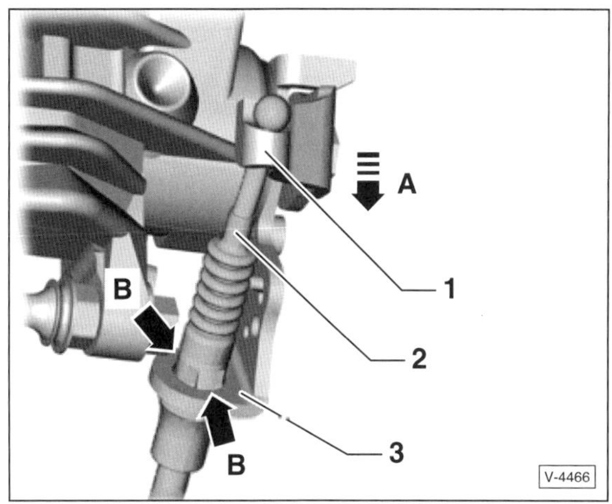

- Bremshebel –1– in Pfeilrichtung –A– drücken und Handbremsseil –2– aus dem Bremshebel aushängen.

Hinweis: Läßt sich der Bremshebel nicht weit genug herunterdrücken, Nachstellmutter für Handbremse etwas lösen, bis das Handbremsseil so weit entspannt ist, dass es an der Hinterradbremse ausgehängt werden kann, siehe entsprechendes Kapitel.

- Beide Rastnasen zusammendrücken –Pfeile B– und das Handbremsseil aus dem Halter –3– herausziehen.

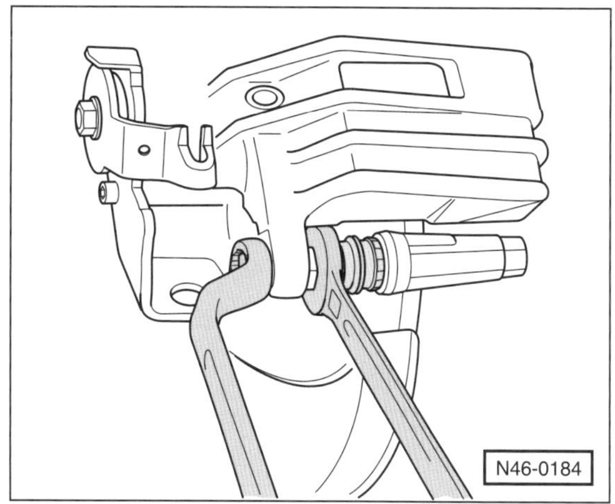

- Obere und untere Schraube –15– am Bremssattel abschrauben, dabei jeweils am Führungsbolzen gegenhalten, siehe Abbildung S46-0097. **Hinweis:** Hierzu ist ein Maulschlüssel SW-15 erforderlich.
- Bremssattelgehäuse abnehmen und mit Draht am Aufbau oder an der Schraubenfeder aufhängen. **Achtung:** Der Bremsschlauch darf nicht auf Zug beansprucht oder verdreht werden.

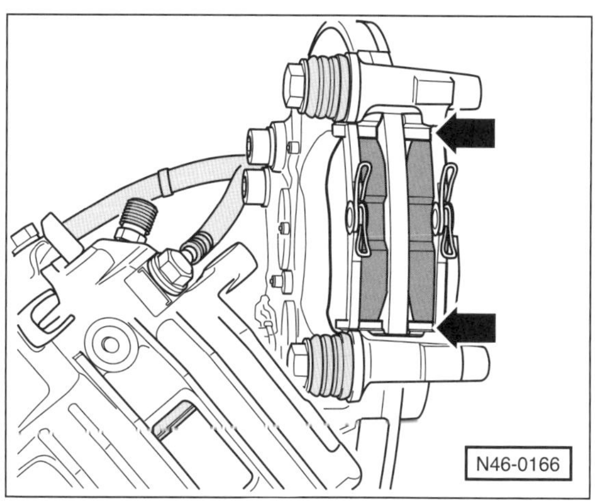

- Bremsbeläge und Belaghaltebleche –Pfeile– ausbauen.

Einbau

- Bremsscheibendicke messen, siehe entsprechendes Kapitel.
- Bremssattel reinigen. **Achtung: Keine Drahtbürste zum Reinigen des Gehäuses verwenden.** Der Bremssattel muss ausschließlich mit Spiritus gereinigt werden.

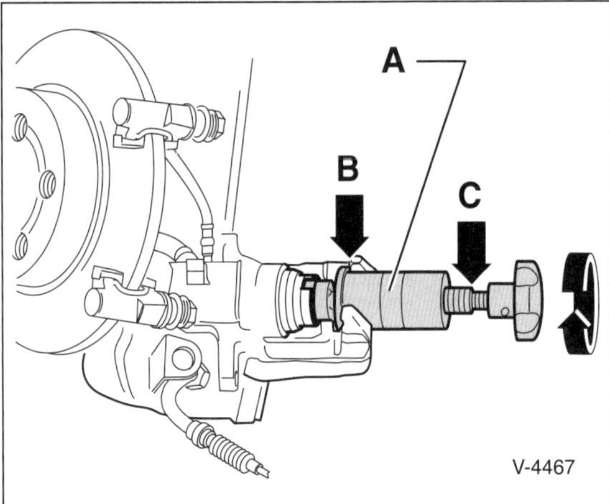

- Bremskolben mit Werkzeug –A–, zum Beispiel VW-T20146 oder HAZET-4970/6, in den Bremssattel drehen. **Achtung:** Der Bremskolben darf auf keinen Fall mit einer herkömmlichen Rücksetzvorrichtung zurückgedrückt werden. Die Nachstellung für die Handbremse würde dabei zerstört werden.
- Kolben durch Rechtsdrehen (im Uhrzeigersinn) mit dem Spezialwerkzeug unter kräftigem Druck langsam einschrauben. Der Bund –Pfeil B– des Werkzeugs muss am Bremssattel anliegen. Bei schwergängigem Kolben mit Maulschlüssel SW 13 an den Abflachungen –C– des Werkzeugs drehen.
- Schutzfolie von der Rückenplatte des Bremsbelages abziehen.

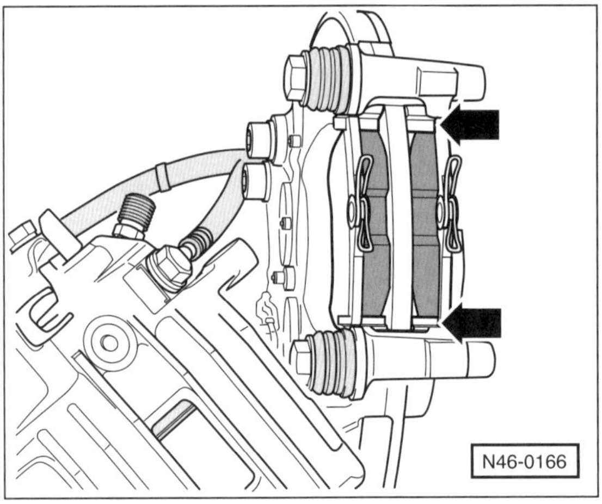

- Belaghaltebleche –Pfeile– und Bremsbeläge in den Bremsträger einsetzen.

Hinweis: Im Reparatursatz sind 4 selbstsichernde Schrauben enthalten. Diese sind in jedem Fall zu verwenden.

- Bremssattel mit **neuen** selbstsichernden Schrauben am Bremsträger festschrauben und dabei am Führungsbolzen gegenhalten. Schrauben mit **35 Nm** anziehen.
- Bremshebel herunterdrücken und Handbremsseil einhängen.
- Handbremsseil am Halter einrasten.
- Handbremse einstellen, siehe entsprechendes Kapitel.
- Fußbremse im Stand mehrmals betätigen, Bremsflüssigkeitsstand kontrollieren.

Bremsscheibendicke prüfen

Prüfen

- Reifen-Laufrichtung mit Pfeil am Reifen markieren. Radschrauben lösen. Fahrzeug vorn aufbocken und Räder abnehmen. **Achtung:** Unbedingt Hinweise im Kapitel »Rad aus- und einbauen« beachten.

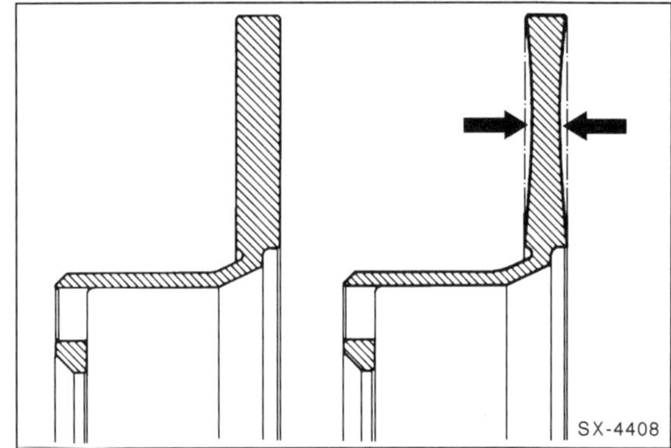

- Bremsscheibendicke immer an der dünnsten Stelle –Pfeile– messen. Die Werkstatt benutzt dazu einen speziellen Messschieber oder eine Mikrometer-Bügelmessschraube, da sich durch die Abnutzung der Bremsscheibe ein Rand bildet. Man kann die Bremsscheibendicke auch mit einer normalen Schieblehre messen, allerdings muss dann auf jeder Seite der Bremsscheibe eine entsprechend starke Unterlage zwischengelegt werden (beispielsweise 2 Münzen). Um das exakte Maß der Bremsscheibendicke zu ermitteln, muss von dem gemessenen Wert die Dicke der Münzen beziehungsweise der Unterlage abgezogen werden. **Achtung:** Messung an mehreren Punkten der Bremsscheibe vornehmen.
- Soll- und Verschleißwerte für Bremsscheibe, siehe »Technische Daten Bremsanlage«.
- Wird die Verschleißgrenze erreicht, Bremsscheibe erneuern.
- Bei größeren Rissen oder bei Riefen, die tiefer als 0,5 mm sind, Bremsscheibe erneuern, siehe entsprechendes Kapitel.
- Reifen-Laufrichtung beachten, Räder anschrauben, Fahrzeug ablassen, erst dann Radschrauben über Kreuz mit **120 Nm** festziehen. **Achtung:** Unbedingt Hinweise im Kapitel »Rad aus- und einbauen« beachten.

Bremssattel/Bremsträger aus- und einbauen

Ausbau

Hinweis: Der vordere Bremsträger kann nur bei der FN-3-Bremsanlage ausgebaut werden. Bei der FS-III-Bremsanlage sind Bremsträger und Radlagerhäuse ein Bauteil.

- Soll die Bremsscheibe oder der Bremsträger ersetzt werden: Bremssattel abbauen, siehe Kapitel »Bremsbeläge ausbauen« und mit eingesetzten Bremsbelägen und angeschlossenem Bremsschlauch aufhängen.
- Soll der Bremssattel ersetzt werden: Bremsbeläge ausbauen, siehe entsprechendes Kapitel.
- Bremsschlauch abbauen:
  - Beim vorderen Bremssattel Bremsleitung an der Bremsschlauchkupplung abschrauben und Bremsschlauch aus dem Bremssattel herausschrauben.
  - Beim hinteren Bremssattel zuerst die Bremsleitung an der Verbindungsstelle vom Bremsschlauch abschrauben und dann, falls erforderlich, Bremsschlauch am Bremssattel abschrauben. Zusätzlich Handbremsseil aushängen.

Sicherheitshinweis
Beim Öffnen vom Bremskreis läuft Bremsflüssigkeit aus. Bremsflüssigkeit in einer Flasche sammeln, die ausschließlich für Bremsflüssigkeit vorgesehen ist. Man kann auch zuvor die Bremsflüssigkeit mit einem Saugheber aus dem Bremsflüssigkeitsbehälter absaugen.

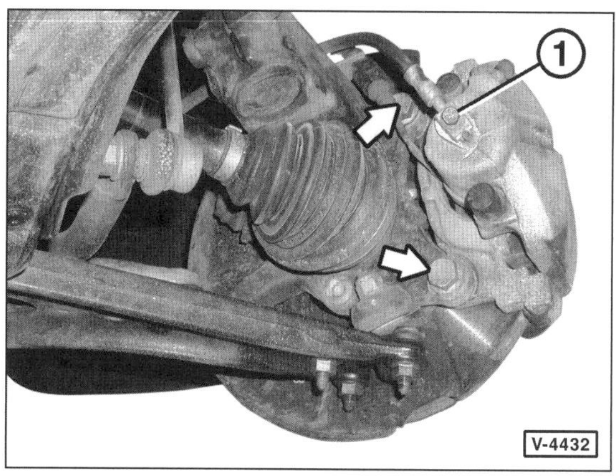

- **Bremssattel FN-3/C38:** 2 Schrauben –Pfeile– herausdrehen und Bremsträger vom Radlagergehäuse abnehmen. 1 – Hohlschraube für Bremsschlauch. Der Bremsträger der Hinterradbremse C38 ist mit Innensechskantschrauben angeschraubt.

Achtung: Hohes Löse- und Anzugsdrehmoment der Schrauben für den Bremsträger! Gewährleisten, dass das Fahrzeug sicher aufgebockt ist und der Schraubenschlüssel waagerecht angesetzt wird.

Einbau

Achtung: Bei ausgebauten Bremsbelägen nicht auf das Bremspedal treten, sonst wird der Kolben aus dem Gehäuse herausgedrückt.

- **Bremssattel FN-3:** Gewinde der Rippschrauben für den Bremsträger vor dem Einbau reinigen oder nachschneiden.
- Bremsträger am Radlagergehäuse ansetzen und festschrauben.

Achtung: Hohes Anzugsdrehmoment der Schrauben!

- **Bremssattel FN-3:** Bremsträger am Radlagergehäuse mit **124 Nm** festschrauben.
- **Bremssattel C38:** Bremsträger am Achskörper mit **30 Nm** festschrauben. Anschließend Innensechskantschrauben um **30°** weiterdrehen.
- Falls abgebaut, Bremsschlauch am Bremssattel einschrauben und Überwurfschraube der Bremsleitung in den Bremsschlauch einschrauben
- Bremsbeläge einbauen, siehe entsprechendes Kapitel.
- **Bremsanlage entlüften, siehe entsprechendes Kapitel.**

Hinterrad-Trommelbremse

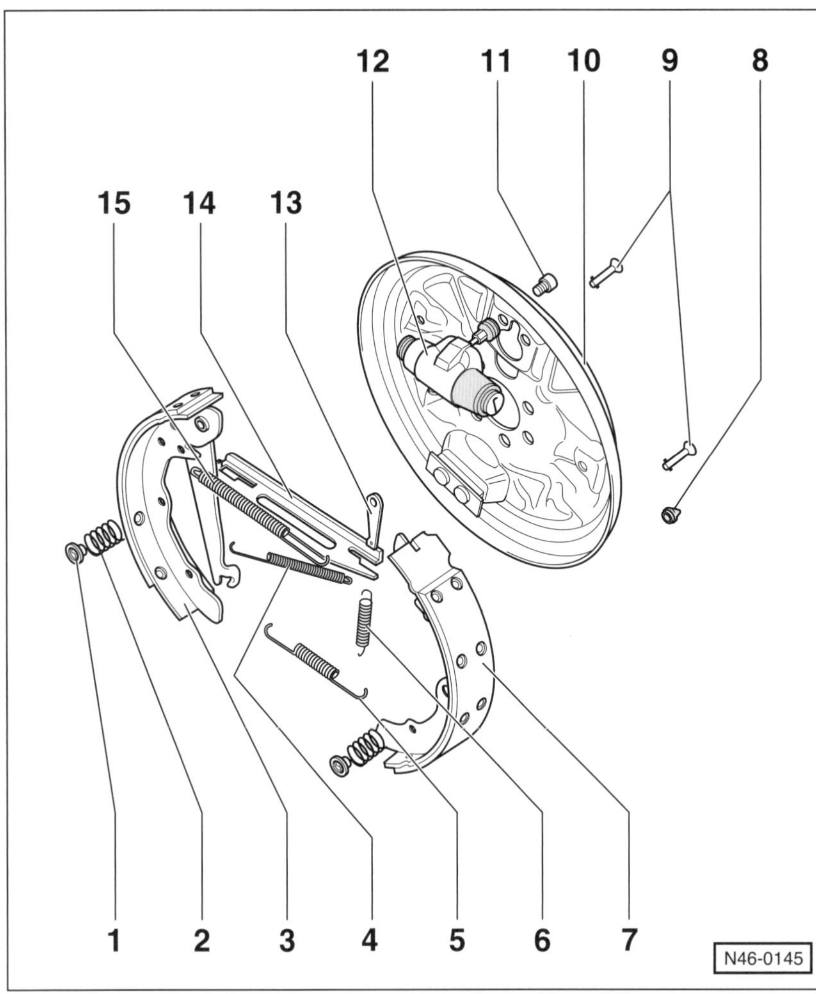

1 – **Federteller**
Zum Ausbau gegen die Druckfeder drücken und um 90° verdrehen.

2 – **Druckfeder**

3 – **Bremsbacke mit Hebel für Handbremse**

4 – **Rückzugfeder oben**
Mit geeignetem Haken aushängen, zum Beispiel HAZET 4964-1 oder VW-3438.

5 – **Rückzugfeder unten**
Anlagestellen mit VW-Feststoffschmierpaste G.000.650 fetten.

6 – **Zugfeder**

7 – **Bremsbelag**
Bremsbelagdicke prüfen.

8 – **Verschlusskappe**
Zum Prüfen der Bremsbelagdicke abnehmen.

9 – **Spannstifte**

10 – **Bremsträger**

11 – **Innensechskantschraube, 8 Nm**

12 – **Radbremszylinder**
Dichtheit prüfen.

13 – **Keil**
Zum Aus- und Einbau der Bremstrommel durch eine Gewindebohrung für die Radschrauben nach oben drücken.

14 – **Druckstange**
Anlagestellen mit VW-Feststoffschmierpaste G.000.650 fetten.

15 – **Anlagefeder**
Mit geeignetem Haken aushängen, zum Beispiel HAZET 4964-1 oder VW-3438.

Bremsbacken aus- und einbauen

Ausbau

Achtung: Bremsbeläge sind Bestandteil der Allgemeinen Betriebserlaubnis (ABE) und vom Werk auf das jeweilige Modell abgestimmt. Deshalb dürfen nur die vom Automobilhersteller freigegebenen Bremsbeläge verwendet werden.

Sicherheitshinweis
Beim Aufbocken des Fahrzeugs besteht Unfallgefahr! Deshalb vorher das Kapitel »Fahrzeug aufbocken« durchlesen.

- Fahrzeug aufbocken.
- Reifen-Laufrichtung mit Pfeil am Reifen markieren. Radschrauben lösen. Fahrzeug vorn aufbocken und Räder abnehmen. **Achtung:** Unbedingt Hinweise im Kapitel »Rad aus- und einbauen« beachten.

Achtung: Sollen die Bremsbeläge wieder verwendet werden, müssen sie beim Ausbau gekennzeichnet werden. Ein Wechsel der Beläge vom rechten zum linken Rad ist nicht zulässig. **Grundsätzlich alle Bremsbeläge an einer Achse gleichzeitig ersetzen, auch wenn nur ein Belag die Verschleißgrenze erreicht hat.**

Hinweis: Bremsbeläge/-backen immer nur an einer Fahrzeugseite ausbauen, damit die andere Seite beim Zusammenbau als Vorlage dienen kann.

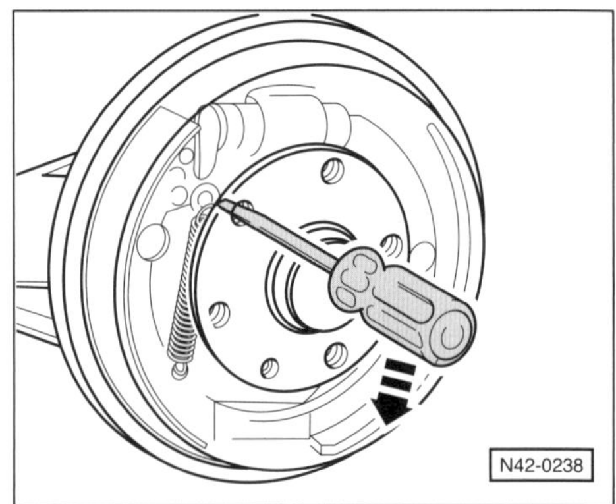

- Bremsbacken zurückstellen. Dazu einen Schraubendreher durch eine Gewindebohrung der Bremstrommel stecken und den Keil nach oben drücken.

- Kreuzschlitzschraube für Bremstrommel herausdrehen und Bremstrommel abnehmen.

Hinweis: Fest sitzende Bremstrommel durch leichte Schläge mit einem Kunststoffhammer von der Nabe lösen, einen handelsüblichem Abzieher verwenden, oder mit einem Schraubendreher abhebeln. **Achtung:** Vorher müssen auf jeden Fall die Bremsbeläge zurückgestellt sein.

- Federteller –1– mit Rohrzange kräftig gegen die Druckfeder –2– drücken und um ¼ Umdrehung (90°) verdrehen. Federteller herausnehmen. Auf diese Weise beide Federteller ausbauen. Dabei den Stift für die Druckfeder von hinten gegenhalten.

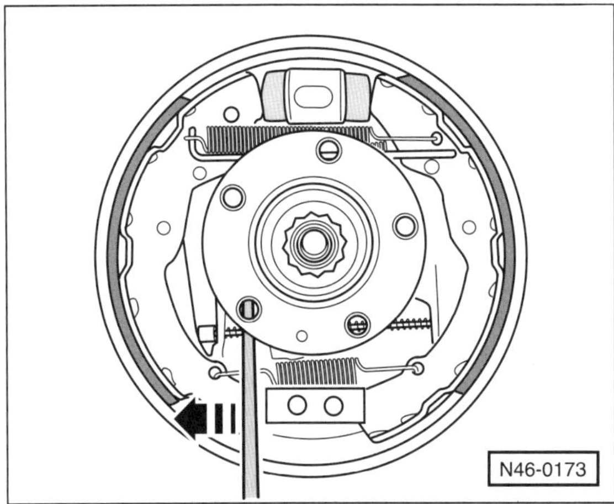

- Mit einem Schraubendreher Bremsbacken in Pfeilrichtung hinter dem Abstützblech heraushebeln.
- Rückzugfeder unten –5– aushängen und Bremsbacken herausnehmen, siehe Abbildung N46-0145.
- Handbremsseil aushängen und herausnehmen.

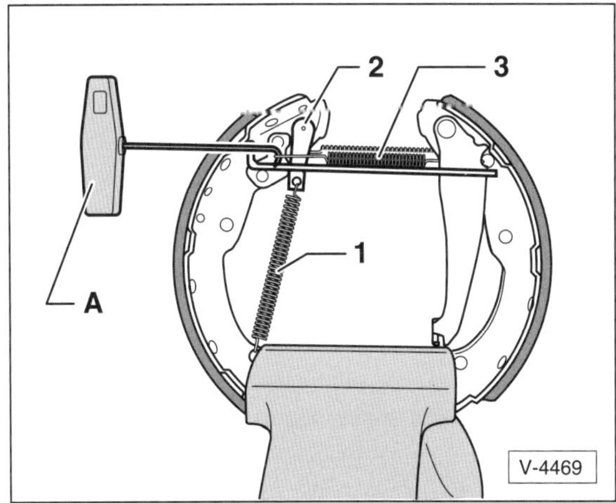

- Bremsbacken in Schraubstock einspannen
- Zugfeder –1– für Keil –2– aushängen. Rückzugfeder –3– mit Haken –A–, zum Beispiel VW-3438 oder HAZET-4964-1, ausbauen. Es geht auch mit einer Kombizange oder einem geeigneten Haken mit Griff. **Achtung: Verletzungsgefahr!**

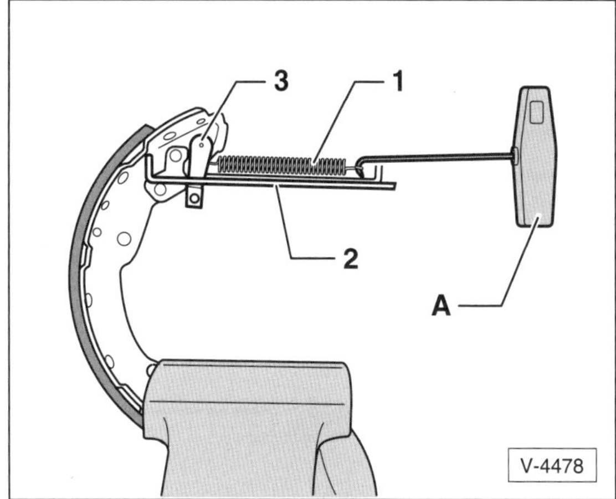

- Anlagefeder –1– mit Haken –A– aushängen.
- Druckstange –2– und Keil –3– von der Bremsbacke abnehmen.

Einbau

Grundsätzlich immer alle 4 Backen an einer Achse gleichzeitig ersetzen und dabei gleiches Fabrikat verwenden. Bremstrommel und Bremsträger nur mit Spiritus reinigen. Die Teile müssen vor dem Wiedereinbau gründlich gereinigt werden.

Achtung: Der Bremsstaub kann gesundheitsschädlich sein, nicht einatmen! Solange die Bremsbacken ausgebaut sind, nicht auf die Fußbremse treten, da sonst die Bremskolben aus den Radbremszylindern rutschen.

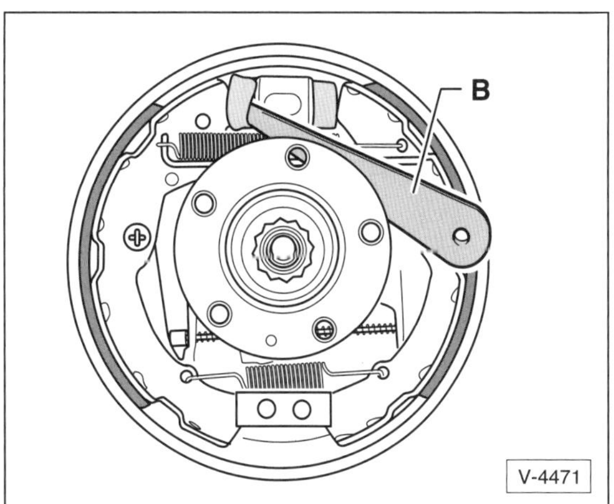

- Am Radbremszylinder die Staubmanschette von Hand oder mit einem stumpfen Montagekeil –B– anheben. **Achtung: Dabei darf der Bremskolben nicht herausgezogen werden.** Wenn es hinter der Staubmanschette feucht ist, Radbremszylinder ersetzen. Staubmanschette wieder aufsetzen.
- Bremsfläche der Bremstrommel mit dem Finger auf Riefen prüfen. Riefige Bremstrommeln ersetzen, dabei grundsätzlich beide Bremstrommeln ersetzen.
- Geringe Unebenheiten und Rostspuren an der Bremsfläche mit Schmirgelleinen (Körnung 150) beseitigen.

- Innendurchmesser der Bremstrommel messen. Wenn die Verschleißgrenze erreicht ist, Trommel ersetzen. Dabei immer beide Bremstrommeln einer Achse ersetzen. Sollwerte und Verschleißgrenzen, siehe Kapitel »Technische Daten Bremsanlage«.
- Anlagestellen für Rückzugfeder und Druckstange mit VW-Festschmierstoffpaste G.000.650 fetten.

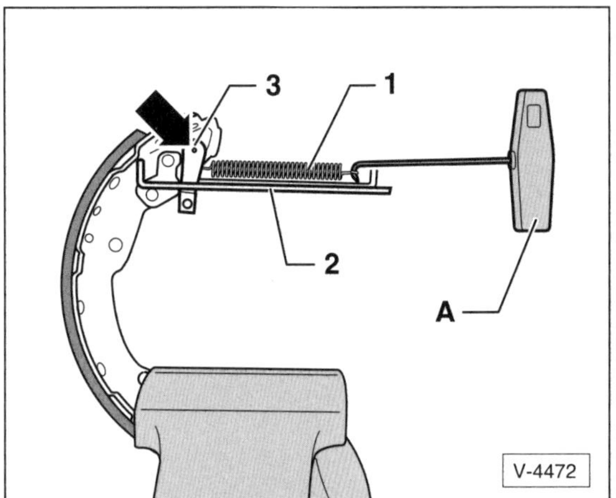

- Anlagefeder –1– mit einem Haken –A– in die Druckstange –2– einhängen und gleichzeitig Keil –3– einsetzen. **Achtung:** Die Erhöhung –Pfeil– am Keil –3– muss beim Einbau sichtbar bleiben.
- Bremsbacke mit Bremshebel in die Druckstange einsetzen.

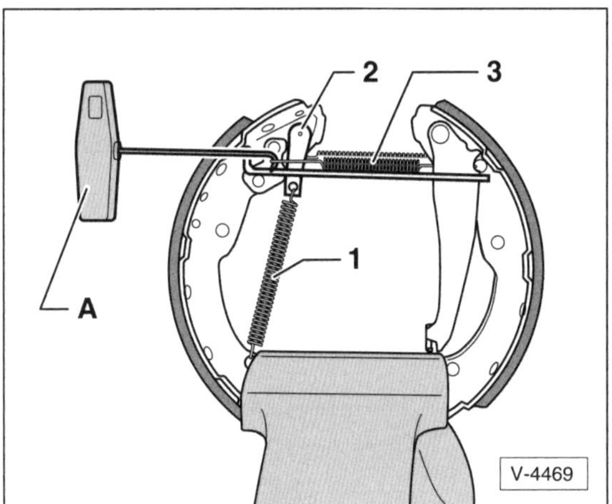

- Rückzugfeder –3– mit Haken –A– einhängen.
- Zugfeder –1– für Keil –2– einhängen.
- Bremsbacken auf die Kolben des Radbremszylinders setzen.
- Handbremsseil am Bremshebel einhängen.
- Rückzugfeder unten einsetzen und Bremsbacke auf die untere Abstützung heben.
- Druckfedern einsetzen und Federteller anbringen. Dazu Federteller mit Rohrzange kräftig gegen die Druckfeder drücken und um ¼ Umdrehung (90°) verdrehen. Dabei den Stift für die Druckfeder von hinten gegenhalten.
- Bremstrommel einbauen und mit Kreuzschlitzschraube sichern.
- Bremspedal bei gelöster Handbremse voll durchtreten und dadurch Bremsbacken in Betriebsstellung bringen.
- Handbremse einstellen, siehe entsprechendes Kapitel.
- Reifen-Laufrichtung beachten, Räder anschrauben, Fahrzeug ablassen, erst dann Radschrauben über Kreuz mit **120 Nm** festziehen. **Achtung:** Unbedingt Hinweise im Kapitel »Rad aus- und einbauen« beachten.
- Bremsflüssigkeitsstand im Ausgleichbehälter prüfen, gegebenenfalls bis zur MAX-Marke auffüllen.
- Neue Bremsbeläge vorsichtig einbremsen. Dazu Fahrzeug mehrmals von ca. 80 km/h auf 40 km/h mit geringem Pedaldruck abbremsen. Dazwischen Bremse etwas abkühlen lassen.

Achtung: Nach dem Einbau neuer Bremsbeläge sollen während einer Fahrstrecke von bis zu 200 km unnötige Vollbremsungen unterbleiben.

Achtung, Sicherheitskontrolle durchführen:

- Sind die Bremsschläuche festgezogen?
- Befindet sich der Bremsschlauch in der Halterung?
- Sind die Entlüftungsschrauben angezogen?
- Ist genügend Bremsflüssigkeit eingefüllt?
- Bei laufendem Motor Dichtheitskontrolle durchführen. Hierzu Bremspedal mit 200 bis 300 N (entspricht 20 bis 30 kg) etwa 10 Sekunden betätigen. Das Bremspedal darf nicht nachgeben. Sämtliche Anschlüsse auf Dichtheit kontrollieren.

Radbremszylinder aus- und einbauen

Ausbau

- Bremsbacken der Trommelbremse ausbauen, siehe entsprechendes Kapitel.
- Überwurfmutter für Bremsleitung lösen, nicht ganz abschrauben.
- 2 Innensechskantschrauben für Radbremszylinder hinten am Bremsträger abschrauben.

Einbau

- Lappen unter das Bremsträgerblech legen.
- Überwurfmutter für Bremsleitung abschrauben und sofort am neuen Radbremszylinder handfest anschrauben. Dadurch ist sichergestellt, dass nur wenig Bremsflüssigkeit ausläuft.
- Schrauben für Radbremszylinder einschrauben und mit **8 Nm** anziehen.
- Überwurfmutter für Bremsleitung mit offenem Ringschlüssel, zum Beispiel HAZET 612N, leicht anziehen. Anzugsmoment: **5 Nm**.

- Bremsbacken einbauen, siehe entsprechendes Kapitel.
- Bremsanlage entlüften, siehe entsprechendes Kapitel.

Bremsanlage entlüften

Beim Umgang mit Bremsflüssigkeit sind folgende Hinweise zu beachten:

Sicherheitshinweis
Bremsflüssigkeit ist giftig. Keinesfalls Bremsflüssigkeit mit dem Mund über einen Schlauch absaugen. Bremsflüssigkeit nur in Behälter füllen, bei denen ein versehentlicher Genuss ausgeschlossen ist.

- Bremsflüssigkeit ist ätzend und darf deshalb nicht mit dem Autolack in Berührung kommen, gegebenenfalls Bremsflüssigkeit sofort abwischen und mit viel Wasser abwaschen.
- Bremsflüssigkeit ist hygroskopisch, das heißt, sie nimmt aus der Luft Feuchtigkeit auf. Bremsflüssigkeit deshalb nur in geschlossenen Behältern aufbewahren.
- **Bremsflüssigkeit, die schon einmal im Bremssystem verwendet wurde, darf nicht wieder verwendet werden. Auch beim Entlüften der Bremsanlage nur neue Bremsflüssigkeit verwenden.**
- Nur Bremsflüssigkeit der Spezifikation **VW 501 14** verwenden.
- **Bremsflüssigkeit darf nicht mit Mineralöl in Berührung kommen.** Schon geringe Spuren von Mineralöl machen die Bremsflüssigkeit unbrauchbar, beziehungsweise führen zum Ausfall des Bremssystems. Stopfen und Manschetten der Bremsanlage werden beschädigt, wenn sie mit mineralölhaltigen Mitteln zusammenkommen. Zum Reinigen keine mineralölhaltigen Putzlappen verwenden.
- Bremsflüssigkeit alle 2 Jahre wechseln, möglichst nach der kalten Jahreszeit.

Achtung: Bremsflüssigkeit ist ein Problemstoff und darf auf keinen Fall einfach weggeschüttet oder dem Hausmüll mitgegeben werden. Gemeinde- und Stadtverwaltungen informieren darüber, wo sich die nächste Problemstoff-Sammelstelle befindet.

Entlüften

Nach jeder Reparatur an der Bremse, bei der die Bremsanlage geöffnet wurde, kann Luft in die Druckleitungen eingedrungen sein. Dann muss das Bremssystem entlüftet werden. Luft ist auch dann in den Leitungen, wenn sich beim Treten des Bremspedals der Bremsdruck schwammig anfühlt. In diesem Fall muss die Undichtigkeit beseitigt und die Bremsanlage entlüftet werden.

In der Werkstatt wird die Bremse in der Regel mit einem Bremsenentlüftungsgerät entlüftet. **Zwingend vorgeschrieben ist diese Entlüftungsart, wenn ein Bremsschlauch demontiert wurde oder wenn nur eine Kammer des Bremsflüssigkeitsbehälters leer war.** Im Normalfall geht es auch ohne dieses Gerät. Die Bremsanlage wird dann durch Pumpen mit dem Bremspedal entlüftet, dazu ist eine zweite Person notwendig.

Muss die ganze Anlage entlüftet werden, jede Radbremse einzeln und den Kupplungsnehmerzylinder entlüften. Das ist immer dann der Fall, wenn Luft in jeden einzelnen Bremszylinder gedrungen ist. Falls nur ein Bremssattel erneuert bzw. überholt wurde, genügt in der Regel das Entlüften des betreffenden Bremszylinders.

Sicherheitshinweis
Ist eine Kammer des Bremsflüssigkeit-Ausgleichbehälters komplett leergelaufen (zum Beispiel bei Undichtigkeiten im Bremssystem oder wenn beim Entlüften vergessen wurde, Bremsflüssigkeit nachzufüllen), wird Luft angesaugt, die in die ABS-Hydraulikpumpe gelangt. Die Bremsanlage muss dann in der Werkstatt mit dem Entlüftergerät entlüftet werden, bei Ausstattung mit EDS muss zusätzlich eine Grundeinstellung durch ein Testgerät eingeleitet werden. Bei Einbau eines neuen Bremsschlauchs muss die Anlage ebenfalls mit einem Entlüftergerät entlüftet werden.

Die Reihenfolge der Entlüftung: 1. Bremssattel hinten links, 2. Bremssattel vorn links, 3. Bremssattel vorn rechts, 4. Bremssattel hinten rechts.

- Fahrzeug aufbocken.
- Vorratsbehälter bis MAX-Markierung auffüllen.

Achtung: Entlüftungsventile vorsichtig öffnen, damit sie nicht abgedreht werden. Es empfiehlt sich, die Ventile ca. 1 Stunde vor dem Entlüften mit Rostlöser einzusprühen.

Achtung: Während des Entlüftens die Entlüfterflasche 30 Zentimeter höher als das Entlüfterventil halten und ab und zu den Ausgleichbehälter beobachten. Der Flüssigkeitsspiegel darf nicht zu weit sinken, sonst wird über den Ausgleichbehälter Luft angesaugt. **Immer nur neue Bremsflüssigkeit nachgießen!**

- Bei Fahrzeugen ohne ABS aber mit mechanischem Bremskraftregler (Ausland) muss während der Entlüftung der Hinterradbremse der Reglerhebel am Bremskraftregler bewegt werden.
- Staubkappe vom Entlüfterventil des Bremszylinders abnehmen. Entlüfterventil reinigen, sauberen Schlauch aufstecken, anderes Schlauchende in eine mit Bremsflüssigkeit halbvoll gefüllte Flasche stecken (geeigneten Schlauch und passendes Gefäß gibt es auch im Autozubehör-Handel).
- Von einem Helfer Bremspedal so oft niedertreten lassen, »pumpen«, bis sich im Bremssystem Druck aufgebaut hat – zu spüren am wachsenden Widerstand beim Betätigen des Pedals.
- Ist genügend Druck vorhanden, Bremspedal ganz durchtreten und Fuß auf dem Bremspedal halten.

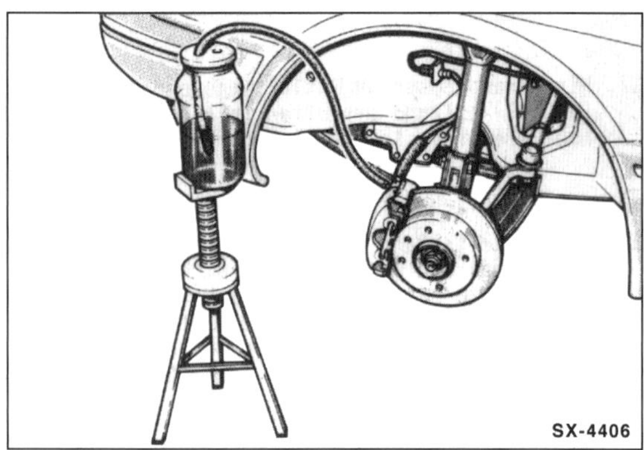

- Entlüfterventil am Bremssattel etwa ½ Umdrehung mit Ringschlüssel öffnen.
- Ausfließende Bremsflüssigkeit in der Flasche sammeln. Darauf achten, dass sich das Schlauchende in der Flasche ständig unterhalb des Flüssigkeitsspiegels befindet.
- Sobald der Flüssigkeitsdruck nachlässt, Entlüfterventil schließen.
- Pumpvorgang wiederholen, bis sich Druck aufgebaut hat. Bremspedal niedertreten, Fuß auf dem Bremspedal lassen, Entlüfterschraube öffnen, bis der Druck nachlässt. Entlüfterschraube schließen.
- Entlüftungsvorgang an einem Bremszylinder so lange wiederholen, bis sich in der Bremsflüssigkeit, die in die Entlüfterflasche strömt, keine Luftblasen mehr zeigen.
- Nach dem Entlüften Schlauch von Entlüfterschraube abziehen und Staubkappe auf Ventil stecken.
- Die Bremszylinder an den anderen Rädern auf die gleiche Weise entlüften, dabei Reihenfolge einhalten.
- Nach dem Entlüften den Ausgleichbehälter bis zur MAX-Markierung auffüllen.

Achtung, Sicherheitskontrolle durchführen:
- ◆ Sind die Entlüftungsschrauben angezogen?
- ◆ Ist genügend Bremsflüssigkeit eingefüllt?
- ◆ Bei laufendem Motor Dichtheitskontrolle durchführen. Hierzu Bremspedal mit 200 bis 300 N (entspricht 20 bis 30 kg) etwa 10 Sekunden betätigen. Das Bremspedal darf nicht nachgeben. Sämtliche Anschlüsse auf Dichtheit kontrollieren.

- Nach dem Entlüften darf sich beim Treten auf das Bremspedal der Druck nicht schwammig anfühlen. Falls doch, Anlage nochmals entlüften. Dabei an jedem Bremssattel den Entlüftungsvorgang 5-mal durchführen.
- Anschließend einige Bremsungen auf einer Straße ohne Verkehr durchführen. Dabei sollte mindestens einmal die Bremsregelung des ABS-Systems geprüft werden, beispielsweise auf losem Untergrund. Dazu Bremse stark betätigen, bis am spürbaren Pulsieren des Bremspedals der Beginn der Bremsregelung erkennbar ist.

Achtung: Falls der Bremspedalweg nach der Probefahrt zu groß ist, obwohl er direkt nach dem Entlüften in Ordnung war, dann ist möglicherweise Luft in der ABS-Hydraulikeinheit. In diesem Fall Bremsanlage umgehend in der Fachwerkstatt entlüften lassen.

Bremsschlauch aus- und einbauen

Das Bremsleitungssystem stellt die Verbindung vom Hauptbremszylinder zu den vier Radbremsen her.

Achtung: Die starren Bremsleitungen aus Metall sollen von einer Fachwerkstatt verlegt werden, da zur fachgerechten Montage einige Erfahrung nötig ist.

Als flexible Verbindungen zwischen den starren und beweglichen Fahrzeugteilen, beispielsweise den Bremssätteln, werden druckfeste Bremsschläuche verwendet. Diese müssen bei erkennbaren Schäden sofort ausgewechselt werden. Ältere Bremsschläuche können aufquellen. In einem solchen Fall kann die Bremsflüssigkeit nicht aus dem Radbremszylinder in den Ausgleichzylinder zurückfließen; die Radbremse erhitzt sich. Wird dann das betreffende Entlüfterventil am Radbremszylinder geöffnet, und das Rad blockiert nicht mehr, ist das ein Zeichen für einen defekten Bremsschlauch.

Sicherheitshinweis, Fahrzeuge mit ABS
Ist ein Bremsschlauch montiert worden oder eine Kammer des Bremsflüssigkeit-Behälters leergelaufen (zum Beispiel bei Undichtigkeiten im Bremssystem oder wenn beim Entlüften vergessen wurde, Bremsflüssigkeit nachzufüllen), wird Luft angesaugt, die in die ABS-Hydraulikpumpe gelangt. **Die Bremsanlage muss dann in der Werkstatt mit dem Entlüftergerät entlüftet werden.** Bei Ausstattung mit EDS muss zusätzlich eine Grundeinstellung durch ein Testgerät eingeleitet werden.

Achtung: Bremsschläuche nicht mit Öl oder Petroleum in Berührung bringen, nicht lackieren oder mit Unterbodenschutz besprühen.

Ausbau

Achtung: Regeln im Umgang mit Bremsflüssigkeit beachten, siehe Kapitel »Bremsanlage entlüften«.

Sicherheitshinweis
Beim Aufbocken des Fahrzeugs besteht Unfallgefahr! Deshalb vorher das Kapitel »Fahrzeug aufbocken« durchlesen.

- Fahrzeug aufbocken.
- Bremsschlauch am Halter ausclipsen.
- Bremsschlauch zuerst an der Bremsleitung/Bremsschlauchkupplung und dann am Bremssattel abschrauben, dabei Bremsschlauch nicht verdrillen. **Achtung:** Auslaufende Bremsflüssigkeit mit Lappen auffangen. Gegebenenfalls Leitungsanschluss in Richtung Hauptbremszylinder mit geeignetem Stopfen verschließen.

Einbau

- Nur vom Werk freigegebene Bremsschläuche einbauen. Neuen Bremsschlauch so einbauen, dass er ohne Drall durchhängt und dann mit **15 Nm** an der Bremsleitung festziehen. **Achtung:** Bremsschlauch, sofern erforderlich (abhängig vom Bremssattel), am Bremssattel mit **neuen** Dichtringen anschrauben, Anschlussschraube (Hohlschraube) am Bremssattel mit **38 Nm** festziehen.
- Nach dem Einbau bei entlasteten Rädern (Wagen angehoben) Lenkung nach links und rechts einschlagen und sicherstellen, dass der Schlauch allen Radbewegungen folgt ohne irgendwo zu scheuern.

Achtung: Bremsanlage aussschließlich mit einem Bremsen-Entlüftungsgerät entlüften (Werkstatt).

- Fahrzeug ablassen.
- Fahrzeug auf den Boden stellen und erneut prüfen, ob der Bremsschlauch allen Radbewegungen folgt ohne irgendwo zu scheuern.

Achtung, Sicherheitskontrolle durchführen:

- ◆ Sind die Bremsschläuche festgezogen?
- ◆ Befindet sich der Bremsschlauch in der Halterung?
- ◆ Sind die Entlüftungsschrauben angezogen?
- ◆ Ist genügend Bremsflüssigkeit eingefüllt?
- ◆ Bei laufendem Motor Dichtheitskontrolle durchführen. Hierzu Bremspedal mit 200 bis 300 N (entspricht 20 bis 30 kg) etwa 10 Sekunden betätigen. Das Bremspedal darf nicht nachgeben. Sämtliche Anschlüsse auf Dichtheit kontrollieren.

- Anschließend einige Bremsungen auf einer Straße mit geringem Verkehr durchführen.

Bremskraftverstärker prüfen

Der Bremskraftverstärker ist auf Funktion zu überprüfen, wenn zur Erzielung ausreichender Bremswirkung die Pedalkraft außergewöhnlich hoch ist.

- Bremspedal bei stehendem Motor mindestens 5-mal kräftig durchtreten, dann bei belastetem Bremspedal Motor starten. Das Bremspedal muss jetzt unter dem Fuß spürbar nachgeben.
- Andernfalls Unterdruckschlauch am Bremskraftverstärker abschrauben, Motor starten. Durch Fingerauflegen am Ende des Unterdruckschlauches prüfen, ob Unterdruck vorhanden ist.
- Ist kein Unterdruck vorhanden: Unterdruckschlauch auf Undichtigkeiten und Beschädigungen prüfen, gegebenenfalls ersetzen. Sämtliche Schellen fest anziehen.
- **Dieselmotor:** Unterdruckschlauch von der Vakuumpumpe abziehen und mit dem Finger prüfen, ob Unterdruck am Schlauchanschluss anliegt.
- Ist Unterdruck vorhanden: Unterdruck messen, gegebenenfalls Bremsservo ersetzen (Werkstattarbeit).

Handbremshebel – Detailübersicht

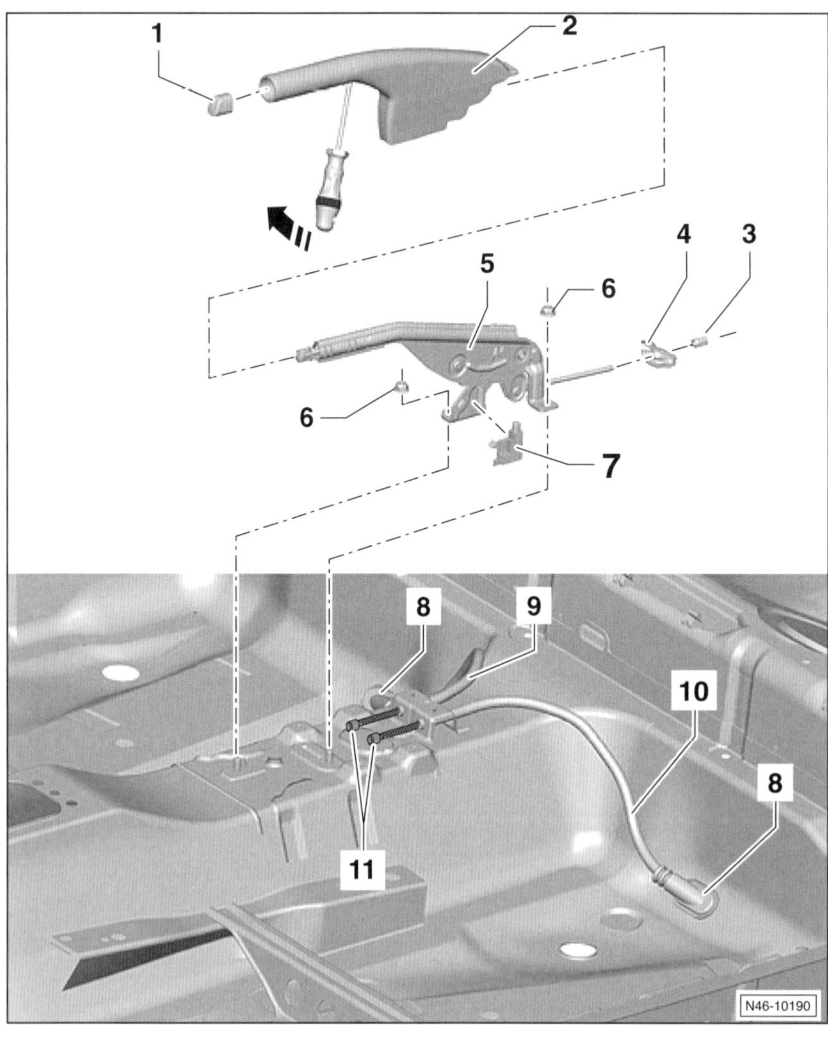

1 – **Druckknopf**
Zum Ausbau mit einer Zange abziehen. **Achtung:** Der Druckknopf wird beim Ausbau zerstört und muss ersetzt werden.

2 – **Verkleidung für Handbremshebel**
Entriegelungslasche im hinteren, unteren Griffbereich mit einem Schraubendreher abhebeln. Anschließend Verkleidung nach vorn abziehen.

3 – **Nachstellmutter**
Durch Verdrehen wird die Handbremse eingestellt.

4 – **Ausgleichbügel**

5 – **Handbremshebel**

6 – **Sechskantmutter, 23 Nm**

7 – **Schalter für Handbremskontrolle**

8 – **Gummitülle**

9 – **Führungsrohr rechts**

10 – **Führungsrohr links**

11 – **Handbremsseile**

Handbremsseil aus- und einbauen

Ausbau

- Mittelkonsole ausbauen, siehe Seite 260.
- Handbremse lösen.

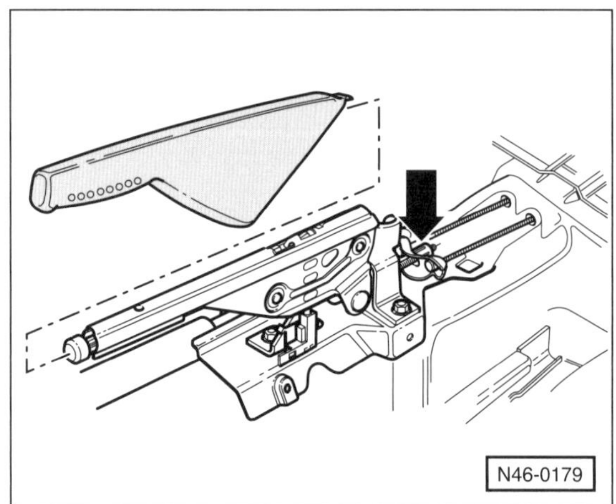

- Nachstellmutter –Pfeil– so weit lösen, bis das Handbremsseil aus dem Ausgleichbügel ausgehängt werden kann.

Sicherheitshinweis
Beim Aufbocken des Fahrzeugs besteht Unfallgefahr! Deshalb vorher das Kapitel »Fahrzeug aufbocken« durchlesen.

- Reifen-Laufrichtung mit Pfeil am Reifen markieren. Radschrauben lösen. Fahrzeug hinten aufbocken und Räder abnehmen. **Achtung:** Unbedingt Hinweise im Kapitel »Rad aus- und einbauen« beachten.

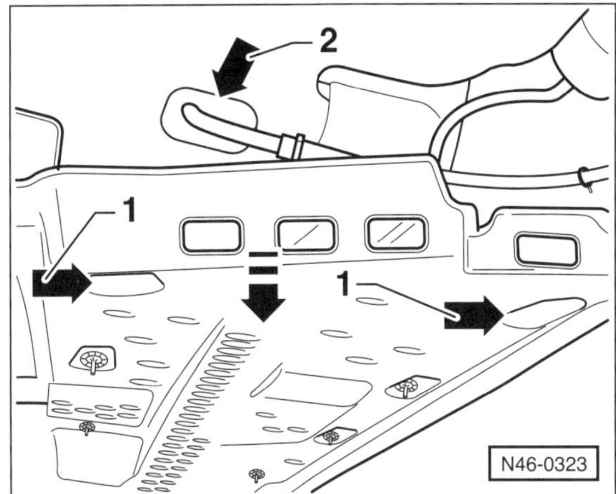

- Schnappmuttern –1– herausdrehen und den Unterbodenschutz so weit nach unten drücken –Pfeil–, bis das Führungsrohr –2– des Handbremsseiles sichtbar wird.

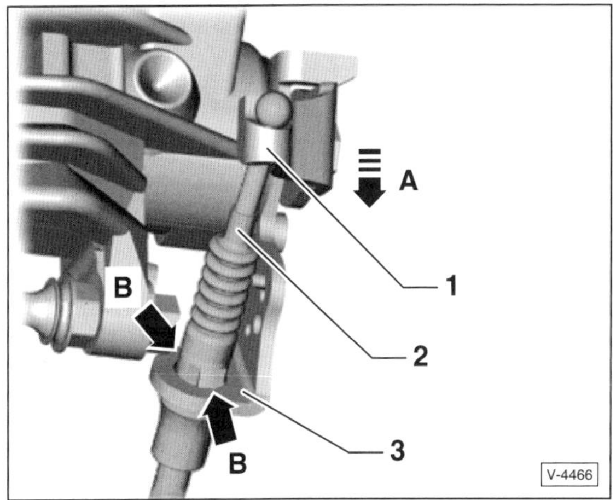

- **Fahrzeug mit Scheibenbremse:** Bremshebel –1– in Pfeilrichtung –A– drücken und Handbremsseil –2– aus dem Bremshebel aushängen. Beide Rastnasen zusammendrücken –Pfeile B– und das Handbremsseil aus dem Halter –3– herausziehen.

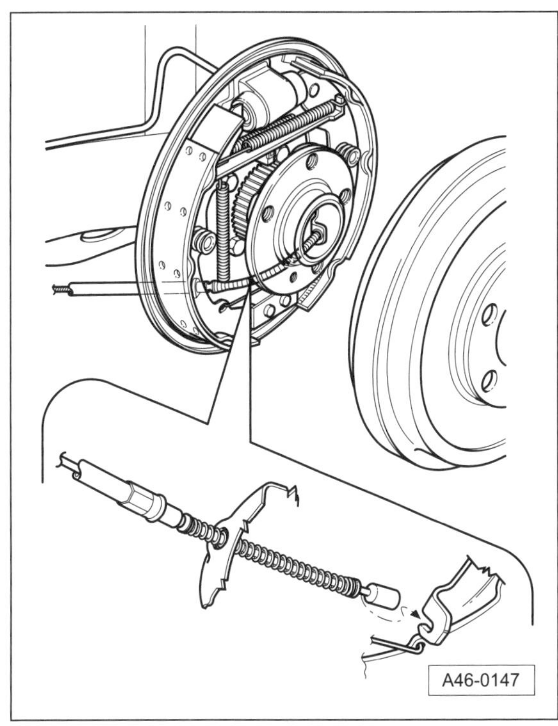

- **Fahrzeug mit Trommelbremse:** Bremstrommel ausbauen und Handbremsseil aus dem Handbremshebel an der Bremsbacke aushängen. Anschließend Handbremsseil durch die Öffnung im Bremsträger herausziehen.

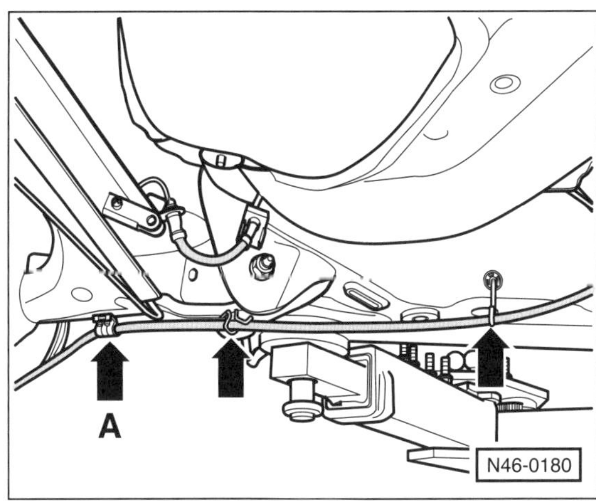

- Handbremsseil aus der Halterung am Hinterachskörper –Pfeil A– ausclipsen und aus den Halterungen –Pfeile– aushängen.

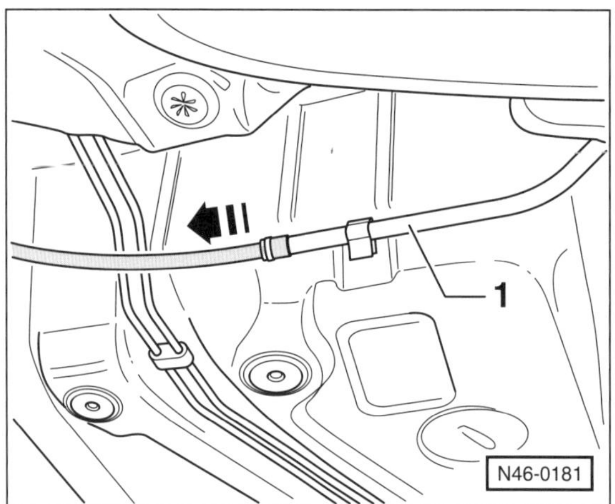

- Handbremsseil in Pfeilrichtung aus dem Führungsrohr –1– herausziehen.

Einbau

- Handbremsseil in das Führungsrohr hineinschieben.

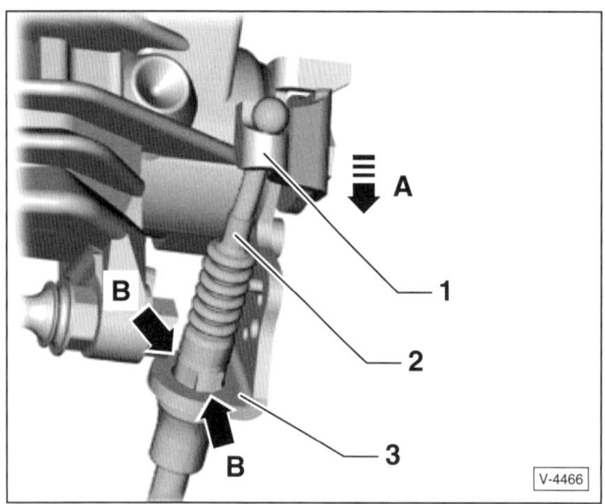

- **Fahrzeug mit Scheibenbremse:** Handbremsseil so weit durch den Halter am Bremssattel drücken, bis beide Rastnasen –Pfeile– einrasten. Bremshebel –1– in Pfeilrichtung –A– drücken und Handbremsseil –2– in den Bremshebel einhängen.
- **Fahrzeug mit Trommelbremse:** Handbremsseil durch die Öffnung im Bremsträger einführen. Handbremsseil am Handbremshebel der Bremsbacke einhängen. Anschließend Bremstrommel einbauen, siehe entsprechendes Kapitel.

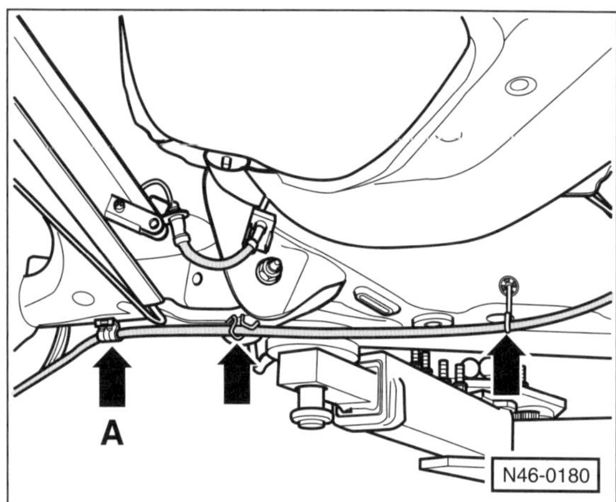

- Handbremsseil in die Halterung am Hinterachskörper –Pfeil A– einclipsen. Der Klemmring am Handbremsseil muss dabei in der Mitte des Clips liegen.
- Handbremsseil in die Halterungen –Pfeile– einhängen. Handbremsseil in den Ausgleichbügel einhängen.
- Unterbodenschutz befestigen.
- Handbremse einstellen, siehe entsprechendes Kapitel.
- Reifen-Laufrichtung beachten, Räder anschrauben. Fahrzeug ablassen, erst dann Radschrauben über Kreuz mit **120 Nm** festziehen. **Achtung:** Unbedingt Hinweise im Kapitel »Rad aus- und einbauen« beachten.
- Mittelkonsole einbauen, siehe Seite 260.

Handbremse einstellen

Die Hinterradbremse verfügt über eine automatische Nachstellung, so dass die Handbremse im Rahmen der Wartung nicht nachgestellt werden muss. Erforderlich ist die Einstellung der Handbremse nach dem Aus- und Einbau von:

- Handbremsseilen.
- Bremssattel/Bremsträger hinten.
- Scheibenbremsbelägen hinten.
- Bremsscheiben hinten.
- Trommelbremsbacken.

Einstellen

- Mittelkonsole ausbauen, siehe Seite 260.
- Handbremse lösen.
- Bremspedal mehrmals kräftig betätigen.
- Die Fußbremse muss funktionsfähig und entlüftet sein.

> **Sicherheitshinweis**
> Beim Aufbocken des Fahrzeugs besteht Unfallgefahr! Deshalb vorher das Kapitel »Fahrzeug aufbocken« durchlesen.

- Fahrzeug hinten aufbocken, die Hinterräder müssen vom Boden abheben.

- Handbremshebel 4 Rasten weit anziehen.

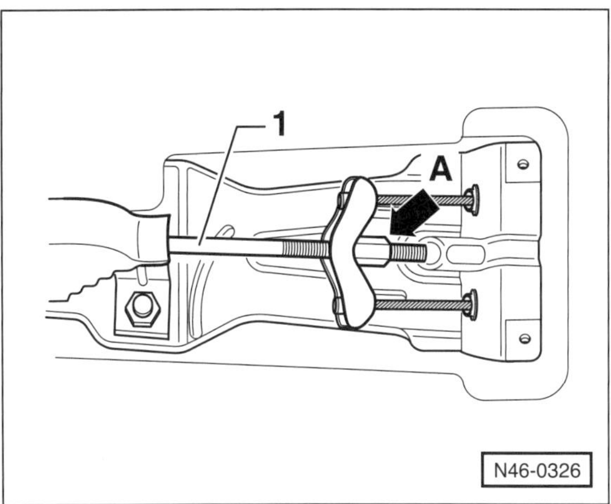

- Nachstellmutter –A– so weit anziehen, bis sich beide Hinterräder nur schwer von Hand durchdrehen lassen. Die Nachstellmutter –A– muss über das Ende der Zugstange –1– geschraubt sein.
- Handbremse lösen und prüfen, ob sich beide Hinterräder frei durchdrehen lassen. Wenn nötig, Nachstellmutter etwas zurückdrehen.
- Fahrzeug ablassen.
- Mittelkonsole einbauen, siehe Seite 260.

Bremslichtschalter aus- und einbauen

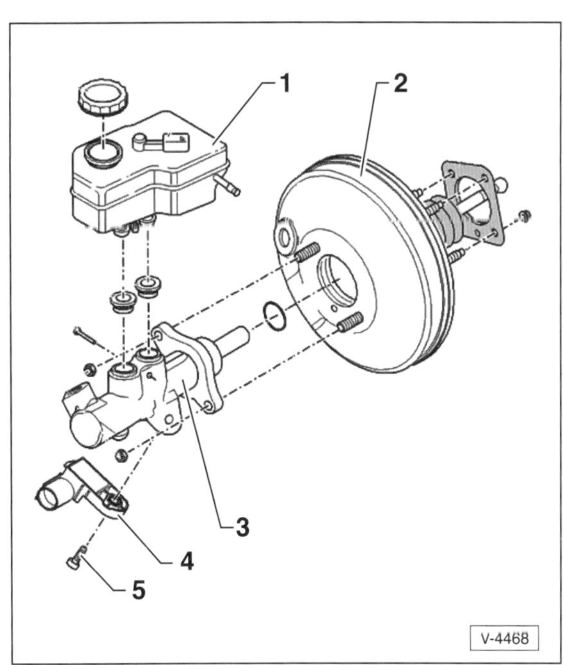

1 – Bremsflüssigkeits-Vorratsbehälter

2 – Bremskraftverstärker

3 – Hauptbremszylinder

4 – Bremslichtschalter

5 – Torx-Schraube, 7 Nm

Der Bremslichtschalter –4– sitzt unten am Hauptbremszylinder –3–. Im Gehäuse des Bremslichtschalters befinden sich zwei redundant arbeitende Hallsensoren. Das heißt, falls ein Sensor ausfällt, wird dessen Aufgabe durch den zweiten Sensor übernommen. Die Signale der beiden Hallsensoren werden dem Motorsteuergerät zu Verfügung gestellt. Außerdem dienen sie dem ABS/EDS-Steuergerät als Signalgeber für den Beginn eines Bremsvorganges.

Ausbau

- Alle außer 1,4-l-Motor: Luftfiltergehäuse ausbauen, siehe Seite 241.

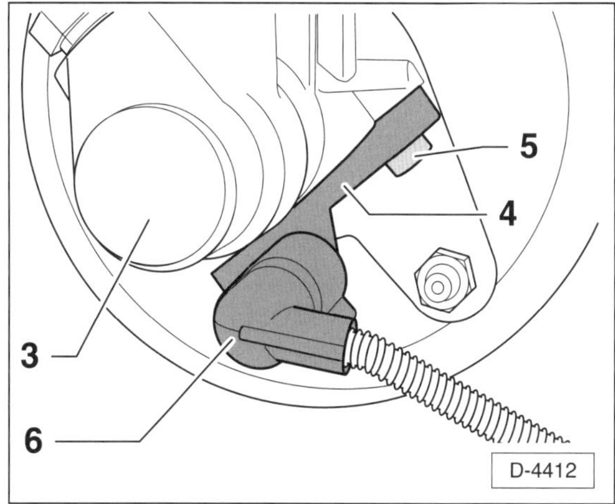

- Stecker –6– vom Bremslichtschalter –4– abziehen.
- Torx-Schraube –5– herausdrehen.
- Bremslichtschalter –4– vom Hauptbremszylinder –3– abziehen und dann aus der Rastnase am Hauptbremszylinder herausnehmen.

Einbau

- Der Einbau erfolgt in umgekehrter Einbaureihenfolge. Bremslichtschalter mit **7 Nm** anschrauben.

Hinterrad-Radlager/Radnabe

Trommelbremse

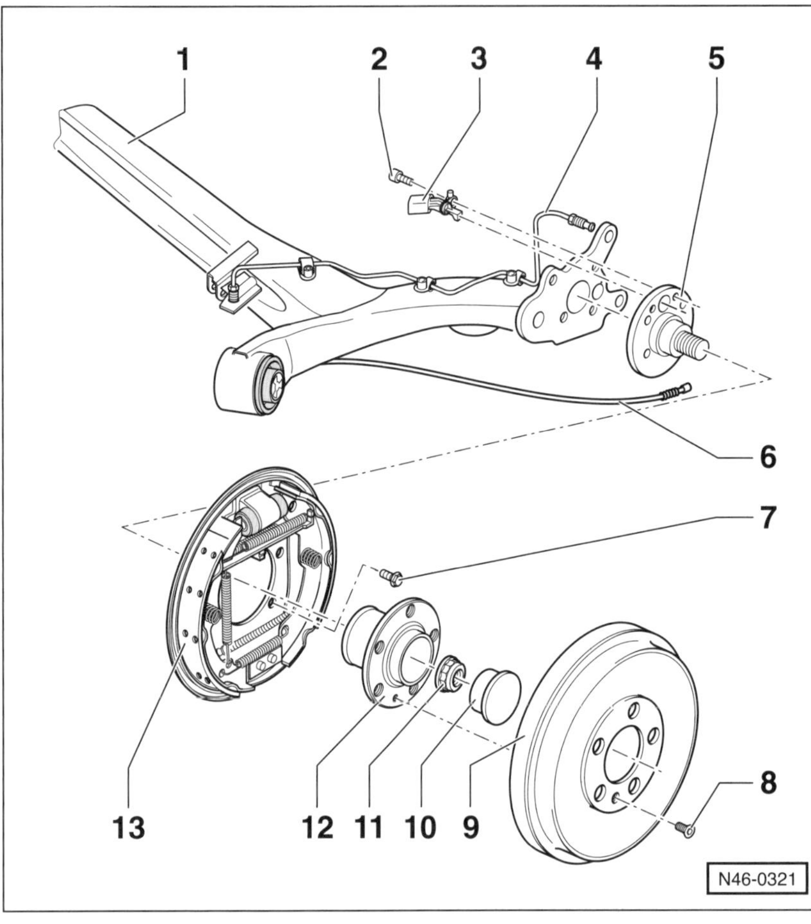

1 – **Achskörper**

2 – **Innensechskantschraube, 8 Nm**

3 – **Drehzahlfühler ABS**
Vor dem Einsetzen des Fühlers die Innenfläche der Bohrung reinigen und mit Hochtemperaturfett, zum Beispiel Keramikpaste von Liqui Moly oder VW-G.052.112.A3, bestreichen.

4 – **Bremsleitung, 14 Nm**

5 – **Achszapfen**

6 – **Handbremsseil**

7 – **Sechskantschraube, 30 Nm + 90°**

8 – **Torx-Schraube, 4 Nm**

9 – **Bremstrommel**
Vor dem Ausbau Bremsbacken zurückstellen. Bremstrommel sorgfältig reinigen, auf Verschleiß, Beschädigung, Maßhaltigkeit und einwandfreie Bremsfläche prüfen.

10 – **Kappe**

11 – **Zwölfkant-Nabenmutter, 70 Nm + 30°**
Selbstsichernd, daher nach jeder Montage ersetzen.

12 – **Radnabe mit Radlager**

13 – **Bremsträger mit Bremsbacken**
Vor dem Ausbau der Bremstrommel, Bremsbacken zurückstellen.

Störungsdiagnose Bremse

Störung	Ursache	Abhilfe
Leerweg des Bremspedals zu groß.	Ein Bremskreis ausgefallen.	■ Bremskreise auf Flüssigkeitsverlust prüfen.
Bremspedal lässt sich weit und federnd durchtreten.	Luft im Bremssystem.	■ Bremse entlüften.
	Zu wenig Bremsflüssigkeit im Ausgleichbehälter.	■ Neue Bremsflüssigkeit nachfüllen. Bremse entlüften.
	Dampfblasenbildung. Tritt meist nach starker Beanspruchung auf, z. B. Passabfahrt.	■ Bremsflüssigkeit wechseln. Bremse entlüften.
Bremswirkung lässt nach, und Bremspedal lässt sich durchtreten.	Undichte Leitung.	■ Leitungsanschlüsse nachziehen oder Leitung erneuern.
	Beschädigte Manschette im Haupt- oder Radbremszylinder.	■ Manschette erneuern. Beim Hauptbremszylinder Innenteile ersetzen (Werkstatt), gegebenenfalls Hauptbremszylinder ersetzen oder Radbremszylinder überholen lassen.

Störung	Ursache	Abhilfe
Schlechte Bremswirkung trotz hohen Fußdrucks.	Bremsbeläge verölt.	■ Bremsbeläge erneuern.
	Ungeeigneter oder verhärteter Bremsbelag.	■ Beläge erneuern. Nur vom Automobilhersteller freigegebene Bremsbeläge verwenden.
	Bremsbeläge abgenutzt.	■ Bremsbeläge erneuern.
	Bremskraftverstärker defekt, Unterdruckleitung porös, defekt.	■ Bremskraftverstärker und Unterdruckleitung prüfen.
Bremse zieht einseitig.	Unvorschriftsmäßiger Reifendruck. Bereifung ungleichmäßig abgefahren.	■ Reifendruck prüfen und berichtigen. Abgefahrene Reifen ersetzen.
	Bremsbeläge verölt.	■ Bremsbeläge erneuern.
	Verschiedene Bremsbelagsorten auf einer Achse.	■ Beläge erneuern. Nur vom Automobilhersteller freigegebene Bremsbeläge verwenden.
	Speziell bei Scheibenbremse:	
	Verschmutzte Bremssattelschächte.	■ Sitz- und Führungsflächen der Bremsbeläge im Bremssattel reinigen.
	Korrosion in den Bremssattelzylindern.	■ Bremssattel erneuern.
	Bremsbelag ungleichmäßig verschlissen.	■ Bremsbeläge erneuern (an beiden Rädern), Bremssättel auf Leichtgängigkeit prüfen.
	Speziell bei Trommelbremse:	
	Kolben in den Radbremszylindern schwergängig.	■ Radbremszylinder instand setzen oder erneuern.
Bremse zieht von selbst an.	Hauptbremszylinder defekt.	■ Hauptbremszylinder ersetzen.
Bremsen erhitzen sich während der Fahrt.	Bremse schwergängig.	■ Bewegliche Teile der Bremse schmieren. Bremssattel überholen lassen (Werkstattarbeit).
	Handbremsseil schwergängig.	■ Seil schmieren oder erneuern.
	Bremsschlauch innen aufgequollen, dicht.	■ Bremsschlauch erneuern.
	Speziell bei Scheibenbremse:	
	Korrosion in den Bremsattelzylindern.	■ Bremsattel erneuern.
	Speziell bei Trommelbremse:	
	Bremsbacken-Rückzugfedern erlahmt.	■ Rückzugfedern erneuern.
Bremsen rattern.	Ungeeigneter Bremsbelag.	■ Beläge erneuern. Nur vom Automobilhersteller freigegebene Bremsbeläge verwenden.
	Speziell bei Scheibenbremse:	
	Bremsscheibe stellenweise korrodiert.	■ Scheibe mit Schleifklötzen sorgfältig glätten.
	Bremsscheibe hat Seitenschlag.	■ Scheibe nacharbeiten oder ersetzen.
	Speziell bei Trommelbremse:	
	Bremsbeläge verschlissen.	■ Beläge erneuern.
	Bremstrommel unrund.	■ Bremstrommel ersetzen.
Räder lassen sich schwer von Hand drehen.	**Speziell bei Scheibenbremse:** Bremsbeläge lösen sich nicht von der Bremsscheibe, Korrosion in den Bremssattelzylindern.	■ Bremssattel überholen, eventuell austauschen.
	Speziell bei Trommelbremse:	
	Bremsbacken lösen sich nicht von der Bremstrommel, Rückholfeder gebrochen oder abgesprungen.	■ Neue Rückholfeder einbauen.

Störung	Ursache	Abhilfe
Ungleichmäßiger Belag-Verschleiß.	**Speziell bei Scheibenbremse:**	
	Ungeeigneter Bremsbelag.	■ Beläge erneuern.
	Bremssattel verschmutzt.	■ Bremssattelschächte reinigen.
	Bremssattel klemmt.	■ Führungsbuchsen und -stifte gangbar machen.
	Kolben nicht leichtgängig.	■ Kolben gangbar machen (Werkstattarbeit).
	Bremssystem undicht.	■ Bremssystem auf Dichtigkeit prüfen.
Keilförmiger Bremsbelag-Verschleiß.	**Speziell bei Scheibenbremse:**	
	Bremsscheibe läuft nicht parallel zum Bremssattel.	■ Anlagefläche des Bremssattels prüfen.
	Korrosion in den Bremssätteln.	■ Verschmutzung beseitigen.
Bremse quietscht.	Oft auf atmosphärische Einflüsse (Luftfeuchtigkeit) zurückzuführen.	■ Keine Abhilfe erforderlich, wenn Quietschen nach längerem Stillstand des Wagens bei hoher Luftfeuchtigkeit auftritt, sich dann aber nach den ersten Bremsungen nicht wiederholt.
	Speziell bei Scheibenbremse:	
	Ungeeigneter Bremsbelag.	■ Beläge erneuern. Rückenplatte mit Anti-Quietsch-Paste bestreichen.
	Bremsscheibe läuft nicht parallel zum Bremssattel.	■ Anlagefläche des Bremssattels prüfen.
	Verschmutzte Schächte im Bremssattel.	■ Bremssattelschächte reinigen.
	Speziell bei Trommelbremse:	
	Ungeeigneter Bremsbelag oder Belag liegt nicht satt auf.	■ Beläge erneuern. Nur vom Automobilhersteller freigegebene Bremsbeläge verwenden.
	Bremse verschmutzt.	■ Bremsen reinigen.
	Rückholfedern zu schwach, gebrochen oder abgesprungen.	■ Rückholfedern erneuern.
Bremse pulsiert.	ABS bei Vollbremsung in Funktion.	■ Normal, keine Abhilfe.
	Speziell bei Scheibenbremse:	
	Seitenschlag oder Dickentoleranz der Bremsscheibe zu groß.	■ Schlag und Toleranz prüfen. Scheibe nacharbeiten oder ersetzen.
	Bremsscheibe läuft nicht parallel zum Bremssattel.	■ Anlagefläche des Bremssattels prüfen.
	Speziell bei Trommelbremse:	
	Anlagefläche der Felge an der Bremstrommel nicht plan, dadurch Verzug der Bremstrommel.	■ Es kann versucht werden, die Felgen untereinander auszutauschen. Gegebenenfalls Felgen ersetzen.
ABS-Kontrollleuchte leuchtet während der Fahrt.	Betriebsspannung zu niedrig (unter ca. 10 Volt).	■ Batteriespannung prüfen. Prüfen, ob Kontrolllampe für Generator nach dem Motorstart erlischt, andernfalls Keilrippenriemen und Generator prüfen.
		■ Hinweise zu ABS/EBV/EDS beachten.
	ABS-Anlage defekt.	■ ABS-Anlage in der Fachwerkstatt prüfen lassen.
Wirkung der Handbremse nicht ausreichend.	Leerweg des Handbremshebels zu groß.	■ Handbremse einstellen.
	Bowdenzüge korrodiert.	■ Neuteile einbauen.

Motor-Mechanik

Aus dem Inhalt:

- Motor-Steuertrieb
- Zylinderkopf
- Keilriemen wechseln
- Motor-Schmierung
- Das richtige Motoröl
- Motor-Kühlung
- Kühlmittel wechseln
- Frostschutz prüfen
- Kühlerausbau

Hinweis zum Aus- und Einbau von Zahnriemen, Zylinderkopf, Steuerkette

Das Auswechseln dieser Bauteile ist so komplex, dass ich davon abrate, die Arbeiten selbst durchzuführen. Aus diesem Grund habe ich die einzelnen Arbeitsschritte auch nicht beschrieben. In den folgenden Kapiteln sind nur einige wichtige Hinweise aufgeführt, die bei der Überprüfung beziehungsweise bei der Montage dieser Bauteile auf jeden Fall beachtet werden müssen.

Motorabdeckung oben aus- und einbauen

Achtung: Motorabdeckung auf einer weichen, sauberen Unterlage ablegen, damit sie nicht zerkratzt wird. Beim Einbau nicht mit der Faust oder einem Werkzeug auf die Motorabdeckung schlagen.

1,6-l-Dieselmotor

Ausbau

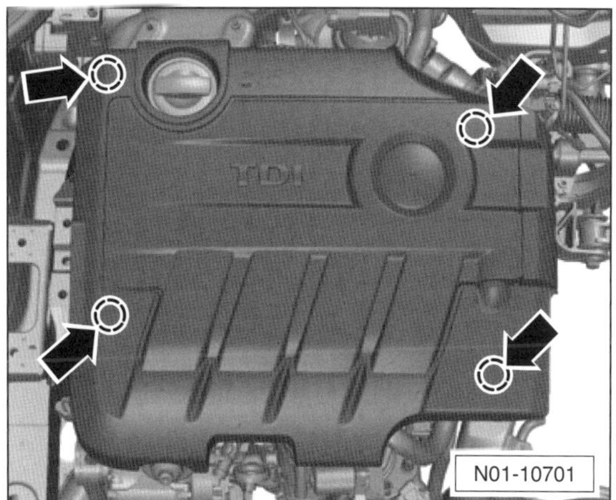

- Motorabdeckung an den Befestigungspunkten –Pfeile– ausrasten, etwas anheben und nach oben abnehmen.

Einbau

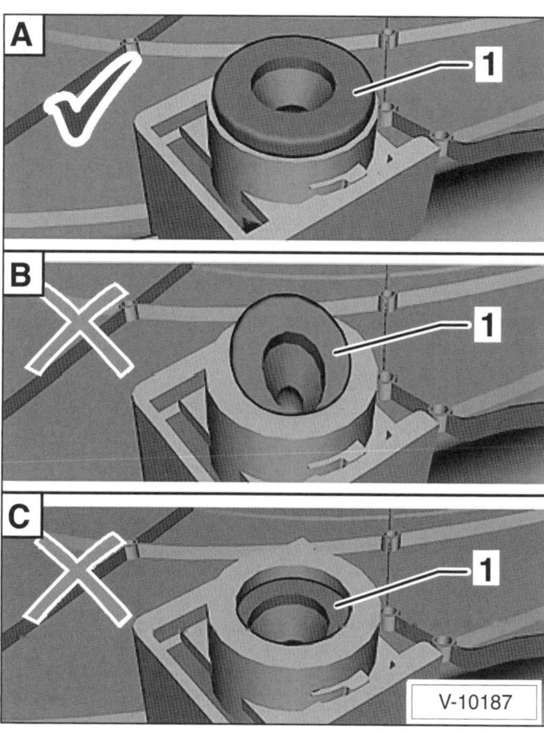

- Vor dem Einbau der Motorabdeckung unbedingt korrekte Einbaulage –A– der Kugelpfannen –1– prüfen. Gegebenenfalls Kugelpfannen aus Position –B– und –C– in Position –A– drücken.
- Motorabdeckung über den Befestigungspunkten ansetzen, an den Ecken nach unten drücken und einrasten.

1,2-l-Dieselmotor 55 kW

Ausbau

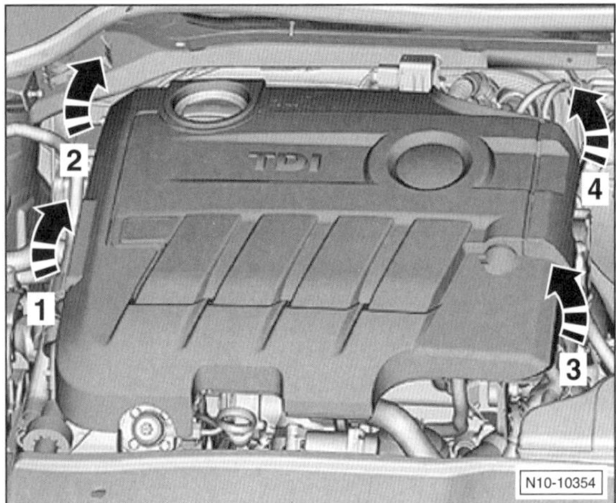

- Motorabdeckung in der Reihenfolge von –1– bis –4– in Pfeilrichtung nach oben ziehen und ausclipsen. Dabei so weit wie möglich unter die Motorabdeckung greifen. **Achtung:** Die Halter für die Motorabdeckung können leicht abbrechen, deshalb vorsichtig vorgehen.

Einbau

- Vor dem Einbau der Motorabdeckung unbedingt korrekte Einbaulage –A– der Kugelpfannen –1– prüfen. Gegebenenfalls Kugelpfannen aus Position –B– und –C– in Position –A– drücken, siehe Abbildung V-10187 auf Seite 195.
- Motorabdeckung auf die Befestigungspunkte setzen und an den Ecken nach unten drücken und einrasten.

1,4-l-Dieselmotor

Ausbau

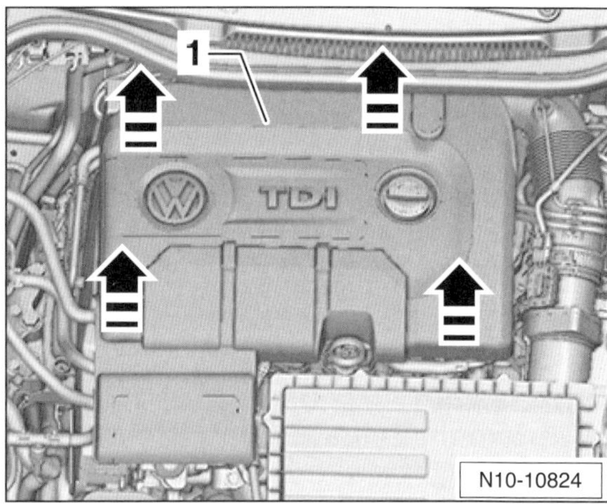

- Motorabdeckung vorsichtig nacheinander von den Haltebolzen abziehen –Pfeile–. **Achtung:** Motorabdeckung nicht ruckartig oder einseitig abziehen.

Einbau

- Motorabdeckung an den Befestigungspunkten aufsetzen, dabei am Öleinfüllstutzen und am Ölmessstab orientieren,
- Motorabdeckung zuerst an der linken Seite, dann an der rechten Seite nach unten in die Gummitüllen drücken und spürbar einrasten.

1,2-/1,4-l-Benzinmotor 44/51/63 kW

Ausbau

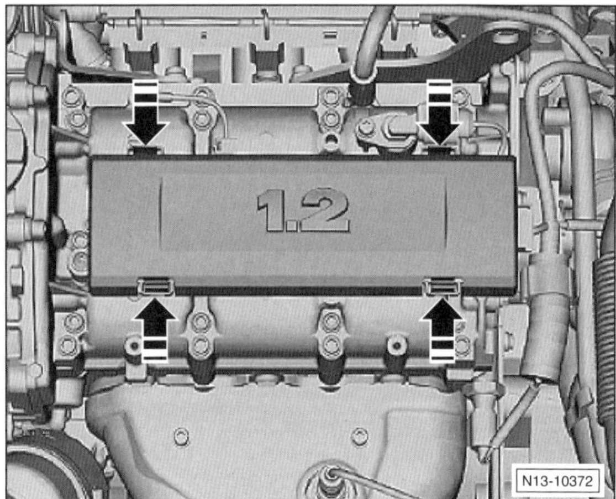

- Rasthaken in Pfeilrichtung drücken und ausclipsen.
- Abdeckung nach oben abnehmen.

Einbau

- Abdeckung aufsetzen und einclipsen.

1,4-l-TSI-Benzinmotor 103/132 kW

Ausbau

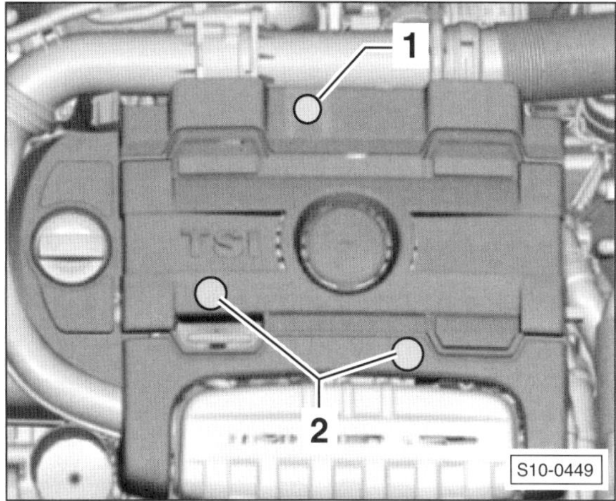

- Motorabdeckung an den vorderen Befestigungspunkten –2– ruckartig nach oben ziehen und ausclipsen. Dabei so weit wie möglich unter die Motorabdeckung greifen.
- Danach Motorabdeckung nach vorn von der hinteren Befestigung –1– abziehen

Einbau

- Vor dem Einbau der Motorabdeckung unbedingt korrekte Einbaulage –A– der Kugelpfannen –1– prüfen. Gegebenenfalls Kugelpfannen aus Position –B– und –C– in Position –A– drücken, siehe Abbildung V-10187 auf Seite 195.

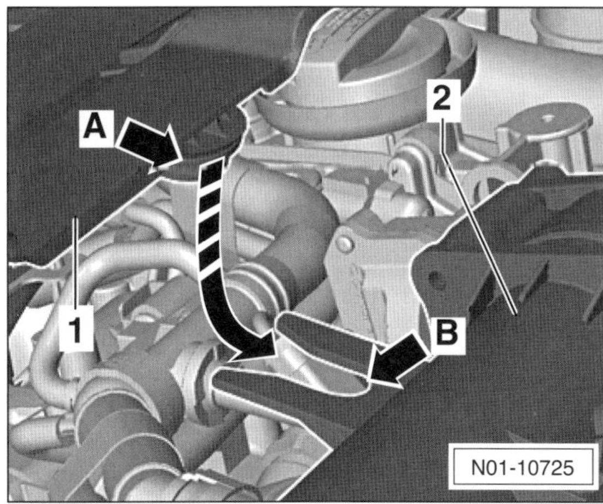

- Motorabdeckung –1– mit der Lasche –Pfeil A– am Befestigungspunkt –2– in den Halter –Pfeil B– in Pfeilrichtung einschieben.
- Motorabdeckung auf die vorderen Befestigungspunkte aufsetzen, nach unten drücken und spürbar einrasten.

1,8-l-TSI-Benzinmotor

Ausbau

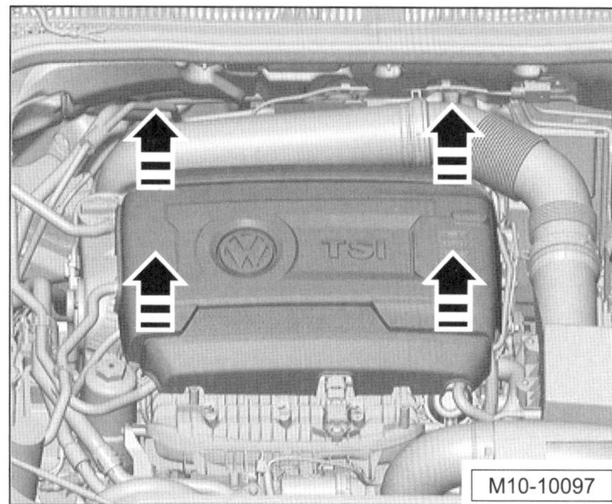

- Motorabdeckung vorsichtig nacheinander von den Haltebolzen abziehen –Pfeile–. **Achtung:** Motorabdeckung nicht ruckartig oder einseitig abziehen.

Einbau

- Motorabdeckung an den Befestigungspunkten aufsetzen, dabei am Öleinfüllstutzen und am Ölmessstab orientieren,
- Motorabdeckung zuerst an der linken Seite, dann an der rechten Seite nach unten in die Gummitüllen drücken und spürbar einrasten.

2,0-l-Benzinmotor

Ausbau

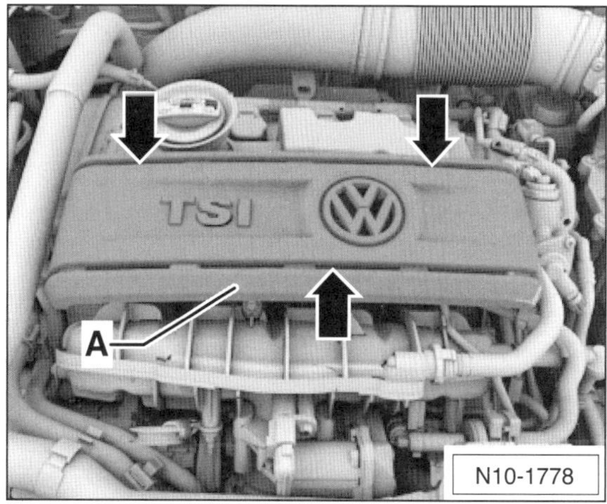

- Motorabdeckung –A– vorsichtig nach oben von den Haltebolzen abziehen –Pfeile–. **Achtung:** Motorabdeckung nicht ruckartig oder einseitig abziehen.

Einbau

- Motorabdeckung an den Befestigungspunkten aufsetzen und nach unten in die Gummitüllen drücken und spürbar einrasten.

1,2-l-Benzinmotor 44/51 kW (60/70 PS)

Den **Dreizylinder-1,2-l-Benzinmotor** gibt es in 2 Leistungsstufen mit 44 und 51 kW. Die Leistungsunterschiede ergeben sich durch unterschiedliche Software des Motormanagements. Beim 2-Ventil-Motor CHFA ist die Nockenwelle je zur Hälfte im Zylinderkopfdeckel und im Zylinderkopf gelagert. Beim 4-Ventil-Motor sind die Einlass- und die Auslassnockenwelle im Nockenwellengehäuse gelagert. Die Lagerung erfolgt mit 4 Lagerbrücken, die mit dem Nockenwellengehäuse verschraubt sind. Die Ventile werden durch die Nockenwelle(n) über Rollenschlepphebel und hydraulische Abstützelemente betätigt, wobei die Abstützelemente jegliches Ventilspiel ausgleichen. Der Antrieb der Nockenwelle(n) erfolgt durch die Kurbelwelle über eine wartungsfreie Steuerkette.

Motorsteuerung

1,2-l-Benzinmotor CGPB/CGPA mit 44/51 kW

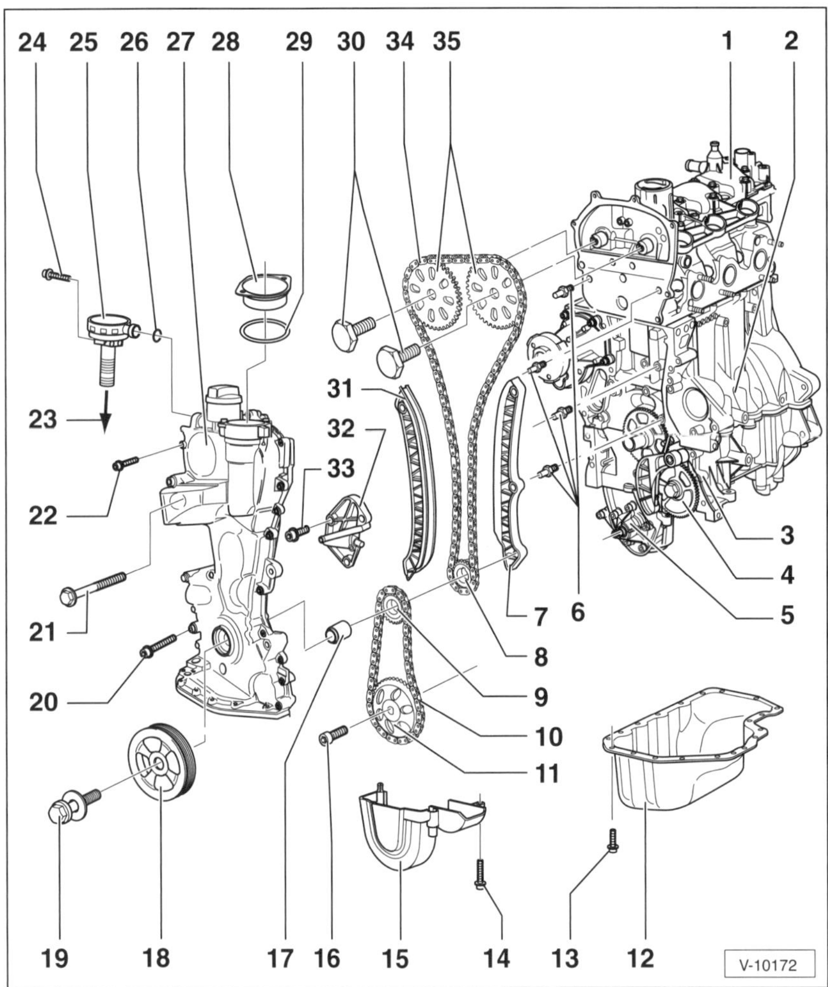

1 – **Zylinderkopf mit Nockenwellengehäuse**
Dichtfläche darf nicht bearbeitet werden. Nockenwellenlager sind integriert. Vor dem Auflegen mit VW-D 154 103 A1 bestreichen. Zum Einbau senkrecht von oben mit den Passstiften in die Bohrungen des Zylinderkopfes einsetzen.

2 – **Motorblock**
2-teilig. – **Achtung:** Verbindungsschrauben dürfen **nicht** gelöst werden. Schon das Lösen führt zu Verformungen der Lagerstühle des Motorblocks. **Falls die Lagerdeckel-Schrauben gelöst wurden, muss der Motorblock komplett mit der Kurbelwelle ersetzt werden.**

3 – **Ausgleichswelle**

4 – **Zahnrad**
Für Ausgleichswelle. Darf nicht ausgebaut werden.

5 – **Ölpumpe**
Nur komplett ersetzen.

6 – **Führungsbolzen, 20 Nm**

7 – **Gleitschiene**
Für Rollenkette.

8 – **Kettenrad**
Für Kurbelwelle.

9 – **Kettenrad**
Für Ölpumpen-Antrieb.

10 – **Rollenkette**
Vor dem Ausbau die Laufrichtung (Einbaulage) kennzeichnen.

11 – **Kettenrad**
Für Ölpumpe.

12 – **Ölwanne**
Vor der Montage Dichtfläche sorgfältig reinigen. Mit Silikon-Dichtmittel VW-D 176 404 A2 einbauen. Dichtmittelraupe von 2 bis 3 mm. Nach Dichtmittelauftrag innerhalb von 5 Minuten einbauen. Nach der Montage Dichtmittel ca. 30 Minuten aushärten lassen, bevor Motoröl eingefüllt wird.

13 – **Schraube, 9 Nm**

14 – **Schraube, 9 Nm**

15 – **Abdeckung**
Für Ölpumpen-Kettenrad.

16 – **Schraube, 20 Nm + 90° (¼ Umdr.)**

17 – **Lagerbuchse**
Mit O-Ring (ohne Abbildung).

18 – **Kurbelwellen-Riemenscheibe**

19 – **Schraube, 90 Nm + 90° (¼ Umdr.)**
Immer ersetzen. Schraube geölt einsetzen. Beim Festziehen Riemenscheibe mit VW-3415 oder handelsüblichem Gegenhalter arretieren.

20 – **Schraube, 25 Nm**

21 – **Schraube, 50 Nm**

22 – **Schraube, 10 Nm**

23 – **zum Saugrohr**

24 – **Schraube, 10 Nm**

25 – **Ölabscheider**
Mit Unterdruckventil

26 – **O-Ring**
Bei Beschädigung ersetzen.

27 – **Steuergehäuse**
Mit Dichtmittel VW-D 174 003 A2 einbauen. Es empfiehlt sich beim Einbau zur besseren Führung 2 Stehbolzen M6x75 in Zylinderkopf und Motorblock einzuschrauben sowie die Ölwanne mit 2 Schrauben anzusetzen.

28 – **Abdeckung**

29 – **O-Ring**
Bei Beschädigung ersetzen.

30 – **Schrauben, 50 Nm + 90° (¼ Umdr.)**

31 – **Spannschiene**

32 – **Kettenspanner**

33 – **Schraube, 9 Nm**

34 – **Rollenkette**

35 – **Kettenrad**
Für Nockenwelle.

Zylinderkopf

1,2-l-Benzinmotor CGPB/CGPA mit 44/51 kW

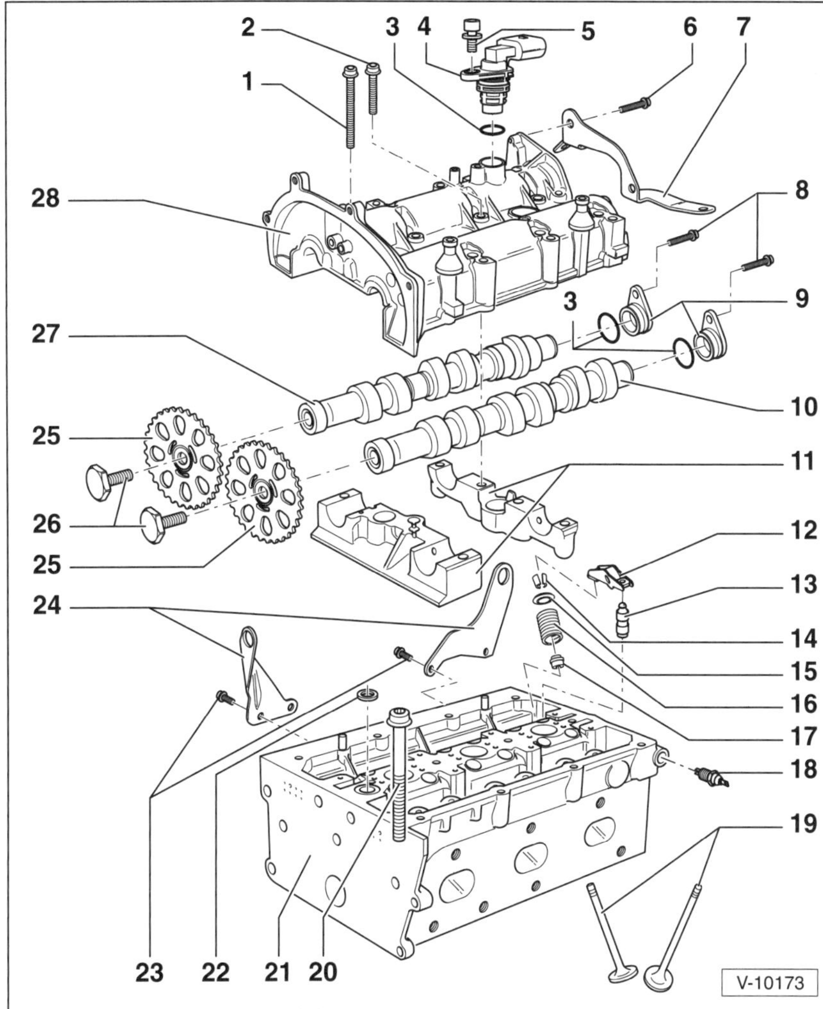

1/2 – Schraube[1], 10 Nm + 90° (¼ U.)
Über Kreuz von innen nach außen anziehen.

3 – O-Ring

4 – Hallgeber

5 – Schraube, 8 Nm

6 – Schraube, 10 Nm

7 – Halter
Für Leitungsstrang.

8 – Schrauben, 10 Nm

9 – Verschlussdeckel

10 – Auslass-Nockenwelle

11 – Lagerdeckel Nockenwellen

12 – Rollenschlepphebel
Lauffläche ölen. Beim Einbau mit der Sicherungsklammer auf Abstützelement aufclipsen.

13 – Abstützelement
Nicht vertauschen. Lauffläche ölen.

14 – Kegelstücke

15 – Ventilteller

16 – Ventilfeder

17 – Ventilschaftabdichtung

18 – Öldruckschalter 0,3-0,7 bar, 25 Nm

19 – Ventile

20 – Zylinderkopfschraube[1], 30 Nm + 90° + 90°

21 – Zylinderkopf
Nacharbeitsmaß: 108,25 mm.

22 – Dichtring
Sieb bei Verschmutzung reinigen.

23 – Schraube, 20 Nm

24 – Aufhängeöse

25 – Kettenrad

26 – Schrauben[1], 50 Nm + 90° (¼ U.)

27 – Einlass-Nockenwelle

28 – Nockenwellengehäuse
Einbau, siehe Position –1– in Abbildung V-10172.

28 – Schraube[2], 15 Nm

[1]) Immer ersetzen.

Einbauhinweise:

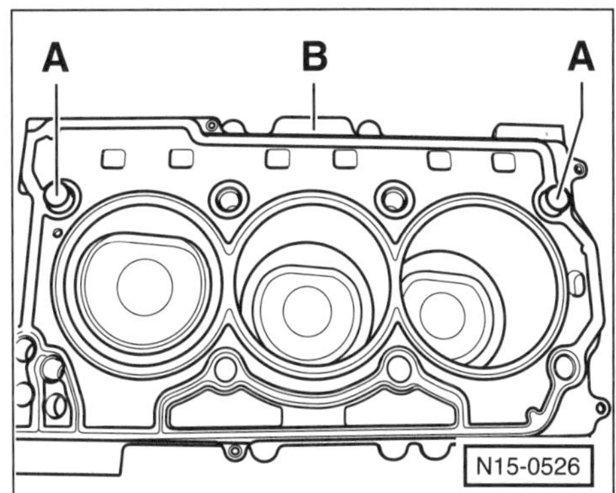

- Zylinderkopfdichtung auf die Zentrierbuchsen –A– auflegen. Die Beschriftung (Ersatzteilnummer) –B– muss nach oben zeigen und lesbar sein.
- Zylinderkopf aufsetzen, 8 Zylinderkopfschrauben hineindrehen und handfest anziehen.

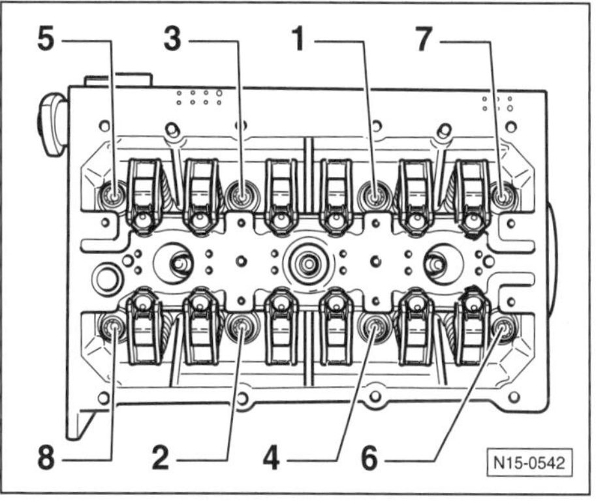

- Zylinderkopfschrauben in 3 Stufen anziehen. Schrauben in jeder Stufe in der Reihenfolge von 1 bis 8 anziehen.

1. Stufe: mit Drehmomentschlüssel **30 Nm.**

2. Stufe: **90° (¼ Umdrehung)** mit **starrem** Schlüssel ohne abzusetzen weiterdrehen.

3. Stufe: **90° (¼ Umdrehung)** mit **starrem** Schlüssel ohne abzusetzen weiterdrehen.

1,4-l-Benzinmotor 63 kW (85 PS)

Beim **1,4-l-Benzinmotor CGGB** sind Motorblock und Zylinderkopf aus Aluminiumguss gefertigt.

Die im Zylinderkopf untergebrachten Nockenwellen betätigen die 4 Ventile pro Zylinder über Rollenschlepphebel. Durch die nadelgelagerten Rollen in den Schlepphebeln wird der Nockenhub besonders reibungsarm auf den Ventilschaft übertragen. Hydraulische Abstützelemente unterhalb der Schlepphebel gleichen jegliches Ventilspiel aus. Die Einlass-Nockenwelle wird von der Motor-Kurbelwelle über den Haupttrieb-Zahnriemen angetrieben und treibt ihrerseits durch einen Koppeltrieb-Zahnriemen die Auslass-Nockenwelle an.

Der Alu-Motorblock verfügt über eingegossene Zylinderlaufbuchsen aus Grauguss. Im unteren Teil des Motorblocks ist die Kurbelwelle über 5 Kurbelwellenlager angeschraubt. **Diese Verschraubungen dürfen nicht gelöst werden, sonst muss der komplette Motorblock mitsamt der Kurbelwelle ersetzt werden.** Die Kühlmittelpumpe sitzt vorn im Motorblock und wird durch den Zahnriemen angetrieben. Die Zahnrad-Ölpumpe wird durch einen Mitnehmerzapfen von der Kurbelwelle angetrieben.

Zahnriementrieb

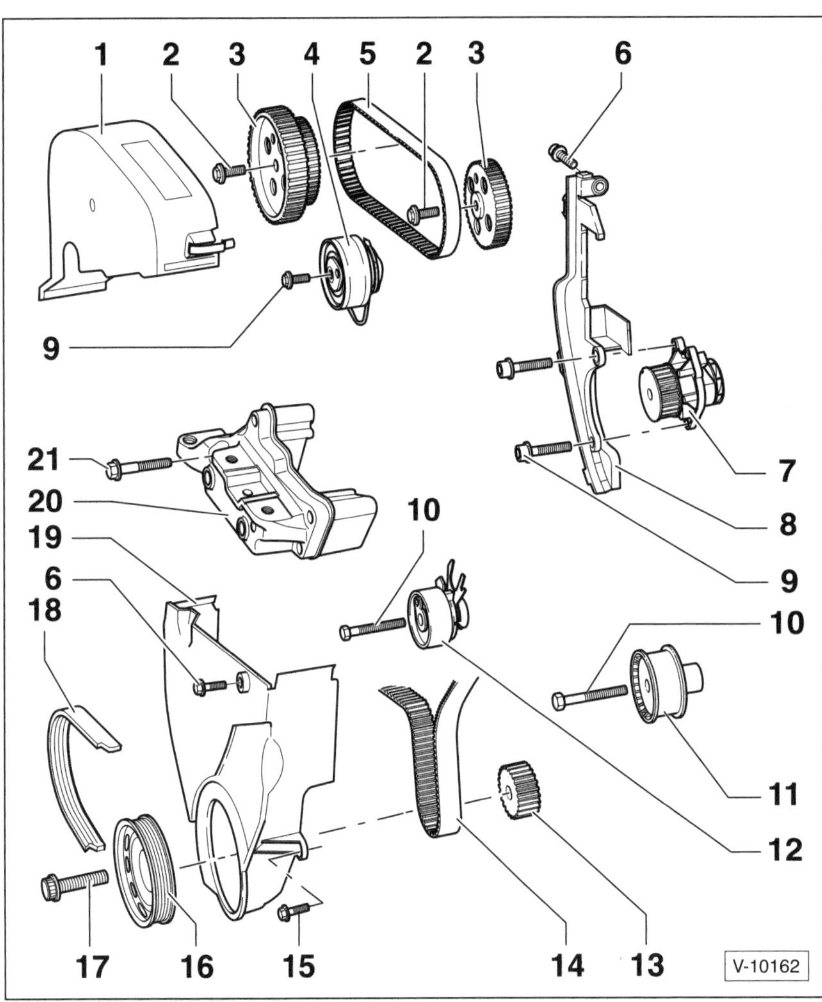

1 – **Zahnriemen-Abdeckung oben**

2 – **Schraube *, 20 Nm + 90° (¼ Umdrehung)**
Zum Lösen und Anziehen wird das Absteckwerkzeug VW-T10016 benötigt.

3 – **Nockenwellenrad**
Die Fixierbohrungen in den Nockenwellenrädern müssen mit den Passbohrungen im Nockenwellengehäuse fluchten.

4 – **Koppeltrieb-Spannrolle**

5 – **Koppeltrieb-Zahnriemen**
Vor dem Ausbau Laufrichtung auf dem Riemen kennzeichnen. Auf Verschleiß prüfen, nicht knicken.

6 – **Schraube, 10 Nm**

7 – **Kühlmittelpumpe**
Bei Beschädigungen und Undichtigkeiten komplett ersetzen.

8 – **Zahnriemen-Abdeckung hinten**

9 – **Schraube, 20 Nm**

10 – **Schraube, 50 Nm**

11 – **Umlenkrolle für Haupttrieb-Zahnriemen**

12 – **Haupttrieb-Spannrolle**

13 – **Kurbelwellen-Zahnriemenrad**
OT-Stellung: Der abgeschrägte Zahn muss mit der Markierung auf dem Ölpumpengehäuse übereinstimmen.

14 – **Haupttrieb-Zahnriemen**
Vor dem Ausbau Laufrichtung auf dem Riemen kennzeichnen. Auf Verschleiß prüfen, nicht knicken.

15 – **Schraube *, 12 Nm**

16 – **Kurbelwellen-Riemenscheibe**
Bei der Montage Fixierung beachten. Beim Einbau wird zum Festhalten der Riemenscheibe der Gegenhalter VW-3415 benötigt.

17 – **Schraube**
Achtung: Es können 2 unterschiedliche Schrauben eingebaut sein. Schraube nach dem Ausbau grundsätzlich ersetzen.
Achtung: Die Anpressflächen zwischen Riemenscheibe und Befestigungsschraube müssen öl- und fettfrei sein. Schraube mit geöltem Gewinde einsetzen.
Anzugsdrehmomente:
Schraube 1, erkennbar am massiven Schraubenkopf: **90 Nm + 90°** (¼ Umdrehung).
Schraube 2, erkennbar am angebohrten Schraubenkopf: **150 Nm + 180°** (½ Umdrehung).
Das Weiterdrehen der Schraube kann in mehreren Stufen erfolgen. Der Weiterdrehwinkel kann mit einer handelsüblichen Winkelmessscheibe, zum Beispiel HAZET 6690, gemessen werden.

18 – **Keilrippenriemen**
Vor dem Ausbau Laufrichtung auf dem Riemen kennzeichnen. Auf Verschleiß prüfen, nicht knicken.

19 – **Zahnriemen-Abdeckung unten**

20 – **Motorhalter**
Hinweis. Der Motorhalter im POLO kann von der Darstellung abweichen.

21 – **Schraube *, 50 Nm**

---

*) Nach jeder Demontage ersetzen.

Zylinderkopf

1,4-l-Benzinmotor CGGB mit 63 kW

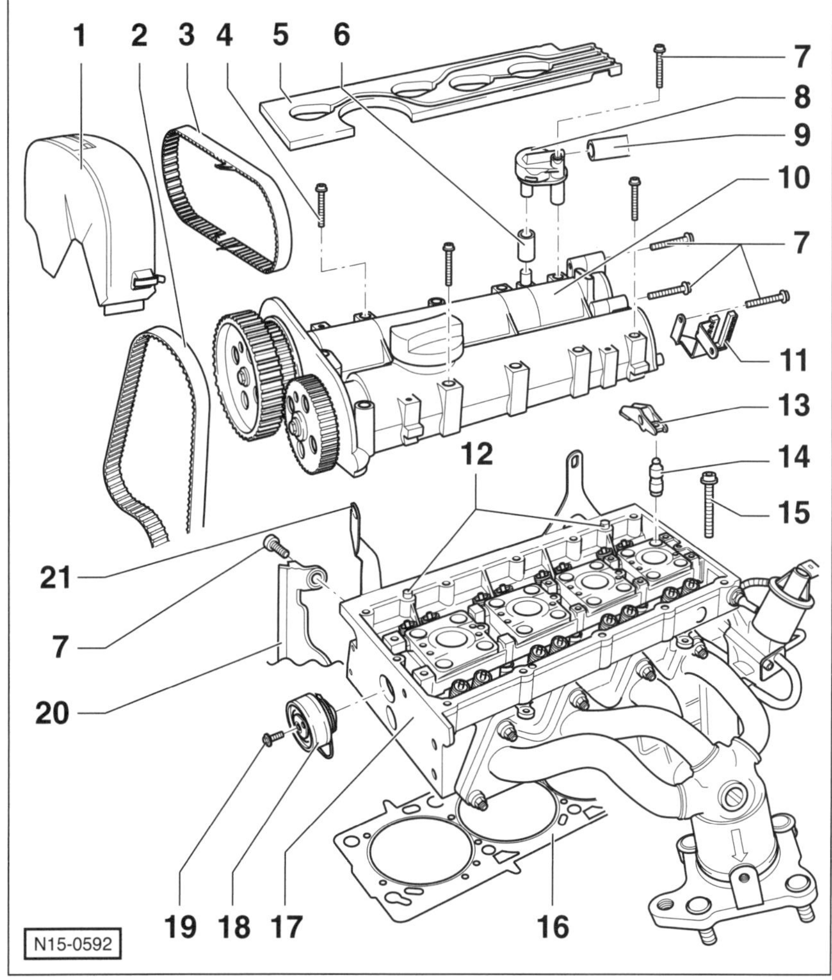

1 – **Zahnriemen-Abdeckung oben**

2 – **Haupttrieb-Zahnriemen**

3 – **Koppeltrieb-Zahnriemen**

4 – **Schraube, 10 Nm + 90° (¼ Umdr.)**
Immer ersetzen.
Von außen nach innen anziehen.

5 – **Zündleitungsführung, 5 Nm**
Weicht beim Motor CGGB von der Darstellung ab.

6 – **Verbindungsschlauch**
Beim Motor CGGB nicht vorhanden.

7 – **Schrauben, 10 Nm**

8 – **Rückschlagventil**

9 – **Schlauch zum Luftfilter**

10 – **Nockenwellengehäuse**
Alte Dichtmittelreste entfernen. Vor dem Auflegen mit Dichtmittel VW-D 188 003 A1 bestreichen, siehe Abbildung N15-0075. Beim Einbau vorsichtig senkrecht von oben auf die Stehbolzen und Passstifte aufsetzen.

11 – **Halter**

12 – **Passstifte**

13 – **Rollenschlepphebel**
Rollenlager auf leichten Lauf prüfen. Lauffläche ölen. Zur Montage mit der Sicherungsklammer auf das Abstützelement aufclipsen.

14 – **Abstützelement**
Beim Einbau nicht vertauschen. Mit hydraulischem Ventilspielausgleich. Lauffläche ölen.

15 – **Zylinderkopfschraube**
Immer ersetzen.

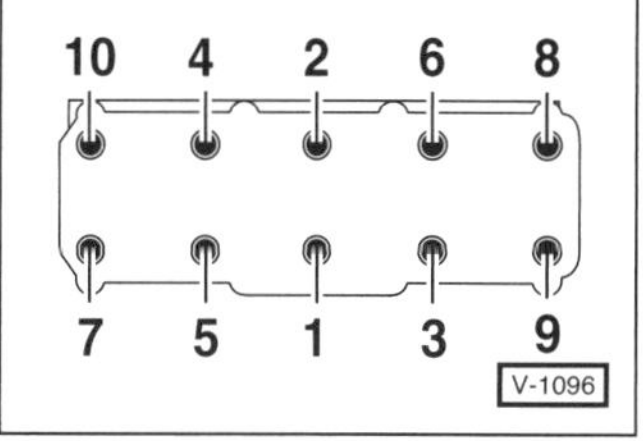

Zylinderkopfschrauben in 3 Stufen anziehen. In jeder Stufe die Reihenfolge von 1 bis 10 einhalten.

1. Stufe. . . . . . . 30 Nm
2. Stufe. . . . . . . 90° (¼ Umdr.)
3. Stufe. . . . . . . 90° (¼ Umdr.)

16 – **Zylinderkopfdichtung**
Immer ersetzen. Nach dem Ersetzen das gesamte Kühlmittel wechseln.

17 – **Zylinderkopf**

18 – **Koppeltrieb-Spannrolle**

19 – **Schraube, 20 Nm**

20 – **Zahnriemen-Abdeckung hinten**

21 – **Aufhängeöse**

Nockenwellengehäuse abdichten

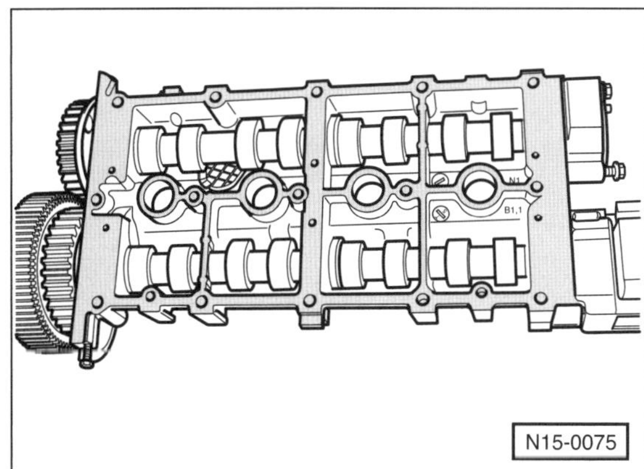

- Dichtmittel auf die saubere Dichtfläche –gerasterte Fläche– des Nockenwellengehäuses **dünn** und gleichmäßig auftragen. **Achtung:** Zu dick aufgetragenes Dichtmittel kann in die Ölbohrungen gelangen und dadurch Motorschäden verursachen.

1,2-/1,6-l-Dieselmotor

Der **4-Ventil-Dieselmotor** hat einen Aluminium-Zylinderkopf mit 2 Auslass- und 2 Einlassventilen je Zylinder. Die Ventile sind senkrecht stehend angeordnet und werden von 2 obenliegenden Nockenwellen über Rollenschlepphebel betätigt. Die Schlepphebel stützen sich auf hydraulische Ausgleichselemente, die jegliches Ventilspiel ausgleichen.

Die Einlass-Nockenwelle wird über einen Zahnriemen von der Motor-Kurbelwelle angetrieben wie auch die Hochdruckpumpe für die Common-Rail-Einspritzung.

Die Einlass-Nockenwelle übernimmt neben der Steuerung der Einlassventile über eine Schrägverzahnung den Antrieb der Auslass-Nockenwelle, die ihrerseits die Vakuumpumpe antreibt. Die Vakuumpumpe ist an der hinteren Stirnseite des Zylinderkopfes angeflanscht und erzeugt den Unterdruck für den Bremskraftverstärker.

Zahnriementrieb

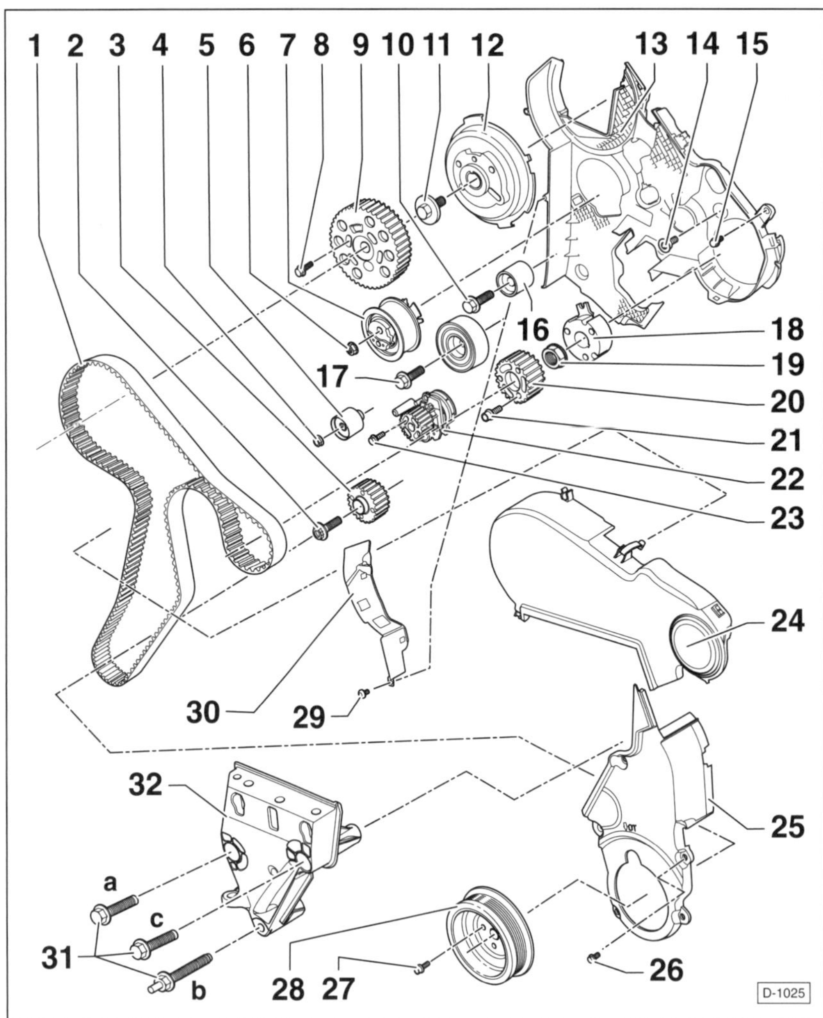

1 – **Zahnriemen**
Vor dem Ausbau Laufrichtung kennzeichnen.
Auf Verschleiß prüfen.
Nicht knicken.

2 – **Schraube*, 120 Nm + 90°**
Zum Lösen und Anziehen den Gegenhalter VW/SKODA-3415 verwenden.
Gewinde und Bund auf keinen Fall zusätzlich ölen oder fetten.
Das Weiterdrehen um 90° kann in mehreren Stufen erfolgen.

3 – **Kurbelwellen-Zahnriemenrad**

4 – **Mutter, 20 Nm**

5 – **Umlenkrolle**

6 – **Mutter*, 20 Nm + 45°**
In 2 Stufen festziehen.

7 – **Spannrolle**
Zum Ausbau muss zuvor der Motorhalter ausgebaut werden.

8 – **Schraube*, 25 Nm + 45°**

9 – **Nockenwellenrad**

10 – **Schraube, 15 Nm**

11 – **Schraube, 100 Nm**
Zum Lösen und Anziehen Gegenhalter VW-T10051 verwenden.

12 – **Nabe für Nockenwelle**
Zum Lösen und Anziehen Gegenhalter VW-T10051, zum Abziehen VW-T10052 verwenden.

13 – **Zahnriemenabdeckung hinten**

14 – **Schraube*, 20 Nm + 45°**

15 – **Schraube*, 10 Nm**

16 – **Umlenkrolle**

17 – **Schraube*, 50 Nm + 90°**
Für Umlenkrolle.
In 2 Stufen festziehen.

18 – **Nabe für Hochdruckpumpe**
Zum Lösen und Anziehen Gegenhalter VW-T10051, zum Abziehen VW-T40064 verwenden.

19 – **Mutter, 95 Nm**

20 – **Zahnriemenrad Hochdruckpumpe**

21 – **Schraube*, 20 Nm + 90°**

22 – **Kühlmittelpumpe**

23 – **Schraube, 15 Nm**

24 – **Zahnriemen-Abdeckung oben**

25 – **Zahnriemen-Abdeckung unten**

26 – **Schraube, 9 Nm**

27 – **Schraube*, 10 Nm + 90°**

28 – **Kurbelwellen-Riemenscheibe/ Schwingungsdämpfer**
Die Montage ist nur in einer Stellung möglich.

29 – **Schraube, 5 Nm**

30 – **Schutzblech**

31 – **Schrauben*, 40 Nm + 180°**
Anzugsreihenfolge: a, b, c.

32 – **Motorhalter**
Hinweis: In der Abbildung ist der Motorhalter des 1,6-l-Motors dargestellt.

---

*) Nach jeder Demontage ersetzen.

Zylinderkopf

1,6-l-Dieselmotor

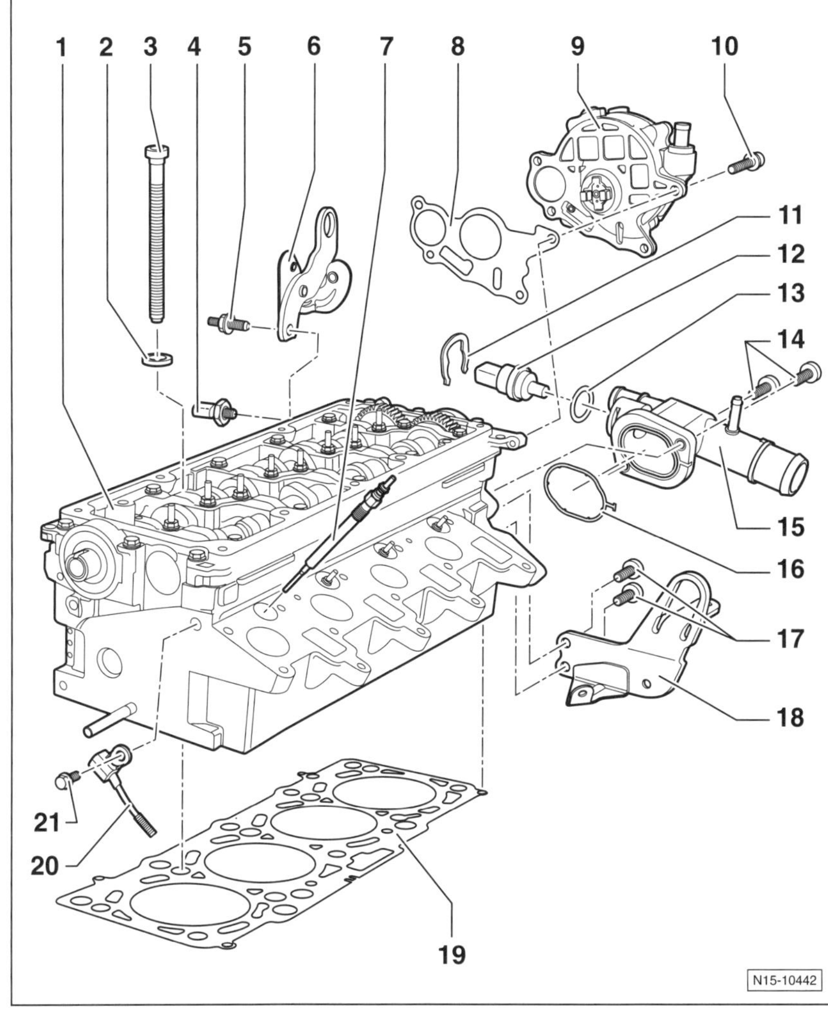

1 – Zylinderkopf
Nach dem Ersetzen das gesamte Kühlmittel erneuern.

2 – Scheibe
Für Zylinderkopfschraube.

3 – Zylinderkopfschraube*
Vor dem Einbau Scheiben –2– in den Zylinderkopf einsetzen.

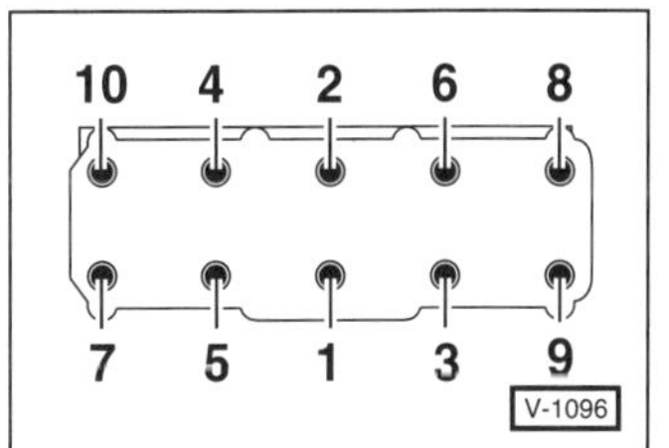

Zylinderkopfschrauben in 4 Stufen anziehen. In jeder Stufe die Reihenfolge von 1 bis 10 einhalten.

1. Stufe. . . . . . . 35 Nm
2. Stufe. . . . . . . 60 Nm
3. Stufe. . . . . . . 90° (¼ Umdr.)
4. Stufe. . . . . . . 90° (¼ Umdr.)

4 – Öldruckschalter, 22 Nm
0,5 bar; Kennzeichnung: grün.
Bei Undichtigkeit Dichtring aufkneifen und ersetzen.

5 – Schraube, 20 Nm

6 – Aufhängeöse

7 – Glühstiftkerze, 18 Nm

8 – Dichtung*

9 – Vakuumpumpe

10 – Schraube, 10 Nm

11 – Klammer

12 – Kühlmitteltemperaturgeber

13 – Dichtring*

14 – Schrauben, 10 Nm

15 – Kühlmittel-Anschlussstutzen

16 – Dichtring

17 – Schrauben, 25 Nm

18 – Aufhängeöse

19 – Zylinderkopfdichtung*
Nach dem Ersetzen das gesamte Kühlmittel erneuern.

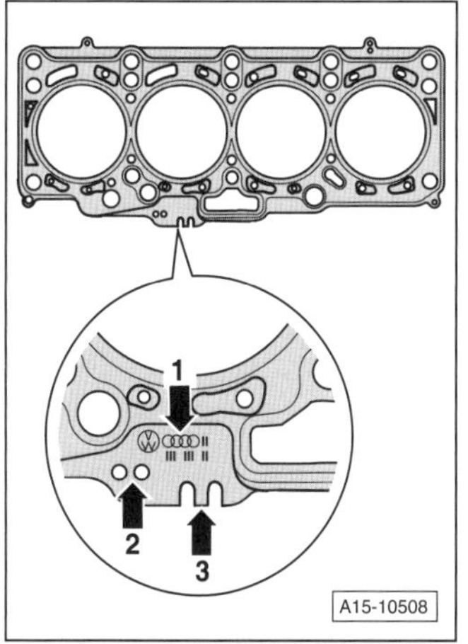

Je nach Kolbenüberstand werden in der Dicke unterschiedliche Zylinderkopfdichtungen eingebaut. Beim Ersetzen der Dichtung muss die neue Dichtung die gleiche Kennzeichnung aufweisen 1 – Ersatzteilnummer, 2 – Löcher, 3 – Kerben (bei manchen Dichtungen nicht mehr vorhanden).

20 – Hallgeber
Für Nockenwellenposition.
Zum Ausbau Zahnriemen nur von den Nockenwellenrädern abnehmen und Umlenkrolle lösen.

21 – Schraube, 10 Nm

---

*) Immer ersetzen.

Zylinderkopf-Anzugsmethode 1,2-l-TDI

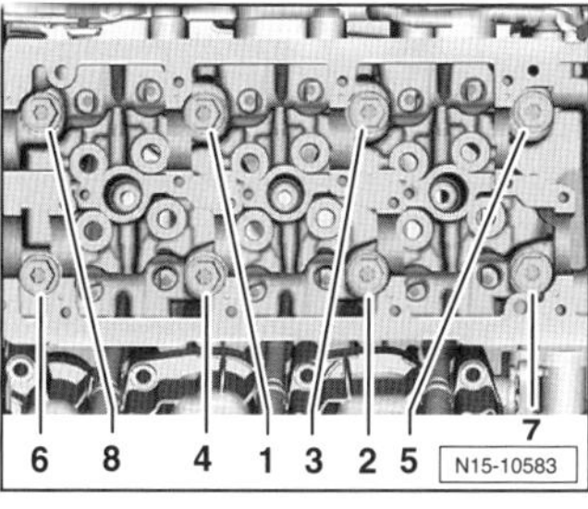

Zylinderkopfschrauben in 4 Stufen anziehen. In jeder Stufe die Reihenfolge von 1 bis 8 einhalten.

1. Stufe . . . . 35 Nm
2. Stufe . . . . 60 Nm
3. Stufe . . . . 90° (¼ Umdr.)
4. Stufe . . . . 90° (¼ Umdr.)

Keilrippenriemen – Detailübersicht

1,2-l-Benzinmotor CGPB/CHFA/CGPA mit 44/51 kW

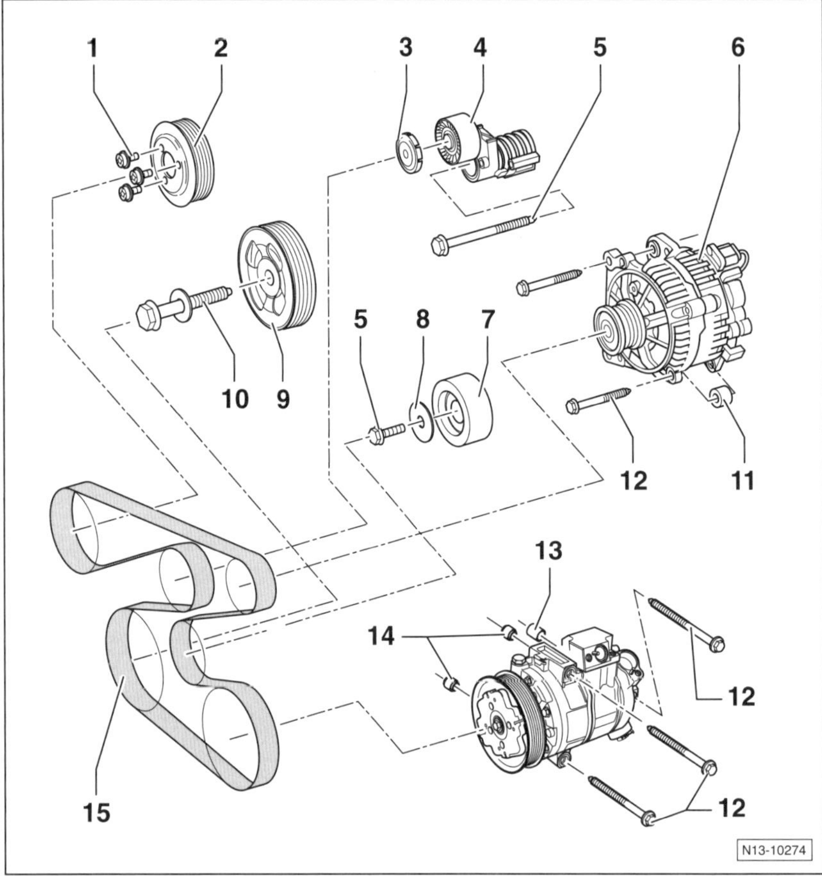

1 – Schraube, 20 Nm

2 – Riemenscheibe
Für Kühlmittelpumpe.

3 – Abdeckung

4 – Spannelement

5 – Schraube, 20 Nm + 90°

6 – Generator

7 – Umlenkrolle

8 – Scheibe

9 – Kurbelwellen-Riemenscheibe
Beim Einbau nicht verkanten.

10 – Schraube, 90 Nm + 90°

11 – Führungshülse

12 – Schrauben, 25 Nm

13 – Führungshülse

14 – Distanzhülse

15 – Keilrippenriemen
Vor dem Ausbau die Laufrichtung markieren.

Keilrippenriemen aus- und einbauen

Der Keilrippenriemen treibt sämtliche Nebenaggregate an. Das sind je nach Ausstattung und Motor: Generator (Lichtmaschine), Kühlmittelpumpe und Klimakompressor. Der Keilrippenriemen wird, außer bei einigen Ausfürungen des Dieselmotors, durch eine Spannrolle gespannt. Die Spannung muss im Rahmen der Wartung nicht geprüft werden

Achtung: Wird der gelaufene Keilrippenriemen wieder eingebaut, vor dem Ausbau Laufrichtung des Keilrippenriemens kennzeichnen. Dazu mit Filz- oder Fettstift auf dem Riemen einen Pfeil in Laufrichtung anbringen. **Der Motor dreht, von der Keilrippenriemenseite aus gesehen, rechtsherum, also im Uhrzeigersinn.** Ein Einbau entgegen der bisherigen Laufrichtung erhöht den Verschleiß des Riemens beziehungsweise kann diesen zerstören.

Nach dem Einbau Motor starten und sichtprüfen, ob der Riemen korrekt auf den Reimenscheiben läuft.

1,0-l-Motor 44/55 kW, ohne Klimalage

Bei Fahrzeugen ohne Klimaanlage wird ein dehnbarer Riemen »Flexi-Belt« verwendet. Der Riementrieb kommt ohne Spannrolle aus.

Ausbau

- Alten Keilrippenriemen durchschneiden und abnehmen.

Einbau

- Neuen Keilrippenriemen mit Hilfswerkzeug auf die Riemenscheiben aufziehen. **Hinweis:** Das Hilfwerkzeug liegt zusammen mit einer Einbauanleitung dem Ersatzteil-Keilrippenriemen bei.

1,0-l-Motor 44/55 kW, *mit* Klimaanlage

Ausbau

- Laufrichtung des Keilrippenriemens mit einem Stift kennzeichnen.

- Kappe der Spannrolle –Pfeil– mit einem Schraubendreher abhebeln.

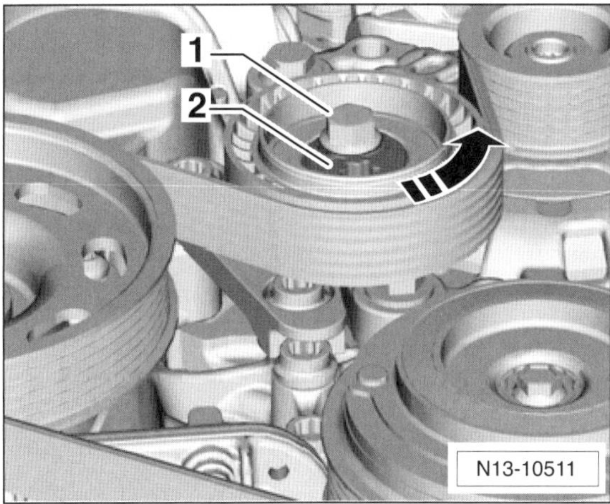

- Befestigungsschraube –1– lösen.
- Spannrolle mit einem Steckeinsatz –2– in Pfeilrichtung über den Totpunkt hinweg drehen.
- Keilrippenriemen abnehmen.

Verlauf des Keilrippenriemens

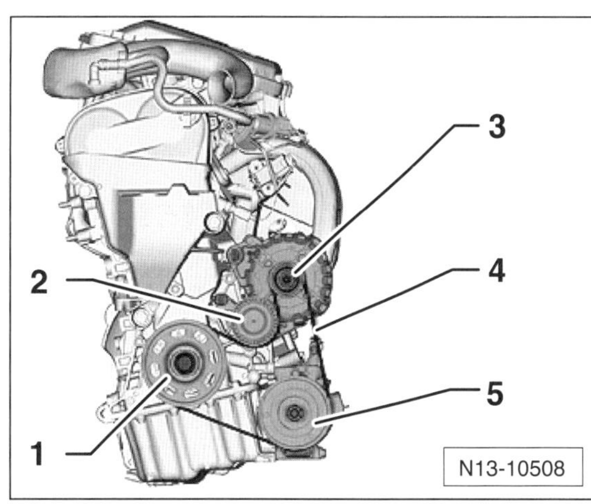

1 – Schwingungsdämpfer/Riemenscheibe für Kurbelwelle
2 – Spannrolle
3 – Riemenscheibe für Drehstromgenerator
4 – Keilrippenriemen
5 – Riemenscheibe für Klimakompressor

Einbau

- Keilrippenriemen auf den Schwingungsdämpfer und die Riemenscheiben des Drehstromgenerators und des Klimakompressors auflegen.
- Spannrolle mit einem Steckeinsatz –2– entgegen der Pfeilrichtung über den Totpunkt hinweg drehen und Riemen auf die Spannrolle schieben, siehe Abbildung N13-10511.
- Spannrolle zurückdrehen und dadurch Riemen spannen. Anschließend korrekten Sitz des Riemens im Schwingungsdämpfer und den Riemenscheiben prüfen.
- Befestigungsschraube –1– mit **30 Nm** festziehen.

1,2-l-Benzinmotor 44/51 kW

Ausbau

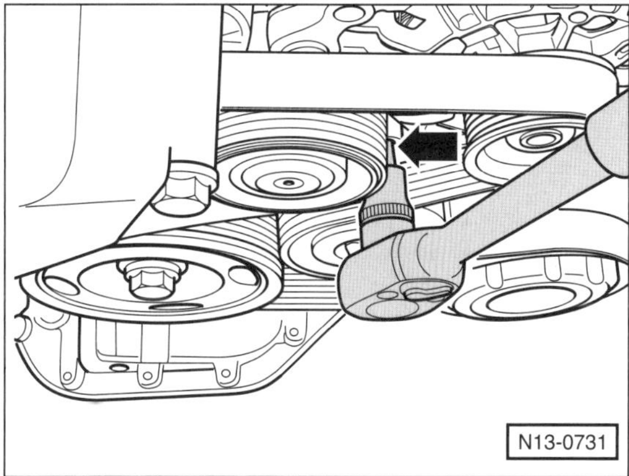

- **Ausführung 1:** Spannelement mit Stecknuss in Pfeilrichtung schwenken, bis die Arretier-Bohrung sichtbar wird. In dieser Stellung einen Sechskantschlüssel oder einen geeigneten Dorn durch die Bohrung stecken und Spannelement sichern.

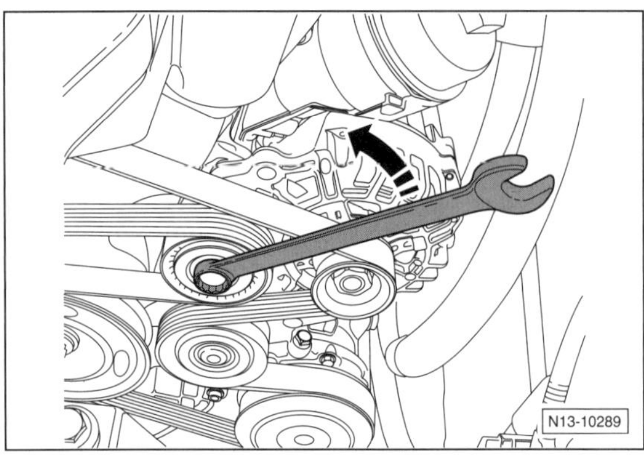

- **Ausführung 2:** Spannrolle mit Ringschlüssel in Pfeilrichtung schwenken, bis die Arretier-Bohrung sichtbar wird. In dieser Stellung einen Sechskantschlüssel oder einen geeigneten Dorn durch die Bohrung stecken und Spannelement sichern.
- Keilrippenriemen abnehmen.

Riemenverlauf ohne Klimakompressor:

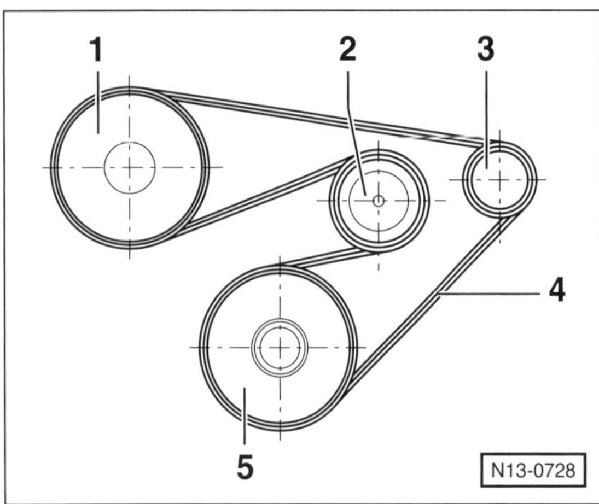

1 – Kühlmittelpumpe
2 – Spannrolle
3 – Generator
4 – Keilrippenriemen
5 – Kurbelwelle

Riemenverlauf mit Klimakompressor:

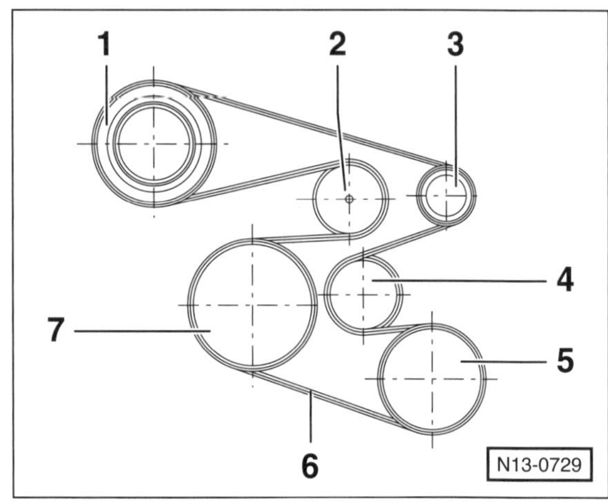

1 – Kühlmittelpumpe
2 – Spannrolle
3 – Generator
4 – Umlenkrolle
5 – Klimakompressor
6 – Keilrippenriemen
7 – Kurbelwelle

Einbau

Achtung: Wird der bisherige Riemen wieder eingebaut, Markierung der Laufrichtung beachten.

- Keilrippenriemen auflegen.
- Spannelement etwas gegen den Uhrzeigersinn schwenken, bis der Arretier-Dorn gelockert ist. Dorn herausziehen und Spannrolle langsam im Uhrzeigersinn drehen, bis der Keilrippenriemen gespannt ist.

1,2-l-TSI-Benzinmotor CBZB

Ausbau

- Abdeckung für Keilrippenriemen ausbauen.

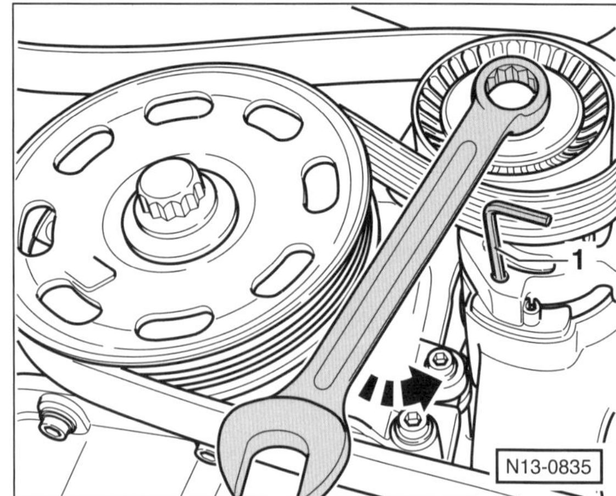

- Spannrolle mit Schraubenschlüssel SW-16 an der Befestigungsschraube im Gegenuhrzeigersinn –Pfeil– schwenken und mit Innensechskantschlüssel SW-4 –1– arretieren.

- Keilrippenriemen abnehmen. Beschädigten Keilrippenriemen umgehend ersetzen.

Riemenverlauf mit Klimakompressor:

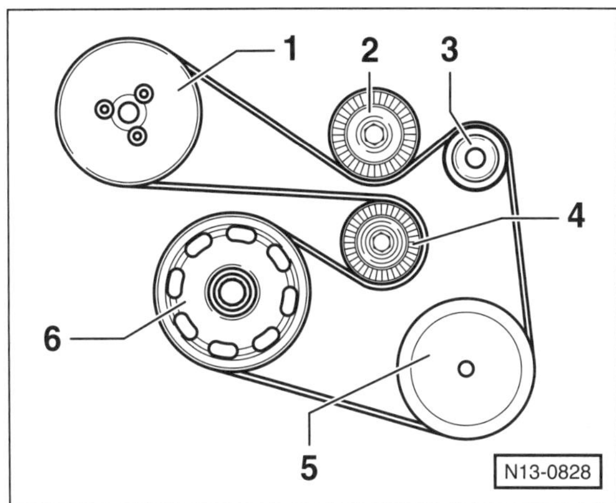

1 – Kühlmittelpumpe
2 – Umlenkrolle
3 – Generator
4 – Spannrolle
5 – Klimakompressor
6 – Kurbelwelle

Riemenverlauf ohne Klimakompressor:

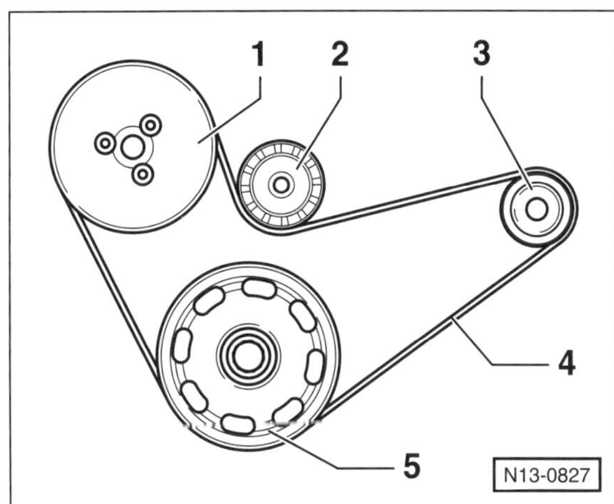

1 – Kühlmittelpumpe
2 – Spannrolle
3 – Generator
4 – Keilrippenriemen
5 – Kurbelwelle

Einbau

- Sicherstellen, dass alle Aggregate, wie Generator oder Klimakompressor, fest montiert sind.
- Keilrippenriemen auflegen, dabei an der Kurbelwellen-Riemenscheibe beginnen und zuletzt auf die Spannrolle auflegen. **Achtung:** Wird der bisherige Riemen wieder eingebaut, Laufrichtung beachten.
- Spannrolle gegen den Uhrzeigersinn schwenken, Arretierstift herausnehmen und Spanner langsam zurückschwenken, siehe Abbildung N13-0835.
- Prüfen, ob der Keilrippenriemen in sämtlichen Riemenscheiben bündig sitzt.
- Abdeckung für Keilrippenriemen einbauen.

1,4-l-Benzinmotor CGGB

Ausbau

- Abdeckung für Keilrippenriemen ausbauen.

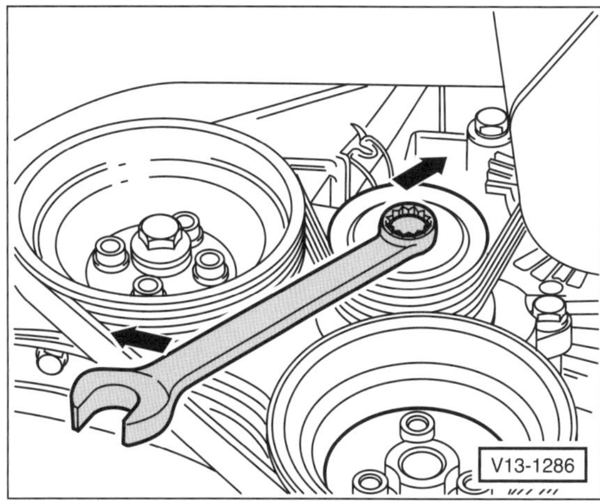

- Spannrolle mit Schraubenschlüssel SW-16 an der Befestigungsschraube im Uhrzeigersinn –Pfeil– schwenken.
- Keilrippenriemen abnehmen. Beschädigten Keilrippenriemen umgehend ersetzen.

Riemenverlauf:

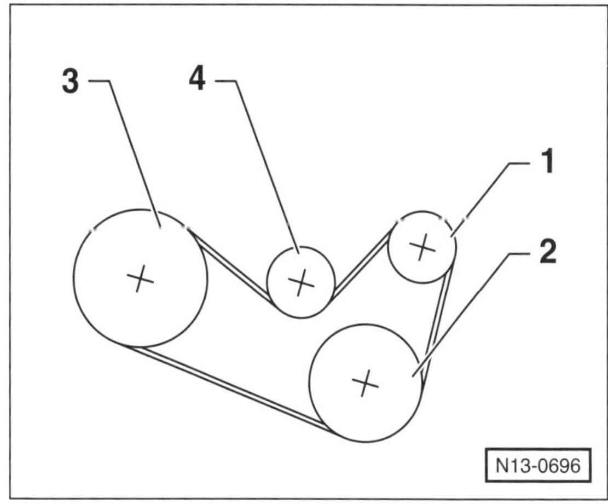

1 – Generator
2 – Klimakompressor
3 – Kurbelwelle
4 – Spannrolle

Einbau

Achtung: Wird der bisherige Riemen wieder eingebaut, Markierung der Laufrichtung beachten.

- Keilrippenriemen auflegen, dabei an der Kurbelwellen-Riemenscheibe beginnen.

- Spannrolle mit Schraubenschlüssel an der Befestigungsschraube im Uhrzeigersinn schwenken und Riemen über die Spannrolle legen, siehe Abbildung V13-1286.
- Prüfen, ob der Keilrippenriemen in sämtlichen Riemenscheiben bündig sitzt.
- Abdeckung für Keilrippenriemen einbauen.

1,0-/1,2-/1,4-l-TSI-Benzinmotor außer 132 kW

Fahrzeuge *ohne* Klimakompressor

Ausbau

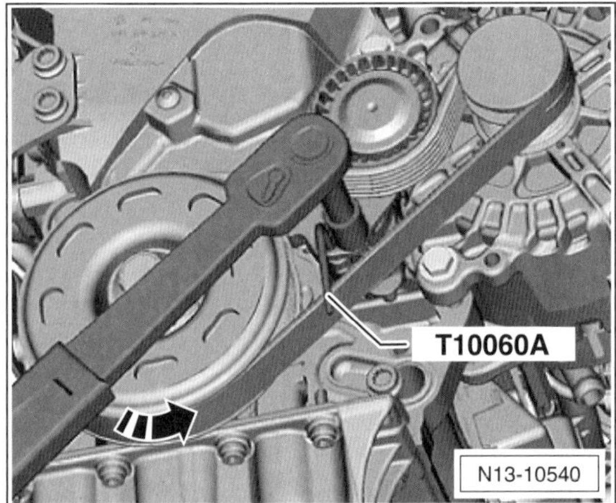

- Spannvorrichtung im Gegenuhrzeigersinn –Pfeilrichtung– drehen und dadurch den Keilrippenriemen entspannen.
- Spannvorrichtung mit Absteckdorn, zum Beispiel VW-T10060 A oder einem geeigneten Bohrer, arretieren.
- Keilrippenriemen abnehmen.

Einbau

- Der Einbau erfolgt in umgekehrter Ausbaureihenfolge, dabei Folgendes beachten:

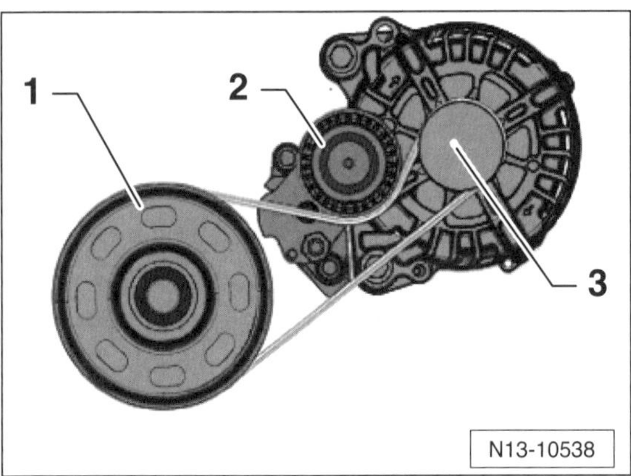

1 – Schwingungsdämpfer
2 – Spannvorrichtung für Keilrippenriemen
3 – Generator

- Keilrippenriemen auflegen, wie in der Abbildung gezeigt.
- Spannvorrichtung etwas im Gegenuhrzeigersinn drehen und Absteckdorn herausziehen.
- Spannvorrichtung langsam entlasten.
- Prüfen, ob der Keilrippenriemen richtig auf den Riemenscheiben liegt.
- Motor starten und sichtprüfen, ob der Keilrippenriemen richtig läuft.

Fahrzeuge mit Klimakompressor

Ausbau

- Spannvorrichtung im Gegenuhrzeigersinn –Pfeilrichtung– drehen und dadurch den Keilrippenriemen entspannen.
- Spannvorrichtung mit Absteckdorn, zum Beispiel VW-T10060 A oder einem geeigneten Bohrer, arretieren.
- Keilrippenriemen abnehmen.

Einbau

- Der Einbau erfolgt in umgekehrter Ausbaureihenfolge, dabei Folgendes beachten:

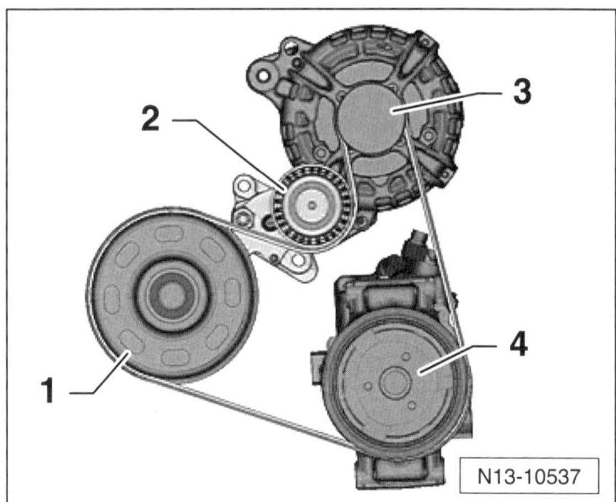

1 – Schwingungsdämpfer
2 – Spannvorrichtung für Keilrippenriemen
3 – Generator
4 – Klimakompressor

- Keilrippenriemen auflegen, wie in der Abbildung gezeigt:

- Spannvorrichtung etwas im Gegenuhrzeigersinn drehen und Absteckdorn herausziehen.
- Spannvorrichtung langsam entlasten.
- Prüfen, ob der Keilrippenriemen richtig auf den Riemenscheiben liegt.
- Motor starten und sichtprüfen, ob der Keilrippenriemen richtig läuft.

1,4-l-TSI-Benzinmotor CAVE/CTHE, 132 kW

Ausbau

- Untere Motorraumabdeckung ausbauen, siehe Seite 278.
- Einfüllstutzen für Scheibenwaschwasser aus der Halterung herausdrücken.
- Laufrichtung auf dem Keilrippenriemen markieren.

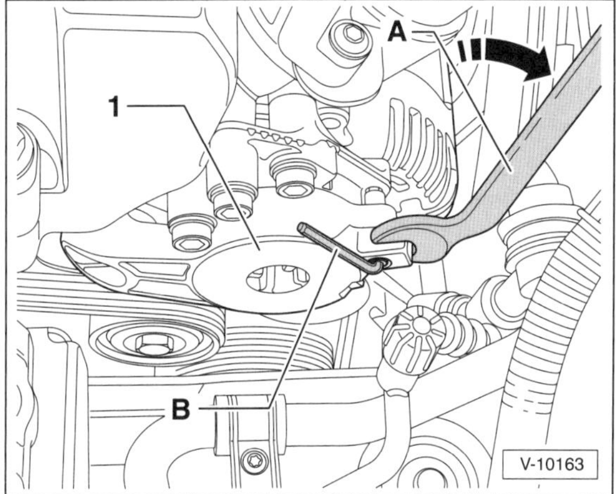

- **Fahrzeuge mit 2 Spannelementen:** Keilrippenriemen am oberen Spannelement entspannen. Dazu Spannelement –1– mit Maulschlüssel SW-16 –A– in Pfeilrichtung drehen und mit einem geeigneten Dorn –B– arretieren. **Hinweis:** In der Abbildung sind die VW-Werkzeuge A = T10241 und B = T10060A dargestellt.
- Keilrippenriemen am unteren Spannelement entspannen. Dazu Spannrolle mit Ringschlüssel SW-16 entgegen dem Uhrzeigersinn schwenken und mit einem 4 mm Innensechskantschlüssel arretieren, siehe Abbildung N13-0835 auf Seite 206.
- Keilrippenriemen –2– abnehmen.

Einbau

Achtung: Wird der bisherige Riemen wieder eingebaut, Markierung der Laufrichtung beachten.

- Keilrippenriemen auflegen, dabei an der Kurbelwellen-Riemenscheibe beginnen und zuletzt auf die obere Spannrolle schieben.
- Der weitere Einbau erfolgt in umgekehrter Ausbaureihenfolge.
- Riementrieb siehe Abbildung N13-0828 auf Seite 207.

Riementrieb für Kompressor des TSI-Motors CAVE/CTHE

Der Kompressor wird durch einen separaten Keilrippenriemen über die Kühlmittelpumpe angetrieben. Dazu befindet sich hinter der Riemenscheibe der Kühlmittelpumpe die Riemenscheibe der Kompressor-Magnetkupplung. Der Keilrippenriemen des Kompressors läuft über diese Riemenscheibe. Entspannt wird der Kompressor-Keilrippenriemen auf die gleiche Weise wie das obere Spannelement des Haupt-Keilrippenriemens.

1,8-l-Benzinmotor

Ausbau

- Untere Motorraumabdeckung ausbauen, siehe Seite 278.

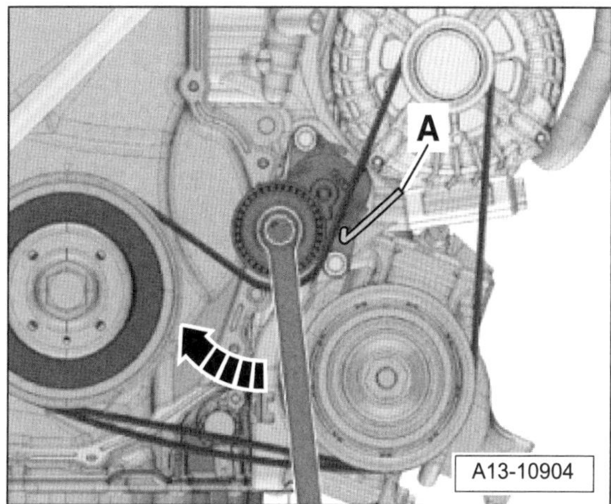

- Spannvorrichtung mit einem Ringschlüssel in Pfeilrichtung drehen und Keilrippenriemen entspannen.
- Spannvorrichtung mit einem Absteckdorn –A–, zum Beispiel mit VW-T10060A oder einem entsprechenden Bohrerschaft, arretieren.
- Keilrippenriemen abnehmen.

Einbau

- Der Einbau erfolgt in umgekehrter Ausbaureihenfolge, dabei Folgendes beachten:

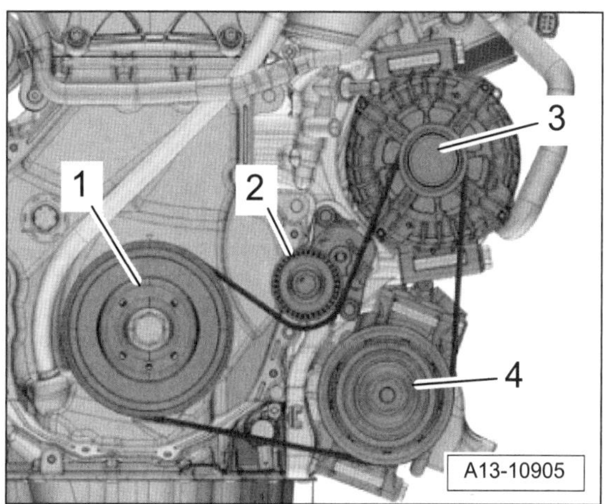

1 – Schwingungsdämpfer **3 – Generator**
2 – Spannvorrichtung **4 – Klimakompressor**

- Keilrippenriemen wie in der Abbildung gezeigt auflegen.
- Spannvorrichtung etwas entgegen der Pfeilrichtung drehen und Absteckdorn herausziehen, siehe Abbildung A13-10904, siehe Seite 209.
- Spannvorrichtung entlasten.
- Prüfen, ob der Keilrippenriemen richtig auf den Riemenscheiben liegt.
- Untere Motorraumabdeckung einbauen, siehe Seite 278.
- Motor starten und sichtprüfen, ob der Keilrippenriemen richtig läuft.

2,0-l-Benzinmotor

Ausbau

- Untere Motorraumabdeckung ausbauen, siehe Seite 278.

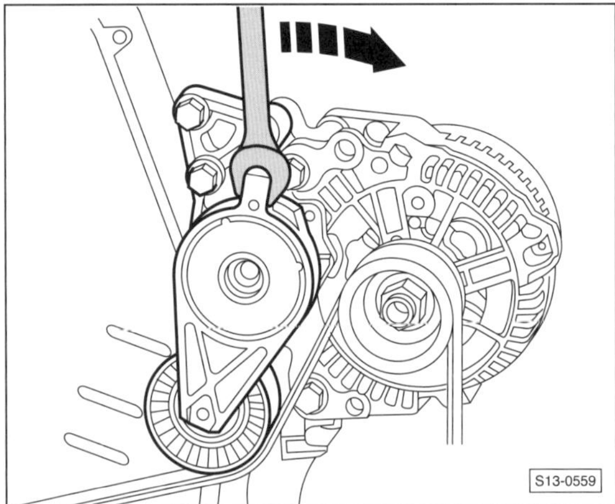

- Keilrippenriemen entspannen. Dazu Maulschlüssel an der oberen Nase des Spannelements ansetzen und in Pfeilrichtung schwenken. Spannvorrichtung mit einem 4-mm-Innensechskantschlüssel arretieren.
- Keilrippenriemen abnehmen.

Einbau

Achtung: Wurden bei ausgebautem Keilrippenriemen Nebenaggregate abgebaut, vor dem Auflegen den festen Sitz der Nebenaggregate prüfen.

Wird der bisherige Riemen wieder eingebaut, Markierung der Laufrichtung beachten.

- Keilrippenriemen auflegen. Dabei an der Kurbelwellen-Riemenscheibe beginnen und zuletzt am Generator auflegen.
- Spannelement etwas im Uhrzeigersinn drehen, Arretierstift herausnehmen und Spannelement zurückdrehen.
- Prüfen, ob der Keilrippenriemen in sämtlichen Riemenscheiben bündig sitzt.
- Untere Motorraumabdeckung einbauen, siehe Seite 278.
- Motor starten und sichtprüfen, ob der Keilrippenriemen richtig läuft.

1,2-/1,6-l-Dieselmotor

Beim Dieselmotor können unterschiedliche Keilrippenriemen eingebaut sein:

1 – **Dehnbarer** Riemen bei Fahrzeugen **ohne** Klimaanlage
2 – **Dehnbarer** Riemen bei Fahrzeugen **mit** Klimaanlage
3 – Keilrippenriemen mit **Spannelement**

Dehnbarer Riemen ohne Spannrolle

Der Riemen kann nach dem Ausbau nicht wiederverwendet werden.

Ausbau

- Untere Motorraumabdeckung ausbauen, siehe Seite 278.
- Rechten Innenkotflügel im vorderen Bereich lösen und zurückklappen, siehe Seite 286.
- **Ohne Klimaanlage:** Keilrippenriemen durchschneiden

Mit Klimaanlage

- Halter für Kältemittelleitungen abschrauben (3 Schrauben).

Achtung: Der **Kältemittelkreislauf der Klimaanlage darf nicht geöffnet** werden, da das Kältemittel bei Hautberührung Erfrierungen hervorrufen kann.

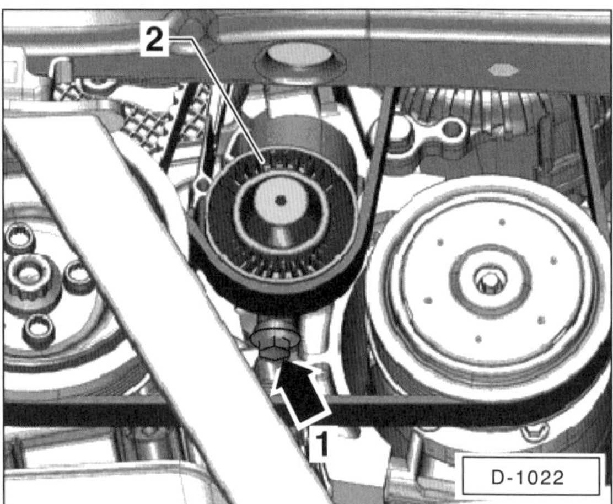

- Kältemittelleitungen vorsichtig zur Seite drücken, damit die Schraube –Pfeil 1– für die Umlenkrolle zugänglich wird.
- Schraube –Pfeil 1– für die Umlenkrolle –2– so weit lösen, bis sich der Keilrippenriemen leicht abnehmen lässt.

Einbau

- **Ohne Klimaanlage:** Neuen Keilrippenriemen mit Hilfswerkzeug auf die Riemenscheiben aufziehen. Das Hilfswerkzeug liegt dem Ersatzteil-Keilrippenriemen bei.

Mit Klimaanlage

- Neuen Keilrippenriemen auf die Riemenscheiben von Kurbelwelle, Generator und Klimakompressor auflegen.
- Führungsflächen der Umlenkrolle mit Festschmierstoffpaste, zum Beispiel VW-G052.751.A1, und einem Pinsel bestreichen.

- Umlenkrolle –2– mit seinem Bolzen in die Führung des Nebenaggregate-Halters einfädeln.
- Schraube –1– für Umlenkrolle –2– bis zur Kopfauflage handfest eindrehen. Dabei spannt sich der Keilrippenriemen etwas.
- Schraube –1– weiterdrehen, bis der Bolzen der Umlenkrolle am Anschlag ist. Dabei spannt sich der Keilrippenriemen weiter.
- Schraube –1– um ¼ **Umdrehung (90°) lösen** und mit **30 Nm** festziehen.
- Anschließend Schraube –1– um **90°** (¼ Umdrehung) weiterdrehen.

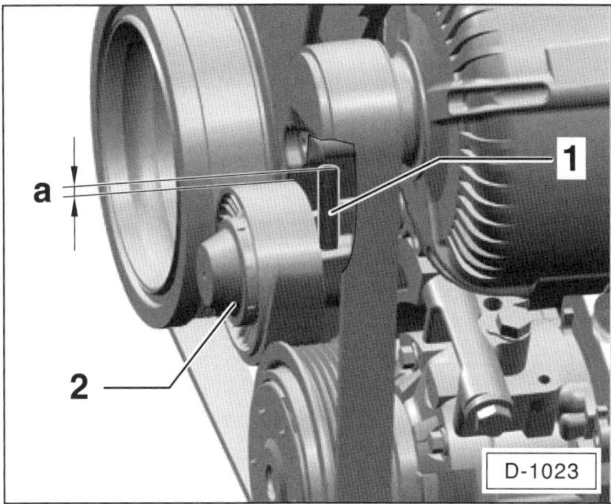

- Prüfen, ob das Ende der Schraube –1–, wie in der Abbildung gezeigt, um das Maß –a– von ca. 2,5 mm über die Lauffläche der Umlenkrolle –2– hinausragt. Dadurch ist sichergestellt, dass der Umlenkrollenbolzen bis in seinen Endanschlag gezogen wurde.
- Getriebe in Leerlaufstellung bringen. Stecknuss an der Zentralschraube der Kurbelwellen-Riemenscheibe ansetzen und Kurbelwelle mindestens eine Umdrehung in Motordrehrichtung, also im Uhrzeigersinn durchdrehen. Dadurch nimmt der Keilrippenriemen seinen richtigen Sitz auf den Riemenscheiben ein.
- Rechten Innenkotflügel einbauen, siehe Seite 286.
- Untere Motorraumabdeckung einbauen, siehe Seite 278.
- Motor starten und korrekten Riemenlauf sichtprüfen.

Keilrippenriemen *mit* Spannrolle

Ausbau

- Untere Motorraumabdeckung ausbauen, siehe Seite 278.
- Laufrichtung auf dem Keilrippenriemen markieren.
- Ladeluftrohr »kalte Seite« ausbauen, siehe Seite 234.

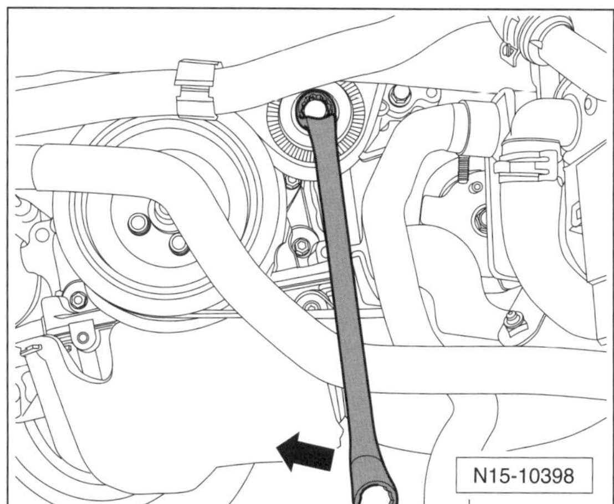

- Spannrolle mit Schraubenschlüssel an der Befestigungsschraube im Uhrzeigersinn –Pfeilrichtung– schwenken, bis die beiden Bohrungen an Spanner und Halter überein stimmen. Spannrolle in dieser Stellung mit einem geeigneten Dorn arretieren, zum Beispiel mit VW-T10060A.
- Keilrippenriemen abnehmen.
- Ein beschädigter Keilrippenriemen muss umgehend ersetzt werden.

Einbau

Achtung: Wird der bisherige Riemen wieder eingebaut, Markierung der Laufrichtung beachten.

- Keilrippenriemen auflegen, dabei an der Kurbelwellen-Riemenscheibe beginnen und Riemen zuletzt an der Spannrolle auflegen.
- Spannrolle mit Schraubenschlüssel an der Befestigungsschraube etwas im Uhrzeigersinn schwenken, Arretierdorn herausnehmen und Spanner langsam zurückschwenken.
- Prüfen, ob der Keilrippenriemen in sämtlichen Riemenscheiben bündig sitzt.
- Ladeluftrohr »kalte Seite« einbauen, siehe Seite 234.
- Untere Motorraumabdeckung einbauen, siehe Seite 278.

Riemenverlauf »mit Klimakompressor« beziehungsweise »mit Spannelement«:

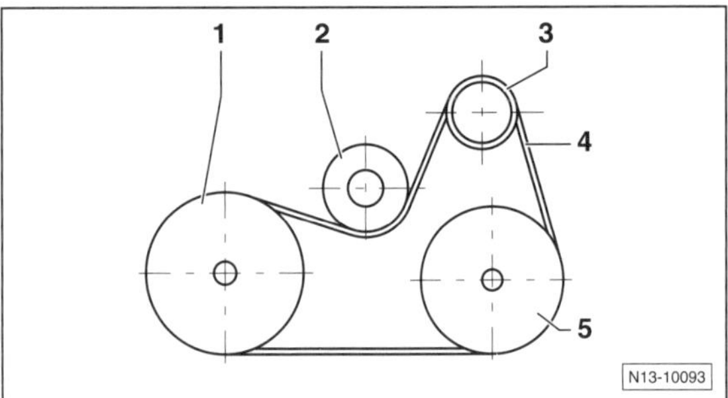

1 – Kurbelwellen-Riemenscheibe
2 – Spannrolle/Umlenkrolle
3 – Generator-/Lichtmaschinen-Riemenscheibe
4 – Keilrippenriemen
5 – Klimakompressor-Riemenscheibe

1,4-l-Dieselmotor

Ausbau

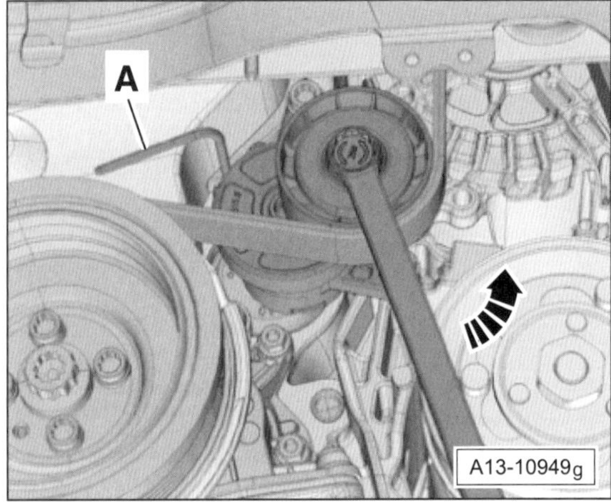

- Spannvorrichtung mit einem Ringschlüssel in Pfeilrichtung drehen und Keilrippenriemen entspannen.
- Spannvorrichtung mit einem Absteckdorn –A–, zum Beispiel VW-T10060 A oder geeignetem Bohrerschaft, arretieren.
- Keilrippenriemen abnehmen.

Einbau

- Der Einbau erfolgt in umgekehrter Ausbaureihenfolge, dabei Folgendes beachten:

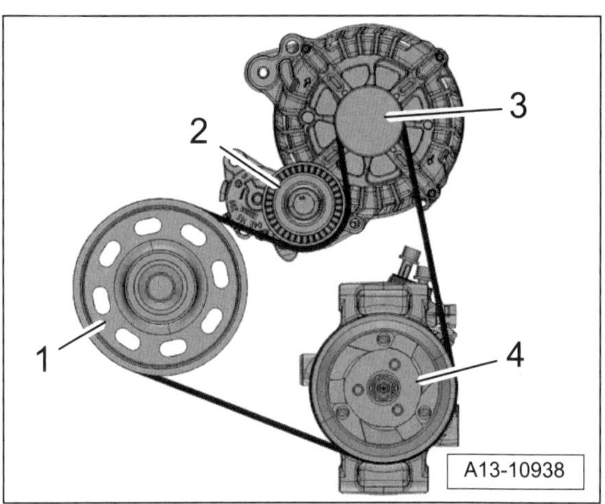

- Keilrippenriemen, wie in der Abbildung gezeigt, auf die Keilrippenriemenscheiben auflegen:
  1 – Schwingungsdämpfer
  2 – Spannrolle
  3 – Generator
  4 – Klimakompressor
- Spannvorrichtung mit Ringschlüssel etwas im Gegenuhrzeigersinn schwenken und Absteckdorn herausziehen.
- Spannvorrichtung langsam entlasten und dabei darauf achten, dass der Riemen richtig auf den Riemenscheiben aufliegt.
- Motor starten und sichtprüfen, ob der Keilrippenriemen richtig läuft.

Motor starten

Alle Motoren

- **Schaltgetriebe:** Handbremse anziehen, Kupplung ganz durchtreten und halten, Schaltgetriebe in Leerlauf schalten. Besonders bei niedrigen Außentemperaturen erleichtert eine betätigte Kupplung das Starten, da die Reibung vom Getriebe entfällt.
- **Automatikgetriebe:** Wählhebel in »P« oder »N« stellen. Fußbremse treten und halten.

Achtung: Anlasser nicht länger als 30 Sekunden ununterbrochen betätigen, sonst können Anlasser und Verkabelung überhitzen.

Benzinmotor

- Zündschlüssel drehen und Anlasser betätigen, dabei **kein Gas geben**. Sobald der Motor läuft, Schlüssel loslassen. Springt der Motor nach 10 Sekunden nicht an oder bleibt sofort wieder stehen, 30 Sekunden warten und Startvorgang wiederholen. Bei heißem Motor Gaspedal während des Startens langsam niedertreten.
- Grundsätzlich sofort losfahren, nur bei strengem Frost Motor ca. 30 Sekunden warm laufen lassen.

Achtung: Vergebliche Startversuche hintereinander können den Katalysator schädigen, da unverbranntes Benzin in den Katalysator gelangt und bei Erwärmung explosionsartig verbrennt.

Dieselmotor

- **Bei kaltem Motor:** Zündung einschalten, bis die Vorglüh-Kontrolllampe erlischt. Sofort nach Verlöschen der Kontrolllampe Motor anlassen, dabei **kein Gas geben**. Setzen beim Starten nur unregelmäßige Zündungen ein, Anlasser so lange weiter betätigen (maximal 20 Sekunden), bis der Motor aus eigener Kraft durchläuft. Springt der Motor nicht an, Zündschlüssel in Stellung 0 zurückdrehen und ca. 30 Sekunden warten. Anschließend nochmals vorglühen und Startvorgang wie beschrieben wiederholen.

Hinweis: Aufgrund der guten Kaltstarteigenschaften des **Diesel-Direkteinspritzers**, muss in der Regel erst bei Außentemperaturen unter 0° C vorgeglüht werden.

Wurde der Tank völlig leergefahren, dauert der Anlassvorgang nach dem Tanken deutlich länger (bis zu 1 Minute), da hierbei die Kraftstoffanlage entlüftet wird.

- **Bei warmem Motor** braucht nicht vorgeglüht zu werden. Motor sofort anlassen, kein Gas geben.

Störungsdiagnose Motor

Benzinmotor: Wenn der Benzinmotor nicht anspringt, Fehler systematisch einkreisen. Damit der Motor überhaupt anspringen kann, müssen immer zwei Grundvoraussetzungen erfüllt sein: Das Kraftstoff-Luftgemisch muss bis in die Zylinder gelangen und der Zündfunke muss an den Zündkerzenelektroden überschlagen. Als Erstes ist deshalb immer zu prüfen, ob überhaupt Kraftstoff gefördert wird. Wie man dabei vorgeht, steht in den Kapiteln »Kraftstoffanlage« und »Motormanagement«. Störungen in der Steuerelektronik lassen sich nur noch mit speziellen Messgeräten herausfinden.

Beim Dieselmotor Vorglüh- und Kraftstoffanlage prüfen.

Störung: Der Motor springt schlecht oder gar nicht an.

Ursache	Abhilfe
Sicherung defekt für: – Elektrische Kraftstoffpumpe, – Motor-Steuergerät	■ Sicherung prüfen, siehe »Elektrische Anlage«.
Benzinmotor: Zündanlage defekt.	■ Systemprüfung des Motormanagements (Werkstattarbeit).
Fehler im Motormanagement.	■ Motormanagement prüfen lassen (Werkstattarbeit).
Kraftstoffanlage defekt, verschmutzt.	■ Kraftstoffpumpe und -leitungen überprüfen.
Anlasser dreht zu langsam.	■ Batterie laden. Anlasserstromkreis überprüfen. Korrodierte Anschlüsse reinigen.
Wegfahrsperre sperrt den Motor. Der Motor springt normal an und geht kurz danach wieder aus. Dabei leuchtet das Symbol für Wegfahrsperre im Kombiinstrument kurz auf.	■ Zündung ausschalten. Zündschlüssel herausziehen, etwas warten und Zündschlüssel um 180° gedreht ins Zündschloss stecken. Wieder etwas warten, dann Zündung einschalten, dabei Zündschlüssel langsam drehen. Wenn die Kontrollleuchte für Wegfahrsperre jetzt leuchtet (nicht blinkt) kann der Motor gestartet werden. Fehlerspeicher der Wegfahrsperre auslesen lassen.
Zylinderkopfdichtung defekt.	■ Dichtung ersetzen (Werkstattarbeit).

Motor-Schmierung

Für die Motor-Schmierung sind **Mehrbereichsöle** vorgeschrieben, so dass ein jahreszeitbedingter Ölwechsel (Sommer/Winter) nicht erforderlich ist. Mehrbereichsöle bauen auf einem dünnflüssigen Einbereichsöl auf (zum Beispiel: 10 W) und werden durch so genannte »Viskositätsindexverbesserer« im heißen Zustand stabilisiert. Dadurch ist sowohl für den kalten wie auch für den heißen Motor die richtige Schmierfähigkeit gegeben.

Die SAE-Bezeichnung gibt die Viskosität des Motoröls an. **SAE** = **S**ociety of **A**utomotive **E**ngineers.

Beispiel: SAE 10 W 40:

10 – Viskosität des Öls in kaltem Zustand. Je kleiner die Zahl, desto dünnflüssiger ist das kalte Motoröl.

W – Das Motoröl ist wintertauglich.

40 – Viskosität des Öls in heißem Zustand. Je größer die Zahl, desto dickflüssiger ist das heiße Motoröl.

Longlife-Motoröl

Die Motoren sind werksseitig mit Longlife-Motoröl befüllt. Das Longlife-Motoröl ist ein Mehrbereichsöl, das durch spezielle Zusätze auf hohe Alterungsbeständigkeit und daher für lange Motoröl-Wechselintervalle ausgelegt ist. Beim Nachfüllen von Motoröl und beim Ölwechsel darf nur Longlife-Motoröl nach VW-Norm verwendet werden, damit die 2-Jahres-Wartungsintervalle eingehalten werden können.

Für den Benzinmotor kann auch handelsübliches Motoröl nach VW-Norm verwendet werden. Allerdings müssen dann die Wartungsintervalle auf 12 Monate/15.000 km umgestellt werden (Werkstattarbeit).

Ölspezifikation bei Longlife-Service**:**

Benzinmotor: VW-504 00
Dieselmotor: VW-507 00

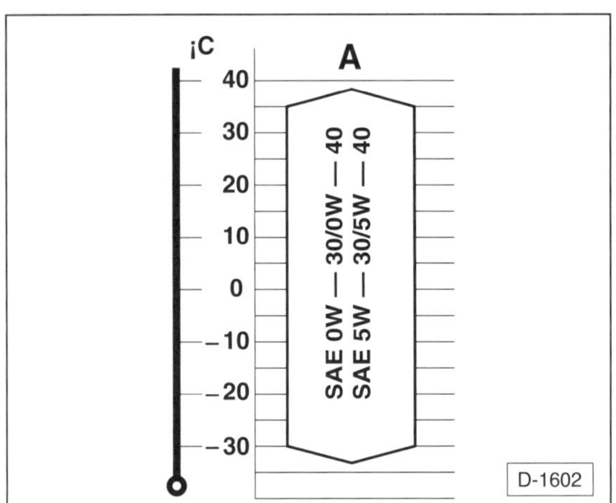

A – Longlifeöle gemäß VW-Norm.

Hinweis: Bei Fahrzeugen **mit** Longlife-Service empfiehlt es sich, für längere Fahrten oder Fahrten ins Ausland das vorgeschriebene Motoröl mitzuführen.

Handelsübliches Mehrbereichs-Motoröl

Dieses Öl ist nur für Benzinmotoren zulässig, wenn auf »feste« Wartungsintervalle von 12 Monaten oder 15.000 km umgestellt wurde (Werkstattarbeit).

Bei Dieselmotoren darf nur das Longlife-Motoröl verwendet werden, sonst kann es zu Beeinträchtigungen des Diesel-Partikelfilters kommen.

Ölspezifikation:

Benzinmotor mit festen Wartungsintervallen: . . VW-502 00

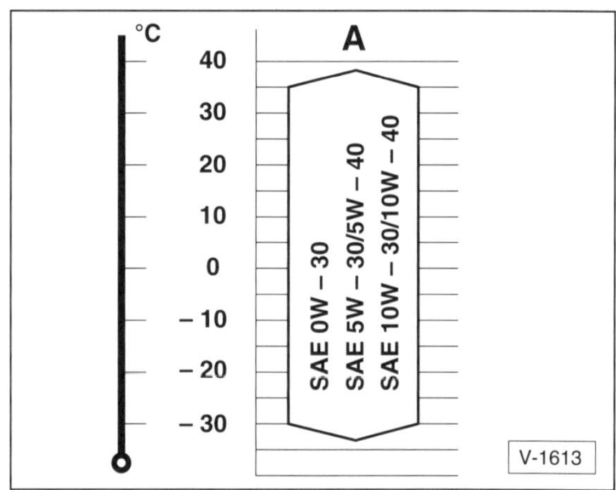

Benzinmotoren:

A – Mehrbereichsöle gemäß VW-Norm.

Ölpumpe/Ölwanne

1,2-l-TSI-Benzinmotor CBZB, 77 kW

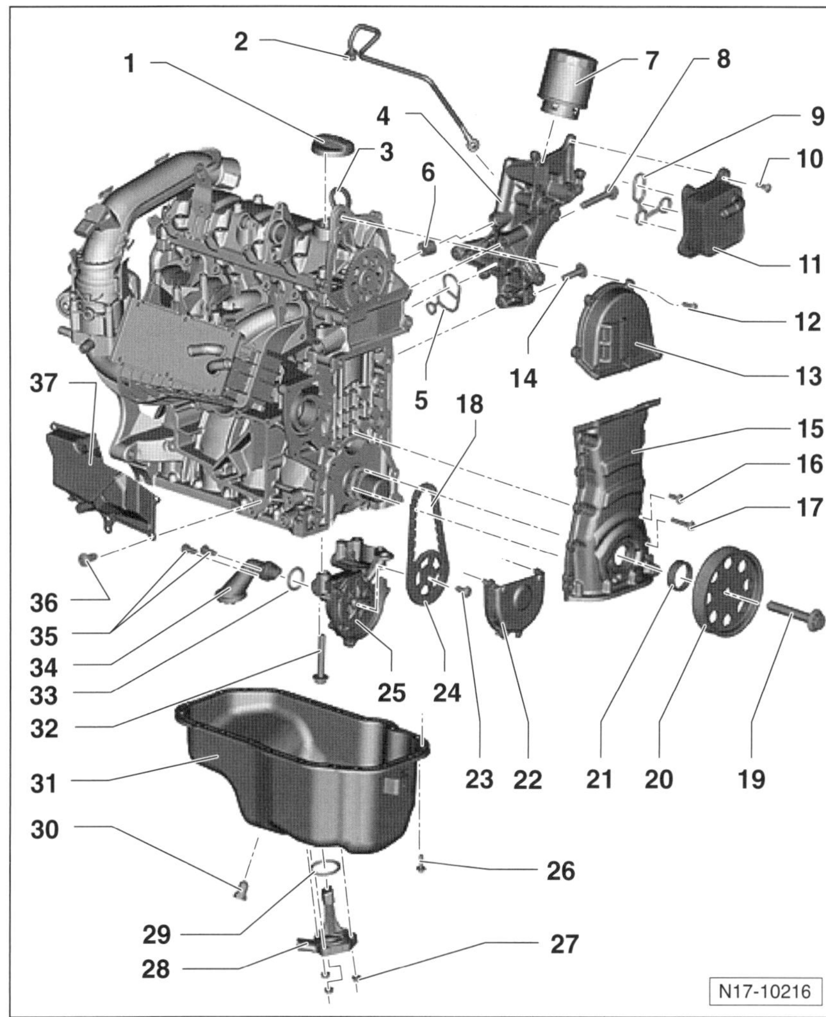

1 – Verschlussdeckel
Dichtung bei Beschädigung ersetzen.

2 – Ölvorlaufrohr
Für Abgasturbolader.

3 – Ölmessstab
Der Ölstand darf die max.-Markierung nicht überschreiten.

4 – Halter für Nebenaggregate oben

5 – Dichtung[2]

6 – Buchse

7 – Ölfilter, 20 Nm
Mit Rückschlagventil.

8 – Schraube, 25 Nm

9 – Dichtung[2]

10 – Schraube[1], 8 Nm + 90°

11 – Ölkühler

12 – Schraube
In 2 Stufen festziehen.
In der **1. Stufe** die Schrauben in der Reihenfolge von –A–, –E–, –C–, –D–, –B– mit **5 Nm** festziehen. Die Schrauben –F– und –G– bleiben gelöst. In der **2. Stufe** die Schrauben –A– bis –G– mit **8 Nm** festziehen, siehe Abbildung N13-10396.

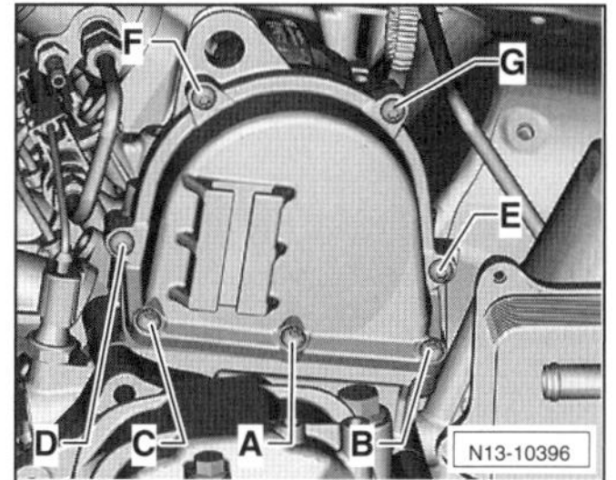

13 – Steuergehäuse oben
Mit Dichtmittel VW-D176 501 A1 einbauen. Als Führung beim Ansetzen 2 Stiftschrauben M6x70 an den Positionen –D– und –E– einsetzen, siehe Abbildung N13-10396. Vom Auftragen des Dichtmittels bis zum Festziehen der Schrauben dürfen maximal 6 Minuten vergehen. Dichmittelraupe: 2 – 3 mm dick.

14 – Schraube, 25 Nm

15 – Steuergehäuse unten

16 – Schraube, 5 Nm + 30°

17 – Schraube, 5 Nm + 30°

18 – Antriebskette
Für Ölpumpe. Vor dem Ausbau Laufrichtung und Einbaulage der Kette kennzeichnen.

19 – Schraube[1], 150 Nm + 180°
Die Anpressfläche der Befestigungsschraube muss öl- und fettfrei sein. Vor dem Einsetzen das Gewinde ölen.

20 – Kurbelwellen-Riemenscheibe
Anpressfläche der Riemenscheibe muss öl- und fettfrei sein.

21 – Dichtring[2]

22 – Abdeckung

23 – Schraube[1], 20 Nm + 90°

24 – Kettenrad
Für Ölpumpen-Antrieb.

25 – Ölpumpe
Nur komplett ersetzen.

26 – Schraube[1], 13 Nm
Schrauben an der Schwungradseite mit Steckeinsatz VW-T10058.

27 – Mutter, 10 Nm

28 – Ölstand-/Öltemperaturgeber[2]

29 – Dichtring[1]

30 – Ölablassschraube[1], 30 Nm
Mit unverlierbarem Dichtring.

31 – Ölwanne
Dichtflächen gründlich öl- und fettfrei reinigen. Dichtmittelreste mit einer rotierenden Kunststoffbürste entfernen. Ölwanne mit Silikon-Dichtmittel VW-D 176.600.A1 einbauen.

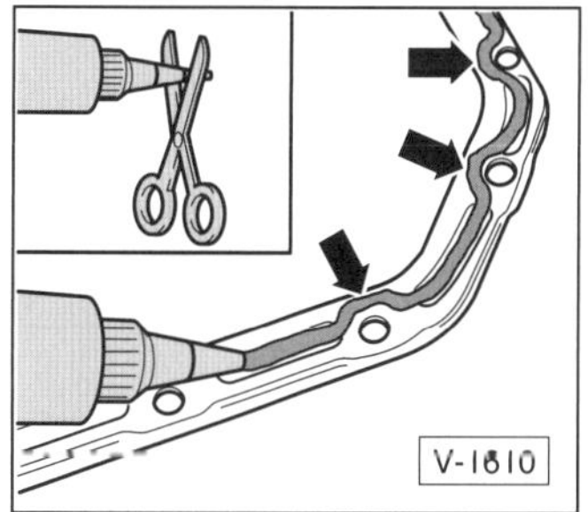

Dichtmittelraupe von 2 bis 3 mm. **Achtung**: Die Dichtmittelraupe darf nicht dicker sein, sonst kann überschüssiges Dichtmittel in die Ölwanne geraten und das Sieb im Ölansaugrohr verstopfen. Dichtmittelraupe im Bereich der Schraubenbohrungen an der Innenseite vorbeiführen –Pfeile–.
Nach Dichtmittelauftrag innerhalb von 5 Minuten einbauen. Nach der Montage Dichtmittel ca. 30 Minuten aushärten lassen, bevor Motoröl eingefüllt wird.

32 – Schraube, 14 Nm + 90°

33 – O-Ring*

34 – Saugleitung

35 – Schrauben, 8 Nm

36 – Schrauben, 8 Nm

37 – Ölabscheider
Mit Dichtmittel VW-D176 501 A1 einbauen.

---

[1]) Nach jeder Demontage ersetzen.
[2]) Bei Beschädigung ersetzen.

Motor-Kühlung

Kühlmittelkreislauf

Zur Kühlung des Motors wird das Kühlmittel von der Kühlmittelpumpe ständig in Bewegung gehalten. Solange der Motor kalt ist, zirkuliert das Kühlmittel nur im Zylinderkopf, im Motorblock und im Wärmetauscher der Innenraumheizung. Mit zunehmender Erwärmung öffnet ein Thermostat (Kühlmittelregler) den großen Kühlmittelkreislauf. Die Kühlflüssigkeit durchströmt dann den Kühler und wird dabei durch die an den Kühlrippen vorbeistreichende Luft abgekühlt.

Der Kühlluftstrom wird durch einen hinter dem Kühler angebrachten Lüfter verstärkt. Der Lüfter wird durch einen Elektromotor angetrieben. Entsprechend der Kühlmitteltemperatur wird der Elektrolüfter zu- oder abgeschaltet.

Sicherheitshinweis
Der Elektrolüfter kann sich auch bei ausgeschalteter Zündung einschalten. Durch Stauwärme im Motorraum ist auch **mehrmaliges Einschalten möglich.** Abhilfe: **Stecker für Kühlerlüfter abziehen.**

Achtung: Bei Arbeiten am Kühlsystem unbedingt darauf achten, dass **kein Kühlmittel** auf den **Keilrippenriemen** oder auf den **Zahnriemen**, wo vorhanden, gelangt. Der Glykolanteil des Kühlmittels kann das Gewebe des Riemens so schädigen, dass der Riemen nach einiger Betriebszeit reißt. Durch einen gerissenen Zahnriemen können schwer wiegende Motorschäden auftreten.

Hinweis: Kühlmittelschläuche beim Einbau spannungsfrei verlegen, ohne dass diese mit anderen Bauteilen in Berührung kommen. Falls an den Kühlmittelrohren und Kühlmittelschlauchenden Markierungen oder Pfeile angebracht sind, so müssen sich diese beim Einbau gegenüberstehen.

Zweikreis-Kühlsystem im 1,2-l-TSI-Benzinmotor

Der 1,2-l-TSI-Motor hat ein Zweikreis-Kühlsystem. Dabei erfolgt eine getrennte Kühlmittelführung mit unterschiedlichen Temperaturen durch den Motorblock und den Zylinderkopf. Gesteuert wird die Kühlmittelführung durch 2 Thermostate (Kühlmittelregler) im Kühlmittelregler-Gehäuse. Ein Thermostat ist für den Motorblock, der andere für den Zylinderkopf zuständig.

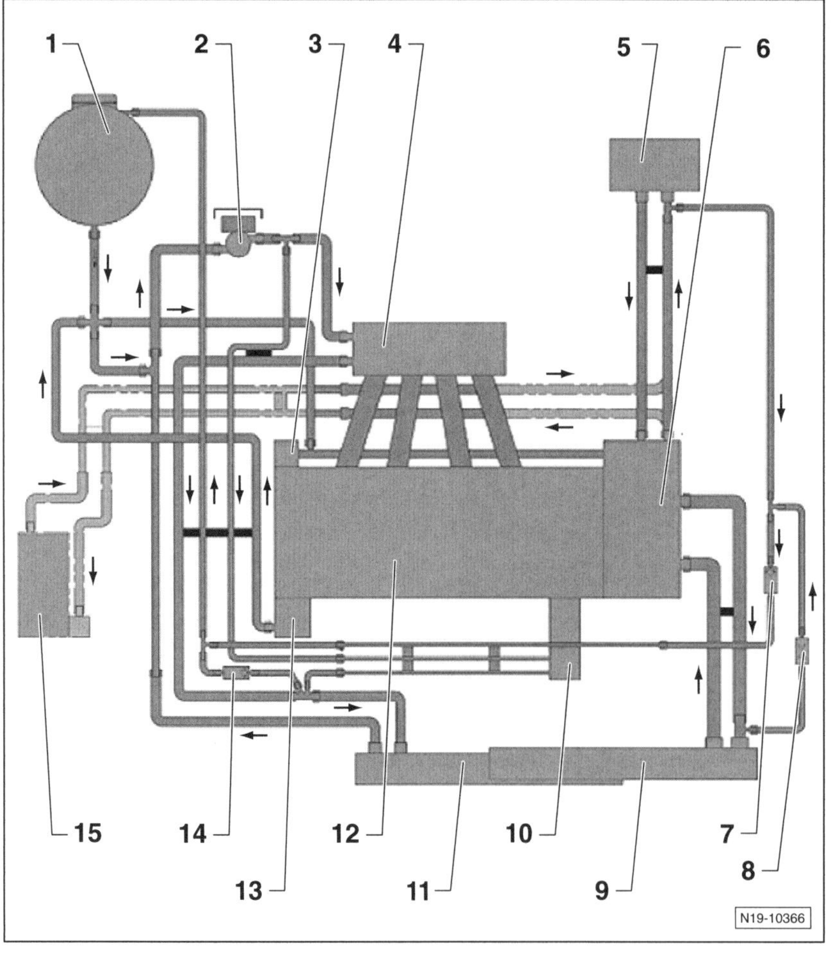

Anschlussplan für Kühlmittelschläuche

Die Abbildung zeigt den 1,2-l-TSI-Motor mit 77 kW (105 PS).

1 – **Ausgleichbehälter**
2 – **Pumpe für Kühlmittelumlauf**
3 – **Kühlmittelpumpe**
4 – **Saugrohr mit Ladeluftkühler**
5 – **Wärmetauscher für Heizung**
6 – **Kühlmittelregler-Gehäuse**
Thermostatgehäuse.
7 – **Rückschlagventil**
8 – **Drossel**
9 – **Kühler**
10 – **Abgasturbolader**
11 – **Niedertemperaturkühler**
Für Ladeluftsystem.
Kühler und Ladeluftkühler sind zwei getrennte Bauteile.
12 – **Zylinderkopf/Motorblock**
13 – **Motorölkühler**
14 – **Rückschlagventil**
15 – **Standheizung**

Das Zweikreis-Kühlsystem hat folgende Vorteile:

- Der Motorblock wird schneller aufgeheizt, weil das Kühlmittel bis zum Erreichen von +87° C im Motorblock bleibt.
- Durch die schnellere Erwärmung im Motorblock vermindert sich die Reibung im Kurbeltrieb.
- Eine bessere Kühlung der Brennräume durch die separate Kühlung und damit das geringere Temperaturniveau im Zylinderkopf.

Kühler-Frostschutzmittel

Die Kühlanlage muss ganzjährig mit einer Mischung aus destilliertem Wasser und VW-Kühlerfrost- und Korrosions-Schutzmittel gefüllt sein. Dadurch werden Frost- und Korrosionsschäden sowie Kalkansatz vermieden und eine Siedepunkterhöhung der Kühlflüssigkeit erreicht. Erforderlich ist der höhere Siedepunkt der Kühlflüssigkeit für ein einwandfreies Funktionieren der Motorkühlung. Bei zu niedrigem Siedepunkt der Flüssigkeit kann es zu einem Hitzestau kommen, wodurch die Kühlung des Motors vermindert wird. Deshalb muss das Kühlsystem unbedingt ganzjährig mit einer Kühlkonzentrat-Mischung gefüllt sein.

Als Kühlmittelzusatz nur das VW-Kühlkonzentrat »**G13**« (Farbe **lila**) oder ein anderes Kühlkonzentrat mit dem Vermerk »gemäß VW-TL-774-**J**«, zum Beispiel »Glysantin GG 40« oder »MAINTAIN FRICOFIN V«. **Hinweis:** G13 ist mischbar mit dem älteren, ebenfalls lilafarbenen G12++ oder G12+.

Achtung: Zum Nachfüllen – auch in der warmen Jahreszeit – nur eine Mischung aus **G13 (lila)** und destiliertem Wasser verwenden. Auch im Sommer darf der Kühlerfrostschutzanteil im Kühlmittel nicht unter 40 % liegen. Deshalb beim Nachfüllen Frostschutz ergänzen.

Hinweis: Wasser hat auf die die Effektivität der Kühlflüssigkeit einen großen Einfluss. Da die Inhaltsstoffe im Trinkwasser regional sehr unterschiedlich sind, ist zum Mischen der Kühlflüssigkeit nur noch destilliertes Wasser zu verwenden.

Kühlmittel-Mischungsverhältnis in Prozent

Frostschutz bis	G13	Destilliertes Wasser
–25° C	ca. 40 %	ca. 60 %
–35° C	ca. 50 %	ca. 50 %
–40° C	ca. 60 %	ca. 40 %

Der Frostschutz sollte in unseren Breiten bis –25° C, besser bis –35° C reichen. Der Anteil des Frostschutzmittels darf 60 % (Frostschutz dann bis –40° C) nicht überschreiten, sonst verringern sich Frostschutz und Kühlwirkung wieder.

Hinweis: Steht zum Nachfüllen das Frostschutzmittel G13 nicht zur Verfügung, kann auch G12++ und G12+ (Farbe ebenfalls lila) verwendet werden. **Andere Frostschutzmittel dürfen nicht dazugemischt werden.** In diesem Fall Kühlsystem nur mit destilliertem Wasser auffüllen und Frostschutz sobald wie möglich ergänzen.

Kühlmittel wechseln

Das Kühlmittel muss nur nach Reparaturen am Kühlsystem erneuert werden, wenn dabei das Kühlmittel abgelassen wurde. Ein Wechsel im Rahmen der Wartung ist nicht vorgesehen. Falls bei Reparaturen der Zylinderkopf, die Zylinderkopfdichtung, der Kühler, der Wärmetauscher oder der Motor ersetzt wurden, muss die Kühlflüssigkeit auf jeden Fall ersetzt werden. Das ist erforderlich, weil sich die Korrosionsschutzanteile in der Einlaufphase an den neuen Leichtmetallteilen absetzen und somit eine dauerhafte Korrosionsschutzschicht bilden. Bei gebrauchter Kühlflüssigkeit ist der Korrosionsschutzanteil in der Regel nicht mehr groß genug, um eine ausreichende Schutzschicht an den neuen Teilen zu bilden.

Hinweis: Kühlmittel ist leicht giftig. Gemeinde- und Stadtverwaltungen informieren darüber, wie das alte Kühlmittel entsorgt werden soll.

Hinweis: In der Fachwerkstatt wird das Kühlsystem mit einer Unterdruck-Befüllanlage aufgefüllt, zum Beispiel VW-VAS-6096 oder HAZET 4801-1 mit Adaptern 4801-2/3, siehe auch Abschnitt am Ende des Kapitels.

Kühlmittel ablassen

- Motorraumabdeckung unten ausbauen, siehe Seite 278.

- Verschlussdeckel –1– am Ausgleichbehälter –2– öffnen. Bei warmem Motor einen Lappen über den Verschlussdeckel legen. Deckel etwas nach links drehen und Überdruck im Kühlsystem entweichen lassen. Anschließend Deckel ganz abschrauben.
- **1,4-l-TSI-Benzinmotor 132 kW/1,2-l-TDI:** Linken Ladeluftschlauch ausbauen. Dazu 2 Federbandschellen öffnen und zurückschieben. **Achtung:** Öffnungen an Ladeluftkühler und Ladeluftleitung mit je einem sauberen Stück Schaumstoff verschließen, damit kein Kühlmittel eindringen kann.

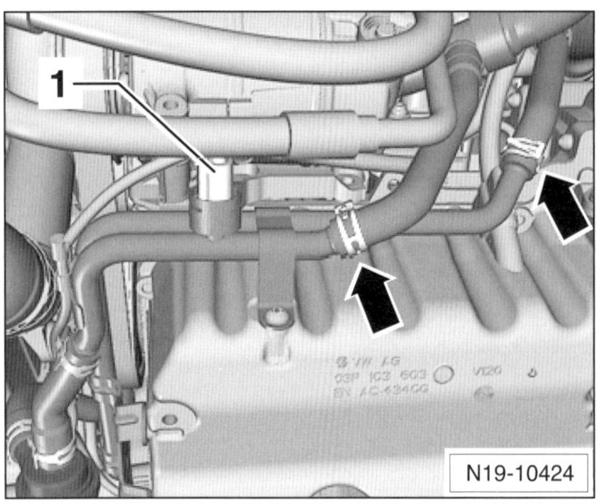

● **1,2-l-TDI:** Schlauchschellen öffnen und zurückschieben. Kühlmittelschläuche –Pfeile– abziehen und Kühlmittel ablaufen lassen. Anschließend Schläuche wieder aufschieben und mit Schellen sichern.

● Sauberes Auffanggefäß unter den unteren Schlauchanschluss am Kühler stellen.

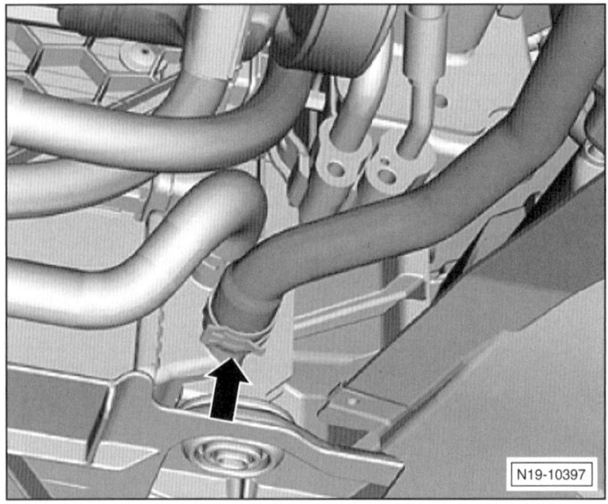

● **1,0-/1,2-l-TSI-Benzinmotor/1,4-l-Benzinmotor 103 kW:** Kühlflüssigkeit aus dem Ladeluft-Kühlsystem ablassen. Dazu Federbandschelle –Pfeil– öffnen, Kühlmittelschlauch abziehen und Kühlmittel in die Auffangwanne ablaufen lassen. Anschließend Kühlmittelschlauch sofort wieder aufschieben und mit Federbandschelle sichern. **Hinweis:** Je nach Motor müssen 2 nebeneinander liegende Schläuche abgezogen werden.

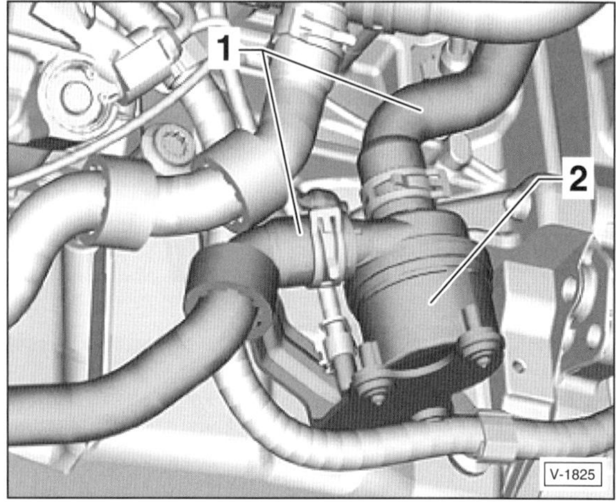

● **1,6-l-TDI:** Zusätzlich die Kühlmittelschläuche –1– an der Kühlmittelnachlaufpumpe –2– abziehen, vorher Federbandschellen öffnen und zurückschieben.
Nach Ablassen der Kühlflüssigkeit Kühlmittelschläuche wieder aufstecken und mit Federbandschellen sichern.

● **1,8-l-Benzinmotor:** Kühlmittelschlauch unten zur Pumpe für Kühlmittelnachlauf abziehen, vorher Federbandschelle öffnen und zurückschieben. Restliches Kühlmittel ablaufen lassen.

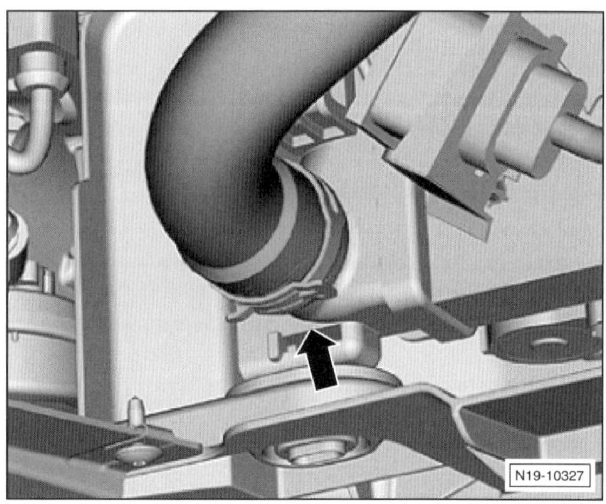

● **1,0-l-Benznmotor 70/81 kW; 1,2-l-Benzinmotor; 1,4-l-Benzinmotor 103 kW; 1,2-/1,6-l-TDI:** Federbandschelle –Pfeil– mit geeigneter Zange öffnen, zum Beispiel mit HAZET 798-5. Kühlmittelschlauch abziehen und Kühlmittel in die Auffangwanne ablaufen lassen. Anschließend Kühlmittelschlauch sofort wieder aufschieben und mit Federbandschelle sichern.

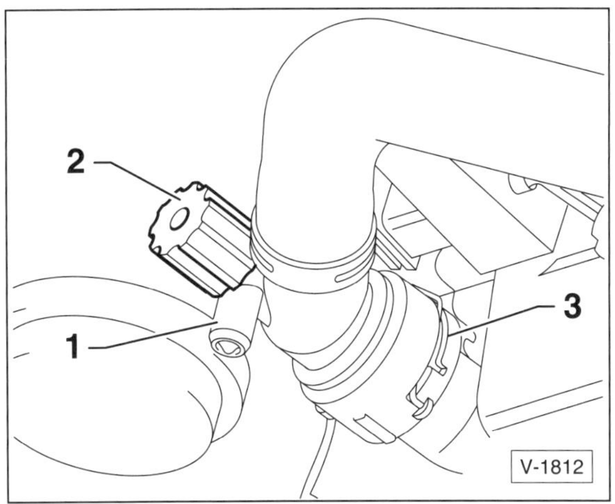

- **1,4-l-Benzinmotor 63 kW:** Ablassschraube –2– öffnen und Kühlmittel vollständig ablaufen lassen. Anschließend Ablassschraube schließen.

  Hinweis: Um die Kühlflüssigkeit gezielt in einen Behälter ablaufen zu lassen, Hilfsschlauch auf den Ablaufstutzen –1– stecken und das andere Ende in die Auffangwanne führen.

  Achtung: Bei Fahrzeugen ohne Ablassschraube Halteklammer –3– seitlich herausziehen, Kühlmittelschlauch vom Kühler abziehen und Kühlmittel ablaufen lassen. Anschließend Kühlmittelschlauch wieder aufstecken und mit Halteklammer sichern.

- **1,6-l-TDI:** Kühlmittelschlauch rechts unten vom Kühlmittelrohr abbauen und restliches Kühlmittel ablaufen lassen.

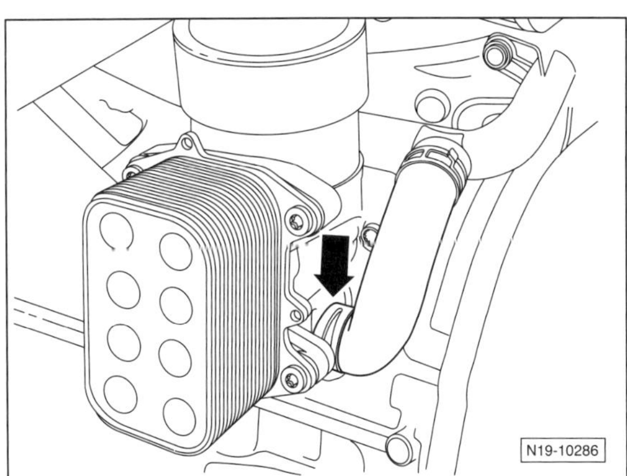

- **1,6-l-TDI:** Zusätzlich Kühlmittel aus dem Motorblock ablassen. Dazu Federbandschelle –Pfeil– öffnen, Kühlmittelschlauch am Ölkühler abziehen und restliches Kühlmittel in die Auffangwanne ablaufen lassen. Anschließend Kühlmittelschlauch sofort wieder aufschieben und mit Federbandschelle sichern.
- **1,4-l-TDI:** Innenkotflügel vorn rechts ausbauen, siehe Seite 286.

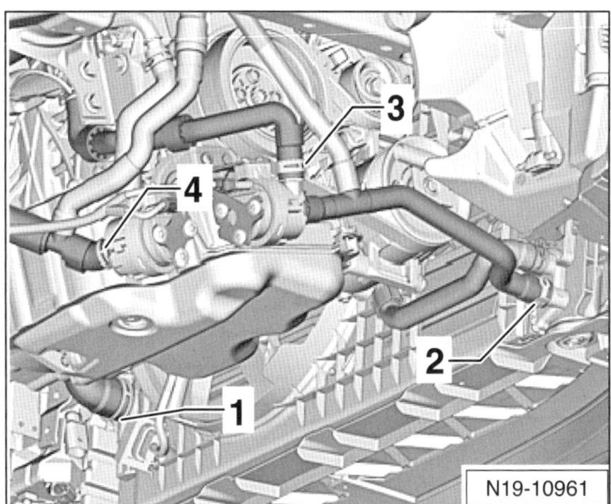

- **1,4-l-TDI:** Schellen –1– bis –4– öffnen und zurückschieben. Kühlmitteschläuche abziehen und Kühlmittel ablaufen lassen.

Kühlmittel einfüllen

- Kühlmittel aus 50% destilliertem Wasser und 50% VW-Kühlerfrost- und Korrosions-Schutzmittel mischen. Kühlmittel-Füllmenge siehe unter »Motordaten« auf Seite 14/15.

Hinweis: Die Füllmengen in der Tabelle sind ungefähre Angaben und von der Ausstattung des Fahrzeuges abhängig. Ist in der Tabelle kein Wert angegeben, kann der in der Abelle am nähesten stehende Wert als Anhalt genommen werden. Entscheidend ist, dass nach Einfüllen und Entlüften am Kühlmittel-Ausgleichbehälter der richtige Kühlmittelstand angezeigt wird.

- **1,4-l-TSI-Benzinmotor 132 kW:** Schaumstoffstücke aus den Öffnungen herausnehmen. Linken Ladeluftschlauch aufschieben und mit Federbandschellen sichern.
- Sicherstellen, dass sämtliche Schläuche aufgesteckt und mit Schellen gesichert wurden.
- Motorraumabdeckung unten einbauen, siehe Seite 278.
- Fahrzeug ablassen

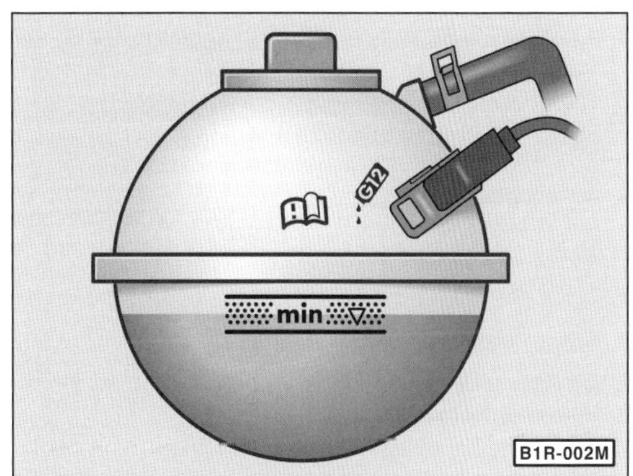

- Kühlmittelmischung über die Öffnung am Ausgleichbehälter langsam bis zur oberen Markierung des gerasterten Feldes (MAX-Markierung) auffüllen.

Kühlsystem entlüften

Alle Motoren außer 1,4-l-103-kW, CPTA

- Ausgleichbehälter verschließen.
- Heizungsbetätigung im Innenraum auf »kalt« stellen.
- Klimaanlage ausschalten.
- Motor starten und Drehzahl für etwa 3 Minuten auf 2.000/min halten.
- Anschließend den Motor im Leerlauf so lange weiter laufen lassen, bis der Kühlerlüfter anläuft.

Sicherheitshinweis
Bei heißem Motor vor dem Öffnen des Ausgleichbehälters einen dicken Lappen auflegen, um Verbrühungen durch heiße Kühlflüssigkeit oder Dampf zu vermeiden. Deckel nur bei Kühlmitteltemperaturen unter +90° C abnehmen.

- Kühlmittelstand prüfen und gegebenenfalls bis an die obere Markierung ergänzen.
- Bei betriebswarmem Motor muss der Kühlmittelstand an der oberen Markierung (**max**-Markierung), bei kaltem Motor in der Mitte des gerasterten Feldes liegen (zwischen der **max**- und der **min**-Markierung).
- Motor abstellen.

Speziell 1,4-l-103-kW, CPTA

- Ausgleichbehälter bleibt geöffnet.
- Standheizung, falls vorhanden, für etwa 30 Sekunden einschalten.
- Temperatur auf »HI« stellen.
- Klimakompressor ausschalten, dazu auf den Taster »AC« drücken. Die Leuchtdiode im Taster darf nicht leuchten.
- Motor starten und Drehzahl für maximal 2 Minuten auf 1.500/min halten.
- Bei laufendem Motor (Leerlaufdrehzahl) Kühlmittel bis zur Überlaufbohrung am Kühlmittelausgleichbehälter auffüllen.
- Verschlussdeckel für Kühlmittelausgleichbehälter festdrehen und einrasten.
- Anschließend den Motor im Leerlauf so lange weiter laufen lassen, bis die Kühlmittelschläuche am Kühler warm sind.
- Motor abstellen und abkühlen lassen.
- Kühlmittelstand prüfen.
- Bei kaltem Motor muss der Kühlmittelstand zwischen der **min**- und der **max**-Markierung liegen.

Speziell Kühlmittel einfüllen mit Unterdruck-Befüllsystem

Die Fachwerkstatt benutzt für das Auffüllen und Entlüften des Kühlsystems eine Unterdruckanlage. Dabei ist folgendermaßen vorzugehen:

- Kühlmittel aus 50% destilliertem Wasser und 50% VW-Kühlerfrost- und Korrosions-Schutzmittel mischen. Dabei sollte die Kühlflüssigkeitsmenge um ca. 2 Liter über der Kühlmittel-Füllmenge liegen, wie sie in der Tabelle »Motordaten« angegeben ist. Wenn dort kein Wert angegeben ist, empfiehlt es sich eine Kühlflüssigkeitsmischung von 10 l herzustellen.
- Sicherstellen, dass sämtliche Schläuche aufgesteckt und mit Schellen gesichert wurden.
- Motorraumabdeckung unten einbauen, siehe Seite 278.
- Fahrzeug ablassen.

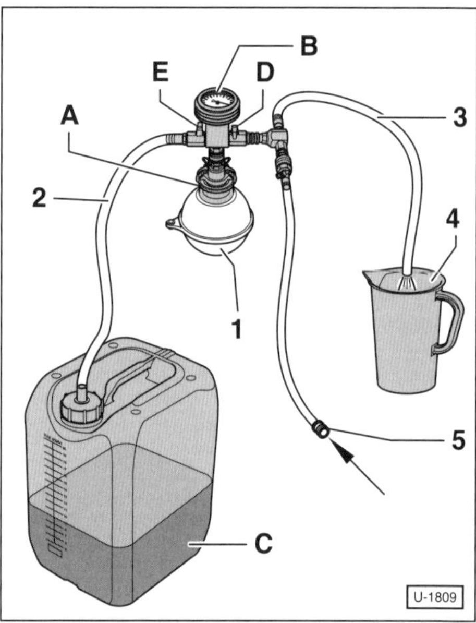

- Anschluss –A– mit Befülleinheit –B– am Kühlmittel-Ausgleichbehälter –1– aufschrauben.
- Zulaufschlauch –2– auf den gefüllten Kühlmittelbehälter –C– aufstecken. **Achtung:** Damit keine Luft angesaugt wird darauf achten, dass sich im Kühlmittelbehälter mehr Kühlflüssigkeit befindet, als für die maximale Füllmenge des Fahrzeuges erforderlich ist.
- Abluftschlauch –3– in einen leeren Behälter –4– führen. **Hinweis:** Die Abluft reißt eine geringe Menge Kühlmittel mit, die aufgefangen werden soll.
- Druckluftschlauch –5– an Druckluft anschließen und mit 6 bis 10 bar Überdruck beaufschlagen –Pfeil–.

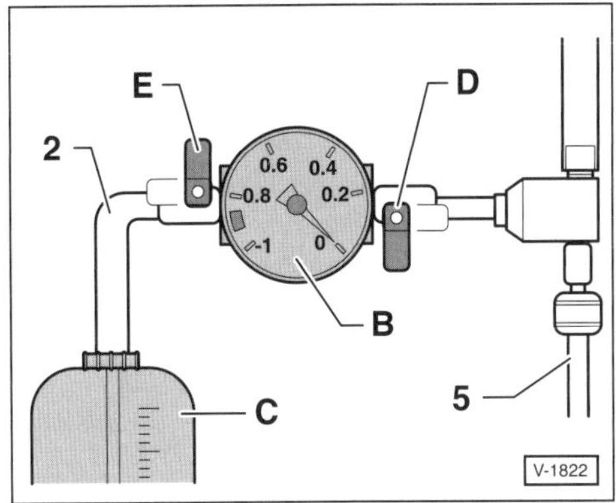

- Ablaufventil –D– öffnen. Dadurch wird im Kühlsystem Unterdruck erzeugt. Der Zeiger des Anzeigeinstruments muss in den grünen Bereich wandern. B – Befülleinheit, C – Kühlmittelbehälter.
- Zusätzlich Zulaufventil –E– so lange öffnen, bis sich der Zulaufschlauch –2– mit Kühlmittel gefüllt hat. Ventil –E– schließen.
- Ablaufventil –D– weitere 2 Minuten geöffnet lassen. Der Zeiger des Anzeigeinstruments muss weiterhin im grünen Bereich stehen.
- Ablaufventil –D– schließen. Der Zeiger des Anzeigeinstruments muss weiterhin im grünen Bereich stehen.

Hinweis: Wenn der Zeiger unterhalb des grünen Bereichs steht, Ablaufventil –D– erneut öffnen und Kühlsystem mit Unterdruck beaufschlagen. Wenn der Unterdruck abfällt, Kühlsystem auf undichte Stellen überprüfen.

- Druckluftschlauch –5– abziehen.
- Zulaufventil –E– öffnen und Kühlsystem befüllen. **Hinweis**: Indem die Venturidüse mit Druckluft beaufschlagt wird, erzeugt sie einen Unterdruck im Kühlsystem, so dass die Kühlflüssigkeit aus dem Vorratsbehälter in das Kühlsystem gesaugt wird.
- Ablaufventil –D– öffnen, wenn kein Kühlmittel mehr angesaugt wird.
- Kontrolleinheit –B– mit allen Anschlüssen vom Adapter –A– abbauen, siehe Abbildung U-1809.
- Kühlsystem entlüften.

Kühlmittelregler prüfen

1,2-/1,4-l-Benzinmotor 44/51/63 kW
1,2-/1,6-l-Dieselmotor

Prüfen

- Kühlmittelregler ausbauen, siehe entsprechendes Kapitel.
- Regler im Wasserbad erwärmen. Dabei darf der Thermostat nicht die Wände des Behälters berühren.

Motor	Kühlmittelregler-Öffnung	
	Beginn	Ende
1,2-l 44/51 kW	ca. +84° C	ca. +98° C
Dieselmotor	ca. +92° C	ca. +107° C

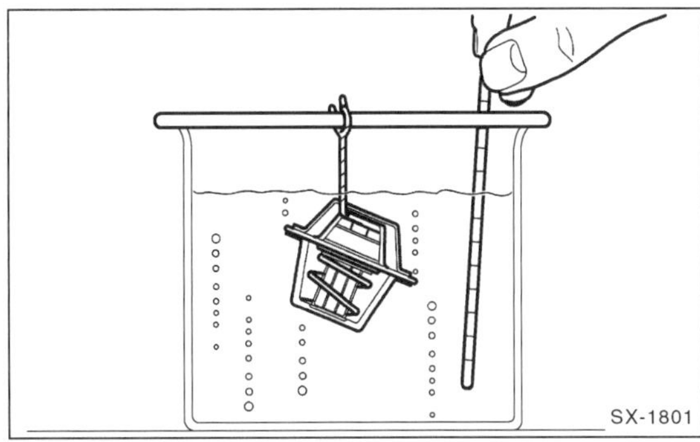

- **Dieselmotor:** Temperatur mit einem Thermometer kontrollieren und Öffnungsbeginn des Reglers prüfen. Das Öffnungsende liegt bei ca. 107° C und kann daher nicht geprüft werden.
- Beim **Benzinmotor** muss sich beim Erwärmen der Stift des Thermoelements herausbewegen. Öffnungsbeginn und -ende können nicht geprüft werden.
- Kühlmittelregler einbauen, siehe entsprechendes Kapitel.

Kühlmittelregler (Thermostat) aus- und einbauen

1,2-/1,6-l-Dieselmotor

Ausbau

- Kühlmittel ablassen, siehe entsprechendes Kapitel.

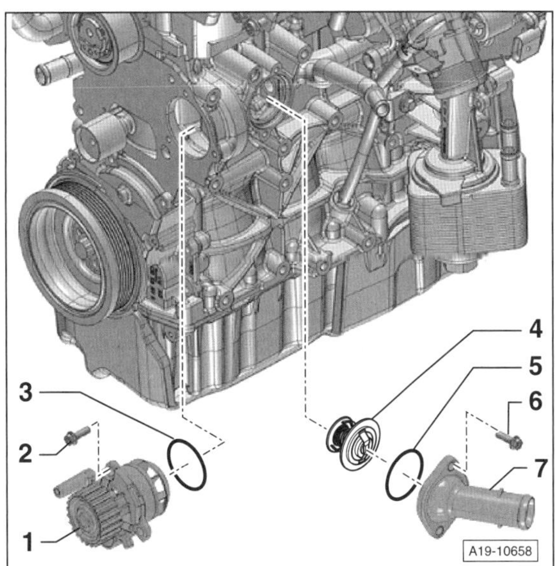

1 – **Kühlmittelpumpe**
Zum Ausbau muss der Zahnriemen ausgebaut werden.

2 – **Schraube, 15 Nm**

3 – **O-Ring**
Immer ersetzen.

4 – **Kühlmittelregler**
(Thermostat). Zum Herausnehmen aus dem Anschlussstutzen Regler 15° im Uhrzeigersinn drehen.

5 – **O-Ring**
Immer ersetzen.
Dichtfläche reinigen und glätten. O-Ring beim Einbau mit Kühlmittel benetzen.

6 – **Schraube, 13 Nm**
Zum Lösen und Festziehen: Gelenkschlüssel SW-10.

7 – **Anschlussstutzen**

Kühlmittelregler (Thermostat) aus- und einbauen

1,2-/1,4-l-Benzinmotor 44/51/63 kW

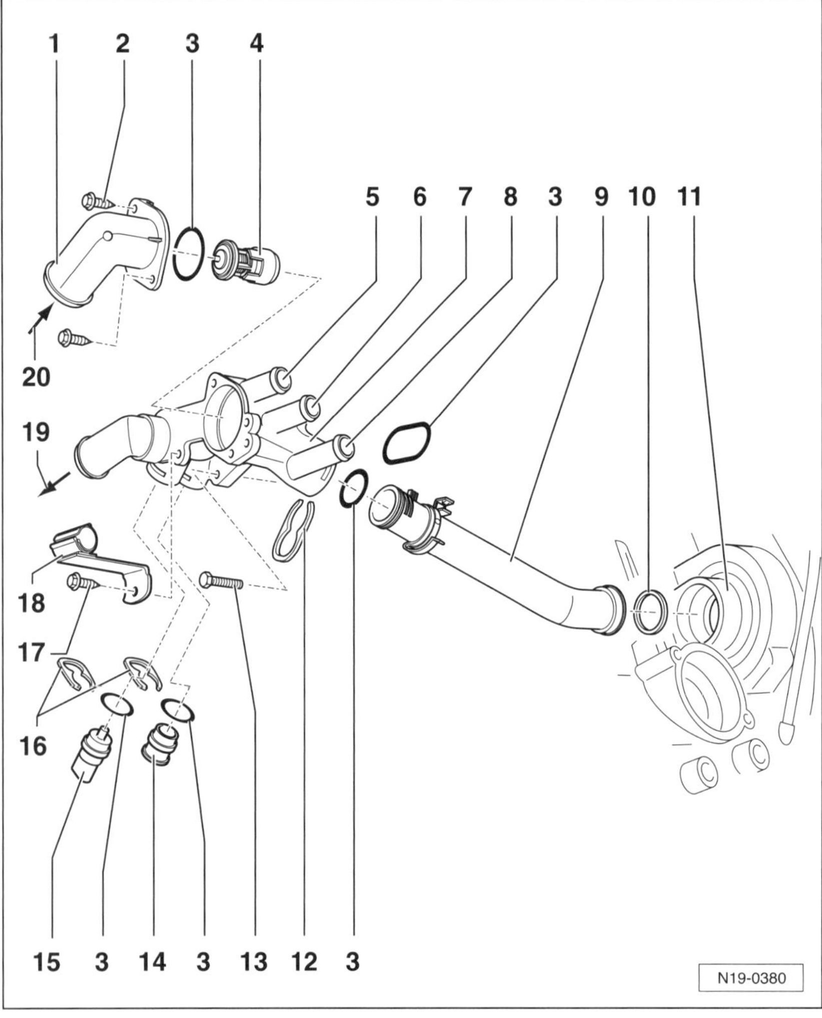

1 – **Anschlussstutzen**

2 – **Schneidschraube, 9 Nm**

3 – **O-Ring***

4 – **Kühlmittelregler**

5 – **Zum Wärmetauscher**

6 – **Vom Ausgleichbehälter**

7 – **Kühlmittelreglergehäuse**
Thermostatgehäuse

8 – **Vom Wärmetauscher**

9 – **Kühlmittelrohr**

10 – **Dichtring***

11 – **Kühlmittelpumpengehäuse**
Am Motorblock

12 – **Halteklammer**
Auf festen Sitz prüfen.

13 – **Schraube, 10 Nm**

14 – **Verschlussstopfen**
Auf festen Sitz prüfen.

15 – **Kühlmitteltemperaturgeber**
Vor Ausbau gegebenenfalls Druck im Kühlsystem abbauen.

16 – **Halteklammer**
Auf festen Sitz prüfen.

17 – **Schneidschraube, 6 Nm**

18 – **Halter**

19 – **Zum Kühler oben**

20 – **Vom Kühler unten**

*) Immer ersetzen.

Ausbau

- Kühlmittel ablassen, siehe entsprechendes Kapitel.
- 2 Schrauben –2– herausdrehen.
- Anschlussstutzen –1– mit O-Ring –3– vom Kühlmittelreglergehäuse –7– abnehmen.
- Kühlmittelregler –4– herausnehmen.

Einbau

- Dichtfläche für O-Ring reinigen beziehungsweise glätten.
- Kühlmittelregler in das Kühlmittelreglergehäuse einsetzen.
- **Neuen** O-Ring auflegen und Anschlussstutzen mit **9 Nm** anschrauben.
- Kühlmittel auffüllen, siehe entsprechendes Kapitel.

Kühler aus- und einbauen

1,2-/1,4-l-Benzinmotor 44/51/63 kW

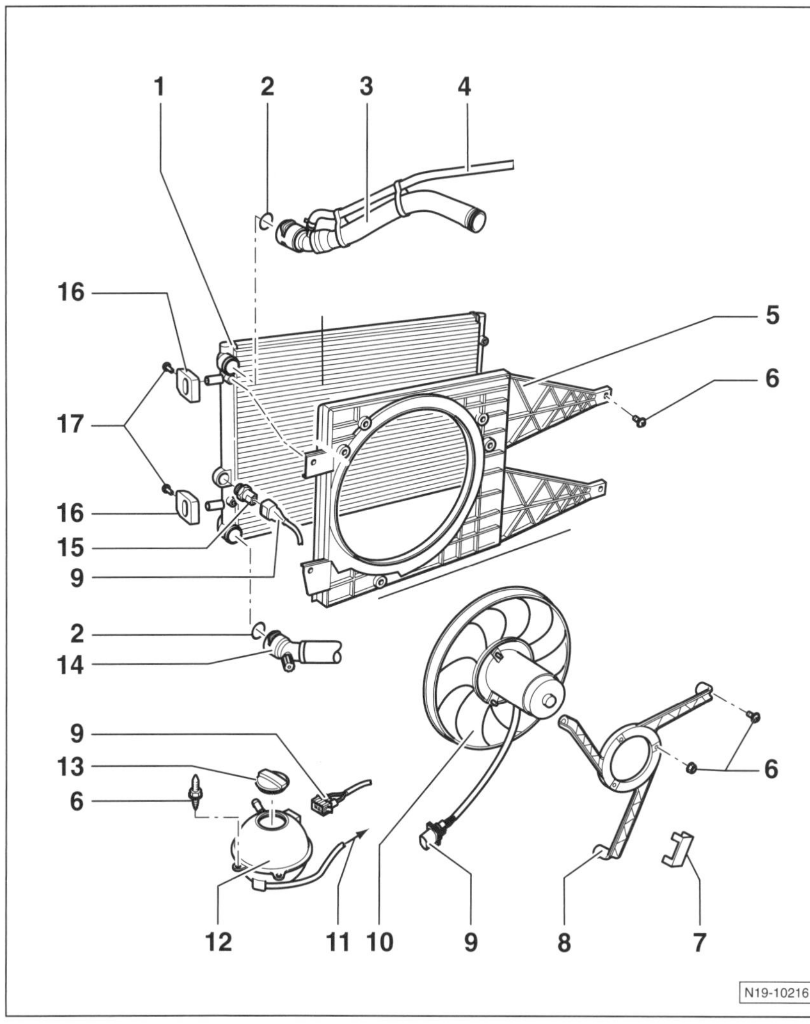

1 – **Kühler**
Nach dem Ersetzen die gesamte Kühlflüssigkeit erneuern.

2 – **O-Ring***

3 – **Kühlmittelschlauch oben**
Mit Halteklammer am Kühler gesichert. Auf festen Sitz prüfen.

4 – **Kühlmittelschlauch**

5 – **Luftführungshutze**

6 – **Schraube, 10 Nm**

7 – **Halteklammer**
Auf festen Sitz prüfen.

8 – **Halter**
Für Kühlerlüfter

9 – **Stecker**

10 – **Kühlerlüfter**

11 – **Zum Kühlmittelrohr**

12 – **Ausgleichbehälter**

13 – **Verschlussdeckel**
Prüfdruck: 1,4 – 1,6 bar Überdruck.

14 – **Kühlmittelschlauch unten**
Mit Halteklammer am Kühler gesichert. Auf festen Sitz prüfen.

15 – **Thermoschalter**
Für Kühlerlüfter.
Schalttemperaturen:
1. Stufe ein . . . . 92° – 97° C
1. Stufe aus . . . . 84° – 91° C
2. Stufe ein. . . . 99° – 105° C
2. Stufe aus . . . . 91° – 98° C

16 – **Halter**
Für Kühler. Unterschiedliche Ausführung und Einbaulage beachten.

17 – **Schrauben, 10 Nm**

*) Immer ersetzen.

Ausbau

- **1,4-l-Motor 63 kW:** Stoßfänger ausbauen und Schlossträger in Servicestellung bringen, siehe Seite 280.
- Kühlmittel ablassen, siehe entsprechendes Kapitel.
- Kühlmittelschläuche vom Kühler abziehen.
- Stecker von Thermoschalter und Kühlerlüfter abziehen.
- Kühler abschrauben und mit Lüfter nach unten herausnehmen.

Einbau

- Der Einbau erfolgt in umgekehrter Ausbaureihenfolge.
- Kühlmittel auffüllen, siehe entsprechendes Kapitel.

Hinweise zur Klimaanlage:

Sicherheitshinweis
Der **Kältemittelkreislauf der Klimaanlage darf nicht geöffnet** werden, da das Kältemittel bei Hautberührung Erfrierungen hervorrufen kann.
Bei versehentlichem Hautkontakt sofort mindestens 15 Minuten lang mit kaltem Wasser spülen. Kältemittel ist farb- und geruchlos sowie schwerer als Luft. Bei austretendem Kältemittel besteht am Boden beziehungsweise in unteren Räumen Erstickungsgefahr (nicht wahrnehmbar).

- Um Beschädigungen am Kondensator sowie an den Kältemittelleitungen/-schläuchen zu vermeiden, unbedingt darauf achten, dass die Leitungen und Schläuche nicht überdehnt, geknickt oder verbogen werden.
- Halteschellen der Kältemittelleitungen abschrauben.
- Kondensator vom Kühler abschrauben und am Schlossträger mit Draht befestigen.

1,2-/1,6-l-Dieselmotor

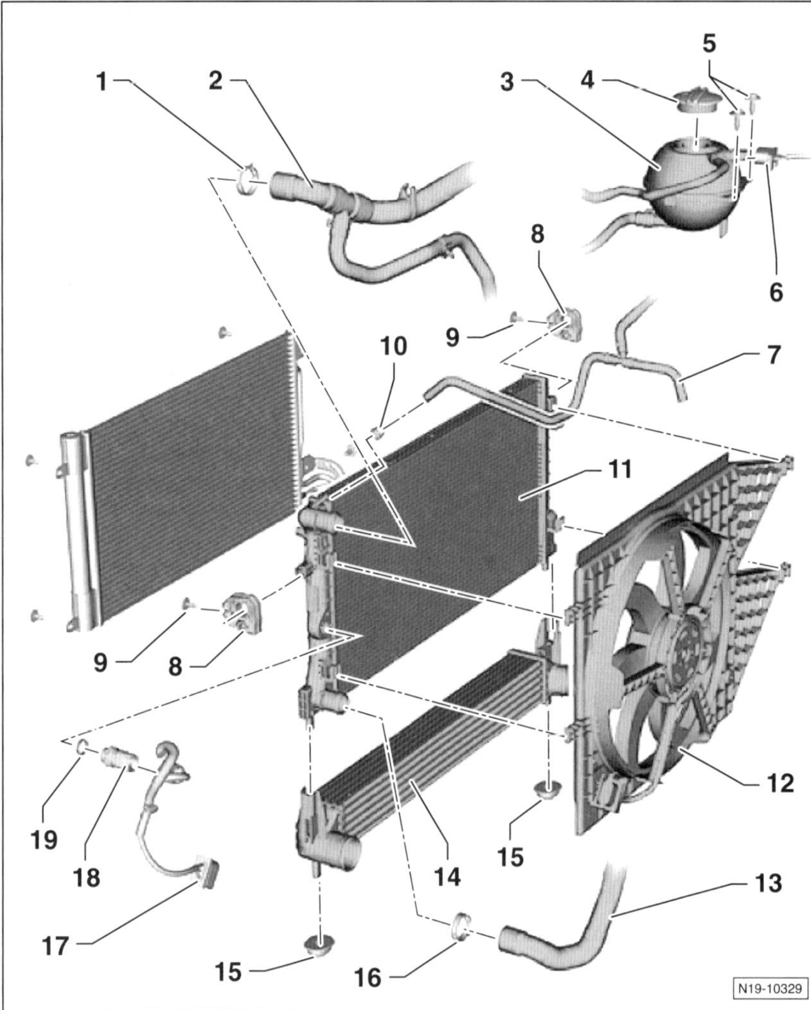

1 – **Schelle**
Bei Beschädigung ersetzen.

2 – **Kühlmittelschlauch oben**

3 – **Ausgleichbehälter**

4 – **Verschlussdeckel**
Prüfdruck: 1,4 – 1,6 bar Überdruck.

5 – **Schrauben, 5 Nm**

6 – **Stecker**

7 – **Kühlmittelschlauch**

8 – **Kühlerlager**

9 – **Schraube, 5 Nm**

10 – **Schelle**
Bei Beschädigung ersetzen.

11 – **Kühler**
Nach dem Ersetzen gesamtes Kühlmittel erneuern.

12 – **Kühlerlüfter/Luftführungshutze**

13 – **Kühlmittelschlauch unten**

14 – **Ladeluftkühler**
Kann nur zusammen mit dem Kühler ausgebaut werden.

15 – **Lager unten**
Schwarz.

16 – **Schelle**
Bei Beschädigung ersetzen.

17 – **Stecker**

18 – **Thermoschalter, 35 Nm**
Für Kühlerlüfter.
Schalttemperaturen:
1. Stufe ein . . . . 92° – 97° C
1. Stufe aus . . . . 84° – 91° C
2. Stufe ein. . . . 99° – 105° C
2. Stufe aus . . . . 91° – 98° C

19 – **Dichtring***

*) Immer ersetzen.

Ausbau

Hinweis: Der Ausbau für Fahrzeuge mit Klimaanlage wird hier nicht beschrieben, da die Klimaanlage hierzu geöffnet und das Kältemittel abgesaugt werden muss. Dazu ist eine spezielle Vorrichtung nötig, die nur in der Fachwerkstatt zur Verfügung steht.

- Schlossträger in Servicestellung bringen, siehe Seite 280.
- Verbindungsschläuche zum Ladeluftkühler ausbauen, dazu Schlauchschellen öffnen und zurückschieben.
- Kühlmittel ablassen, siehe entsprechendes Kapitel.
- Kühlmittelschläuche vom Kühler abziehen.
- Stecker von Thermoschalter und Kühlerlüfter abziehen.

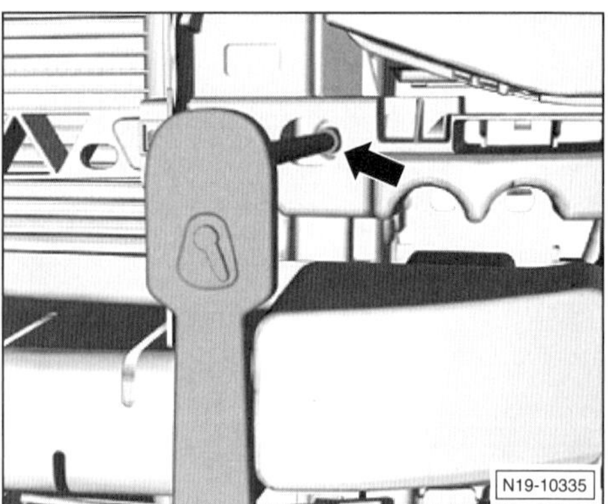

- Kühler abschrauben –Pfeil– und mit Ladeluftkühler nach oben herausnehmen.

Einbau

- Der Einbau erfolgt in umgekehrter Ausbaureihenfolge.
- Kühlmittel auffüllen, siehe entsprechendes Kapitel.

Kühlerlüfter aus- und einbauen

1,2-/1,6-l-Dieselmotor

Ausbau

- Schlossträger in Servicestellung bringen, siehe Seite 280.

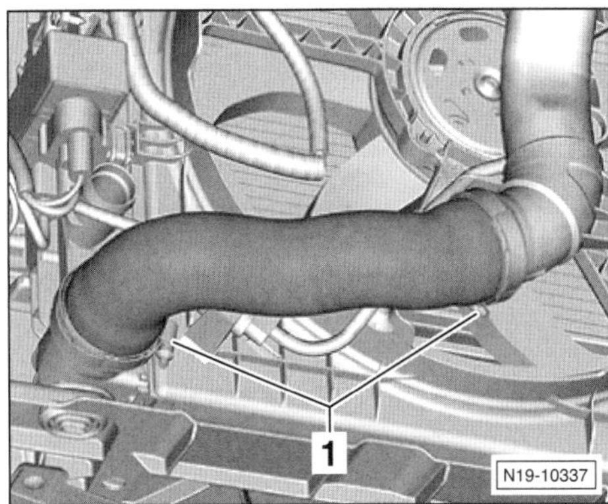

- Verbindungsschlauch »heiße Seite« zum Ladeluftkühler ausbauen, dazu Schlauchschellen –1– öffnen und zurückschieben.
- Stecker für Kühlerlüfter abziehen.

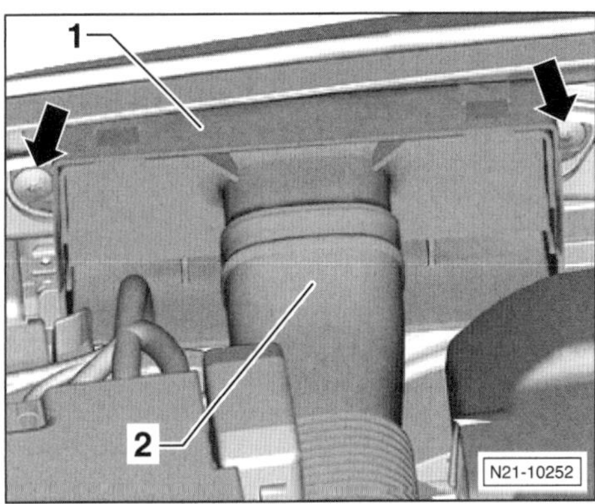

- Ansaug-Lufthutze –1– abschrauben –Pfeile– und mit Verbindungsschlauch –2– zum Luftfilter herausnehmen.

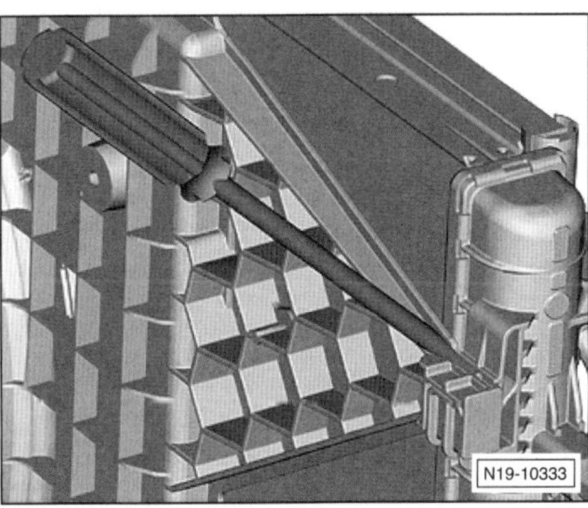

- Mit einem Schraubendreher die Rasthaken an der Luftführungshutze des Kühlerlüfters ausrasten und Hutze mit Lüfter herausnehmen.

Falls der Kühlerlüfter ersetzt werden soll:

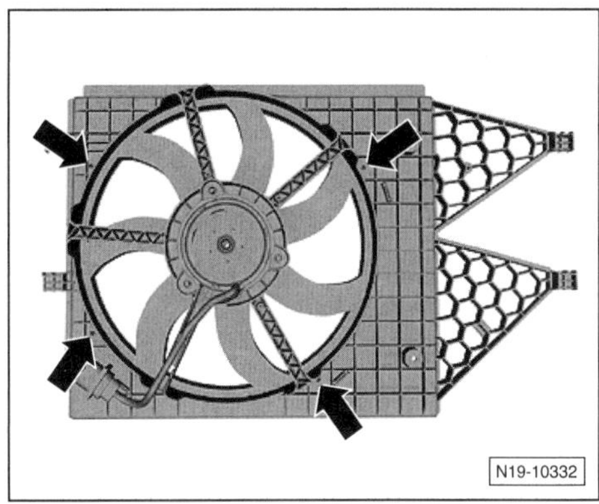

- Steckverbindung aus der Halterung an der Lüfterhutze herausnehmen.
- Stifte für Spreiznieten –Pfeile– zurückdrücken.

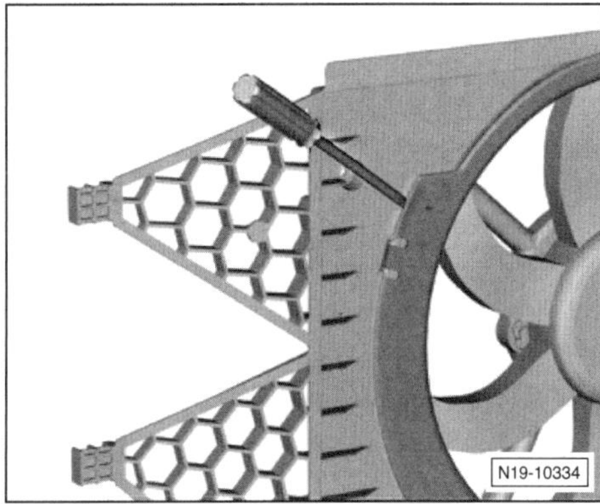

- Lüfterring mit einem Schraubendreher anheben und abnehmen.
- 3 Muttern für Kühlerlüfter abschrauben und Lüfter von der Hutze abnehmen.

Einbau

- Der Einbau erfolgt in umgekehrter Ausbaureihenfolge. Lüfter mit **5 Nm** anschrauben.

Störungsdiagnose Motor-Kühlung

Störung: Die Kühlmitteltemperatur ist zu hoch, die Warnleuchte im Kombiinstrument leuchtet während der Fahrt.

Ursache	Abhilfe
Zu wenig Kühlflüssigkeit im Kreislauf.	■ Der Kühlmittelstand soll bei kaltem Motor (Kühlmitteltemperatur ca. +20° C) zwischen der MAX- und der MIN-Markierung liegen, also im gerasterten Bereich der Anzeige am Ausgleichbehälter. Bei warmem Motor darf der Kühlmittelstand etwas über der MAX-Markierung stehen. Gegebenenfalls Kühlmittel nachfüllen. Kühlsystem auf Dichtheit prüfen.
Kühlmittelregler (Thermostat) öffnet nicht, Kühlflüssigkeit zirkuliert nur im kleinen Kreislauf.	■ Prüfen, ob der obere Kühlmittelschlauch warm wird. Wenn nicht, Kühlmittelregler (Thermostat) ausbauen und prüfen, gegebenenfalls ersetzen. Unterwegs (nicht beim TSI-Motor): Thermostat ausbauen. Ohne Thermostat erreicht der Motor seine normale Betriebstemperatur später oder gar nicht, deshalb defekten Thermostat alsbald ersetzen.
Kühlerlamellen verschmutzt.	■ Kühler von der Motorseite her mit Pressluft durchblasen.
Kühler innen durch Kalkablagerungen zugesetzt, unterer Kühlerschlauch wird nicht warm.	■ Kühler erneuern.
Elektrolüfter läuft nicht.	■ Stecker am Lüftermotor auf festen Sitz und guten Kontakt prüfen. ■ Sicherung für Kühlerlüfter prüfen.
Ausgleichbehälter-Verschlussdeckel defekt.	■ Druckprüfung durchführen, ggf. Verschlussdeckel ersetzen.
Kühlmitteltemperaturanzeige defekt.	■ Anzeigegerät/Geber überprüfen lassen.

Motor-Management

Aus dem Inhalt:

- **Benzineinspritzanlage**
- **Dieseleinspritzanlage**
- **Kraftstoffanlage**
- **Luftfilter ausbauen**

Im Kapitel »Motor-Management« sind die Themen »Benzin-Einspritzanlage« und »Diesel-Einspritzanlage« zusammengefasst.

Benzin-Einspritz- und Zündanlage

Das elektronische Motor-Management regelt die Kraftstoffzuteilung und das Zündsystem. Die Vorteile des elektronischen Motormanagements sind:

- Genau dosierte Kraftstoffmenge in jedem Betriebszustand des Motors, dadurch geringer Verbrauch bei guten Fahrleistungen.
- Reduzierung der Abgas-Schadstoffe durch exakte Kraftstoffzumessung und den Einsatz eines geregelten Katalysators.
- Die Eigendiagnose des Motor-Managements ermöglicht ein schnelleres Auffinden von Defekten. Das System ist mit einem Fehlerspeicher ausgestattet. Treten während des Betriebs Defekte auf, werden diese im Speicher abgelegt. Sollte der Motor nicht einwandfrei arbeiten, kann die Fachwerkstatt gegen Kostenerstattung eine Fehlerliste ausdrucken, damit gegebenenfalls der Defekt dann selbst behoben werden kann.

Das Steuergerät entspricht einem kleinen sehr schnell arbeitenden Computer. Es bestimmt den optimalen Zündzeitpunkt, den Einspritzzeitpunkt und die Kraftstoff-Einspritzmenge. Dabei erfolgt eine Abstimmung des Steuergeräts mit anderen Fahrzeugsystemen, beispielsweise der Getriebesteuerung oder der Wegfahrsperre.

Die Bauteile des Zünd- und Einspritzsystems sind langzeitstabil und praktisch wartungsfrei. Nur der Luftfiltereinsatz sowie die Zündkerzen müssen im Rahmen der Wartung gewechselt werden. Wesentliche Einstell- und Reparaturarbeiten können nur mit Hilfe von teuren Prüfgeräten durchgeführt werden, so dass diese Arbeiten nur noch von entsprechend ausgerüsteten Fachwerkstätten ausgeführt werden können.

Sicherheitsmaßnahmen bei Arbeiten am Benzin-Einspritzsystem

Das Kraftstoffsystem steht unter Druck! Vor dem Lösen der Schlauchverbindungen einen dicken Putzlappen um die Verbindungsstelle legen. Dann durch vorsichtiges Abziehen des Schlauches den Druck abbauen. **Achtung:** Beim **Direkteinspritz-Motor kann auf diese Weise nur der Druck im Niederdruckteil (bis ca. 6 bar) abgebaut werden. Zum Druckabbau im Hochdruckteil (bis ca. 120 bar) werden spezielle Werkstattgeräte benötigt.** Der Hochdruckteil reicht von der am Zylinderkopf angeflanschten Hochdruckpumpe bis zu den Einspritzventilen.

- **Kein offenes Feuer, nicht rauchen, keine glühenden oder sehr heißen Teile in die Nähe des Arbeitsplatzes bringen. Unfallgefahr! Feuerlöscher bereitstellen.**
- **Unbedingt für gute Belüftung des Arbeitsplatzes sorgen. Kraftstoffdämpfe sind giftig.**

Achtung: Bei Arbeiten am Einspritzteil des Systems sind auch die allgemeinen Sicherheits- und Sauberkeitsregeln zu befolgen, siehe Kapitel »Kraftstoffanlage«.

Diesel-Einspritzanlage

Die Dieseleinspritzung wird vollelektronisch durch das Motor-Management geregelt. Die Vorteile sind:

- Die Eigendiagnose des Motor-Managements ermöglicht ein schnelleres Auffinden von Defekten.
- Genau dosierte Kraftstoffmenge. Dadurch Reduzierung der Abgas-Schadstoffe und geringer Verbrauch.
- Das Einstellen von Leerlaufdrehzahl und Abregeldrehzahl ist nicht erforderlich.

Die Bauteile des Diesel-Einspritzsystems sind langzeitstabil und praktisch wartungsfrei. Nur der Motor-Luftfiltereinsatz und der Kraftstofffilter müssen im Rahmen der Wartung gewechselt werden.

Benzin-Einspritzanlage

Funktion des Motormanagements beim Benzinmotor

Der Kraftstoff wird aus dem Kraftstoffvorratsbehälter (Tank) von der elektrischen Kraftstoffpumpe angesaugt und über den vor dem Tank angebrachten Kraftstofffilter zum Kraftstoffverteiler gefördert. Ein Druckregler im Kraftstoffsystem sorgt je nach Motor für einen konstanten Druck von 3,0 bar.

1,2-l-Motor mit 44/51 kW

Über elektrisch angesteuerte Einspritzventile wird der Kraftstoff stoßweise in das Ansaugrohr direkt vor die Einlassventile des Motors gespritzt. Das Motor-Steuergerät steuert die Einspritzventile sequentiell, also in Zündreihenfolge, an und regelt die Einspritzzeit und dadurch die Einspritzmenge.

1,2-/1,4-l-Motor mit Benzin-Direkteinspritzung

Beim Benzin-Direkteinspritz-Motor wird der Kraftstoff nicht in das Ansaugrohr, sondern direkt in den Zylinder eingespritzt.

Während konventionelle Ottomotoren auf ein homogenes Kraftstoff-/Luft-Gemisch angewiesen sind, können Motoren mit Benzin-Direkteinspritzung im Teillastbereich durch gezielte Ladungsschichtung mit hohem Luftüberschuss betrieben werden. Dafür ist ein zweiflutiger Ansaugkanal erforderlich. Im Schichtladungsbetrieb schließt die Saugrohrklappe den unteren Ansaugkanal, damit die angesaugte Luftmasse über den oberen Ansaugkanal beschleunigt wird und walzenförmig in den Zylinder einströmen kann. Zusätzlich wird die Strömung durch eine Mulde im Kolben verstärkt. Kurz vor dem Zündzeitpunkt wird im Verdichtungstakt unter hohem Druck (50 – 100 bar) der Kraftstoff direkt in den Brennraum eingespritzt.

Das Kraftstoffsystem besteht aus einem Niederdruck- und einem Hochdruckteil. Im Niederdrucksystem wird der Kraftstoff von einer elektrischen Kraftstoffpumpe mit circa 4 bar (max. 5 bar bei Heiß- und Kaltstart) über den Kraftstofffilter zur Hochdruckpumpe gefördert. Im Hochdrucksystem strömt der Kraftstoff mit 50 – 100 bar aus der Hochdruckpumpe in das Kraftstoffverteilerrohr (Common-Rail) und wird dort auf die vier Hochdruck-Magnet-Einspritzventile verteilt.

Alle Benzinmotoren

Die Verbrennungsluft wird vom Motor über den Luftfilter angesaugt und gelangt durch das Drosselklappenteil sowie das Ansaugrohr bis zu den Einlassventilen. Geregelt wird die Luftmenge durch die Drosselklappe, die über einen Schrittmotor vom Motor-Steuergerät betätigt wird. Bei den TSI-Motoren wird der Luftdurchsatz durch einen Abasturbolader beziehungsweise durch einen zusätzlichen Kompressor (Twin-Charger) erhöht.

Elektrisches Gaspedal

Anstelle eines herkömmlichen Gaszuges befindet sich am Gaspedal ein Pedalwertgeber, der dem Motor-Steuergerät die aktuelle Gaspedalstellung übermittelt. Aufgrund dieser Signale regelt das Steuergerät über einen elektrischen Stellmotor die Stellung der Drosselklappe.

Im Gehäuse des Pedalwertgebers sitzen 2 Schleifpotentiometer, die auf einer gemeinsamen Welle befestigt sind. Mit jeder Änderung der Gaspedalstellung ändern sich auch die Widerstände der Schleifpotentiometer und die Spannungen, die an das Motor-Steuergerät gesendet werden.

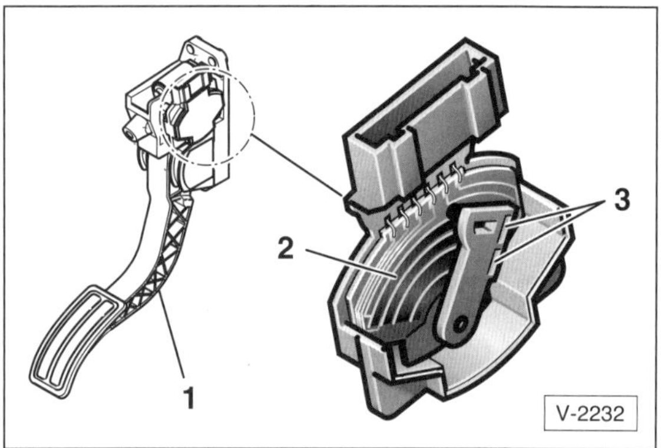

1 – Gaspedal, 2 – Schleiferbahn, 3 – Geber 1 + 2

Bei Ausfall eines Gebers leuchtet die Fehlerlampe für elektrische Gasbetätigung und es wird ein Fehler im Fehlerspeicher des Motor-Steuergerätes abgelegt. Fallen beide Geber aus, läuft der Motor mit erhöhter Leerlaufdrehzahl und reagiert nicht mehr auf das Gaspedal.

Drosselklappen-Steuereinheit

Die **Drosselklappe** sitzt in einer zentralen **Steuereinheit**, in der verschiedene Funktionen integriert sind. Vornehmliche Aufgabe der Steuereinheit ist es, unter allen Betriebsbedingungen und Motorbelastungen durch Zusatzgeräte, wie beispielsweise Servolenkung oder Klimakompressor, die Leerlaufdrehzahl des Motors zu stabilisieren.

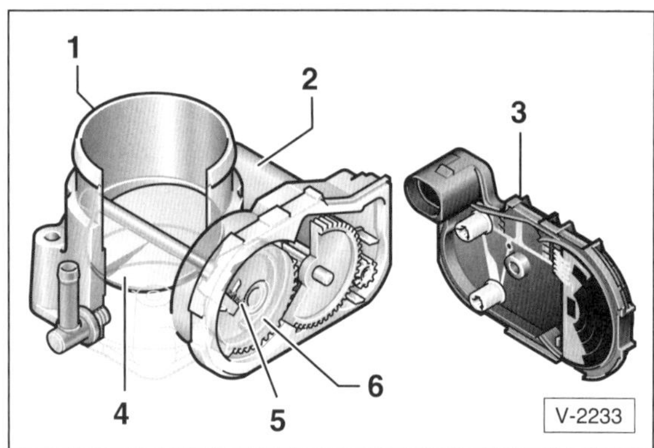

1 – Drosselklappengehäuse
2 – Drosselklappenantrieb (Stellglied der Drosselklappe)
3 – Gehäusedeckel mit integrierter Elektronik
4 – Drosselklappe
5 – Drosselklappenpotentiometer (Winkelgeber 1+2 für Drosselklappenantrieb)
6 – Zahnrad mit Feder-Rückstellsystem

Das **Stellglied Drosselklappe** besteht aus einem elektrischen Stellmotor und einem Zahnradsystem mit Rückstellfeder. Es reguliert die Stellung der Drosselklappe. Dadurch wird eine gleich bleibende Leerlaufdrehzahl erreicht, unabhängig davon, ob gerade Zusatzverbraucher, wie beispielsweise die Servolenkung oder der Klimakompressor, eingeschaltet sind.

Das **Drosselklappenpotentiometer** befindet sich an der **Drosselklappenwelle** und übermittelt dem Steuergerät die momentane Winkelstellung der Drosselklappe. Ein zweites Potentiometer übermittelt einen Referenzwert an das Steuergerät und sorgt für ein Ersatzsignal beim Ausfall des Drosselklappenpotentiometers.

Hinweise zu Leerlaufdrehzahl/Zündzeitpunkt/CO-Gehalt prüfen und einstellen

Im Rahmen der Wartung ist es nicht erforderlich, Leerlaufdrehzahl, Zündzeitpunkt und CO-Gehalt einzustellen, da die Werte permanent elektronisch nachgeregelt werden.

Falls die tatsächlichen Betriebswerte von den Sollwerten abweichen, liegt die Ursache in defekten Bauteilen, die ersetzt werden müssen. Eine fachgerechte Prüfung des Motormanagements ist nur mit speziellen Diagnosegeräten möglich.

Allgemeine Prüfung der Benzin-Einspritzanlage

Für eine systematische Fehlersuche beziehungsweise Fehlerbehebung sind markenspezifische Messgeräte erforderlich. Diese Messgeräte sind sehr teuer und in der Regel nur in der Fachwerkstatt vorhanden. Deshalb wird hier nur eine Grundprüfung beschrieben:

- Batterie prüfen, siehe Seite 87.
- Alle Sicherungen prüfen, siehe Seite 78.
- Sämtliche Stecker und Steckverbindungen des betroffenen elektronischen Systems abziehen und aufstecken. Festen Sitz der Steckverbindungen und Fixierung der Kabel im Motorraum prüfen.
- Alle Masseverbindungen auf festen Sitz und einwandfreien Kontakt prüfen.
- Schläuche und Leitungen auf Undichtigkeiten prüfen. Dabei auf Porosität und Risse achten. Lockere Anschlüsse befestigen.

Achtung: Keine silikonhaltigen Dichtmittel verwenden. Vom Motor angesaugte Silikonspuren werden nicht verbrannt und schädigen die Lambdasonde.

1,4-l-Motor CPTA mit 103 kW

1 – **Ventil 1 für Nockenwellenverstellung**
2 – **Ventil 1 für Nockenwellenverstellung im Auslass**
3 – **Lambdasonde 1 und Heizung für Lambdasonde 1**
4 – **Lambdasonde 2 nach Katalysator und Heizung für Lambdasonde 2 nach Katalysator**
5 – **Auslassnockensteller für Zylinder 2**
6 – **Auslassnockensteller für Zylinder 3**
7 – **Ladedrucksteller**
8 – **Einlassnockensteller für Zylinder 2**
9 – **Einlassnockensteller für Zylinder 3**
10 – **Kühlmitteltemperaturgeber**
11 – **Hallgeber 3**
12 – **Hallgeber**
13 – **Motorsteuergerät**
14 – **Kühlmitteltemperaturgeber am Kühlerausgang**
15 – **Drosselklappensteuereinheit** Mit Drosselklappenantrieb für elektrische Gasbetätigung und mit Winkelgeber 1 sowie Winkelgeber 2 für Drosselklappenantrieb.
16 – **Ladedruckgeber/ Ansauglufttemperaturgeber 1**
17 – **Ansauglufttemperaturgeber 2/ Saugrohrdruckgeber**
18 – **Pumpe für Ladeluftkühlung**
19 – **Zündspulen mit Leistungsendstufen**

Saugrohr, Kraftstoffverteiler Einspritzventile

1,2-l-Benzinmotor 44/51 kW

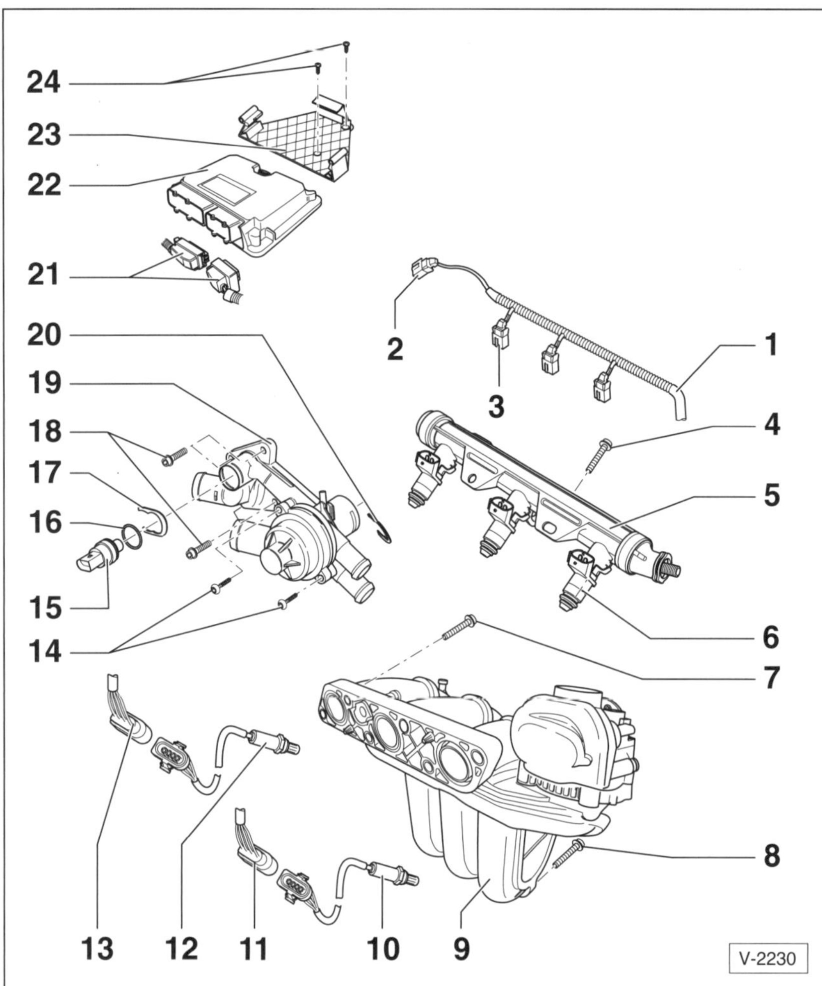

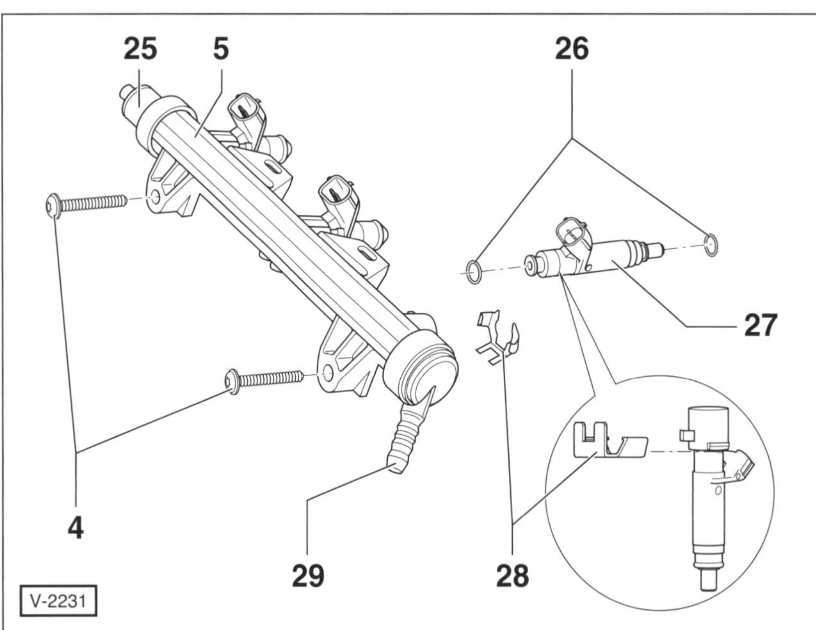

1 – Leitungsführung

2 – Anschlusssstecker
Für Motordrehzahlgeber, schwarz, 2-polig.

3 – Anschlusssstecker
Für Einspritzventil, schwarz, 2-polig.

4 – Schraube, 10 Nm

5 – Kraftstoffverteiler mit Einspritzventilen

6 – Einspritzventil

7 – Schraube, 20 Nm

8 – Schraube, 20 Nm

9 – Saugrohr

10 – Lambdasonde 1, 50 Nm
Vor dem Katalysator eingebaut. Gewinde vor dem Einbau mit VW-G 052 112 A3 fetten. **Achtung:** Das Fett darf nicht an die Schlitze des Sondenkörpers kommen.

11 – Steckverbindung
Für Lambdasonde 1 (vor Katalysator), mit Heizung , 6-fach, schwarz, Kontakte 3 und 4 vergoldet.

12 – Lambdasonde 2, 50 Nm
Nach dem Katalysator eingebaut. Gewinde vor dem Einbau mit VW-G5 fetten. **Achtung:** Das Fett darf nicht an die Schlitze des Sondenkörpers kommen.

13 – Steckverbindung
Für Lambdasonde 2 (nach Katalysator), 4-fach, schwarz.

14 – Schrauben, 10 Nm

15 – Geber für Kühlmitteltemperatur
Für Motor-Steuergerät, mit Geber für Kühlmitteltempertur-Anzeige, Anschlussfarbe: grün. Vor dem Ausbau gegebenenfalls Druck im Kühlsystem abbauen.

16 – O-Ring
Bei Beschädigung ersetzen.

17 – Halteklammer
Auf festen Sitz prüfen.

18 – Schrauben, 10 Nm

19 – Kühlmittelregler-Gehäuse

20 – Halteklammer
Auf festen Sitz prüfen.

21 – Anschlusssstecker
Achtung: Stecker nur bei ausgeschalteter Zündung abziehen oder aufstecken.

22 – Motor-Steuergerät
Bei Ersatz muss das Steuergerät an die Wegfahrsicherung angepasst werden.

23 – Halterahmen für Motor-Steuergerät

24 – Schrauben, 5 Nm

25 – Entlüftungsstutzen

26 – O-Ring
Immer ersetzen. Vor dem Einbau leicht mit neuem Motoröl benetzen.

27 – Einspritzventil

28 – Halteklammer

29 – Vorlaufleitung
Schwarz mit weißer Markierung.

Diesel-Einspritzanlage

Diesel-Einspritzverfahren

Beim Dieselmotor wird reine Luft in die Zylinder angesaugt und dort sehr hoch verdichtet. Dadurch steigt die Temperatur in den Zylindern über die Zündtemperatur des Dieselöls an. Wenn der Kolben kurz vor dem Oberen Totpunkt steht, wird in die hoch verdichtete und etwa +600° C heiße Luft der Kraftstoff direkt in den Brennraum eingespritzt. Das Dieselöl zündet von selbst, Zündkerzen sind also nicht erforderlich.

Der Kraftstoff wird durch eine elektrische Kraftstoffpumpe aus dem Tank zur Hochdruckpumpe gefördert. Diese baut bereits bei niedrigen Motordrehzahlen einen sehr hohen Druck von ca. 1800 bar auf. Von der Hochdruckpumpe führt eine gemeinsame Kraftstoffleitung (Common Rail) zu den Einspritzventilen der einzelnen Zylinder. Die gemeinsame Kraftstoffleitung dient als Druckspeicher und verteilt den Kraftstoff mit konstantem Druck an die Einspritzventile. Die erforderliche Kraftstoff-Einspritzmenge wird vom Motor-Steuergerät über die Einspritzventile (Magnet- oder Piezo-Injektoren) den einzelnen Zylinder exakt zugeteilt.

Bevor der Kraftstoff in die Hochdruckpumpe gelangt, durchfließt er den Kraftstofffilter. Dort werden Verunreinigungen und Wasser zurückgehalten. Es ist deshalb äußerst wichtig, den Kraftstofffilter entsprechend der Wartungsvorschrift auszuwechseln.

Achtung: Bei Arbeiten an der Kraftstoffanlage Sicherheits- und Sauberkeitsregeln beachten, siehe Seite 235.

Diesel-Vorglühanlage

Bei sehr kaltem Motor wird die Selbstzündungstemperatur für den Diesel-Kraftstoff durch die Verdichtung allein nicht erreicht, deshalb muss vorgeglüht werden. Dazu befindet sich in jedem Brennraum eine Glühkerze, die den Brennraum aufheizt. Die Glühkerze besteht im wesentlichen aus einem Gehäuse mit eingepresstem Heizstab. Die Dauer des Vorglühens ist abhängig von der Umgebungstemperatur und wird durch das Motor-Steuergerät über ein Vorglührelais gesteuert. **Hinweis:** Aufgrund der guten Kaltstarteigenschaften des Dieseldirekteinspritzmotors ist ein Vorglühen überwiegend erst bei Temperaturen unter ca. 0° C erforderlich.

Die Vorglühanlage wird über ein Steuergerät für Glühzeitautomatik angesteuert. Dieses Steuergerät befindet sich auf dem Zusatz-Relaisträger unterhalb der E-Box im Motorraum, in Fahrtrichtung gesehen, links. Bei einem Fehler in der Vorglühanlage wird durch das Vorglüh-Steuergerät ein Fehler im Fehlerspeicher des Motorsteuergeräts abgelegt. Dabei wird jede Glühkerze einzeln angesteuert und überprüft.

Glühkerzen aus- und einbauen

Es können Metall- oder Keramik-Glühkerzen eingebaut sein. Beim Erneuern unbedingt auf richtige Ersatzteil-Zuordnung achten.

Merkmale der Keramik-Glühkerzen

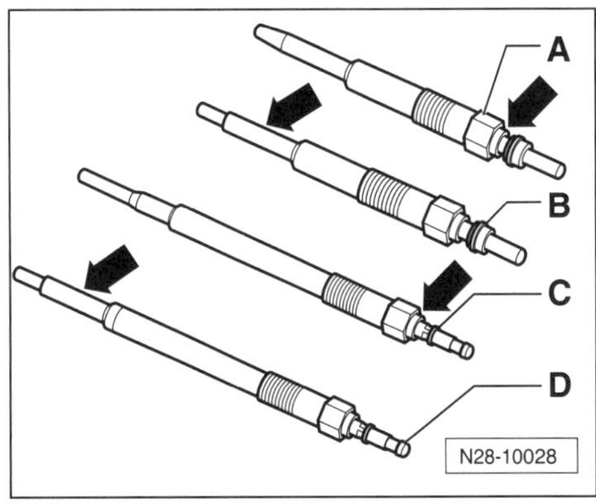

Motoren mit 2-Ventil-Zylinderkopf

A – Metall-Glühkerze mit Farbcodierung –Pfeil–.

B – Keramik-Glühkerze mit Stützrohr –Pfeil–, ohne Farbcodierung.

Motoren mit 4-Ventil-Zylinderkopf

C – Metall-Glühkerze mit Farbcodierung –Pfeil–.

D – Keramik-Glühkerze mit Stützrohr –Pfeil–, ohne Farbcodierung.

Achtung: Keramik-Glühkerzen sind gegen Stoß und Biegung sehr empfindlich und müssen daher besonders vorsichtig behandelt werden. Selbst bei einem Fall aus geringer Höhe (ca. 2 cm) muss die Glühkerze ersetzt werden; auch dann, wenn kein äußerlich sichtbarer Schaden (Haarriss) vorliegt.

- Bestehen Zweifel am einwandfreien Zustand einer Glühkerze, so ist diese immer zu ersetzen.
- Beim Wechsel muss immer die gleiche Glühkerzenart eingebaut werden.
- Vor dem Einbau Gewinde im Zylinderkopf vollständig von Ablagerungen säubern. Gewinde im Zylinderkopf oder an den Glühkerzen nicht einölen oder fetten.

Achtung: Nach dem Einbau und vor dem ersten Motorstart am kalten Motor Widerstand der Glühkerzen prüfen. Sollwert: max. 1 Ω. Gegebenenfalls defekte Glühkerze ersetzen.

Sollte eine defekte Keramik-Glühkerze gebrochen sein, unbedingt alle Bruchstücke aus dem Motor entfernen, da es sonst zu Motorschaden kommen kann.

1,2-l-Motor

- Motorabdeckung oben ausbauen, siehe Seite 195.
- Glühkerzenstecker abziehen und Glühkerzen mit Gelenkschlüssel SW-10 herausdrehen
- Der Einbau erfolgt in umgekehrter Ausbaureihenfolge. Glühkerzen mit **15 Nm** festziehen

1,6-l-Motor

Ausbau

- Obere Motorabdeckung ausbauen, siehe Seite 195.
- Geräuschdämpfung von den Injektoren abnehmen.

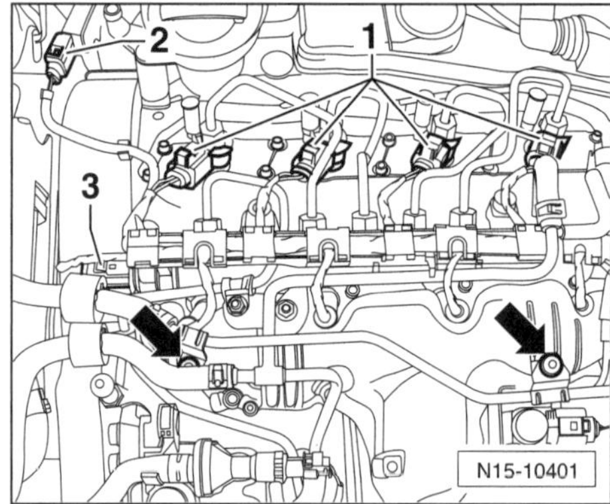

- Stecker –1– von den Injektoren abziehen.
- Stecker –2– vom Abgas-Drucksensor abziehen.
- Stecker –3– vom Rail-Drucksensor abziehen.
- Befestigungsschrauben –Pfeile– der Kühlmittelleitung auf dem Saugrohr herausdrehen und Leitung vor dem Saugrohr ablegen.

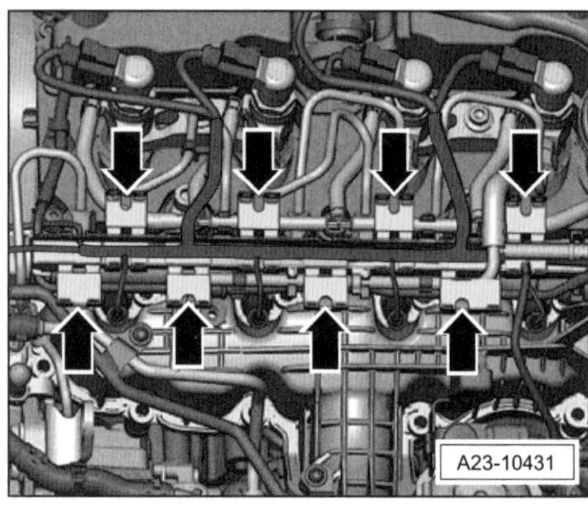

- Verrastungen –Pfeile– der Kabelführung für Glühkerzen öffnen und Leitungsstrang freilegen.

Achtung: Stecker für Glühkerzen mit geeigneter Zange, zum Beispiel VW-3314 abziehen. Darauf achten, dass keine Kabelverbindung beim Abziehen der Stecker beschädigt wird. Zange nicht zu fest zusammendrücken, sonst kann die Stützhülse des Steckers beschädigt werden. Wird dennoch ein Kabel oder ein Stecker beschädigt, muss der komplette Leitungsstrang erneuert werden.

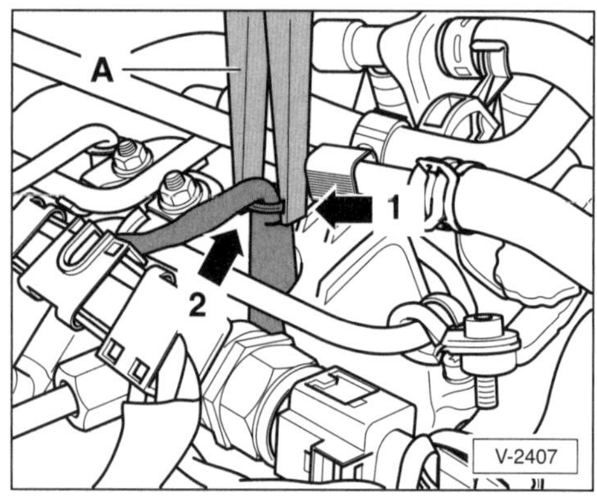

- Zange –A– mit der Zangennut –Pfeil 1– am Bund der Stützhülse –Pfeil 2– ansetzen. Zum Ausbau sind folgende Zangen geeignet: HAZET-666-1 oder 4760-5.

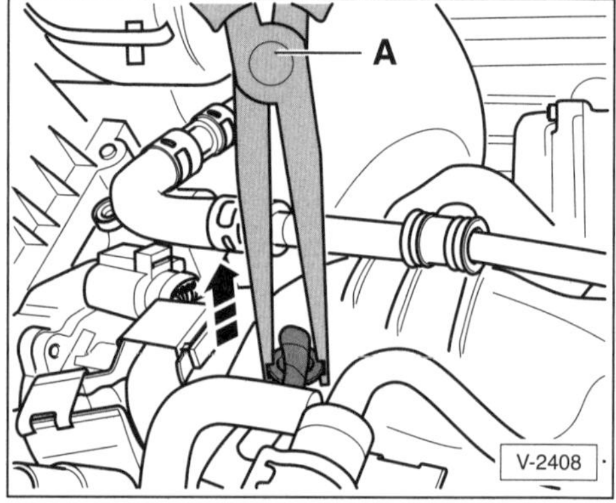

- Glühkerzenstecker mit Zange –A– vorsichtig in Pfeilrichtung abziehen.

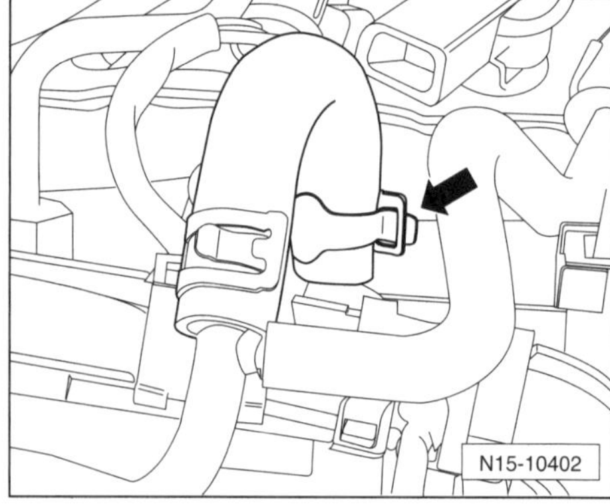

- Befestigungsmutter der Kraftstoffrücklaufleitung auf dem Saugrohr abschrauben. Schelle –Pfeil– öffnen und Rücklaufleitung vom Rail abziehen.

Achtung: Auf absolute Sauberkeit achten. Rücklaufleitungen und Anschlüsse an den Injektoren mit sauberen Stopfen verschließen. Auf keinen Fall darf Schmutz in die Öffnungen gelangen.

- Komplette Rücklaufleitung abnehmen und vor dem Saugrohr ablegen.

- Kabelkanal abnehmen und zur Seite legen.

Achtung: Beim Herausschrauben der Glühkerzen darf kein Schmutz in den Zylinder fallen. Daher unbedingt Glühkerzenkanal im Zylinderkopf sorgfältig reinigen.

- Dazu zuerst groben Schmutz aus dem Glühkerzenkanal mit einem Staubsauger aussaugen. Dann Bremsenreiniger oder geeigneten Reiniger in den Glühkerzenkanal sprühen und kurze Zeit einwirken lassen. Anschließend Glühkerzenkanal mit Pressluft ausblasen. Danach Glühkerzenkanal mit einem ölbenetzten Lappen reinigen.
- Glühkerzen mit Gelenkschlüssel SW-10, zum Beispiel HAZET 2530 oder VW/AUDI-3220, herausschrauben.

Einbau

- Glühkerzen mit Gelenkschlüssel einschrauben und mit **18 Nm** festziehen.
- Glühkerzenstecker an den Glühkerzen aufstecken. Durch leichtes Ziehen an den Kerzensteckern festen Sitz prüfen.
- Der weitere Einbau erfolgt in umgekehrter Ausbaureihenfolge.
- Falls erforderlich, Fehlerspeicher des Motorsteuergerätes löschen.

Vorglühanlage prüfen

1,2-l-Motor

Funktion prüfen

- Stecker vom Geber für Kühlmitteltemperatur am oberen Kühlmittel-Anschlussstutzen abziehen.

Hinweis: Durch Abziehen des Steckers wird der Motorzustand »kalt« simuliert und beim Einschalten der Zündung ein Vorglühvorgang durchgeführt.

- Glühkerzenstecker von den Glühkerzen abziehen.

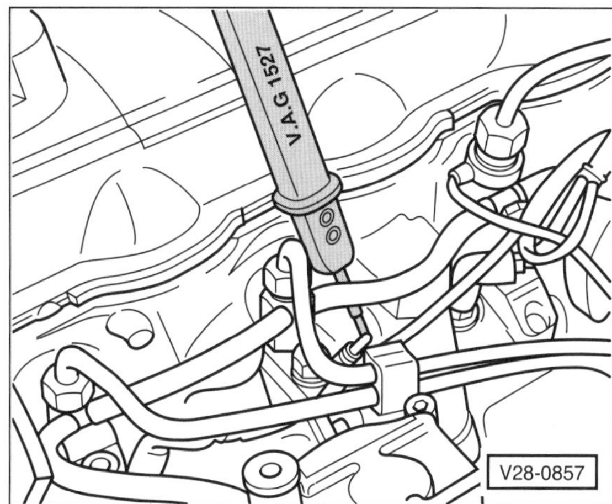

- Multimeter zur Spannungsmessung zwischen einen Glühkerzenstecker und Motormasse anschließen.
- Zündung einschalten und Spannung prüfen. Sollwert: ca. Batteriespannung.
- Wird der Sollwert nicht erreicht: Leitungsunterbrechung beziehungsweise Kurzschluss beseitigen.

Glühkerzen prüfen

Prüfbedingung: Batteriespannung mindestens 11,5 V.

- Zündung ausschalten.
- Glühkerzenstecker von den Glühkerzen abziehen.
- Diodenprüflampe an den Pluspol der Batterie (+) anklemmen und nacheinander an jede Glühkerze anlegen.
  Diode leuchtet: Glühkerze ist in Ordnung.
  Diode leuchtet nicht: Glühkerze ersetzen.
- Sämtliche Stecker aufstecken und Fehlerspeicher löschen lassen (Fachwerkstatt).

Common-Rail Diesel-Einspritzsystem

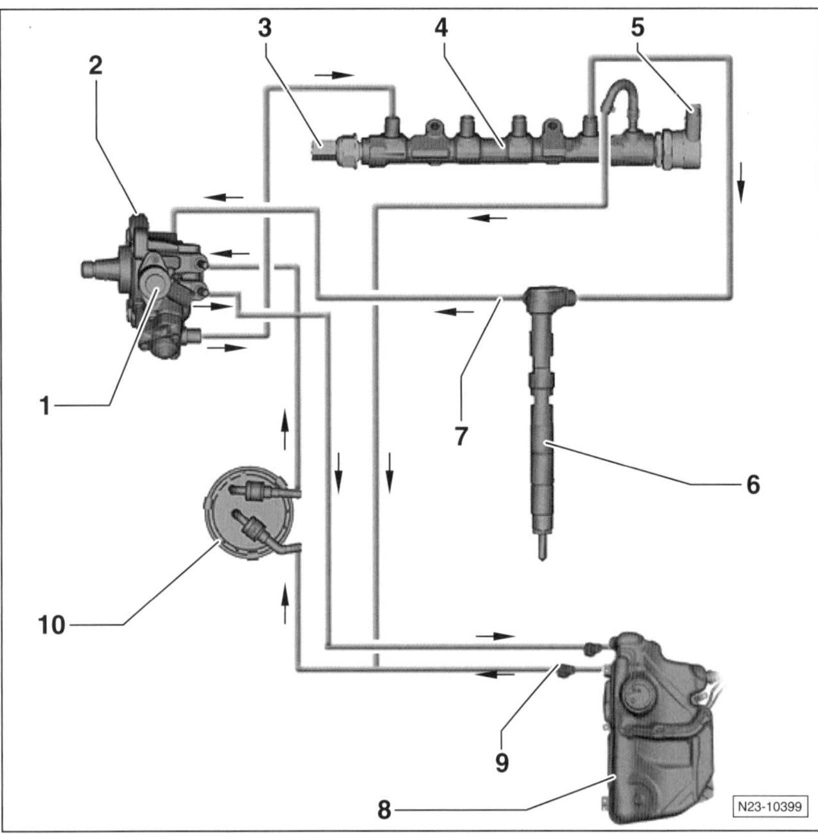

1,2-l-TDI-Motor

1 – **Ventil für Kraftstoffdosierung**
Nicht öffnen, nicht ausbauen.

2 – **Kraftstoff-Hochdruckpumpe**

3 – **Kraftstoff-Druckgeber, 100 Nm**

4 – **Rail-Element**
Hochdruckspeicher, Kraftstoffverteilerrohr.

5 – **Regelventil, 80 Nm**
Für Kraftstoffdruck. Nicht wiederverwendbar.

6 – **Injektoren**
Einspritzventile. Beim 1,2-l-Motor sind Magnetventil-, beim 1,6-l-Motor Piezo-Injektoren eingebaut.

7 – **Kraftstoffrücklaufleitungen**
Die Rücklaufleitungen dürfen nicht zerlegt werden.
Nach dem Austausch muss der Motor ca. 2 Minuten im Leerlauf laufen, um das Kraftstoffsystem zu entlüften. Anschließend Rücklaufleitungen auf Dichtigkeit prüen.
1,6-l-Motor: In den Rücklaufleitungen befindet sich ein Druckhalteventil (ohne Abbildung). Es hält in den Kraftstoffrücklaufleitungen einen Restdruck von ca. 1 bar, den die Piezo-Injektoren (Einspritzventile) zur einwandfreien Funktion benötigen.

8 – **Kraftstofftank**

9 – **Trennstellen für Kraftstoff-Vorlauf- und Rücklaufleitung**
Unten rechts am Kraftstofftank.

10 – **Kraftstofffilter**

Ladeluftkühlung – Detailübersicht

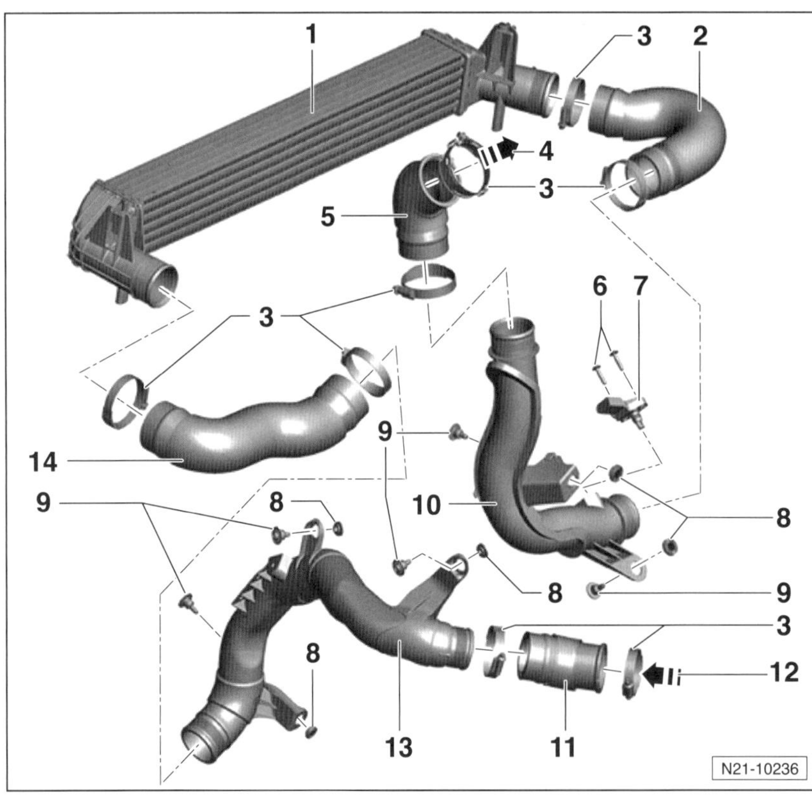

1,6-l-TDI-Motor

1 – **Ladeluftkühler**

2 – **Verbindungsschlauch**
»Kalte« Seite unten.

3 – **Schraubschelle, 8 Nm**

4 – **Zur Drosselklappensteuereinheit**

5 – **Verbindungsschlauch**
»Kalte« Seite oben.

6 – **Schrauben, 5 Nm**

7 – **Ladedruckgeber mit Ansaugluft-Temperaturgeber**

8 – **Gummitülle**
Bei Beschädigung ersetzen.

9 – **Schraube, 10 Nm**

10 – **Ladeluftrohr**
»Kalte« Seite.

11 – **Verbindungsschlauch**
»Heiße« Seite oben.

12 – **Vom Abgasturbolader**

13 – **Ladeluftrohr**
»Heiße« Seite.

14 – **Verbindungsschlauch**
»Heiße« Seite unten.

Kraftstoffanlage

Zur Kraftstoffanlage zählen der Kraftstoffvorratsbehälter (Kraftstofftank), die Kraftstoffpumpe und die Kraftstoffleitungen sowie Kraftstoff- und Luftfilter.

Der Kraftstoffvorratsbehälter des POLO ist vor der Hinterachse angeordnet und hat einen Inhalt von ca. 45 Litern. Der jeweilige Kraftstoffvorrat wird dem Fahrer im Kombiinstrument angezeigt. Über ein Entlüftungssystem wird der Tank belüftet. Die schädlichen Benzindämpfe der Tankentlüftung werden in einem Aktivkohlespeicher aufgefangen und dem Motor kontrolliert zur Verbrennung zugeführt.

Kraftstoff sparen beim Fahren

Wesentlichen Einfluss auf den Kraftstoffverbrauch hat die Fahrweise des Fahrzeuglenkers. Hier einige Tipps für den intelligenten Umgang mit dem Gaspedal:

- Nach dem Motorstart gleich losfahren, auch bei Frost.
- Motor abschalten bei voraussichtlichen Stopps über 40 Sekunden Dauer.
- Im höchstmöglichen Gang fahren.
- Möglichst gleichmäßige Geschwindigkeiten über längere Strecken fahren, hohe Geschwindigkeiten meiden. Vorausschauend fahren. Nicht unnötig bremsen.
- Keine unnötige Zuladung mitführen, Aufbauten am Fahrzeug, beispielsweise Dachgepäckträger, möglichst abbauen.
- Immer mit richtigem, nie mit zu niedrigem Reifendruck fahren.

Sicherheits- und Sauberkeitsregeln bei Arbeiten an der Kraftstoffversorgung

Bei Arbeiten an der Kraftstoffversorgung sind die folgenden Regeln zur Sicherheit und Sauberkeit sorgfältig zu beachten:

- Bei Arbeiten an der Kraftstoffanlage grundsätzlich die Fahrzeug-Batterie abklemmen. **Achtung:** Hinweise im Kapitel »Batterie aus- und einbauen« beachten.
- Verbindungsstellen und deren Umgebung vor dem Lösen gründlich reinigen.
- Ausgebaute Teile auf einer sauberen Unterlage ablegen und abdecken. Folie oder Papier verwenden. Keine fasernden Lappen benutzen!
- Geöffnete Bauteile sorgfältig abdecken beziehungsweise verschließen, wenn die Reparatur nicht umgehend ausgeführt wird.
- Ersatzteile erst unmittelbar vor dem Einbau aus der Verpackung nehmen. Nur saubere Teile einbauen.

Sicherheitsmaßnahmen bei Arbeiten am Kraftstoffsystem

Das Kraftstoffsystem steht unter Druck! Vor dem Lösen der Schlauchverbindungen den Druck abbauen. Dazu Tankdeckel kurz öffnen und wieder schließen. Einen dicken Putzlappen um die Verbindungsstelle legen. Schutzbrille aufsetzen und dann durch vorsichtiges Lösen der Verbindungsstelle den Druck abbauen. **Achtung:** Beim **Benzin-Direkteinspritz-Motor kann auf diese Weise nur der Druck im Niederdruckteil (bis ca. 4 – 6 bar) abgebaut werden. Zum Druckabbau im Hochdruckteil werden spezielle Werkstattgeräte benötigt.** Der Hochdruckteil reicht von der hinten am Zylinderkopf angeflanschten Hochdruckpumpe bis zu den Einspritzventilen. Beim **Dieselmotor** kann die Temperatur der Kraftstoffleitungen beziehungsweise des Kraftstoffes im Extremfall bis zu +100° C betragen. Vor dem Öffnen von Leitungsverbindungen Kraftstoff abkühlen lassen, da akute Verbrühungsgefahr besteht.

- **Kein offenes Feuer, nicht rauchen, keine glühenden oder sehr heißen Teile in die Nähe des Arbeitsplatzes bringen. Unfallgefahr! Feuerlöscher bereitstellen.**
- **Unbedingt für gute Belüftung des Arbeitsplatzes sorgen. Kraftstoffdämpfe sind giftig.**
- Schutzhandschuhe tragen.
- Schutzbrille tragen.

- Bei geöffneter Kraftstoffanlage möglichst nicht mit Druckluft arbeiten. Das Fahrzeug möglichst nicht bewegen.
- Keine silikonhaltigen Dichtmittel verwenden. Vom Motor angesaugte Spuren von Silikonbestandteilen werden im Motor nicht verbrannt und schädigen die Lambdasonden.
- Kraftstoffschläuche am Motor **nur** mit **Federbandschellen** sichern. **Klemm- oder Schraubschellen sind nicht zulässig.**
- Leitungen aller Art beim Einbau so verlegen, dass die ursprüngliche Leitungsführung wiederhergestellt ist. Auf ausreichenden Freigang zu beweglichen oder heißen Bauteilen achten.
- Darauf achten, dass kein Dieselkraftstoff auf die Kühlmittelschläuche läuft. Gegebenenfalls Schläuche sofort reinigen. Angegriffene Schläuche umgehend ersetzen.

Kraftstoffbehälter/Kraftstoffpumpe/Kraftstofffilter

1,2-l-Benzinmotor

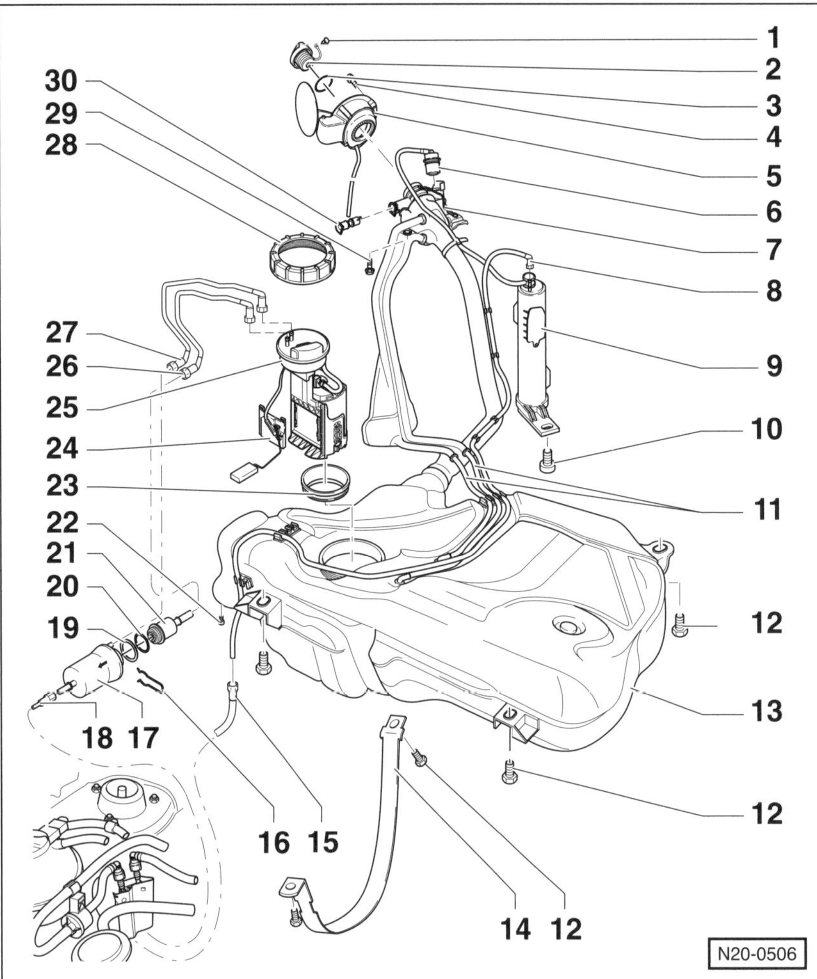

1 – **Befestigungsclip**

2 – **Verschlussdeckel**

3 – **Dichtring**
Bei Beschädigung ersetzen.

4 – **Schraube, 1,5 Nm**

5 – **Tankklappen-Einheit**
Mit Gummitopf.

6 – **Schwerkraftventil**
Verhindert, dass bei umgestürztem Fahrzeug Kraftstoff aus dem Tank ausläuft. Zum Ausbau Ventil nach oben aus dem Stutzen herausclipsen.
Ventil auf Durchgang prüfen:
Wenn das Ventil senkrecht gehalten wird, muss es offen sein; um 45° geneigt, muss es geschlossen sein.

7 – **Masseverbindung**
Auf festen Sitz prüfen.

8 – **Entlüftungsleitung**
Auf festen Sitz prüfen.

9 – **Aktivkohlebehälter**
Sitzt im Radhaus hinten rechts.

10 – **Schraube, 10 Nm**

11 – **Entlüftungsleitung**
Am Kraftstoffbehälter eingeclipst. Auf festen Sitz achten.

12 – **Schraube, 25 Nm**

13 – **Kraftstoffbehälter (Tank)**
Beim Ausbau mit Getriebeheber abfangen. Wurde der Tank ersetzt, Kraftstoffanlage entlüften.

14 – **Spannband**

15 – **Entlüftungsleitung**
Auf festen Sitz achten.

16 – **Halteklammer**
Auf festen Sitz achten.

17 – **Kraftstofffilter**
Mit Druckregler.
Einbaulage: Der Pfeil auf dem Filter zeigt in Durchflussrichtung, also vom Tank zum Motor.
Wurde der Kraftstofffilter ersetzt, Kraftstoffanlage entlüften.

18 – **Vorlaufleitung**
Zum Kraftstoffverteiler. Schwarz. Auf festen Sitz achten.

19 – **Dichtring**
Bei Beschädigung ersetzen.

20 – **O-Ring**
Immer ersetzen.

21 – **Kraftstoff-Druckregler**
Im Kraftstofffilter integriert.

22 – **Schraube, 5 Nm**
Für Klemmschelle am Kraftstofffilter.

23 – **Dichtring**
Bei Beschädigung ersetzen. Beim Einbau trocken in die Öffnung des Kraftstoffbehälters einsetzen. Nur zur Montage des Flansches mit Kraftstoff benetzen.

24 – **Tankgeber**

25 – **Kraftstoff-Fördereinheit**
Besteht aus Kraftstoffpumpe und Tankgeber. Sieb bei Verschmutzung reinigen. Einbaulage (eingeprägte Pfeile) am Kraftstoffbehälter beachten.

26 – **Rücklaufleitung**
Blau. Seitlich am Kraftstoffbehälter eingeclipst. Auf festen Sitz achten.

27 – **Vorlaufleitung**
Schwarz. Seitlich am Kraftstoffbehälter eingeclipst. Auf festen Sitz achten.

28 – **Überwurfmutter, 80 Nm**

29 – **Schraube, 10 Nm**

30 – **Entlüftungsventil**
Zum Ausbau Sperrriegel leicht nach innen drücken –Pfeil– und Ventil herausziehen.

Kraftstoffpumpe/Tankgeber aus- und einbauen

Die Kraftstoffpumpe befindet sich zusammen mit dem Tankgeber im Kraftstofftank.

Der Tankgeber besteht aus einem Schwimmer und einem Potentiometer. Mit sinkendem Kraftstoffspiegel sinkt auch der Schwimmer des Tankgebers ab. Ein mit dem Schwimmer verbundenes Potentiometer erhöht dabei den elektrischen Widerstand des Gebers. Dadurch sinkt die Spannung am Anzeigeinstrument, und der Zeiger der Kraftstoff-Vorratsanzeige geht in Richtung »leer« zurück.

Sicherheitshinweis
Beim Ausbau der Kraftstoffpumpe kann etwas Kraftstoff austreten. Kraftstoffdämpfe sind giftig und feuergefährlich, deshalb auf besonders gute Belüftung des Arbeitsplatzes achten. Hautkontakt mit Kraftstoff vermeiden. Kraftstoffbeständige Handschuhe tragen. Kein offenes Feuer, Brandgefahr! Feuerlöscher bereitstellen.

Vor Ausbau von Kraftstoffpumpe und Tankgeber denTank möglichst leer fahren. Der Tank darf maximal zu ⅔ voll sein. Zur Belüftung des Arbeitsplatzes kann auch ein Radiallüfter verwendet werden, **dessen Motor außerhalb des Luftstromes liegt und der über ein Mindest-Fördervolumen von 15 m^3/h verfügt.**

Ausbau

- Batterie-Massekabel (–) bei ausgeschalteter Zündung abklemmen. **Achtung:** Hinweise im Kapitel »Batterie aus- und einbauen« durchlesen.
- Rücksitzbank nach vorn klappen.

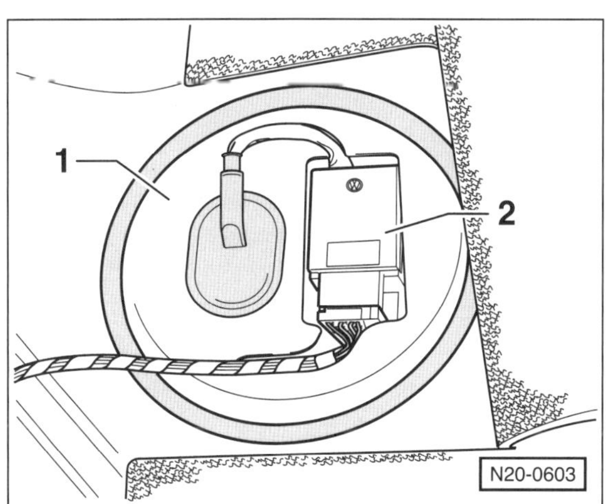

- Abdeckung –1– für Kraftstoff-Fördereinheit abhebeln und, beim Benzin-Direkteinspritzer zusammen mit dem Kraftstoffpumpen-Steuergerät –2–, abnehmen.

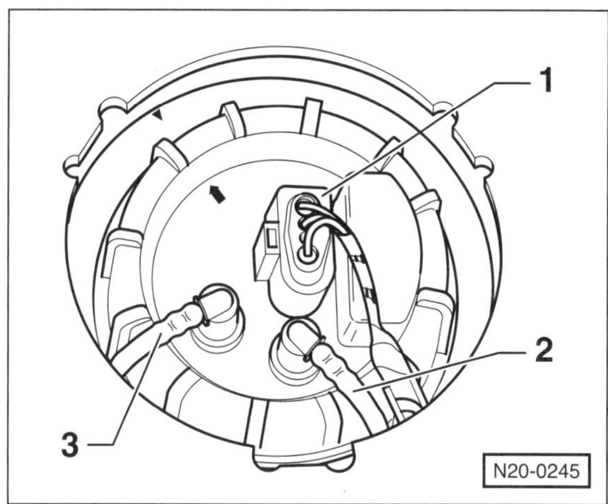

- Anschlussstecker –1– für Tankgeber und Kraftstoffpumpe vorsichtig von Hand oder mit Hilfe eines kleinen Schraubendrehers entriegeln und abziehen.

Sicherheitshinweis
Die Kraftstoffvorlaufleitung steht unter Druck! Vor dem Lösen der Schlauchverbindungen dicken Putzlappen um die Verbindungsstelle legen. Dann durch vorsichtiges Abziehen des Schlauches den Druck abbauen. **Schutzbrille tragen.**

- Kraftstoffleitungen –2/3– vor dem Abziehen mit Filzstift kennzeichnen.
- Vorlaufleitung –3– und Rücklaufleitung –2– abziehen, dabei Entriegelungstasten an den Schnellkupplungen zusammendrücken. Leitungen mit geeigneten Stopfen verschließen oder Klebeband um das Ende wickeln.

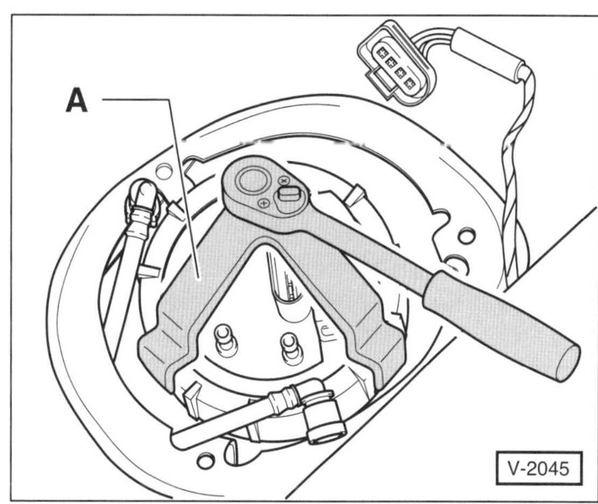

- Überwurfmutter mit Spezialwerkzeug –A–, zum Beispiel VW-3217, lösen und abschrauben.
- Kraftstoff-Fördereinheit/Tankgeber und Dichtring vorsichtig aus der Öffnung des Kraftstoffbehälters herausziehen.
- Kraftstoff aus der Fördereinheit in den Tank oder in einen geeigneten Behälter entleeren.

- Dichtring auf Beschädigung oder Porosität prüfen, gegebenenfalls ersetzen.

Einbau

- Kraftstoff-Fördereinheit in den Kraftstoffbehälter einsetzen, dabei darauf achten, dass der Arm des Tankgebers nicht verbogen wird.
- Dichtring für Verschlussflansch trocken in die Öffnung des Kraftstoffbehälters einsetzen und nur zur Montage der Kraftstoff-Fördereinheit mit Kraftstoff benetzen.

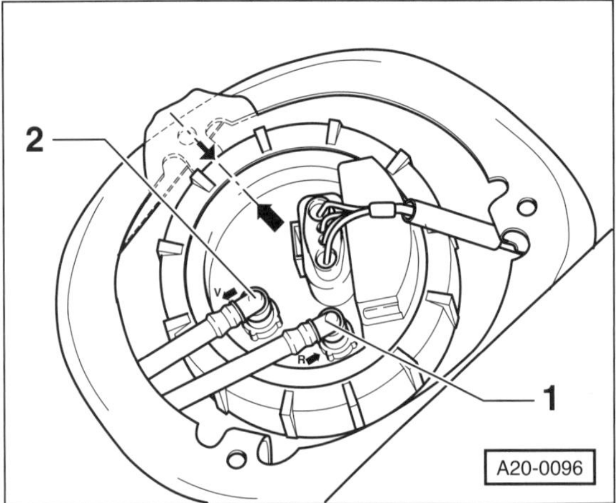

- Einbaulage der Kraftstoff-Fördereinheit prüfen: Die Markierung auf dem Verschlussflansch –Pfeil– muss mit der Markierung auf dem Kraftstoffbehälter übereinstimmen. Gegebenenfalls Fördereinheit vorsichtig drehen.
- Überwurfmutter für Verschlussflansch mit Spezialwerkzeug VW-3217 und **80 Nm** anziehen.
- Vorlaufleitung –2– und Rücklaufleitung –1– entsprechend den angebrachten Markierungen aufstecken, dabei rasten die Schnellkupplungen ein. Die Pfeile auf dem Flansch zeigen jeweils in Durchflussrichtung.
- Mehrfachstecker aufschieben und einrasten.
- Abdeckung einclipsen, dabei darauf achten, dass der Pfeil auf der Abdeckung in Fahrtrichtung nach vorn zeigt.
- Rücksitzbank zurück klappen.
- Batterie-Massekabel (–) anklemmen. **Achtung:** Hinweise im Kapitel »Batterie aus- und einbauen« durchlesen.

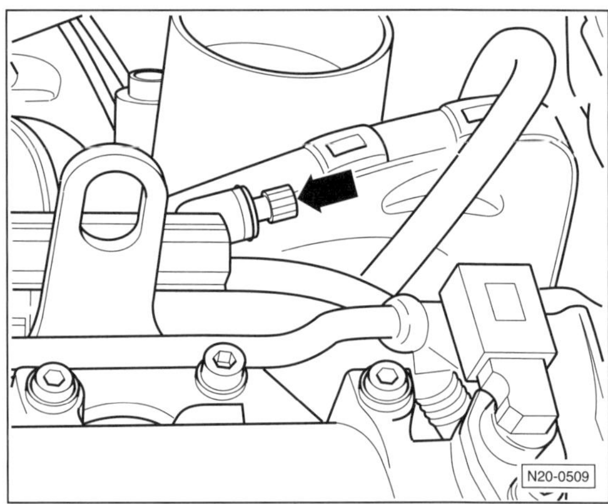

Achtung: Falls der Motor nach dem Wechseln der Kraftstoff-Fördereinheit nicht anspringt, muss das Kraftstoffsystem an der Entlüftungsschraube –Pfeil– des Kraftstoffverteilerrohres entlüftet werden.

Tankgeber aus- und einbauen

Ausführung 1

Alle außer 1,6-l-Dieselmotor

Ausbau

- Kraftstoff-Fördereinheit ausbauen, siehe entsprechendes Kapitel.

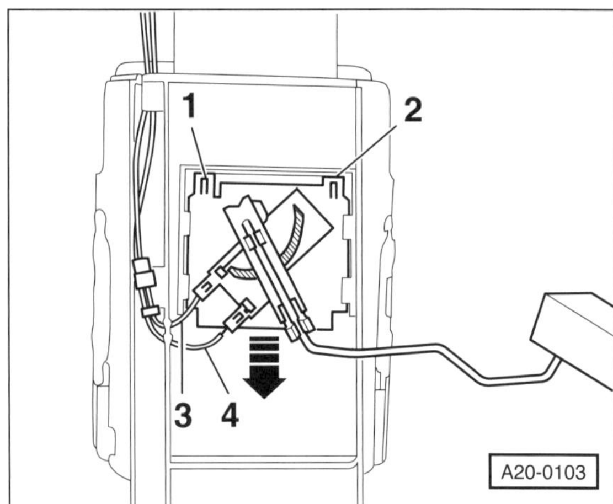

- Steckerzungen der Leitungen –3– und –4– entriegeln und Leitungen abziehen.
- Haltelaschen –1– und –2– mit Schraubendreher anheben und Tankgeber nach unten abziehen –Pfeilrichtung–.

Einbau

- Tankgeber in die Führungen an der Kraftstoff-Fördereinheit einsetzen und bis zum Einrasten nach oben drücken.
- Leitungen aufschieben und einrasten.

- Kraftstoff-Fördereinheit einbauen, siehe entsprechendes Kapitel.

Ausführung 2

1,6-l-Dieselmotor

Ausbau

- Kraftstoff-Fördereinheit ausbauen, siehe entsprechendes Kapitel.

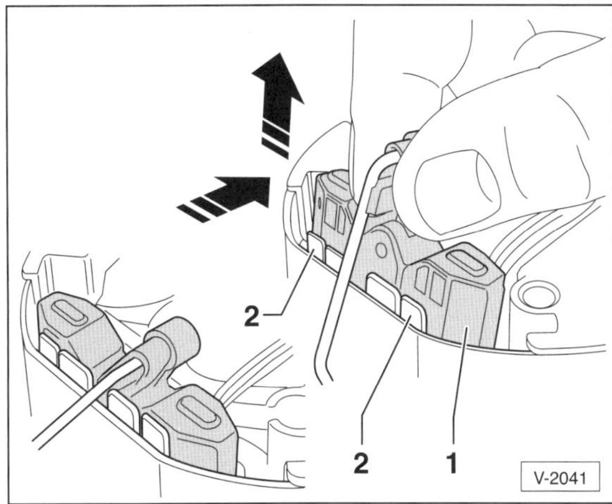

- Tankgeber –1– etwas zur Seite und gleichzeitig nach oben ziehen –Pfeile– und herausnehmen.

Hinweis: Lässt der Geber sich so nicht entriegeln, zusätzlich die Haltelaschen –2– etwas zur Seite drücken.

- Farbzuordnung der Kabel für den Wiedereinbau notieren.
- Stecker der elektrischen Leitungen mit kleinem Schraubendreher entriegeln und abziehen. Danach Rasthaken der Stecker wieder zurückbiegen.

Einbau

- Stecker entsprechend der notierten Farbzuordnung in die Führungen einstecken und einrasten. Anschließend an den Steckern ziehen und dadurch festen Sitz prüfen.
- Tankgeber in die Führung an der Fördereinheit einsetzen, nach unten drücken und spürbar einrasten.
- Kraftstoff-Fördereinheit einbauen, siehe entsprechendes Kapitel.

Kraftstofffilter aus- und einbauen

Benzinmotor

Ausbau

- Sicherheitsmaßnahmen und Sauberkeitsregeln befolgen, siehe entsprechendes Kapitel.

> **Sicherheitshinweis**
> Beim Aufbocken des Fahrzeugs besteht Unfallgefahr! Deshalb vorher das Kapitel »Fahrzeug aufbocken« durchlesen.

- Fahrzeug aufbocken.

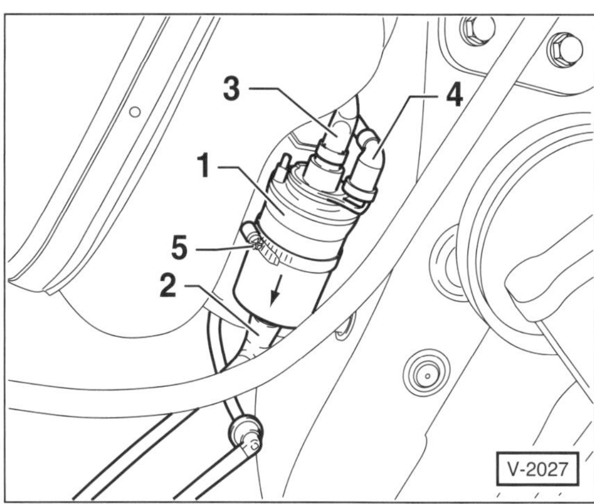

- Auffangbehälter unter den Kraftstofffilter –1– stellen. Der Kraftstofffilter befindet sich am Unterboden neben dem Tank.

> **Sicherheitshinweis**
> **Die Kraftstoffvorlaufleitung steht unter Druck!** Vor dem Lösen der Schlauchverbindungen dicken Putzlappen um die Verbindungsstelle legen. Dann durch vorsichtiges Abziehen des Schlauches den Druck abbauen. **Schutzbrille tragen.**

- Kraftstoffleitungen –2–, –3– und –4– abziehen, dazu jeweilige Entriegelungstaste drücken. **Hinweis:** Beim Benzin-Direkteinspritzer sind am Kraftstofffilter keine Rücklaufleitung und kein Druckregler vorhanden. Die Rücklaufleitung führt hier von der Hochdruckpumpe zum Tank.
- Schraube –5– für Halteschelle lockern, nicht herausdrehen.
- Kraftstofffilter abnehmen und in den Auffangbehälter entleeren.

Einbau

- Kraftstofffilter so in den Halter einsetzen, dass der Pfeil auf dem Filter in Durchflussrichtung zeigt, vom Tank zum Motor.
- Halteschelle für Kraftstofffilter mit **5 Nm** anziehen.
- Kraftstoffschläuche aufschieben und einrasten. Dabei schwarze Vorlaufleitung –4– nicht mit blauer Rücklaufleitung –3– verwechseln. **Hinweis:** Die Rücklaufleitung wird am Druckregler angeschlossen.
- Fahrzeug ablassen.

Achtung: Falls der Motor nach dem Wechseln des Kraftstofffilters nicht anspringt, muss das Kraftstoffsystem an der Entlüftungsschraube des Kraftstoffverteilerrohres entlüftet werden.

Kraftstofffilter Dieselmotor

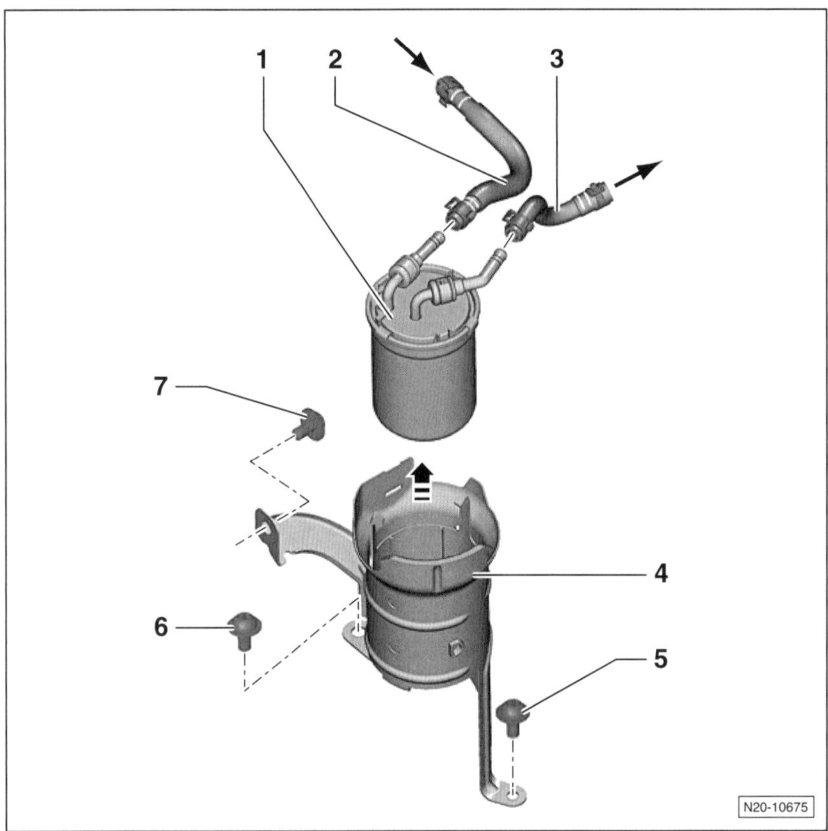

1,2-l-Dieselmotor

1 – **Wechselfilterpatrone**

2 – **Vorlaufleitung**
Von der Kraftstoff-Verbindungstelle im Motorraum.
Weiß bzw. weiße Markierung.
Auf festen Sitz achten.

3 – **Vorlaufleitung**
Zur Hochdruckpumpe.
Weiß bzw. weiße Markierung.
Auf festen Sitz achten.

4 – **Halter**
Für Kraftstofffilter.

5 – **Schraube, 5 Nm**

6 – **Schraube, 5 Nm**

7 – **Schraube, 5 Nm**

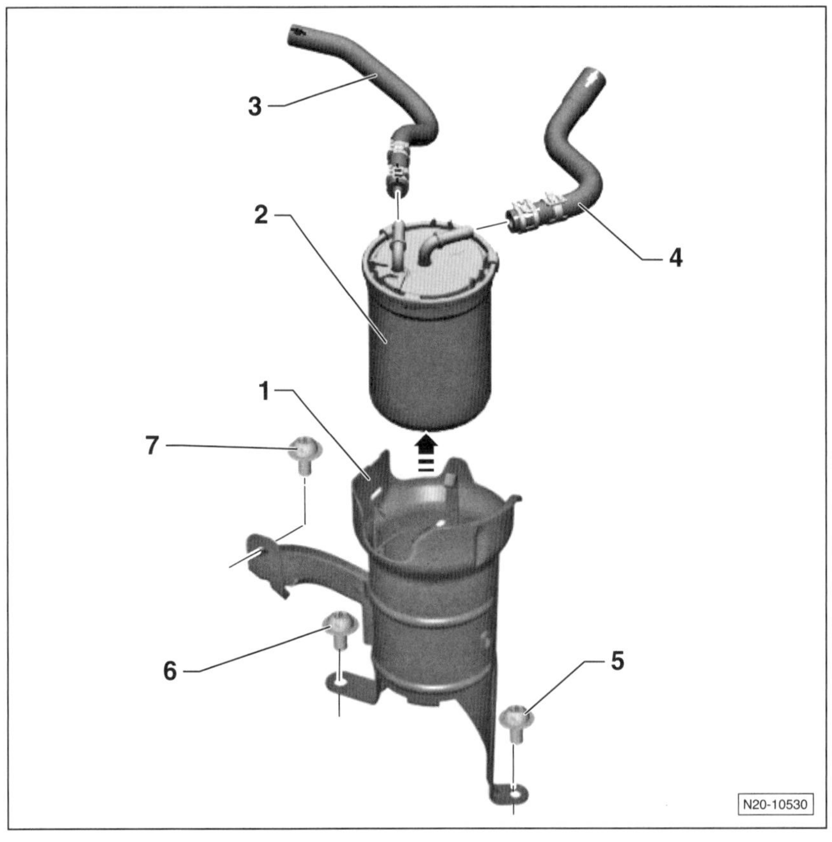

1,6-l-Dieselmotor

1 – **Halter**
Für Kraftstofffilter.

2 – **Wechselfilterpatrone**

3 – **Vorlaufleitung**
Vom Kraftstoffvorwärmventil.
Weiß bzw. weiße Markierung.
Auf festen Sitz achten.

4 – **Vorlaufleitung**
Zur Hochdruckpumpe.
Weiß bzw. weiße Markierung.
Auf festen Sitz achten.

5 – **Schraube, 5 Nm**

6 – **Schraube, 5 Nm**

7 – **Schraube, 5 Nm**

Luftfilter aus- und einbauen

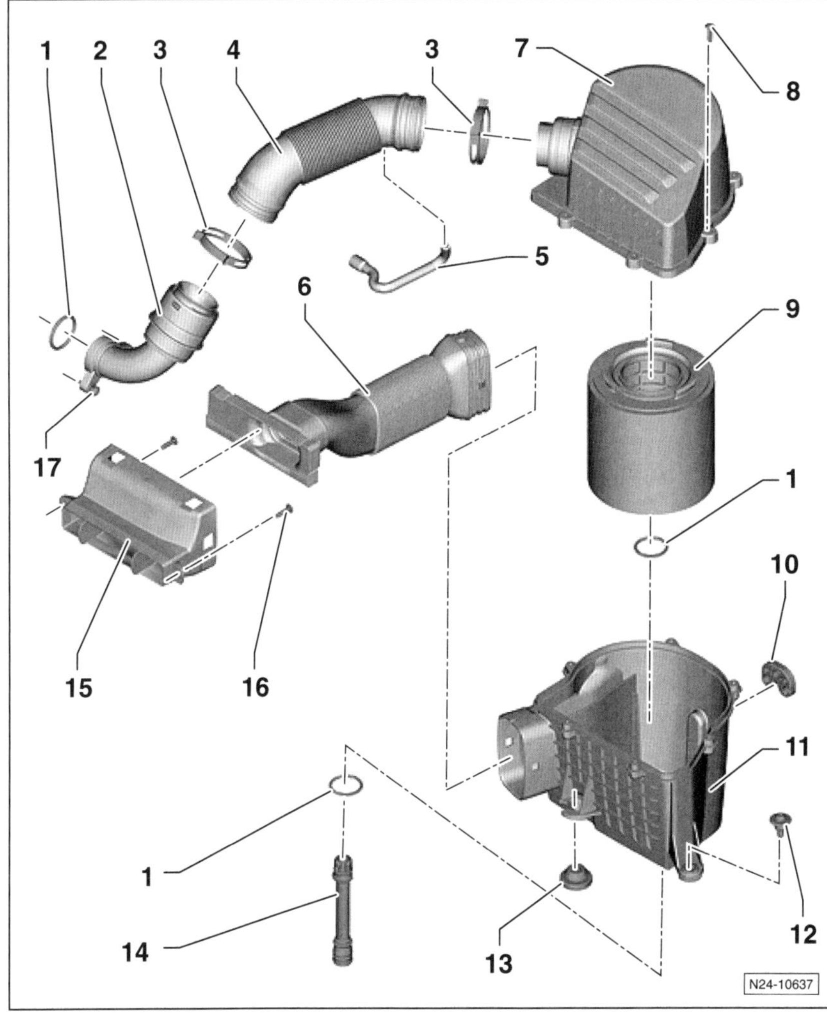

1,2-/1,4-l-TSI-Benzinmotor

Hinweis: In der Abbildung ist der Luftfilter des **1,2-l-66/77-kW-Motors** dargestellt. Beim **1,4-l-132-kW-Motor** ist der Luftfilter weitgehend gleich aufgebaut.

1 – **O-Ring**
Bei Beschädigung ersetzen.

2 – **Ansaugstutzen**

3 – **Federbandschelle**

4 – **Ansaugschlauch**

5 – **Unterdruckschlauch**
Zum Zylinderkopfdeckel.

6 – **Ansaugstutzen**

7 – **Luftfilteroberteil**

8 – **Schraube, 1,6 Nm**

9 – **Filtereinsatz**

10 – **Gummilager**

11 – **Luftfilterunterteil**

12 – **Schraube, 8 Nm**

13 – **Gummilager**

14 – **Wasserablaufstutzen**

15 – **Ansaugluftführung**

16 – **Schraube, 3 Nm**

17 – **Schraube, 10 Nm**

1,2-l-Benzinmotor 44/51 kW

Ausbau

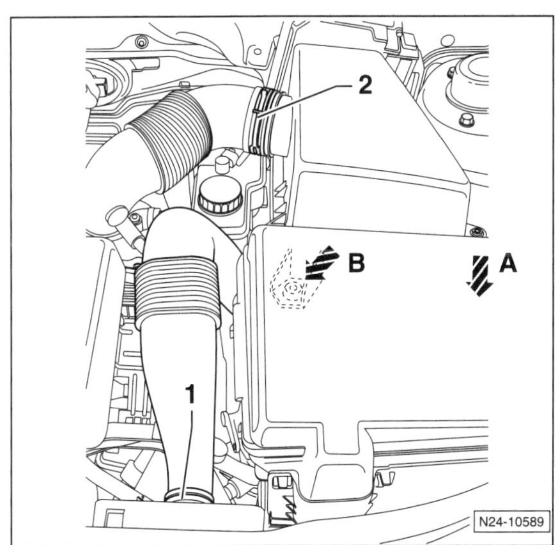

- Ansaugschlauch –1– abziehen.
- Federbandschelle –2– mit Schlauchklemmenzange öffnen und zurückschieben.
- Luftschlauch vom Luftfilterdeckel abziehen.
- Schraube –Pfeil A– herausdrehen.
- Luftfiltergehäuse mit der Gummilagerung von dem Haltebolzen –Pfeil B– nach oben abziehen und herausnehmen.

Einbau

- Der Einbau erfolgt in umgekehrter Ausbaureihenfolge. Luftfiltergehäuse mit **8 Nm** anschrauben

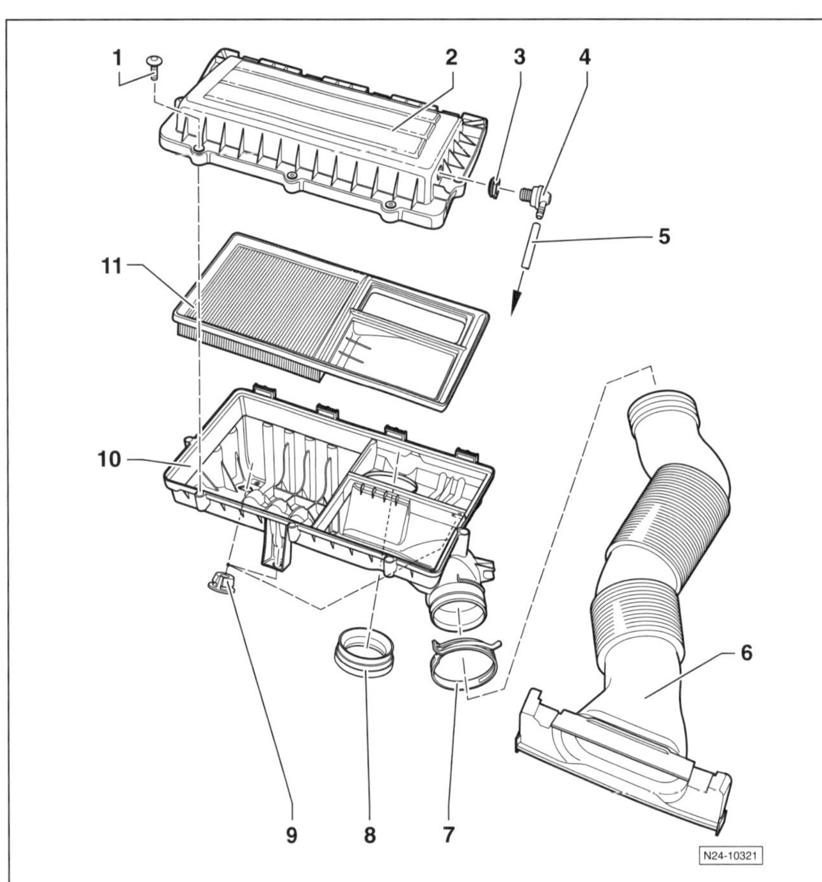

1,4-l-Benzinmotor 63 kW

1 – **Schraube, 3 Nm**
Achtung: Die selbstschneidenden Schrauben nur von Hand lösen und anziehen.

2 – **Luftfilterdeckel**

3 – **Dichtring**

4 – **Rückschlagventil**

5 – **Schlauch**
Zum Nockenwellengehäuse.

6 – **Ansaugschlauch**
Mit Ansauglufthutze. Die Hutze ist mit 2 Rastnasen an der Ansaugluftführung eingerastet.

7 – **Federbandschelle**

8 – **Dichtring**

9 – **Gummitülle**
Hält den Luftfilter auf dem Lagerbolzen.

10 – **Luftfiltergehäuse**

11 – **Filtereinsatz**

1,0-l-Motor 44/55 kW

Ausbau

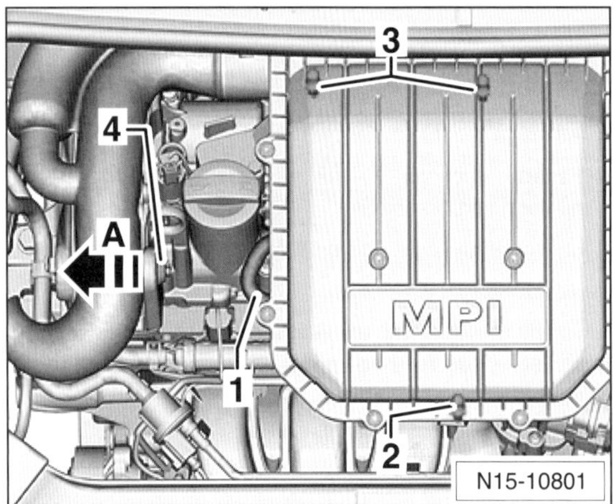

- Schlauch –1– am Luftfilter abziehen.
- Luftfilter an den Punkten –2– und –3– nach oben von den Bolzen abziehen.
- Luftfilter mit dem Ansaugstutzen in Pfeilrichtung –A– aus der Lagerung –4– drücken.
- Luftfiltergehäuse aus dem Motorraum herausnehmen.

Einbau

- Der Einbau erfolgt in umgekehrter Ausbaureihenfolge. Dabei Folgendes beachten:
- Auf richtigen Sitz der Dichtung am Ansaugstutzen achten.
- Gummipuffer für die Bolzen –2– und –3– richtig in den Aufnahmen sitzen, siehe Abbildung V-10187 auf Seite 195.

1,6-l-Dieselmotor

Ausbau

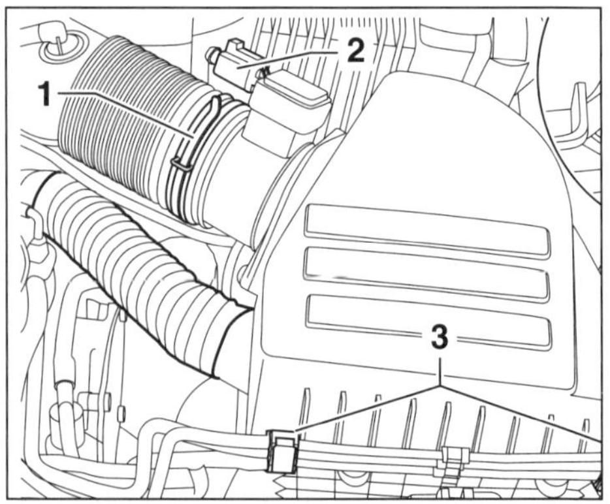

- Stecker –2– vom Luftmassenmesser abziehen.
- Federbandschelle –1– mit Schlauchklemmenzange öffnen und zurückschieben.

- Luftschlauch abziehen.
- Unterdruckleitungen mit Halter –3– nach oben vom Luftfilter abziehen.
- Schraube –Pfeil– herausdrehen.
- Verbindungsschlauch –4– abnehmen.

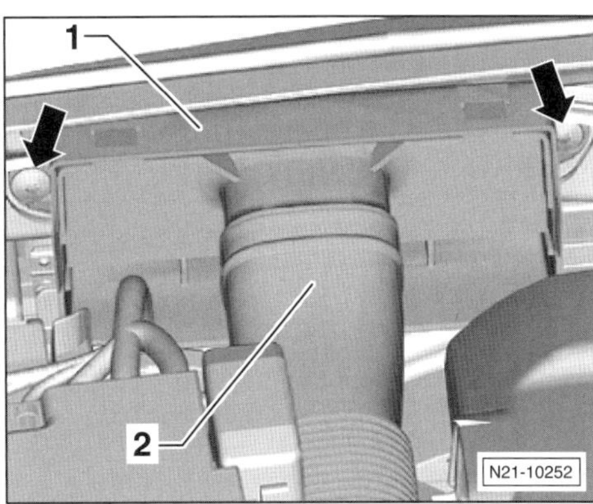

- Ansauglufthutze –1– abschrauben –Pfeile– und mit Verbindungsschlauch –2– abnehmen.

- Luftfiltergehäuse herausnehmen.

Einbau

- Der Einbau erfolgt in umgekehrter Ausbaureihenfolge. Luftfiltergehäuse mit **10 Nm** anschrauben

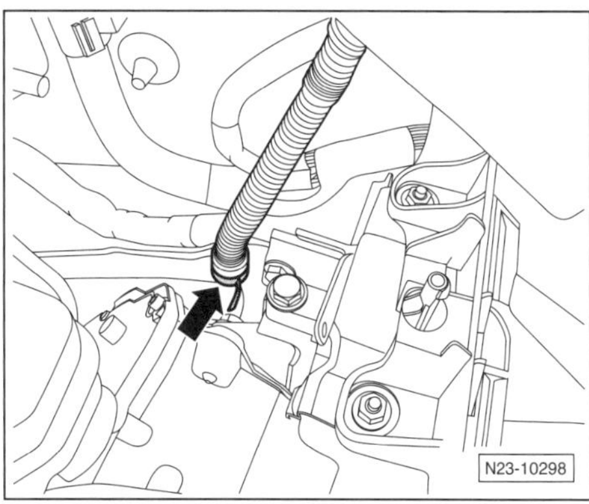

- Beim Einsetzen des Luftfilters das Entwässerungsrohr –Pfeil– zwischen Getriebe und Karosserie hindurch führen. Anschließend durch einen Blick unter den Kotflügel kontrollieren, ob das Entwässerungsrohr richtig eingebaut ist.

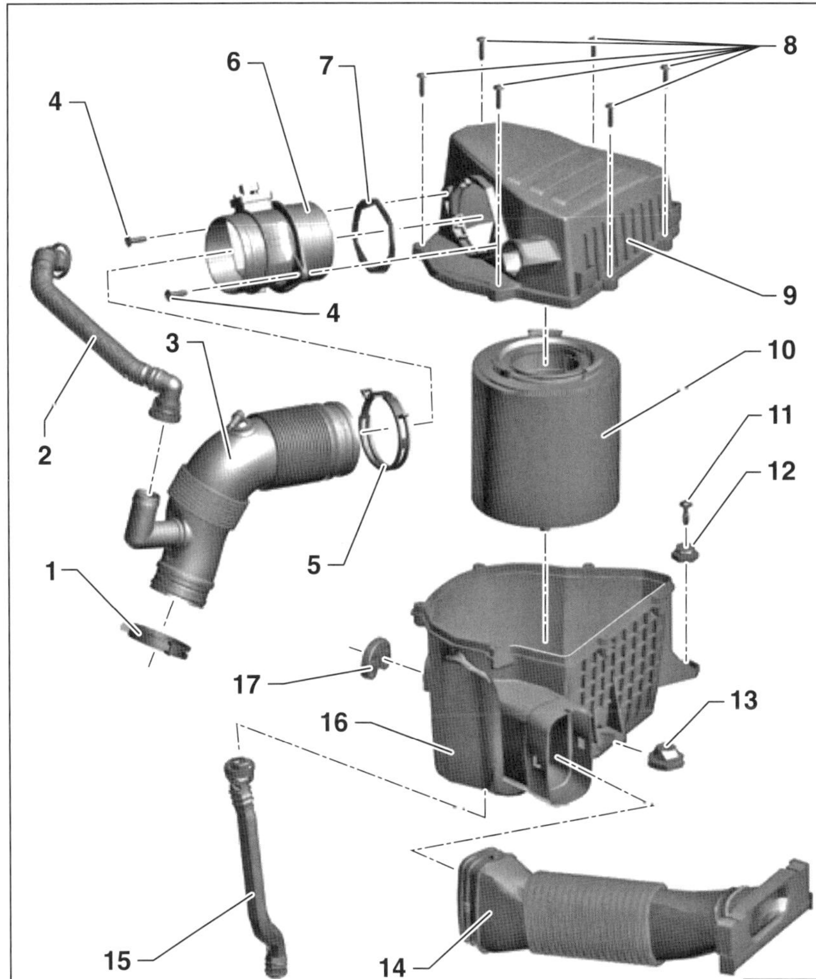

1,6-l-Dieselmotor

1 – **Schlauchschelle, 8 Nm**

2 – **Verbindungsrohr**
Für Kurbelgehäuseentlüftung.
Vom Zylinderkopfdeckel.

3 – **Ansaugschlauch**
Zum Abgasturbolader.

4 – **Schraube, 2 Nm**

5 – **Federbandschelle**

6 – **Luftmassenmesser**

7 – **O-Ring**
Bei Beschädigung ersetzen.

8 – **Schrauben, 8 Nm**

9 – **Luftfilterdeckel**

10 – **Filtereinsatz**
Zum Ausbau ¼ Umdrehung nach links drehen.

11 – **Schraube, 10 Nm**

12 – **Gummilager**
Bei Beschädigung ersetzen.

13 – **Gummilager**
Bei Beschädigung ersetzen.

14 – **Luftansaugschlauch**
Mit Ansaugstutzen. Am Schlossträger angeschraubt.

15 – **Entwässerungsrohr**
Einbaulage beachten.

16 – **Luftfiltergehäuse**

17 – **Gummilager**
Bei Beschädigung ersetzen.

Abgasanlage

Aus dem Inhalt:

- **Katalysator- und Filtersysteme**
- **Abgasturbolader**
- **Abgasanlagen-Übersicht**
- **Abgasanlage demontieren**
- **Abgasanlage prüfen**
- **Lambdasonde**

Die Abgasanlage besteht beim Benzinmotor aus Abgaskrümmer, Abgas-Turbolader (nur TSI), vorderem Abgasrohr (je nach Ausführung mit oder ohne Vorschalldämpfer), mittlerem Abgasrohr mit Mittelschalldämpfer, Nachschalldämpfer und Endrohren. Jeweils zwei Lambdasonden, die direkt vor und hinter dem Katalysator eingeschraubt sind, dienen zur Abgasregelung. Die Abgasanlage des Dieselmotors ist zusätzlich mit einem Partikelfilter bestückt, der sich zusammen mit dem Katalysator in einem Gehäuse befindet.

Bei einer Reparatur lassen sich sämtliche Teile der Abgasanlage einzeln auswechseln.

Katalysatorschäden vermeiden

Um Beschädigungen am Katalysator zu vermeiden, sind folgende Hinweise unbedingt zu beachten:

Benzinmotor

- Grundsätzlich nur **bleifreies** Benzin tanken.
- Das Anlassen des Motors durch **Anschieben** oder Anschleppen darf nur in **einem** Versuch über eine Strecke von etwa 50 Metern erfolgen. Besser: Starthilfekabel verwenden. Unverbrannter Kraftstoff könnte bei einer Zündung zur Überhitzung des Katalysators und zu seiner Zerstörung führen. Ist der Motor **betriebswarm**, darf er **nicht** angeschoben oder angeschleppt werden.
- Treten Zündaussetzer auf, hohe Motordrehzahlen vermeiden und Fehler umgehend beheben.
- Nur die vorgeschriebenen Zündkerzen verwenden.
- Keine Funkenprüfung ohne ausreichende Masseverbindung durchführen.
- Es darf kein Zylindervergleich (Balancetest) durch Zündabschaltung eines Zylinders durchgeführt werden. Bei Zündabschaltung der einzelnen Zylinder – auch über Motortester – gelangt unverbrannter Kraftstoff in den Katalysator.

Benzin- und Dieselmotor

- Keinen Unterbodenschutz auf Abgasrohre auftragen.
- Die Hitzeschilde der Abgasanlage nicht verändern.
- Bei Startschwierigkeiten nicht unnötig lange den Anlasser betätigen. Während des Anlassens wird permanent Kraftstoff eingespritzt. Fehlerursache ermitteln und beseitigen.
- Kraftstofftank nie ganz leer fahren.
- Beim Ein- oder Nachfüllen von Motoröl besonders darauf achten, dass auf keinen Fall die Maximum-Markierung am Ölmessstab (obere Markierung) überschritten wird. Das überschüssige Öl gelangt sonst aufgrund unvollständiger Verbrennung in den Katalysator und kann das Edelmetall beschädigen oder den Katalysator vollständig zerstören.

Aufbau des Katalysators

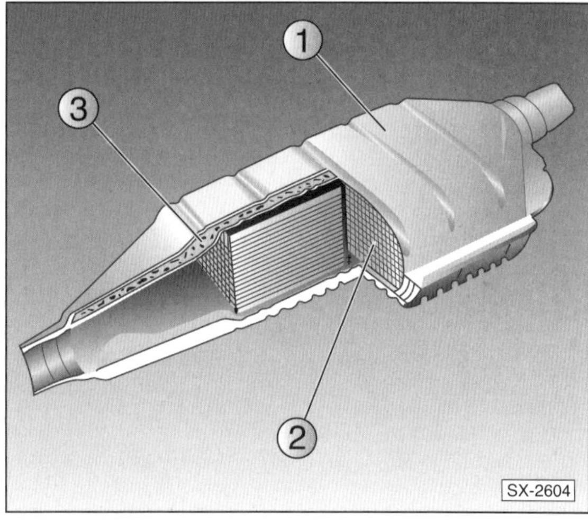

Der Katalysator dient zur Abgasumwandlung. Er besteht aus einem Keramik-Wabenkörper –2–, der mit einer Trägerschicht überzogen ist. Auf der Trägerschicht befinden sich Edelmetallsalze, die den Umwandlungsprozess bewirken. Im Gehäuse –1– wird der Katalysator durch eine Isolations-Stützmatte –3– fixiert, die außerdem Wärmeausdehnungen ausgleicht.

In Verbindung mit der elektronischen Benzin-Einspritzanlage und der oder den Lambdasonde(n) wird die Kraftstoffmenge für die Verbrennung so dosiert, dass der Katalysator die Schadstoffe optimal reduzieren kann.

Der Diesel-Katalysator wandelt die im Abgas befindlichen giftigen Kohlenmonoxide und Kohlenwasserstoffverbindungen in Kohlendioxid (CO_2) und Wasser (H_2O) um. Außerdem vermindert sich der dieseltypische Abgasgeruch.

Der höhere Anteil von Stickoxiden (NOX) im Abgas des Dieselmotors wird durch ein zusätzliches Abgas-Rückführungssystem (ARF) auf geringem Niveau gehalten.

Abgas-Turbolader

Alle Dieselmotoren wie auch die TSI-Benzinmotoren sind mit einem Abgas-Turbolader ausgerüstet.

Beim Turbolader sitzen zwei Turbinenräder auf einer Welle, die in zwei voneinander getrennten Gehäusen untergebracht sind. Für den Antrieb der Turbinenräder sorgen die Abgase. Sie bringen die Laderwelle auf bis zu 300.000 Umdrehungen in der Minute. Und da Abgas- und Frischluftrotor auf gleicher Welle sitzen, wird mit gleicher Drehzahl Frischluft in die Zylinder gedrückt. Zur Schmierung ist der Lader an den Ölkreislauf des Motors angeschlossen, beim Benziner wird er zusätzlich durch das Kühlmittel gekühlt.

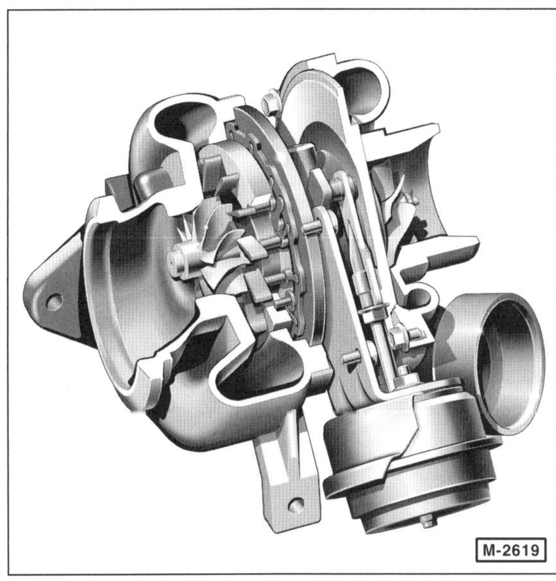

Der VTG-Turbolader (VTG = Variable Turbinen-Geometrie) besitzt verstellbare Leitschaufeln, die vom Motor-Steuergerät über ein Magnetventil und eine Unterdruckdose stufenlos geregelt werden. Dadurch kann bei allen Drehzahlen der optimale Ladedruck erzeugt werden, was zu einem höheren Drehmoment und auch zu mehr Leistung führt.

Zwischen Turbolader und Einlasskanal des Motors befindet sich ein Ladeluftkühler, der die vorverdichtete Luft abkühlt. Das erhöht die Motorleistung, weil kühle Luft durch die höhere Luftdichte einen höheren Sauerstoffanteil besitzt.

Der Lader ist ein äußerst präzise hergestelltes Bauteil. Daher wird er in der Regel bei einem Defekt komplett ausgetauscht.

Diesel-Partikelfilter

Der Diesel-Partikelfilter filtert die bei der Verbrennung im Motor entstehenden Rußpartikel aus dem Abgas heraus. Dabei werden die Rußpartikel zunächst im Wabensystem des Filters gesammelt und anschließend in einem separaten Vorgang rückstandslos verbrannt.

Achtung: Fahrzeuge mit Diesel-Partikelfilter dürfen nicht mit **Bio-Diesel** (RME nach DIN EN 14214) gefahren werden.

Für die POLO-Motoren wird ein »katalytisches Filtersystem« verwendet, das ohne zusätzliche Kraftstoff-Additive auskommt. Damit der Diesel-Partikelfilter durch die angelagerten Rußpartikel mit der Zeit nicht verstopft und dadurch in seiner Funktion beeinträchtigt wird, muss er regelmäßig regeneriert werden. Dabei wird zwischen passiver und aktiver Regeneration unterschieden.

Passive Regeneration: Die Rußpartikel werden während des normalen Motorbetriebes kontinuierlich verbrannt. Bei Abgastemperaturen von +350° – +500° C, beispielsweise bei Autobahnfahrten, werden die Rußpartikel durch chemische Reaktion mit dem im Abgas enthaltenen Stickstoffoxid (NO_X) zu Kohlendioxid (CO_2) umgewandelt. Dieser Vorgang erfolgt langsam und kontinuierlich und wird über die innere Platin-Beschichtung des Filters in Gang gesetzt.

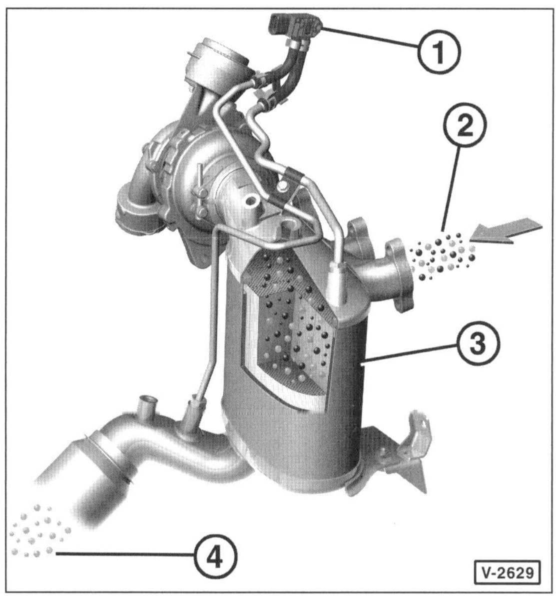

1 – Drucksensor
2 – Abgas mit Rußpartikeln
3 – Diesel-Partikelfilter
4 – Abgas ohne Rußpartikel

Aktive Regeneration: Der Drucksensor –1– vergleicht den Abgasdruck vor und nach dem Partikelfilter –3–. Hoher Druckunterschied deutet darauf hin, dass der Filter zum Verstopfen neigt. In diesem Fall wird die aktive Filter-Regeneration eingeleitet. In der Regel geschieht das dann, wenn die Abgastemperaturen für die passive Regeneration des Filters zu niedrig sind, zum Beispiel bei häufigem Stadtverkehr. Für die aktive Regeneration verändert das Motor-Steuergerät den Einspritzvorgang und erhöht dadurch die Abgastemperatur auf +600° – +650° C. Bei dieser Temperatur werden die Rußpartikel zu Kohlendioxid (CO_2) verbrannt. Der aktive Regenerationsvorgang dauert ca. 10 Minuten und wird vom Fahrer in der Regel nicht bemerkt.

Abgasanlagen-Übersicht

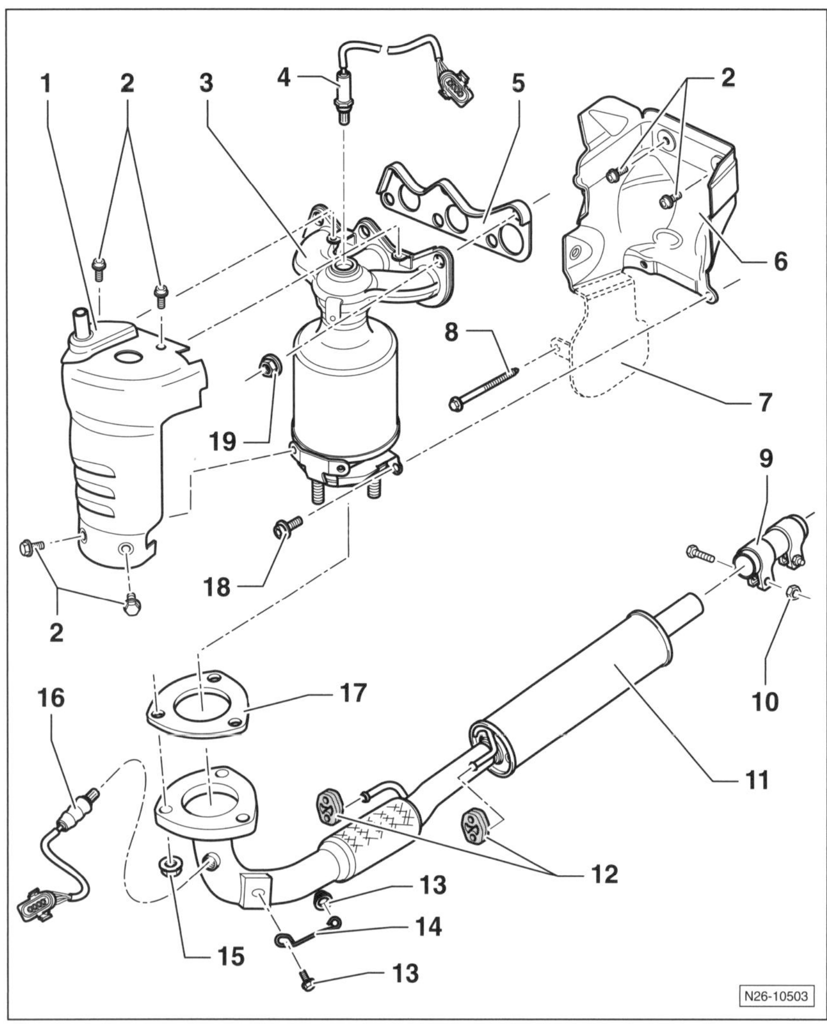

1,2-l-Benzinmotor 51 kW

1 – **Wärmeschutzblech**
Ohne Vorspannung einbauen.

2 – **Schrauben, 10 Nm**

3 – **Abgaskrümmer mit Katalysator**

4 – **Lambdasonde 1 [2], 50 Nm**
Vor dem Katalysator.

5 – **Dichtung [1]**

6 – **Wärmeschutzblech**

7 – **Wärmeschutzblech**
Für Generator.

8 – **Schraube, 20 Nm**

9 – **Doppelschelle**

10 – **Mutter, 25 Nm**

11 – **Vorderes Abgasrohr**
Mit Vorschalldämpfer.

12 – **Aufhängung**
Bei Beschädigung ersetzen.

13 – **Mutter [1], 20 Nm**

14 – **Stütze**

15 – **Sicherungsmutter [1], 25 Nm**

16 – **Lambdasonde 2 [2], 50 Nm**
Nach dem Katalysator.

17 – **Dichtung [1]**

18 – **Schraube, 20 Nm**

19 – **Sicherungsmutter [1], 25 Nm**

[1]) Immer ersetzen.

[2]) Nur Gewinde mit VW-»G 052 112 A3« fetten. Das Fett darf nicht auf Schlitze kommen. Dichtring bei Undichtigkeiten aufkneifen und ersetzen.

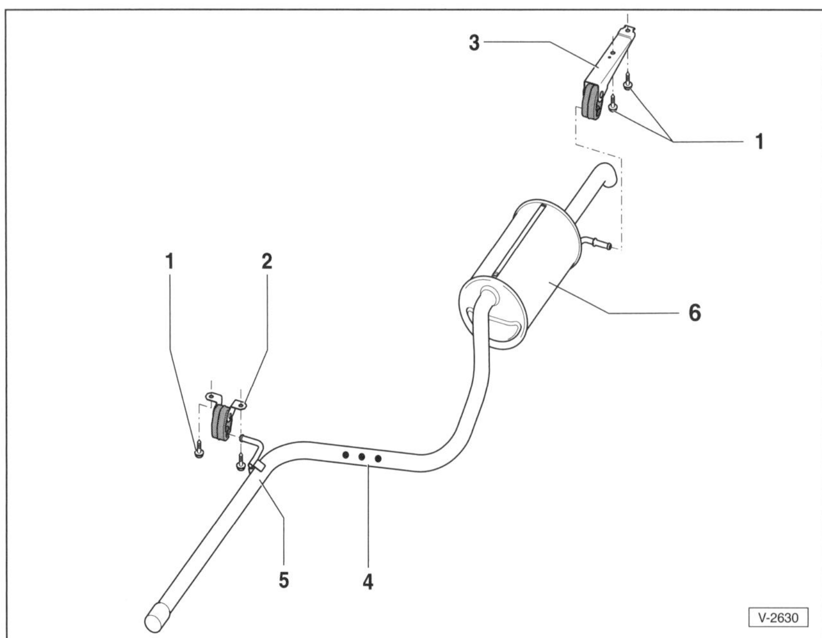

1 – **Schraube, 23 Nm**

2 – **Aufhängung**

3 – **Aufhängung**

4 – **Trennstelle**
Ist durch Eindrückungen auf dem Verbindungsrohr gekennzeichnet.
Hinweis: Serienmäßig werden Vor- und Nachschalldämpfer als ein Teil eingebaut. Die Schalldämpfer können jedoch einzeln ersetzt werden. In diesem Fall Verbindungsrohr an der Trennstelle mit einer Metallsäge rechtwinklig trennen. Beim Einbau Abgasrohre mit einer Reparatur-Doppelschelle verbinden. Schrauben für Klemmhülse mit **25 Nm** festziehen.

5 – **Mittleres Abgasrohr**
Mit Nachschalldämpfer.

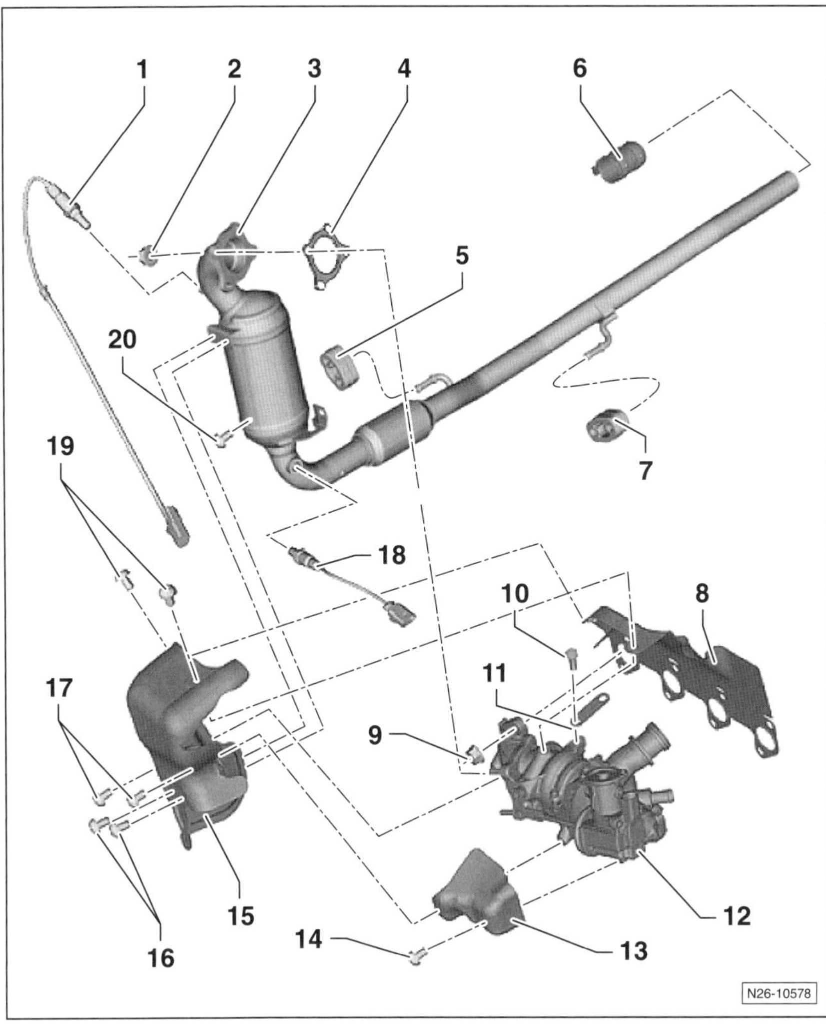

1,2-l-Benzinmotor 66/77 kW

1 – **Lambdasonde 1** [2]**, 50 Nm**
Vor dem Katalysator.

2 – **Mutter** [1]**, 23 Nm**
Gewinde der Stiftschrauben für den Abgasturbolader mit Heißschraubenpaste einstreichen.

3 – **Katalysator**
Mit vorderem Abgasrohr.
Achtung: Entkoppelungselement darf nicht mehr als 10° geknickt werden, sonst wird es beschädigt.

4 – **Dichtung** [1]

5 – **Aufhängung**

6 – **Klemmhülse**

7 – **Aufhängung**

8 – **Dichtung** [1]

9 – **Mutter** [1]**, 18 Nm**
Anzugsreihenfolge von innen nach außen über Kreuz.

10 – **Schraube, 20 Nm**

11 – **Halter**

12 – **Abgasturbolader**
Kann nur komplett mit Abgaskrümmer und Ladedrucksteller ersetzt werden.

13/15 – **Wärmeschutzblech**

14/16/17/19 – **Schrauben, 10 Nm**
Schrauben zunächst nur handfest anziehen.

18 – **Lambdasonde 2** [2]**, 50 Nm**
Nach dem Katalysator.

20 – **Schraube, 25 Nm**

---

[1]) Immer ersetzen.

[2]) Nur Gewinde mit VW-»G 052 112 A3« fetten. Das Fett darf nicht auf Schlitze kommen. Dichtring bei Undichtigkeiten aufkneifen und ersetzen.

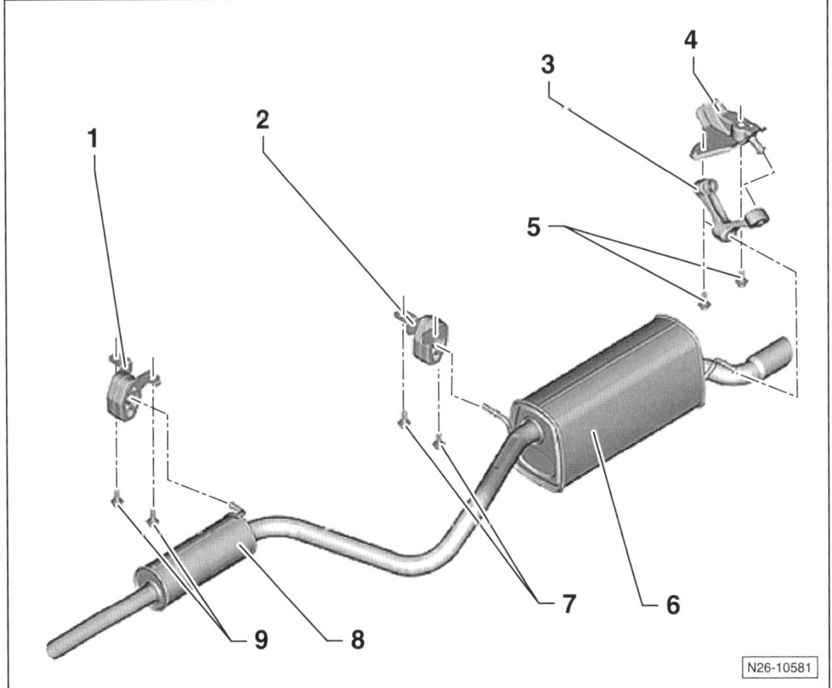

1 – **Halter mit Aufhängung**

2 – **Halter mit Aufhängung**

3 – **Aufhängung**

4 – **Halter**

5 – **Schrauben, 25 Nm**

6 – **Nachschalldämpfer**

7 – **Schrauben, 25 Nm**

8 – **Mittelschalldämpfer**

9 – **Schrauben, 25 Nm**

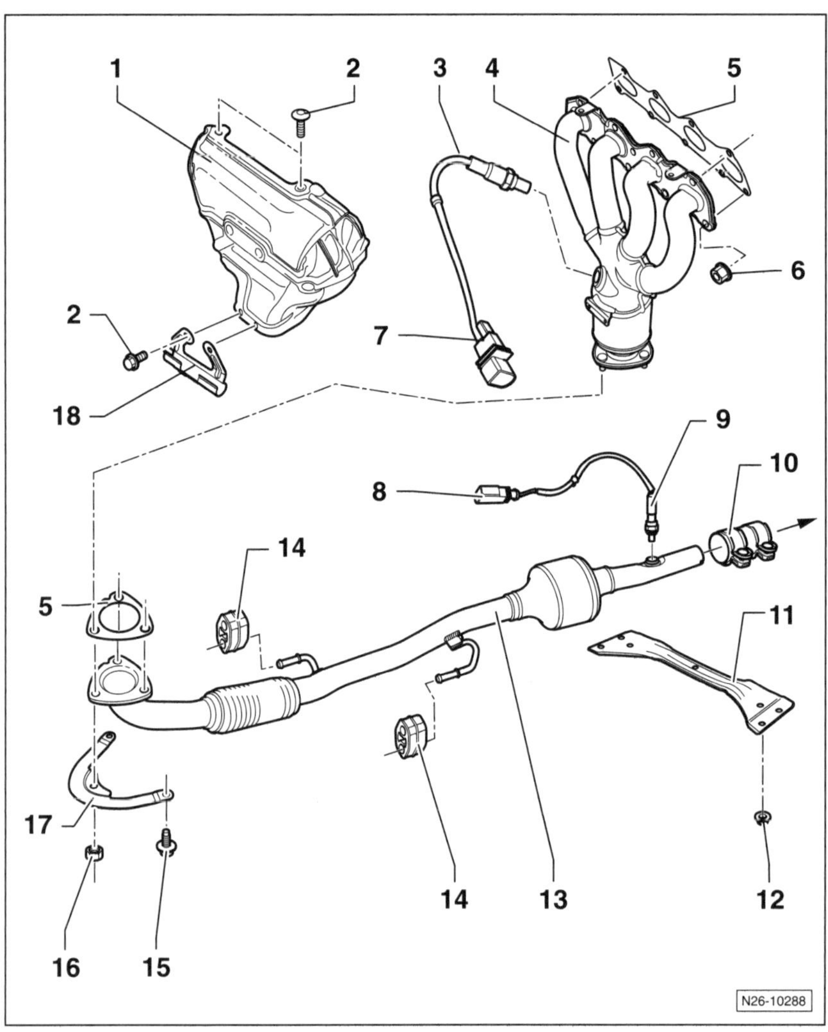

1,4-l-Benzinmotor 63 kW

1 – **Warmluftfangblech**

2 – **Schraube, 10 Nm**

3 – **Lambdasonde 1 [2], 50 Nm**
Vor dem Katalysator.

4 – **Abgaskrümmer**
Mit Vorkatalysator.

5 – **Dichtung[1]**

6 – **Mutter[1], 25 Nm**

7 – **Stecker, 4-polig**
Für Lambdasonde 1.

8 – **Stecker, 4-polig**
Für Lambdasonde 2.

9 – **Lambdasonde 2 [2], 55 Nm**
Nach dem Katalysator. Steckverbindung befindet sich unter der rechten Bodenverkleidung.

10 – **Doppelschelle, 25 Nm**
Vor dem Anziehen Abgasanlage in kaltem Zustand spannungsfrei ausrichten. Gleichmäßig anziehen.

11 – **Tunnelbrücke vorn**

12 – **Mutter, 23 Nm**

13 – **Vorderes Abgasrohr**
Mit Katalysator.

14 – **Aufhängung**
Bei Beschädigung ersetzen.

15 – **Schraube, 20 Nm**

16 – **Mutter[1], 40 Nm**

17 – **Halter**

18 – **Leitungsführung**

[1]) Immer ersetzen.

[2]) Nur Gewinde mit »G052112A3« fetten. Fett darf nicht auf Schlitze kommen.

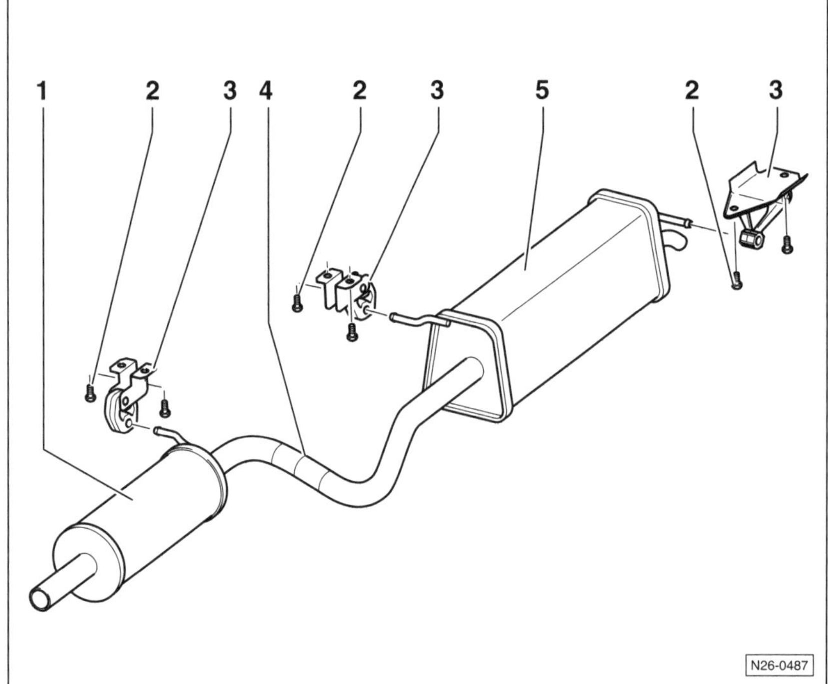

1 – **Vorschalldämpfer**

2 – **Schraube, 25 Nm**

3 – **Aufhängung**
Bei Beschädigung ersetzen.

4 – **Trennstelle**
Ist durch Eindrückungen auf dem Verbindungsrohr gekennzeichnet. **Hinweis:** Serienmäßig werden Vor- und Nachschalldämpfer als ein Teil eingebaut. Die Schalldämpfer können jeoch einzeln ersetzt werden. In diesem Fall Verbindungsrohr an der Trennstelle mit einer Metallsäge rechtwinklig trennen. Beim Einbau Abgasrohre mit einer Reparatur-Doppelschelle verbinden. Schrauben für Klemmhülse mit **25 Nm** festziehen.

5 – **Nachschalldämpfer**

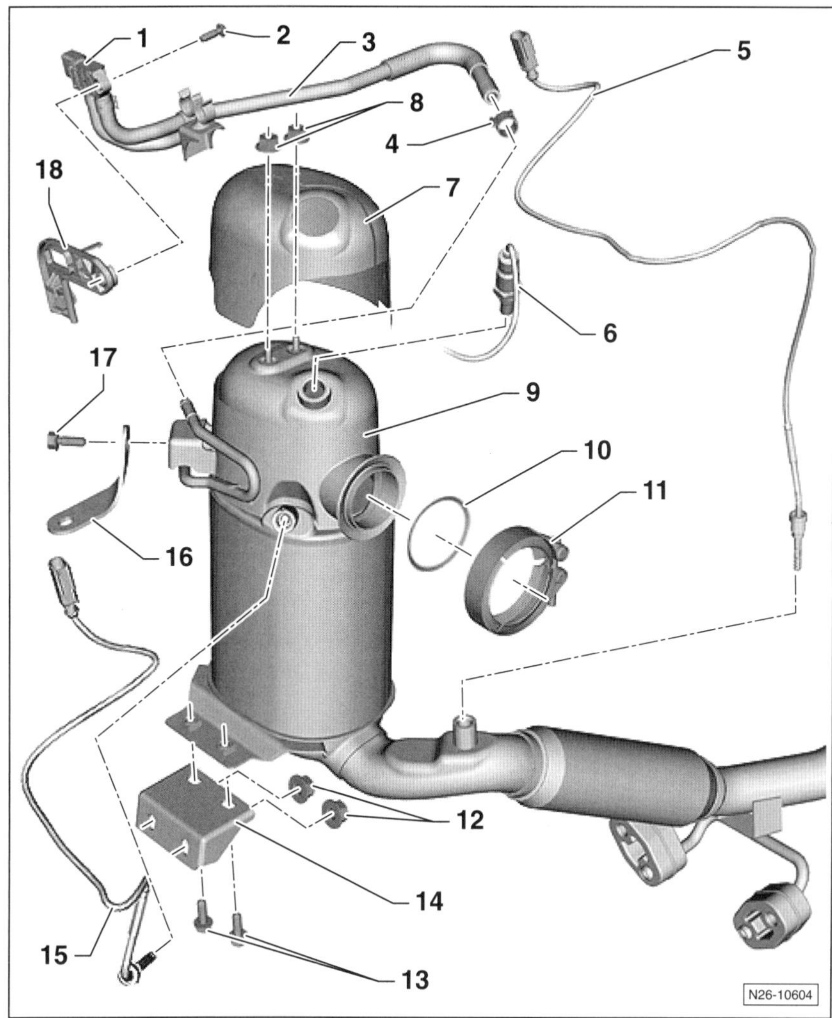

1,2-/1,6-l-Dieselmotor

1 – **Differenzdruckgeber**

2 – **Schraube, 3 Nm**

3 – **Steuerleitung**

4 – **Schelle**

5 – **Abgastemperaturgeber 4 [2], 45 Nm**

6 – **Lambdasonde [2], 50 Nm**

7 – **Wärmeschutzblech**

8 – **Muttern, 9 Nm**

9 – **Partikelfilter**

10 – **Dichtung [1]**
Einbaulage beachten.

11 – **Schelle, 7 Nm**

12 – **Muttern, 25 Nm**

13 – **Schrauben, 25 Nm**

14 – **Halter**
Am Motorblock angeschraubt.

15 – **Abgastemperaturgeber 3 [2], 45 Nm**

16 – **Halter**
Beim **1,6-l-Motor** weicht die Ausführung des Halters von der Darstellung in der Abbildung ab. Mutter mit **25 Nm**, Schraube für Steuerleitung mit **45 Nm** festziehen.

17 – **Schraube, 25 Nm**

18 – **Halter**
Für Differenzdruckgeber.

---

[1]) Immer ersetzen.

[2]) Nur Gewinde mit »G052112A3« fetten. Fett darf nicht auf Schlitze kommen.

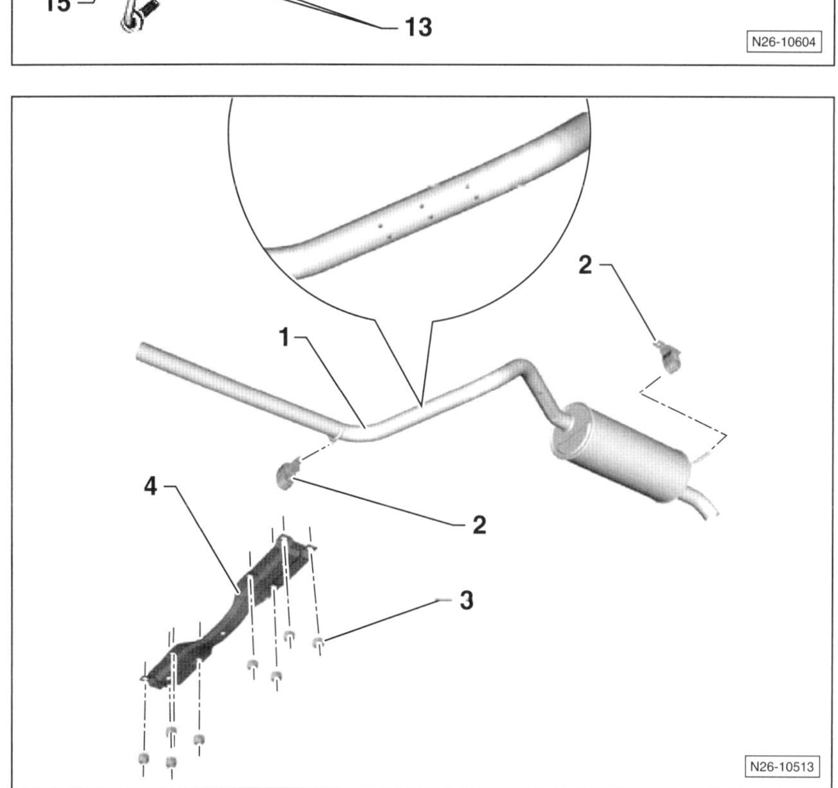

1 – **Abgasrohr mit Nachschalldämpfer**
Die **Trennstelle** ist durch Eindrückungen auf dem Verbindungsrohr gekennzeichnet.
Hinweis: Serienmäßig wird das Abgasrohr mit Katalysator und Nachschalldämpfer als ein Teil eingebaut. Die Schalldämpfer können jedoch einzeln ersetzt werden. In diesem Fall Verbindungsrohr an der Trennstelle mit einer Metallsäge rechtwinklig trennen. Beim Einbau Abgasrohre mit einer Reparatur-Doppelschelle verbinden. Schrauben für Klemmhülse festziehen:
M8 – **25 Nm**; M10 – **40 Nm.**

2 – **Haltering**
Bei Beschädigung ersetzen.

3 – **Muttern, 25 Nm**

4 – **Tunnelbrücke**

Abgasanlage aus- und einbauen

Benzinmotor

Die Teile der Abgasanlage können auch einzeln ausgebaut werden. Falls der Vor- oder Nachschalldämpfer bei der serienmäßigen Anlage ersetzt werden soll, muss das Verbindungsrohr an der markierten Stelle durchgesägt werden, siehe auch Kapitel »Vorschalldämpfer/Nachschalldämpfer ersetzen«.

Ausbau

Sicherheitshinweis
Beim Aufbocken des Fahrzeugs besteht Unfallgefahr! Deshalb das Kapitel »Fahrzeug aufbocken« durchlesen.

- Fahrzeug aufbocken.
- Untere Motorraumabdeckung ausbauen, siehe Seite 278.
- Sämtliche Schrauben und Muttern der Abgasanlage mit Rost lösendem Mittel einsprühen. Rostlöser einige Zeit einwirken lassen.
- Steckverbindung(en) für Lambdasonde(n) trennen. Stecker aus den Halterungen herausziehen.
- Wo vorhanden, Tunnelbrücke (Querträger) abschrauben.
- Vorderen Halter der Abgasanlage abschrauben.
- Wo vorhanden, Wärmeschutzblech für rechte Gelenkwelle abschrauben.

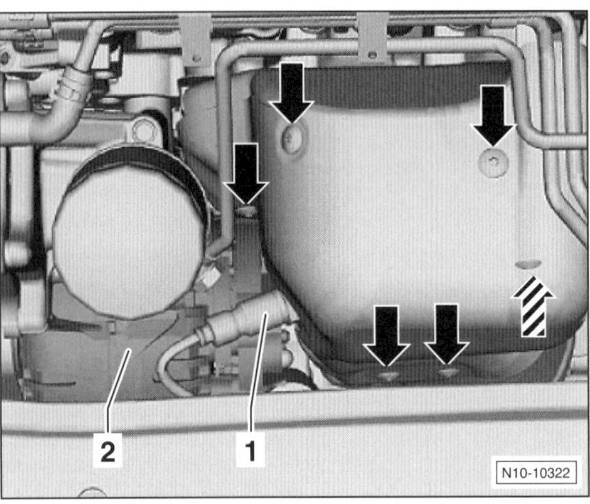

- **1,2-l-77-kW-Motor:** Befestigungsschraube des Generators –2– herausdrehen und Generator etwas nach unten drücken. Wärmeschutzblech vom Abgasturbolader abschrauben –Pfeile–.
  1 – Lambdasonde.

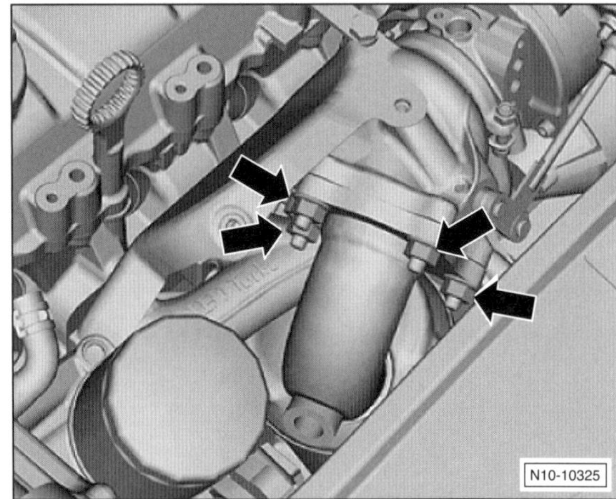

- Je nach Motor vorderes Abgasrohr am Katalysator, Abgaskrümmer oder Turbolader abschrauben –Pfeile–.
- Abgasanlage abstützen oder mit Draht am Unterboden aufhängen, damit sie nicht nach unten fällt.

Achtung: Das flexible Abkoppelelement im vorderen Abgasrohr darf nicht über ca. 10° abgewinkelt werden, sonst wird es beschädigt.

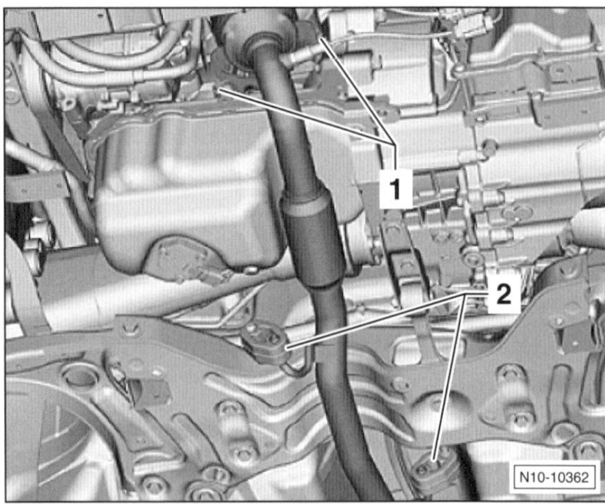

- Sämtliche Halterungen abschrauben –1– und Abgasanlage aus den Halteschlaufen –2– aushängen.
- Abgasanlage mit Helfer abnehmen.

Hinweis: Die Teile der Abgasanlage können auch einzeln ausgebaut werden. Falls sich Verbindungsstücke oder Schrauben nicht lösen lassen, Abgasrohr an der Verbindungsstelle mit Schweißbrenner erhitzen. Aluminiumplatte zwischenlegen! **Achtung:** Brandgefahr!

Einbau

Achtung: Dichtungen, Muttern und Schrauben grundsätzlich erneuern. Um die Muttern und Schrauben der Abgasanlage später leichter lösen zu können, empfiehlt es sich, diese mit einer Hochtemperaturpaste (Kupferpaste), zum Beispiel Liqui Moly-3080, einzustreichen. Gummi-Halteschlaufen auf Beschädigungen sichtprüfen, gegebenenfalls erneuern.

- Werden Abgasrohre nicht erneuert, Dicht- und Klemmflächen vor dem Zusammenfügen mit Schmirgelleinen von Ruß und Dichtungsresten reinigen.
- Abgasanlage zusammensetzen.

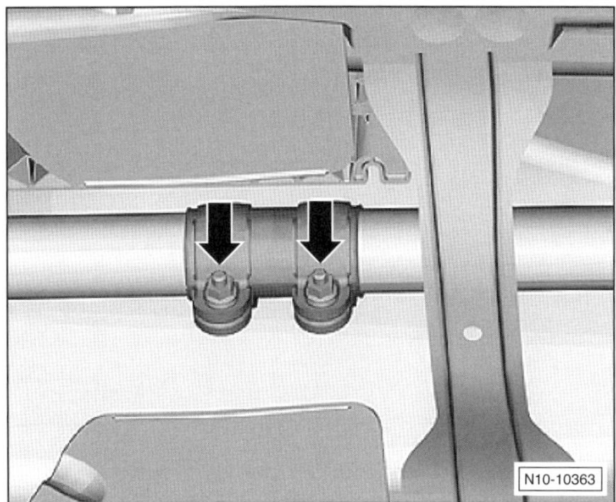

- Klemmhülse(n) ausrichten und handfest anziehen –Pfeile–, siehe Abschnitt am Ende des Kapitels.
- Abgasanlage mit Helfer einsetzen und abstützen.
- Abgasanlage in die Halteschlaufen einhängen.
- Sämtliche Halterungen der Abgasanlage anschrauben.
- Vorderes Abgasrohr mit **neuer** Dichtung am Katalysator, Abgaskrümmer oder Turbolader handfest anschrauben.
- Wo vorhanden, Wärmeschutzblech für Gelenkwelle mit **25 Nm** am Motorblock anschrauben.
- Vorderen Halter der Abgasanlage anschrauben.
- Falls ausgebaut, Tunnelbrücke mit **23 Nm** anschrauben.

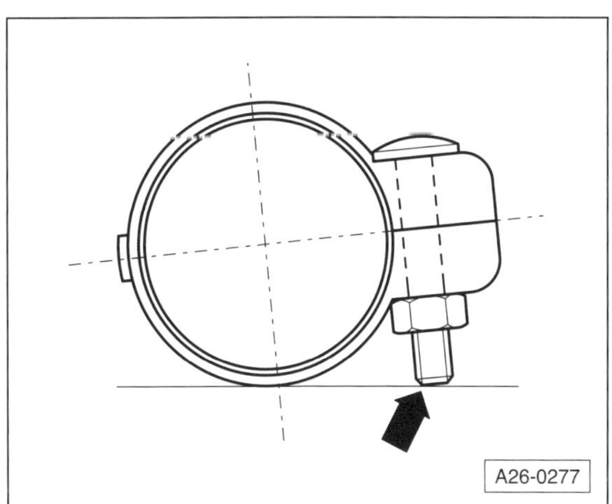

- Schrauben der Klemhülse(n) lockern und Schelle(n), wie in der Abbildung gezeigt, ausrichten. Dabei darf das Schraubenende nicht über die Unterkante der Schelle hinausragen –Pfeil–.

- Abgasanlage so ausrichten, dass sie spannungsfrei in den Aufhängungen sitzt. Dabei auf ausreichenden Abstand von mindestens 25 mm zum Aufbau achten. Gegebenenfalls Anlage verdrehen oder in Längsrichtung verschieben. Die Halterungen müssen gleichmäßig belastet werden. Darauf achten, dass die Rohre weit genug in die Schellen geschoben werden. Dafür sind als Markierungen in den Rohren Eindrückungen angebracht.

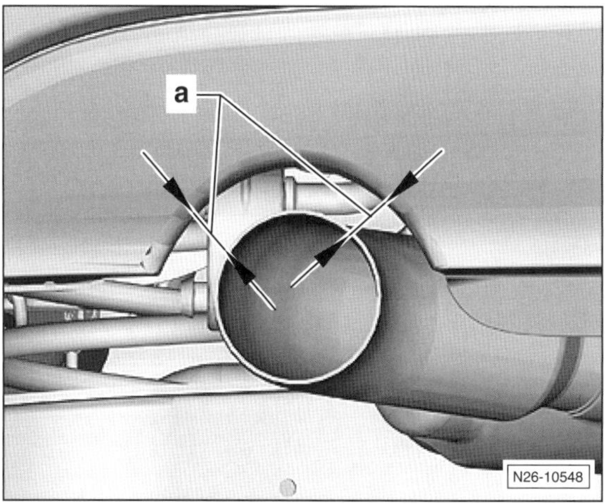

- Nachschalldämpfer so ausrichten, dass die Maße –a– gleich groß sind. Beim Doppel-Endrohr müssen die beiden Rohre waagerecht und parallel zum darüberliegenden Karosserieausschnitt ausgerichtet werden.
- Schrauben und Muttern festziehen. Die **Anzugsdrehmomente** stehen in den Legenden zu den Übersichtsabbildungen. Klemmschellen festziehen, siehe Abschnitt am Ende des Kapitels.
- Stecker für Lambdasonde(n) in die Halterung(en) setzen und verbinden.
- Wenn abgeschraubt, rechte Unterbodenabdeckung ansetzen und festschrauben.
- Untere Motorraumabdeckung einbauen, siehe Seite 278.
- Fahrzeug ablassen.
- Abgasanlage auf Dichtheit prüfen, siehe entsprechendes Kapitel.

Klemmhülsen befestigen

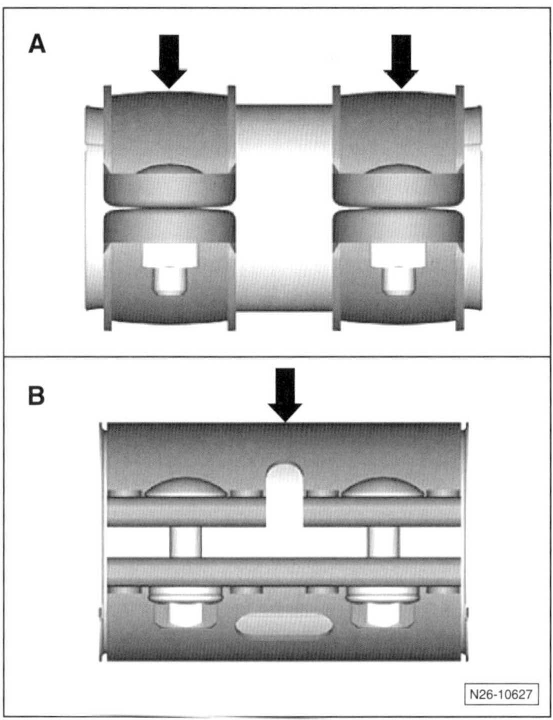

Es können 2 unterschiedliche Klemmhülsen verwendet werden:

A – Klemmhülse mit 2 einzelnen Befestigungsschellen; Anzugsdrehmoment: **25 Nm**; Maß –a– 5 mm (Abbildung D-2606, nur Klemmhülse vorn)

B – Klemmhülse mit durchgehender Schelle. Anzugsdrehmoment: **35 Nm**; Maß –a– 8,5 mm (Abbildung D-2606, nur Klemmhülse vorn)

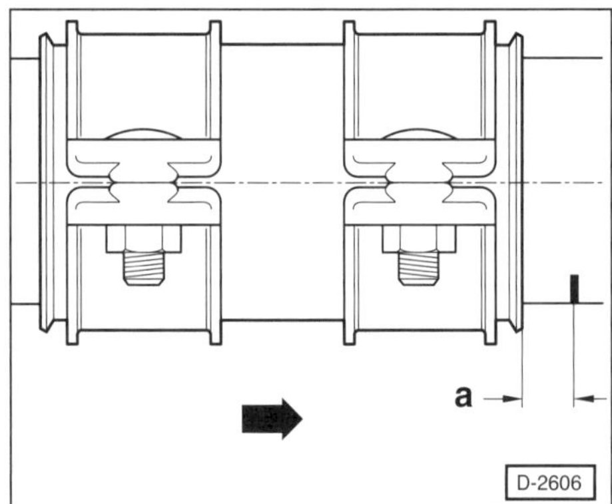

- Doppelschelle so ausrichten, dass der Abstand zur Markierung am vorderen Abgasrohr a = 5 mm beziehungsweise 8,5 mm beträgt. Die Verschraubungen müssen nach rechts zeigen und dürfen nicht über die Unterkante der Klemhülse hinausragen. Der Pfeil zeigt in Fahrtrichtung.
- Bei der vorderen Klemmhülse muss die Verschraubung nach rechts, bei der hinteren Klemmhülse nach hinten zeigen.

1,4-l-Benzinmotor 103 kW

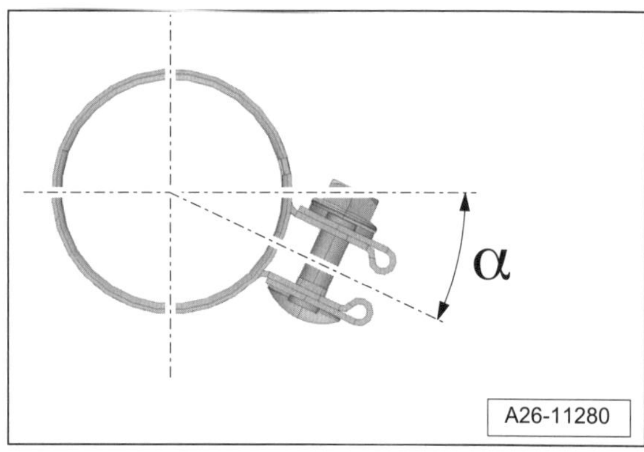

- Klemmhülse in der gezeigten Stellung einbauen.
- Winkel –α– etwa 20°.
- Hintere Klemmhülse: Verschraubung zeigt nach hinten. Vordere Klemmhülse: Verschraubung zeicht nach rechts.
- Muttern zeigen nach oben.
- Verschraubungen gleichmäßig mit **23 Nm** festziehen.

Speziell Dieselmotor; 1,4-l-Benzinmotor 103 kW

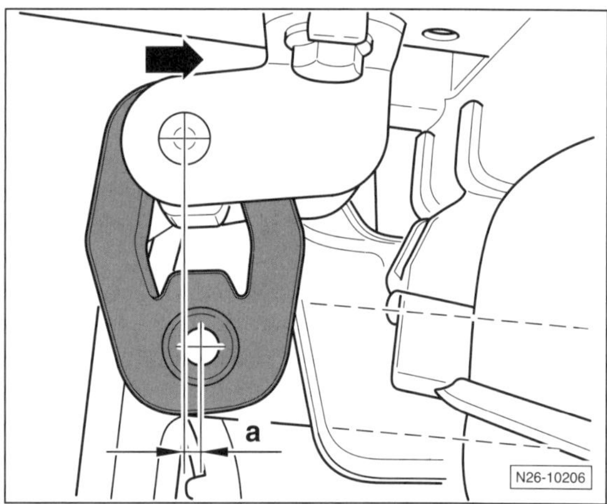

- Schalldämpfer so weit nach vorn in die Doppelschelle schieben, bis das Maß a = 5 mm beträgt. Das Maß a sollte auf jeden Fall in dem Bereich a ≈ 3 bis 7 mm liegen. Der –Pfeil– zeigt in Fahrtrichtung.
- **Dieselmotor:** Vordere Klemmhülse festziehen. Dabei M8-Muttern mit **25 Nm**, M10-Muttern mit **40 Nm** anziehen.

Vorschalldämpfer/Nachschalldämpfer ersetzen

Ab Werk sind Vor- und Nachschalldämpfer als eine Einheit eingebaut; die Schalldämpfer können jedoch einzeln erneuert werden. Zum Trennen wird ein handelsüblicher Ketten-Abgasrohrschneider benötigt, zum Beispiel HAZET 4682. Steht das Werkzeug nicht zur Verfügung, Abgasanlage mit einer Eisensäge durchsägen.

Hinweis: Wenn sich ein Schalldämpfer nicht aus der Klemmschelle ziehen lässt, gibt es zum Lösen zwei Möglichkeiten: 1. Möglichkeit: Abgasrohr etwa 5 cm hinter der Schelle durchsägen. Anschließend das Restrohr längs aufsägen und mit Hammer und Meißel abschlagen. 2. Möglichkeit: Steht ein Autogen-Schweißgerät zur Verfügung, die Klemmschelle erwärmen, dadurch dehnt sie sich aus, und das Rohr lässt sich abziehen.

Sicherheitshinweis
Vor Einsatz des Schweißgerätes den Fahrzeugunterboden mit einer Aluminiumplatte schützen, Brandgefahr. Feuerlöscher bereitstellen.

Ausbau bei einteiliger Vor-/Nachschalldämpfer-Anlage

Sicherheitshinweis
Beim Aufbocken des Fahrzeugs besteht Unfallgefahr! Deshalb das Kapitel »Fahrzeug aufbocken« durchlesen.

- Fahrzeug aufbocken.

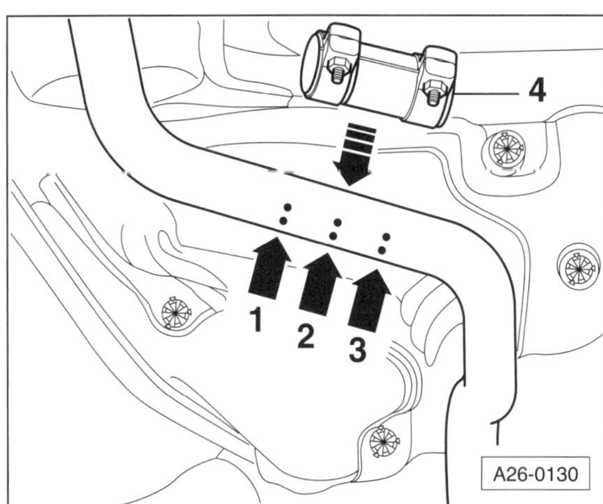

- Die Trennstelle ist durch Eindrückungen gekennzeichnet. An den mittleren Eindrückungen –Pfeil 2– wird das Abgasrohr getrennt. Die seitlichen Markierungen –Pfeile 1/3– dienen als Markierung, damit die Abgasrohre gleich weit in die Klemmschelle –4– hineingeschoben werden.
- Kette des Abgasrohrschneiders an den mittleren Eindrückungen –Pfeil 2– um das Rohr herumlegen und spannen. Kette hin- und herrollen und dabei nachspannen, jedoch nicht zu stark, damit das Rohr beim Schneiden nicht verformt wird.
- Schalldämpfer aus den Gummihalterungen aushängen und herausnehmen.

Einbau

- Schalldämpfer in die Gummihalterungen einhängen.

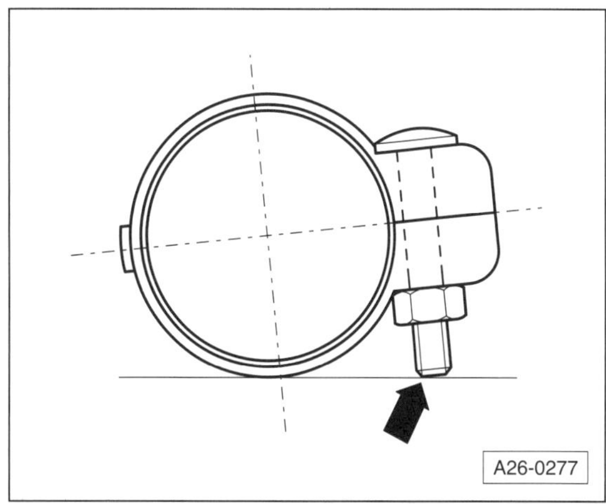

- Zum Verbinden der Abgasrohre wird eine Ersatzteil-Klemmschelle verwendet. **Achtung:** Bereits montierte Klemmschellen immer erneuern, nicht wieder verwenden. Da je nach Fahrzeugmodell unterschiedliche Rohrdurchmesser verwendet werden, auf richtige Ersatzteilzuordnung achten. Klemmschelle wie in der Abbildung gezeigt ausrichten. Dabei darf das Schraubenende nicht über die Unterkante der Schelle hinausragen –Pfeil–.
- **Ausrichtung der Klemmschelle:** Verschraubung zeigt nach hinten.
- Abgasanlage ausrichten, siehe Kapitel »Abgasanlage einbauen«.
- Klemmschelle festziehen.

Abgasanlage auf Dichtigkeit prüfen

Prüfen

- Motor starten und bei laufendem Motor Abgasanlage mit einem Lappen oder Stöpsel verschließen.
- Abgasanlage auf Undichtigkeit abhören. Gegebenenfalls Verbindungsstellen Zylinderkopf/Krümmer und Krümmer/Abgasrohr vorn mit handelsüblichem »Lecksuch-Spray« einsprühen und auf Blasenbildung untersuchen.
- Undichtigkeit beseitigen.

Innenausstattung

Aus dem Inhalt:

- **Innenspiegel ersetzen**
- **Sonnenblende ersetzen**
- **Dachhaltegriffe ersetzen**
- **Handschuhfach ausbauen**
- **Mittelkonsole demontieren**
- **Innenverkleidungen**
- **Sitze ausbauen**

Wichtige Arbeits- und Sicherheitshinweise

Werden Arbeiten an der Innenausstattung ausgeführt, sind folgende Hinweise unbedingt zu beachten:

- Zum Abhebeln von Kunststoffverkleidungen und -blenden Kunststoffkeil verwenden, zum Beispiel HAZET 1965-20, oder Lösehebel, zum Beispiel HAZET- 799-3 oder 799-6.
- Bereiche, an denen ein Kunststoffkeil oder ein Schraubendreher angesetzt wird, zum Schutz mit Klebeband abkleben.
- Clips, die beim Ausbau von Verkleidungen beschädigt werden, immer erneuern.
- Die Fenster- und Türsäulen der Karosserie werden von vorn nach hinten als A-, B- und C-Säulen bezeichnet.
- Sitze, Sicherheitsgurte und Airbags sind sicherheitsrelevante Bauteile. **Aus Sicherheitsgründen nur die hier beschriebenen Arbeiten durchführen. Komplexere Arbeiten nicht in Eigenregie vornehmen, sondern von einer Fachwerkstatt durchführen lassen.**

Achtung: Airbag-Sicherheitshinweise unbedingt befolgen, insbesondere bei Arbeiten an der Armaturentafel, siehe Seite 162.

Um ein Auslösen des Airbags zu verhindern, vor dem Trennen von Kabeln des Airbag-Systems das Batterie-Massekabel bei eingeschalteter Zündung abklemmen. Außerdem muss aus Sicherheitsgründen der Minuspol (–) der Batterie isoliert werden, siehe Seite 85.

> **Achtung:** Wenn im Rahmen von Arbeiten an der Karosserie auch Arbeiten an der elektrischen Anlage durchgeführt werden, **grundsätzlich** Zündung ausschalten und Zündschlüssel abziehen. Als Arbeit an der elektrischen Anlage ist dabei schon zu betrachten, wenn eine elektrische Leitung vom Anschluss abgezogen beziehungsweise abgeklemmt wird.

Halteclips/Halteklammern aus- und einbauen

Zahlreiche Abdeckungen und Verkleidungen sind mit Halteclips und Halteklammern an der Karosserie befestigt.

Ausbau

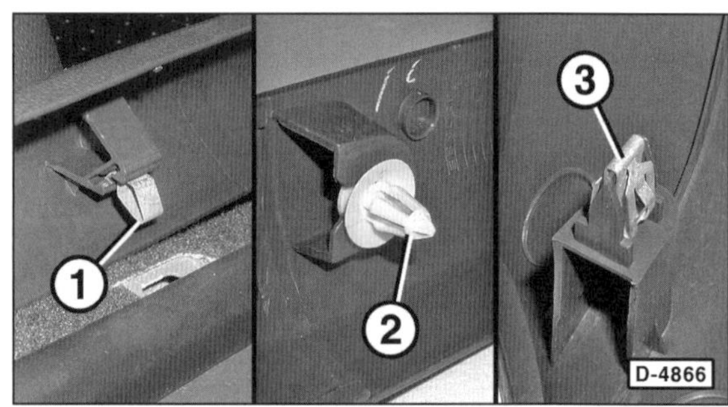

- **Halteclip an der Rückseite der Verkleidung:** Geeignetes Werkzeug, zum Beispiel HAZET-Lösehebel 799-3, unter die Verkleidung schieben und Halteclip –2– aus der Bohrung herausziehen. **Hinweis:** Die Clips werden dabei häufig beschädigt und müssen ersetzt werden.
- **Halteklammer an der Rückseite der Verkleidung:** Verkleidung im Bereich der Halteklammer –1/3– von der Karosserie abziehen und dadurch die Halteklammer aus der Bohrung herausziehen.

Einbau

- Vor dem Einbau Halteclips oder Halteklammern auf Beschädigungen überprüfen, wenn nötig ersetzen. Richtigen Sitz an der Verkleidung überprüfen.
- Halteklammer –1– gegebenenfalls in die Führung an der Rückseite der Verkleidung schieben.
- Verkleidung so ansetzen, dass sich die Halteclips oder Halteklammern über den Bohrungen befinden. Verkleidung im Bereich der Clips fest andrücken und einrasten.

Innenspiegel aus- und einbauen

Spiegel automatisch abblendend mit Regensensor

Der automatisch abblendende Innenspiegel dunkelt stufenlos ab, wenn der Fahrer von hinten geblendet wird. Er besteht aus einem Spiegelelement und 2 Fotosensoren. Die Elektronik erkennt durch die Fotosensoren den Lichteinfall von vorn und hinten. Ist der Lichteinfall von hinten größer als von vorn wird durch die Elektronik eine Spannung an die leitfähige Beschichtung gelegt. Die angelegte Spannung verändert die Farbe des Elektrolyten. Je höher die Spannung ist desto dunkler wird der Elektrolyt. Das einfallende Licht wird nicht mehr so stark reflektiert. Beim Einlegen des Rückwärtsgangs wird die Abblendfunktion abgeschaltet. Dadurch kann mithilfe des Innenspiegels zum Beispiel aus einer dunklen Garage herausgefahren werden.

Ausbau

- Zündung ausschalten und Zündschlüssel abziehen.

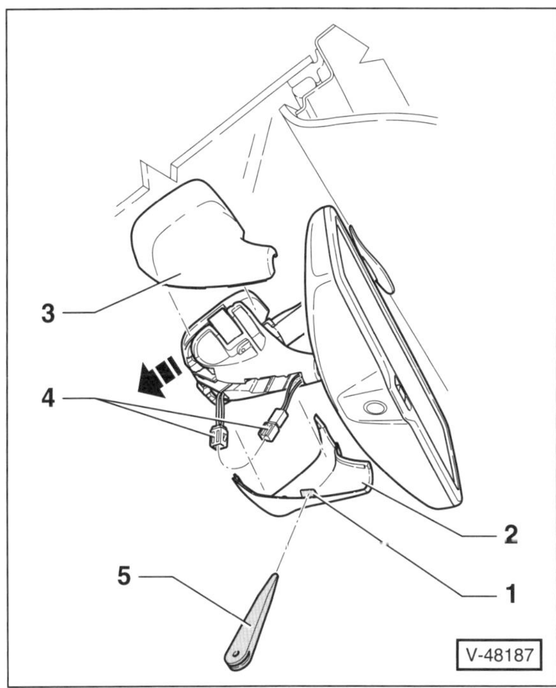

- Mit einem Kunststoffkeil –5– die Lasche –1– an der rechten Abdeckkappe –2– ausrasten.
- Abdeckkappen –2/3– auseinander drücken und vom Spiegelfuß abnehmen.
- Steckverbindung –4– aus dem Spiegelfuß herausziehen und trennen.
- Spiegelfuß mit Spiegel entlang der Frontscheibe nach unten aus der Halteplatte herausziehen –Pfeil–.

Einbau

- Der Einbau erfolgt in umgekehrter Ausbaureihenfolge.

Spiegel ohne Regensensor

Ausbau

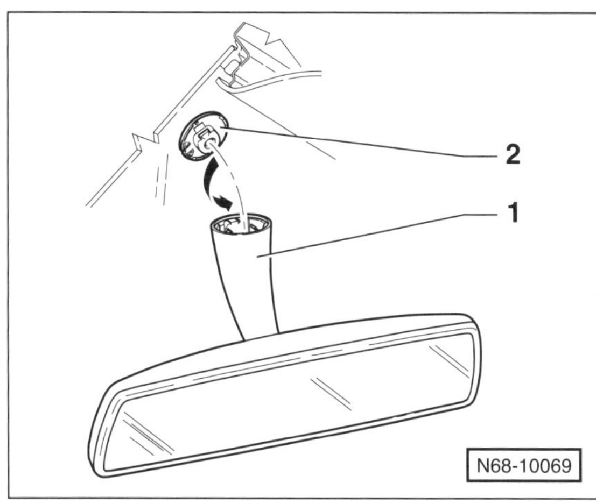

- Innenspiegel –1– um 90° gegen den Uhrzeigersinn drehen –Pfeil– und von der Halteplatte –2– abnehmen.

Einbau

- Der Einbau erfolgt in umgekehrter Ausbaureihenfolge.

Sonnenblende aus- und einbauen

Ausbau

Hinweis: Der Ausbau wird an der rechten Fahrzeugseite beschrieben; auf der linken Seite sinngemäß vorgehen.

- Zündung ausschalten.

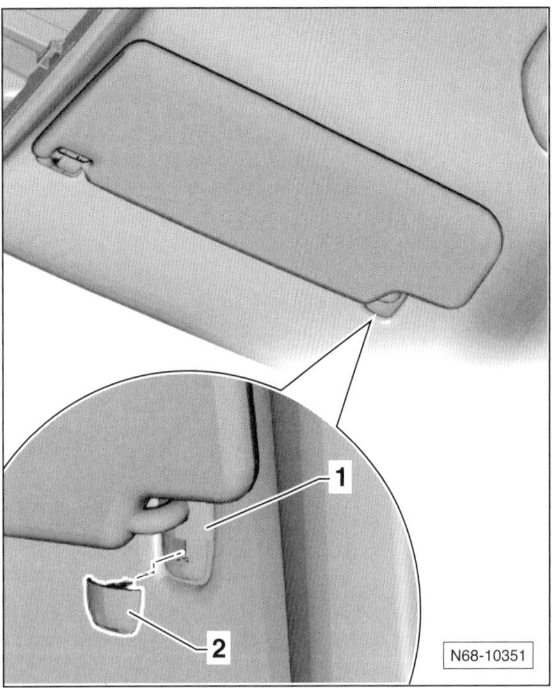

- Abdeckkappe –2– mit Schraubendreher ausclipsen.
- Sonnenblendenlager –1– vorsichtig aus der Aufnahme herausziehen. **Achtung:** Dabei Sonnenblende festhalten. Sonnenblende nicht am Leitungsstrang hängen lassen, da dieser sonst beschädigt wird.

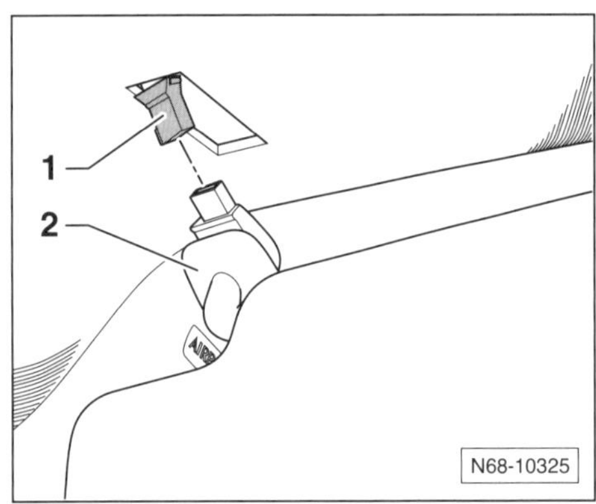

- Stecker –1– vorsichtig von der Sonnenblende –2– abziehen. **Achtung:** Dabei darf kein Zug auf die Flachleitung ausgeübt werden.

Einbau

- Der Einbau erfolgt in umgekehrter Ausbaureihenfolge.

Haltegriff am Dach aus- und einbauen

Ausbau

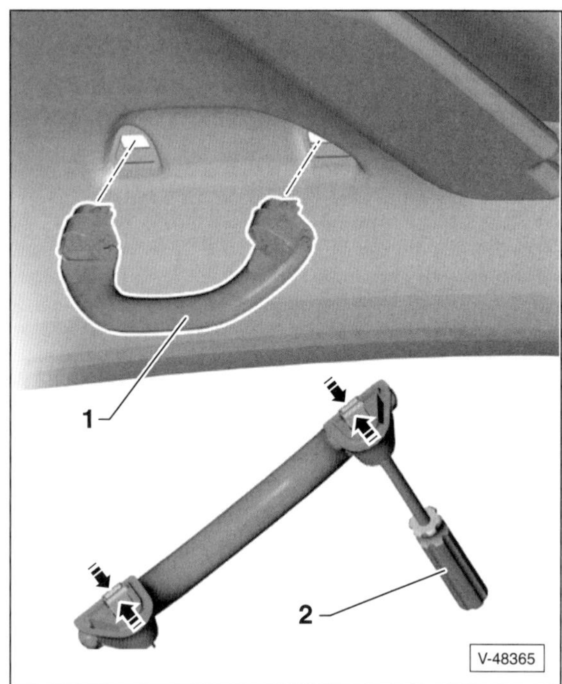

- Haltegriff –1– nach unten klappen und beide Abdeckkappen öffnen.
- Klammern mit einem Schraubendreher –2– entsichern –Pfeile– und Haltegriff aus den Aufnahmen lösen.

Einbau

- Haltegriff an den Aufnahmen ansetzen, eindrücken und einrasten.
- Abdeckkappen schließen.

Abdeckung für Schalt-/Wählhebel aus- und einbauen

Schaltgetriebe

Ausbau

- Mit einem Kunststoffkeil Faltenbalg aus der Abdeckung in der Mittelkonsole ausclipsen –Pfeile– und nach oben über den Schalthebel stülpen.

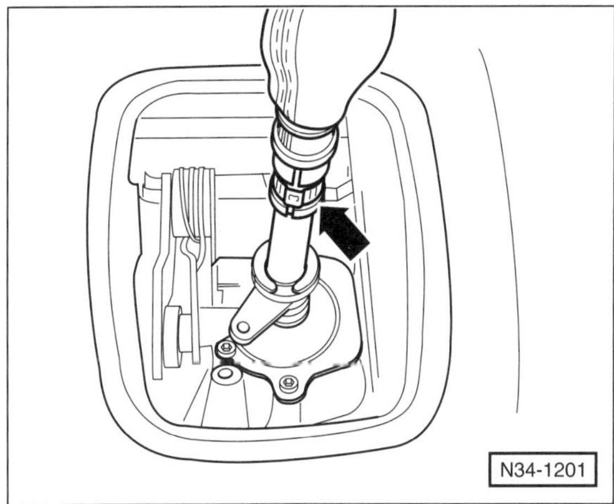

- Schelle –Pfeil– öffnen und Schaltknauf zusammen mit der Schalthebelmanschette vom Schalthebel abziehen.

Einbau

- Schaltknauf mit umgestülpter Schalthebelmanschette auf den Schalthebel aufstecken und in der Nut einrasten.
- **Neue** Klemmschelle zusammendrücken.
- Faltenbalg nach unten stülpen und in der Mittelkonsole einclipsen.

7-Gang-DSG-Getriebe

Die Schaltabdeckung wird immer zusammen mit dem Griff ausgebaut. Je nach Modell können unterschiedliche Griffe eingebaut sein.

Ausbau

- Wählhebel in Stellung »D« schalten.

Griff mit seitlicher Drucktaste

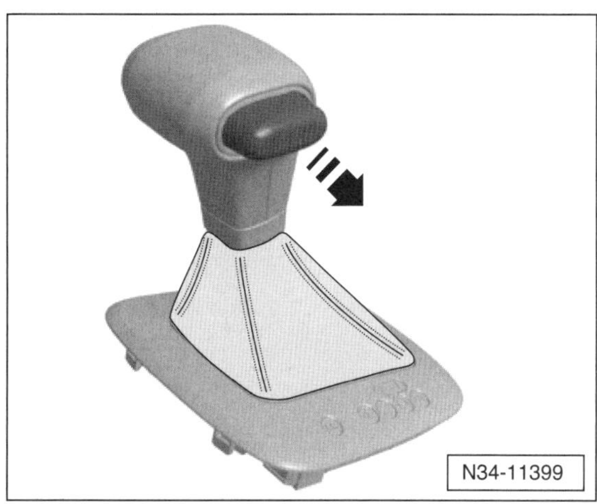

- Taste so weit aus dem Griff ziehen, bis ein kleiner Spalt zwischen Griff und Taste sichtbar wird. Taste arretiert beim Loslassen.
- Taste in dieser Stellung mit einem Kabelbinder oder Draht gegen Eindrücken sichern.

Griff mit Drucktaste vorn

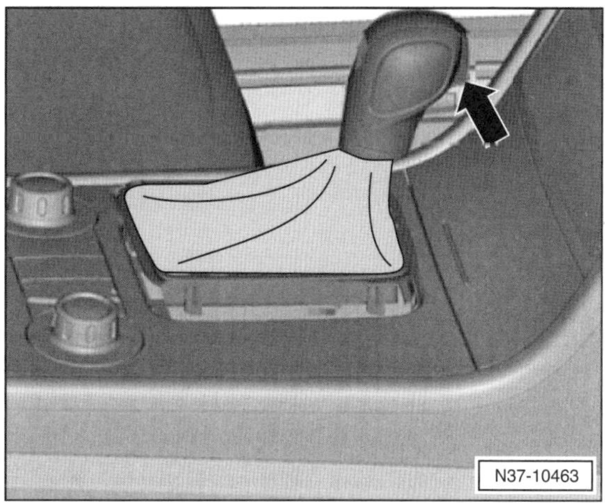

- Die Taste braucht nicht von Hand herausgezogen werden. Beim Abziehen des Griffs verrastet die Taste selbstständig in Einbaustellung –Pfeil–.

Alle Griffe

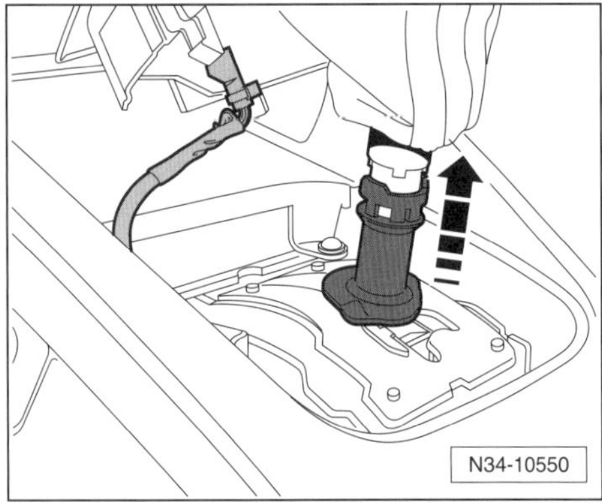

- Schalthebel-Abdeckung aus der Mittelkonsole ausclipsen und nach oben stülpen.
- Stecker von der Schalthebel-Abdeckung abziehen.
- **Ausführung 1:** Hülse nach oben schieben –Pfeil– und den Griff entriegeln.

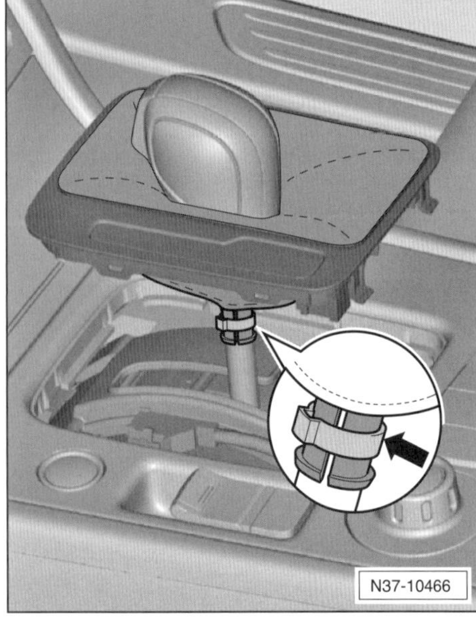

- **Ausführung 2**: Anstatt der Hülse ist eine Schelle eingebaut. Schelle unter der Manschette –Pfeil– mit einem Seitenschneider aufschneiden.
- Griff vom Wählhebel abziehen, ohne die Taste zu drücken.

Achtung: Taste nach dem Ausbau nicht mehr drücken, da der Griff sonst nicht mehr montiert werden kann.

Einbau

- Der Einbau erfolgt in umgekehrter Reihenfolge dabei Folgendes beachten:
- Wählhebel steht in Stellung »D«.
- **Griff mit seitlicher Drucktaste:** Taste im Griff ist herausgezogen und gegebenenfalls gegen Eindrücken gesichert, siehe Abbildung N34-11399.
- **Griff mit Drucktaste vorn:** Drucktaste steht in Einbaustellung, siehe Abbildung N37-10463.

Achtung: Wurde die Drucktaste versehentlich gedrückt, kann die Einbaustellung folgendermaßen wieder hergestellt werden.

- Blende auf der gegenüberliegenden Seite der Drucktaste vorsichtig nach oben ausclipsen.

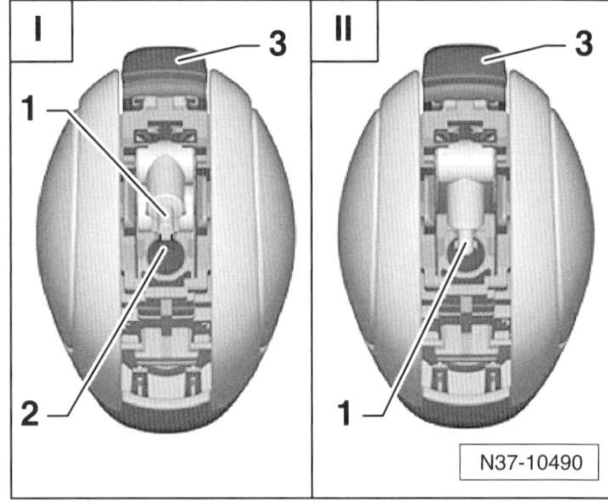

- Kleinen Hebel –1– für die Zugstange mit einem Schraubendreher in die Nut –2– drücken. Dabei wird die Drucktaste –3– in die Einbaustellung gedrückt.
  –I– Drucktaste in gedrückter Stellung.
  –II– Drucktaste in Einbaustellung.

Achtung: Den Hebel nur bis in die Nut drücken, nicht weiter. Griffblende erst nach Aufsetzen des Griffs auf den Schalthebel einsclipsen. Dadurch kann geprüft werden, ob beim Betätigen der Drucktaste der kleine Hebel in die Zugstange eingreift.

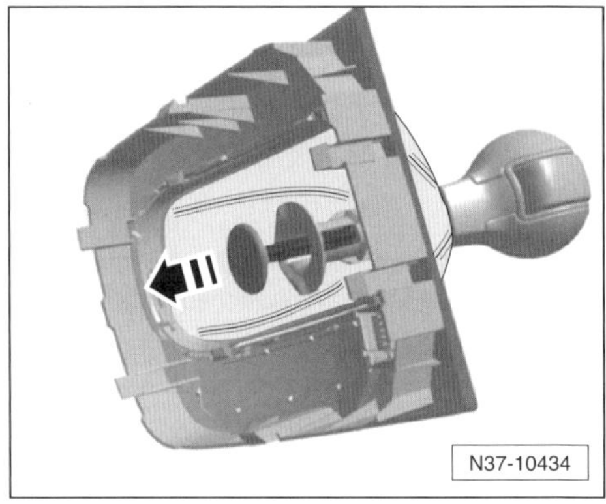

Hinweis: Ein neuer Griff wird mit Montagesicherung geliefert. Sicherung erst kurz vor dem Einbau durch Herausziehen entfernen.

- Griff vollständig auf den Wählhebel aufstecken und verriegeln.
- Zum Verriegeln Hülse nach unten schieben.

- **Ausführung 2:** Griff mit neuer Schelle bis Anschlag aufschieben. Schelle mit Schlauchklemmenzange, zum Beispiel V.A.G 1275 oder HAZET 798-2/798-3, festklemmen.
- Drucktaste nach dem Einbau drücken.

Hinweis: Bei falscher Montage bleibt die Drucktaste nach der Betätigung im Griff stecken. Wenn dies passiert ist, Griff nochmal ausbauen und Drucktaste wieder in Einbaustellung bringen, wie oben beschrieben. Anschließend kann der Griff wieder montiert werden.

- Der weitere Einbau erfolgt in umgekehrter Ausbaureihenfolge.

Mittlere Blenden in der Armaturentafel aus- und einbauen

Ausbau

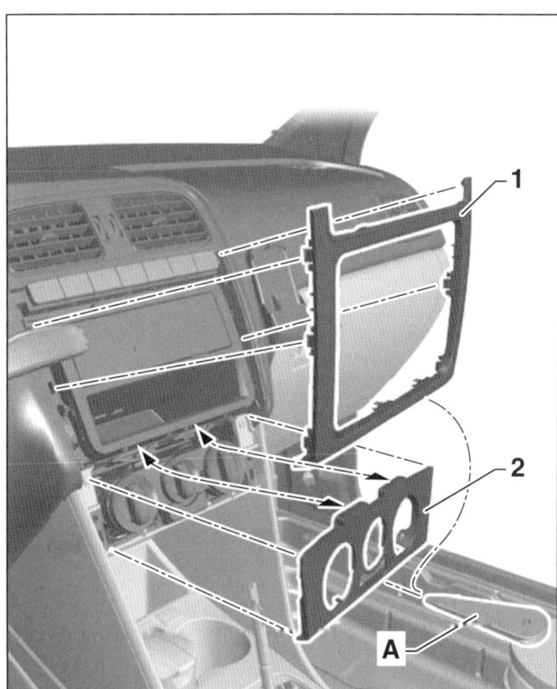

- Obere Blende –1– im Bereich der 6 Verrastungen mit einem Kunststoffkeil –A– aus den Aufnahmen in der Armaturentafel heraushebeln.
- Untere Blende –2– im Bereich der 6 Verrastungen mit einem Kunststoffkeil –A– aus den Aufnahmen in der Armaturentafel heraushebeln. **Hinweis:** In der Abbildung ist die untere Blende bei Fahrzeugen ohne Climatonic dargestellt.

Einbau

- Blenden über den Aufnahmen ansetzen, andrücken und einrasten.

Mittleres Ablagefach in der Armaturentafel aus- und einbauen

Ausbau

- Zündung ausschalten.
- Mittlere Blenden in der Armaturentafel ausbauen, siehe ensprechendes Kapitel.
- Radio ausbauen, siehe Seite 135.
- Abdeckung der Mittelkonsole ausbauen, siehe entsprechendes Kapitel.

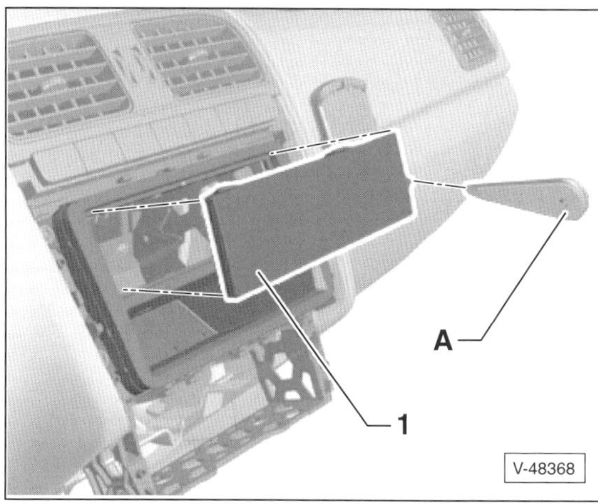

- Bei Fahrzeugen ohne Radio die Abdeckung –1– mit einem Kunststoffkeil –A– ausheben.

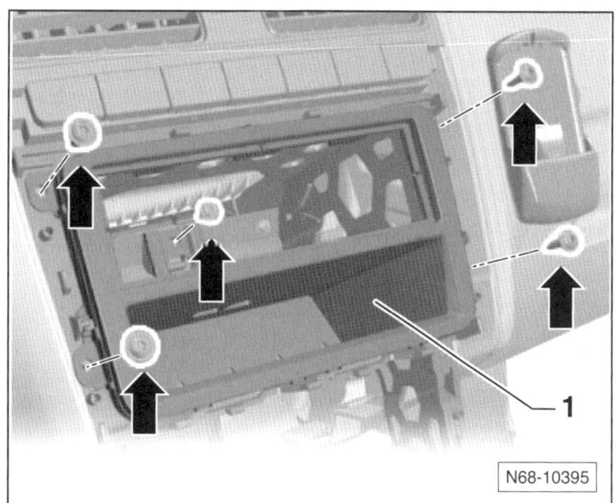

- 5 Schrauben –Pfeile– herausdrehen.
- Ablagefach –1– aus der Armaturentafel herausziehen.

Einbau

- Der Einbau erfolgt in umgekehrter Ausbaureihenfolge. Schrauben –Pfeile– mit **1,5 Nm** anschrauben.

Vordere Abdeckung der Mittelkonsole aus- und einbauen

Ausbau

- Schalthebelabdeckung ausclipsen und nach oben stülpen.
- Mittlere Blenden der Armaturentafel ausbauen, siehe entsprechendes Kapitel.

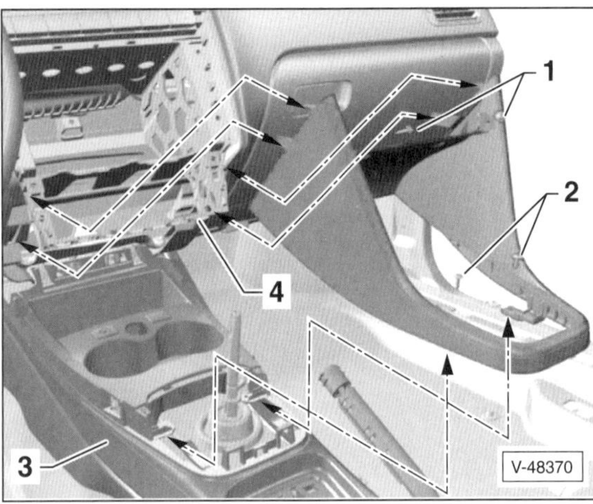

- Schrauben –1– und –2– herausdrehen.
- Abdeckung im hinteren Bereich aus der Mittelkonsole –3– herausziehen und aushängen.
- Abdeckung im vorderen Bereich aus der Armaturentafel –4– herausziehen und aushängen.

Einbau

- Der Einbau erfolgt in umgekehrter Ausbaureihenfolge. Schrauben –Pfeile– mit **1,5 Nm** anschrauben.

Mittelkonsole aus- und einbauen

Ausbau

- Zündung ausschalten.
- Faltenbalg für Schalt-/Wählhebel aus der Mittelkonsole ausclipsen und nach oben stülpen.

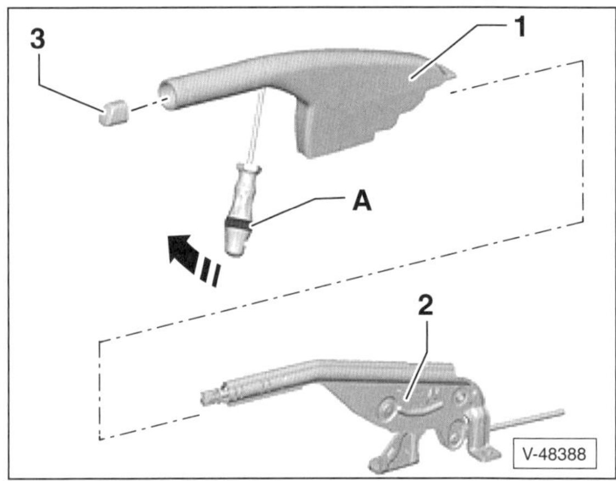

- Verkleidung –1– vom Handbremshebel –2– abbauen. Dazu Entriegelungslasche im hinteren, unteren Griffbereich mit einem Schraubendreher –A– abhebeln. Anschließend Verkleidung nach vorn über den Handbremshebel abziehen. **Achtung:** Druckknopf –3– nicht abziehen, da er hierbei zerstört wird und ersetzt werden muss.

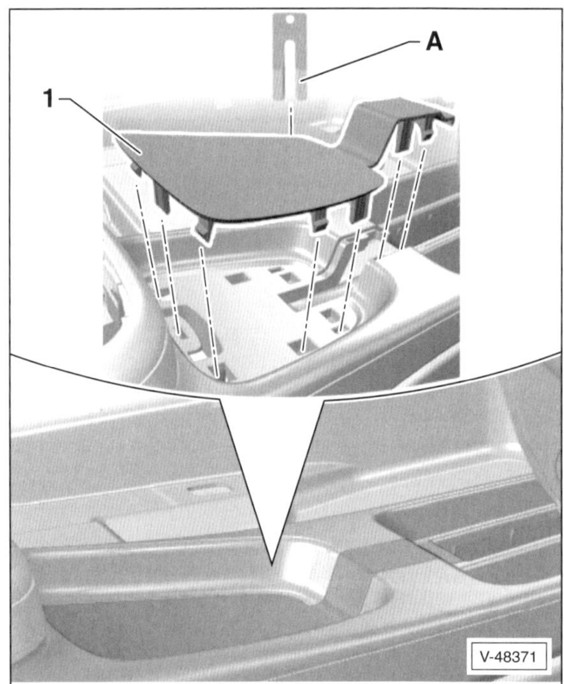

- Abdeckkappe –1– für Handbremse mit einem Kunststoffkeil –A– aus der Mittelkonsole heraushebeln.
- Mittlere Blenden der Armaturentafel ausbauen, siehe entsprechendes Kapitel.
- Vordere Abdeckung der Mittelkonsole ausbauen, siehe ensprechendes Kapitel.

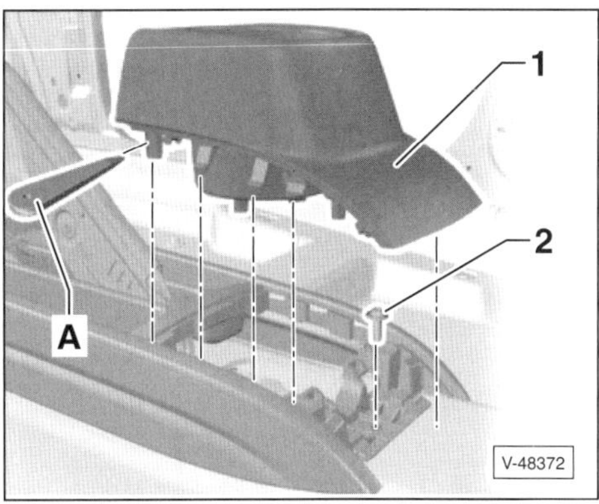

- Getränkehalter –1– mit einem Kunststoffkeil –A– aus der Mittelkonsole heraushebeln. **Hinweis:** Anstelle des Getränkehalters kann auch ein Ablagefach eingebaut sein.
- Schraube –2– herausdrehen.
- Falls vorhanden, Armlehne ausbauen, siehe entsprechendes Kapitel.

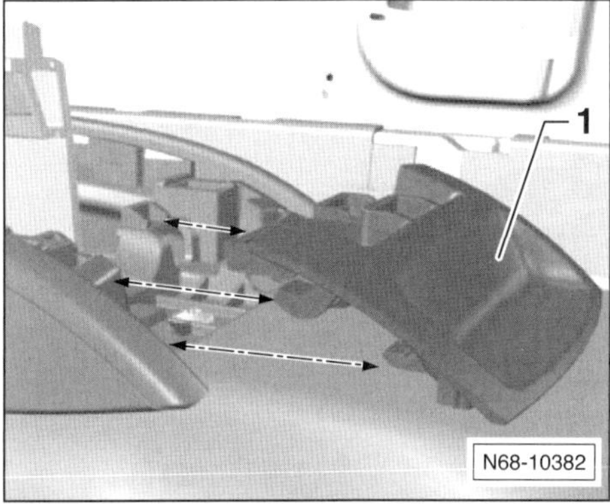

- Fahrzeuge mit Armlehne: Deckel –1– aus der Mittelkonsole ausclipsen und abnehmen.

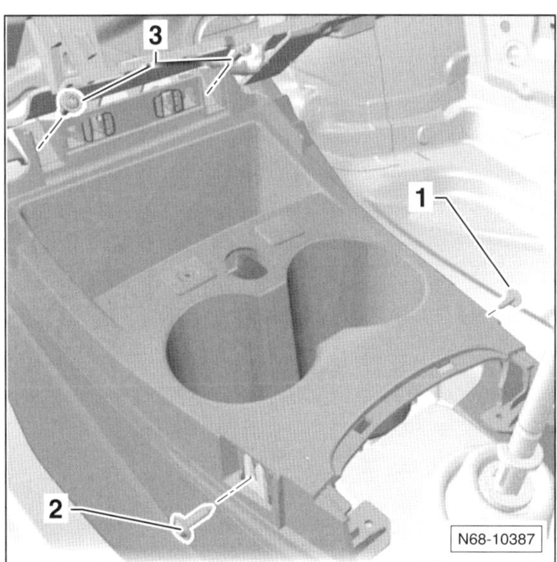

- Seitliche Schrauben –1– und –2– herausdrehen.
- Vordere Schrauben –3– herausdrehen.

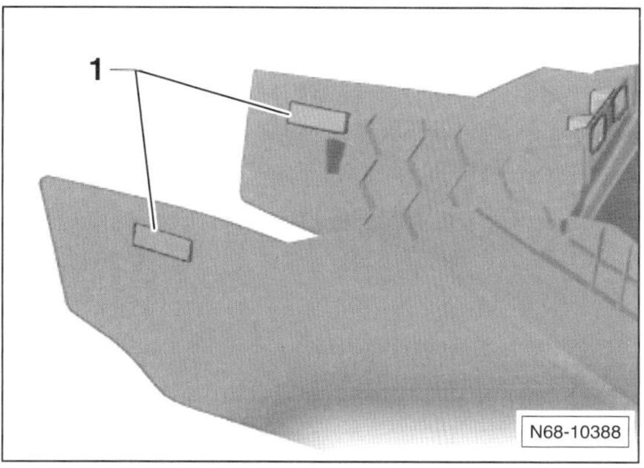

- Seitliche Klettbänder –1– lösen.

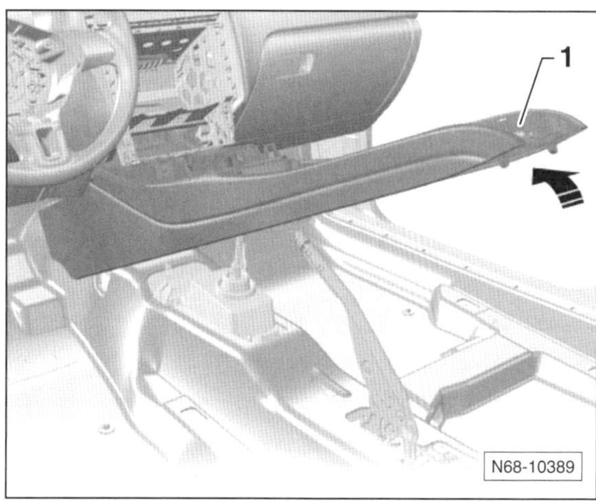

- Mittelkonsole –1– hinten nach oben schwenken –Pfeil–. Je nach Ausstattung gegebenenfalls elektrische Stecker abziehen und Mittelkonsole herausnehmen.

Einbau

- Der Einbau erfolgt in umgekehrter Ausbaureihenfolge. Schrauben ganz leicht, mit **1,5 Nm** anziehen.

Armlehne aus- und einbauen

Ausbau

- Getränkehalter ausbauen, siehe Abbildung V-48372 im Kapitel »Mittelkonsole aus- und einbauen«.

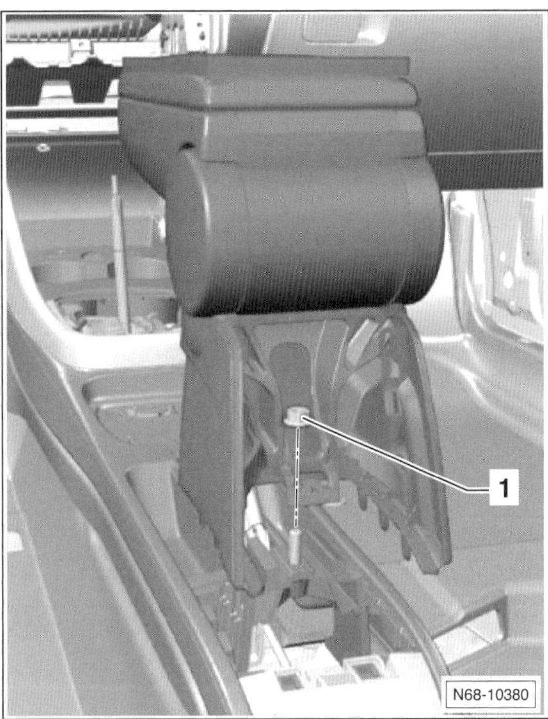

- Mutter –1– herausdrehen und Armlehne abnehmen.

Einbau

- Armlehne ansetzen und mit **20 Nm** festschrauben.
- Getränkehalter einbauen, siehe entsprechendes Kapitel.

Seitliche Abdeckungen an der Armaturentafel aus- und einbauen

Ausbau

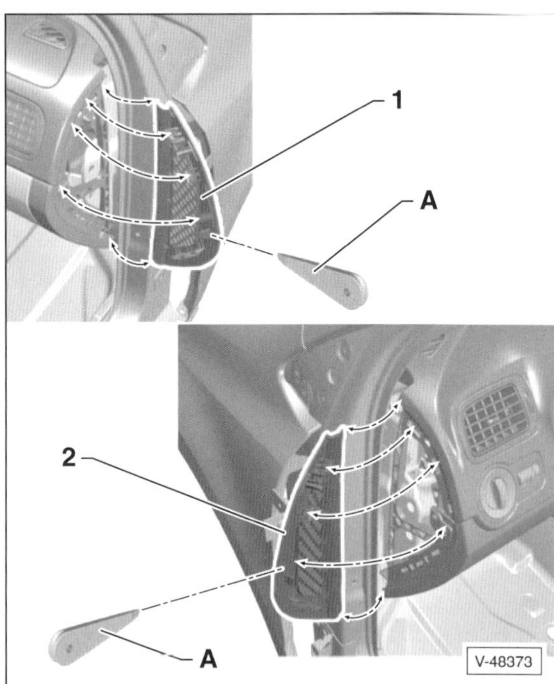

- Die rechte –1– oder linke Abdeckung –2– seitlich an der Armaturentafel mit einem Kunststoffkeil –A–, zum Beispiel HAZET 1965-20, abdrücken und abnehmen.

Einbau

- Der Einbau erfolgt in umgekehrter Ausbaureihenfolge.

Lenksäulenverkleidung aus- und einbauen

Ausbau

Hinweis: Wenn nur die obere Lenksäulenverkleidung ausgebaut wird, braucht das Lenkrad nicht ausgebaut zu werden.

Achtung: Sicherheitshinweise zum Airbag beachten.

- Lenkrad ausbauen, siehe Seite 164.
- Lenkradverstellhebel lösen und Lenksäule ganz herausziehen und ganz nach unten stellen.

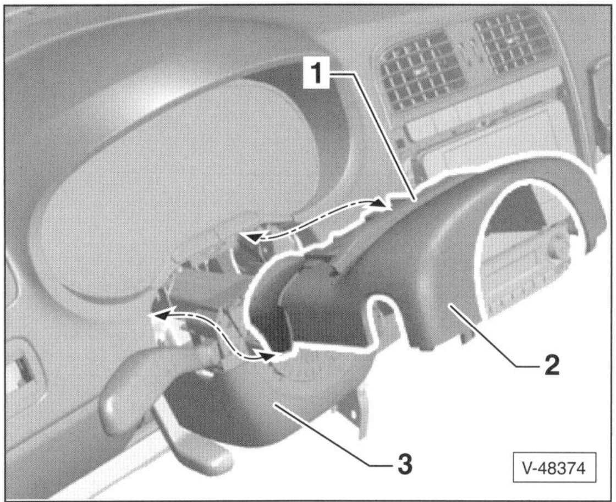

- Abdeckung –1– über der Lenksäulenfuge aus den Aufnahmen ausclipsen.
- Obere Lenksäulenverkleidung –2– an den Einraststellen von der unteren Lenksäulenverkleidung –3– lösen und abnehmen.

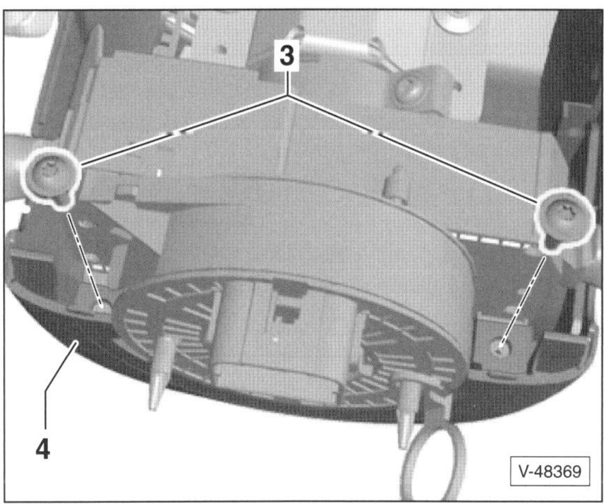

- 2 obere Schrauben –3– für untere Lenksäulenverkleidung –4– herausdrehen.
- Von unten 1 Schraube herausdrehen und untere Lenksäulenverkleidung –4– nach unten abnehmen.

Einbau

- Der Einbau erfolgt in umgekehrter Ausbaureihenfolge.

Abdeckung für Sicherungskasten aus- und einbauen

Ausbau

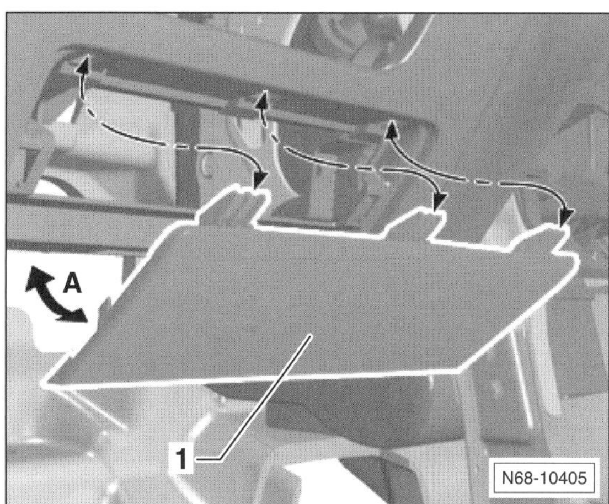

- Abdeckung –1– im unteren Bereich aus den Verrastungen herausziehen –Pfeil A–, oben aushängen und herausnehmen.

Einbau

- Abdeckung oben einhängen, unten in Pfeilrichtung –A– schwenken und einrasten.

Handschuhfach aus- und einbauen

Ausbau

- Zündung ausschalten und Zündschlüssel abziehen.
- Seitliche Klappe rechts aus der Armaturentafel ausbauen, siehe entsprechendes Kapitel.

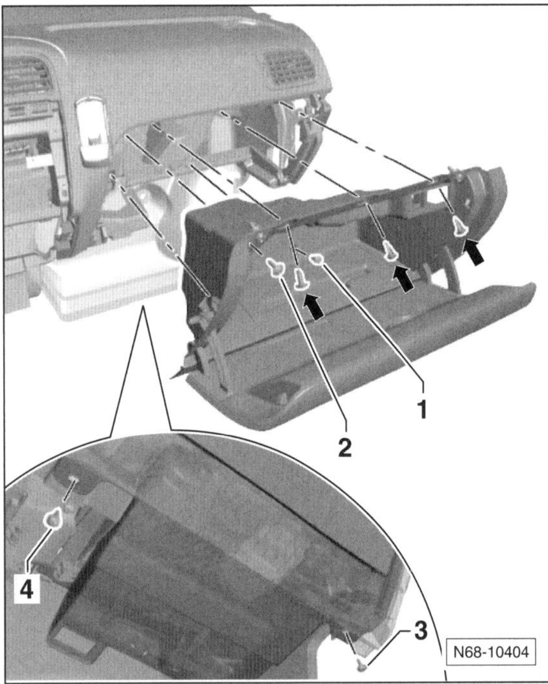

- Handschuhfach öffnen und 3 Schrauben –Pfeile– herausdrehen.
- Schrauben –1– und –2– im Handschuhfach herausdrehen.
- Schrauben –3– und –4– herausdrehen.
- Handschuhfach so weit nach hinten aus der Armaturentafel herausziehen, bis die Steckverbindungen zugänglich sind.
- Je nach Austattung Stecker für Schlüsselschalter zur Airbagabschaltung und Stecker für Reifenkontrolltaste abziehen.
- Gegebenenfalls Luftkanal für Handschuhfachkühlung abziehen.

Einbau

- Der Einbau erfolgt in umgekehrter Ausbaureihenfolge.

Einstiegsleiste aus- und einbauen

4-Türer

Ausbau

- Rücksitzbank ausbauen, siehe entsprechendes Kapitel.
- Rücksitzlehne ausbauen, siehe entsprechendes Kapitel.
- Innenverkleidung Radkasten hinten ausbauen, siehe entsprechendes Kapitel.

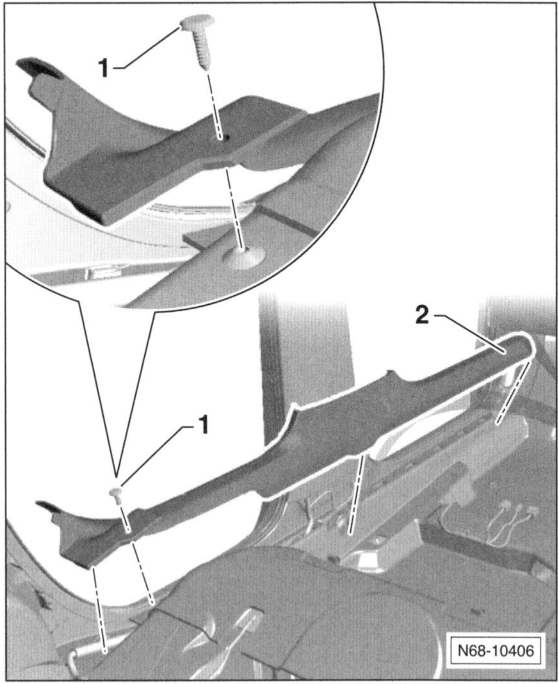

- Clip –1– heraushebeln.
- Einstiegsleiste –2– mit einem Kunststoffkeil vom Türschweller abclipsen und herausnehmen.
- Falls vorhanden, Steckverbindung für Schalter der Innenraumüberwachung trennen.

Einbau

- Halteklammern auf Beschädigungen und auf richtigen Sitz an der Verkleidung überprüfen, wenn nötig, ersetzen.
- Der Einbau erfolgt in umgekehrter Ausbaureihenfolge, dabei darauf achten, dass die Halteklammern korrekt in die Bohrungen eingreifen und dass die Türdichtung über die Einstiegsleiste greift.

Speziell 2-Türer

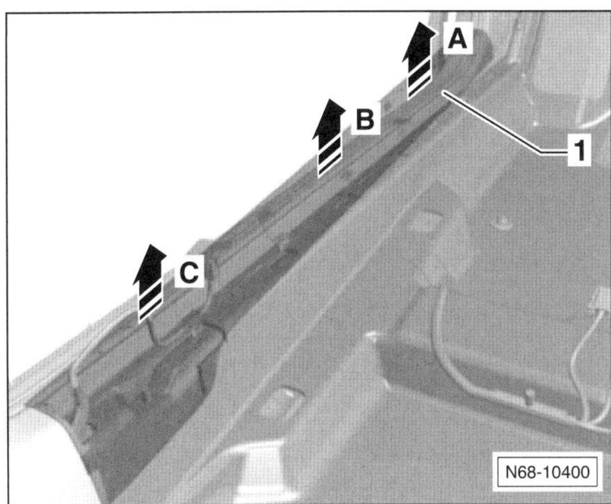

- Einstiegsleiste –1– im Übergangsbereich zur A-Säule aus den Aufnahmen im Unterholm herausziehen –Pfeil A–.
- Einstiegsleiste aus den restlichen Aufnahmen –Pfeil B– und –Pfeil C– herausziehen.

Innenverkleidung Radkasten hinten aus- und einbauen

Ausbau

- Rücksitzbank nach vorn klappen.
- Rücksitzlehne nach vorn klappen.

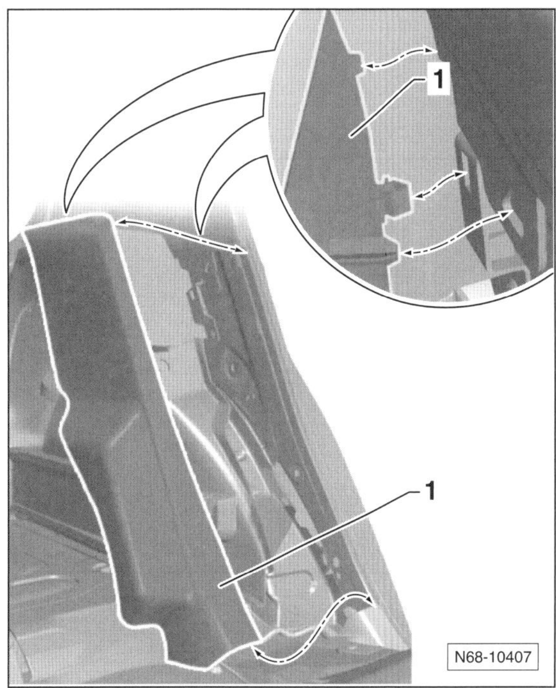

- Verkleidung –1– zuerst im oberen Bereich aus den Aufnahmen herausziehen.
- Verkleidung aus den restlichen Aufnahmen herausziehen.

Einbau

- Der Einbau erfolgt in umgekehrter Ausbaureihenfolge.

Verkleidung A-Säule aus- und einbauen

Obere Verkleidung

Ausbau

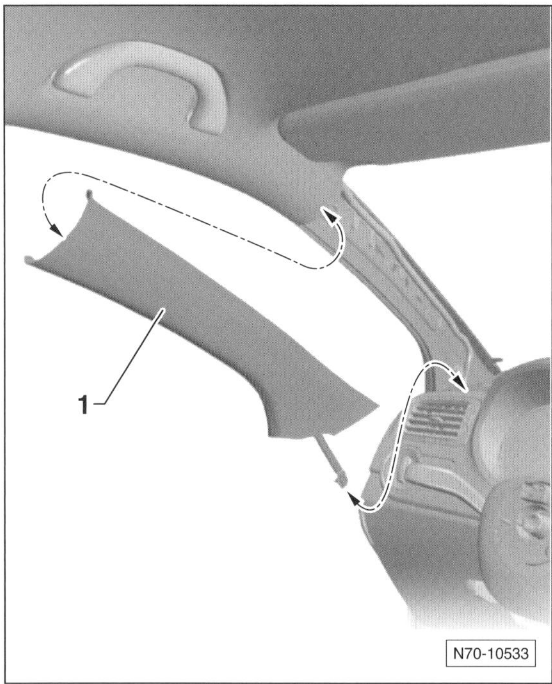

- Verkleidung –1– aus den Aufnahmen in der A-Säule herausziehen. Dabei oben beginnen.
- Falls vorhanden, Steckverbindung für Lautsprecher trennen.

Einbau

- Halteclips auf Beschädigungen und auf richtigen Sitz an der Verkleidung überprüfen, wenn nötig, ersetzen.
- Der Einbau erfolgt in umgekehrter Ausbaureihenfolge, dabei darauf achten, dass die Türdichtung über die Verkleidung greift.

Untere Verkleidung

Ausbau

- **Fahrerseite:** Betätigungshebel für Motorhauben-Seilzug ausbauen, siehe Seite 290.
- Einstiegsleiste an den Stoßstellen zur unteren A-Säulenverkleidung vom Türschweller ablösen, siehe entsprechendes Kapitel.

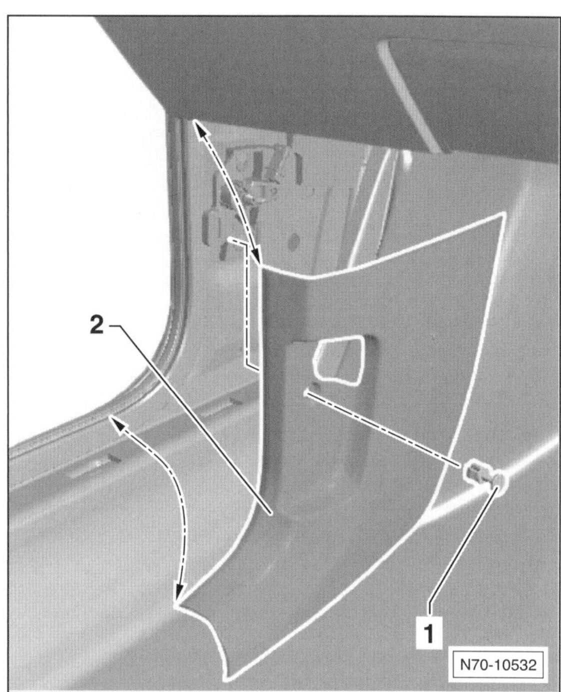

- **Fahrerseite:** Spreizclip –1– aus der Verkleidung –2– herausziehen.

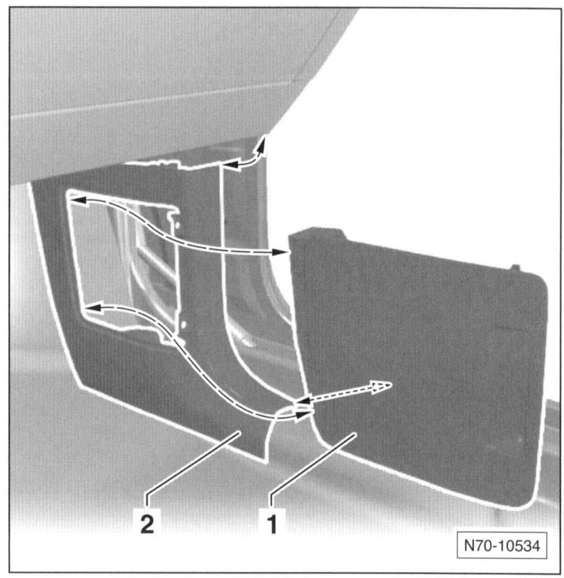

- **Beifahrerseite:** Abdeckung –1– ausclipsen und aus der Verkleidung –2– herausziehen.
- Verkleidung –2– von der A-Säule abziehen –Pfeile– und aus der Türdichtung herausziehen.

Einbau

- Spreizclip auf Beschädigungen überprüfen, wenn nötig, ersetzen.
- Der Einbau erfolgt in umgekehrter Ausbaureihenfolge, dabei darauf achten, dass die Türdichtung über die Verkleidung greift.

Verkleidung B-Säule aus- und einbauen

Obere Verkleidung (4-Türer)

Ausbau

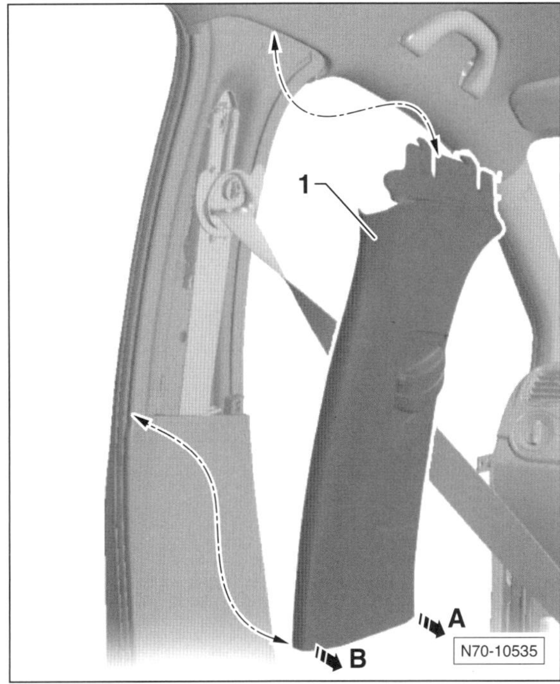

- Verkleidung –1– im unteren Bereich aus den Aufnahmen in der B-Säule herausziehen –Pfeil A– und –Pfeil B–.
- Verkleidung aus dem Dachhimmel hervorziehen.
- Verkleidung aus der oberen Aufnahme herausziehen.
- Sicherheitsgurt durch die Öffnung für Gurthöhenverstellung herausfädeln und obere B-Säulenverkleidung abnehmen.

Einbau

- Halteclips auf Beschädigungen und auf richtigen Sitz an der Verkleidung überprüfen, wenn nötig ersetzen.
- Der Einbau erfolgt in umgekehrter Ausbaureihenfolge, dabei darauf achten, dass die Türdichtung über die Verkleidung greift und die Taste der Gurthöhenverstellung korrekt in den Mitnehmer eingreift.
- Gurthöhenversteller auf Funktion prüfen.

Untere Verkleidung

Ausbau

- Obere B-Säulenverkleidung ausbauen, siehe entsprechenden Abschnitt.

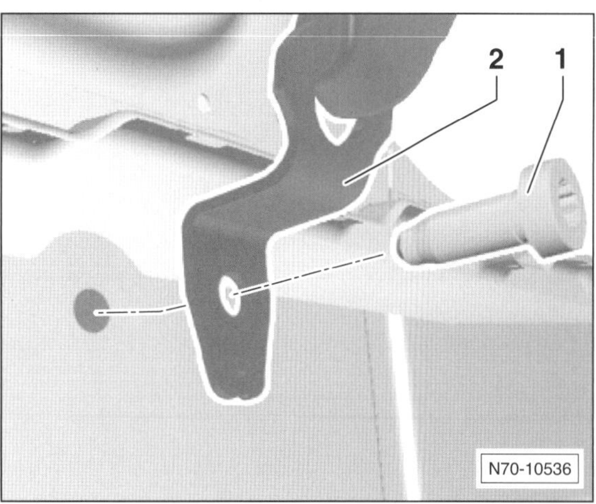

- Schraube –1– herausdrehen und Gurtendbeschlag –2– abnehmen und durch die Öffnung in der Verkleidung herausfädeln.

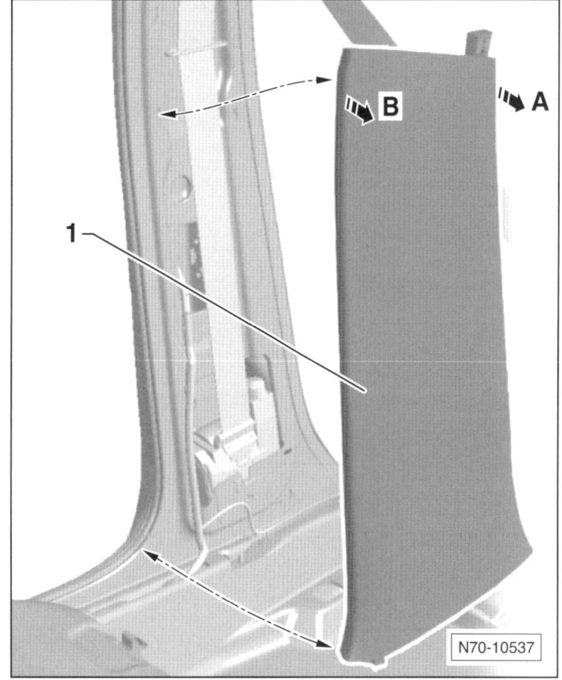

- Untere Verkleidung –1– am oberen Ende aus den Aufnahmen –Pfeil A– und –Pfeil B– herausziehen.
- Verkleidung am unteren Ende aus den Aufnahmen ziehen.

Einbau

- Der Einbau erfolgt in umgekehrter Ausbaureihenfolge. Dabei auf korrekte Lage des Sicherheitsgurtes achten. Außerdem muss die Türdichtung über die Verkleidung greifen.
- Schraube –1– mit **40 Nm** festziehen, siehe Abbildung N70-10536.

Speziell 2-Türer

Ausbau

- Rücksitzbank und -lehne ausbauen, siehe enstprechendes Kapitel.
- Einstiegsleiste im Übergangsbereich zur Seitenverkleidung aus den Aufnahmen im Unterholm lösen.
- Seitenverkleidung ausbauen, siehe entspechendes Kapitel.
- Obere B-Säulen-Verkleidung ausbauen wie beim 4-Türer.

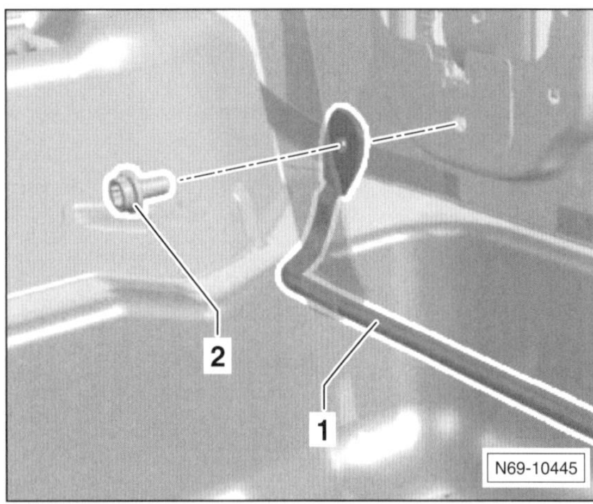

- Schraube –2– herausdrehen und Gurtbandschlaufe vom Gurtführungsbügel –1– abziehen.

Einbau

- Der Einbau erfolgt in umgekehrter Ausbaureihenfolge. Dabei auf korrekte Lage des Sicherheitsgurtes achten. Außerdem muss die Türdichtung über die Verkleidung greifen.
- Schraube –2– mit **20 Nm** festziehen.

Verkleidung C-Säule aus- und einbauen

4-Türer

Ausbau

- Dachabschlussleiste ausbauen, siehe entsprechendes Kapitel.
- Schlossträgerabdeckung ausbauen, siehe entsprechendes Kapitel.
- Rücksitzbank und -lehne ausbauen, siehe entsprechendes Kapitel.
- Hintere Innenverkleidung des Radkastens ausbauen, siehe entsprechendes Kapitel.
- Seitliche Auflage für Kofferraumabdeckung ausbauen, siehe entsprechendes Kapitel.

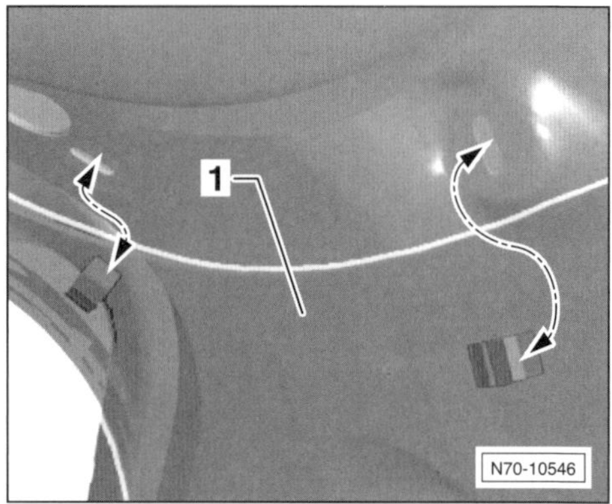

- Verkleidung –1– im oberen, hinteren Bereich ausclipsen.

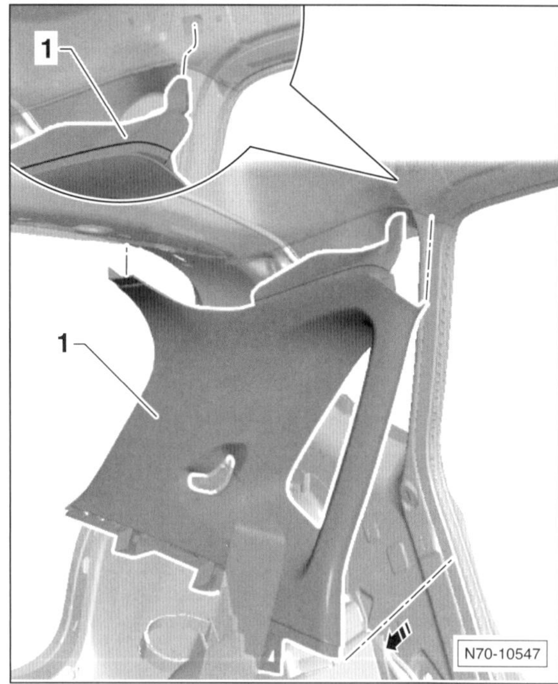

- Verkleidung –1– im vorderen, unteren Bereich ausclipsen –Pfeil–.

- Anschließend Verkleidung –1– im vorderen, oberen Bereich aus der Karosserieöffnung herausziehen, siehe Bildausschnitt.

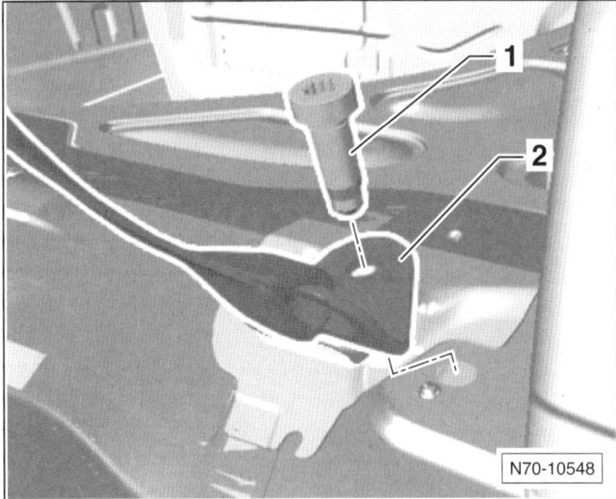

- Schraube –1– herausdrehen und Gurtendbeschlag –2– von der Karosserie abnehmen.
- Sicherheitsgurt durch die Öffnung in der C-Säulen-Verkleidung herausfädeln.

Einbau

- Halteclips auf Beschädigungen und auf richtigen Sitz an der Verkleidung überprüfen, wenn nötig ersetzen.
- Der Einbau erfolgt in umgekehrter Ausbaureihenfolge, dabei darauf achten, dass die Tür- und Heckklappendichtung über die Verkleidung greift.
- Schraube –1– mit **40 Nm** festziehen.

Speziell 2-Türer

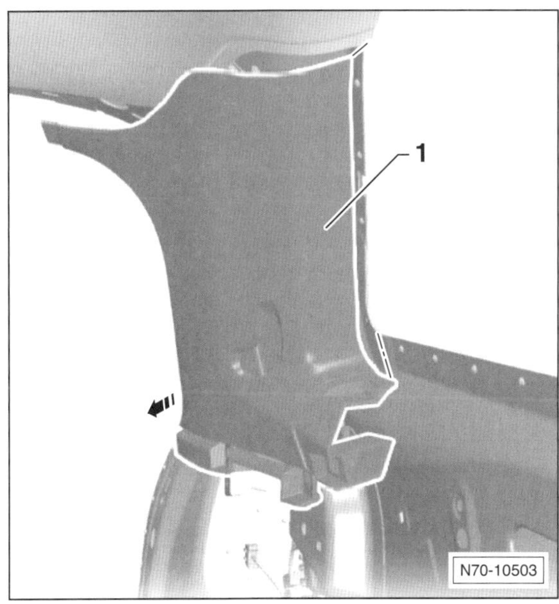

- Verkleidung –1– zunächst im unteren, hinteren Bereich ausclipsen –Pfeil–. Dann im vorderen, unteren Bereich und schließlich im oberen Bereich ausclipsen.

Seitenverkleidung hinten aus- und einbauen

2-Türer

Ausbau

- Rücksitzbank und -lehne ausbauen, siehe entsprechendes Kapitel.
- Einstiegsleiste an den Stoßstellen zur Seitenverkleidung vom Türschweller ablösen, siehe entsprechendes Kapitel.

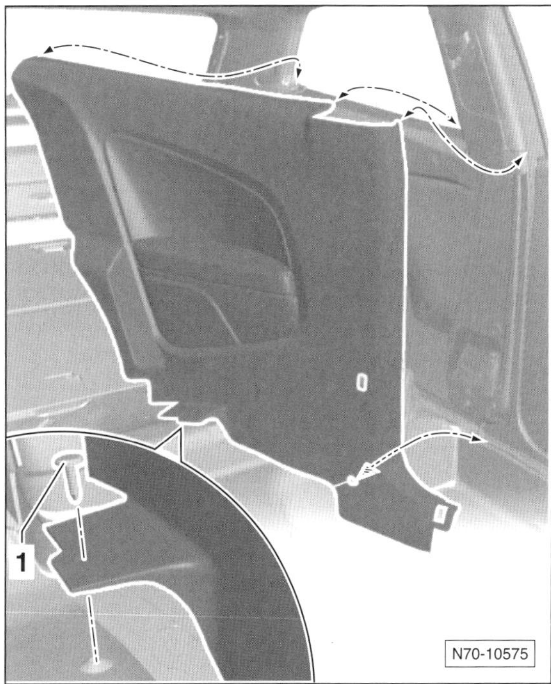

- Clip –1 heraushebeln.
- Seitenverkleidung ausclipsen, dabei hinten beginnen.
- Falls vorhanden, Stecker vom Schalter für Innenraumüberwachung abziehen.

Einbau

- Halteclips auf Beschädigungen und auf richtigen Sitz an der Verkleidung überprüfen, wenn nötig, ersetzen.
- Der Einbau erfolgt in umgekehrter Ausbaureihenfolge, dabei darauf achten, dass die Türdichtung über die Verkleidung greift.

Auflage für Kofferraumabdeckung aus- und einbauen

Ausbau

- Falls sich in der Auflage eine Leuchte oder eine 12V-Steckdose befindet, Zündung ausschalten.
- Schlossträgerabdeckung ausbauen, siehe entsprechendes Kapitel.
- Rücksitzbank und -lehne ausbauen, siehe entsprechendes Kapitel.
- **4-Türer:** Innenverkleidung am Radkasten ausbauen, siehe entsprechendes Kapitel.
- **2-Türer:** Einstiegsleiste im Übergangsbereich zur Seitenverkleidung lösen und hintere Seitenverkleidung ausbauen, siehe entsprechendes Kapitel.

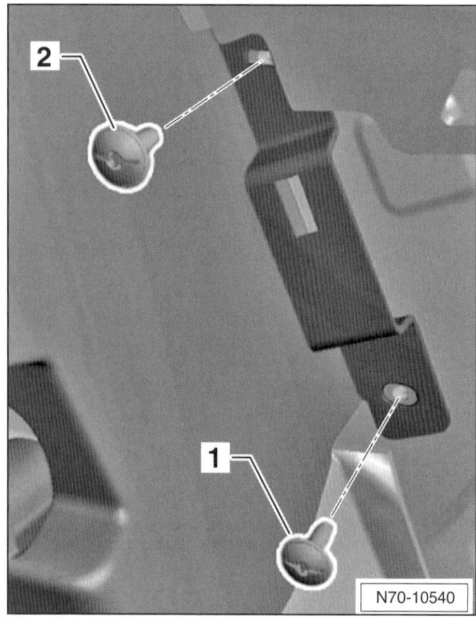

- Unterhalb der C-Säulen-Verkleidung die beiden Schrauben –1– und –2– herausdrehen.

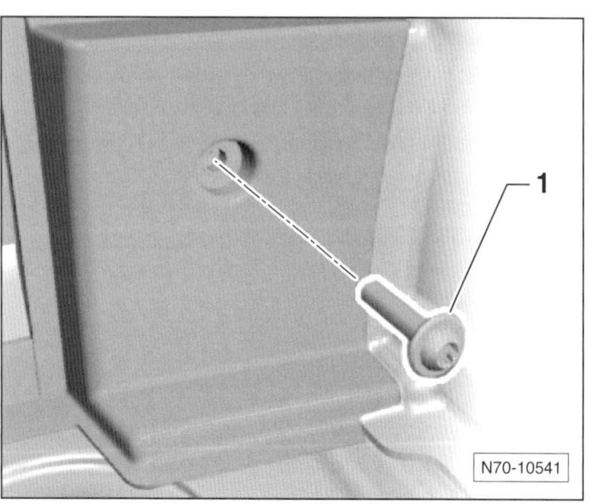

- Neben der Schlossträgerabdeckung die Schraube –1– herausdrehen.

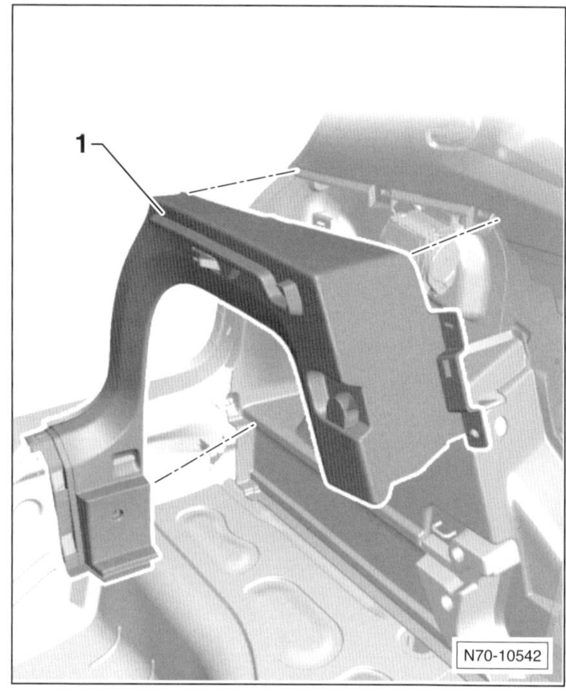

- Seitliche Auflage –1– nach innen aus den Aufnahmen herausziehen.
- Falls vorhanden, Steckverbindung für Leuchte oder 12V-Steckdose trennen.
- Auflage herausnehmen.

Einbau

- Halteklammern auf Beschädigungen und auf richtigen Sitz an der Auflage überprüfen, wenn nötig, ersetzen. Schrauben mit **1,5 Nm** anziehen.
- Der Einbau erfolgt in umgekehrter Ausbaureihenfolge.

Seitenverkleidung im Kofferraum aus- und einbauen

Ausbau

- Heckklappe öffnen.
- Auflage für Kofferraumabdeckung ausbauen, siehe entsprechendes Kapitel.
- Falls vorhanden, Aufnahmeteil für variablen Kofferraumboden abschrauben.

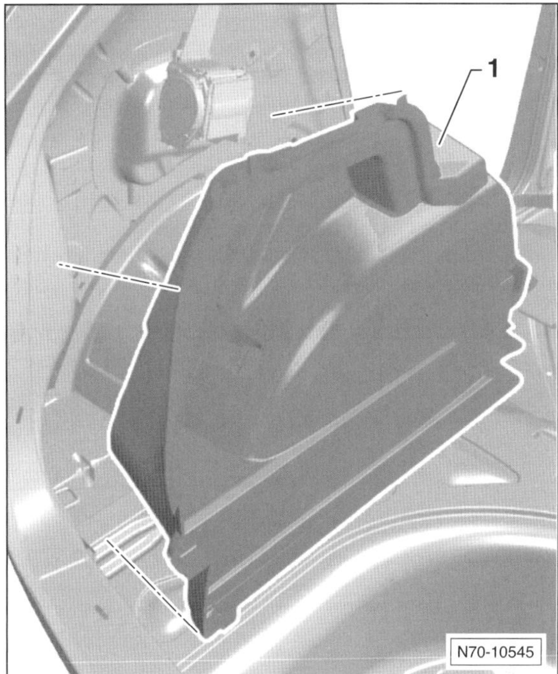

- Verkleidung –1– nach innen aus den Aufnahmen herausziehen.

Einbau

- Der Einbau erfolgt in umgekehrter Ausbaureihenfolge.
- Aufnahmeteil für variablen Kofferraumboden mit **8 Nm** festschrauben.

Schlossträgerabdeckung aus- und einbauen

Ausbau

- Heckklappe öffnen.

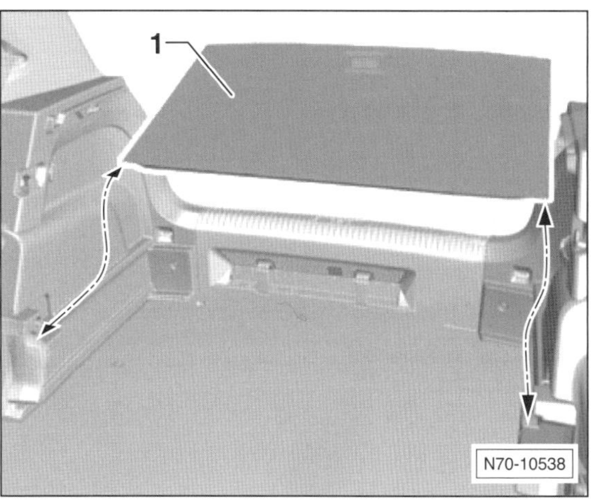

- Falls vorhanden, variablen Kofferraumboden –1– anheben und herausnehmen.

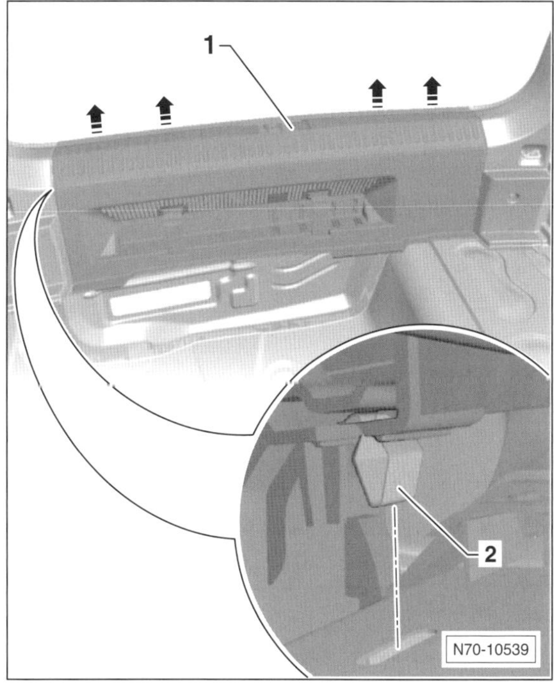

- Verkleidung –1– nach oben vom Schlossträger abziehen –Pfeile–.

Einbau

- Halteklammern –2– auf Beschädigungen und richtigen Sitz an der Verkleidung überprüfen, wenn nötig, ersetzen.
- Der Einbau erfolgt in umgekehrter Ausbaureihenfolge, dabei darauf achten, dass die Heckklappen-Dichtung über die Verkleidung greift.

Dachabschlussleiste aus-und einbauen

Ausbau

- Heckklappe öffnen.

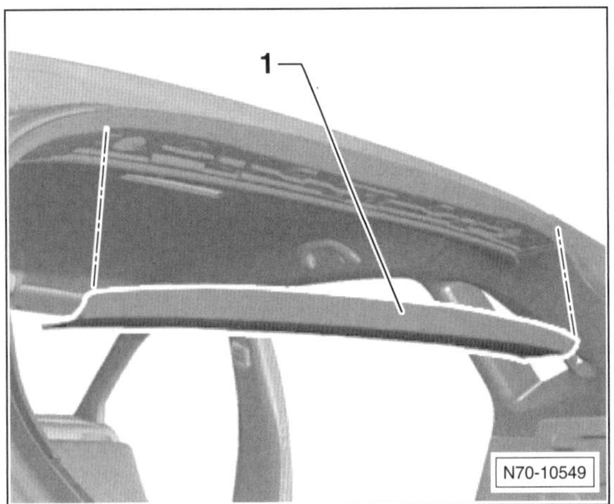

- Dachabschlussleiste –1– nach unten aus den Aufnahmen im Dachquerträger ziehen. Dabei Dachabschlussleiste aus der Heckklappen-Dichtung herausziehen.

Einbau

- Halteklammern auf Beschädigungen und auf richtigen Sitz an der Verkleidung überprüfen, wenn nötig, ersetzen.
- Der Einbau erfolgt in umgekehrter Ausbaureihenfolge, dabei darauf achten, dass die Heckklappen-Dichtung über die Dachabschlussleiste greift.

Vordersitz aus- und einbauen

Ausbau

Hinweis: Zum Ausbau des Vordersitzes mit Seiten-Airbag wird der VW-Airbag-Adapter VAS 5232/1 benötigt.

Achtung: Unbedingt Airbag-Sicherheitshinweise beachten, siehe Seite 162.

- Falls vorhanden, Schublade unter dem Sitz herausziehen.
- Um ein Auslösen des Seiten-Airbags zu verhindern, Zündung ausschalten, zuerst Massekabel (–) und danach Pluskabel (+) von der Batterie abklemmen. **Minuspol der Batterie mit Isolierband abkleben.** Hinweise im Kapitel »Batterie aus- und einbauen« beachten.

Achtung: Vor dem Trennen der Steckverbindung für Seiten-Airbag, elektrostatische Aufladung abbauen, dazu kurz den Schließbügel der Tür oder die Karosserie anfassen. **Der Airbag-Adapter muss angeschlossen bleiben, bis der Sitz wieder eingebaut wird.** Unbedingt **Airbag-Sicherheitshinweise** befolgen, siehe Seite 162.

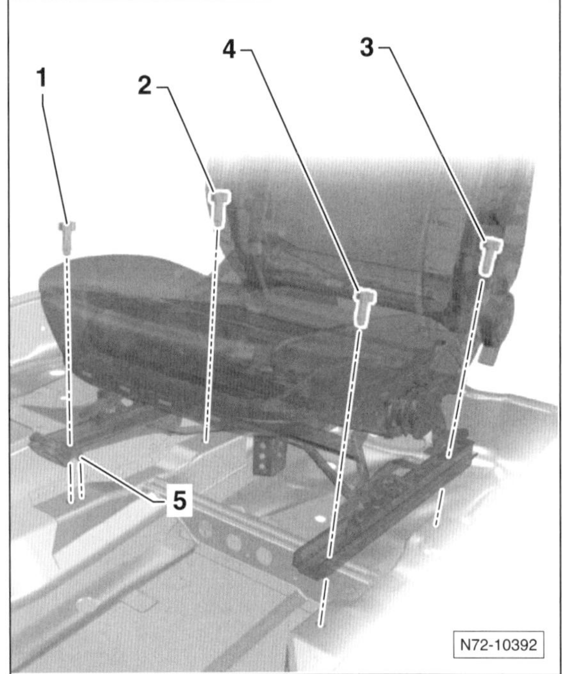

- Vordersitz nach vorne stellen und die beiden hinteren Schrauben –2/3– herausdrehen.
- Vordersitz nach hinten stellen und die beiden vorderen Schrauben –1/4– herausdrehen. 5 – Zentrierstift.
- Vordersitz nach hinten kippen, bis die Steckverbindungen zugänglich sind.
- Alle Stecker an der Steckerleiste unter dem Sitz abziehen.

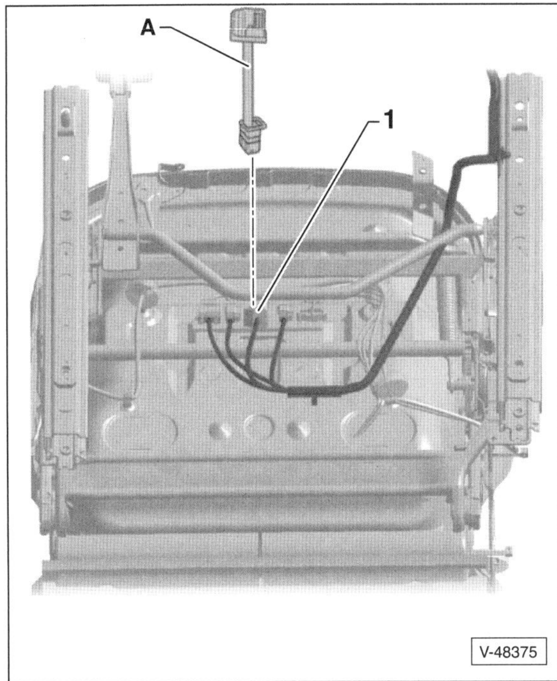

- Stecker für Seiten-Airbag –1– abziehen und dafür Airbag-Adapter VAS 5232/1 –A– am Anschluss für Seiten-Airbag aufstecken. **Hinweis:** Der Adapter sorgt für eine zusätzliche Absicherung gegen elektrostatische Aufladungen.
- Gegebenenfalls Kabelstrang vom Fahrzeugboden lösen.
- Vordersitz zusammen mit den Gleitschienen durch die Vordertür herausnehmen. Dabei beispielsweise beim linken Vordersitz mit der rechten Hand hinten zwischen Lehne und Sitzkissen greifen und mit der linken Hand vorne am Sitzkissen untergreifen. Entsprechend beim rechten Vordersitz vorgehen. Sitz nicht am Gurtschloss oder an den Verstellhebeln anheben. Beschädigungsgefahr!

Einbau

- Vordersitz wie beim Ausbau zwischen Lehne und Sitzpolster fassen und durch die Vordertür einsetzen.
- Eventuelle elektrostatische Aufladung abbauen, dazu kurz den Schließbügel der Tür oder die Karosserie anfassen.
- Airbag-Adapter abziehen und sämtliche Stecker unten am Sitz aufstecken und spürbar einrasten.

Hinweis: Die folgenden Bezeichnungen beziehen sich auf Abbildung N72-10392.

- Sitz anheben und mit dem Zentrierstift –5– in die Öffnung am Fahrzeugboden einsetzen.
- Zunächst Schraube –2–, dann Schraube –3– mit **24 Nm** festziehen.
- Sitz ganz nach hinten stellen.
- Zuerst Schraube –1–, dann Schraube –4– mit **24 Nm** festziehen.

Achtung: Wird das Gewinde im Aufnahmeblech des Sitzquerträgers beschädigt, dann ist eine Reparatur des Gewindes nicht zulässig. In diesem Fall muss das Aufnahmeblech erneuert werden (Werkstattarbeit).

Achtung: Beim Anklemmen der Batterie darf sich keine Person im Innenraum des Fahrzeugs aufhalten.

- **Nur in diesem Fall:** Zuerst Zündung einschalten.
- Isolierband vom Minuspol der Batterie entfernen, zuerst Pluskabel (+) und danach Massekabel (–) an der Batterie anklemmen. **Achtung:** Hinweise im Kapitel »Batterie aus- und einbauen« beachten.
- Falls die Airbag-Warnlampe im Kombiinstrument nach Einschalten der Zündung nicht erlischt, liegt eine Störung im Airbag-System vor. In diesem Fall muss zur Fehlerbehebung eine Fachwerkstatt aufgesucht werden.

Rücksitz aus- und einbauen

Rücksitzbank

Ausbau

Hinweis: Der Aus- und Einbau der Rücksitzbank wird anhand der geteilten Sitzbank beschrieben. Die einteilige Sitzbank wird prinzipiell auf die gleiche Weise aus- und eingebaut.

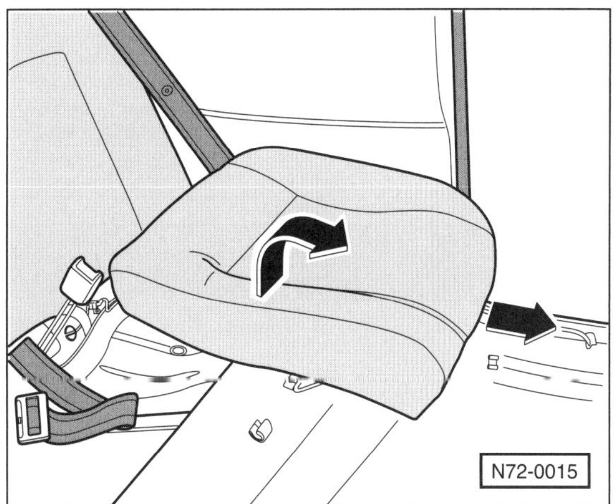

- Sitzbank an der vorderen Kante anheben, nach vorne ziehen, dann hinten anheben und nach vorne klappen.

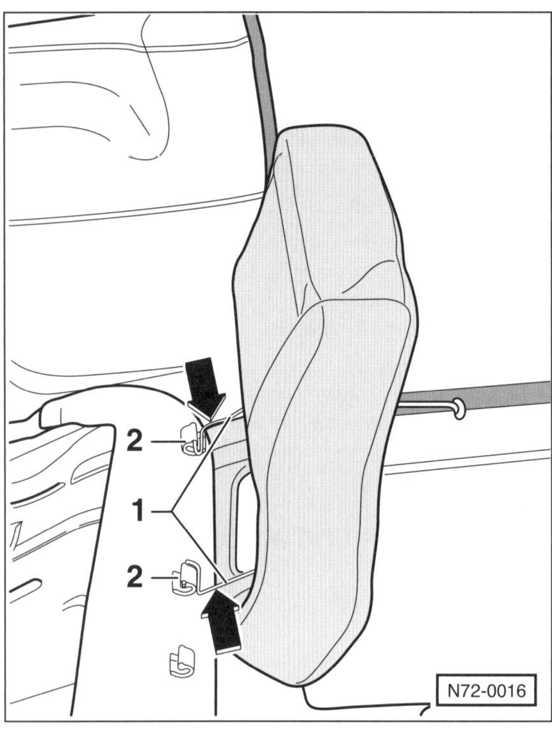

● Federbügel –1– nach innen drücken –Pfeil– und aus den Scharnieren –2– herausführen.

● Sitzbank aus dem Fahrzeug herausheben.

Einbau

● Sitzbank in die Scharniere einsetzen, zurückklappen und einrasten.

Rücksitzlehne, geteilt

Ausbau

● Falls vorhanden, variablen Kofferraumboden herausnehmen.

● Rücksitzbank ausbauen.

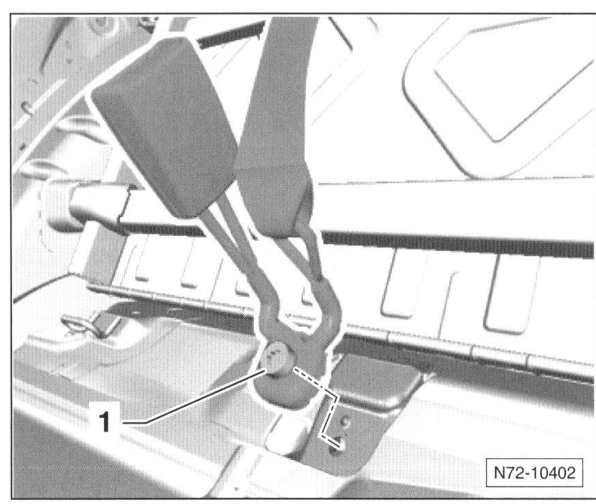

● Schraube –1– herausdrehen und Gurtschloss nach vorn schwenken.

● Beide Lehnenhälften nach vorn klappen.

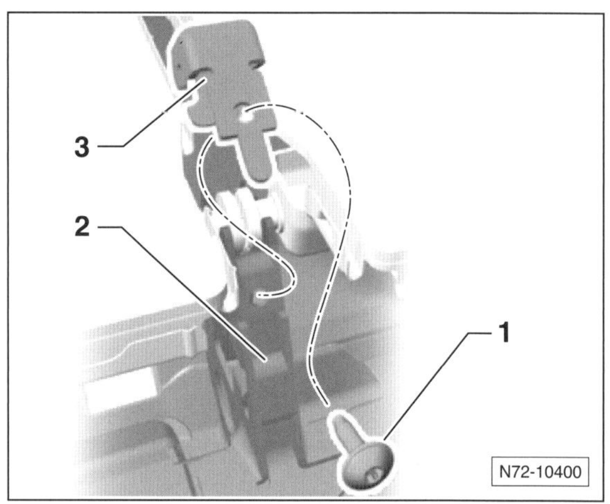

● Abdeckkappe vom Lehnenmittellager –2– abnehmen. Dazu die Seitenteile der Abdeckkappe nach außen ziehen und dadurch Abdeckkappe ausclipsen.

● Schraube –1– herausdrehen und Schelle –3– vom Lehnenmittellager –2– abnehmen.

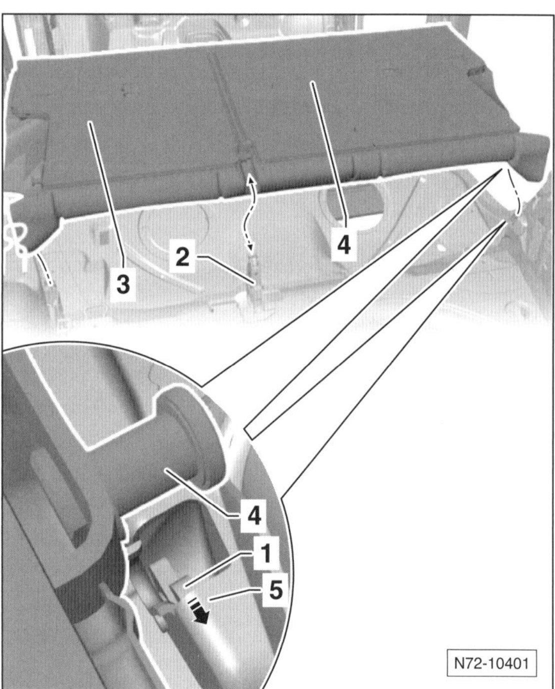

● Auf beiden Seiten die Verriegelungshaken –1– mit einem Schraubendreher nach hinten, entgegen der Fahrtsichtung, entriegeln –Pfeil–.

● Linke Lehne –3– aus dem äußeren Lehnenlager und dem mittleren Lehnenlager –2– herausnehmen.

● Rechte Lehne –4– aus dem äußeren Lehnenlager –5– und dem mittleren Lehnenlager –2– herausnehmen.

Einbau

- Zuerst die rechte Lehne, dann die linke Lehne in das jeweils äußere und das mittlere Lehnenlager einsetzen.
- Der weitere Einbau erfolgt in umgekehrter Ausbaureihenfolge. Dabei ist folgendes zu beachten:
- Schelle für Lehnenmittellager mit **8 Nm** anschrauben.
- In den äußeren Lehnenlagern die Verriegelungshaken mit einem Schraubendreher nach vorn, in Fahrtrichtung, verschließen.
- Lehne im Schloss verrasten. **Achtung:** Die rote Markierung der Sitzlehnenverriegelung darf nicht sichtbar sein.
- Verriegelung prüfen, dazu an der oberen Lehnenfläche ziehen.
- Lehne entriegeln und nach vorn klappen. Die rote Markierung der Sitzlehnenverriegelung muss jetzt sichtbar sein.
- Lehne zurückklappen und im Schloss einrasten.
- Gurtschloss mit **40 Nm** anschrauben

Sicherheitsgurt vorn aus- und einbauen

Ausbau

Achtung: Unbedingt Airbag- und Gurtstraffer-Sicherheitshinweise beachten, siehe Seite 162.

- Um ein Auslösen des Gurtstraffers zu verhindern, Zündung ausschalten, zuerst Massekabel (–) und danach Pluskabel (+) von der Batterie abklemmen. **Minuspol der Batterie mit Isolierband abkleben**. Hinweise im Kapitel »Batterie aus- und einbauen« beachten.
- **4-Türer:** B-Säulen-Verkleidung ausbauen, siehe entsprechendes Kapitel.

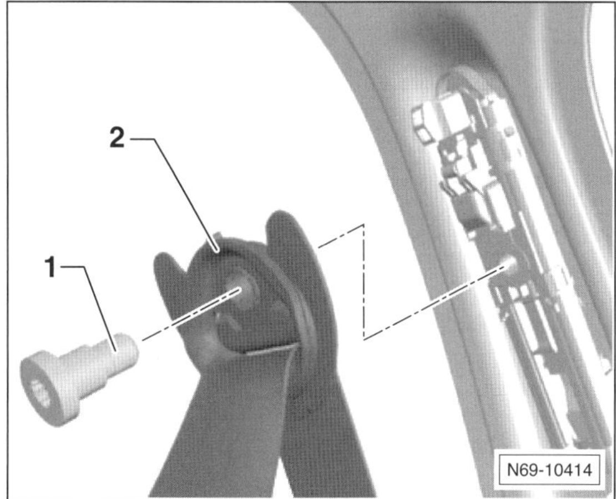

- Gurtumlenkbeschlag –2– von der Gurthöhenverstellung abschrauben –1–.

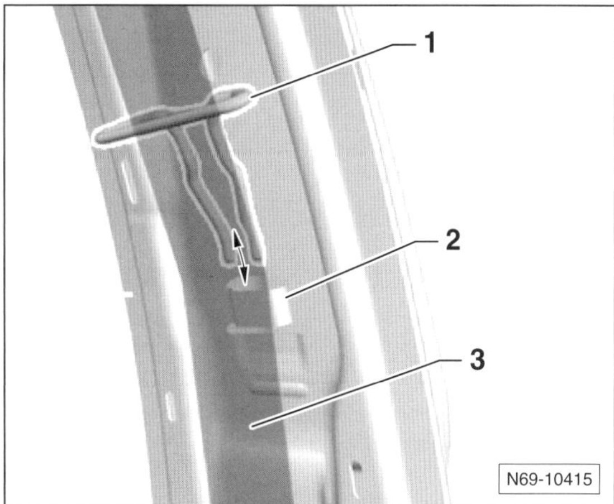

- Gurtumlenkung –1– aus der Lasche –2– herausziehen.
- Gurtband –3– aus der Gurtumlenkung ausfädeln.

Achtung: Vor dem Trennen der Steckverbindung für Gurtstraffer eventuell vorhandene elektrostatische Aufladung abbauen. Dazu kurz den Schließbügel der Tür oder die Karosserie anfassen.

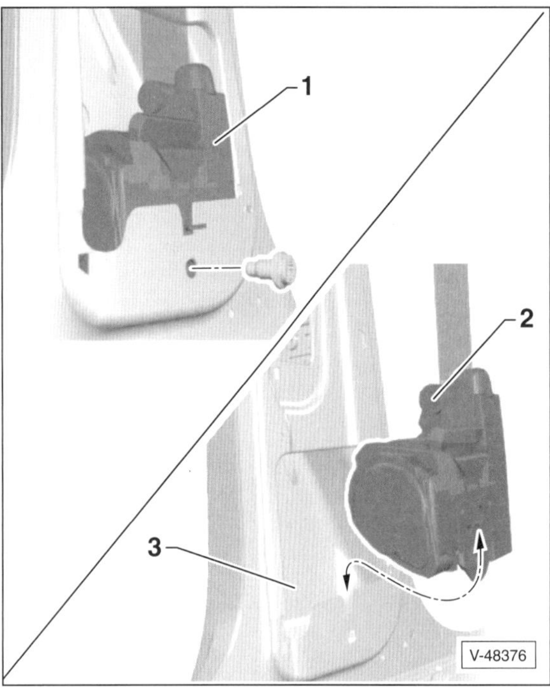

- Steckverbindung vom Gurtaufrollautomaten –1– trennen.
- Schraube –2– herausdrehen.
- Gurtaufrollautomat –1– aus der Aufnahme –3– an der B-Säule herausnehmen.

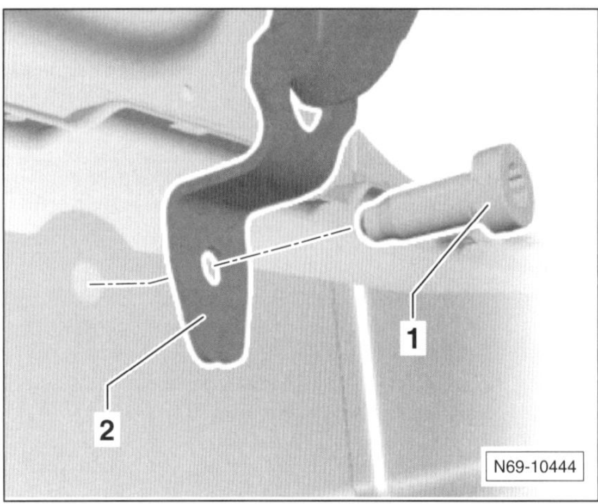

- Schraube –1– herausdrehen und Gurtendbeschlag –2– von der Karosserie abnehmen.

Einbau

- Der Einbau erfolgt in umgekehrter Ausbaureihenfolge. Dabei ist folgendes zu beachten:
- Gurtendbeschlag mit **40 Nm** an der Karosserie anschrauben.
- Gurtaufrollautomat in die Aufnahme an der B-Säule einsetzen und mit **40 Nm** anschrauben.
- Vor dem Verbinden der Steckverbindung für Gurtstraffer, eventuell vorhandene elektrostatische Aufladung abbauen. Dazu kurz den Schließbügel der Tür oder die Karosserie anfassen.
- Gurtumlenkung –1– hörbar in die Lasche –2– einrasten, siehe Abbildung N69-10415.
- Gurtumlenkbeschlag mit **40 Nm** an der Gurhöhenverstellung anschrauben.

Speziell 2-Türer

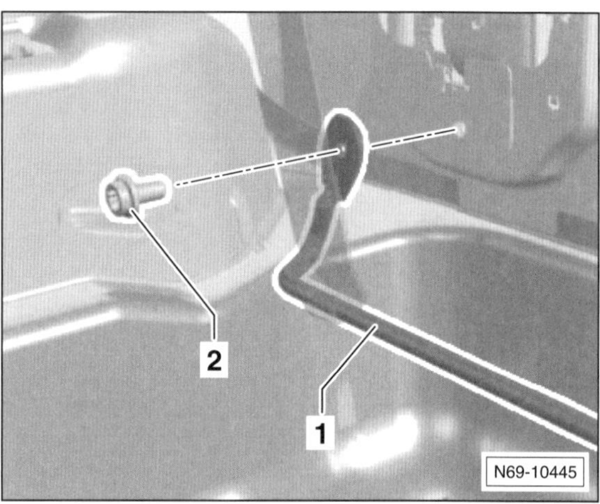

- Schraube –2– herausdrehen und Gurtbandschlaufe vom Gurtführungsbügel –1– abziehen. – Anzugsdrehmoment für die Schraube: **20 Nm**.

Karosserie außen

Aus dem Inhalt:

- Kühlergrill
- Stoßfänger
- Schlossträger
- Kotflügel
- Motorhaube
- Heckklappe
- Tür zerlegen
- Außenspiegel

Bei der selbsttragenden Karosserie des POLO sind Bodengruppe, Seitenteile, Dach und die hinteren Kotflügel miteinander verschweißt. Die Reparatur größerer Karosserieschäden sowie das Auswechseln von Front- und Heckscheibe sollten von einer Fachwerkstatt durchgeführt werden

Motorhaube, Heckklappe, Türen und die vorderen Kotflügel sind angeschraubt und lassen sich leicht auswechseln. Beim Einbau ist dann unbedingt ein gleichmäßiger Luftspalt einzuhalten, sonst klappert beispielsweise die Tür, oder es können während der Fahrt erhöhte Windgeräusche auftreten. Der Luftspalt muss auf jeden Fall parallel verlaufen, das heißt, der Abstand zwischen den Karosserieteilen muss auf der gesamten Länge des Spaltes gleich groß sein. Abweichungen bis zu 1 mm sind zulässig.

Achtung: Wenn im Rahmen von Arbeiten an der Karosserie auch Arbeiten an der elektrischen Anlage durchgeführt werden, **grundsätzlich** die Zündung ausschalten und den Zündschlüssel abziehen. Als Arbeit an der elektrischen Anlage ist dabei schon zu betrachten, wenn eine elektrische Leitung vom Anschluss abgezogen beziehungsweise abgeklemmt wird.

Hinweis: Zum Lösen von Tür- und Heckklappenverkleidungen einen Kunststoffkeil verwenden, zum Beispiel HAZET 1965-20. Clips, die beim Ausbau von Verkleidungen beschädigt werden, immer erneuern.

Sicherheitshinweise bei Karosseriearbeiten

Sicherheitshinweis
Bei Karosseriearbeiten entstehen oft starke Erschütterungen, beispielsweise durch Hammerschläge. Deshalb immer Zündung ausschalten und beide Batteriekabel abklemmen, sonst kann der Airbag ausgelöst werden. Airbag-Sicherheitshinweise durchlesen, siehe Seite 162.

- Muss an der Karosserie geschweißt werden, soll dies grundsätzlich durch Widerstandspunktschweißen (RP) durchgeführt werden. Nur wenn sich die Schweißzange nicht ansetzen lässt, ist das Schutzgas-Schweißverfahren anzuwenden.
- So weit Schweißarbeiten oder andere funkenerzeugende Arbeiten durchgeführt werden, grundsätzlich die Batterie komplett abklemmen (Pluskabel und Massekabel) und beide Batteriepole (+) und (–) sorgfältig mit Klebeband isolieren. Bei Arbeiten in Batterienähe muss die Batterie ausgebaut werden. **Achtung:** Unbedingt Hinweise im Kapitel »Batterie aus- und einbauen« beachten.
- **Fahrzeuge mit Klimaanlage:** An Teilen der befüllten Klimaanlage darf weder geschweißt noch hart- oder weichgelötet werden. Das gilt auch für Schweiß- und Lötarbeiten am Fahrzeug, wenn die Gefahr besteht, dass sich Teile der Klimaanlage erwärmen.

Sicherheitshinweis
Der **Kältemittelkreislauf** der Klimaanlage darf **nicht geöffnet** werden, da das Kältemittel bei Hautberührung Erfrierungen hervorrufen kann.
Bei versehentlichem Hautkontakt, die Stelle sofort mindestens 15 Minuten lang mit kaltem Wasser spülen. Austretendes Kältemittel verdampft bei Umgebungstemperatur. Das Kältemittel ist farb- und geruchlos sowie schwerer als Luft. Da das Kältemittel nicht wahrnehmbar ist, besteht am Boden beziehungsweise in einer Montagegrube Erstickungsgefahr.

- **Lackierung trocknen:** Im Rahmen einer Reparatur-Lackierung darf das Fahrzeug im Trockenofen oder in der Vorwärmzone nicht über **+80° C** aufgeheizt werden. Sonst können elektronische Steuergeräte im Fahrzeug beschädigt werden. Außerdem kann dadurch in der Klimaanlage ein starker Überdruck entstehen, der möglicherweise zum Platzen der Anlage führt.

- **PVC-Unterbodenschutz entfernen:** Als Korrosionsschutz ist auf dem Unterboden ein PVC-Unterbodenschutz aufgetragen. Unterbodenschutz an der Reparaturstelle mit rotierender Drahtbürste entfernen oder mit einem Heißluftgebläse auf maximal +180° C erwärmen und mit einem Spachtel ablösen. **Achtung:** Durch Abbrennen beziehungsweise Erwärmen von PVC-Material über +180° C entsteht korrosionsfördernde Salzsäure, außerdem werden gesundheitsschädliche Dämpfe frei.

Steinschlagschäden an der Frontscheibe

Hinweis: Kleinere Schäden an der Frontscheibe, zum Beispiel durch Steinschlag verursacht oder Scheibenwischerstreifen, beeinträchtigen die Sicht und können zu Folgeschäden an der Scheibe (Risse) führen. Diese Schäden sollten so bald wie möglich behoben werden. Verschiedene Glas-Unternehmen sind auf Reparaturen an Auto-Scheiben spezialisiert. Der Austausch der Scheibe kann auf diese Weise vermieden werden. Überdies werden die Kosten für die Scheibenreparatur von der Kaskoversicherung übernommen.

Spreiznieten aus- und einbauen

Viele Abdeckungen und Verkleidungen sind mit Spreiznieten befestigt. Aus- und Einbau weiterer Halteclips, siehe Seite 254.

Ausbau

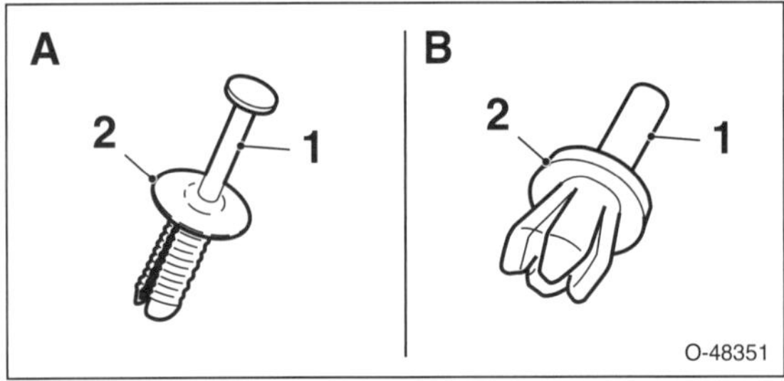

- A – Spreizniete mit Kappe: Bolzen –1– mit einem Schraubendreher herausziehen.
- B – Spreizniete ohne Kappe: Bolzen –1– mit einem geeigneten Dorn durchdrücken. **Hinweis:** Der Bolzen geht dabei unter Umständen verloren und muss ersetzt werden.
- Spreizniete –2– aus der Bohrung herausziehen.

Einbau

- Beschädigte oder fehlende Spreiznieten durch Neuteile ersetzen.
- Spreizniete –2– in die Bohrung setzen und Bolzen –1– eindrücken. **Hinweis:** Dadurch werden die Clipnasen gespreizt und die Spreizniete sitzt sicher in der Bohrung.

Blindnieten aus- und einbauen

Zum Entfernen von Blindnieten (Popnieten) zunächst nur den Nietkopf ausbohren und dann die Niete mit einem Dorn aus der Bohrung heraustreiben. Dadurch wird verhindert, dass die Bohrung ausgeweitet wird.

Neue Niete in die Bohrung einsetzen und mit einer Blindniet-Zange festquetschen, die Niethülse hat dabei denselben Durchmesser wie die Bohrung.

Häufig verwendete Nieten-Durchmesser: 2,4 mm, 3,2 mm, 4,0 mm und 4,8 mm.

Motorraumabdeckung unten aus- und einbauen

Ausbau

> **Sicherheitshinweis**
> Beim Aufbocken des Fahrzeugs besteht Unfallgefahr! Deshalb vorher das Kapitel »Fahrzeug aufbocken« durchlesen.

- Fahrzeug vorne aufbocken.

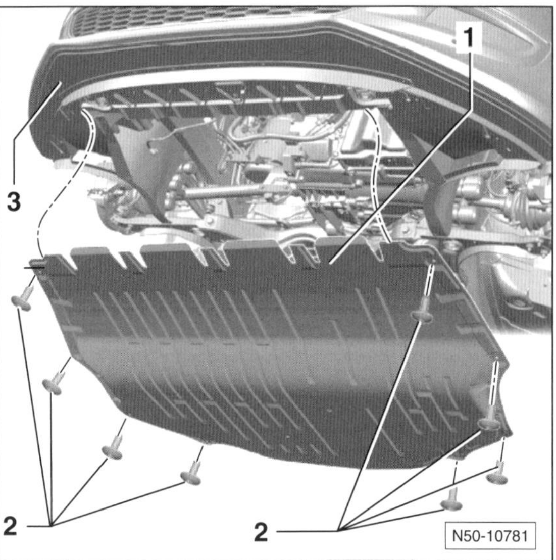

Hinweis: In der Abbildung ist die Motorraumabdeckung –1– beim Dieselmotor dargestellt. Für den Benzinmotor gibt es 2 Abdeckungen mit unterschiedlicher Anzahl von Schrauben.

- Schrauben –2– herausdrehen.
- Motorraumabdeckung –1– nach hinten aus der Stoßfängerabdeckung –3– herausziehen und abnehmen.

Einbau

- Der Einbau erfolgt in umgekehrter Ausbaureihenfolge. Die schmalen Laschen müssen oberhalb, die breiten Laschen unterhalb von der Kante des Schlossträgers eingeschoben werden. Dabei müssen die Rastnasen auf den breiten Laschen in die Löcher des Schlossträgers einrasten. Schrauben mit **2 Nm** anziehen.

Windlaufgrill/Wasserkasten-Stirnwand aus- und einbauen

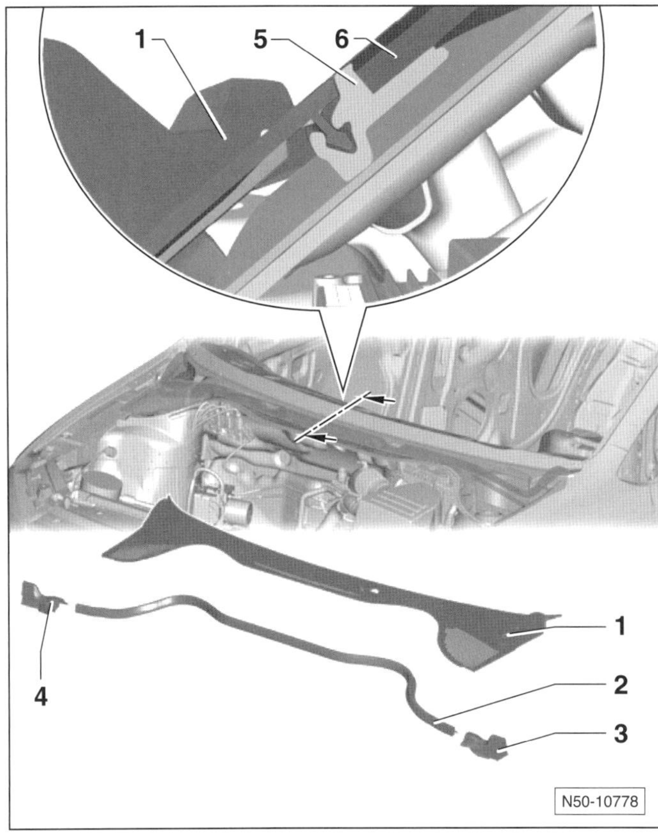

Windlaufgrill

1 – Windlaufgrill

Ausbau

- Wischerarme ausbauen, siehe Seite 103.
- Dichtung –2– vom Windlaufgrill –1– abziehen.
- Windlaufgrill am Rand der Frontscheibe –6– von Hand anheben.
- Windlaufgrill vorsichtig nach oben aus der Aufnahme –5– herausziehen. Dabei am Rand der Frontscheibe beginnen. **Achtung:** Windlaufgrill –1– nicht mit einem Hebelwerkzeug (Schraubendreher) von der Frontscheibe –6– abhebeln. Diese kann dabei beschädigt werden und reißen.

Einbau

Achtung: Windlaufgrill nicht durch Schläge in die Aufnahme einsetzen, dadurch kann die Frontscheibe anreißen. **Hinweis:** Bei neuer Frontscheibe den Einleger aus der Aufnahme –5– herausnehmen.

- Bereich um Aufnahme –5– mit Seifenlauge einsprühen. Dies erleichtert das Einsetzen des Windlaufgrills in die Aufnahme.
- Windlaufgrill auf die Aufnahme setzen und dann von der Mitte aus nach beiden Seiten vorsichtig in die Aufnahme drücken.
- Dichtung –2– einlegen und am Windlaufgrill aufdrücken.
- Wischerarme einbauen, siehe Seite 103.

2 – Dichtung

3 – Schaumformteil links

4 – Schaumformteil rechts

5 – Aufnahme
Bestandteil der Frontscheibe.

6 – Frontscheibe

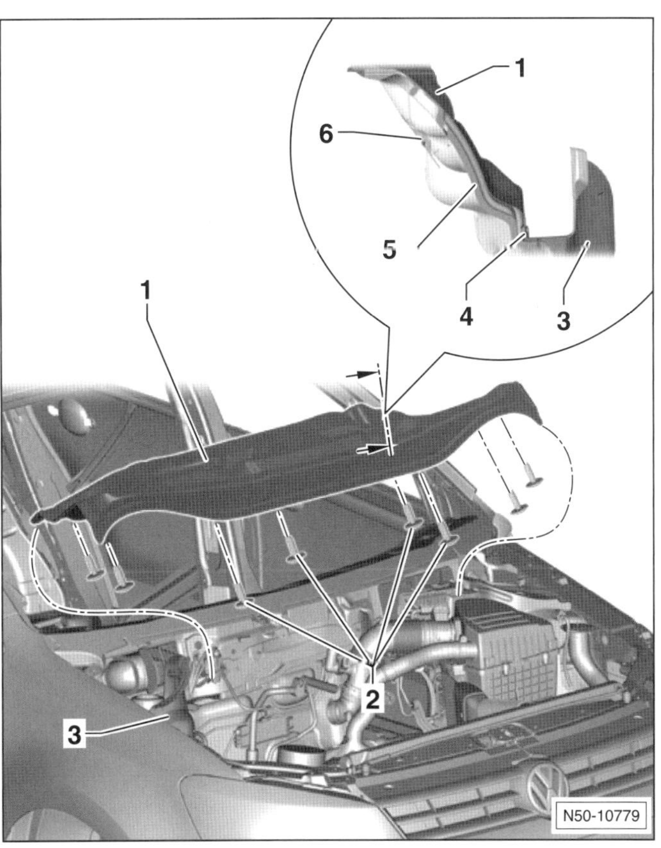

Wasserkasten-Stirnwand

1 – Wasserkasten-Stirnwand

Ausbau

- Windlaufgrill ausbauen.
- Schrauben –2– herausdrehen.
- Stirnwand nach oben aus dem Wasserkasten –3– herausziehen.

Einbau

- Der Einbau erfolgt in umgekehrter Ausbaureihenfolge.

2 – Schrauben, 8 Nm

3 – Wasserkasten

4 – Dichtung
Beim Einbau der Stirnwand auf richtigen Sitz der Dichtung achten.

5 – Dämpfung
Wird mit Klemmscheiben an der Wasserkasten-Stirnwand befestigt.

6 – Klemmscheibe

Schlossträger in Servicestellung bringen

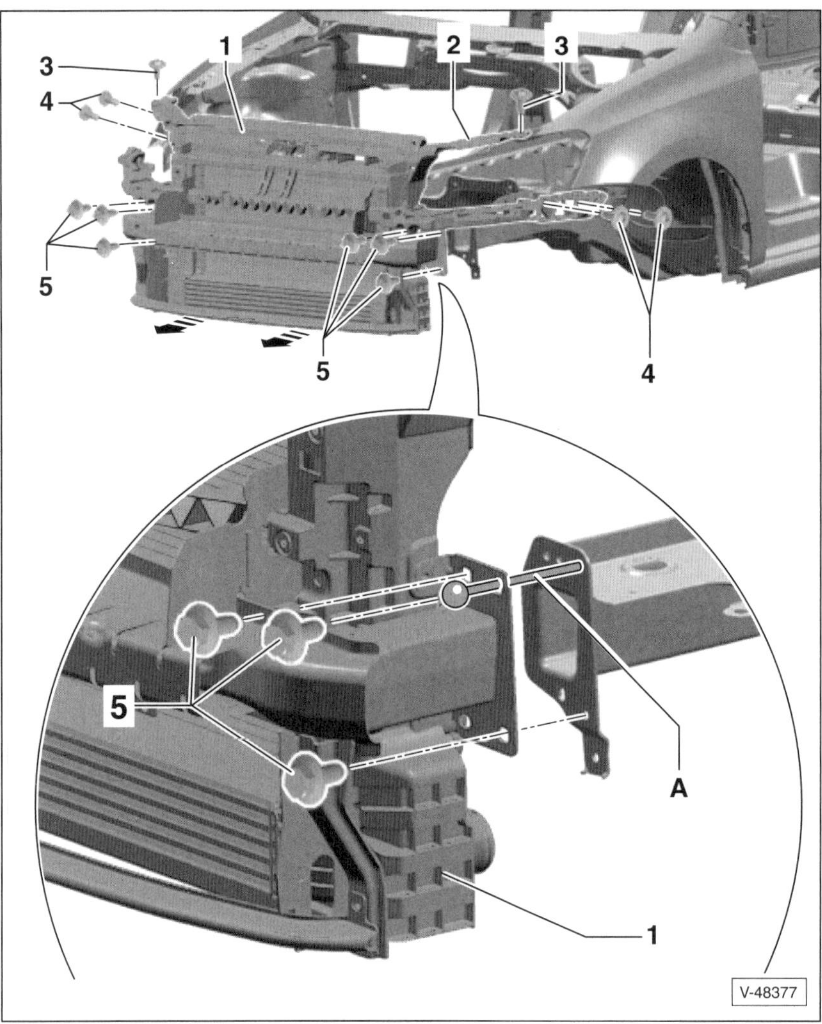

1 – Schlossträger

2 – Haltewinkel

3 – Schrauben, 8 Nm

4 – Schrauben, 8 Nm

5 – Schrauben, 30 Nm

A – Führungsstangen
Spezialwerkzeug VW T10093.

Servicestellung

Zum Ausbau des Motors oder des Kühlers muss das Fahrzeug-Vorderteil in die so genannte Servicestellung gebracht werden. Dabei wird der Schlossträger nach vorne geschoben.

- Stoßfängerabdeckung vorn ausbauen, siehe entsprechendes Kapitel.
- Seilzug am Motorhaubenschloss aushängen, siehe Kapitel »Motorhaubenschloss aus- und einbauen«.

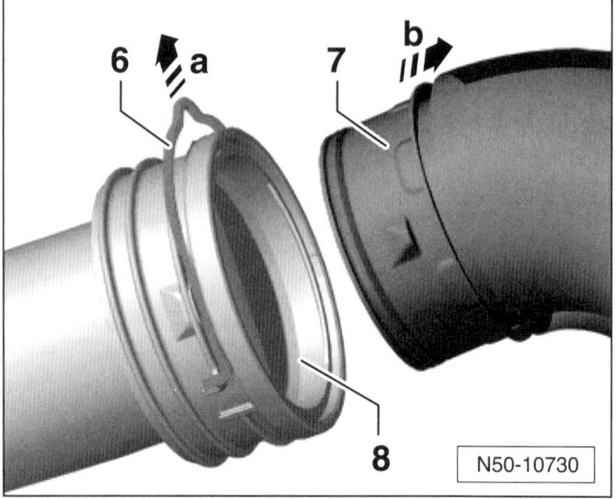

- **Turbodiesel mit Ladeluftkühler:** Druckschläuche abziehen. Dazu Halteklammer –6– in Pfeilrichtung –a– ziehen und Steckkupplung –8– entriegeln. Druckschlauch –7– in Pfeilrichtung –b– abziehen.

- Schrauben –4– an der Führung rechts und links herausdrehen.
- Schrauben –5– rechts und links aus den Längsträgern herausdrehen und Führungsstangen –A– in die beiden Bohrungen einschrauben.
- Schrauben –3– oben an den Haltewinkeln –2– herausdrehen.

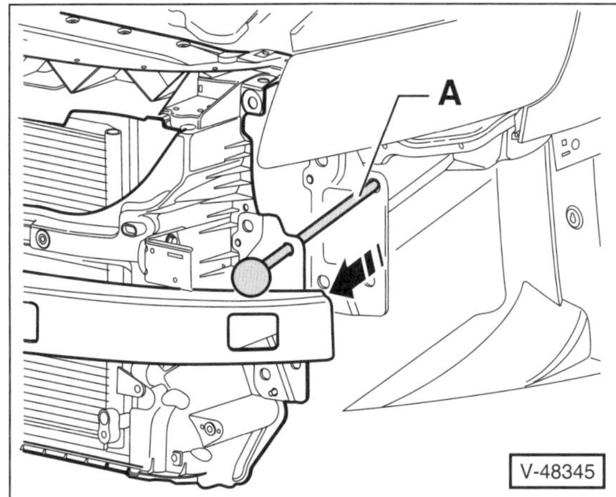

- Schlossträger auf den Führungsstangen –A– etwa 10 cm nach vorne ziehen –Pfeil–.

Einbau

- Schlossträger auf den Führungsstangen an die Längsträger heranschieben und festschrauben.
- Schrauben –3– eindrehen und mit **8 Nm** festziehen.
- Schrauben –4– eindrehen und mit **8 Nm** festziehen.
- Führungsstangen herausdrehen und restliche Schrauben –5– eindrehen. Schrauben –5– mit **30 Nm** festziehen.

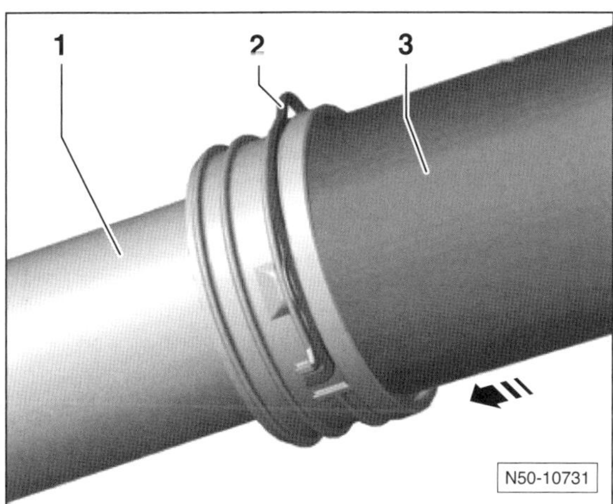

- **Turbodiesel mit Ladeluftkühler:** Druckschläuche am Ladeluftkühler einrasten. Dazu muss sich die Halteklammer in der oberen Position befinden. Druckschlauch –3– in Pfeilrichtung in die Kupplung –1– einschieben. Halteklammer –2– ganz nach unten durchdrücken.

Achtung: Wenn sich die Halteklammer nicht ganz durchdrücken lässt, ist der Druckschlauch nicht weit genug in die Kupplung eingesteckt. In diesem Fall Druckschlauch nochmal nachdrücken und mit der Halteklammer verriegeln.

- Der weitere Einbau erfolgt in umgekehrter Ausbaureihenfolge. Dabei darauf achten, dass Schläuche und Leitungen nicht eingeklemmt werden.
- Nach dem Einbau Scheinwerfereinstellung überprüfen, gegebenenfalls einstellen (Werkstattarbeit).

Kühlergrill aus- und einbauen

Ausbau

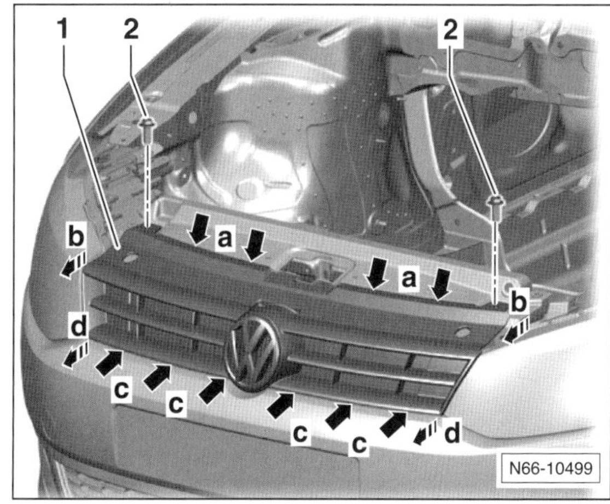

- Schrauben –2– herausdrehen.
- 4 Rasthaken –Pfeile a– am Schlossträger ausclipsen.
- Kühlergrill –1– im oberen Bereich aus dem Schlossträger herausziehen –Pfeile b–.
- 6 Rasthaken –Pfeile c– mit einem Kunststoffkeil vom Schlosstrager abdrücken.
- Kühlergrill –1– in Pfeilrichtung –d– aus der Stoßfängerabdeckung herausziehen.

Einbau

- Kühlergrill –1– mit den Rasthaken über den Aufnahmen in Stoßfängerabdeckung und Schlossträger ansetzen, mit leichtem Druck andrücken und einrasten.
- Spalte zu den umgebenden Bauteilen prüfen, gegebenenfalls Kühlergrill ausrichten.
- Schrauben –2– einsetzen und mit **2 Nm** festziehen.

Stoßfänger/Stoßfängerabdeckung vorn aus- und einbauen

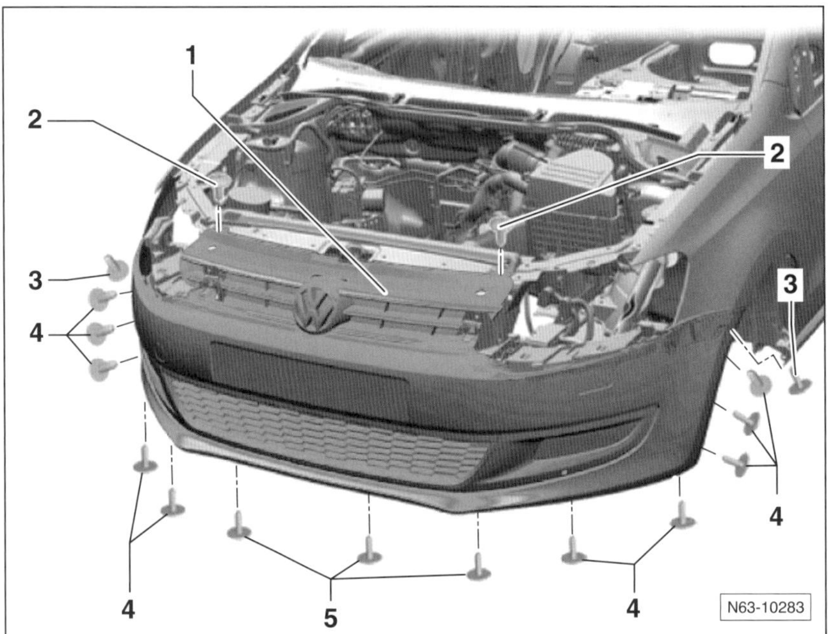

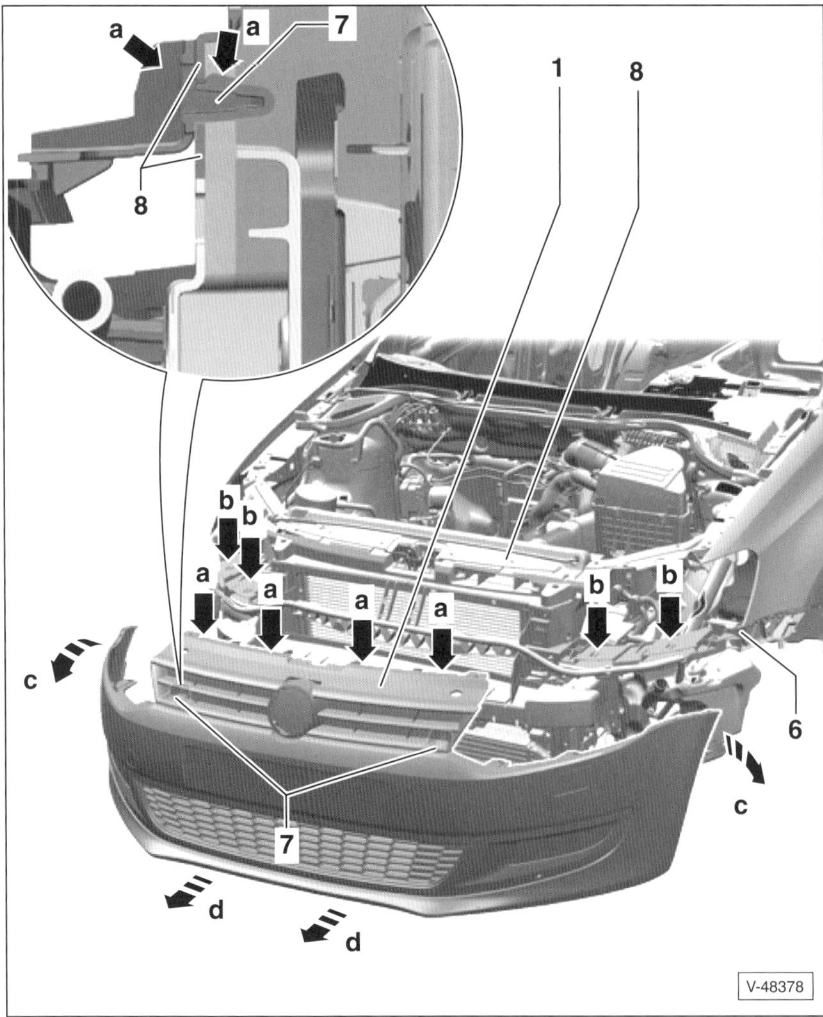

1 – Stoßfängerabdeckung

Ausbau

- Scheinwerfer ausbauen, siehe Seite 117.
- Schrauben –2– herausdrehen.
- Nach oben gerichtete Schrauben –3– vom Radhaus herausdrehen.
- Schrauben –4– vom Radhaus herausdrehen.
- Schrauben –5– von unten herausdrehen.

Weiter mit Abbildung V-48378:

- Stoßfängerabdeckung –1– mit Helfer rechts und links aus den Führungsteilen an den Kotflügeln ausrasten –Pfeile c–.
- Verrastungen an den seitlichen Führungen –Pfeile b– und am Kühlergrill –Pfeile a– lösen.
- Verrastungen –6– an den seitlichen Führungen –Pfeile b– und am Kühlergrill –Pfeile a– lösen.
- Verrastungen –7– hinter dem Kühlergrill lösen.
- Stoßfängerabdeckung –1– mit Helfer parallel nach vorne ziehen –Pfeile d– und abnehmen.
- Alle Steckverbindungen trennen.
- Scheinwerferreinigungsanlage: Waschwasserleitungen trennen.

Einbau

- Steckverbindungen und, falls vorhanden, Waschwasserleitungen zusammenstecken.
- Stoßfängerabdeckung mit Helfer parallel auf den Schlossträger aufschieben und einrasten.
- Stoßfängerabdeckung seitlich auf die Führungsteile drücken und einrasten.
- Stoßfängerabdeckung ausrichten, dabei auf parallele Spaltmaße achten, und die Schrauben –2– bis –5– eindrehen und mit **2 Nm** festziehen.

2-5 Schrauben, 2 Nm

6-7 Verrastungen

8 – Schlossträger

Hinweis: Je nach Ausstattung kann die Anzahl der Schrauben unterschiedlich sein.

Stoßfänger/Stoßfängerabdeckung hinten aus- und einbauen

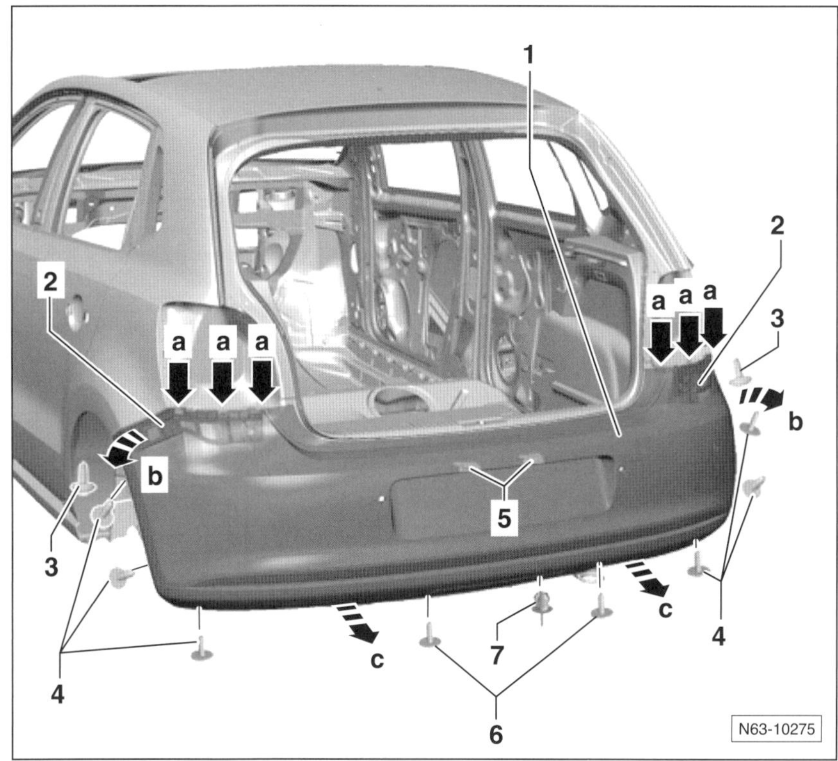

1 – Stoßfängerabdeckung

Ausbau

- ◆ Heckleuchten ausbauen, siehe Seite 122.
- ◆ Schrauben –4– an beiden Innenkotflügeln herausdrehen.
- ◆ Nach oben gerichtete Schrauben –3– links und rechts herausdrehen.
- ◆ Schrauben –6– von unten herausdrehen.
- ◆ Spreizclip –7– von unten herausziehen.
- ◆ Stoßfängerabdeckung mit Helfer rechts und links aus den Führungsteilen an den Kotflügeln ausrasten –Pfeile b–.
- ◆ Stoßfängerabdeckung mit Helfer parallel nach hinten ziehen –Pfeile c– und abnehmen.
- ◆ Alle Steckverbindungen trennen.

2 – Seitliche Führungen

3-6 Schrauben, 2 Nm

7 – Spreizclip

Hinweis: Je nach Ausstattung kann die Anzahl der Schrauben unterschiedlich sein.

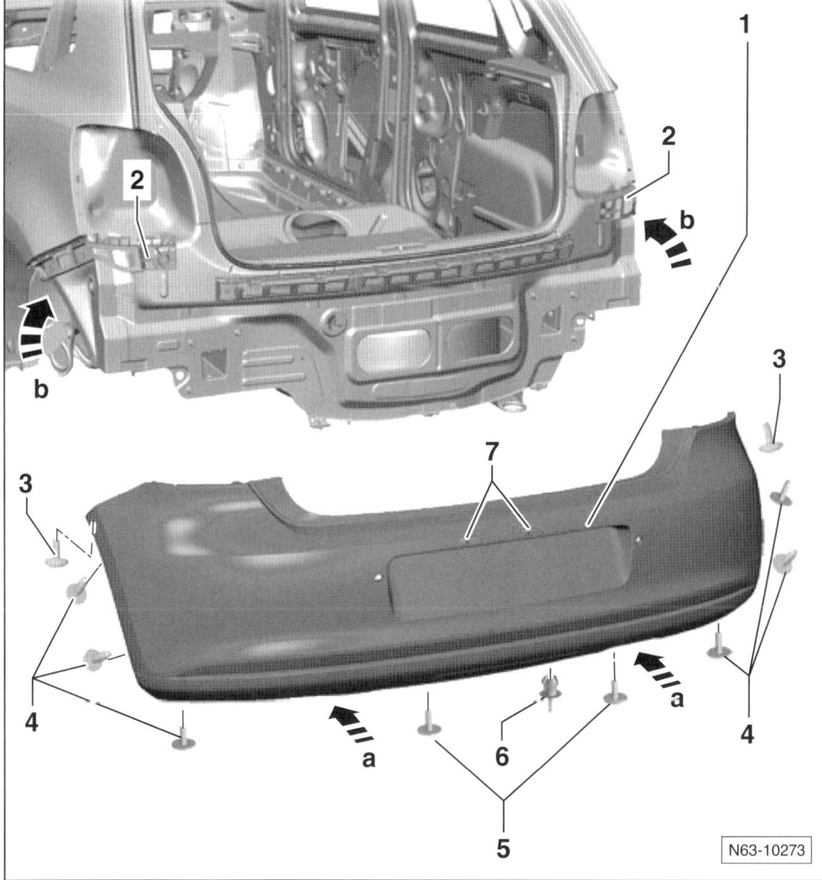

1 – Stoßfängerabdeckung

Einbau

- ◆ Steckverbindungen zusammenstecken.
- ◆ Stoßfängerabdeckung mit Helfer parallel auf das Fahrzeugheck aufschieben –Pfeile a–.
- ◆ Stoßfängerabdeckung seitlich auf die Führungsteile drücken und hörbar einrasten –Pfeile b–.
- ◆ Stoßfängerabdeckung ausrichten, dabei auf parallele Spaltmaße achten, und die Schrauben –3– bis –5– eindrehen und festziehen.
- ◆ Spreizclip –6– einsetzen und mit Spreizstift sichern.

3-5 Schrauben, 2 Nm

6 – Spreizclip

7 – Schrauben, 2 Nm

Hinweis: Je nach Ausstattung kann die Anzahl der Schrauben unterschiedlich sein.

Anhängevorrichtung – Detailübersicht

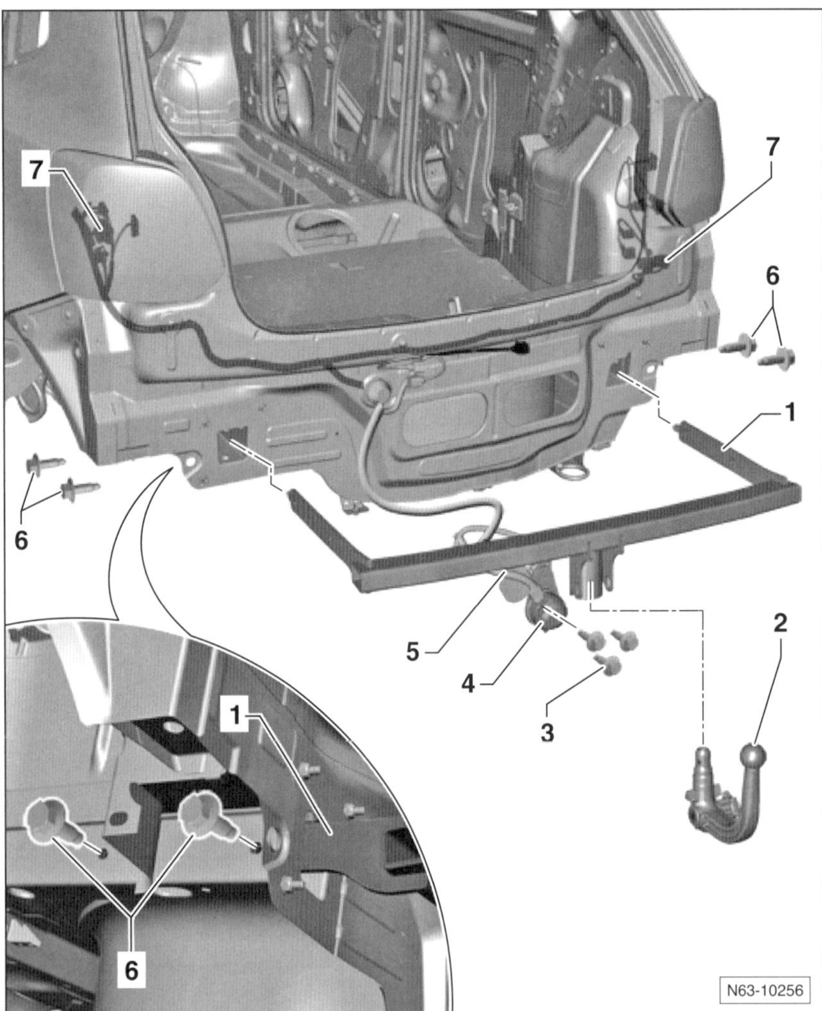

1 – **Anhängevorrichtung**
Mit abnehmbarem Kugelkopf.

2 – **Kugelkopf**
Der abnehmbare Kugelkopf ist in der Gepäckraumablage untergebracht.

3 – **Schraube**

4 – **Steckdose**

5 – **Leitungsstrang**

6 – **Schraube, 50 Nm + 90°**
Schrauben müssen nach dem Lösen grundsätzlich ersetzt werden.

7 – **Steckverbindung**
Befindet sich links und rechts unter den Heckleuchten.

Kotflügel aus- und einbauen

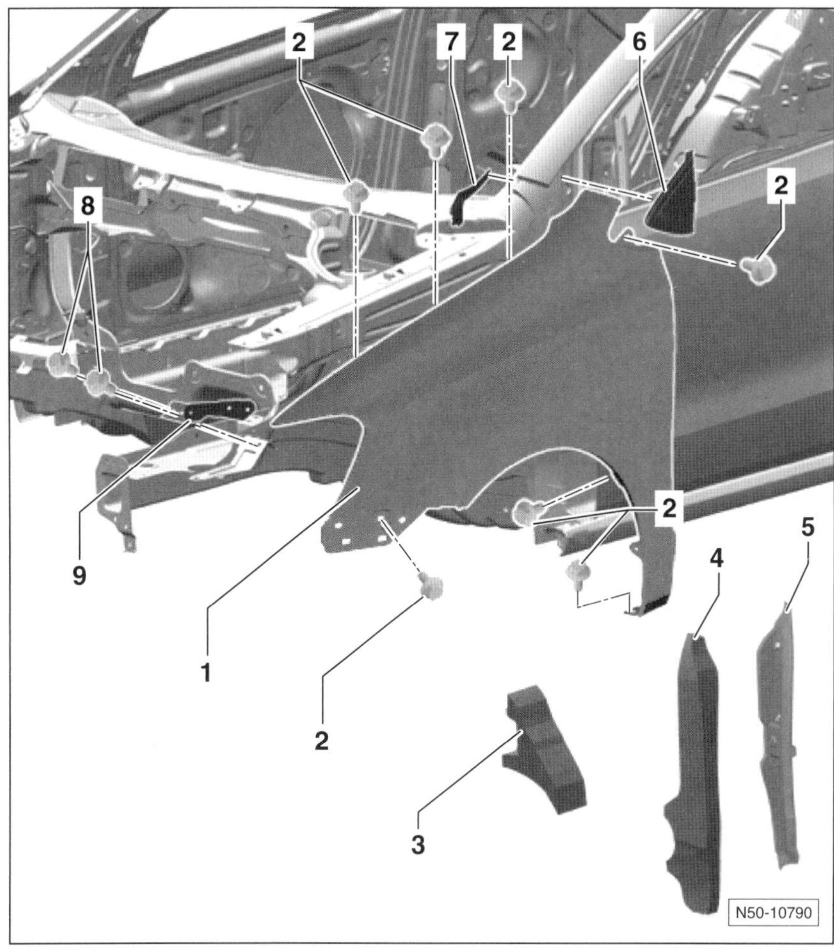

1 – **Kotflügel**

2 – **Schrauben, 6 Nm**
1 Stück an der A-Säule
1 Stück am Unterholm
1 Stück am Innenkotflügel
1 Stück an der Kotflügelstrebe
3 Stück am Kotflügel-Anschlussstück

3 – **Formteil**
Lose zwischen Kotflügel und Längsträger vorn oben eingesteckt.

4 – **Dämpfung Stegblech**
Ist vor das Stegblech des Kotflügels gestellt.

5 – **Stegblech**

6 – **Blende A-Säule**
In 3 Tüllen eingesteckt.

7 – **Abdeckung Kotflügel**

8 – **Schraube, 6 Nm**

9 – **Kotflügelstrebe**

Ausbau

- Innenkotflügel vorn ausbauen, siehe entsprechendes Kapitel.
- Dämpfung –4– vor dem Stegblech herausziehen.

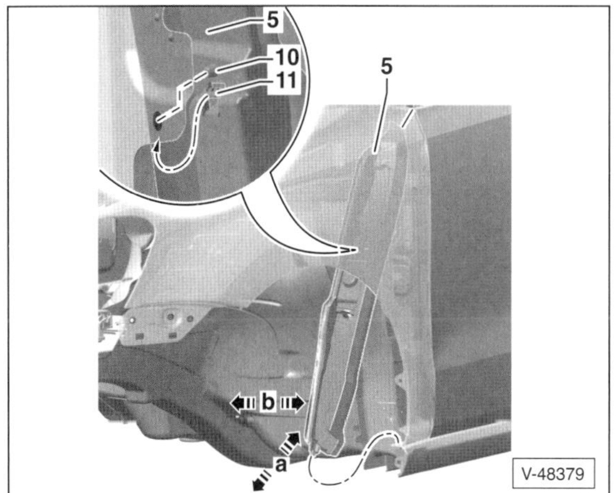

- Stegblech ausbauen. Dazu den Rasthaken –11– lösen und das Stegblech –5– im unteren Bereich etwas vorziehen –Pfeil b– und dann nach unten –Pfeil a– herausziehen. 10 – Führung.
- Blende –6– an der A-Säule aus den 3 Gummitüllen herausziehen.
- Stoßfänger vorn ausbauen, siehe entsprechendes Kapitel.
- Dämpfung zwischen Kotflügel und Längsträger herausziehen.
- Schrauben –2– herausdrehen. **Hinweis:** Die hintere Schraube –2– ist bei geschlossener Motorhaube zugänglich. Vor dem Herausdrehen die Motorhaube gegen Beschädigungen abkleben.
- Kotflügel vorsichtig abnehmen.

Einbau

- Kotflügel ansetzen und Befestigungsschrauben leicht beiziehen, nicht festziehen.
- Dämpfungen und Formteile einsetzen.
- Kotflügel bei gelöster Kotflügelstrebe auf gleichmäßige, parallele Spaltmaße spannungsfrei ausrichten.
- Sämtliche Schrauben mit **6 Nm** festziehen.
- Der weitere Einbau erfolgt in umgekehrter Ausbaureihenfolge.

Innenkotflügel aus- und einbauen

Innenkotflügel vorn

Ausbau

Sicherheitshinweis
Beim Aufbocken des Fahrzeugs besteht Unfallgefahr! Deshalb vorher das Kapitel »Fahrzeug aufbocken« durchlesen.

- Vorderrad ausbauen, siehe Seite 168.

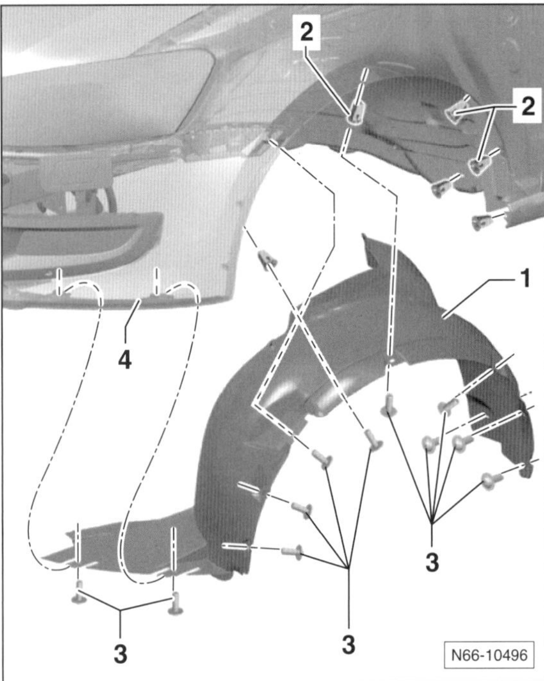

- Schrauben –3– herausdrehen und Innenkotflügel –1– aus dem Radkasten herausziehen. 2 – Spreizmuttern, 4 – Stoßfängerabdeckung.

Einbau

- Spreizmuttern –2– auf Beschädigung prüfen, gegebenenfalls ersetzen.
- Innenkotflügelteile in den Radkasten einsetzen und mit **2 Nm** festschrauben.
- Vorderrad einbauen, siehe Seite 168.

Innenkotflügel hinten

Ausbau

- Hinterrad ausbauen, siehe Seite 168.

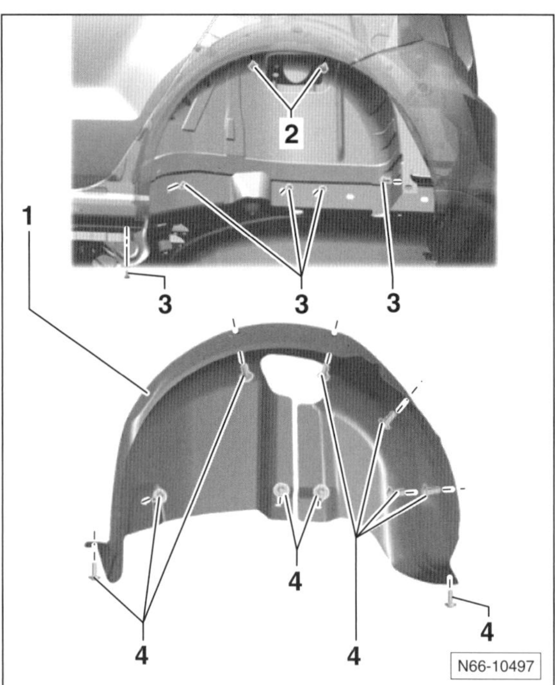

- Schrauben –4– herausdrehen und Innenkotflügel –1– aus dem hinteren Radkasten herausziehen. 2 – gasdichte Spreizmuttern, 3 – Spreizmuttern.

Einbau

- Spreizmuttern auf Beschädigung prüfen, gegebenenfalls ersetzen. **Achtung:** Die **Spreizmuttern –2–** dichten den Innenraum gegen Abgase ab und **müssen bei Beschädigung auf jeden Fall ersetzt werden.**
- Innenkotflügel knickfrei in den Radkasten einsetzen und mit **2 Nm** festschrauben.
- Hinterrad einbauen, siehe Seite 168.

Motorhaube aus- und einbauen

Ausbau

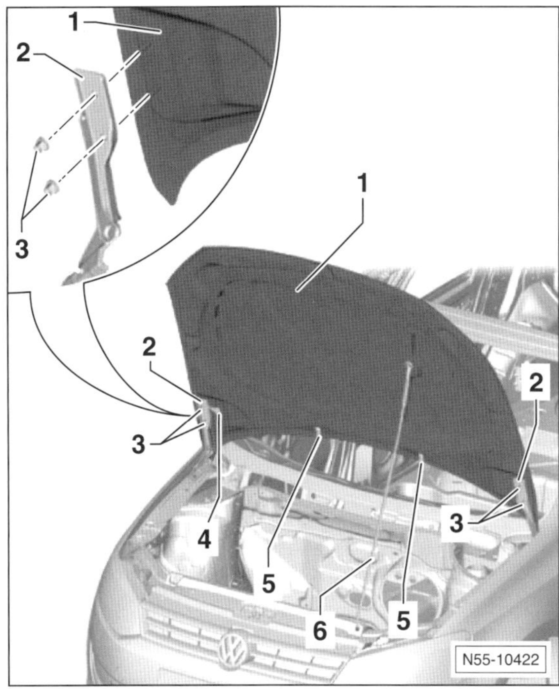

- Motorhaube –1– öffnen.
- Scheibenwaschdüsen –5– ausbauen, siehe Seite 109.
- Wasserschlauch –4– sowie Leitung für Düsenheizung an der Motorhaube und am Scharnier –2– ausclipsen und aus der Motorhaube herausziehen.

Hinweis: Soll die bisherige Motorhaube wieder eingebaut werden, an den Schlauchenden eine Schnur befestigen. Beim Herausziehen der Schläuche wird die Schnur eingezogen und bleibt anschließend in der Motorhaube.

- Für den Wiedereinbau Einbaulage der Scharniere –2– mit Filzstift an der Motorhaube markieren.
- Falls eingebaut, Abdeckkappen von den Scharniermuttern abhebeln.
- Auf jeder Seite 2 Scharniermuttern –3– an der Motorhaube lockern, aber nicht abschrauben.
- Motorhaube von einem Helfer abstützen lassen. Stützstange –6– an der Motorhaube aushängen.
- Muttern –3– abschrauben, Motorhaube mit dem Helfer von den Scharnieren abnehmen und vorsichtig ablegen.

Einbau

- Motorhaube mit dem Helfer am Scharnier ansetzen. Die alte Motorhaube dabei nach den Markierungen ausrichten. Scharniermuttern –3– handfest aufschrauben.
- Motorhaube schließen und auf korrekte Spaltmaße einstellen, siehe entsprechendes Kapitel.
- Scharniermuttern mit **20 Nm** festziehen.
- Wasserschlauch sowie Leitung für die Düsenheizung mithilfe der Schnur einziehen beziehungsweise bei einer neuen Motorhaube verlegen.
- Scheibenwaschdüsen einbauen, siehe Seite 109.

Motorhaube einstellen

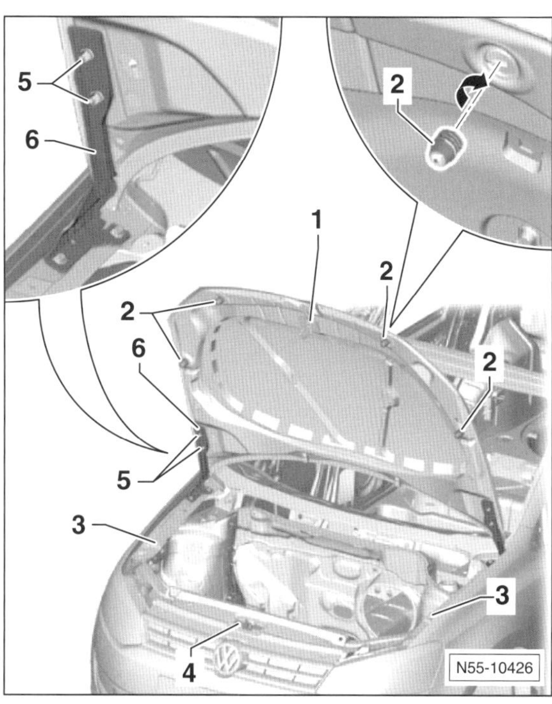

Einstellhinweise:

- Das Fahrzeug muss auf einere ebenen Fläche auf den Rädern stehen.
- Die Puffer –2– links und rechts dienen nicht der Einstellung. Sie stabilisieren beziehungsweise dämpfen die Motorhaube. 3 – Auflage.
- Die Motorhaube ist richtig eingestellt, wenn sie im geschlossenen Zustand überall ein gleichmäßiges Spaltmaß hat. Sie darf nicht zu weit nach innen oder außen stehen, und die Konturen müssen mit den umliegenden Bauteilen fluchten.
- Die Motorhaube muss ohne größeren Kraftaufwand im Haubenschloss einrasten.
- Sechskantmuttern –6– werden nicht abgeschraubt, nur gelöst.

Einstellen

- Schließbügel –1– ausbauen, siehe entsprechendes Kapitel.
- Falls vorhanden, Abdeckkappen von den Scharniermuttern abhebeln.
- Muttern –5– so weit lösen, dass die Motorhaube an den Scharnierbügeln gerade noch verschoben werden kann.

- Motorhaube schließen und zu den Kotflügeln so ausrichten, dass die Spaltmaße zum rechten und linken Kotflügel jeweils gleichmäßig breit sind und parallel verlaufen. Sollwerte siehe unter Abbildung N00-10670.
- Motorhaube vorsichtig öffnen und Scharniermuttern –5– mit **20 Nm** festziehen.
- Schließbügel mit **10 Nm** an der Motorhaube festschrauben.
- Prüfen, ob die Höhe der Motorhaube im vorderen Bereich bündig zu den Kotflügel ist. Gegebenenfalls Höhe der Motorhaube durch Einstellen des Haubeschlosses korrigieren.
- Puffer –2– so weit verdrehen, bis die Motorhaube vorne bündig mit den Kotflügeln ist.

Hinweis: Als Einstellhilfe etwas Knetmasse an den Puffern aufdrücken. Nach Schließen der Motorhaube ist am Abdruck in der Knetmasse zu erkennen, ob die Motorhaube richtig aufliegt.

- Scharniere –6– und Muttern –5– gegen Rost schützen.

Spaltmaße

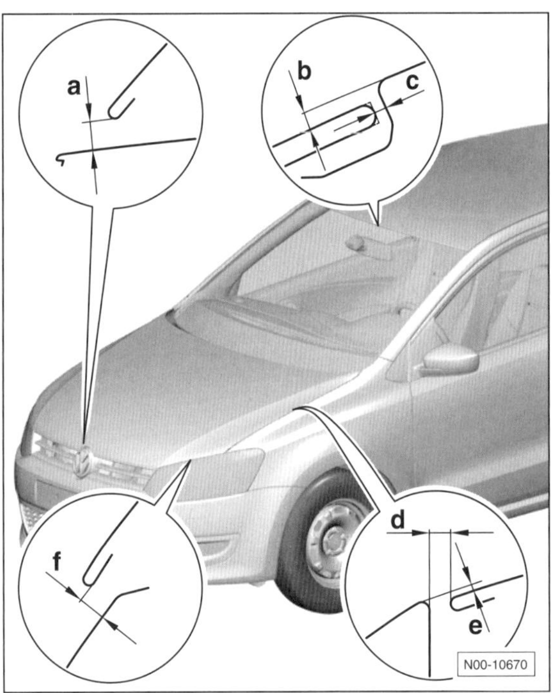

Maß –a–: . . . . 5,0 $^{\pm 0,5}$ mm
Maß –b–: . . . . 3,0 $^{\pm 0,8}$ mm
Maß –c–: . . . . 2,5 $^{\pm 0,5}$ mm
Maß –d–: . . . . 3,5 $^{\pm 0,5}$ mm
Maß –e–: . . . . 1,0 $^{\pm 0,5}$ mm
Maß –f–: . . . . 5,0 $^{\pm 0,5}$ mm

Schließbügel der Motorhaube aus- und einbauen

Ausbau

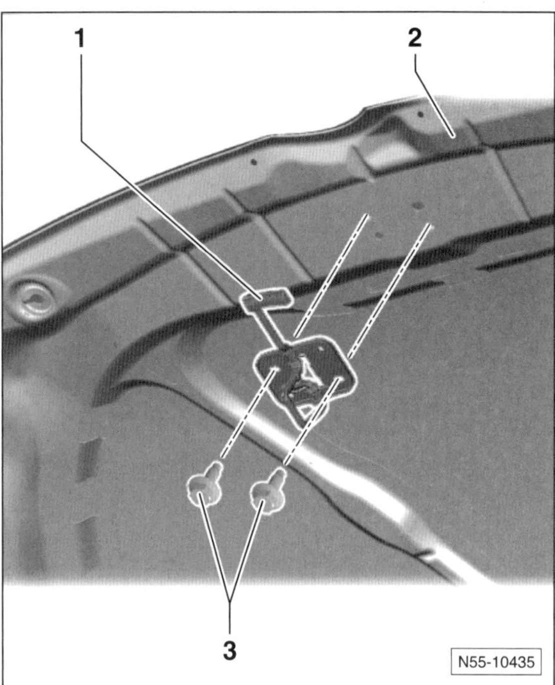

- Einbaulage markieren, dazu Schließbügel und Schraubenköpfe mit Filzstift umkreisen.
- Schrauben –3– herausdrehen und Schließbügel –1– von der Motorhaube –2– abnehmen.

Einbau

- Schließbügel ansetzen und mit **10 Nm** anschrauben.
- Schließmechanismus der Motorhaube prüfen, gegebenenfalls Schließbügel und/oder Haubenschloss einstellen.
- Zum Einstellen des Schließbügels, Befestigungsschrauben lösen und Schließbügel in den übergroßen Löchern verschieben.

Motorhaubenschloss aus- und einbauen/einstellen

Ausbau

- Motorhaube öffnen.

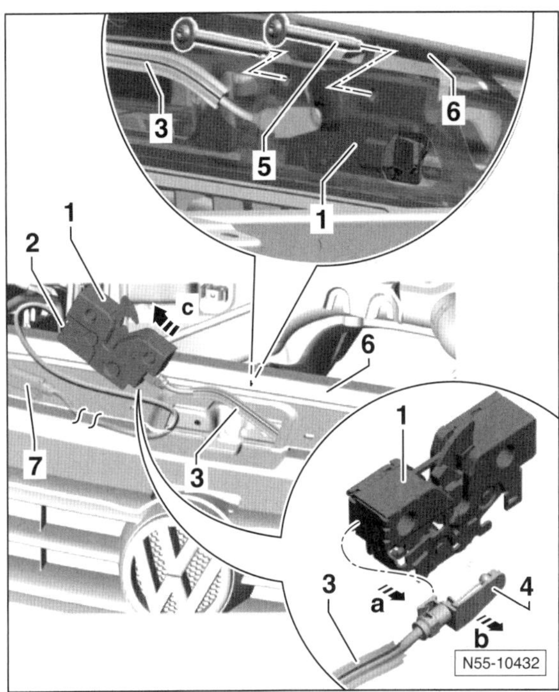

- Seilzug –3– für Motorhaube an der Seilzugkupplung trennen, siehe »Betätigungshebel/Seilzug für Motorhaube aus- und einbauen«.
- Steckverbindung –7– für Motorhauben-Kontaktschalter –2– trennen. **Hinweis:** Die Steckverbindung ist am Enfüllstutzen des Scheibenwaschbehälters befestigt.
- Für den Wiedereinbau Einbaulage des Motorhaubenschlosses –1– mit Filzstift markieren.
- Schrauben –5– am Schlossträger –6– herausdrehen und Motorhaubenschloss –1– nach oben –Pfeil c– aus dem Schlossträger –6– herausziehen.
- Lasche am Halter –4– zusammendrücken –Pfeil a– und Seilzug –3– aus dem Motorhaubenschloss –1– ausclipsen –Pfeil b–.

Einbau

- Seilzug am Motorhaubenschloss einclipsen.
- Motorhaubenschloss handfest am Schlossträger anschrauben und dabei nach den angebrachten Markierungen ausrichten.
- Steckverbindung für Motorhauben-Kontaktschalter verbinden.
- Seilzug für Motorhaube einbauen, siehe entsprechendes Kapitel.
- Einstellung der Motorhaube prüfen und Schrauben für Motorhaubenschloss mit **12 Nm** festziehen. Falls erforderlich, Motorhaubenschloss einstellen.

Einstellen

- Puffer –2– vollständig in die Motorhaube einschrauben, siehe Abbildung N55-10426.

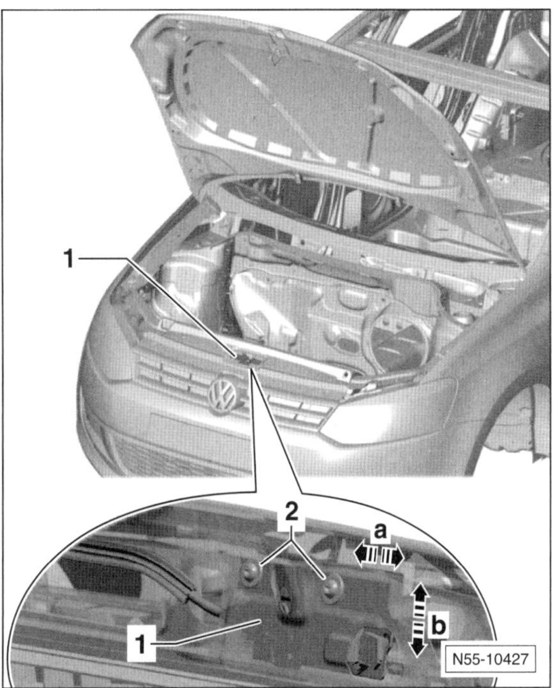

- Schrauben –2– für Motorhaubenschloss so weit lockern, dass sich das Haubenschloss –1– gerade noch verschieben lässt.
- Motorhaube vorsichtig schließen, zwischen den Kotflügeln ausmitteln –Pfeile a– und in der Höhe bündig zu den Kotflügeln ausrichten –Pfeile b–.
- Motorhaube vorsichtig öffnen und Haubenschloss in dieser Position festschrauben. Dazu die Schrauben –2– mit **12 Nm** festziehen.
- Puffer –2– so weit verdrehen, bis die Motorhaube vorne bündig mit den Kotflügeln ist, siehe Abbildung N55-10426.

Hinweis: Als Einstellhilfe etwas Knetmasse auf die Puffer aufdrücken. Nach Schließen der Motorhaube ist am Abdruck in der Knetmasse zu erkennen, ob die Motorhaube richtig aufliegt.

Betätigungshebel/Seilzug für Motorhaube aus- und einbauen

Ausbau

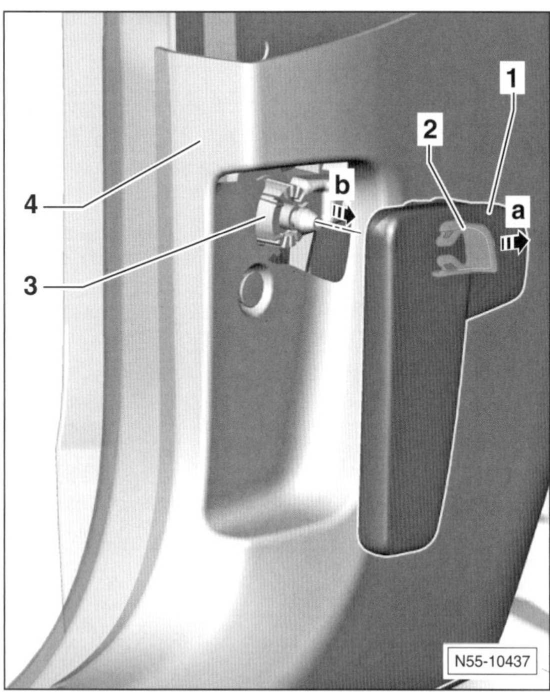

- Im Fahrerfußraum den Betätigungshebel –1– für die Motorhaube nach hinten ziehen und Motorhaube entriegeln.
- Motorhaube öffnen.
- Einen kleinen Schraubendreher in den Spalt zwischen Betätigungshebel –1– und Halteklammer –2– stecken. Halteklammer mit dem Schraubendreher in Pfeilrichtung –a– aus dem Betätigungshebel heraushebeln.
- Betätigungshebel –1– vom Lagerbock –3– abnehmen –Pfeil b–.
- Untere A-Säulen-Verkleidung ausbauen, siehe Seite 266.
- Seilzug aus dem Lagerbock –3– aushängen.
- Seilzug am Motorhaubenschloss aushängen, siehe Kapitel »Motorhaubenschloss aus- und einbauen«.

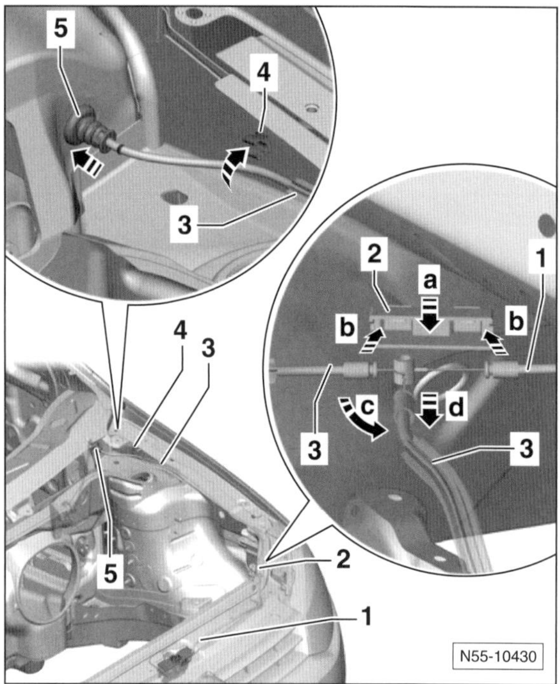

- Abdeckung der Seilzugkupplung –2– über dem linken Scheinwerfer am Schlossträger ausclipsen –Pfeil a–.
- Seilzüge –1– und –3– aus der Abdeckung –2– herausnehmen –Pfeil b–.
- Seilzug –3– in Pfeilrichtung –c– um 90° schwenken und in Pfeilrichtung –d– aus der Aufnahme des Seilzugs –1– herausnehmen.
- Seilzug –1– gegebenenfalls aus den Halterungen am Schlossträger ausclipsen und herausnehmen.

Einbau

- Beim Einbau des Seilzuges –3– darauf achten, dass die Tülle –5– richtig eingesetzt sind, damit kein Wasser in den Innenraum eindringen kann. Seilzug in die Halter –4– einsetzen.
- Seilzug in die Kupplung einlegen, dabei auf korrekten Sitz des Bowdenzugmantels achten. Kupplung schließen und einrasten.
- Der weitere Einbau erfolgt in umgekehrter Ausbaureihenfolge.
- Zuletzt Halteklammer in den Betätigungshebel schieben und Betätigungshebel auf den Lagerbock drücken.

Achtung: Vor Schließen der Motorhaube korrekte Funktion des Betätigungshebels und des Seilzuges prüfen.

Heckklappe aus- und einbauen/ einstellen

Ausbau

- Heckklappenverkleidung ausbauen, siehe entsprechendes Kapitel.
- Elektrische Steckverbindungen für Heckscheibenheizung und -wischer sowie für Zusatzbremsleuchte und Zentralverriegelung trennen. **Hinweis:** Falls die elektrischen Leitungen in der Heckklappe verbleiben sollen, zentrale Steckverbindung unter der linken Heckleuchte trennen.
- Schlauch für Heckscheibenwaschanlage abziehen und mit einem geeigneten Stopfen verschließen.
- Faltenbalg für Leitungen aus der Heckklappe lösen und herausziehen.

Hinweis: Als Montagehilfe für den Wiedereinbau an den Leitungsenden eine Schnur befestigen, die nach dem Herausziehen der Leitungen in der Klappe bleibt.

- Leitungen und Schlauch durch die Öffnungen in der Heckklappe herausziehen.

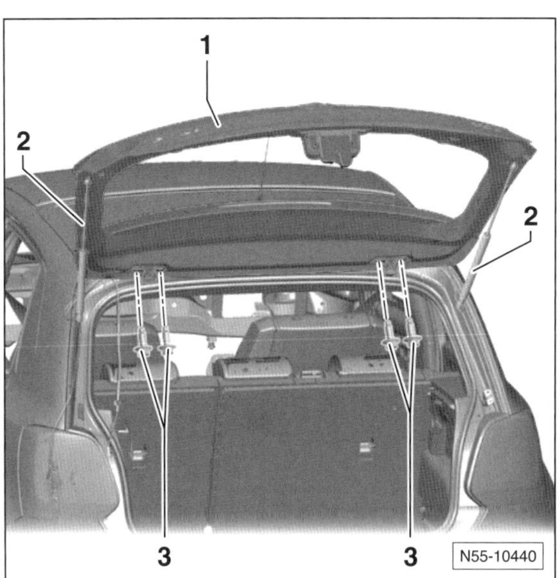

- Für den Wiedereinbau Einbaulage der Scharniere an der Heckklappe –1– mit einem Filzschreiber markieren.
- Auf jeder Seite 2 Scharnierschrauben –3– an der Heckklappe lockern, aber nicht herausdrehen.
- Heckklappe von einem Helfer abstützen lassen. Beide Gasdruckfedern –2– vom oberen Kugelzapfen abziehen, siehe Kapitel »Gasdruckfeder aus- und einbauen«.
- Schrauben –3– herausdrehen, Heckklappe –1– mit Helfer abnehmen und vorsichtig ablegen.

Einbau

- Heckklappe mit Helfer am Scharnier ansetzen. Die alte Heckklappe dabei nach den Markierungen ausrichten.
- Schrauben –3– links und rechts handfest eindrehen.
- Gasdruckfeder auf Kugelzapfen aufdrücken und einrasten. Zweite Gasdruckfeder einbauen.

Achtung: Vor Schließen der Heckklappe korrekte Funktion der Schließ- und Öffnungsvorrichtung prüfen.

- Heckklappe schließen und auf korrekte Spaltmaße prüfen, gegebenenfalls einstellen, siehe entsprechendes Kapitel.
- Scharnierschrauben –3– mit **10 Nm** festziehen.
- Wasserschlauch sowie elektrische Leitungen mithilfe der Schnur einziehen beziehungsweise bei einer neuen Heckklappe verlegen. Wasserschlauch und elektrische Leitungen anschließen.
- Heckklappenverkleidung einbauen, siehe entsprechendes Kapitel.

Heckklappe einstellen

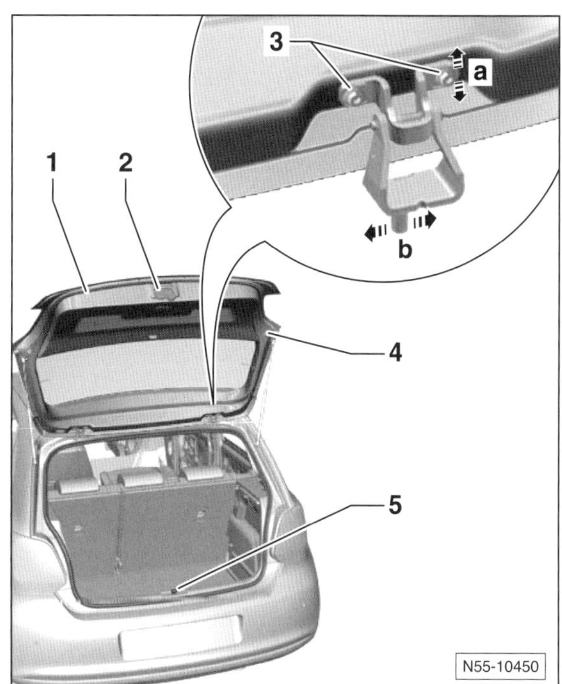

Einstellhinweise:

- Das Fahrzeug muss auf einer ebenen Fläche auf den Rädern stehen.
- Das Heckklappenschloss –2– ist direkt an die Heckklappe –1– angeschraubt. Es hat keine Langlöcher und kann somit nicht eingestellt werden.
- Die Puffer –4– links und rechts dienen nicht der Einstellung. Sie stabilisieren beziehungsweise dämpfen die Heckklappe.
- Die Heckklappe ist richtig eingestellt, wenn sie im geschlossenen Zustand überall ein gleichmäßiges Spaltmaß hat. Sie darf nicht zu weit nach innen oder außen stehen und die Konturen müssen mit den umliegenden Bauteilen fluchten.

- Die Heckklappe muss ohne größeren Kraftaufwand im Schließbügel –5– einrasten.
- Schrauben –3– werden nicht abgeschraubt, nur gelöst.

Einstellen

- Heckabschlussverkleidung ausbauen, siehe entsprechendes Kapitel.
- Schließbügel –5– ausbauen, siehe entsprechendes Kapitel.
- Schrauben –3– so weit lösen, dass die Heckklappe an den Scharnierbügeln gerade noch verschoben werden kann –Pfeile a– und –Pfeile b–.
- Heckklappe schließen und zu den umliegenden Bauteilen so ausrichten, dass die Spaltmaße jeweils gleichmäßig breit sind und parallel verlaufen.
- Heckklappe vorsichtig öffnen und Scharnierschrauben –3– mit **10 Nm** festziehen.

Spaltmaße

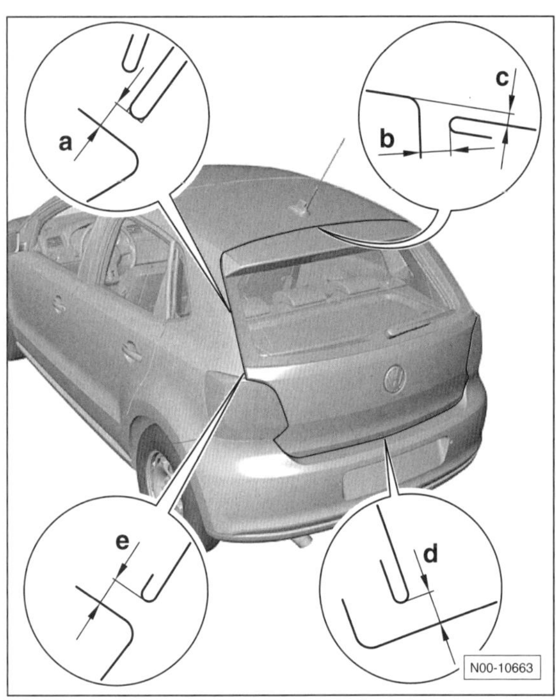

Maß –a–: .... $4{,}5^{\pm 0{,}5}$ mm
Maß –b–: .... $5{,}0^{\pm 0{,}5}$ mm
Maß –c–: .... $2{,}0^{\pm 0{,}5}$ mm
Maß –d–: .... $5{,}0^{\pm 0{,}5}$ mm
Maß –e–: .... $4{,}5^{\pm 0{,}5}$ mm

Dämpfungspuffer einstellen

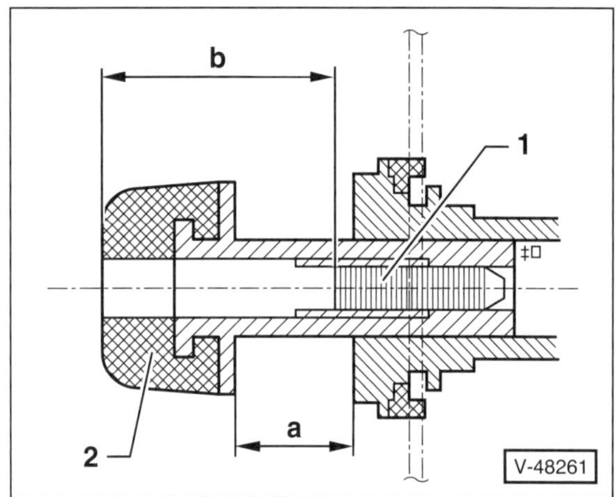

- Klemmschraube –1– mit Inbusschlüssel so weit lösen, bis sich der Dämpfungspuffer –2– herausziehen lässt. Dämpfungspuffer auf das Maß a = 12,5 mm einstellen.
- Heckklappe mit leichtem Druck schließen, Heckklappenöffner dabei betätigen. Der Dämpfungspuffer wird bei diesem Vorgang auf die korrekte Länge eingeschoben.
- Heckklappe öffnen und Klemmschraube –1– eindrehen, maximal bis auf die Tiefe b = 20 mm.

Schließbügel einstellen

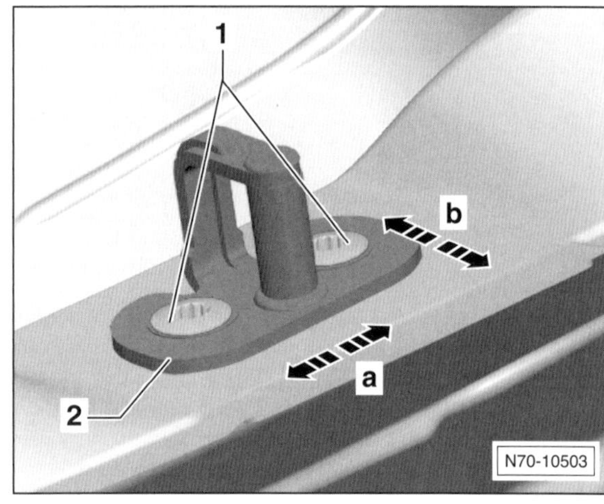

- Schließbügel –2– ansetzen Schrauben –1– eindrehen.
- Schließbügel ganz nach oben stellen und Schrauben so weit festziehen, dass sich der Schließbügel –2– gerade noch verschieben lässt.
- Heckklappe schließen und Stellung der Heckklappe prüfen. Die Aussparung des Heckklappenschlosses soll mit der Drehfalle mittig zum Schließbügel einrasten. Gegebenenfalls Schließzapfen entsprechend verschieben –Pfeile a– und –b–.
- Heckklappe vorsichtig öffnen und Schrauben –1– mit **18 Nm** festziehen.

Gasdruckfeder aus- und einbauen

Ausbau

- Heckklappe öffnen und durch einen Helfer abstützen lassen.

Sicherheitshinweis
Heckklappe unbedingt durch einen Helfer abstützen lassen, bevor eine Gasdruckfeder gelöst wird. Sonst fällt die Heckklappe herunter, da sie durch einen Dämpfer allein nicht gehalten werden kann.

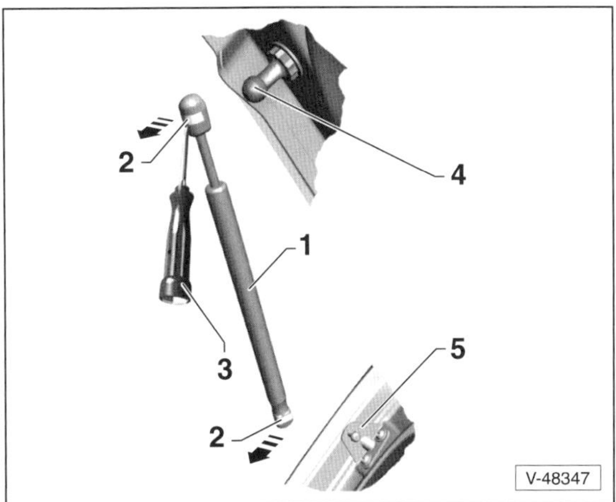

1 – Gasdruckfeder
2 – Federklammer
3 – Schraubendreher
4 – Oberer Kugelkopf
5 – Unterer Kugelkopf

- Federklammern –2– mit einem kleinen Schraubendreher etwas anheben und Gasdruckfeder –1– vom jeweiligen Kugelzapfen abziehen. Anschließend die Federklammer –2– sofort wieder zurückschieben.

Achtung: Die Federklammer –2– darf nicht ganz aus der Kugelpfanne herausgehebelt werden, sonst ist beim Einbau kein sicherer Sitz der Gasdruckfeder sichergestellt und es kann im späteren Betrieb durch unkontrolliertes Herausspringen der Gasdruckfeder zu Verletzungen und Beschädigungen kommen.

- Falls erforderlich, zweite Gasdruckfeder auf die gleiche Weise ausbauen.
- Heckklappe vorsichtig schließen.

Einbau

- Heckklappe öffnen und durch einen Helfer abstützen lassen.
- Gasdruckfeder auf die Kugelzapfen aufdrücken und einrasten.
- Gegebenenfalls zweite Gasdruckfeder auf die gleiche Weise einclipsen.
- Heckklappe schließen.

Gasdruckfeder entsorgen

Achtung: Falls die Gasdruckfeder ersetzt wird, muss die alte Feder entgast werden, bevor sie entsorgt wird.

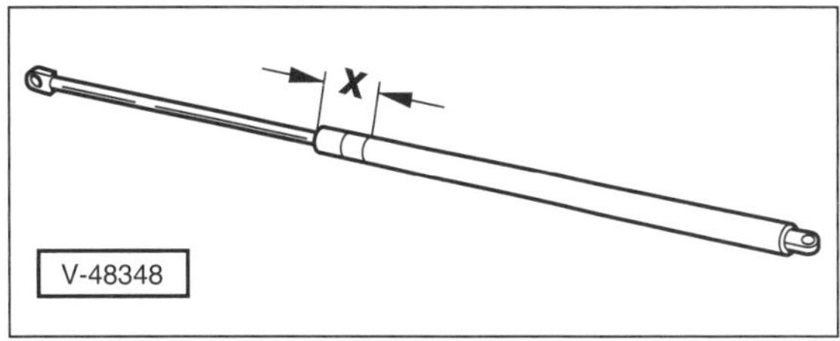

- Gasdruckfeder im **Bereich x = 50 mm** in den Schraubstock einspannen.

Achtung: Feder unbedingt **nur in diesem Bereich** einspannen, sonst besteht Unfallgefahr!

- Zylinder im ersten Drittel der Zylindergesamtlänge – ausgehend von der Bezugskante auf der Kolbenstangenseite – aufsägen. Um herausspritzendes Öl aufzufangen, Bereich des Sägetrennschnittes mit einem Lappen abdecken. **Achtung:** Während des Sägevorganges Schutzbrille tragen.

Heckklappenschloss aus- und einbauen

Hinweis: Läßt sich die Heckklappe nicht öffnen, kann sie von Hand über die Notbetätigung durch die Verkleidung der Heckklappe geöffnet werden.

Ausbau

- Heckklappenverkleidung ausbauen, siehe entsprechendes Kapitel.

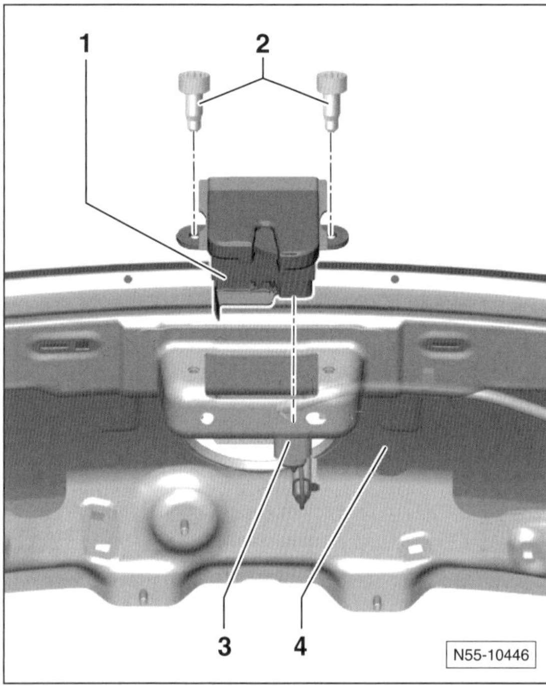

- Stecker –3– am Heckklappenschloss –1– entriegeln und abziehen.
- 2 Schrauben –2– herausdrehen und Heckklappenschloss –1– von der Heckklappe –4– abnehmen.

Einbau

- Der Einbau erfolgt in umgekehrter Ausbaureihenfolge, Schrauben dabei mit **23 Nm** festziehen.
- Schließfunktion des Heckklappenschlosses prüfen.

Heckklappenverkleidung aus- und einbauen

Ausbau

- Heckklappe öffnen.

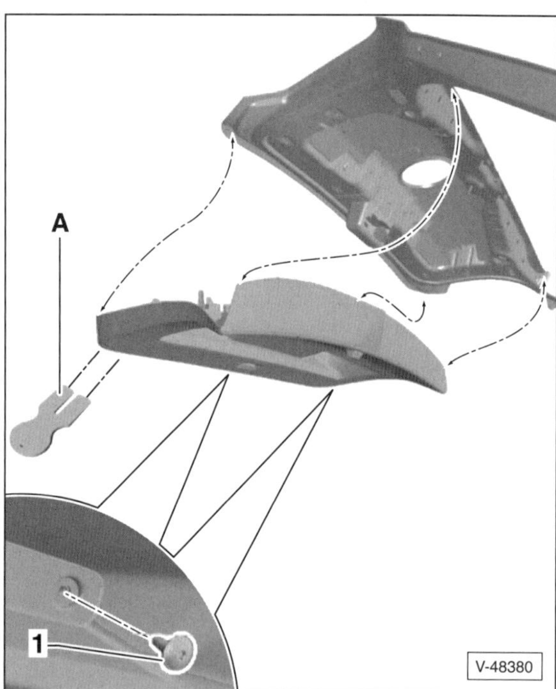

- 2 Schrauben –1– aus den Griffmulden herausdrehen.
- Kunststoffkeil –A– oder Lösezange, zum Beispiel HAZET 799-4 beziehungsweise VW-Werkzeug-T10383 unter die Verkleidung schieben und Verkleidung an den Halteklammern aus den Aufnahmen ablösen.
- Verkleidung –2– von der Heckklappe –3– abnehmen.

Einbau

- Halteklammern auf Beschädigungen und auf richtigen Sitz an der Verkleidung überprüfen, wenn nötig, ersetzen.
- Der Einbau erfolgt in umgekehrter Ausbaureihenfolge, dabei darauf achten, dass die Halteklammern korrekt in die Aufnahmen der Heckklappe eingreifen. Schrauben mit **1,5 Nm** anziehen.

Tür aus- und einbauen

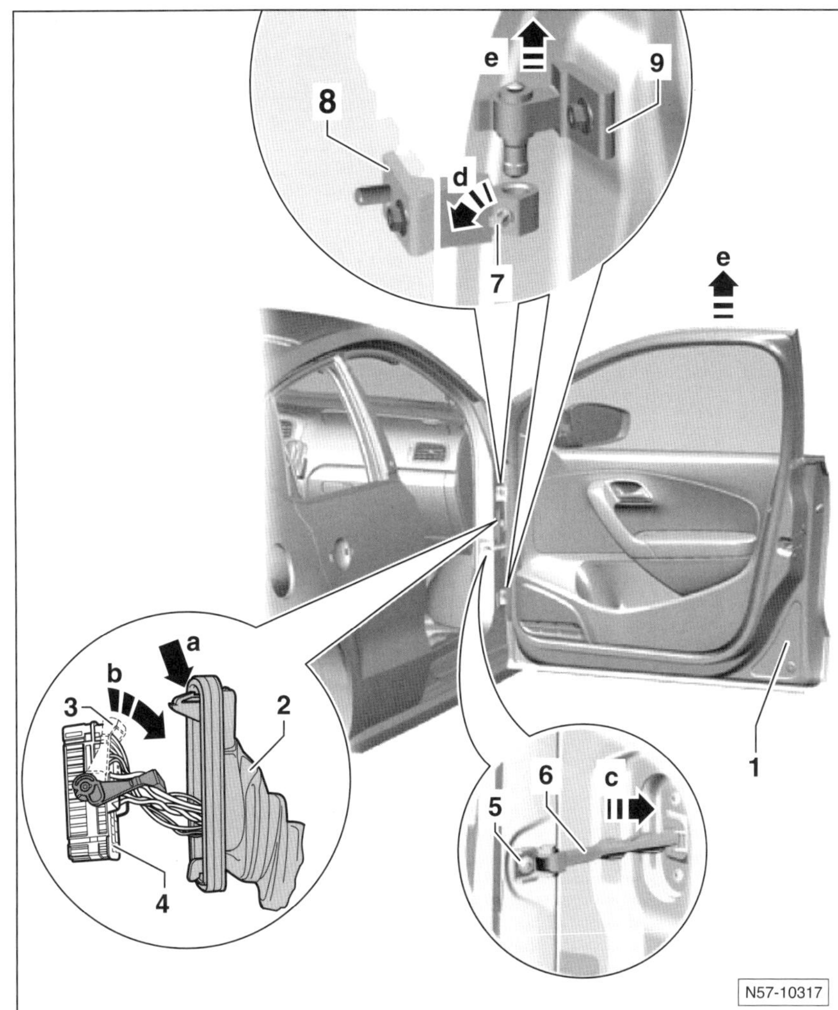

Tür vorn

1 – Tür vorn

Ausbau

- Tür öffnen.
- Mit einem Kunststoffkeil auf den Rasthaken –Pfeil a– drücken und Faltenbalg –2– von der A-Säule ziehen.
- Verriegelungshebel –3– nach unten schwenken –Pfeil b– und Stecker –4– von der Kupplung an der A-Säule abziehen.
- Tür von einem Helfer abstützen lassen.
- Schrauben –7– an den Scharnieren lösen –Pfeil d–.
- Tür –1– in Pfeilrichtung –e– nach oben aus den Scharnieren –8– herausheben und auf einer weichen Unterlage ablegen.

Einbau

- Der Einbau erfolgt im umgekehrter Ausbaureihenfolge.
- Tür schließen und Spaltmaße prüfen. Gegebenenfalls Tür einstellen, siehe entsprechendes Kapitel.

2 – Faltenbalg

3 – Verriegelungshebel

4 – Steckverbindung

5 – Schraube, 30 Nm

6 – Türhalteband
Türfeststeller, Türbremse.

7 – Schraube, 23 Nm

8 – Scharnierunterteil, A-Säule.

9 – Scharnieroberteil, Tür

Hinweis: Die hintere Tür des 4-Türers wird in gleicher Weise ausgebaut.

Tür einstellen

Spaltmaße prüfen

- Zum Einstellen der Tür muss das Fahrzeug auf einer ebenen Fläche auf den Rädern stehen.

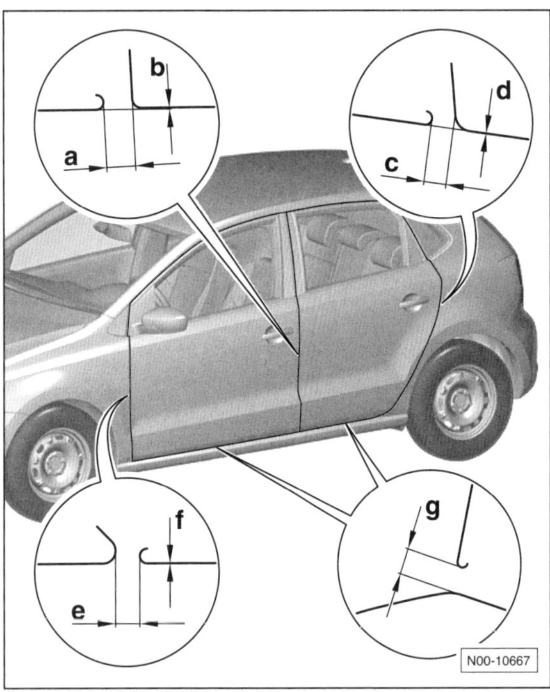

- Spaltmaße der Tür prüfen. Die Tür ist richtig eingestellt, wenn sie im geschlossenen Zustand überall ein gleichmäßiges Spaltmaß hat, nicht zu weit nach innen oder außen steht und die Konturen mit den umliegenden Karosserieteilen fluchten. Die hintere Tür darf maximal 1 mm weiter innen stehen als die Vordertür.

  Spaltmaße, Sollwerte, 4-Türer:

  Maß –a–: .... $4{,}0^{\pm 0{,}5}$ mm
  Maß –b–: .... $0{,}0^{+1{,}0}$ mm
  Maß –c–: .... $3{,}5^{\pm 0{,}5}$ mm
  Maß –d–: .... $0{,}0^{+1{,}0}$ mm
  Maß –e–: .... $3{,}5^{-0{,}5}$ mm
  Maß –f–: .... $0{,}0^{+1{,}0}$ mm
  Maß –g–: .... $5{,}0^{\pm 1{,}0}$ mm

  Spaltmaße, Sollwerte, 2-Türer:

  Maß –a–: .... $3{,}5^{\pm 0{,}5}$ mm
  Maß –b–: .... $0{,}0^{+1{,}0}$ mm
  Maß –g–: .... $4{,}5^{\pm 1{,}0}$ mm

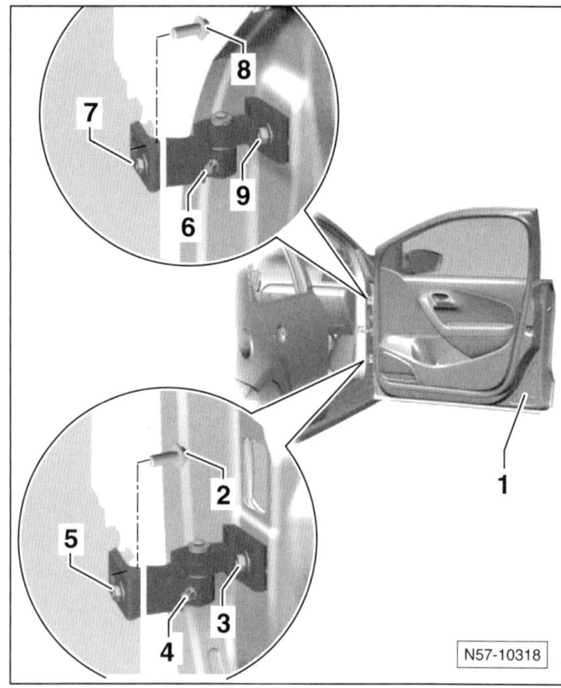

- Schrauben –2/5/7/8– an der A-Säule nacheinander herausdrehen und durch neue Schrauben ersetzen. Neue Schrauben nicht festziehen. Spaltmaße einstellen. Damit die Schrauben zugänglich werden, müssen zuvor folgende Bauteile ausgebaut werden:

  Schraube –5–: A-Säulen-Verkleidung.

  Schraube –7–: Armaturentafel auf der Fahrerseite beziehungsweise Handschuhfach auf der Beifahrerseite.

- Nach der Einstellung Schrauben mit **32 Nm** festziehen.
- Zum Einstellen der Konturbündigkeit werden die Werkzeuge HAZET 2597 mit Vielzahn-Bit HAZET 2597-03 oder VW-3320 mit Einsatz 3320/3 benötigt.
- Schrauben –3– und –9– nacheinander herausdrehen und durch neue Schrauben ersetzen. **Neue** Schrauben **nicht** festziehen. Türbündigkeit zu den umliegenden Bauteilen einstellen und Schrauben mit **32 Nm** anziehen.

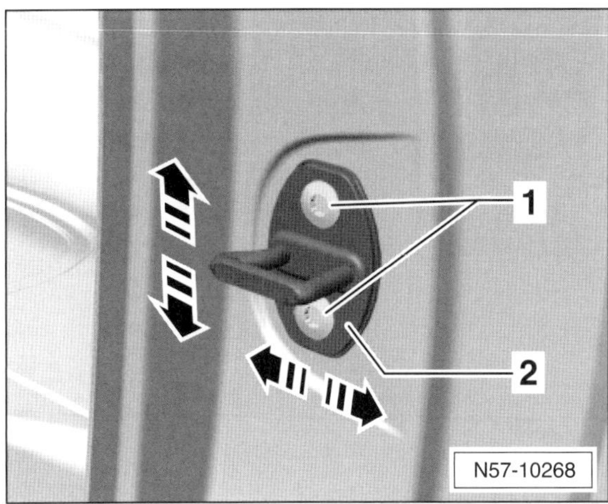

- Schließbügel –2– anschrauben und Schrauben –1– handfest anziehen, so dass der Schließbügel leicht verschoben werden kann.
- Tür schließen und so ausrichten, dass die Tür vorn im geschlossenen Zustand zur Tür hinten fluchtet. Dadurch wird der Schließbügel ausgerichtet. Anschließend Tür vorsichtig öffnen und Schließbügel mit **20 Nm** festschrauben.

Hinweis: Wenn die vordere Tür zur hinteren nicht fluchtet können im späteren Fahrbetrieb zusätzliche Windgeräusche auftreten.

Achtung: Bei richtig eingestelltem Schließbügel muss die Tür beim Schließen ohne zusätzlichen Kraftaufwand vollständig verriegeln und darf kein Spiel haben. Durch die Einstellung des Schließbügels darf die Tür nicht nach oben oder nach unten gedrückt werden.

Türverkleidung aus- und einbauen

Ausbau

- Zündung ausschalten.

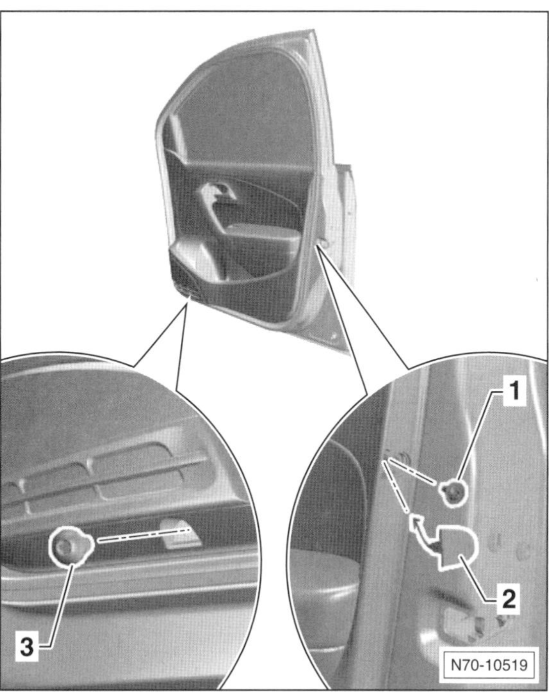

- Abdeckkappe –2– ausclipsen und Schraube –1– herausdrehen.
- An der Unterseite die Schraube –3– herausdrehen.

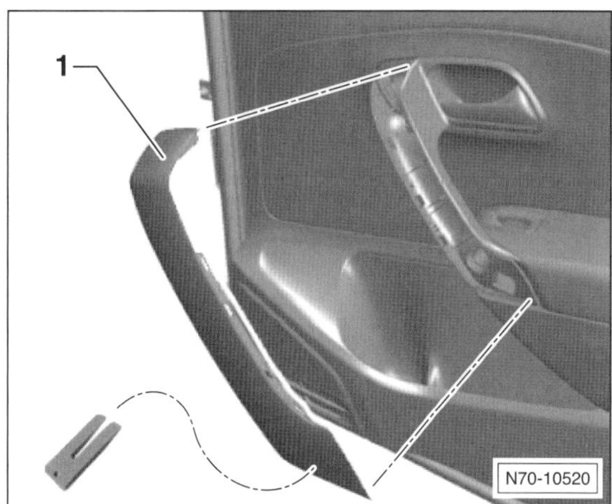

- Blende –1– mit einem Kunststoffkeil, zum Beispiel HAZET 1965-21 oder VW-T10383/1, lösen. **Hinweis:** Beim 2-Türer mit eklektrischer Spiegelverstellung Stecker von der Spiegelverstellung abziehen.

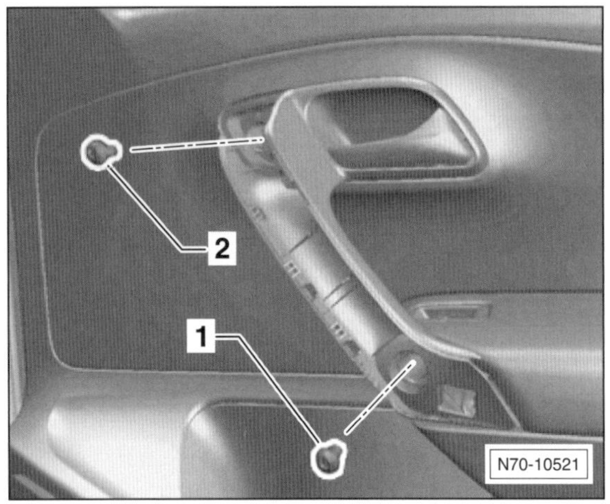

- Schrauben –1– und –2– herausdrehen.

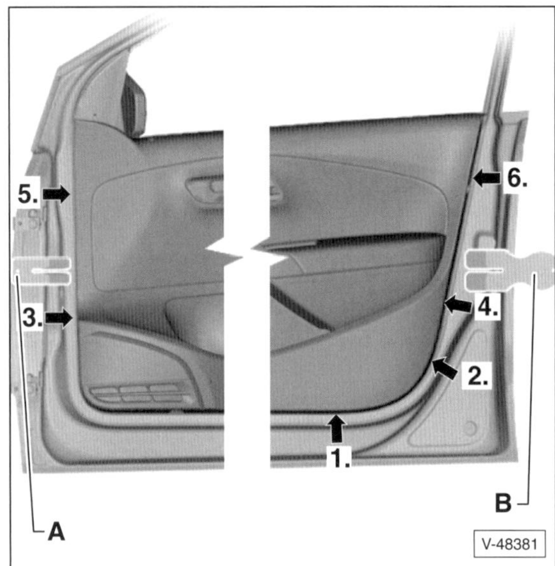

- Clips der Türverkleidung in der Reihenfolge von –1– bis –6– mit Kunststoffkeilen –A– und –B– lösen. A – VW-T10383/1, B – VW-T10383. **Hinweis:** Um Beschädigungen der Befestigungselemente zu vermeiden, die Clips in der angegebenen Reihenfolge von 1 bis 6 lösen.
- Türverkleidung senkrecht nach oben aus dem Fensterschacht herausziehen.

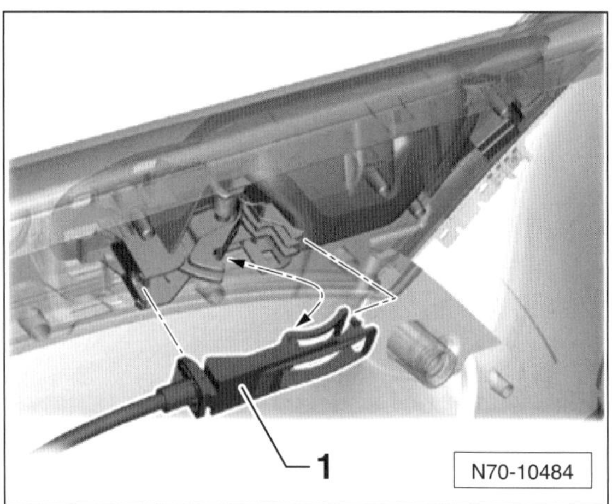

- An der Innenseite der Türverkleidung den Seilzug –1– der Türinnenbetätigung aushängen.
- Sämtliche Kabel und Stecker von der Türinnenverkleidung abziehen.
- Türinnenverkleidung abnehmen.

Einbau

- Halteclips für Türinnenverkleidung prüfen, gegebenenfalls ersetzen.

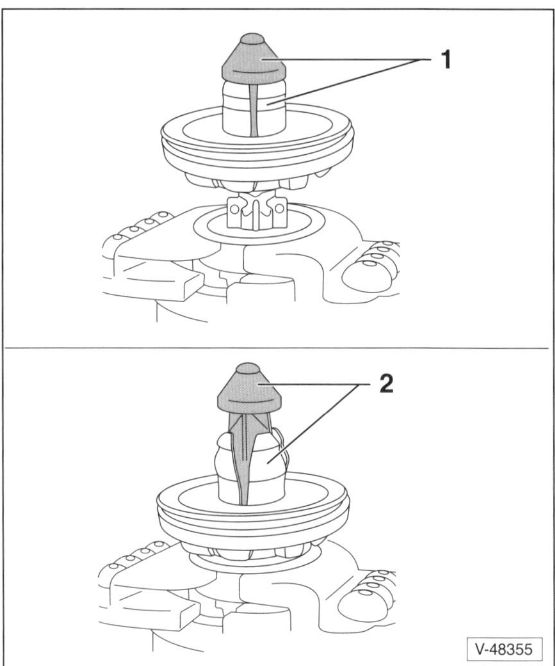

- Stellung der Halteclips prüfen, gegebenenfalls Clips in Stellung –1– bringen. **Hinweis:** Mit Clips in Stellung –2– kann die Türverkleidung nicht sicher befestigt werden.
- Beim Ansetzen der Türverkleidung zuerst den Haken im vorderen Bereich der Türverleidung unter die Abdeckung der Türverkleidung schieben. Anschließend die Türverkleidung in die Fersterschachtabdichtung drücken und von oben nach unten einclpsen.

- Der weitere Einbau erfolgt in umgekehrter Ausbaureihenfolge. Schrauben mit **4,5 Nm**, Schraube hinter der Abdeckkappe (Abbildung N70-10519) mit **1,5 Nm** festziehen.
- Vor Schließen der Tür Öffnungsmechanismus der Türinnenbetätigung prüfen.

Speziell hintere Tür

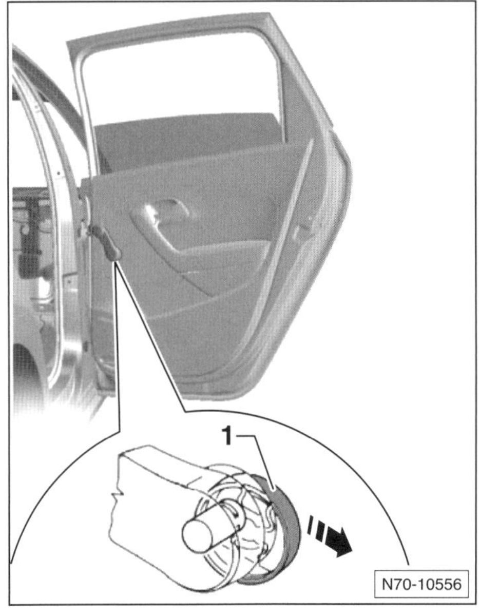

- Falls vorhanden, Fensterkurbel ausbauen. Dazu Distanzring –1– in Pfeilrichtung schieben und Fensterkurbel vom Antrieb abziehen.

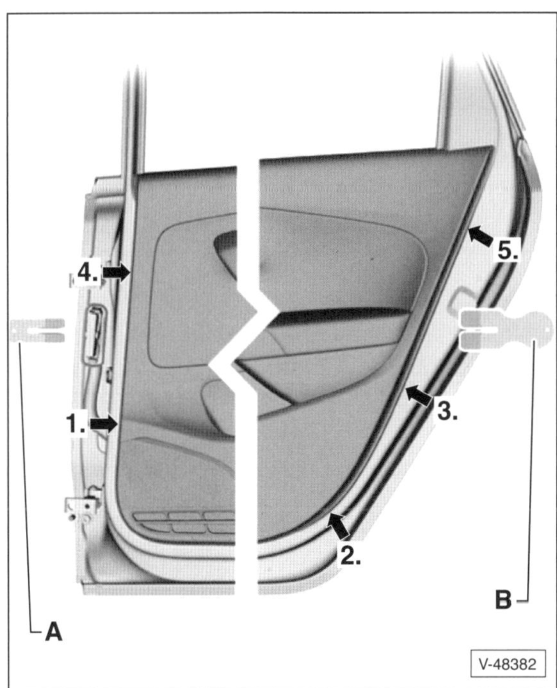

- Clips der Türverkleidung in der Reihenfolge von –1– bis –5– mit Kunststoffkeilen –A– und –B– lösen.
A – VW-T10383/1, B – VW-T10383.

- Fensterkurbel –1– so aufstecken, dass der Hebel parallel zum Zuziehgriff –2– verläuft. Eine Abweichung von maximal 6° ist zulässig.

Speziell 2-Türer

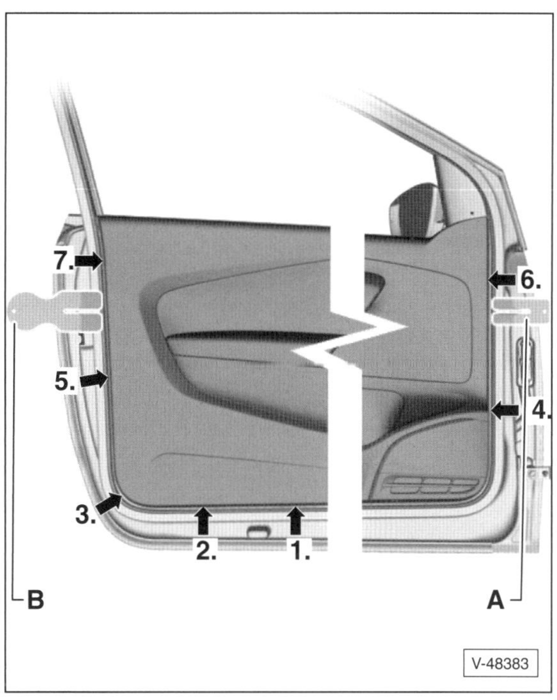

- Clips der Türverkleidung in der Reihenfolge von –1– bis –7– mit Kunststoffkeilen –A– und –B– lösen.
A – VW-T10383/1, B – VW-T10383.

Türfensterscheibe aus- und einbauen

Ausbau

- Türverkleidung ausbauen, siehe entsprechendes Kapitel.

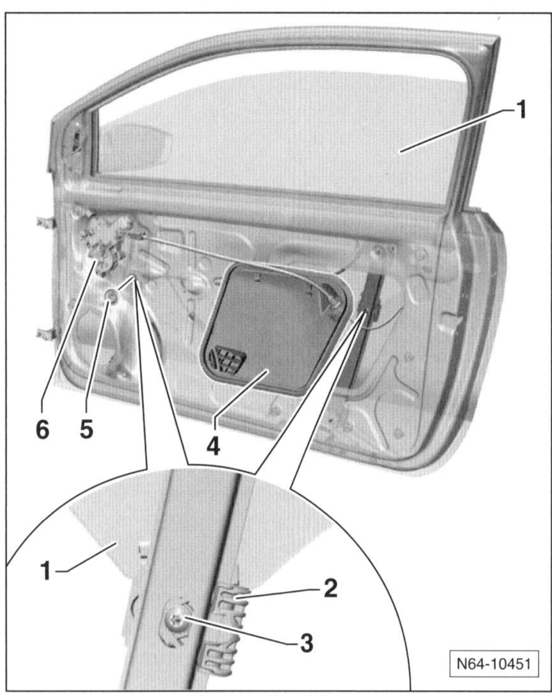

- Abdeckkappe –5– heraushebeln.
- Abdeckung –4– abheben.
- Türscheibe –1– absenken, bis die Klemmschrauben –3– zugänglich sind.
- Schrauben –3– lockern, nicht abschrauben, und Klemmbacken –2– auseinanderdrücken.

Hinweis: Wenn sich die Türscheibe aufgrund eines defekten Motors –6– nicht absenken läßt, Fensterhebermotor abschrauben und Türscheibe manuell absenken, siehe entsprechendes Kapitel.

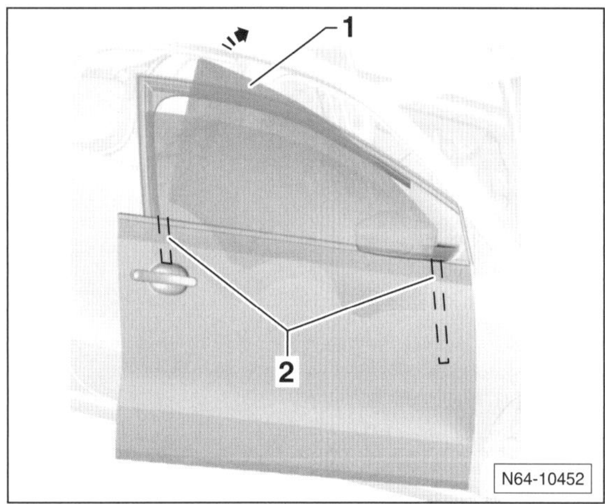

- Türscheibe –1– hinten anheben und in Pfeilrichtung nach vorn aus den Fensterführungen –2– herausschwenken.

Einbau

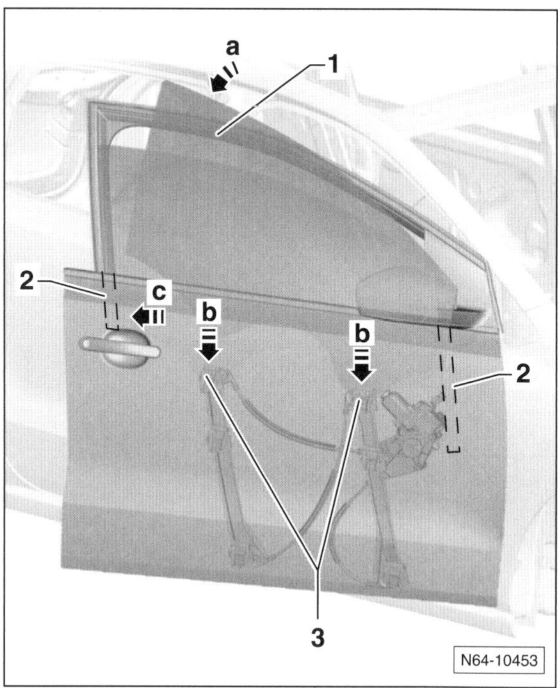

- Türscheibe –1– in Pfeilrichtung –a– in die Fensterführungen –2– einschwenken. Dabei darauf achten, dass die Türscheibe richtig in die Fensterführungen eingesetzt wird.
- Türscheibe ohne Druck in die Klemmbacken –3– einsetzen –Pfeile b–.
- Türscheibe in Pfeilrichtung –c– an den Fensterrahmen andrücken und in dieser Stellung die Schrauben für die Klemmbacken mit **8 Nm** festziehen.
- Der weitere Einbau erfolgt in umgekehrter Ausbaureihenfolge. **Achtung:** Bevor die Türverkleidung eingebaut wird, eine Funktionsprüfung des Türfensters durchführen.

Speziell Türfensterscheibe hinten

Hier werden nur die Abweichungen beschrieben.

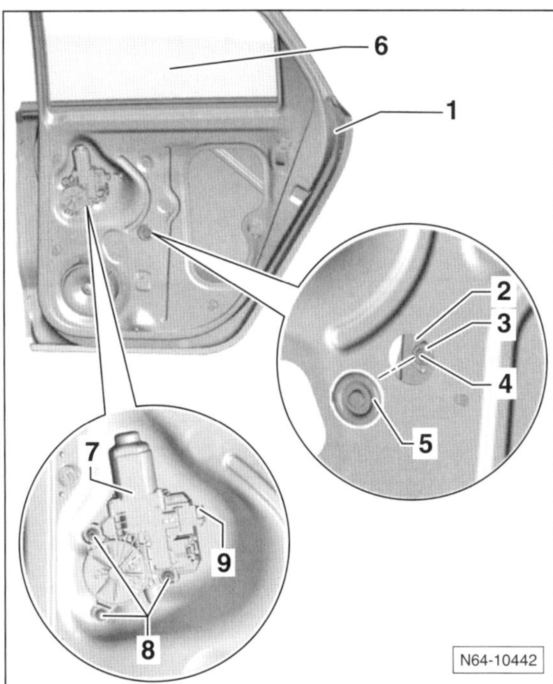

1 – Tür hinten

2 – Fensterheber

3 – Spreizdübel
Zum Ausbau eine Schraube M8x80 in den Spreizdübel einschrauben. Anschließend Schraube mit Spreizdübel herausziehen. **Achtung:** Beim Eindrehen der Schraube nicht zu starken Druck auf den Dübelkopf ausüben, sonst fällt dieser nach innen in die Tür.

4 – Spreizstift
Zum Ausbau eine Schraube M5x70 in den Spreizstift einschrauben. Anschließend Schraube mit Spreizstift herausziehen.

5 – Abdeckkappe

6 – Türfensterscheibe

7 – Fensterhebermotor

8 – Schrauben, 3,5 Nm

9 – Mehrfachstecker

Fensterhebermotor aus- und einbauen

Ausbau

- Zündung ausschalten.
- Türverkleidung ausbauen, siehe entsprechendes Kapitel.
- Türscheibe mit Klebeband fixieren, damit sie bei ausgebautem Motor nicht herunterrutscht.

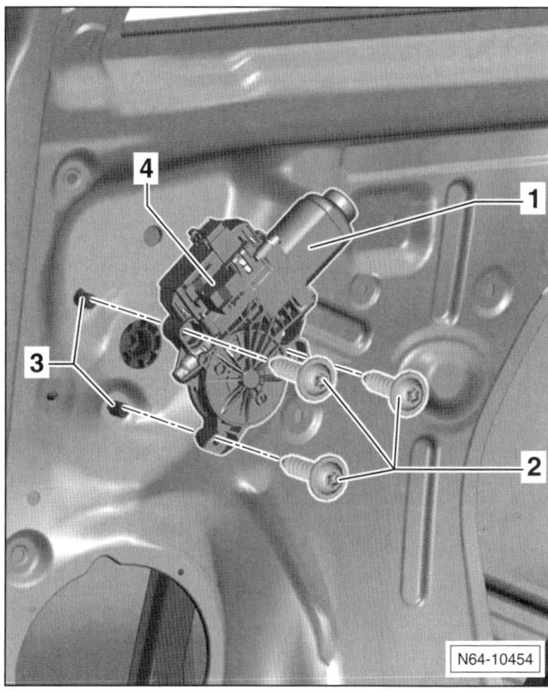

- Stecker –4– vom Fensterhebermotor –1– abziehen.
- 3 Schrauben –2– herausdrehen und Fensterhebermotor mit Steuergerät von den Führungen –3– abnehmen.

Einbau

- Fensterhebermotor ansetzen und Fensterscheibe leicht nach oben und unten bewegen, damit die Verzahnung zwischen Motor und Seiltrommel ineinander greifen kann.
- Fensterhebermotor mit **3,5 Nm** anschrauben.
- Stecker aufschieben.
- Bei einem neuen Motor Zusatzfunktionen und Überschusskraftbegrenzung mit dem Fahrzeugdiagnosegerät, zum Beispiel VAS-5051A, codieren lassen (Werkstattarbeit).
- Fensterheberschalter anschließen und Zündung einschalten.
- Türfenster durch Betätigen des Fensterheberschalters bis zum Anschlag nach oben fahren und Schalter noch einmal für 2 Sekunden betätigen. Dadurch erkennt das Steuergerät den oberen Anschlag
- Zündung ausschalten.
- Türverkleidung einbauen, siehe entsprechendes Kapitel.

Türgriff/Türschloss – Detailansicht

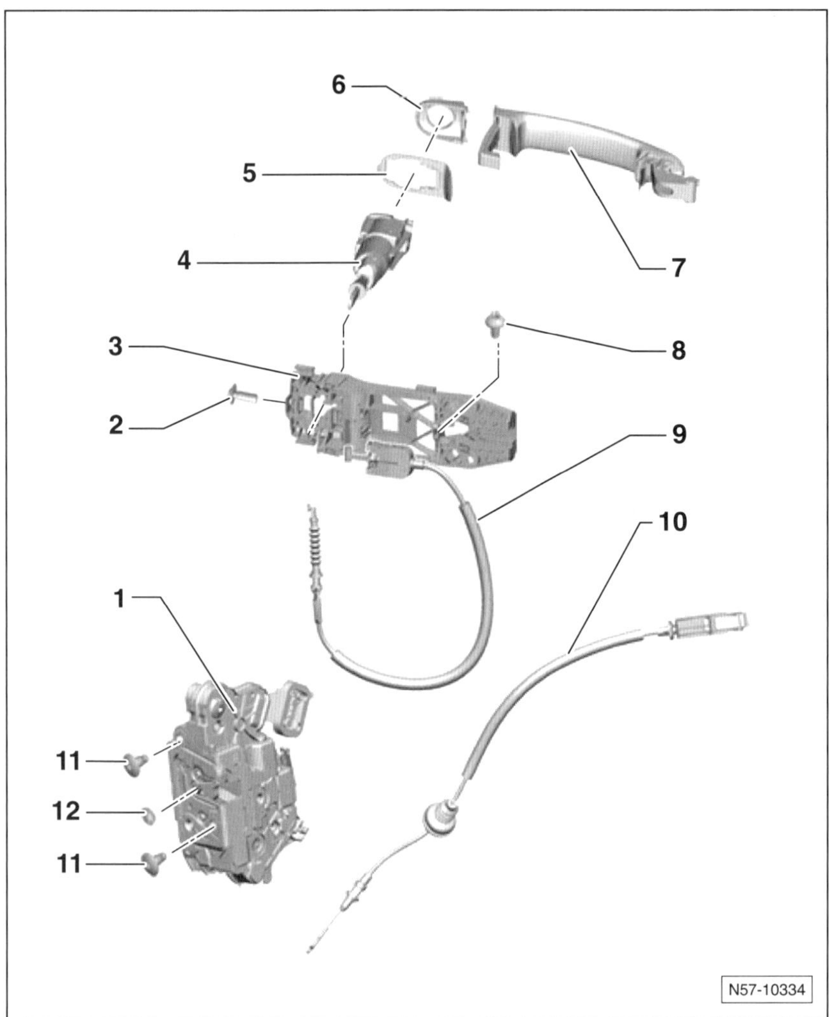

1 – **Türschloss**

2 – **Schraube, 3,5 Nm**
Für Schließzylinder.

3 – **Lagerbügel**

4 – **Schließzylinder**
Nur an der Fahrertür.

5 – **Unterlage**

6 – **Abdeckkappe**

7 – **Türgriff**

8 – **Schraube, 1,5 Nm**
Durch Lösen der Schraube wird der Lagerbügel von der Tür gelöst.

9 – **Seilzug**
Vom Türschloss zum Lagerbügel.

10 – **Seilzug**
Vom Türschloss zur Türinnenbetätigung. Mit Tülle für die Durchführung an der Tür-Abdeckung.

11 – **Schrauben, 20 Nm**

12 – **Abdeckkappe**

Türschloss aus- und einbauen

Ausbau

- Türverkleidung ausbauen, siehe entsprechendes Kapitel.

4-Türer

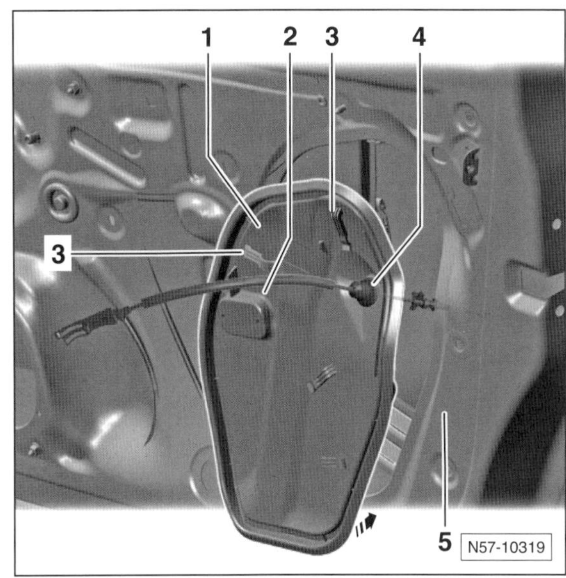

- Abdeckung –1– im unteren Bereich abheben –Pfeil–.
- Seilzug –2– aus der Tülle –4– herausziehen.
- Abdeckung nach unten aus der Tür –5– herausnehmen. 3 – Halter für elektrische Leitungen.

2-Türer

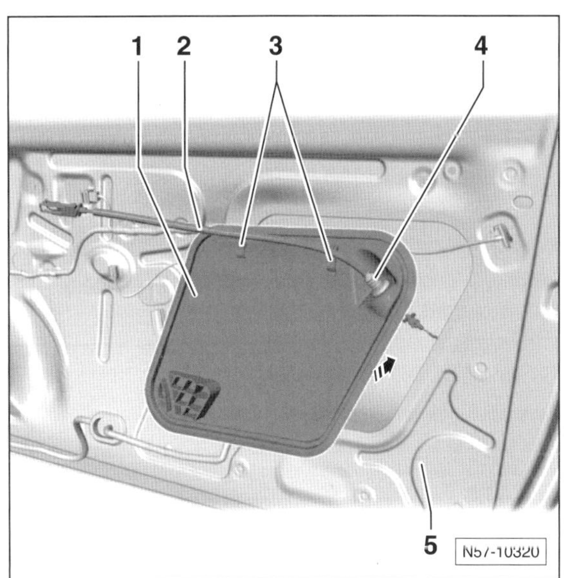

- Abdeckung –1– im uneren Bereich abheben –Pfeil–.
- Seilzug –2– aus der Tülle –4– herausziehen.
- Abdeckung nach hinten aus der Tür –5– herausnehmen. 3 – Halter für Leitungen.

Alle Fahrzeuge

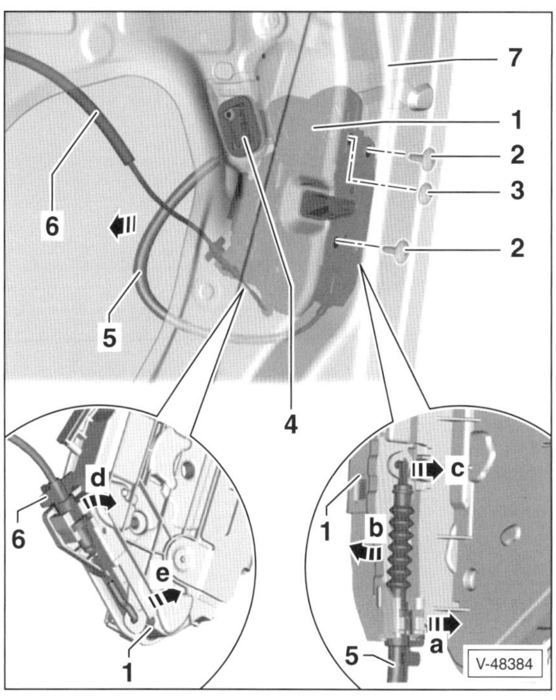

- Steckverbindung –4– trennen
- Schließzylinder ausbauen, siehe entsprechendes Kapitel.
- Schrauben –2– herausdrehen.
- Türschloss –1– aus der Tür –7– herausnehmen. 5 – Abdeckkappe.
- Seilzug –5– zum Lagerbügel um 45° (1/8 Umdrehung) verdrehen und aus der Halterung herausnehmen –Pfeil a–.
- Seilzug so weit schwenken –Pfeil b–, damit er aus der Öse im Türschloss –1– herausgefädelt werden kann –Pfeil c–.
- Seilzug –6– zur Türinnenbetätigung um 45° (1/8 Umdrehung) verdrehen und aus der Halterung herausnehmen.
- Seilzug so weit schwnken –Pfeil d–, dass er aus der Öse im Türschloss –1– herausgefädelt werden kann –Pfeil e–.

Einbau

- Der Einbau erfolgt in umgekehrter Ausbaureihenfolge. Schrauben –2– mit **20 Nm** festziehen.
- **Vor Schließen der Tür unbedingt Funktionsprüfung des Türschlosses durchführen**, da bei nicht korrekter Einstellung und Verriegelung der Bowdenzüge das Schloss nicht geöffnet werden kann.

Schließzylinder aus- und einbauen

Hinweis: Schließzylinder und Abdeckkappe sind nur auf der Fahrerseite eingebaut.

Ausbau

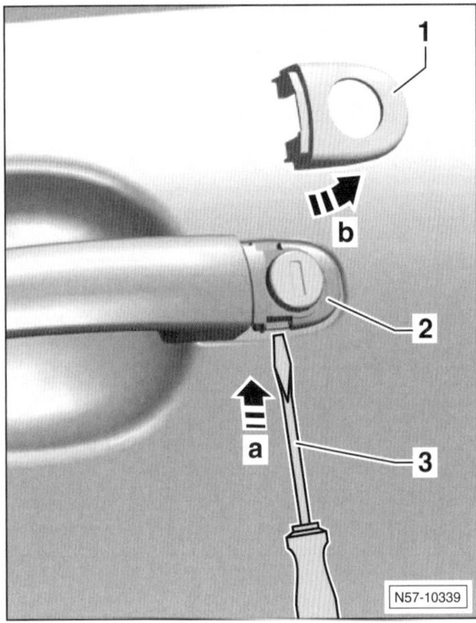

- Türgriff in »öffnungsstellung« ziehen und halten.
- Mit einem kleinen Schraubendreher –3– in Pfeilrichtung –a– leicht in die Öffnung an der Unterseite der Abdeckkappe des Schließzylinders drücken.
- Abdeckkappe –1– mit dem Schraubendreher an der Unterseite leicht von der Tür abziehen –Pfeil b– und nach oben vom Schließzylinder herunterschieben.

Achtung: Abdeckkappe nicht abhebeln. **Schraubendreher** zum Abnehmen der Abdeckkappe **nicht drehen**.

- Türgriff zurückschwenken.

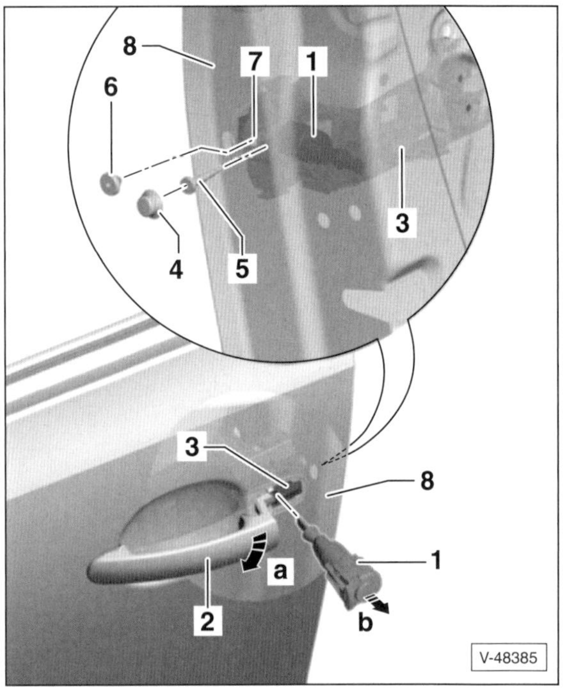

- Abdeckkappen –4– und –6– abhebeln. **Hinweis:** Die Abdeckkappen können auch anders aussehen, als in der Abbildung dargestellt.
- Schraube –5– herausdrehen.
- Schraube –7– bis zum Anschlag herausdrehen, damit die Schraube den Schließzylinder –1– frei gibt.
- Türgriff –2– in »Öffnungsstellung« ziehen und halten.
- Schlließzylindergehäuse –1– im rechten Winkel zur Tür –8– in Pfeilrichtung –b– aus dem Lagerbügel –3– herausziehen.
- Türgriff zurückschwenken.

Einbau

- Türgriff in »Öffnungsstellung« ziehen und halten.
- Schießzylinder im rechten Winkel in den Lagerbügel hineinstecken.
- Türgriff zurückschwenken.

Achtung: Während der Montage muss das Schließzylindergehäuse an das Türaußenblech angedrückt werden.

- Schrauben –5– und –7– in den Lagerbügel hineinschrauben und mit **3,5 Nm** anziehen.
- Abdeckkappen auf die Schrauben aufdrücken.
- Türgriff in »Öffnungsstellung« ziehen und halten.

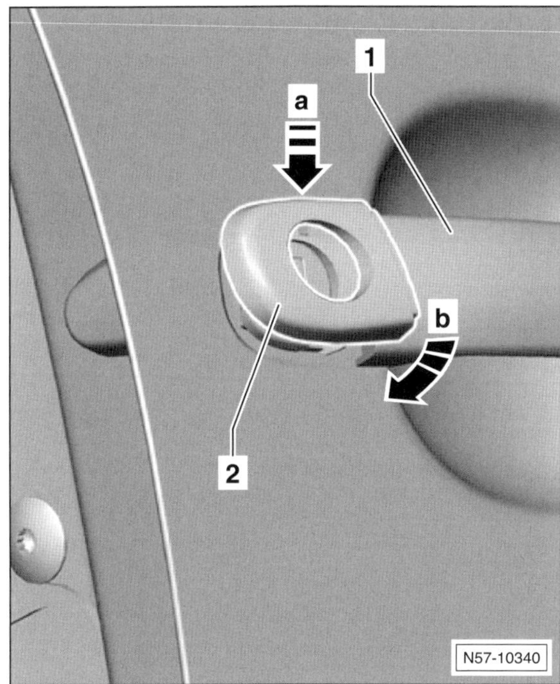

- Abdeckkappe –2– leicht abgewinkelt von oben auf den Schließzylinder ansetzen –Pfeil a–.
- Abdeckkappe nach unten schwenken –Pfeil b–, gegen die Tür drücken und einrasten. 1 – Türgriff.
- **Vor dem Schließen der Tür unbedingt Funktionsprüfung von Schließzylinder und Türschloss durchführen.**

Abdeckkappe am Türgriff aus- und einbauen

Beifahrerseite/hintere Türen

Hinweis: Der Ausbau der Abdeckkappe für die Fahrertür steht im Kapitel »Schließzylinder aus- und einbauen«. Hier wird der Ausbau an Türen ohne Schließzylinder beschrieben.

Aubau

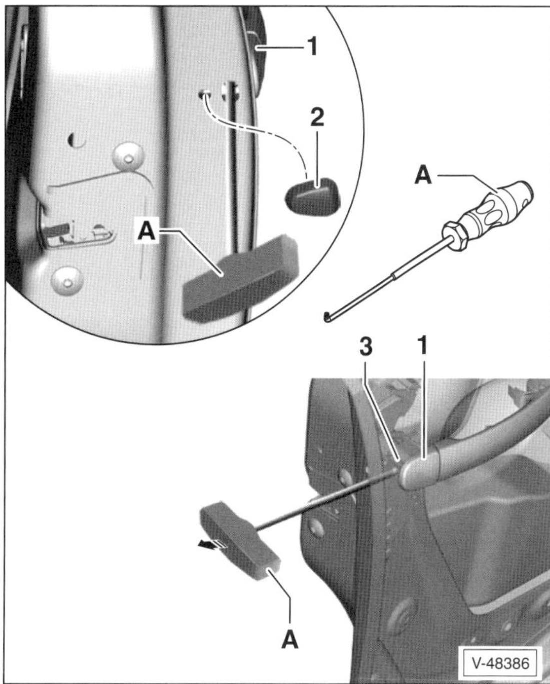

- Stopfen –2– an der Stirnseite der Tür heraushebeln.
- Durch diese Öffnung den Montagehaken –A–, zum Beispiel VW-T10389– etwa 55 mm in die Tür einschieben und hinter den Verriegelungshaken –3– des Lagerbügels bringen.
- Montagehaken so weit herausziehen –Pfeil–, bis der Verriegelungshaken entriegelt.

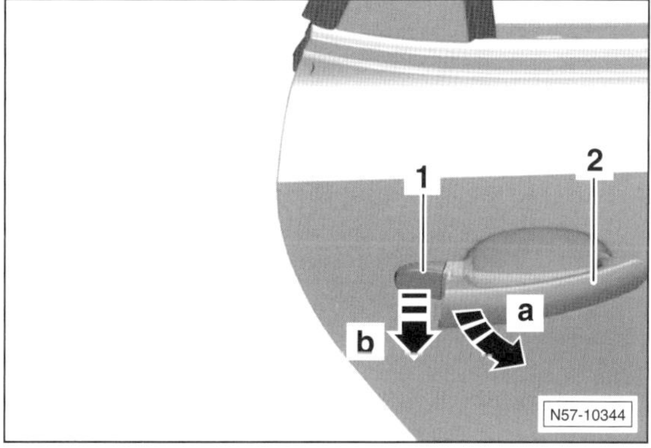

- Türgriff –2– in Pfeilrichtung –a– ziehen und Abdeckkappe –1– in Pfeilrichtung –b– abziehen.

Einbau

- Türgriff in »Öffnungsstellung« ziehen und halten.
- In dieser Stellung die Abdeckkappe in den Lagerbügel hineinschieben.

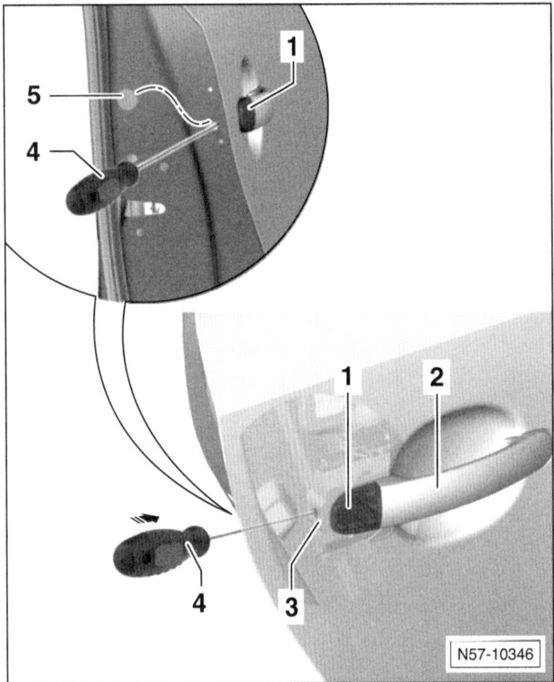

- Durch diese Öffnung einen Schraubendreher –4– einschieben und an den Verriegelunshaken –3– des Lagerbügels anlegen.
- Abdeckkappe –1– an die Tür andrücken.
- Schraubendreher so weit hineindrücken –Pfeil–, bis der Haken verriegelt.
- Stopfen –5– einsetzen.

Türaußengriff aus- und einbauen

Ausbau

- Schließzylinder oder Abdeckkappe ausbauen, siehe entsprechendes Kapitel.

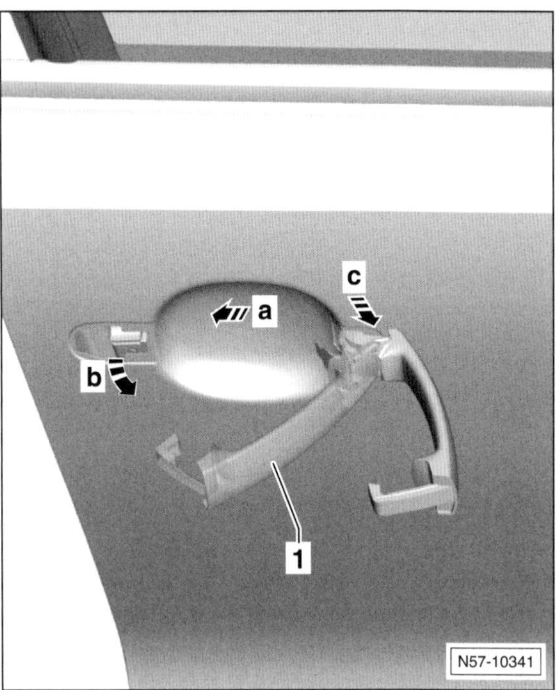

- Türgriff –1– etwas nach hinten aus der Aufnahme des Lagerbügels ziehen –Pfeil a–.
- Türgriff in Pfeilrichtung –b– von der Tür wegschwenken.
- Türgriff im rechten Winkel –Pfeil c– aus dem Lagerbügel herausziehen und abnehmen.

Einbau

- Türgriff im rechten Winkel zur Tür in den Lagerbügel einsetzen.
- Türgriff zur Tür schwenken und in die Öffnung am Türblech einsetzen.
- Türgriff parallel zur Türoberfläche kräftig nach vorn in den Lagerbügel drücken.
- Schließzylinder oder Abdeckkappe einbauen, siehe entsprechendes Kapitel.
- Vor Schließen der Tür unbedingt Funktionsprüfung von Türgriff, Schließzylinder und Türschloss durchführen.

Außenspiegel – Detailübersicht

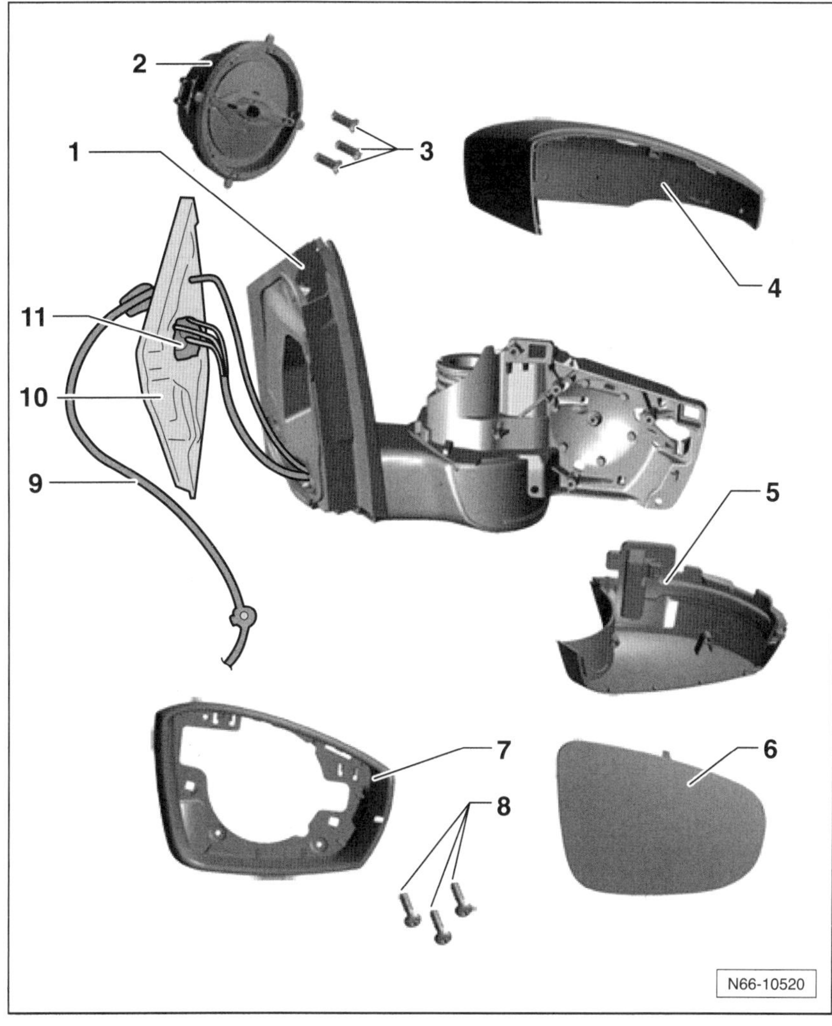

1 – **Spiegelträger**
2 – **Verstelleinheit mit Motor**
3 – **Schrauben, 1 Nm**
4 – **Spiegelgehäuse-Oberteil**
5 – **Spiegelgehäuse-Unterteil**
Mit integrierter Seitenblinkleuchte.
6 – **Spiegelglas**
7 – **Rahmen**
8 – **Schrauben, 1 Nm**
9 – **Elektrische Leitung**
10 – **Dämpfung**
11 – **Manuelle Verstelleinheit**

Außenspiegel aus- und einbauen

Ausbau

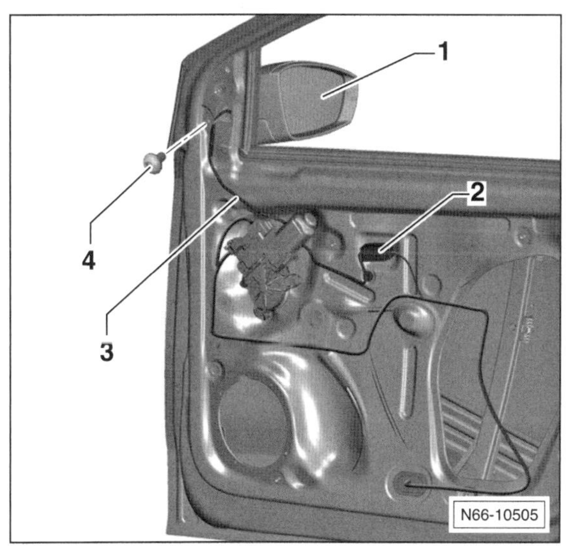

- Türverkleidung ausbauen, siehe entsprechendes Kapitel.
- Steckverbindung –2– für Außenspiegel –1– trennen.
- Außenspiegel festhalten und Schraube –4– herausdrehen.
- Außenspiegel im unteren Bereich etwas von der Tür wegschwenken und im oberen Bereich aus der Fensterführung herausziehen.
- Elektrische Leitung –3– durch die Öffnung in der Tür herausführen.

Einbau

- Der Einbau erfolgt in umgekehrter Ausbaureihenfolge. Spiegel mit **12 Nm** anschrauben.

Speziell Außenspiegel mit manueller Verstellung

- Griff für manuelle Spiegelverstellung abziehen.
- Darunterliegende Befestigungsmutter abschrauben. Anzugsdrehmoment: **1,5 Nm**.

Spiegelglas aus- und einbauen

Ausbau

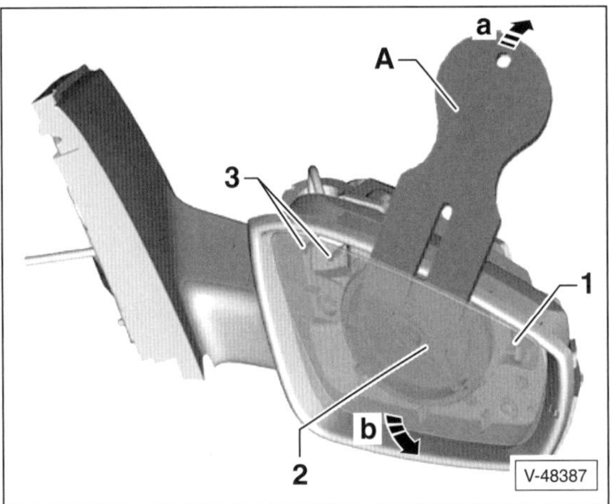

- Gehäusekante mit textilverstärktem Klebeband abkleben und dadurch vor Beschädigungen schützen.
- Spiegelglas –1– unten in das Spiegelgehäuse drücken.
- Kunststoffkeil –A–, zum Beispiel HAZET 1965-21, oben zwischen Gehäuse und Spiegelglas einführen.
- Spiegelglas vorsichtig mit dem Kunststoffkeil vom Halter –2– abhebeln –Pfeil a– und aus dem Gehäuse ziehen.
- Spiegelglas zur Seite schwenken –Pfeil b– und beide Anschlusskabel –3– für elektrisch beheizbaren Außenspiegel von der Spiegelglas-Rückseite abziehen. Dabei die angenieteten Kontaktzungen festhalten, um Beschädigungen zu vermeiden.

Einbau

- Anschlusskabel am Spiegelglas aufstecken.

Sicherheitshinweis
Beim Aufdrücken des Spiegelglases unbedingt Handschuhe anziehen oder sauberen Lappen unterlegen. Bruch- und Verletzungsgefahr!

- Spiegelglas entgegen der Pfeilrichtung –b– schwenken und mittig auf den Halter setzen.
- Spiegelglas aufdrücken und hörbar einrasten. Durch Hin- und Herbewegen des Spiegelglases festen Sitz in der Halterung prüfen.
- Außenspiegel einstellen.

Seitenblinkleuchte/Einstiegsleuchte aus- und einbauen

Hinweis: In der Seitenblinkleuchte sind Leuchtdioden (LED) eingebaut. Bei einem Defekt muss deshalb das komplette Spiegelgehäuse-Unterteil mit Leuchte ersetzt werden.

Ausbau

- Spiegelglas ausbauen, siehe entsprechendes Kapitel.
- Spiegelgehäuse-Oberteil ausbauen, siehe entsprechendes Kapitel.

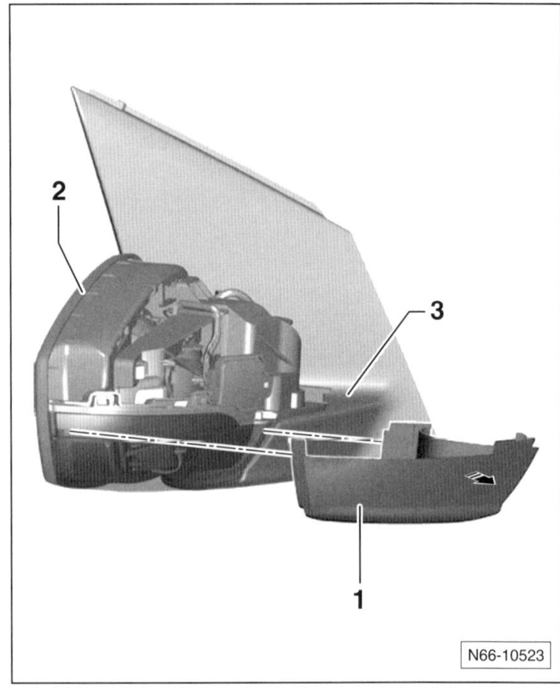

- Spiegelgehäuse-Unterteil –1– mit Seitenblinkleuchte unter dem Rahmen –2– hervorziehen –Pfeil– und vom Spiegelträger –3– abnehmen.

Einbau

- Der Einbau erfolgt in umgekehrter Ausbaureihenfolge.

Spiegelgehäuse-Oberteil aus- und einbauen

Ausbau

- Spiegelglas ausbauen, siehe entsprechendes Kapitel.

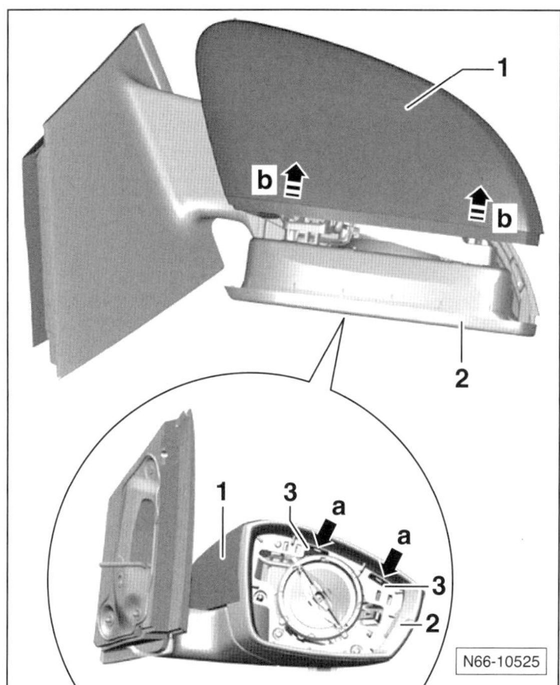

- Mit einem Schraubendreher die Rasthaken –3– entriegeln –Pfeile a–.
- Spiegelgehäuse-Oberteil –1– vom Rahmen –2– und vom Spiegeltäger nach vorn abziehen –Pfeile b–.

Einbau

- Verrastungen prüfen, gegebenenfalls Bauteil ersetzen.
- Der Einbau erfolgt in umgekehrter Ausbaureihenfolge. Die Rasthaken müssen hörbar einrasten.

Spiegelrahmen aus- und einbauen

Ausbau

- Spiegelglas ausbauen, siehe entsprechendes Kapitel.
- Spiegelgehäuse-Oberteil ausbauen, siehe entsprechendes Kapitel.

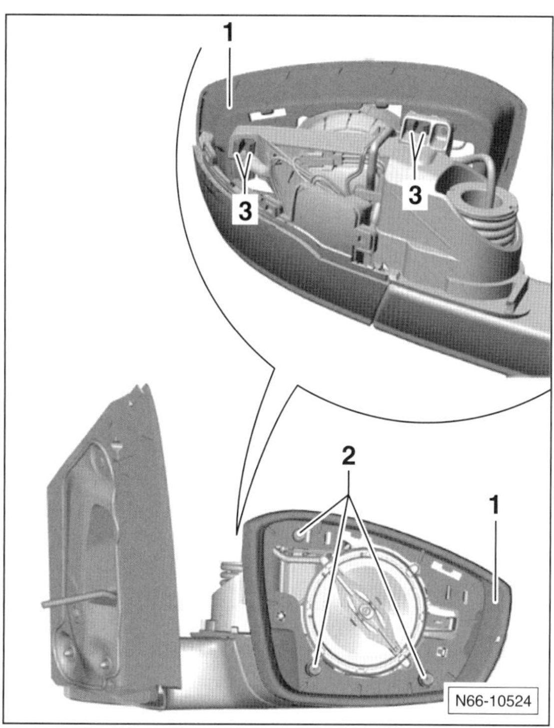

- Schrauben –2– herausdrehen.
- Rasthaken –3– auf der Rückseite entriegeln.
- Rahmen –1– abziehen.

Einbau

- Verrastungen prüfen, gegebenenfalls Bauteil ersetzen.
- Der Einbau erfolgt in umgekehrter Ausbaureihenfolge. Schrauben mit **1 Nm** anziehen.

Stromlaufpläne

Aus dem Inhalt:

- **Zeichenerklärung**
- **Stromlaufplan-Übersicht**
- **Einzelpläne**

Der Umgang mit dem Stromlaufplan

In einem Personenwagen werden je nach Ausstattung bis über 1.000 Meter Leitungen verlegt, um alle elektrischen Verbraucher (Scheinwerfer, Radio usw.) mit Strom zu versorgen. Will man einen Fehler in der elektrischen Anlage aufspüren oder nachträglich ein elektrisches Zubehör montieren, kommt man nicht ohne Stromlaufplan aus; anhand dessen der Stromverlauf und damit die Kabelverbindungen aufgezeigt werden.

Die Kennbuchstaben der wichtigsten Bauteile sind:

Kennbuchstabe	Bauteil
A	Batterie
B	Anlasser
C	Drehstromgenerator
D	Zündanlassschalter
E	Schalter für Handbedienung
F	Mechanische Schalter
G	Geber, Kontrollgeräte
H	Horn, Doppeltonhorn, Fanfare
J	Relais, Steuergerät
K, L, M, W, X	Kontrolllampen, Lampen, Leuchten
N	Elektroventile, Widerstände, Schaltgeräte
O	Zündverteiler
P, Q	Zündkerzenstecker, Zündkerzen
R	Radio
S	Sicherungen
T	Steckverbindungen
V	Elektromotoren

Zur genaueren Unterscheidung werden den Kennbuchstaben noch Zahlen angefügt.

Relais und elektronische Steuergeräte sind in der Regel grau unterlegt. Die darin eingezeichneten Linien sind interne Verdrahtungen. Sie zeigen, wie Relais und andere elektrische/elektronische Bauteile sowohl zueinander als auch auf der Relaisplatte verschaltet sind.

Die Bezeichnung der Klemmen ist nach DIN genormt. **Die wichtigsten Klemmenbezeichnungen sind:**

Klemme 30. An dieser Klemme liegt immer die Batteriespannung an. Die Kabel sind meist rot oder rot mit Farbstreifen.

Klemme 31 führt zur Masse. Die Masse-Leitungen sind in der Regel braun.

Klemme 15 wird über das Zündschloss gespeist. Die Leitungen führen nur bei eingeschalteter Zündung Strom. Die Kabel sind meist grün oder grün mit farbigem Streifen.

Klemme X führt ebenfalls nur bei eingeschalteter Zündung Strom, dieser wird jedoch unterbrochen, wenn der Anlasser betätigt wird. Dadurch ist sichergestellt, dass während des Startvorganges der Zündanlage die volle Batterieleistung zur Verfügung steht. Alle größeren Stromaufnehmer liegen in diesem Stromkreis. Das Fernlicht wird ebenfalls über diese Klemme mit Strom versorgt. So wird bei eingeschaltetem Fernlicht und ausgeschalteter Zündung automatisch auf Standlicht umgeschaltet.

Im Stromlaufplan sind in den einzelnen Leitungen Ziffern und darunter Buchstabenkombinationen eingefügt.

Beispiel: **1,5**
ws/ge

Die Ziffern geben den Leitungsquerschnitt an; hier: 1,5 mm^2. Die Buchstaben weisen auf die Leitungsfarben hin. Besteht die Kennzeichnung aus zwei Buchstabengruppen, die durch einen Schrägstrich getrennt sind, dann wird zuerst die Leitungsgrundfarbe genannt; hier: ws = weiß. Die zweite Buchstabenfolge gibt die Zusatzfarbe an; hier: ge = gelb.

Zuordnung der Stromlaufpläne

VW POLO ab Mai 2011, Stand Juli 2013

Wegen des großen Umfangs können nicht alle Stromlaufpläne aus jedem Modelljahr berücksichtigt werden. Jedoch kann man sich auch an den vorliegenden Stromlaufplänen orientieren, wenn das eigene Fahrzeug einem anderen Modelljahr angehört, da die Änderungen in der Regel nur Teilbereiche betreffen.

Gebrauchsanleitung für Stromlaufpläne

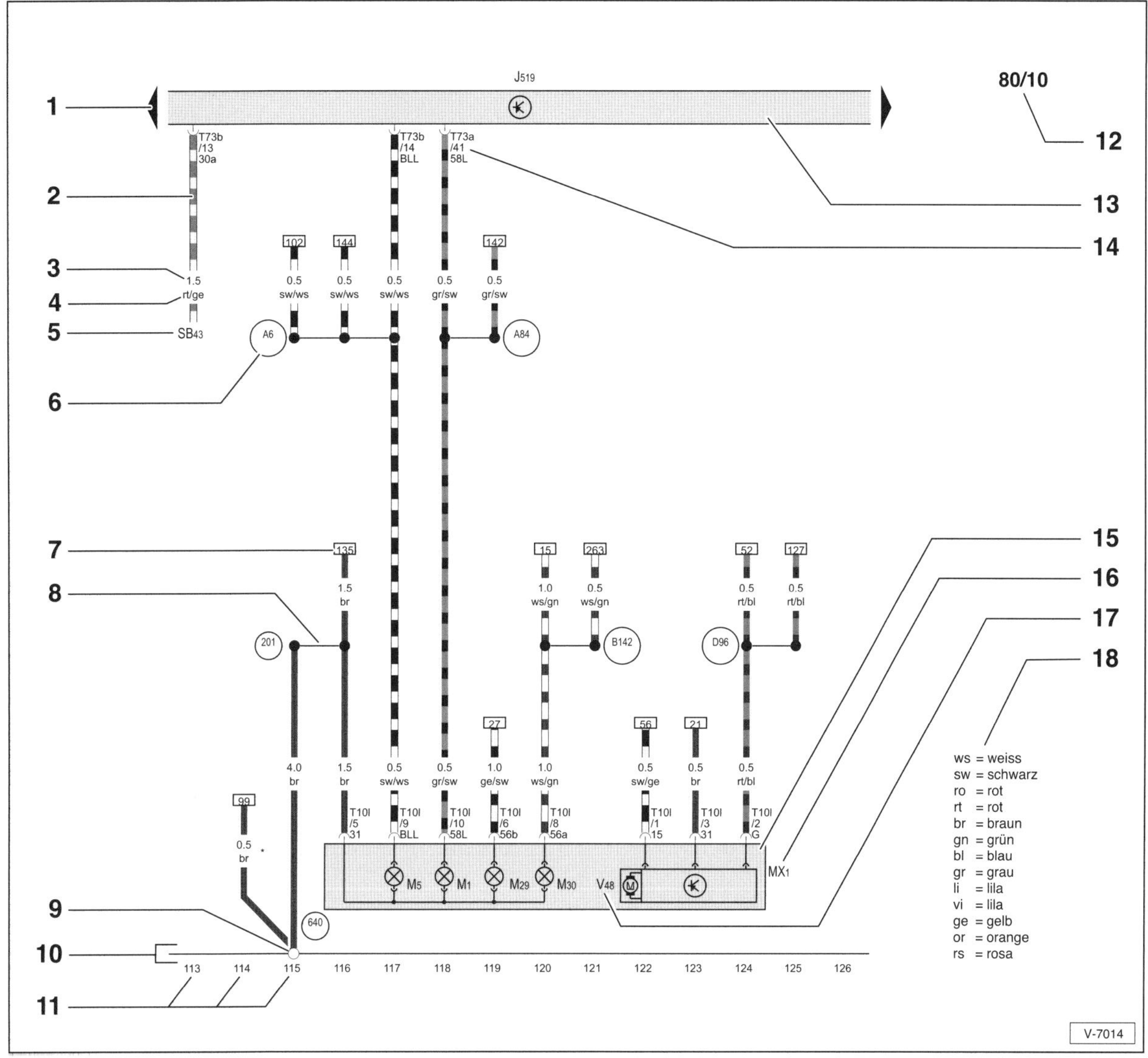

1 – Pfeil
Weist auf die Fortsetzung des Stromlaufplans auf der vorhergehenden Seite hin.

2 – Leitungsführung

3 – Leitungsquerschnitt in mm²
1,5 = 1,5 mm².

4 – Leitungsfarbe
rt/ge = Grundfarbe rot, Zusatzfarbe gelb. Abkürzungen für die Leitungsfarben stehen neben jedem Stromlaufplan.

5 – Bauteil
Hier: Sicherung 43 im Sicherungskasten »B«.

6 – Verbindungsbezeichnung
Hier: Plusverbindung der linken Blinkleuchte im Leitungsstrang der Armaturentafel.

7 – Verweis auf Weiterführung der Leitung zu einem anderen Bauteil
Die Zahl im Rechteck kennzeichnet, in welchem Strompfad die Leitung weitergeführt wird; hier in Strompfad 135.

8 – Interne Verbindung (dünner Strich)
Diese Verbindung ist nicht als Leitung vorhanden.

9 – Massepunkt oder Masseverbindung
Hier: 640 = Masseverbindung 5 im Leitungsstrang Motorraum.
Der weiße Kreis zeigt an, dass es sich hier um eine lösbare Verbindung handelt. Ein schwarzer Kreis weist auf eine feste Verbindung hin.

10 – Fahrzeugmasse

11 – Strompfad-Nummer

12 – Stromlaufplan-Bezeichnung
Hier: 80 = Grundausstattung POLO ab Mai 2011; 10 = fortlaufende Nummer des Einzelplanes.

13 – Steuergerät
Hier: Bordnetzsteuergerät. Die offen gezeichneten Seiten des Schaltzeichens weisen auf die Fortsetzung des Bauteils in anderen Stromlaufplänen hin.

14 – Anschlussklemme
Hier: Stecker T73a, Kontakt 41, Klemme 58L.

15 – Schaltzeichen für Bauteil
Hier: Scheinwerfer vorn links.

16 – Bezeichnung für Bauteil
Hier: MX1 = Scheinwerfer vorn links.

17 – Bezeichnung für integriertes Bauteil
Hier: V48 = Stellmotor links für Leuchtweitenregulierung.

18 – Abkürzungen der Leitungsfarben
Einige Leitungsfarben können in den Stromlaufplänen unterschiedliche Abkürzungen aufweisen.
Zum Beispiel: rot = »ro« oder »rt«.

Batterie, Anlasser, Zündanlassschalter, Sicherungshalter B

80/2

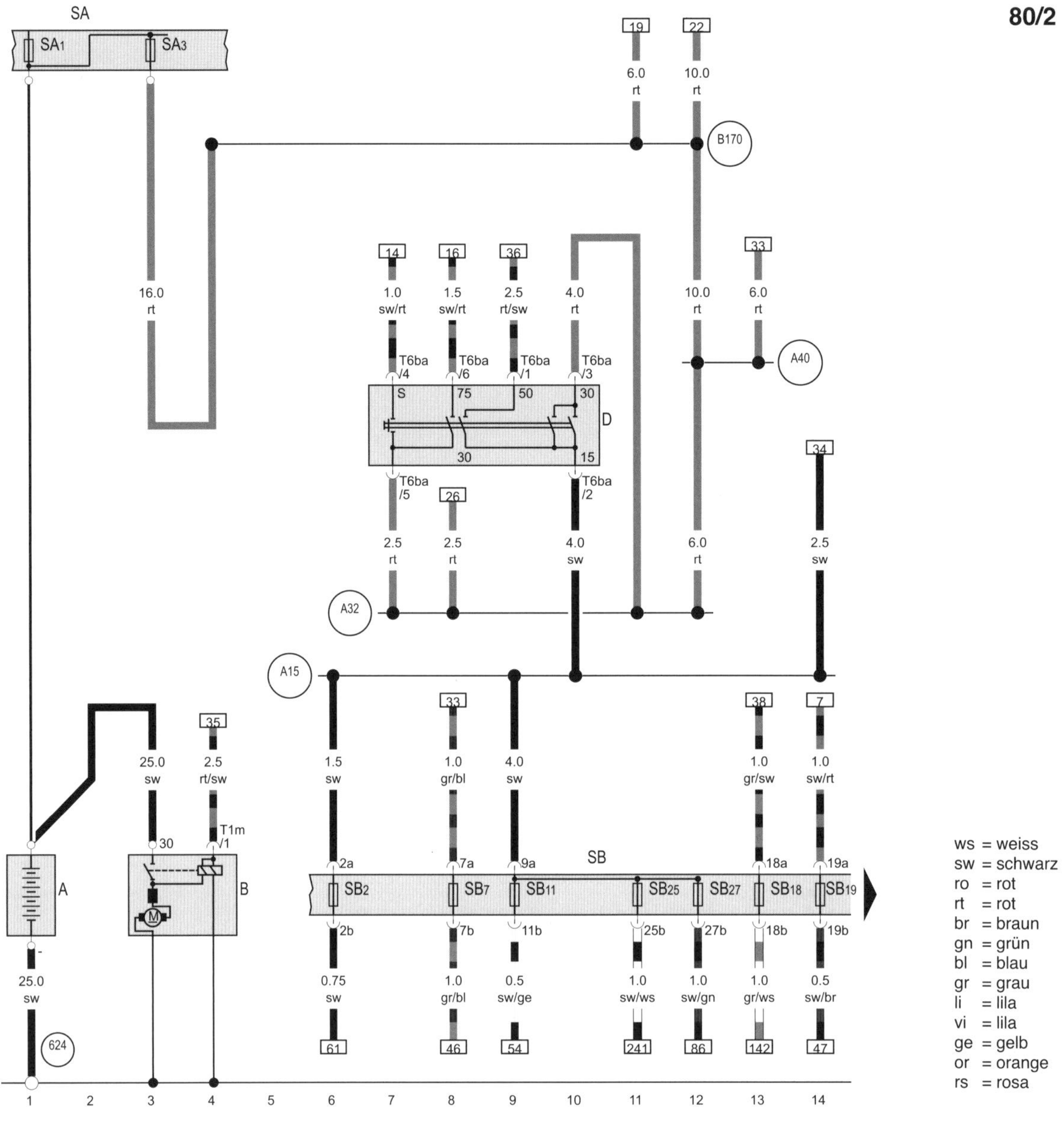

A - Batterie
B - Anlasser
D - Zündanlassschalter
SA - Sicherungshalter A
SA1 - Sicherung 1 auf Sicherungshalter A
SB - Sicherungshalter B
SB2 - Sicherung 2 auf Sicherungshalter B
SA3 - Sicherung 3 auf Sicherungshalter A
SB7 - Sicherung 7 auf Sicherungshalter B
SB11 - Sicherung 11 auf Sicherungshalter B
SB18 - Sicherung 18 auf Sicherungshalter B
SB19 - Sicherung 19 auf Sicherungshalter B
SB25 - Sicherung 25 auf Sicherungshalter B
SB27 - Sicherung 27 auf Sicherungshalter B
T1m - Steckverbindung, 1fach
T6ba - Steckverbindung, 6fach

624 - Massepunkt neben Starterbatterie
A15 - Plusverbindung (15) im Armaturenleitungsstrang
A32 - Plusverbindung (30) im Schalttafelleitungsstrang
A40 - Plusverbindung 1 (30) im Armaturenleitungsstrang
B170 - Plusverbindung 2 (30) im Leitungsstrang Innenraum

Entlastungsrelais für X-Kontakt, Relais für Abblendlicht, Sicherungshalter B

80/3

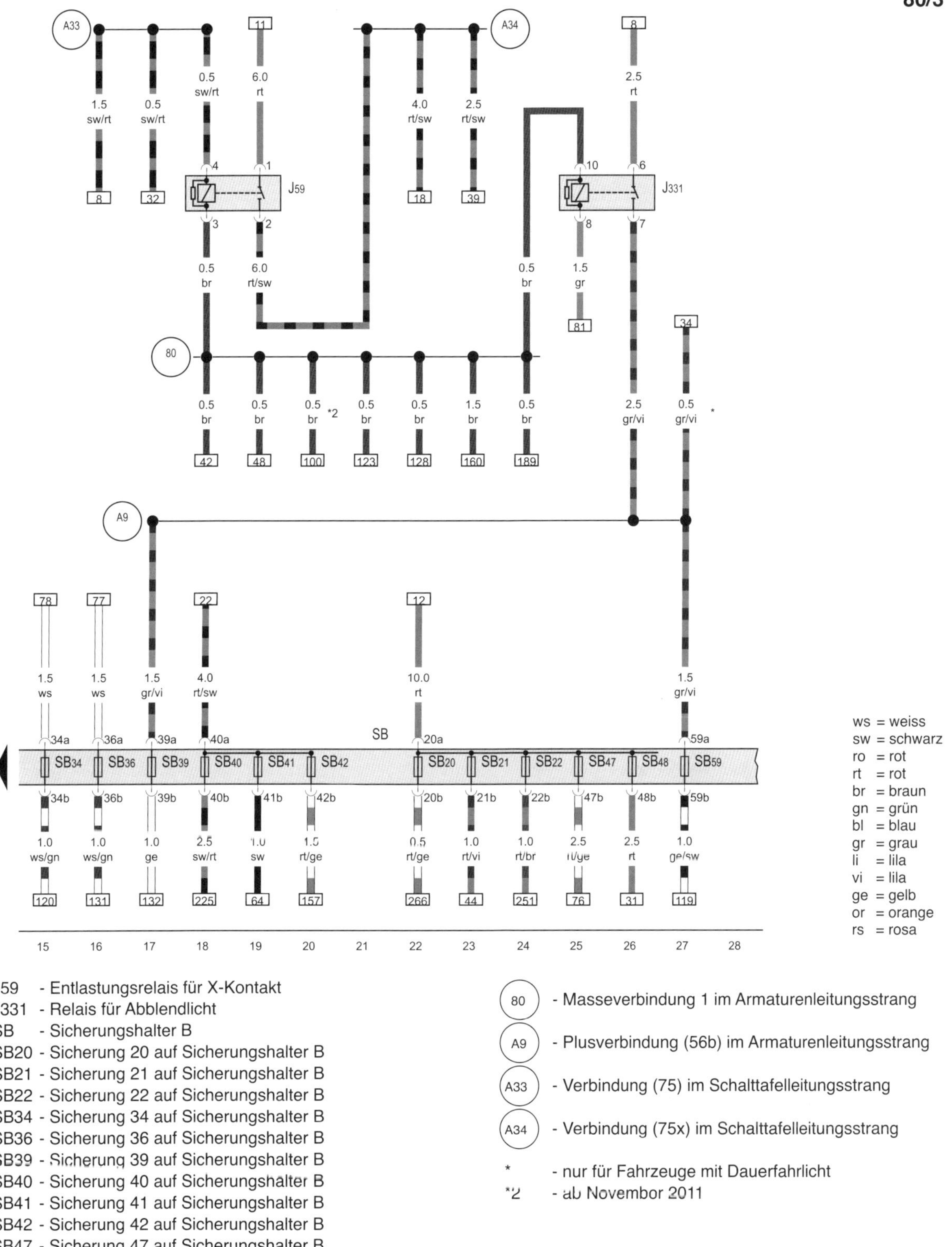

ws = weiss
sw = schwarz
ro = rot
rt = rot
br = braun
gn = grün
bl = blau
gr = grau
li = lila
vi = lila
ge = gelb
or = orange
rs = rosa

J59 - Entlastungsrelais für X-Kontakt
J331 - Relais für Abblendlicht
SB - Sicherungshalter B
SB20 - Sicherung 20 auf Sicherungshalter B
SB21 - Sicherung 21 auf Sicherungshalter B
SB22 - Sicherung 22 auf Sicherungshalter B
SB34 - Sicherung 34 auf Sicherungshalter B
SB36 - Sicherung 36 auf Sicherungshalter B
SB39 - Sicherung 39 auf Sicherungshalter B
SB40 - Sicherung 40 auf Sicherungshalter B
SB41 - Sicherung 41 auf Sicherungshalter B
SB42 - Sicherung 42 auf Sicherungshalter B
SB47 - Sicherung 47 auf Sicherungshalter B
SB48 - Sicherung 48 auf Sicherungshalter B
SB59 - Sicherung 59 auf Sicherungshalter B

80 - Masseverbindung 1 im Armaturenleitungsstrang
A9 - Plusverbindung (56b) im Armaturenleitungsstrang
A33 - Verbindung (75) im Schalttafelleitungsstrang
A34 - Verbindung (75x) im Schalttafelleitungsstrang
* - nur für Fahrzeuge mit Dauerfahrlicht
*2 - ab November 2011

Lichtschalter, Schalter für Nebelscheinwerfer und Nebelschlussleuchte, Bordnetzsteuergerät, Sperrdiode 2, Lampe für Lichtschalterbeleuchtung

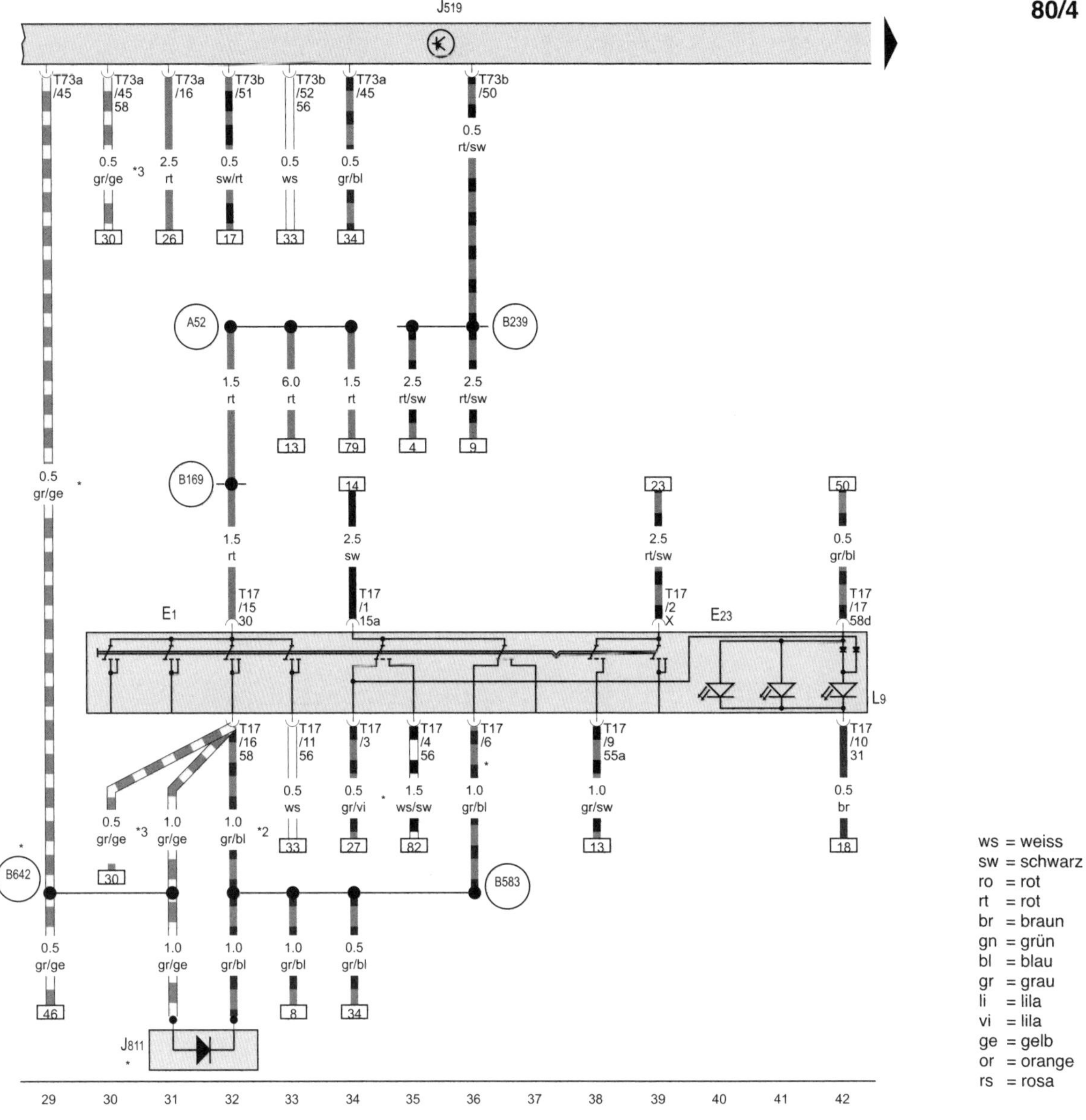

E1 - Lichtschalter
E23 - Schalter für Nebelscheinwerfer und Nebelschlussleuchte
J519 - Bordnetzsteuergerät
J811 - Sperrdiode 2, Nähe Lichtschalter
L9 - Lampe für Lichtschalterbeleuchtung
T17 - Steckverbindung, 17fach
T73a - Steckverbindung, 73fach
T73b - Steckverbindung, 73fach

(A52) - Plusverbindung 2 (30) im Schalttafelleitungsstrang

(B169) - Plusverbindung 1 (30) im Leitungsstrang Innenraum

(B239) - Plusverbindung 1 (50) im Leitungsstrang Innenraum

(B583) - Plusverbindung (58) im Leitungsstrang Innenraum

(B642) - Plusverbindung (58) im Hauptleitungsstrang

* - nur für Fahrzeuge mit Dauerfahrlicht
*2 - je nach Ausstattung
*3 - nur für Fahrzeuge mit Gasdrucklampen-Scheinwerfer

Regler für Schalter- und Instrumentenbeleuchtung, Bordnetzsteuergerät

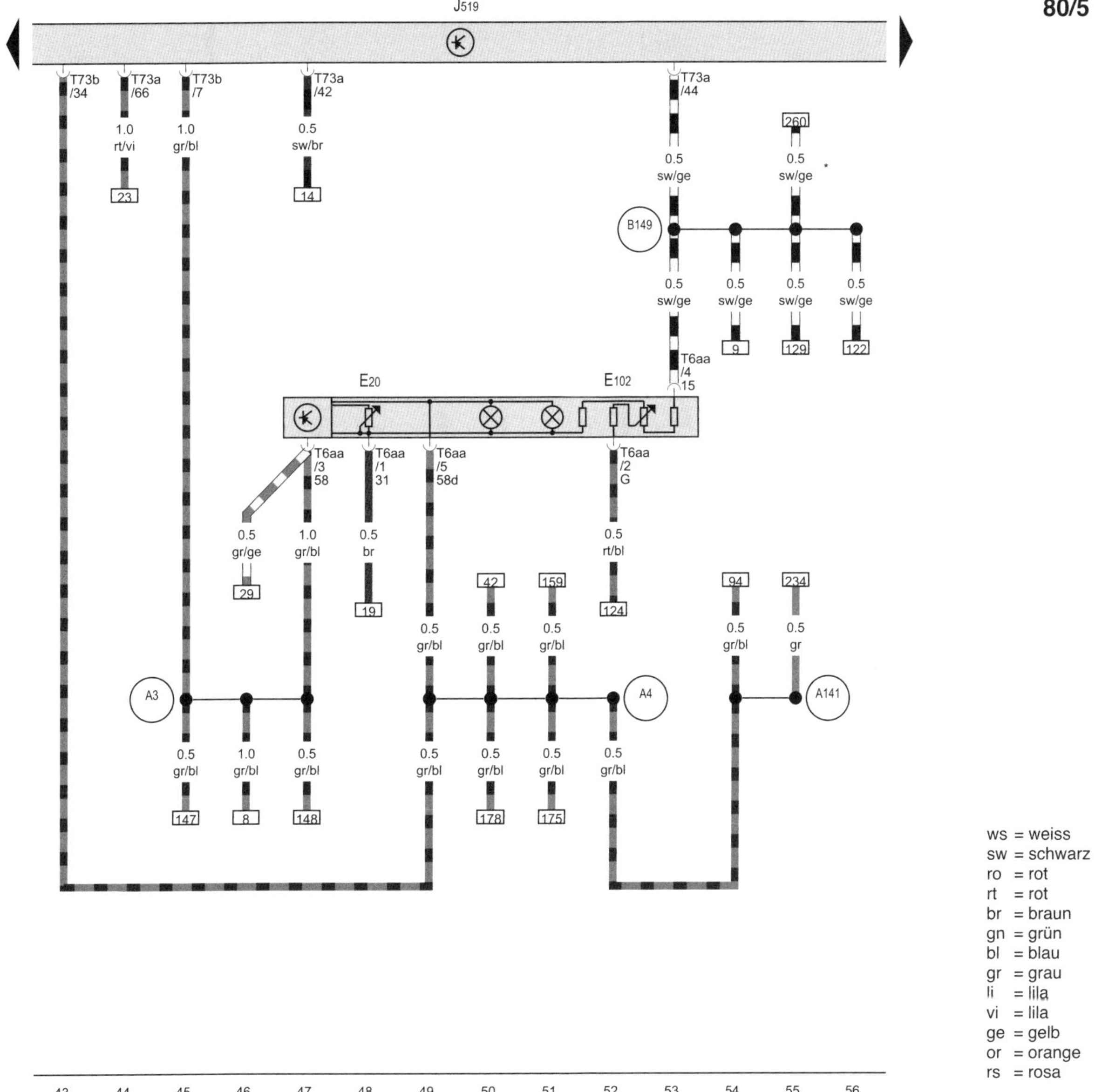

E20 - Regler für Schalter- und Instrumentenbeleuchtung
E102 - Einsteller für Leuchtweitenregelung
J519 - Bordnetzsteuergerät
T6aa - Steckverbindung, 6fach
T73a - Steckverbindung, 73fach
T73b - Steckverbindung, 73fach

A3 - Plusverbindung (58) im Schalttafelleitungsstrang

A4 - Plusverbindung (58b) im Schalttafelleitungsstrang

A141 - Plusverbindung 2 (58b) im Schalttafelleitungsstrang

B149 - Plusverbindung 2 (15a) im Leitungsstrang Innenraum

* - ab November 2011

Lenkstockkombinationsschalter, Bordnetzsteuergerät, Motor für Heckscheibenwischer, Frontscheibenwasch- und Heckscheibenwaschpumpe

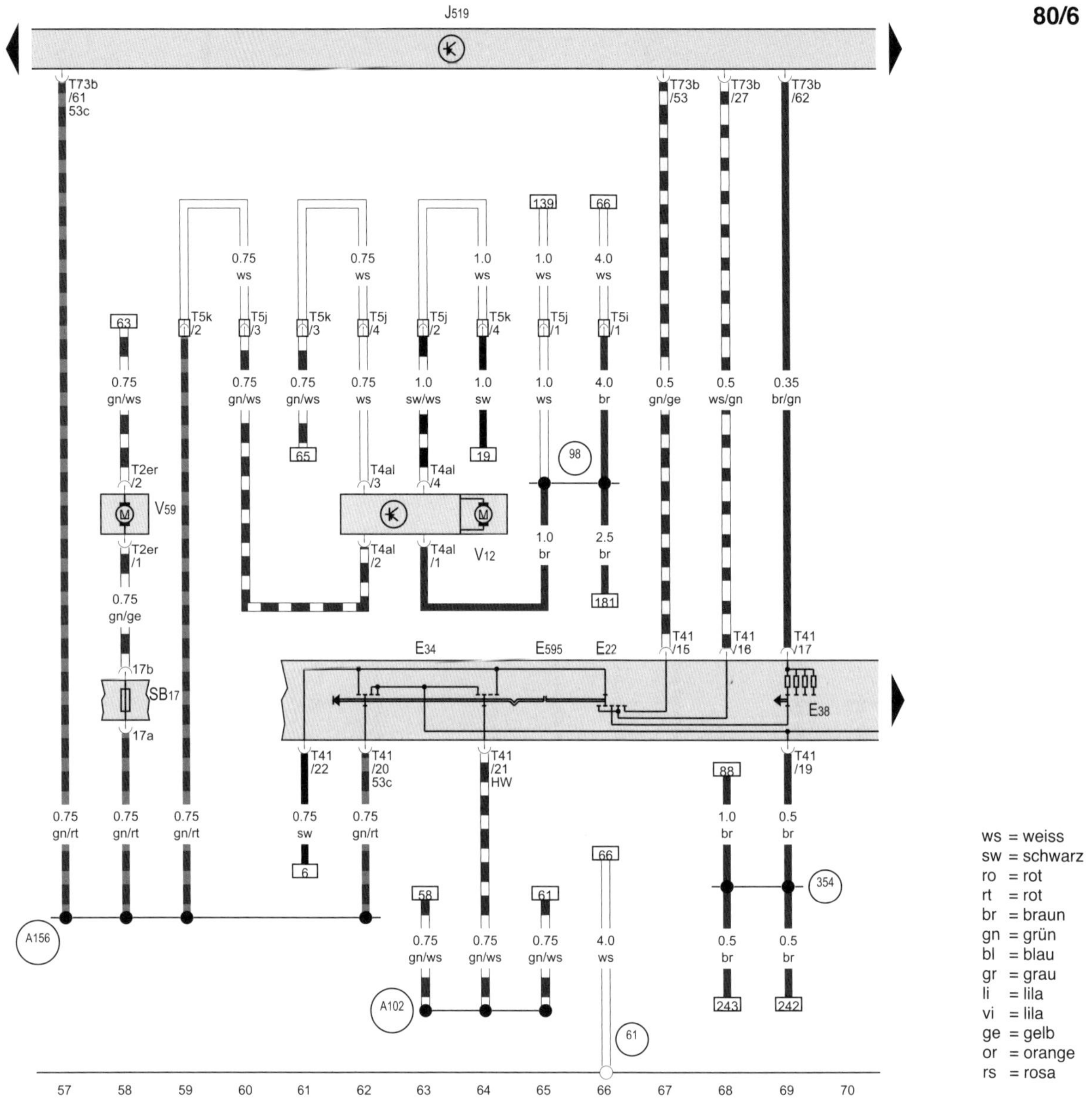

E22 - Scheibenwischerschalter für Intervallbetrieb
E34 - Schalter für Heckscheibenwischer
E38 - Regler für Scheibenwischer-Intervallschaltung
E595 - Lenkstockkombinationsschalter
J519 - Bordnetzsteuergerät
SB17 - Sicherung 17 auf Sicherungshalter B
T2er - Steckverbindung, 2fach
T4al - Steckverbindung, 4fach
T5i - Steckverbindung, 5fach, in der Heckklappe
T5j - Steckverbindung, 5fach, in der Heckklappe
T5k - Steckverbindung, 5fach, an der Säule hinten links
T41 - Steckverbindung, 41fach
T73b - Steckverbindung, 73fach
V12 - Motor für Heckscheibenwischer
V59 - Frontscheibenwasch- und Heckscheibenwaschpumpe

(61) - Massepunkt an der C-Säule links
(98) - Masseverbindung im Leitungsstrang Heckklappe
(354) - Masseverbindung 6 im Schalttafelleitungsstrang
(A102) - Verbindung (Scheibenwischer) im Schalttafelleitungsstrang
(A156) - Verbindung (53c) im Schalttafelleitungsstrang

Blinklichtschalter, Lenkstockkombinationsschalter, Wickelfeder für Airbag und Rückstellring mit Schleifring, Signalhornbetätigung, Bordnetzsteuergerät, Scheibenwischermotor

80/7

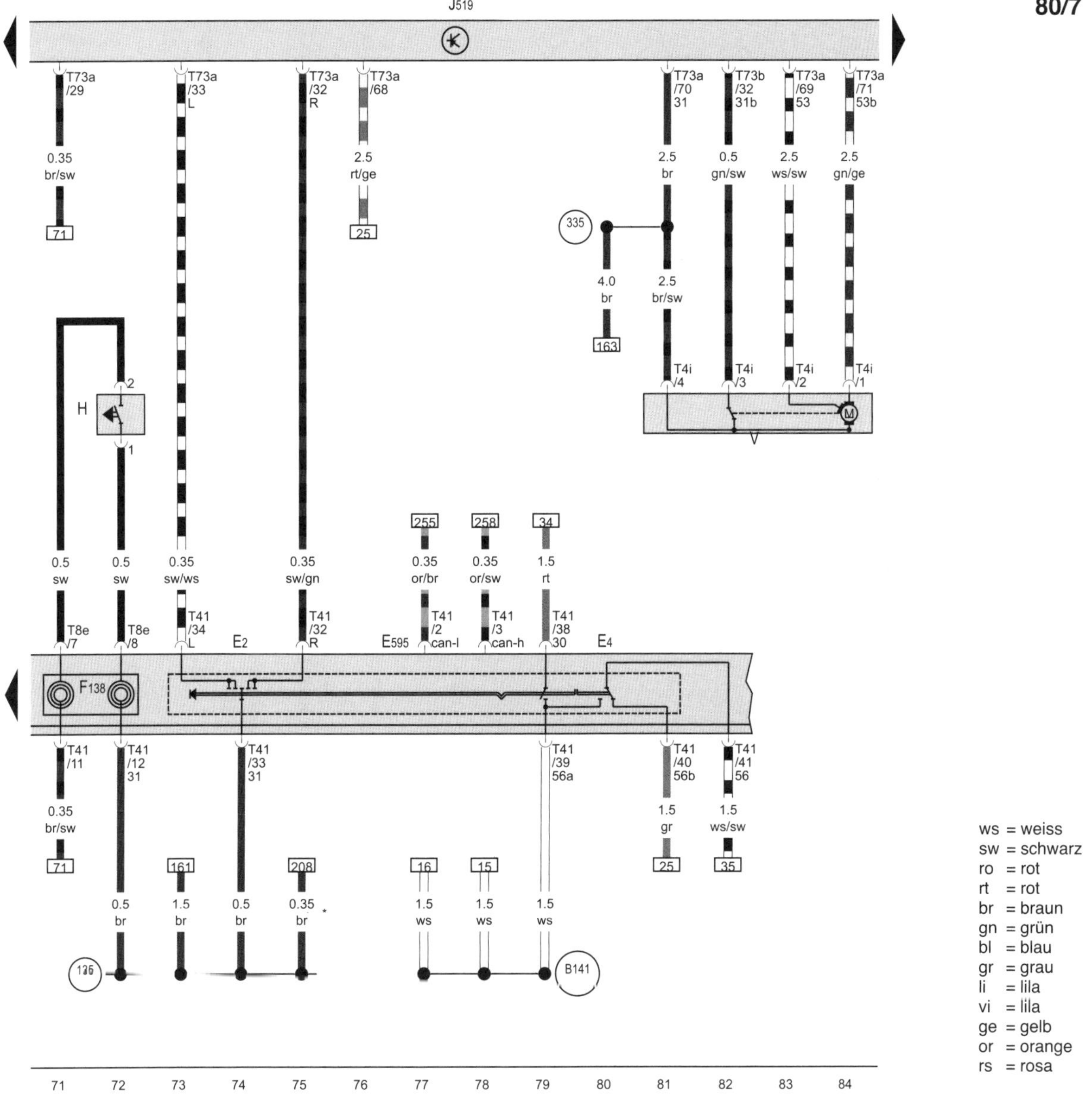

ws = weiss
sw = schwarz
ro = rot
rt = rot
br = braun
gn = grün
bl = blau
gr = grau
li = lila
vi = lila
ge = gelb
or = orange
rs = rosa

E2 - Blinklichtschalter
E4 - Schalter für Handabblendung und Lichthupe
E595 - Lenkstockkombinationsschalter
F138 - Wickelfeder für Airbag und Rückstellring mit Schleifring
H - Signalhornbetätigung
J519 - Bordnetzsteuergerät
T4i - Steckverbindung, 4fach
T8e - Steckverbindung, 8fach
T41 Steckverbindung, 41fach
T73a - Steckverbindung, 73fach
T73b - Steckverbindung, 73fach
V - Scheibenwischermotor

(135) - Masseverbindung 2 im Schalttafelleitungsstrang

(335) - Masseverbindung 5 im Schalttafelleitungsstrang

(B141) - Plusverbindung 1 (56a) im Leitungsstrang Innenraum

* - ab November 2011

Taster für Warnlicht, Taster für beheizbare Heckscheibe, Schalter für Rückfahrleuchten, Bordnetzsteuergerät

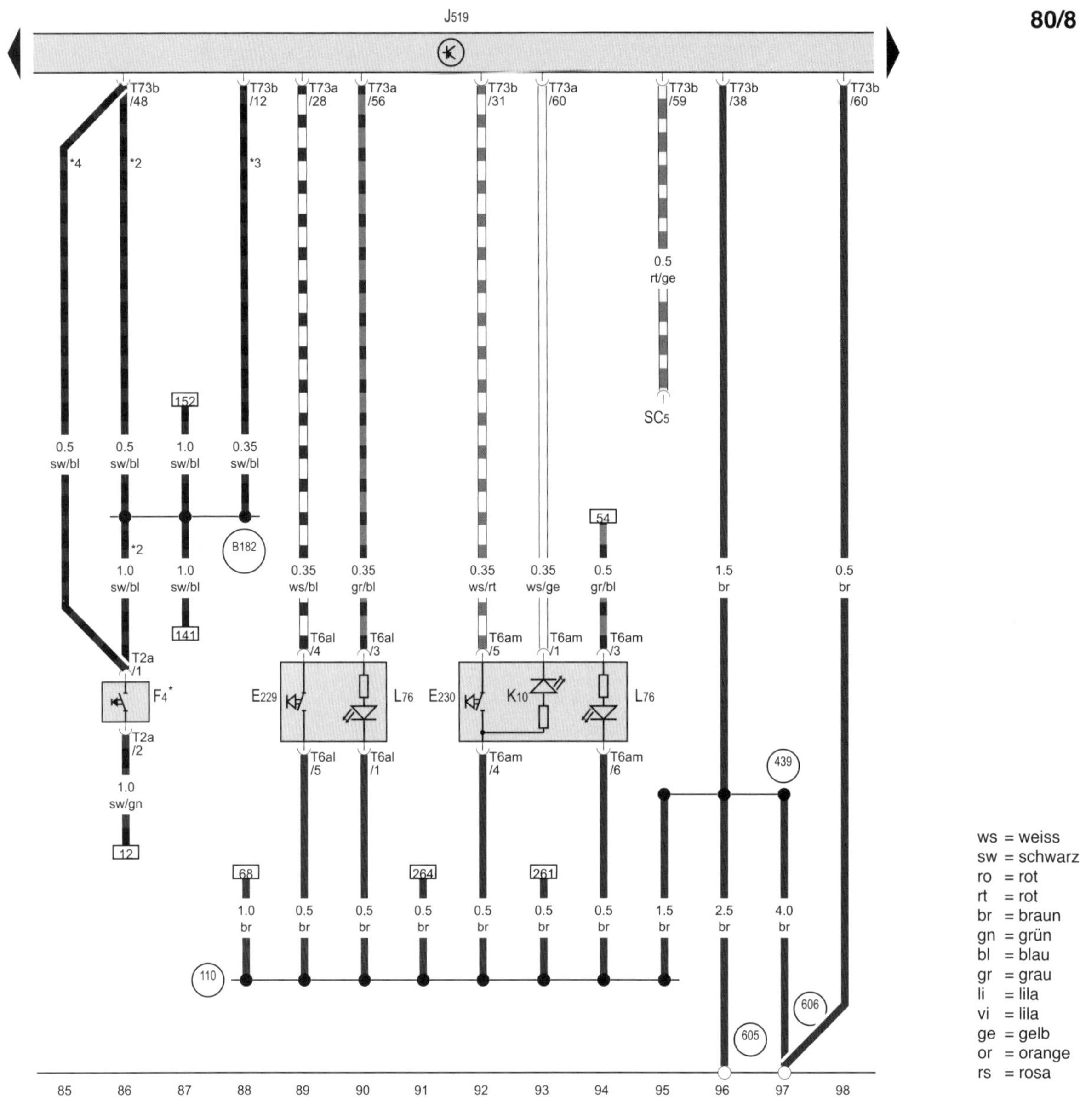

E229 - Taster für Warnlicht
E230 - Taster für beheizbare Heckscheibe
F4 - Schalter für Rückfahrleuchten
J519 - Bordnetzsteuergerät
K10 - Kontrollleuchte für beheizbare Heckscheibe
L76 - Lampe für Tasterbeleuchtung
SC5 - Sicherung 5 auf Sicherungshalter C
T2a - Steckverbindung, 2fach
T6al - Steckverbindung, 6fach
T6am - Steckverbindung, 6fach
T73a - Steckverbindung, 73fach
T73b - Steckverbindung, 73fach

(110) - Masseverbindung 2 im Armaturenleitungsstrang

(439) - Masseverbindung 3 im Armaturenleitungsstrang

(605) - Massepunkt an der Lenksäule oben

(606) - Massepunkt unter der Mittelkonsole Nähe Schalthebel

(B182) - Verbindung (RF) im Leitungsstrang Innenraum

* - nur für Fahrzeuge mit Schaltgetriebe

*2 - nur für Fahrzeuge ohne Gasdrucklampen-Scheinwerfer

*3 - je nach Ausstattung

*4 - nur für Fahrzeuge mit Gasdrucklampen-Scheinwerfer

Kontaktschalter für Motorhaube, Bordnetzsteuergerät, Lampe für Blinkleuchte im Außenspiegel Fahrerseite, Lampe für Blinkleuchte im Außenspiegel Beifahrerseite

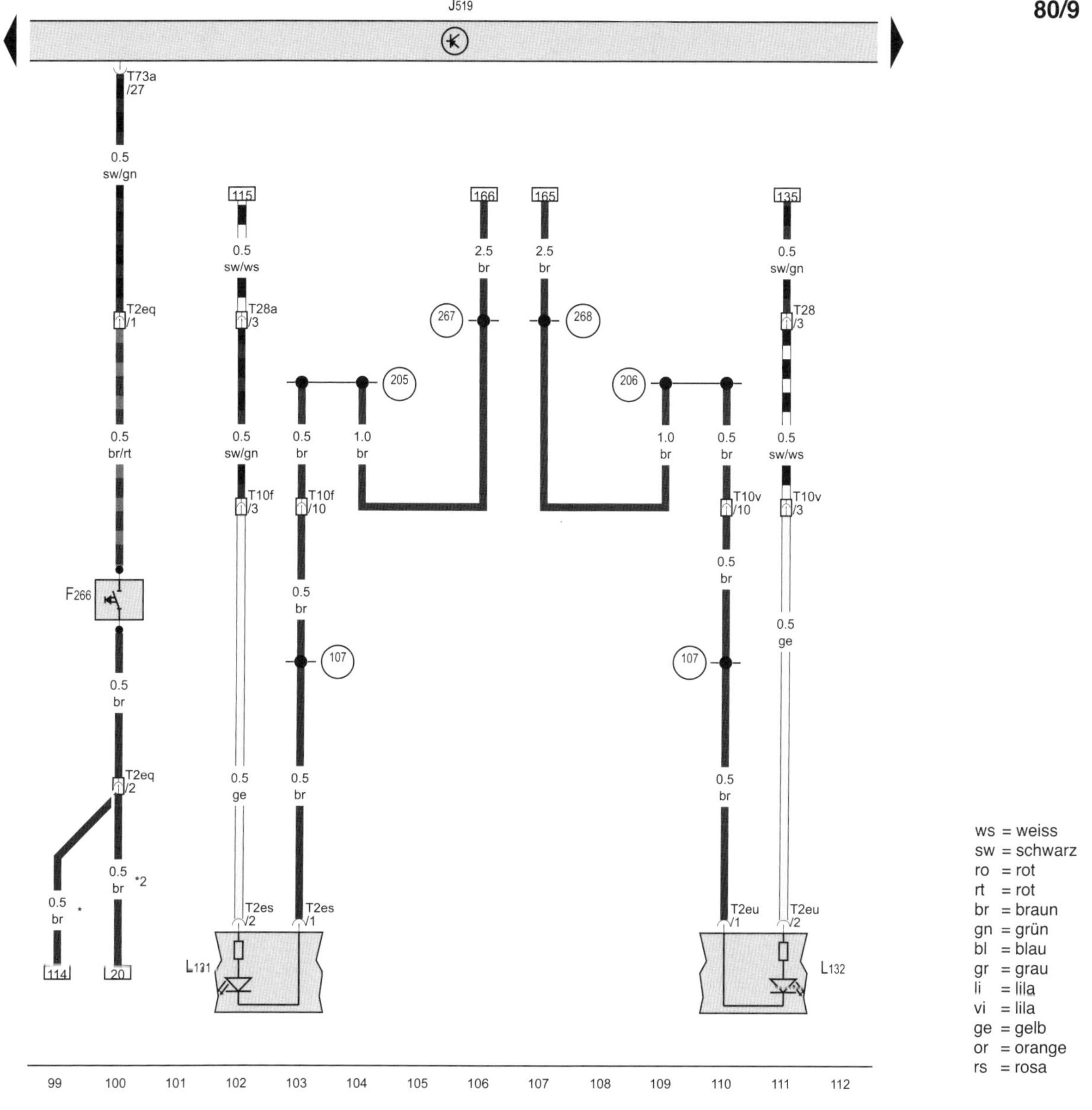

ws = weiss
sw = schwarz
ro = rot
rt = rot
br = braun
gn = grün
bl = blau
gr = grau
li = lila
vi = lila
ge = gelb
or = orange
rs = rosa

F266 - Kontaktschalter für Motorhaube
J519 - Bordnetzsteuergerät
L131 - Lampe für Blinkleuchte im Außenspiegel Fahrerseite
L132 - Lampe für Blinkleuchte im Außenspiegel Beifahrerseite
T2eq - Steckverbindung, 2fach, am Schlossträger rechts, Nähe Scheinwerfer
T2es - Steckverbindung, 2fach
T2eu - Steckverbindung, 2fach
T10f - Steckverbindung, 10fach
T10v - Steckverbindung, 10fach
T28 - Steckverbindung, 28fach
T28a - Steckverbindung, 28fach
T73a - Steckverbindung, 73fach

(107) - Masseverbindung im Leitungsstrang Außenspiegel
(205) - Masseverbindung im Leitungsstrang Türverkabelung Fahrerseite
(206) - Masseverbindung im Leitungsstrang Türverkabelung Beifahrerseite
(267) - Masseverbindung 2 im Leitungsstrang Türverkabelung Fahrerseite
(268) - Masseverbindung 2 im Leitungsstrang Türverkabelung Beifahrerseite

* - bis Oktober 2011
*2 - ab November 2011

Bordnetzsteuergerät, Scheinwerfer vorn links, Stellmotor links für Leuchtweitenregelung

80/10

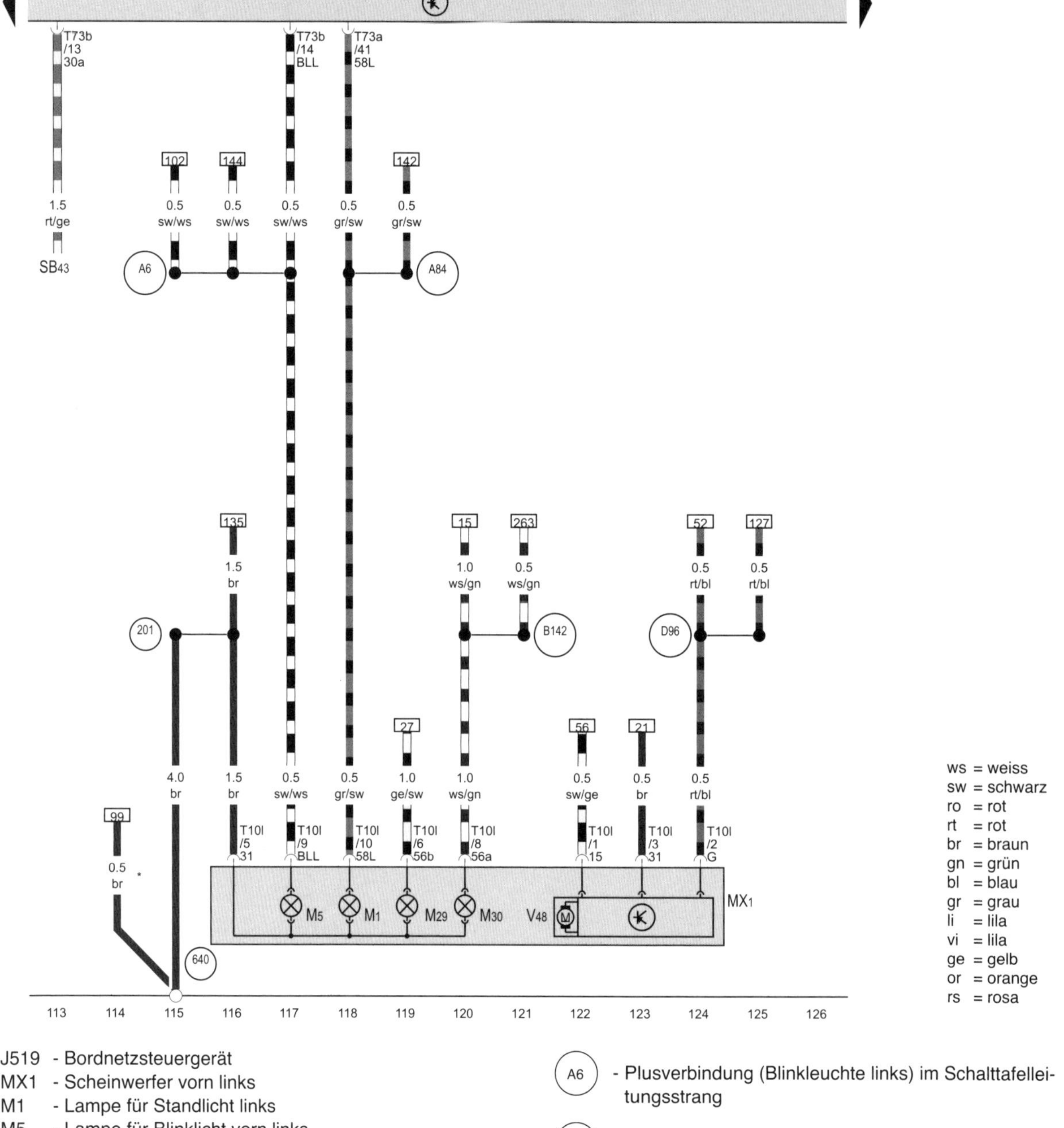

ws = weiss
sw = schwarz
ro = rot
rt = rot
br = braun
gn = grün
bl = blau
gr = grau
li = lila
vi = lila
ge = gelb
or = orange
rs = rosa

J519 - Bordnetzsteuergerät
MX1 - Scheinwerfer vorn links
M1 - Lampe für Standlicht links
M5 - Lampe für Blinklicht vorn links
M29 - Lampe für Abblendlichtscheinwerfer links
M30 - Lampe für Fernlichtscheinwerfer links
SB43 - Sicherung 43 auf Sicherungshalter B
T10l - Steckverbindung, 10fach
T73a - Steckverbindung, 73fach
T73b - Steckverbindung, 73fach
V48 - Stellmotor links für Leuchtweitenregelung

(201) - Masseverbindung 5 im Leitungsstrang Motorraum

(640) - Massepunkt 2 im Motorraum links

(A6) - Plusverbindung (Blinkleuchte links) im Schalttafelleitungsstrang

(A84) - Verbindung (58L) im Schalttafelleitungsstrang

(B142) - Plusverbindung 2 (56a) im Leitungsstrang Innenraum

(D96) - Verbindung (Leuchtweitenregelung) im Leitungsstrang Motorraum

* - bis Oktober 2011

Bordnetzsteuergerät, Scheinwerfer vorn rechts, Lampe für hochgesetzte Bremsleuchte, Stellmotor rechts für Leuchtweitenregelung, Kofferraumleuchte rechts

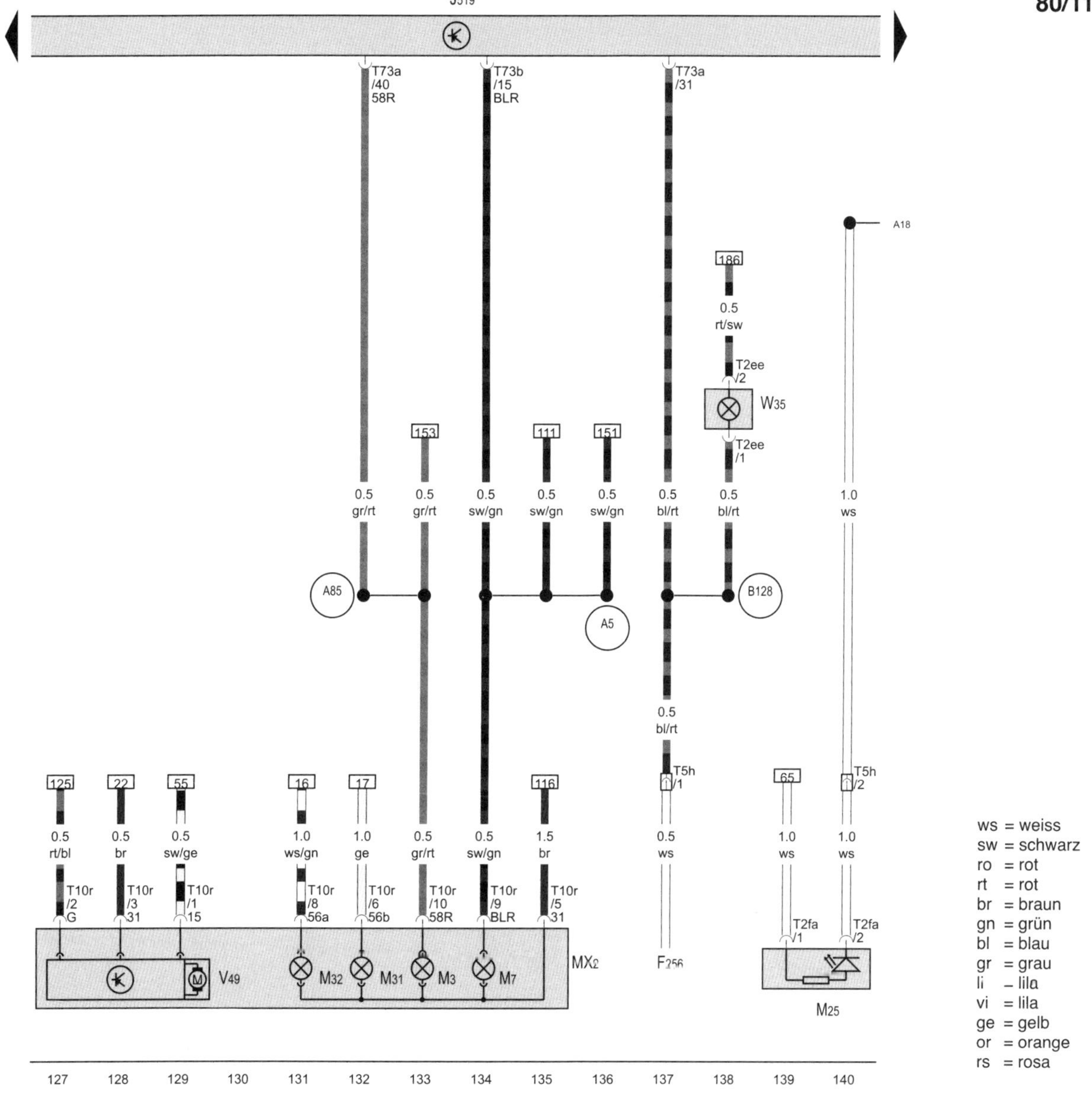

ws = weiss
sw = schwarz
ro = rot
rt = rot
br = braun
gn = grün
bl = blau
gr = grau
li = lila
vi = lila
ge = gelb
or = orange
rs = rosa

F256 - Schließeinheit für Heckklappe
J519 - Bordnetzsteuergerät
MX2 - Scheinwerfer vorn rechts
M3 - Lampe für Standlicht rechts
M7 - Lampe für Blinklicht vorn rechts
M25 - Lampe für hochgesetzte Bremsleuchte
M31 - Lampe für Abblendlichtscheinwerfer rechts
M32 - Lampe für Fernlichtscheinwerfer rechts
T2ee - Steckverbindung, 2fach
T2fa - Steckverbindung, 2fach
T5h - Steckverbindung, 5fach
T10r - Steckverbindung, 10fach
T73a - Steckverbindung, 73fach
T73b - Steckverbindung, 73fach
V49 - Stellmotor rechts für Leuchtweitenregelung
W35 - Kofferraumleuchte rechts

A5 - Plusverbindung (Blinkleuchte rechts) im Schalttafelleitungsstrang

A18 - Verbindung (54) im Schalttafelleitungsstrang

A85 - Verbindung (58R) im Schalttafelleitungsstrang

B128 - Verbindung (Kofferraumleuchte) im Leitungsstrang Innenraum

Bordnetzsteuergerät, Schlussleuchte links, Schlussleuchte rechts, Kennzeichenleuchte links, Kennzeichenleuchte rechts

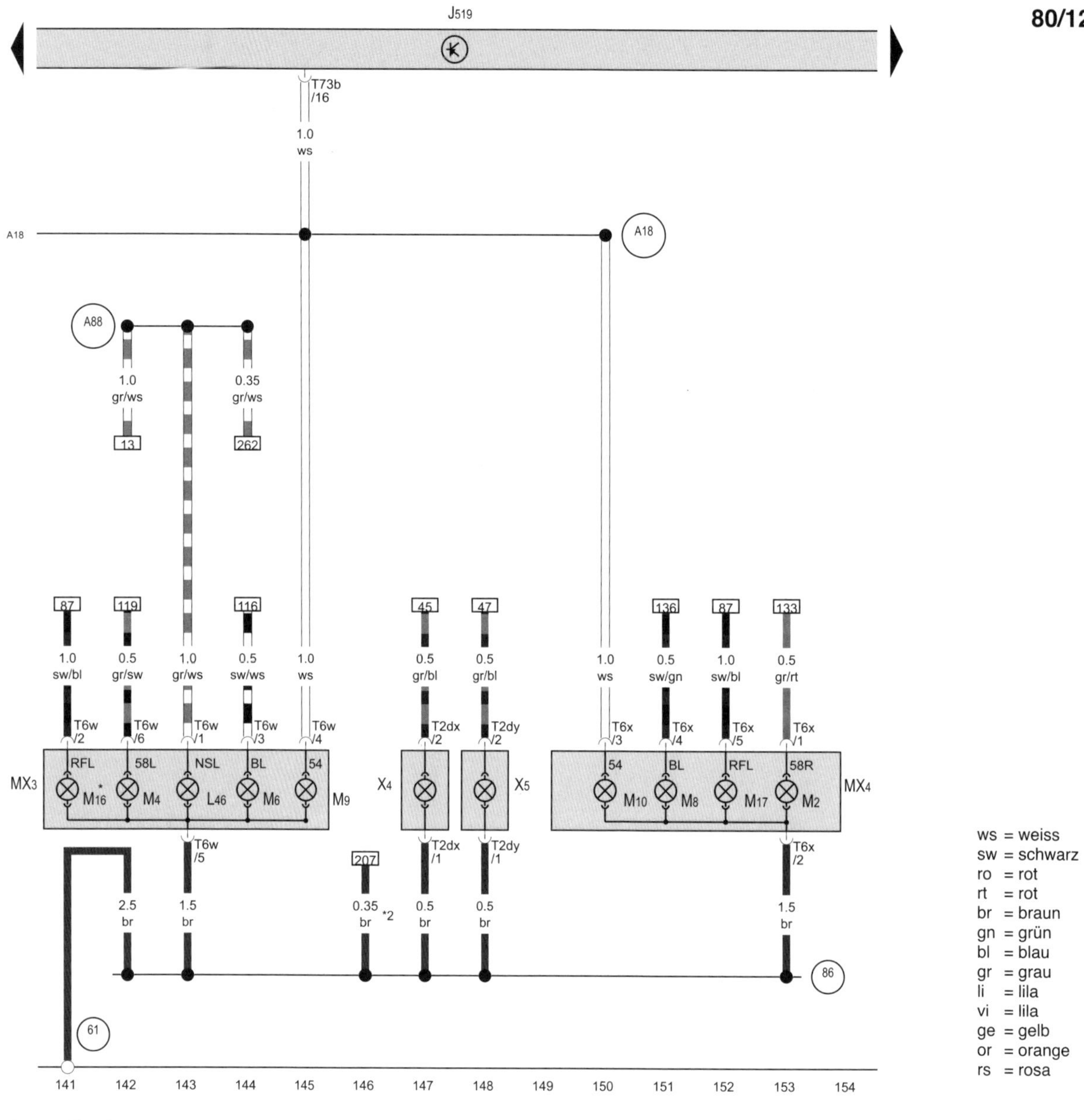

J519 - Bordnetzsteuergerät
L46 - Lampe für Nebelschlussleuchte links
M2 - Lampe für Schlusslicht rechts
MX3 - Schlussleuchte links
MX4 - Schlussleuchte rechts
M4 - Lampe für Schlusslicht links
M6 - Lampe für Blinklicht hinten links
M8 - Lampe für Blinklicht hinten rechts
M9 - Lampe für Bremslicht links
M10 - Lampe für Bremslicht rechts
M16 - Lampe für Rückfahrlicht links
M17 - Lampe für Rückfahrlicht rechts
T2dx - Steckverbindung, 2fach
T2dy - Steckverbindung, 2fach
T6w - Steckverbindung, 6fach
T6x - Steckverbindung, 6fach
T73b - Steckverbindung, 73fach
X4 - Kennzeichenleuchte links
X5 - Kennzeichenleuchte rechts

61 - Massepunkt an der C-Säule links
86 - Masseverbindung 1 im Leitungsstrang hinten
A18 - Verbindung (54) im Schalttafelleitungsstrang
A88 - Verbindung (NSL) im Schalttafelleitungsstrang

* - je nach Ausstattung
*2 - bis Oktober 2011

Bordnetzsteuergerät, Lampe für Zigarettenanzünderbeleuchtung, Zigarettenanzünder

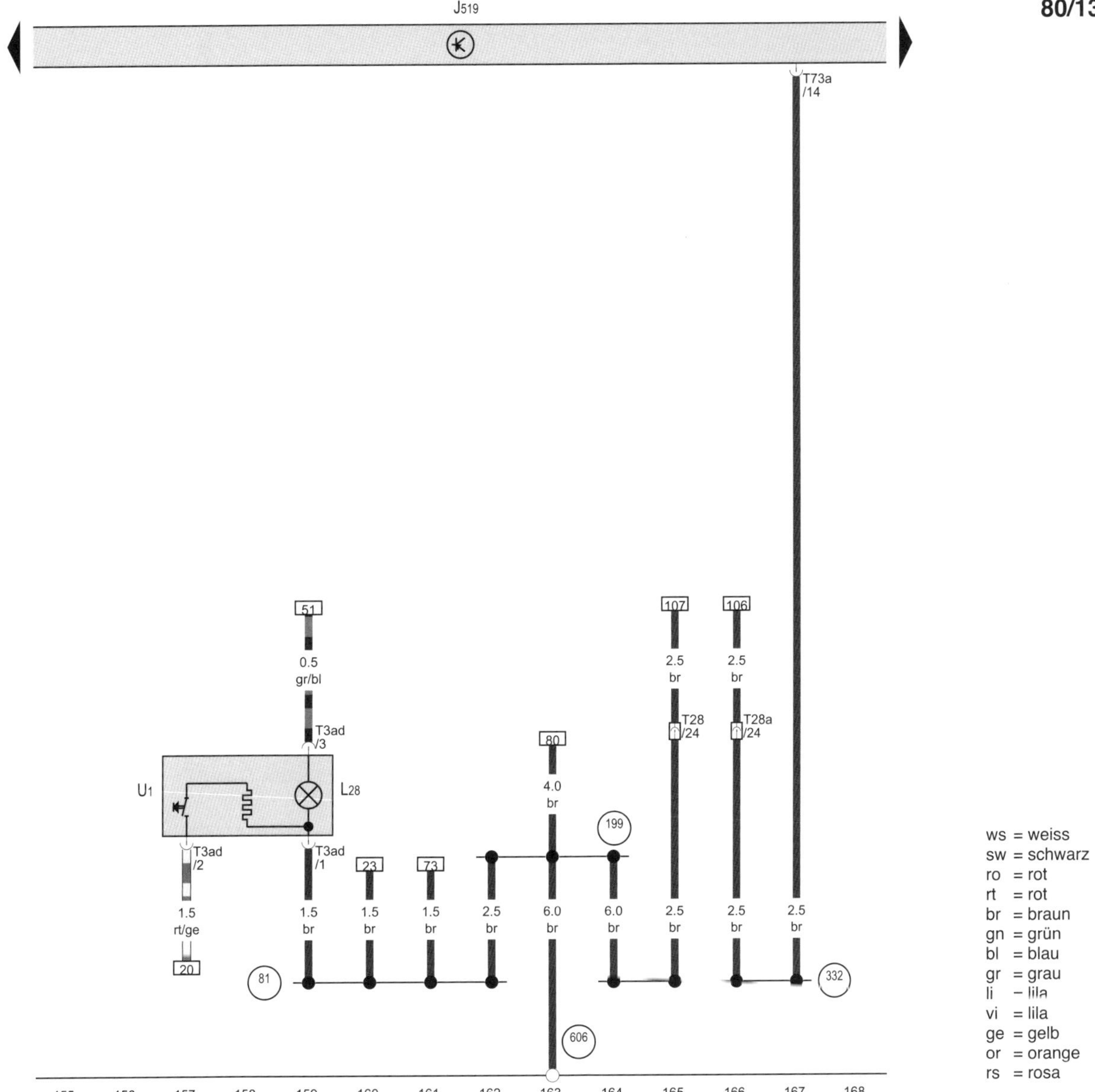

ws = weiss
sw = schwarz
ro = rot
rt = rot
br = braun
gn = grün
bl = blau
gr = grau
li = lila
vi = lila
ge = gelb
or = orange
rs = rosa

J519 - Bordnetzsteuergerät
L28 - Lampe für Zigarettenanzünderbeleuchtung
T3ad - Steckverbindung, 3fach
T28 - Steckverbindung, 28fach
T28a - Steckverbindung, 28fach
T73a - Steckverbindung, 73fach
U1 - Zigarettenanzünder

(81) - Masseverbindung 1 im Schalttafelleitungsstrang

(199) - Masseverbindung 3 im Schalttafelleitungsstrang

(332) - Masseverbindung 4 im Schalttafelleitungsstrang

(606) - Massepunkt unter der Mittelkonsole Nähe Schalthebel

Fensterheberschalter in Beifahrertür, Bedienungseinheit für Fensterheber in Fahrertür, Bordnetzsteuergerät

80/14

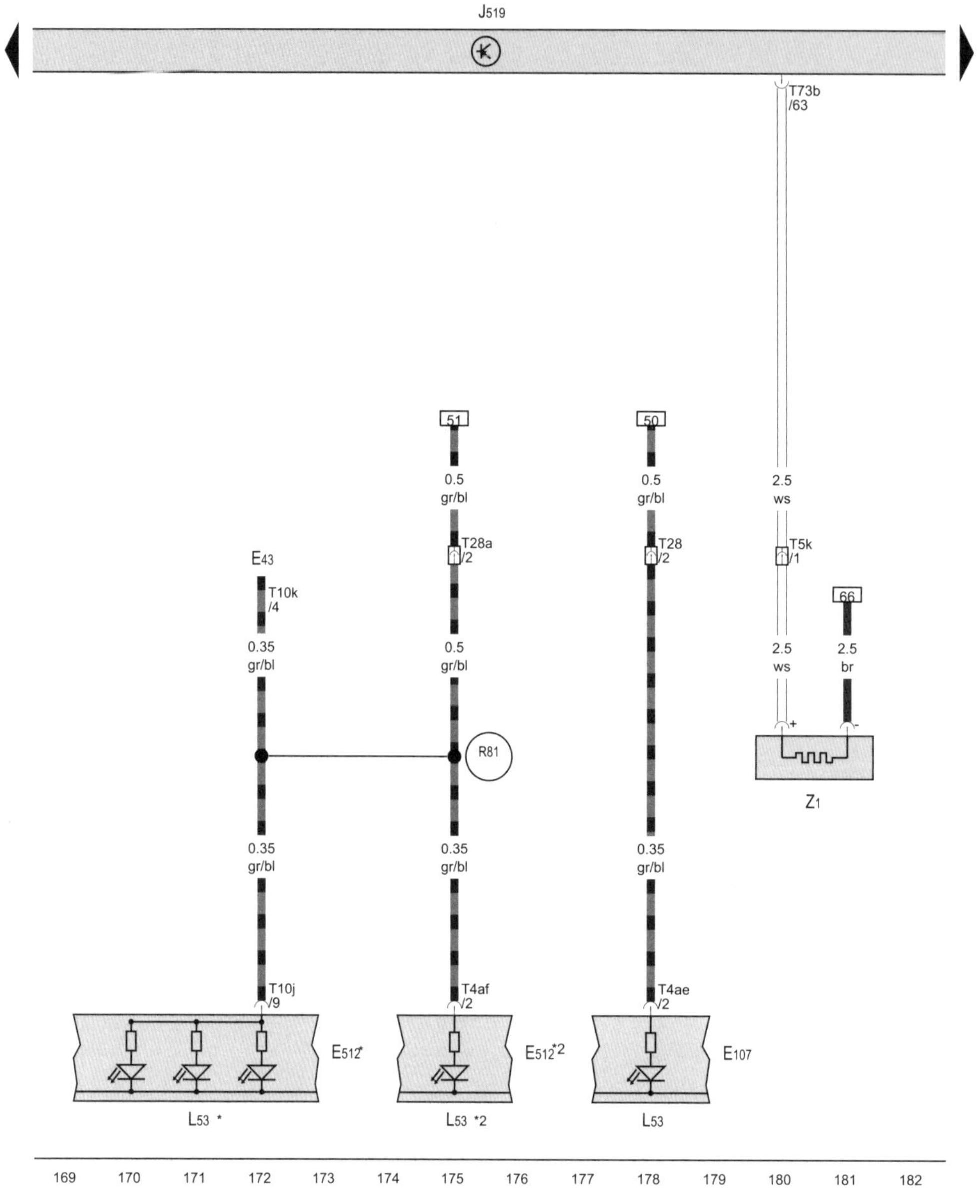

ws = weiss
sw = schwarz
ro = rot
rt = rot
br = braun
gn = grün
bl = blau
gr = grau
li = lila
vi = lila
ge = gelb
or = orange
rs = rosa

169 170 171 172 173 174 175 176 177 178 179 180 181 182

E43 - Schalter für Spiegelverstellung
E107 - Fensterheberschalter in Beifahrertür
E512 - Bedienungseinheit für Fensterheber in Fahrertür
J519 - Bordnetzsteuergerät
L53 - Lampe für Beleuchtung des Fensterheberschalters
T4ae - Steckverbindung, 4fach
T4af - Steckverbindung, 4fach
T5k - Steckverbindung, 5fach, in der Heckklappe
T10j - Steckverbindung, 10fach
T10k - Steckverbindung, 10fach
T28 - Steckverbindung, 28fach
T28a - Steckverbindung, 28fach
T73b - Steckverbindung, 73fach
Z1 - beheizbare Heckscheibe

- Verbindung 1 (58d) im Leitungsstrang Türverkabelung Fahrerseite

* - nur für Fahrzeuge mit elektrischen Fensterhebern hinten

*2 - nur für Fahrzeuge mit Zentralverriegelung und Fensterkurbeln hinten

Kontaktschalter für Make-up-Spiegel Fahrerseite und Beifahrerseite, Bordnetzsteuergerät, Leseleuchte Beifahrerseite, beleuchteter Make-up-Spiegel Fahrerseite und Beifahrerseite

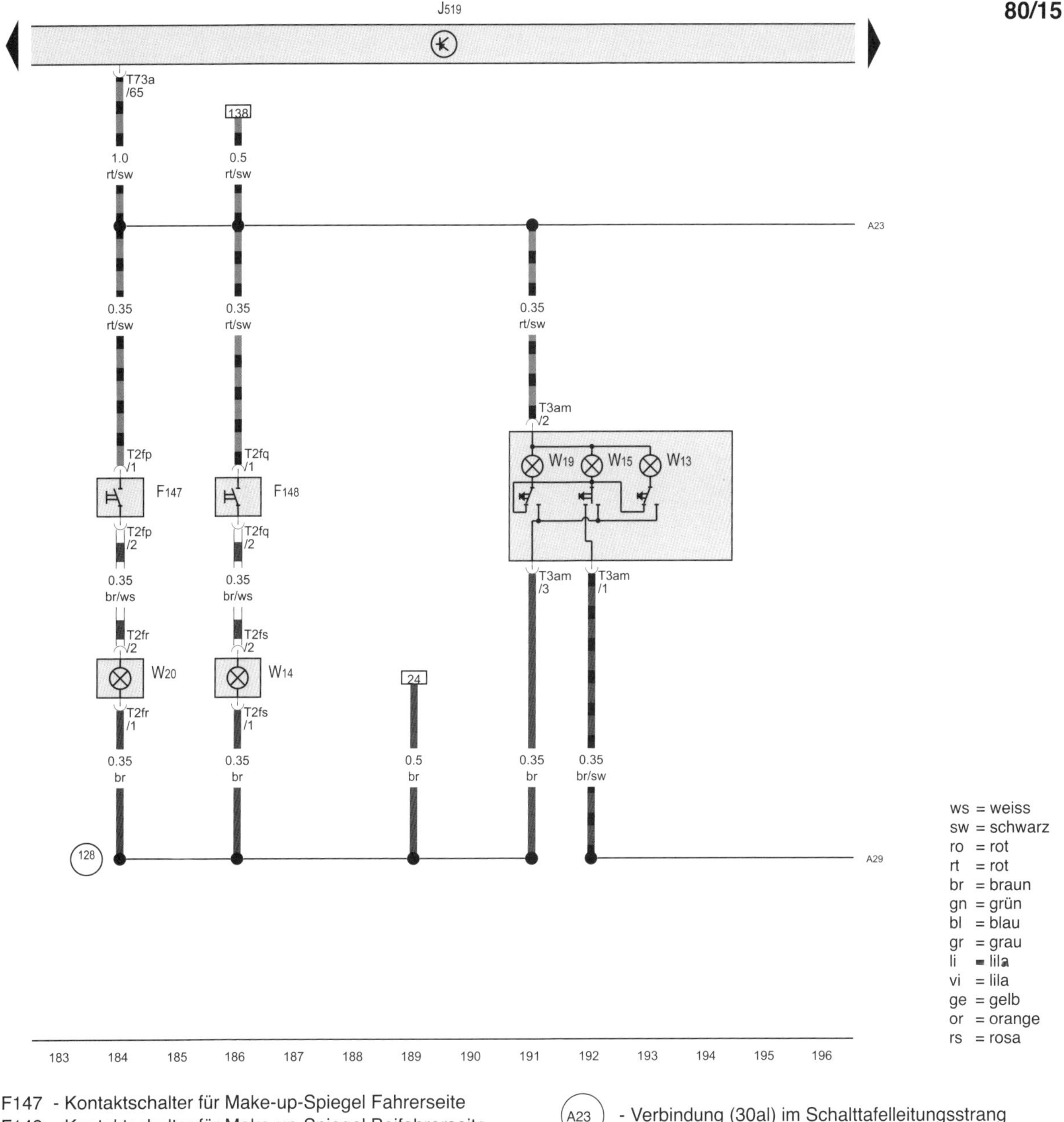

F147 - Kontaktschalter für Make-up-Spiegel Fahrerseite
F148 - Kontaktschalter für Make-up-Spiegel Beifahrerseite
J519 - Bordnetzsteuergerät
T2fp - Steckverbindung, 2fach
T2fq - Steckverbindung, 2fach
T2fr - Steckverbindung, 2fach
T2fs - Steckverbindung, 2fach
T3am - Steckverbindung, 3fach
T73a - Steckverbindung, 73fach
W13 - Leseleuchte Beifahrerseite
W14 - beleuchteter Make-up-Spiegel Beifahrerseite
W15 - Innenleuchte mit Ausschaltverzögerung
W19 - Leseleuchte Fahrerseite
W20 - beleuchteter Make-up-Spiegel Fahrerseite

(128) - Masseverbindung 1 im Leitungsstrang Innenleuchte

(A23) - Verbindung (30al) im Schalttafelleitungsstrang

(A29) - Verbindung (Innenleuchte) im Schalttafelleitungsstrang

Bordnetzsteuergerät, Fußraumleuchte links, Fußraumleuchte rechts, Leseleuchte hinten Mitte

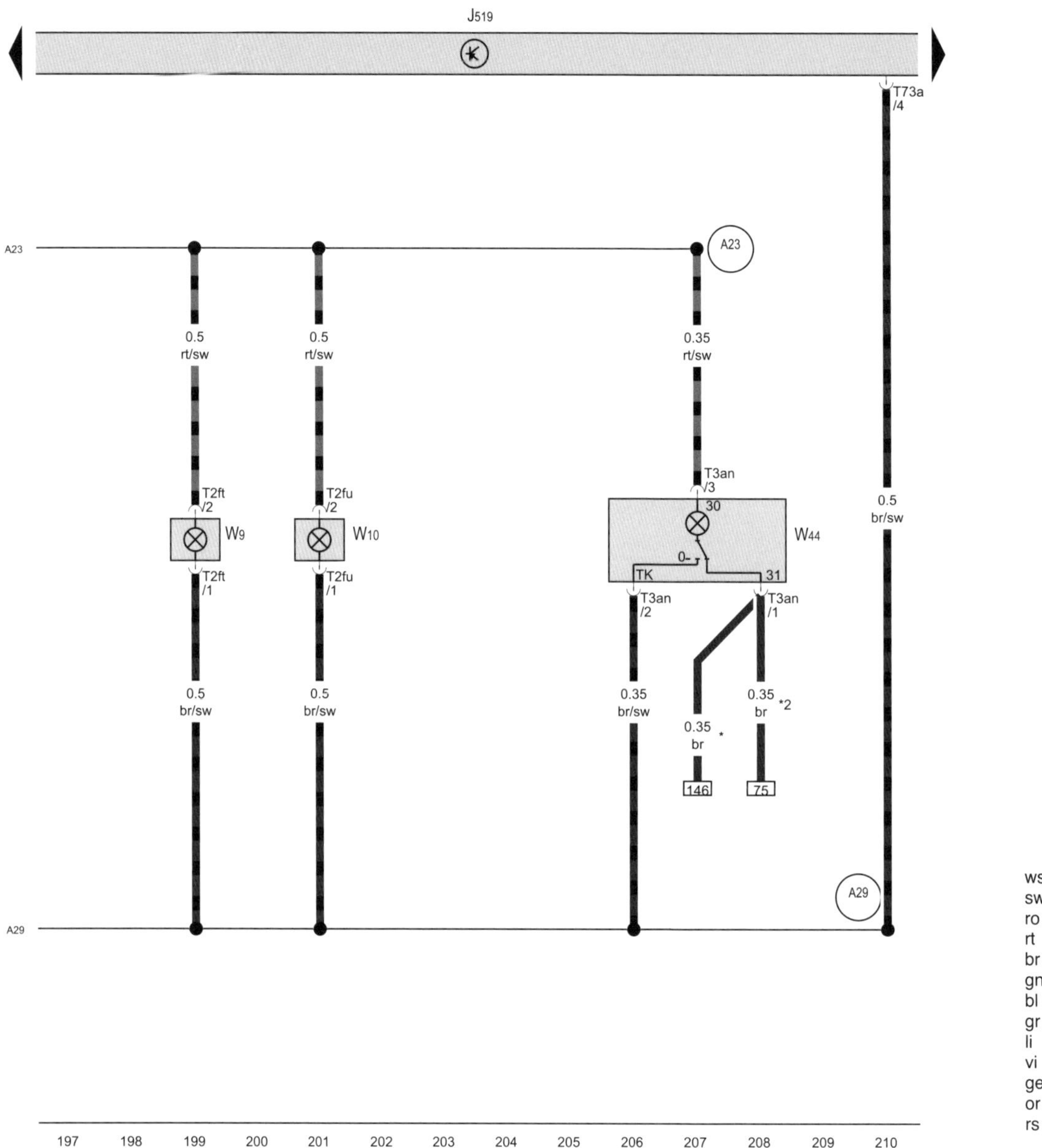

ws = weiss
sw = schwarz
ro = rot
rt = rot
br = braun
gn = grün
bl = blau
gr = grau
li = lila
vi = lila
ge = gelb
or = orange
rs = rosa

J519 - Bordnetzsteuergerät
T2ft - Steckverbindung, 2fach
T2fu - Steckverbindung, 2fach
T3an - Steckverbindung, 3fach
T73a - Steckverbindung, 73fach
W9 - Fußraumleuchte links
W10 - Fußraumleuchte rechts
W44 - Leseleuchte hinten Mitte

(A23) - Verbindung (30al) im Schalttafelleitungsstrang

(A29) - Verbindung (Innenleuchte) im Schalttafelleitungsstrang

* - bis Oktober 2011
*2 - ab November 2011

Hochtonhorn, Tieftonhorn, Bordnetzsteuergerät

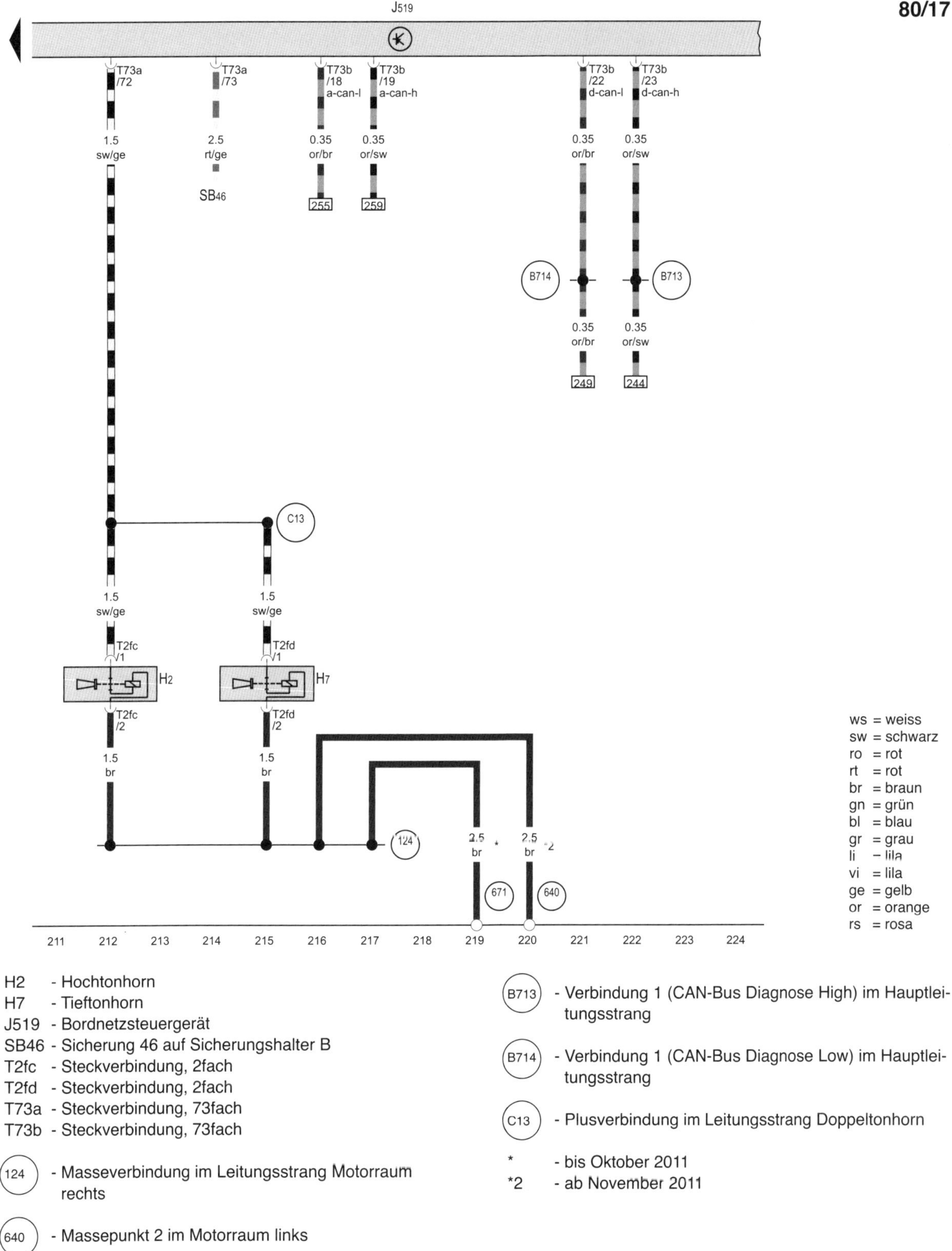

H2 - Hochtonhorn
H7 - Tieftonhorn
J519 - Bordnetzsteuergerät
SB46 - Sicherung 46 auf Sicherungshalter B
T2fc - Steckverbindung, 2fach
T2fd - Steckverbindung, 2fach
T73a - Steckverbindung, 73fach
T73b - Steckverbindung, 73fach

124 - Masseverbindung im Leitungsstrang Motorraum rechts

640 - Massepunkt 2 im Motorraum links

671 - Massepunkt 1 am Längsträger vorn links

B713 - Verbindung 1 (CAN-Bus Diagnose High) im Hauptleitungsstrang

B714 - Verbindung 1 (CAN-Bus Diagnose Low) im Hauptleitungsstrang

C13 - Plusverbindung im Leitungsstrang Doppeltonhorn

* - bis Oktober 2011
*2 - ab November 2011

Steuergerät für Heizung, Vorwiderstand für Frischluftgebläse mit Überhitzungssicherung, Frischluftgebläse, Stellmotor der Frischluftklappe und Umluftklappe

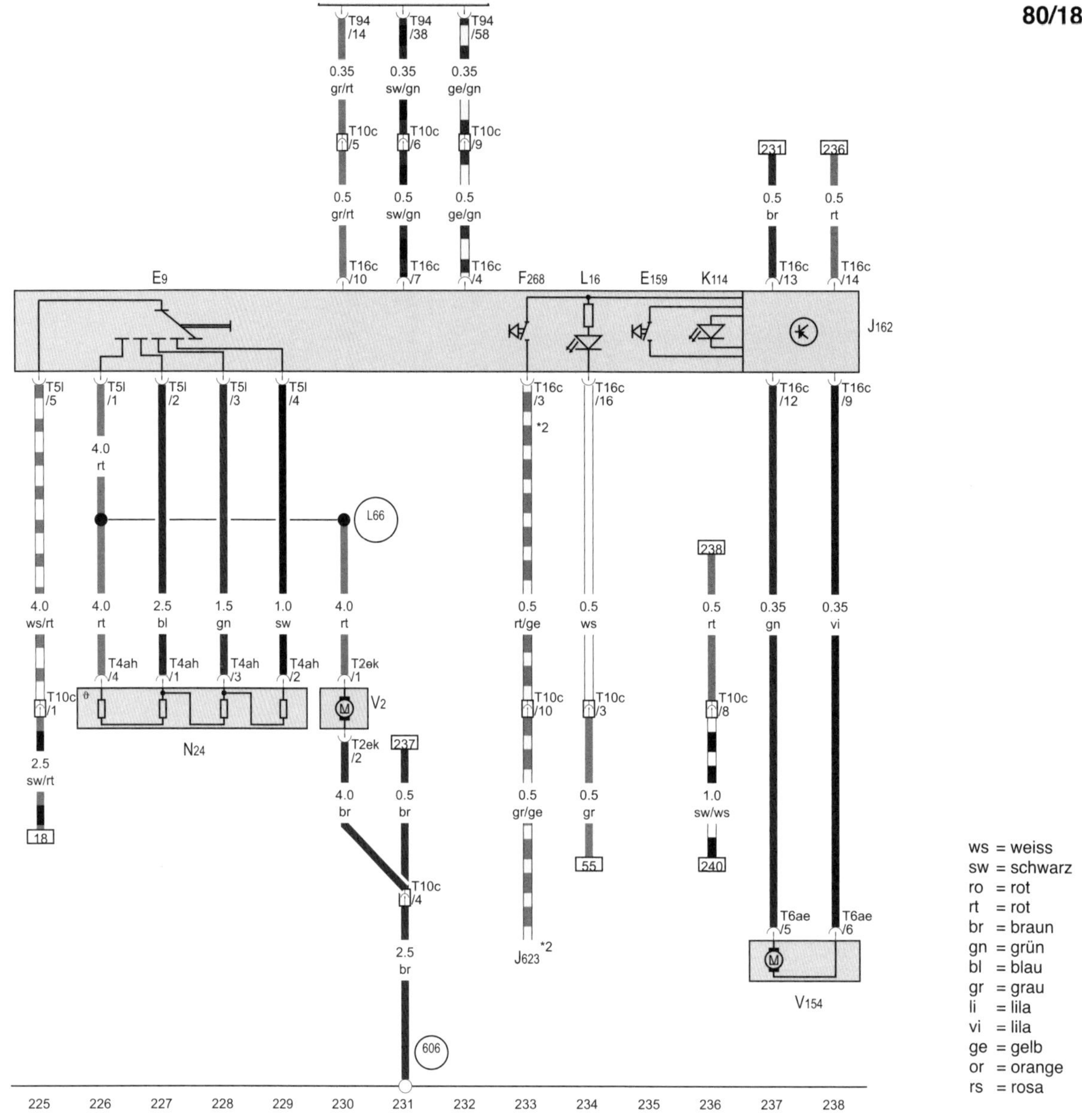

E9 - Schalter für Frischluftgebläse
E159 - Schalter für Frischluft- und Umluftklappe
F268 - Kontaktschalter für Heizelement der Zusatzheizung
J162 - Steuergerät für Heizung
J623 - Motorsteuergerät
K114 - Kontrollleuchte für Frischluft- und Umluftbetrieb
L16 - Lampe für Beleuchtung der Frischluftregulierung
N24 - Vorwiderstand für Frischluftgebläse mit Überhitzungssicherung
T2ek - Steckverbindung, 2fach
T4ah - Steckverbindung, 4fach
T5l - Steckverbindung, 5fach
T6ae - Steckverbindung, 6fach
T10c - Steckverbindung, 10fach
T16c - Steckverbindung, 16fach
T94 - Steckverbindung, 94fach

V2 - Frischluftgebläse
V154 - Stellmotor der Frischluftklappe und Umluftklappe
(606) - Massepunkt unter der Mittelkonsole Nähe Schalthebel
(L66) - Verbindung im Leitungsstrang Heizungsgebläse
* - siehe gültigen Stromlaufplan für Motor (in diesem Band nicht vorhanden)
*2 - nur für Fahrzeuge mit Dieselmotor

Anschluss für Diagnose

80/19

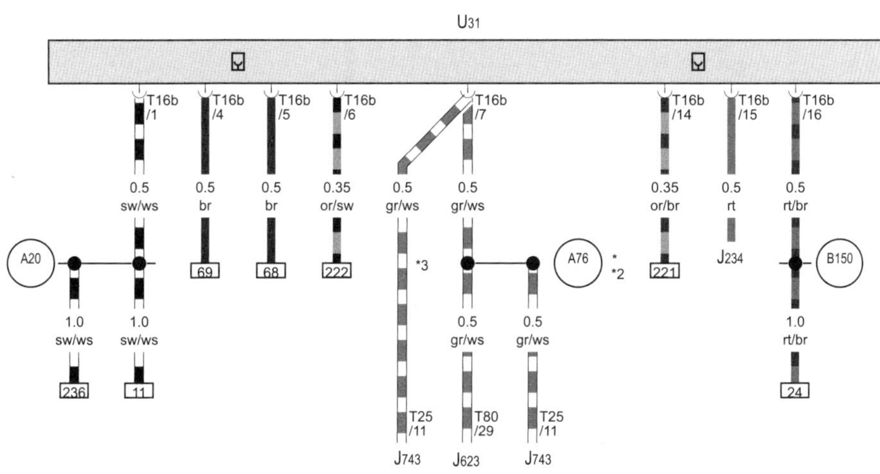

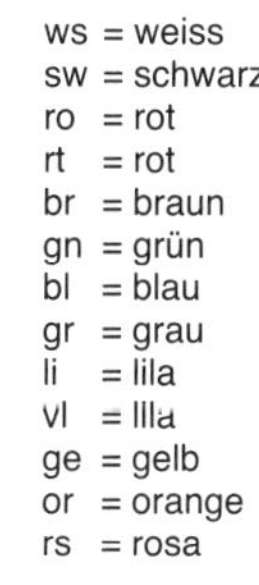

239 240 241 242 243 244 245 246 247 248 249 250 251 252

J234 - Steuergerät für Airbag
J623 - Motorsteuergerät
J743 - Mechatronik für Doppelkupplungsgetriebe
T16b - Steckverbindung, 16fach
T25 - Steckverbindung, 25fach
T80 - Steckverbindung, 80fach
U31 - Anschluss für Diagnose

(A20) - Plusverbindung (15a) im Schalttafelleitungsstrang

(A76) - Verbindung (K-Diagnoseleitung) im Schalttafelleitungsstrang

(B150) - Plusverbindung 2 (30a) im Leitungsstrang Innenraum

* - je nach Ausstattung

*2 - siehe gültigen Stromlaufplan (in diesem Band nicht vorhanden)

*3 - nur für Fahrzeuge mit Dieselmotor

Lesespule für Wegfahrsicherung, Schalter für Feststellbremse, Steuergerät im Kombiinstrument, Kombiinstrument

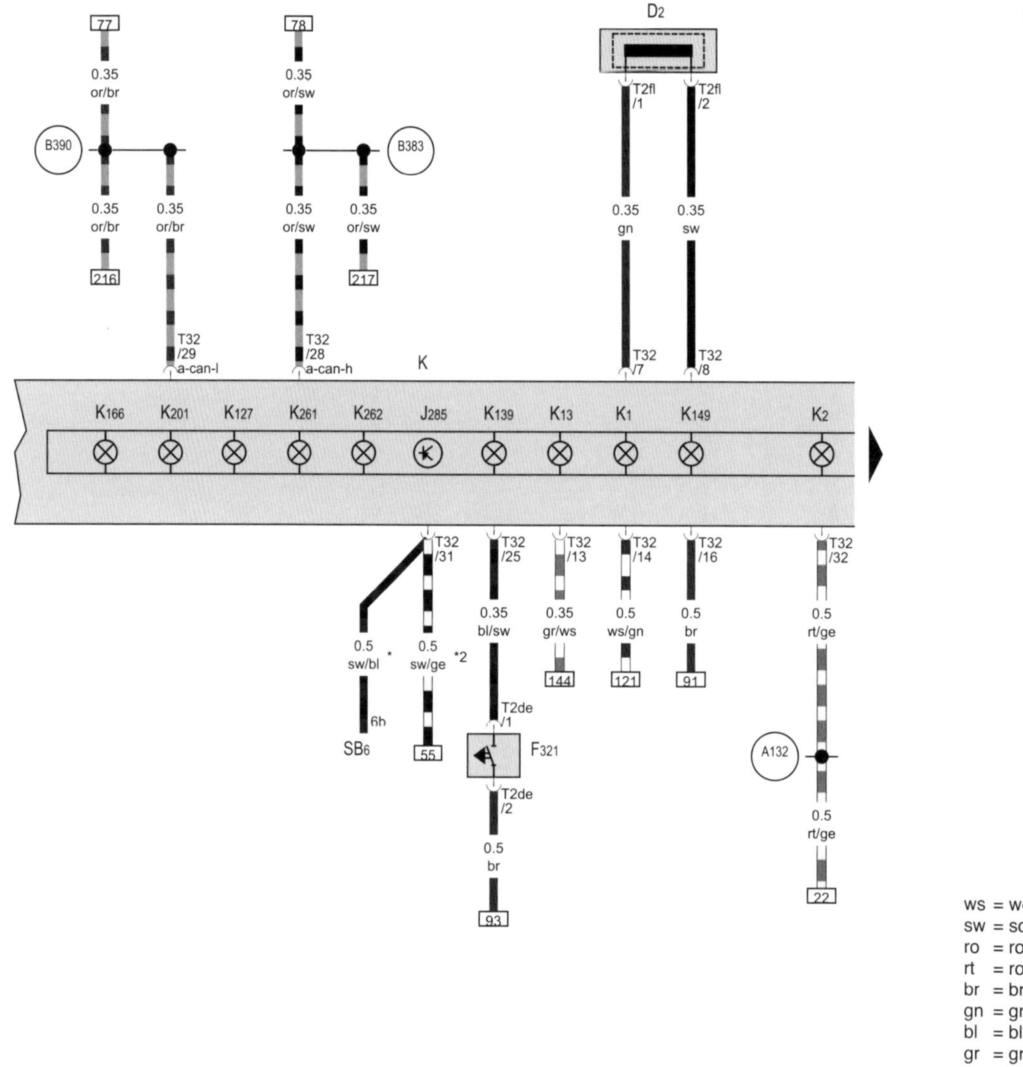

ws = weiss
sw = schwarz
ro = rot
rt = rot
br = braun
gn = grün
bl = blau
gr = grau
li = lila
vi = lila
ge = gelb
or = orange
rs = rosa

D2 - Lesespule für Wegfahrsicherung
F321 - Schalter für Feststellbremse
J285 - Steuergerät im Kombiinstrument
K - Kombiinstrument
K1 - Kontrollleuchte für Fernlicht
K2 - Kontrollleuchte für Generator
K13 - Kontrollleuchte für Nebelschlussleuchte
K127 - Kontrollleuchte für offene Heckklappe
K139 - Kontrollleuchte für Feststellbremse
K149 - Kontrollleuchte für Motorelektronik
K166 - Kontrollleuchte für offene Türen
K201 - Kontrollleuchte für Tankverschluss
K261 - Kontrollleuchte für Blinker links
K262 - Kontrollleuchte für Blinker rechts
SB6 - Sicherung 6 auf Sicherungshalter B
T2de - Steckverbindung, 2fach
T2fl - Steckverbindung, 2fach
T32 - Steckverbindung, 32fach

(A132) - Verbindung (ASR/ESP) im Schalttafelleitungsstrang

(B383) - Verbindung 1 (CAN-Bus Antrieb High) im Hauptleitungsstrang

(B390) - Verbindung 1 (CAN-Bus Antrieb Low) im Hauptleitungsstrang

* - bis Oktober 2011
*2 - ab November 2011

Warnkontakt für Bremsflüssigkeitsstand, Außentemperaturfühler, Geber für Kühlmittelmangelanzeige, Scheiben-Waschwasserstandsgeber, Kombiinstrument und Steuergerät

80/21

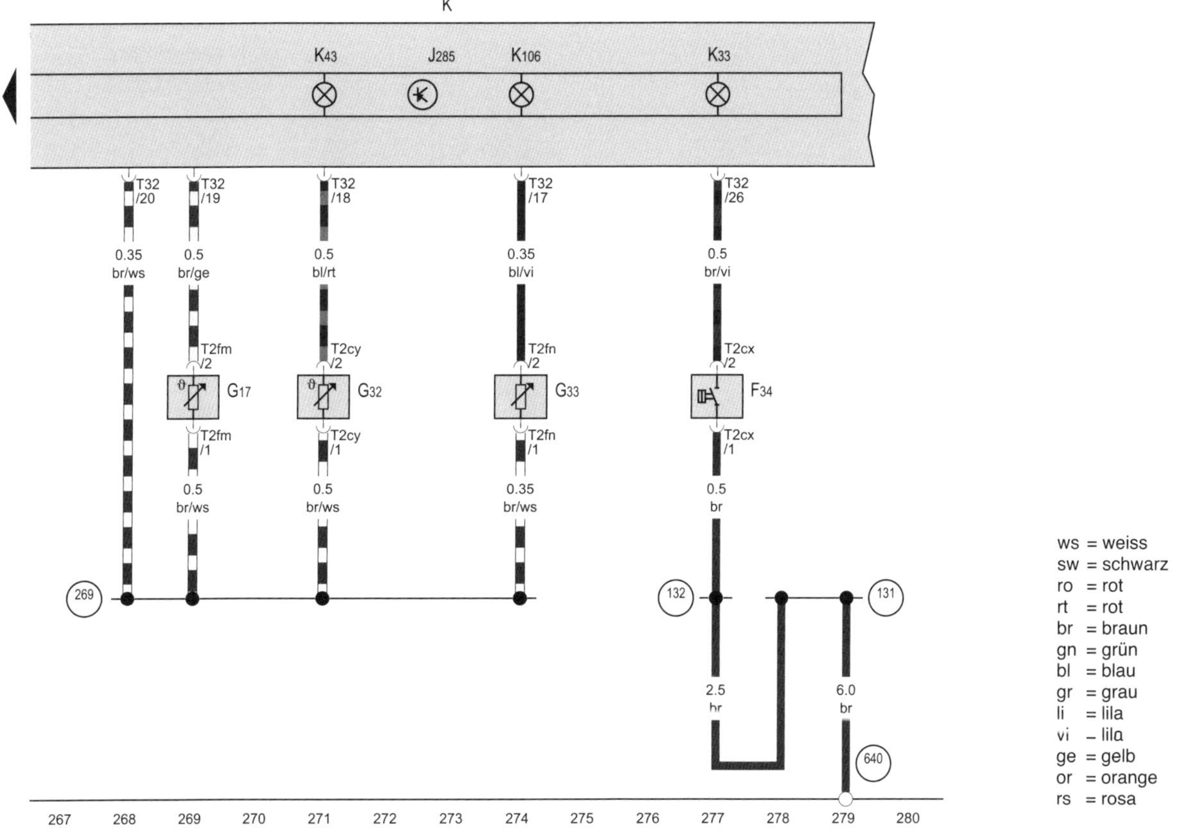

ws = weiss
sw = schwarz
ro = rot
rt = rot
br = braun
gn = grün
bl = blau
gr = grau
li = lila
vi = lila
ge = gelb
or = orange
rs = rosa

F34 - Warnkontakt für Bremsflüssigkeitsstand
G17 - Temperaturfühler für Außentemperatur
G32 - Geber für Kühlmittelmangelanzeige
G33 - Scheiben-Waschwasserstandsgeber
J285 - Steuergerät im Kombiinstrument
K - Kombiinstrument
K33 - Kontrollleuchte für Bremsflüssigkeitsstand
K43 - Kontrollleuchte für Kühlmitteltemperatur
K106 - Kontrollleuchte für Waschwassermangel
T2cx - Steckverbindung, 2fach
T2cy - Steckverbindung, 2fach
T2fm - Steckverbindung, 2fach
T2fn - Steckverbindung, 2fach
T32 - Steckverbindung, 32fach

(131) - Masseverbindung 2 im Leitungsstrang Motorraum

(132) - Masseverbindung 3 im Leitungsstrang Motorraum

(269) - Masseverbindung (Gebermasse) 1 im Schalttafelleitungsstrang

(640) - Massepunkt 2 im Motorraum links